内 容 提 要

本书为四川省交通运输厅、四川高速公路建设开发总公司、四川雅西高速公路有限责任公司和交通运输部公路科学研究院主编的四川雅安经石棉至泸沽高速公路科技示范工程论文集。全书共包含五部分内容，分别为建设管理、路线与总体、桥梁工程、隧道工程、路基路面与地质灾害、交通安全与环境工程，全面总结了示范工程的科技成果和管理经验，内容丰富，理论联系实际，对类似工程有一定的参考价值。

本书可供交通行业的科研人员、管理人员、工程技术人员等学习和参考。

图书在版编目（CIP）数据

四川雅安经石棉至卢沽高速公路科技示范工程论文集 / 四川省交通运输厅等编. --北京：人民交通出版社，2012. 5

ISBN 978-7-114-09781-2

Ⅰ. ①四… Ⅱ. ①四… Ⅲ. ①高速公路-道路工程-工程技术-文集 Ⅳ. ①U415. 12-53

中国版本图书馆 CIP 数据核字（2012）第 082357 号

交通运输部科技示范工程丛书

书　　名：四川雅安经石棉至泸沽高速公路科技示范工程论文集

著 作 者：四川省交通运输厅　四川高速公路建设开发总公司
四川雅西高速公路有限责任公司　交通运输部公路科学研究院

责任编辑：韩亚楠　富砚博　崔　建　潘艳霞

出版发行：人民交通出版社

地　　址：(100011)北京市朝阳区安定门外外馆斜街 3 号

网　　址：http://www.ccpress.com.cn

销售电话：(010)59757969，59757973

总 经 销：人民交通出版社发行部

印　　刷：北京密东印刷有限公司

开　　本：1/16

印　　张：29.25

字　　数：911 千

版　　次：2012 年 5 月　第 1 版

印　　次：2012 年 5 月　第 1 次印刷

书　　号：ISBN 978-7-114-09781-2

定　　价：98.00 元

(有印刷、装订质量问题的图书由本社负责调换)

《四川雅安经石棉至泸沽高速公路科技示范工程论文集》

编审委员会

编写委员会

前　言

四川雅安经石棉至泸沽高速公路(以下简称“雅西高速公路”)是国家高速公路网G5北京至昆明的一段,也是八条西部大通道之一,甘肃兰州至云南磨憨公路在四川境内的重要组成部分。雅西高速公路顺利建成通车,对于畅通四川南北进出川大通道,连接成都和攀西经济区,完善四川高速公路骨架网,加强西部地区与中国—东盟自由贸易区的联系与交流,实施西部大开发战略具有重要作用。让“蜀道难,难于上青天”的慨叹变成了“万水千山只等闲”的豪情,将“一桥飞架南北,天堑变通途”的构想转化成为一幅幅真实而生动的画面。

雅西高速公路处于横断山系和四川盆地过渡的山岭之间,沿线地形、地质、气候极为复杂,是目前我国施工难度最大、建设管理难度最大、工程技术难度最大、自然环境最恶劣的山区高速公路,在全国乃至全世界都具有特殊性和典型性。2007年全国交通工作会议上,李盛霖部长提出:“充分发挥科技的支撑和引领作用,强化科技成果推广应用,组织实施四川雅西高速公路等一批科技示范工程。”自始,四川雅西高速公路率先组织实施科技示范工程建设。几年来的实践证明,这一模式不仅取得了多项重大的科技成果,而且加快推动了行业科技进步,发挥了显著的示范效应。建设过程中智慧造就的科技奇观比比皆是,从“世界第一高墩”到“西南第一长隧”,从云雾缠绕的崇山峻岭到青山绿水的大渡河库区……到处都渗透着科技成果,体现着科技进步带来的变化。和谐环保,使人们得以品味“车在路上行,人在画中游”的美妙意境;施工材料与施工工艺的推陈出新,令人们充分感受到了交通科技创新的生机与活力。

2012年是雅西高速公路科技示范工程项目实施的最后一年，值此雅西高速公路建成通车之际，为了全面总结和宣传示范工程的科技成果和管理经验，我们收集了颇具代表性的80余篇论文出版成书，集中展示了四川雅西高速公路科技示范工程项目在桥梁、隧道、路基边坡等各方面取得的科技成果。这些成果在一定程度上代表和体现了当前公路交通行业的整体科技水平和创新能力，许多科研成果在雅西高速公路上得到检验，显示出独特的优越性，具有很高的社会效益和经济效益，值得大力推广应用。

论文集在编写和出版过程中，得到了四川省交通运输厅、四川高速公路建设开发总公司、四川雅西高速公路有限责任公司、交通运输部公路科学研究院、四川省交通运输厅公路规划勘察设计研究院、湖南省交通规划勘察设计院、西南交通大学、成都理工大学、中南大学、中铁西南科学研究院有限公司等单位和各级领导的大力支持，在此表示衷心感谢。由于论文集编写时间仓促，书中难免存在疏漏和不足之处，恳请专家、同仁和广大读者给予谅解，并提出宝贵意见。

《四川雅安经石棉至泸沽高速公路科技示范工程论文集》编委会

2012年4月于成都

目　录

第一篇　建设管理

第二篇　路线与总体

第三篇　桥梁工程

第四篇　隧道工程

第五篇　路基路面与地质灾害

第六篇　交通安全与环境工程

第一篇　建设管理

精心组织科技示范工程建设
加快推进山区高速公路创新发展

四川省交通运输厅

2012年4月28日，雅安至泸沽高速公路全线建成通车，至此，国家高速公路网北京至昆明高速公路(G5)和西部大通道甘肃兰州至云南磨憨公路在四川境内形成了北至陕西、南至云南，全线超过1 000km、纵贯南北的高速公路大通道。在交通运输部的领导、支持和帮助下，在西部交通建设科技项目管理中心的悉心指导下，作为交通运输部"勘察设计典型示范工程"和"科技示范工程"双示范项目，雅泸高速公路建设圆满实现了重点攻克一批复杂地质地形地震环境下高速公路建设难题，成功应用一批交通行业科技新成果，培养一支高素质的科技人才队伍，打造出一条安全优质、经济环保、科技含量高的科技示范路的总体目标，为山区高速公路建设积累了宝贵经验，取得了示范效应。

一、勇挑重担，敢于破解世界级难题

雅泸高速公路路线起于雅安市雨城区，经荥经、汉源、石棉，止于凉山州冕宁县泸沽镇，全长240km，采用双向四车道建设，设计速度80km/h，路基宽度24.5m，沥青混凝土路面，总投资约206亿元，是四川高速公路建设史上投资规模最大、单个项目里程最长的高速公路，也是目前我国利用亚行贷款额度最大的项目。

雅泸高速公路由四川盆地边缘穿越横断山脉的高山峡谷地带，工程建设面临极其复杂恶劣的自然环境和建设条件，在勘察、设计、施工和管理等方面存在众多困难和问题，其难度之高，在国内乃至世界范围内都具有特殊性和典型性。

难题一：地形地貌极为险峻。从成都平原到西昌—滇中高原，沿途山高谷深，地势陡峭，沟壑纵横。雅泸高速公路路线在海拔高程630m至3 200m之间剧烈变化，呈"M"形展布在崇山峻岭之间。为穿越泥巴山、拖乌山和大渡河瀑布沟库区等高山河谷地带，雅泸高速公路共修建桥梁270座91km、隧道25座41km。全线桥隧占比达55%，局部地区高达70%以上。

难题二：地质结构极其复杂。雅泸高速公路盘亘在中国大西南地质灾害频发地区，北邻著名的龙门山断裂带，南接安宁河地震带，沿途共穿越12条地震断裂带，地震烈度高达7至9度。跨越青衣江、大渡河、安宁河等水系，水文变化复杂。全线不良地质病害多达80余处。

难题三：气候条件复杂多变。伴随着海拔变化，雅泸高速公路沿途区域气候复杂多变，多雨潮湿区、干旱河谷区、干旱少雨高原区并存，一定海拔高度上还存在季节性冰冻积雪、浓雾、强暴雨等不良气候。气候的季节性变化和高寒高海拔地区恶劣的气候条件，给雅泸高速公路建设带来极大挑战。

难题四：生态环境极其脆弱。雅泸高速公路穿越了栗子坪自然保护区，拖乌山高山湖泊、湿地，以及安宁河谷平原。为保护沿途生态环境的多样性，工程建设摒弃了大刀阔斧开山劈岭的作业方法，采取了修桥绕行或隧道穿越的建设模式，工程规模和环保要求陡然提升。

难题五：建设条件极其艰苦。线路横跨12条地震断裂带，跨越80余处地质病害区，存在2 500m海拔高差和相邻气候带15℃的温差，施工作业面陡峭狭窄，冰雪期施工组织调度困难，人员物资运送保障任务艰巨。

难题六：安全运营难度极大。受地形和气候条件制约，项目6次越岭，存在长大纵坡、特长隧道、冰雪路段，其中石棉至拖乌山连续升坡长度达到51km，公路营运安全管理难度极大。

越是艰难险阻，越能激发人的创造潜力。面对公路建设史上前所未有的严峻挑战和重大考验，在交通运输部的大力支持下，在四川省委省政府的坚强领导下，四川省交通运输厅坚定实施"科技兴交"发展战略，坚持走科技创新发展道路，以科技生产力强力推动雅泸高速公路建设。全体参建单位和广大建设者不畏艰险、开天辟地，创新开拓、攻坚克难，以勇挑重担的精神、科学严谨的态度、坚韧不拔的作风，穿越天险，铸就精品，在山区高速公路建设的关键技术和难点问题解决上有多项突破，多项工程成为公路建设史上的奇迹。

二、科学创新，勇于创造历史纪录

雅泸高速公路建设始终坚持实事求是、因地制宜、科学创新的原则，积极运用先进科学成果和在工程实践中积累的宝贵经验，根据实际需要，吐故纳新、科技攻关，敢为人先、大胆创新，通过实施科技示范工程建设，累计开展了部、省级科技研发项目32项、推广应用项目7项，在山区高墩大跨桥梁建设、特殊特长隧道建设、连续长大纵坡行车安全关键技术等方面取得了重大技术创新，有力地支撑和推动了工程建设，典型控制性工程多项指标创造了国内乃至世界同类工程的历史新纪录。

(一)山区高墩大跨桥梁建设技术取得创新突破

(1)针对山区高速公路桥梁高墩大跨特点，开展了钢管混凝土组合桥墩技术研究，在我国桥梁史上首创了钢管混凝土组合桥墩形式，首次采取了C80混凝土自密实灌注工艺。

依托工程：腊八斤特大桥。该桥为曲线形连续刚构特大桥，长1 106m、高230m，其中10号主墩高达182.64m，为同类型桥梁世界第一高墩。墩身采取“钢管叠合柱”和C80号混凝土自密实浇筑工艺，为我国桥梁首创。实施混凝土一级泵送高度达到240m，为世界工程建设领域最大高度。这一创新不仅降低了劳动强度，而且减少了20%的钢筋和水泥用量、减轻了28%的桥身自重。

(2)针对山区高烈度地震区复杂地质条件，在我国公路桥梁史上首创了中等跨度钢管连续桁架梁新形式。

依托工程：干海子钢管混凝土桁架连续特大桥。该桥是世界首座主梁、桥墩全部采用钢管混凝土桁式结构体系的桥梁。全长1 811m，呈S曲线形，最小半径为354m，最大纵坡为3.6%，跨径分为44.5m、62.5m两种形式，钢管混凝土混合桥墩最高达107m。这一技术创新使大桥节省混凝土9.8万m^3、钢材4 000t，减轻结构自重55%、减少桩基数量近一半，成功解决了架设面临小半径曲线、墩高(柔性)、跨数多和联长(全桥共三联，中间一联长达1 045m)等系列难题，提升了大桥抗震性能。

(3)为提高桥梁各部位防裂性能，提高桥梁品质，组织开展了高性能混凝土制备技术研究。通过采用新材料、新技术进一步提升了质量控制水平，提高了混凝土的使用性能和寿命，具有明显的节能减排效应，被广泛应用于雅泸高速公路桥梁工程实际中。该项成果荣获2010年度四川省科技进步一等奖。

(二)山区特殊特长隧道建设技术取得创新突破

(1)为解决山区特长隧道设计、施工过程中的重大技术问题，确保隧道安全顺利建成，组织开展了泥巴山深埋特长隧道修建技术研究和泥巴山隧道重大工程地质问题分析及病害处治技术研究，总结出特长深埋隧道设计与施工关键成套技术。依托工程：泥巴山特长隧道。该隧道是雅泸高速公路建设控制性工程之一，全长10km，为目前西南地区已建成最长公路隧道。穿越17条大断层、最大埋深1 650m、通风斜井长1 500m、地下风机房6 000m^2，均为我国已建成隧道第一。

(2)为克服路线高差，避开断裂带和季节性冰冻带，解决隧道施工与运营通风问题，在世界上首创了高速公路小半径双螺旋隧道，开展了小半径螺旋隧道施工通风及运营通风技术研究。其成果经鉴定已达到国际先进水平，部分成果达到国际领先水平。

依托工程：干海子隧道和铁寨子隧道。这是世界上首次将双螺旋隧道设计运用于高速公路越岭线上的隧道。其中，干海子隧道长1 755m，转弯半径约为600m，平均纵坡2.85%；铁寨子隧道长2 931m，转弯半径约为600m，平均纵坡2.45%。通过双螺旋展线，实现在直线距离为2.9km的“V”形峡谷范围内通过螺旋展线11km，连续爬升350m，为解决路线爬升、克服海拔高差提供了新范本。同时，绕避了铁寨子—曹古断裂及安宁河活动性断裂带，克服了地形陡峻、走廊带狭窄等难题，优化了线形指标。

(三)山区长大纵坡行车安全关键技术取得创新突破

最长达51km的系列长大纵坡行车安全问题是雅泸高速公路建设和运营管理必须解决的重点难点之一。通过科技创新与成果转化应用，雅泸高速公路长大纵坡行车安全关键技术取得新进展。一是在工程设计上，采取了高速公路行车安全评价技术，优化路线设计；二是在运营管理上，建立了山区高速公路运营安全保障体系和应急救援系统，采取全路段实时监控技术，建立了行车安全宣传和引导停车管理机制；三是在行车安全措施上，在国内首次运用路面温度预测预报新技术——热谱地图，对冰雪雨雾较多的路段行车安全实施全路段监控覆盖，建立了40km雾闪灯路段进行安全警示，研发并设置了新型网索式避险车道，增设新型消能减速护栏等交通安全设施。

此外，通过示范工程建设，形成了水库库岸再造技术、桥梁抗震技术、隧道抗震技术等多项科技创新成果，不仅有力地推动了雅泸高速公路工程建设，而且极大地丰富了山区高速公路建设经验和技术储备。特别是项目建设通过引进、消化和吸收等方式，在借鉴运用已有重大科技成果的基础上，取得了40余项自主创新和统筹应用的重大技术成果，累计为工程建设节约费用3亿多元。通过示范工程建设，还总结形成了一系列施工技术指南与实用工艺工法，获得专利、工法近20项，其中《公路钢管混凝土桥梁设计与施工指南》、《桥梁高性能混凝土制备与应用技术指南》、《水泥混凝土桥面铺装技术指南》等作为交通运输部或四川省公路工程技术指南予以出版发行，为规范设计施工、推动行业技术进步发挥了积极作用。

三、科技引领，着力发挥示范效应

雅泸高速公路示范工程建设，成功探索出了一条科技支撑山区高速公路建设的创新发展模式。随着四川高速公路建设由盆地向盆周山区和高原高寒高海拔地区纵深推进，高速公路建设面临极其复杂的地形条件、极其复杂的地质条件、极其复杂的气候条件和极其复杂的生态环境，建设难度越来越大。雅泸高速公路建设管理经验以及各项自主创新和统筹应用的重大技术成果，为类似环境条件的高速公路建设，特别是目前正在实施的四川藏区高速公路建设积累了经验，具有重要的指导意义和借鉴价值，有助于推进山区高速公路建设创新发展。

(1)加强组织领导，实施管理创新。紧紧依靠交通运输部、西部交通建设科技项目管理中心领导的帮助和支持，强化厅级层面的组织、领导和协调，科学编制科技示范工程建设实施方案，集中自身优势资源，精心组织示范工程实施，在人、财、物等方面提供有力保障。以科技示范工程建设为平台，以科技项目为载体，统筹协调工程项目业主、各参建单位、科研团队和科技人员力量，积极探索建立适合工程建设特点的“管、产、学、研、用”为一体的科技创新模式。建立重难点工程现场联合技术攻关等工作机制，推动科研与生产紧密结合。注重示范工作实施的监督促进，制订并实施科研工作奖惩制度，积极营造鼓励创新的环境。

(2)重视科技作用，质量效益优先。强化工程建设科技创新意识，充分发挥科技引领作用，充分发挥科技创新和成果转化应用对工程建设的支撑作用。注重科研与工程实际的紧密结合，以促进提升工程建设质量和效益、以有效节省工期和造价为目标，重点解决工程建设关键技术问题。要将原始创新和集成创新相结合，引进技术和自主创新相结合，技术研发与成果转化应用相结合，促进科技贡献率的有效提升。

(3)强化能力提升，助力科技发展。注重加强科技人才队伍建设，依靠工程建设和科学研究，培养研发团队和科技领军人才，不断提升行业自主创新能力。注重加强科技工作队伍建设，培养一大批懂技术、会管理、踏实勤奋的科技管理工作者。不断改善和充实科技设施设备等基础条件，为科技工作提供必要的手段和物质基础。组织发动各方力量积极投入建设和科研，以开展“创双优精品工程、筑科技示范之路”等主题活动，广泛宣传并大力开展新技术学习、培训和相互交流。

(4)巩固建设成果，扩大示范影响。继续深入推进雅泸高速公路科技示范工程建设各项工作，丰富完善科研成果，突出成果转化应用，扩大成果应用范围和程度。学习借鉴科技示范工程建设这一行业科技发展创新模式，及时全面总结和深化提炼，在全行业普及推广。坚持以政府为主导、实体工程建设项目为依托，以实施重大关键技术研发和技术成果的应用推广为手段，在提升工程建设质量、水平和效益的同时，扩大科技作用影响，促进行业技术进步。

当前，四川高速公路建设已进入集中建设攻坚和集中建成见效的关键时期，全省交通运输系统将在交通运输部的大力支持帮助下，在四川省委省政府的正确领导下，始终坚持“科技兴交”发展战略，不断深化科技示范工程建设成果，充分发挥科学技术的引领和支撑作用，加快推进西部综合交通枢纽建设，为建设西部经济发展高地提供强有力的交通支撑。

全面创新管理模式
保障四川雅泸高速公路科技示范工程顺利实施

陈 渤 郑 斌

（四川雅西高速公路有限责任公司 成都 610041）

摘 要：四川雅安经石棉至泸沽高速公路因处于西部复杂山区，建设难度大且具有特殊性和典型性，2007 年 7 月被交通运输部正式确定为"十一五"期间科技示范工程之一。为保障其顺利实施，项目业主公司在科研管理和组织机制上进行多项创新，全面发挥了科技示范工程实施对解决项目重大工程难题、确保质量安全与进度的功效，探索出一套创新与应用的管理模式，保障了科技创新成果产出，发挥了推广应用效应。

关键词：雅泸高速公路 科技示范工程 创新 管理模式 推广应用

1 引言

"十一五"期间，交通运输部先后依托四川、湖北、重庆、山西、湖南、黑龙江等省的重大工程建设，卓有成效地组织实施了多项科技示范工程，特别针对我国西南部高地震烈度复杂地形地质和气候生态环境，于 2007 年 7 月正式将四川雅泸高速公路确定为交通运输部科技示范工程之一，在西部复杂山区高速公路建设技术创新和成果转化上进行了积极的探索。

四川雅安经石棉至泸沽高速公路（以下简称"雅泸路"）地处四川省西南部的雅安市、凉山州境内，是国家高速公路网北京—昆明 G5 的一段，也是西部大通道甘肃（兰州）—云南（磨憨）公路四川境内的重要组成部分。雅泸路起于成都至雅安高速公路止点，止于泸沽至黄联关高速公路起点，路线全长 239.8km，全线桥梁 279 座，长 91km，其中特大桥 23 座，大桥 168 座；隧道 25 座，长 41km，其中特长隧道 2 座，长隧道 10 座，瓦斯隧道 3 座，桥隧长度占路线全长的 55%。

项目由四川盆地边缘向横断山区高地爬升，路线展布在崇山峻岭之间，有川西屏障之称的大相岭泥巴山和神秘的汉彝走廊拖乌山横亘其间，区域海拔高度从 630m 到 3 200m 之间变化，通过 12 条大型断裂带、地震烈度为 7～9 度、已查明的不良地质病害有 80 余处，同时生态气候环境条件也随着地形变化而复杂多变，雅安至泥巴山为多雨潮湿气候区、大渡河河谷干旱少雨气候区、泥巴山北坡和拖乌山段北坡高海拔地段还存在季节性冰冻积雪区。复杂的自然条件给项目设计、建设及营运管理带来极为不利的影响，难度在全国乃至世界范围内均具有特殊性和典型性。

为保障雅泸高速公路科技示范工程顺利实施，我们在科研管理和组织机制上进行多项创新，力图全面发挥科技示范工程对解决项目重大工程难题、确保质量安全与进度的功效，积极探索一套创新与应用的管理模式。

2 四川雅泸高速公路科技示范工程主要实施内容

四川雅泸路建设围绕科技示范工程的总体目标，将创建科技示范工程思想贯穿于工程勘察设计、施工监理、建设管理等全过程。在全面掌握雅泸路工程建设特点及难点情况，详细了解包括交通运输部西部项目、省厅科技项目等在内的高速公路建设先进科技成果水平的基础上，积极选取符合于雅泸路建设需要的交通运输部西部项目等先进科技成果进行引进消化吸收、推广应用；并在推广应用先进科技成果的基础上，通过重点攻关、集成创新，攻克了项目所特有的重点技术难题。

为破解项目勘察设计、施工建设和后期运营管理的难题，提升西部山区高速公路修建技术，雅泸路科技示范工程开展了包括连续长大纵坡行车安全、大相岭泥巴山深埋特长隧道设计与施工和活动断裂区高速公路修筑等6个西部交通建设科技项目、5个四川交通科技项目，共32项研究专(子)题、7项推广示范应用课题。

3　四川雅泸高速公路科技示范工程创新管理模式

雅泸高速公路科技示范工程紧密围绕项目建设管理特点，以国内高速公路建设的现有模式为研究基础，分析阻碍创新的相关因素，建立了创新型管理模式，包括完善组织机构，建立健全管理制度、实施全过程的咨询管理系统、搭建"管、产、学、研、用"一体化研究体系、推行规范化与精细化施工、定期"走出去、请进来"技术交流等具体举措。

(1)完善组织机构，建立健全管理制度

为确保示范工程有效实施，公司建立健全了《雅泸高速公路科技示范工程科研项目管理办法》、《雅泸高速公路科技示范工程科研项目自检自查制度》、《雅西公司科研经费管理办法》、《雅泸高速公路科技示范工程科研工作会制度》、《雅西公司科研档案管理办法》等十余项涉及科技创新、成果应用、人才培养等方面的管理制度和办法，设置了独立的科技示范工程实施小组科研管理机构，明确了实施小组成员职责分工及各参建单位职责，以完善的组织和制度来确保雅泸高速公路科技示范工程的顺利实施。

(2)全过程实行科研咨询管理模式

面对雅泸高速公路科技示范科研项目数量多、参研单位和人员众多、研发周期长、所涉及的专业领域宽广、依托工程复杂、科技含量高、系统复杂多样、智力密集、评价标准各异、对实践经验要求高等特点，如何进行有效管理是必须解决的管理难题。

鉴于科研活动的不确定性、较长的周期性和科学产品的非物质性、不可重复性，科研工作应更多地接受实施全过程管理与监督和一个整体战略的指导，实现实施过程管理的动态监督控制，随时掌握和了解项目实施状态。在项目科研实施过程中，为避免只注重项目前期的可行性论证、后期验收与成果鉴定，而对实施过程管理缺失的问题，雅泸高速公路科技示范工程引入国内公路交通行业权威科研机构——交通运输部公路科学研究院作为科研项目咨询管理单位，建立了完善的科研项目申报、审批、审查、阶段成果评估、成果鉴定、推广应用等全过程管理体制，对雅泸高速公路科技示范工程的科研项目进行有效管理，使之真正服务于工程建设，创新于工程建设，应用于工程建设。

(3)搭建"管、产、学、研、用"一体化研究体系

雅泸高速公路科技示范工程以雅泸高速公路建设为载体，在交通运输部科技司和西部中心的指导下，在省交通运输厅的直接领导下，通过项目业主、高等院校、科研单位、设计单位、施工单位、咨询单位等为主体的研究团队，形成"管、产、学、研、用"一体化研究体系。在具体实施过程中，针对重难点工程，建立重大工程攻关机制，施工现场成立由业主、科研、设计、监理、施工、监测、咨询等单位相关人员组成的腊八斤钢管叠合柱高墩大跨桥梁与干海子钢管混凝土桁架连续桥、大相岭泥巴山特长隧道、超长连续纵坡行车安全技术等多个攻关小组，建立统一目标、统一管理、成果共享的工作机制，搭建信息及时充分交流的平台，联合开展技术攻关，每月召开攻关领导小组会议、每周召开现场实施小组会议，保障了工程建设和科研工作的顺利实施，探索出"管、产、学、研、用"一体化创新模式的可操作性和有效性。

(4)以科技成果为指导，大力推行规范化与标准化施工

根据山区高速公路桥梁、隧道众多，部分中标施工企业对西部山区高速公路建设环境施工经验严重缺乏的实际，为充分利用科研成果和新技术、新工艺，保证工程安全，提高工程品质，公司在分析项目全线重难点工程的基础上，组织制定了《桥面铺装施工技术指南》、《高性能混凝土制备技术指南》、《隧道混凝土路面施工指南》、《桥梁伸缩缝施工指南》、《路面工程施工技术指南》、《隧道防火涂料施工指南》、《挂篮施工安全指南》、《多雨潮湿地区路面底基层、基层和油面施工指南》和《泥巴山隧道岩爆防治施工指南》、《泥巴山隧道快速通过涌突水技术指南》等一系列技术文件，以规范和指导施工行为。

在项目科研的带动支持下，施工单位结合工程实际积极开展实用工法、工艺研究，其中“软弱围岩小半径螺旋曲线隧道施工工法”被山西省建设厅评为省级工法；“小半径螺旋曲线隧道线性控制施工工法”被中国铁道建筑总公司评为2009年度优秀工法一等奖；“山区高速公路高风险边坡危石爆破施工工法”被四川省建设厅评为省级工法。另外“隧道双台车无轨运输快速施工工法”、“陡坡有轨斜井衬砌施工工法”、“陡坡富水斜井仰拱施工工法”和“长大倾角富水斜井抽排水施工工法”等工法，以及“陡坡斜井衬砌施工用大吨位衬砌台车辅助牵引装置技术改进”、“斜井喷射混凝土专用固定式矿车技术改进”等专利也已完成申报工作。

充分利用先进设备，提高工程质量，项目对结构物混凝土实行“集中拌和、罐车运输、采用自动计量系统”提出规范要求；引进专业机构、科研院校，利用先进设备、仪器对地质病害、工程质量加强监控；委托专业单位在安全控制难点工程推广安装远程无线监控系统，对全线高边坡的稳定性进行评估。

这些精细化与标准化措施对规范和提升施工水平，提高工程品质、节约工程投资、缩短建设工期，都发挥了巨大作用。

(5)坚持“走出去、请进来”，搭建交流平台，拓宽视野

一是对优秀成果、关键技术“请进来”应用。立项科技成果推广示范应用研究专题，对秦岭终南山特长公路隧道关键技术、双洞小净距隧道设计与施工关键技术、连拱隧道建设关键技术、川主寺至九寨沟公路环保与景观设计关键技术、GPS实时动态测量新技术、昔格达地层公路修建技术、土工合成材料在高烈度地震区路基病害防治中的应用等成熟先进的交通运输科技成果在雅泸高速公路隧道设计过程中予以直接推广应用，有效解决了相关技术难题。

二是针对重难点工程、建设关键环节“走出去”学习，“请进来”指导。针对长大纵坡行车营运安全影响因素多，研究内容多以及成果需与设计、现场有更紧密结合的特点，通过专题技术交流会多次邀请行业专家到工地现场指导交流，也多次组织科研、设计单位有关人员，赴云南蒙新、陕西小河至安康、西安至汉中、湖北沪蓉西宜昌至恩施、湖南常德至吉首等高速公路进行长大纵坡营运安全专项调研，学习其长大连续纵坡营运安全管理的先进经验和教训。为充分借鉴国外先进经验，邀请外籍隧道、安全、环保专家到工地现场开展指导、培训；为综合完善优化项目气候恶劣(多雾、冰、雪)路段营运安全管理，公司联合国家科技部“国家科技支撑计划项目——云贵川高原潮湿山区路面抗凝冰技术研究”课题组，在雅泸路—拖乌山顶开展依托工程实体验证，同时派出3人赴英国学习冰雪地区先进运营管理经验。针对沿线活动断裂区工程建设难点，在调研西南地区断裂带活动性、地震等资料基础上，组织相关科研项目组对“5·12汶川地震”进行现场震害调研。

(6)关注民生、重视环保，积极建造和谐工程

根据我国法律法规并结合亚行政策，认真开展线外工程和环水保工作，有效地遏制了施工对群众生产生活与自然环境的不良影响。线路设计上最大限度地保护环境，按“地形选线”、“地质选线”、“环保选线”的设计原则，增加桥、隧结构物数量的设计方案，尽可能地避绕了沿线居民集中区、学校等环境敏感区，减少了对自然环境的开挖破坏和对居民生产生活的干扰。施工中最小限度地破坏环境，对部分隧道采取接长明洞、主洞横通道零开挖进洞方式，减少了对自然坡体破坏。结合工程建设，有效治理地质灾害，保护了附近群众生产生活环境和耕地近300亩。建成时最大限度地恢复，对于与路线交叉的农田排灌沟渠设施，根据地形条件分别设涵、倒虹吸、渡槽或采取改沟、改渠等措施予以恢复，保证沿线地区农业的可持续发展。建立与地方政府的信息沟通机制、定期协调机制，督促加快移民集中安置点建设、及时到位各类征拆补偿款，为地方政府修建惠民汽车站与农村惠民公路。

4 科技创新成果与推广应用效应

通过科技示范工程实施，项目取得了30余项科技创新成果，通过成果的推广应用，减少了不良地质病害发生，大幅度提高桥梁建设安全可靠性，降低了桥梁造价，为工程建设节约了土地、节省投资，解决了活动断裂区高速公路边坡、泥石流灾害、桥梁、隧道抗减震的关键技术问题以及工程建设与生态环境破坏的矛盾。据不完全统计，节约工程费用在3亿元以上，为工程建设顺利实施提供了强有力的技术支持，提升了山区高速公路建设技术创新能力，大力推进了山区高速公路的发展。

人才队伍建设成效显著，项目公司与四川交通职业技术学院企校合作、工学结合，需求和互补，交职院成为“项目营运管理人才培养基地”，公司作为“学院校外实训基地”；同时项目建设团队先后有1人被交通运输部授予“十一五”科技贡献奖，2人被四川省委、省政府授予四川省学术和技术带头人，20余人晋升高级职称，20余人职位得到晋升，40余人获得博士或硕士学位，累计撰写并发表科研论文近100余篇，申请发明专利10余项。

6 四川雅泸高速公路科技示范工程实施的示范意义

雅泸高速公路科技示范工程实施首先引进国内外已有先进成果推广，应用于项目中；其次，引进技术结合项目特点进行再研究，应用于工程实践中；再次，对于雅泸路特有的问题则需要进行创新性研究，或者集成创新；在项目实施过程中提炼和总结出的自主创新以及统筹应用的技术成果、建设经验和创新理念为雅泸高速公路以及其他西部山区高速公路建设项目提供了丰富的技术储备和支撑，具有重要的示范引导作用。

伴随雅泸高速公路的全线通车，雅泸高速公路科技示范工程建设也基本完成，但要全面总结科技示范工程，还需继续坚持以科学发展观为指导，认真贯彻落实交通运输部和省委、省政府及省厅党组的决策部署，始终保持清醒的头脑，始终保持严谨的工作作风，继续以管理创新为保障，抓好剩余收尾工作、运营管理成果应用及相关科技示范工作，全面完成雅泸高速公路科技示范工程。

发挥公路科研“国家队”优势
统筹服务雅泸高速公路科技示范工程建设

张劲泉　曹　鹏　高海龙　刘　俊

（交通运输部公路科学研究院　北京　100088）

摘　要：本论文结合 2007 年 7 月交通运输部正式确定的全国高速公路科技示范工程——四川雅泸高速公路科技示范工程项目，借鉴国内外创新团队的实施情况，在总结雅泸高速公路科技示范工程实施以来所取得的研究成果基础上，深入分析了作为公路科研“国家队”的交通运输部公路科学研究院在实施雅泸高速公路科技示范工程项目中所发挥的优势；探索性地提出了组建“管、产、学、研、用”一体的创新体系，对探索“管、产、学、研、用”创新体系和转变传统的高速公路科技创新模式都具有重要作用。

关键词：公路科研“国家队”　雅泸高速公路　科技示范　管产学研用

1　引言

四川雅泸高速公路是国家发改委立项、交通运输部补助投资及亚行贷款建设项目，是国家高速公路网北京—昆明的重要一段，也是西部大通道甘肃（兰州）—云南（磨憨）公路四川境内的重要组成部分。雅泸高速公路地处四川省西南部的雅安市、凉山彝族自治州境内，起于成雅高速公路终点，止于泸黄高速公路起点，路线全长 239.8km，由四川雅西高速公路有限责任公司负责组织修建，于 2006 年开工建设，已于 2012 年 4 月底建成全线通车。

雅泸高速公路工程地处西部高原与四川盆地过渡的山区，沿线地形地质气候十分复杂，途经高烈度地震区、大型水库库岸区等区域，属于典型西部山区高速公路，具有工程项目浩大、地形地质特殊、工程技术复杂、施工条件艰难、建设工期紧迫、人文环境和自然资源独特等特点，其中大埋深特长隧道、高烈度地震区大跨高墩桥梁、特长纵坡等设计与施工难度最大，是迄今为止四川省境内投资最大、建设周期最长的高速公路建设工程，也是目前全国建设难度最大的高速公路项目之一。

为解决雅泸高速公路建设过程中面临的技术难题，探索科技成果推广应用的新模式，交通运输部于 2007 年 7 月正式批准四川雅泸高速公路为全国科技示范工程之一，以科技创新与成果应用相结合的形式，提出组建“管、产、学、研、用”创新团队，突出发挥交通运输部公路科学研究院作为公路科研“国家队”的优势，组合管理者（政府及业主）、大专院校、科研院所、设计与施工单位（科研成果转化实施单位）等参与者，探索西部复杂环境下山区高速公路建设模式，为全面推广西部山区高速公路建设模式和技术积累经验。

2　我国交通行业科技示范工程实施现状

为加快交通运输行业科技成果转化，充分发挥科技在转变发展方式、发展现代交通运输业中的支撑和引领作用，我国“十一五”期间，交通运输部先后依托湖北、四川、重庆、山西、湖南、黑龙江等省的重大工程建设项目，组织实施了湖北沪蓉西、重庆绕城、山西忻阜等多项科技示范工程。经过近 5 年实施，科技示范工程已从初期针对一个公路建设项目或一个技术领域，发展到在省域范围内集多条公路建设项目、多个技术领域的科技示范；从单一成果应用延伸为多项技术集成应用，从科研管理创新到组织机制创新，多角度发挥了科技示范工程的功效，全方位、全过程发挥了科技创新对交通建设的支撑作用。

截至目前，交通运输部组织实施的科技示范工程总里程已逾千公里，实施科技项目达 176 项，覆盖了公路、隧道、桥梁、安全、环保、管理等多个领域，其中成果推广类项目 87 项，技术攻关类项目 89 项，有力地推动了新技术、新材料、新工艺的推广和应用，并有效促进了工程建设理念、质量和技术水平的提升，产生了良好的经济、社会和生态效益。

3　公路科研“国家队”在科技示范工程建设中的优势

科技示范工程建设旨在集合应用全国交通行业多年创新的交通科技成果，结合高速公路工程建设的需求，集中展示科技成果对交通行业技术进步和产业升级的引领和推动作用；通过科技示范项目的实施，直观准确地展现交通行业创新思想与实现途径；通过科技成果的推广应用，有效提升科技工作对交通发展的支撑水平和贡献率，助推交通行业由传统产业迈向现代服务业的历史进程。

科技示范工程建设涉及专业多、范围广、针对性强，时间周期长，组织实施较复杂，要求组织实施单位必须“站得高、看得准、落得快”，因此，充分发挥公路科研“国家队”在科技示范工程建设中的优势十分的重要。交通运输部公路科学院作为公路科研“国家队”，建有以 1 个国家级重点实验室、3 个国家级工程研究中心、6 个行业重点实验室和 9 个研究中心为主体的科技创新体系；是政府重大决策的技术支持和咨询单位；熟悉国家的产业发展方向和合作项目的具体目标，是国家和行业的战略发展方向和产业发展规划参与编写单位；在行业内具有明显的学科综合优势和很高的知名度。组织和参与科技示范工程建设，具有以下优势：

(1)具有人才与学科综合优势

科技示范工程实施涉及的专业多、学科交叉，对人才的需求量大。交通运输部公路科学研究院成立于 1956 年，是交通运输部直属的大型综合性公路交通科研机构，专业涵盖道路工程、桥梁工程、交通工程、智能交通、汽车运用工程、道路运输与物流、公路生态与环境保护工程等领域的科学研究及技术材料与装备开发，拥有一批包括中国工程院院士在内的国内外知名专家团队。与高等院校、省级科研单位相比，具有明显的人才和学科综合优势。在公路交通行业内享有盛高的知名度，能够及时把握行业发展的方向，并且具有引导行业科技发展的技术实力。

(2)具有统筹成果纳总与提炼优势

针对科技示范工程这样多专业领域、系统而复杂的创新工程，形成的科技成果具有专业分散、水平不齐等特点，需要将各专业成果进行有效组合与提炼，以提炼形成系统的具有较高科技水平的成套科技成果。作为部属科研机构，交通运输部公路科学研究院积极承担或参与国家级或部级重大科技攻关项目实施，对行业科技发展的动态掌握地很透彻，紧贴行业最前沿的科技水平。对于归纳总结与提炼科技示范工程成果，具有“站得高、看得准”的优势。历年来，已总结与提炼完成包括虎门大桥建设成套技术、京沈高速公路联网收费示范工程等重大科技成果，在行业内外具有深远意义。

(3)具有科技成果转化应用优势

如何加快科技成果有效转化与应用是当前和未来一段时期内我国交通科技发展的重要课题，实施科技示范工程就是要通过依托大型工程建设项目来加快科技成果转化与应用。交通运输部公路科学研究院面向交通运输事业的快速发展需求，锐意改革，调整结构，整合资源，积极探索，建成了一套科研与产业开发良性互动、有机衔接的产业发展体系，形成了 18 家院属企业为主体的产业开发和科技成果转化基地，具有较强的科技成果转化应用能力。近年来，开展实施的橡胶沥青路面技术、水泥混凝土路面再生技术等均在全国范围内进行推广应用，产生了显著的社会、经济效益。

(4)具有大型项目组织协调管理优势

科技示范工程是一项系统而复杂工程，其组织管理与协调工作十分关键，交通运输部公路科学研究院作为综合性科研机构，在组织实施大型科技示范工程项目具有丰富的实践经验。近年来，以全过程咨询与管理完成了湖北沪蓉西高速公路科技示范工程，作为技术总体承担单位顺利完成了山西忻阜高速公路科技示范工程，示范工程的成功均在全国范围内产生了重要影响，示范效应显著。通过大型示范工程的实施，已经培育了一支熟悉示范工程实施的专家型咨询与管理人才队伍。

综上所述，利用公路科研“国家队”在政策与产业、人才与学科以及实战经验等方面的优势，在科技示范工程建设过程中具有显著作用。

4　统筹服务雅泸高速公路科技示范工程建设情况

为了更好地完成雅泸高速公路科技示范工程项目建设，借鉴现有创新团队建设和组织思路，雅泸高速公路科技示范工程提出并建设了以“管、产、学、研、用”一体的科技创新团队。强调以“用”为出发点和落脚点，针对高速公路建设与运营的需求，确保科技创新成果成功转化为生产力，使“用”贯穿于整个科技示范工程实施过程。交通运输部公路科学研究院既是雅泸高速公路科技示范工程实施的咨询单位，又是示范工程技术纳总牵头单位，统筹服务于雅泸高速公路科技示范工程建设。

四川雅泸高速公路科技示范工程在交通运输部、四川省交通运输厅的大力支持下，在四川省高速公路开发总公司的直接领导下，四川雅西高速公路有限责任公司作为第一承担单位，依托四川雅泸高速公路建设工程，以交通运输部公路科学研究院作为科技示范工程咨询与技术纳总牵头单位，联合四川省交通运输厅公路规划设计院、湖南省交通勘察设计院、西南交通大学、成都理工大学、中南大学、北京中路安科技公司等科研院校及相关设计、施工、监理单位，共同组成“管、产、学、研、用”一体的科技创新团队(图1)。

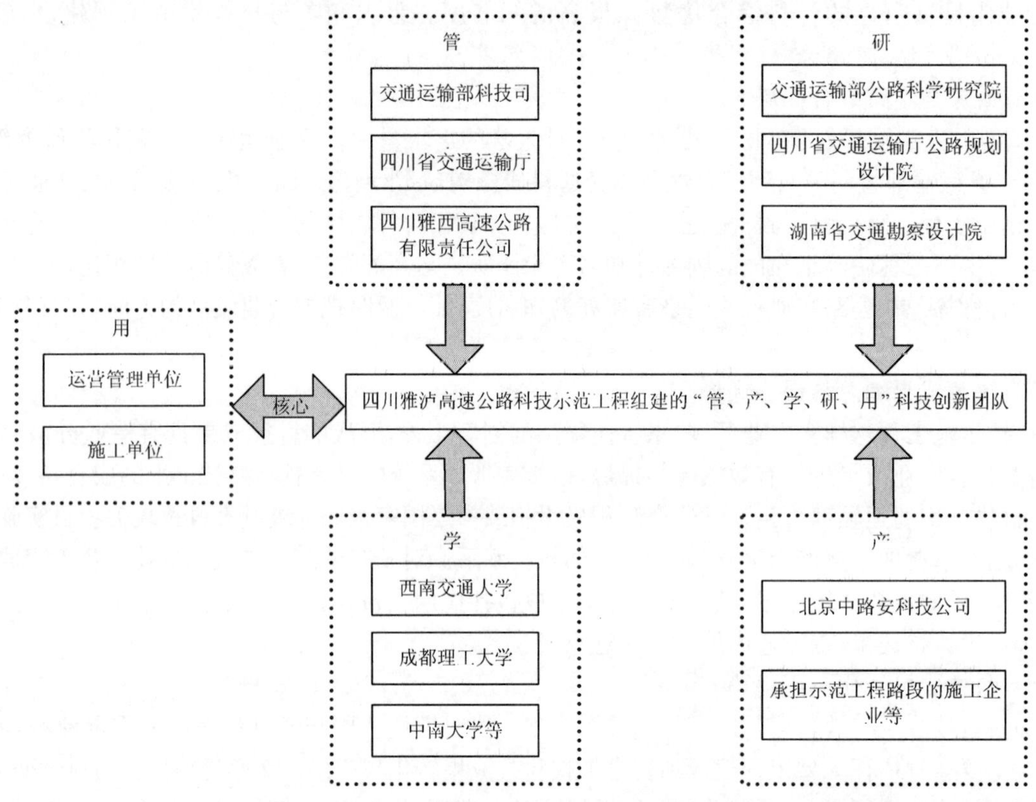

图1　四川雅泸高速公路科技示范工程“管、产、学、研、用”科技创新团队构成

自项目建设之初，从示范工程申报到成果的归纳总结，开展了全过程咨询与管理服务工作，先后设立了以院层面组建的示范工程技术咨询团队与技术纳总团队，并成立了咨询专家组，为示范工程建立健全了管理制度，组织开展实施总体规划，派驻技术咨询团队与建设单位共同办公，协助组织示范工程各科研项目立项、申报、阶段成果鉴定及应用、成果验收等，精细化开展日常科研管理工作，根据工作需要，随时抽调咨询专家组成员开展以巡审、函审、会审等形式的咨询工作，积极组织各类技术交流与成果汇报会。

雅泸高速公路科技示范工程实施过程中，交通运输公路科学研究院不仅参与多个专项课题科研工作，同时在整合与调动“管、产、学、研、用”等各方面资源，协调安排各阶段工作计划，以及总成果的归纳总结提炼等都起到了重要的平台和纽带作用。

5　雅泸高速公路科技示范工程实施取得的成效

雅泸高速公路科技示范工程立足破解项目工程难题，着眼于提升西部山区公路修建技术和满足项目后期营运工作需要，坚持“需求引导、科学统筹、重点创新、全面推广、确保安全、实现优质”，积极开展自主创新、集成创新和成果应用，以雅泸路为依托，开展了针对连续长大纵坡营运安全、大相岭泥巴山深埋特长隧道建设关键技术和活动断裂地区高速公路修筑关键技术等 6 个西部交通建设科技项目，以及特殊路基修筑技术、生态脆弱地区公路环境保护技术、泥巴山隧道重大工程地质问题分析及病害处治技术等 5 个四川交通科技项目，共 32 项研究专(子)题、7 项推广示范应用课题，课题覆盖勘察设计、工程建设和后期营运管理等。

从科技示范工程实施效果来看，各课题研究内容、进度与工程建设基本同步，成果已有效应用并指导项目设计、施工，科技示范效应明显。据统计，已有包括新材料、新技术、新工艺等在内的近 30 余项科技成果应用于工程建设，解决了工程技术问题，缩短了工程工期，提高了工程品质，节约了工程造价。据不完全统计，通过科技示范工程的实施，累计节约工程费用 3 亿元人民币以上，人才培养与技术积累为未来藏区高速公路建设提供了有力保障，取得了显著的经济和社会效益。

6　结语

充分发挥了交通运输部公路科学研究院作为公路科研“国家队”的优势，在主导行业需求和高层次协调方面，组织实施大型科技示范工程所具有的平台和纽带作用，并探索出的一套“管、产、学、研、用”科技创新体系，对今后类似科技示范工程建设具有重要的借鉴意义和指导价值。

参 考 文 献

[1] 徐恩波. 试论产学研结合的基础、方式与风险性[J]. 科技与管理，2001(9).
[2] 陈解放. “产学研结合”与“工学结合”解读[J]. 中国高教研究，2006(12).
[3] 石玉林. 企业科技创新项目多方合作运行机制探讨[J]. 神华科技，2011.
[4] 季佳玉. 产学研合作模式与机制研究[D]. 大连：大连理工大学，2008.

雅泸高速公路建设管理之科技性与艺术性探讨

唐承平

（四川雅西高速公路有限责任公司　成都　610041）

摘　要：本文根据项目的科学技术性与艺术性的特征，结合雅泸高速公路项目的特殊性和典型性，对项目建设管理活动和行为的技术性与艺术性进行了分析和探讨。其心得体会是统筹决策要大气，协调管理要和气，攻坚克难显勇气。

关键词：雅泸高速公路　建设管理　科技性　艺术性

1　引言

高速公路由于其巨大的社会效益和经济效益而得以超乎寻常的速度发展，取得了举世瞩目的成就，雅泸高速公路项目就是其中之一。该项目的建设是国家规划的西部大通道甘肃兰州至云南磨憨口岸公路的重要组成部分，符合国家实施西部大开发战略的需要。建成后即可使成都通达云南，使西部地区与东盟经济区相连。项目的建成对完善四川省总体路网规划布局，促进项目区经济发展具有重要意义。项目被交通运输部列为典型设计和科技示范工程。

项目地处西部高原与四川盆地过渡的山区，为典型的西部山区高速公路。其主要工程特点：一是工程规模大。全长240km，桥隧比达55%；投资人民币200多亿，是四川省高速公路建设史上投资最大的项目，也是我国利用亚洲开发银行贷款额最大的单个项目。二是工程技术难。项目穿越鲜水河、大凉山、安宁河等12条断裂带，地质构造十分复杂，地震烈度高；路线展布在崇山峻岭之间，地形起伏，山峦重叠，高程在800～3 500m之间变化，气候多变，多雨多雾区与干旱少雨区交错，还存在季节性冰冻积雪区，不良地质众多、施工干扰多。工程技术复杂，面临巨大考验，在全国乃至世界范围内均具有特殊性和典型性。三是科技含量高。克服制约山区高速公路建设的技术难题，唯有依靠科技创新。项目针对长大纵坡安全技术、特长隧道关键技术、高墩大跨桥梁关键技术、复杂地质处治技术等重难点工程开展科技创新研究和成果推广应用。

项目管理必须遵循管理的一般原则即以科学为灵魂，以艺术为表现形式。所谓管理的科学性是指科学的规律性、严密的程序性和先进的技术性；而管理的艺术性则表现为巧妙的应变性、灵活的策略性和完美的协调性，项目管理的艺术性寓于实践和创造之中。科学性与艺术性相辅相成，二者不可分割。

项目管理与信息技术密切相关，人们很容易将项目管理与技术联系起来。但项目管理的失败很少是由于技术上的原因，而忽视项目管理的艺术性是众多项目失败的原因之一。首先表现为轻视项目管理的艺术性，把项目管理单一化和庸俗化，缺乏创新意识，往往仅以专业和技术管理代替全面系统管理；其次是固步自封、闭关自守，不注重重大建设方案的论证、全局性问题的研究和重难点问题的攻关，满足于规范上写的和过去的老经验；缺乏谋全局、谋发展、谋一流、创精品的勇气和胆略，喜欢就事论事，不求进取和创新，不敢承担风险和责任。正是这样降低了项目管理应取得的成效。

面对如此艰难的地理地质环境和复杂的社会环境，雅泸高速公路项目建设管理经受了严峻的挑战。项目在质量、安全、进度和投资控制与资讯管理即四控一管方面，依据其固有的特殊性和典型性即过程的系统性、实施的整体性、技术的复杂性以及广泛的社会性和工程的不确定性等特点进行了分析。要把项目建设好、管理好，必须坚持理念创新、思维创新和技术创新，全面提高管理人员的综合素质，加强全面综合协调管理，才能确保项目实现预期目标。

2　四控一管等专业管理技术优先

质量是生命，安全是生命的保障。质量与安全的标准和技术条件是刚性的，必须100%的满足。没有质量，就没有安全，项目就会失去生命。项目的质量与安全管理其技术性和原则性很强，但其管理的方式方法则具有艺术性。根据当前业主与监理的责权利范畴，按照合同规定在质量与安全的管理方面授予总监理工程师《公路工程施工监理规范》(JTG G10—2006)要求的全部职责和权力。业主在遵循技术规范的前提下保留质量与安全问题上的一票否决权。

进度是工程建设形象最直观的表现，是所有业主最关注的核心问题。进度是工程推进的前提，进度服从于质量，服从于安全，没有进度的质量是不可取的，违反安全和质量标准的进度是万万不行的。进度管理在很大程度上属于技术范畴，其进程却富有艺术的乐趣。在制订计划时必须讲究科学合理，必须按照客观规律办事，才能确保进度计划具有前瞻性和有效性。进度计划如何实施，如何检查其执行情况，如何发现其漏洞和短板，如何采取措施去修复漏洞和弥补短板，又充满着智慧与艺术性。只有消除了短板，计划才能平衡地得到落实。

确定目标很关键。有目标就下计划，下计划就考核，考核不讲客观，这是目标管理最根本的原则之一。目标的范畴和指标的高低是要符合客观实际的，是讲究科学的。目标太多就等于没有目标。指标太高，大家都够不着，就会失去信心；当然指标太低就失去了竞争性。如何确定目标的范畴与内容，如何建立奖惩约束机制，如何量化考核指标，既有政策的原则性又有对策的灵活性，必须把握好一个度；在什么时机进行奖励，精神鼓励和物质奖励如何巧妙的运用，需要把握好一个心态。只有把握好这个度和心态，项目才能平稳地推进。

投资控制最具挑战性。一提起投资控制，大多数人很自然地把其与变更设计和计量支付联系起来。变更设计和计量支付是项目实施阶段三方最敏感的问题，变更设计和计量支付的程序及权限对施工组织管理至关重要，它直接关系到前三大控制和工作效率。对于投资控制来说，在不同的阶段具有不同的影响因素。笔者认为，合理的方案节约是最大的节约，不管是施工图设计或是变更设计方案，这才是投资控制的关键因素之一。因此，设计是工程的灵魂，抓好设计环节，提高设计水平已成为项目管理的成败关键因素之一。

资讯管理既具有先进的技术性，又有与时俱进的艺术性。项目的资讯管理与项目的组织模式具有密切关系，高速公路项目组织管理模式的多样性和鲜活的时代气息，让资讯管理打上与时俱进的艺术烙印；现代的信息技术与智能化计算机技术的飞速发展为高速公路建设带来了崭新的项目资讯管理理念，使其具有强烈的技术性。

3　地方协调之技术与艺术的综合运用

众所周知，地方协调就是高速公路建设与沿线地方各级政府和老百姓之间的事务处理。地方协调管理工作包括征地拆迁、移民安置、地方道路使用与维护、水电与地方材料的使用、地方群众与建设各方矛盾纠纷处理等。征地拆迁和移民安置工作，政策性很强，必须依法办事，展现出政策与技术的刚性，如何使老百姓安居乐业，其工作具有弹性和艺术性；群众矛盾的化解、地方诸多事物的处理，在很大程度上是协商，没有一个现成的法律法规，其工作具有浓厚的地方色彩，必须巧妙应对和灵活策略，但也还要尊重乡规民俗。总而言之，地方协调管理工作从大到小，从头到尾都是政策技术与协调艺术的综合运用，贯穿全过程。

管工程必须管协调，抓好综合协调，营造良好施工环境。做好协调工作，有效推进工程进度。利用公路建设这个契机，把施工单位进场便道和地方村级公路建设相结合起来，用工程的办法解决地方问题。处理好建设与稳定的关系，高速公路建设大量的施工机械和人员进场后，整个建设过程中，人流、物流骤然增加，难免会带来一些治安问题，除了做正面疏导外，要认真组织宣传，讴歌筑路工人忘我劳动、流血流汗，勇于奉献的精神。要重视与公安部门的配合，采取一定的防范办法和措施，确保社会稳定，这也是为工程建设顺利推进创造良好的外部环境。

地方协调管理是一项社会性较强的复杂系统工程，是高度组织化的社会公益工作。涉及面宽，政策性强，矛盾和困难很多，仅靠哪一级政府和哪一个部门是不行的，也不是单纯的企业能办得到的，它需要各级政府和群众的关心支持，需综合运用行政的、法律的、经济的手段来解决。不能闭门修路，需要开放建设，切忌简单化和不负责任、放任自流的做法。在维护和保障国家重点项目建设大局的前提下，兼顾各方利益，妥善解决过程中出现的各种问题，做到"四个满意"，即政府、业主、施工单位和拆迁群众都比较满意。

工程建设给沿线群众带来了实惠。以互通立交为据点向周边形成巨大的辐射力，周边经济环境明显改善。房屋拆迁使绝大部分农民居住条件大为改善。完善的线内外水系使农田基本水利建设受益。促进村级通道建设加快。大量使用民工和地材增加地方收入。高速的理念和意识，强烈地冲击着地方的某些陈旧观念，优质高效的工程建设和环境优美的生态防护，带给沿线群众的是全新的视觉和感受，毫无疑问，将会极大地提高沿线群众的社会文化意识。这正是高速公路建设管理人性化的体现，无不充满着协调工作的艺术乐趣。

4 统筹决策的艺术魅力

统筹决策是工程项目管理的核心和永恒主题。统筹决策的范畴是利用先进信息技术，对各种情报和资源进行归纳分析，制订政策和组织系统、确立总体目标、做出决策并承担风险责任。统筹是智慧，决策是力量，它在提升项目管理整体水平的过程中发挥着核心作用。统筹决策通过严密的组织使之成为一种群体行为，凝聚成为一种团队力量。制订总的纲领，并使之成为全体建设者的统一认识、统一行动和统一意志，因此，统筹必须系统、必须全面，决策必须果敢，要高瞻远瞩。

毫无疑问，统筹决策必须依靠科学，必须依赖先进技术和强大的资源，但更彰显个人人格魅力和领导才能。人是项目管理的核心因子，位于任何组织和系统的核心。整个项目的运行是人在整合系统，是人在制订路线，是人在确立组织机构和调配资源，是人提供了明晰的思维。靠人的技术技能、个人品质和领导能力来保证项目的成功运行。

高速公路建设管理要实现质的飞跃，必须加强统筹决策和系统管理，全面提高管理者的综合素质，才能大力提升高速公路的建设品质和文化品位，才能真正实现高速公路的跨越式发展，才能为我国的经济发展提供坚强的交通保障。

5 典型案例分析

雅泸高速公路项目是交通运输部典型设计和科技示范的双示范工程，科技含量非常高，技术复杂，施工难度极大，在整个建设管理过程中，技术纲领和技术要求贯穿始终。面对复杂的建设环境，我们始终坚持统筹决策，加强综合协调管理，化解各种矛盾，为项目提供坚强的保障。面对一系列重点难点工程，面对艰难的目标任务，我们组织了一次又一次的攻坚克难的奋战，像打仗一样，以冲锋的胜利保障战斗的胜利，无数次的战斗赢得阶段战役的胜利，直至打赢这场战争。从开工建设至今，历时六年多，我们的各种建设行为和活动，无不闪耀出技术与艺术智慧的光芒，所取得的各项成果是两者融合的结晶，仅以"抢抓大渡河青岗咀大桥工程，与库区水位上涨赛跑"一例作个见证。

(1)工程规模与环境概况。大渡河青岗咀大桥全长 1 400 余米，主桥为 74m＋140m＋74m 连续刚构，引桥为 10×40m＋15×50m，墩身为 80m 左右的空心薄壁结构，主桥桩基 75m 深。该桥位于大渡河瀑布沟电站库区内，主墩在河床中，桥址地面高程在 781m 左右。库区最高水位 851m，淹没深度 70 余米。2008 年 4 月正式开工建设，库区于 2009 年 5 月下闸蓄水，同年 9 月底水位达到高程 790 米并保持至次年 3 月底，然后择机蓄水到 851m 高程。

(2)论证方案。该桥在水位上来之前的施工时间只有 18 个月，且只有一个枯水期。围绕需不需要在水上作业形成了两套方案，其一是利用汛期时间强行施工，加强河中筑岛，增设临时便桥 200m 左右和相应的设备投入，需增加投资近 2 000 万元，目标是蓄水达到 780m 之前完成桥梁下部结构，避免水上作业。其二是放弃汛期作业，但在水位达到 780m 之前很有可能完不成桥梁下部结构，须建造 1 400m 的临时栈桥，增加投资近亿元。经专家组对风险评估和加强筑岛方案论证后，决定采用第一方案。

(3)确定战略目标和战术路线。战略目标是利用汛期强行施工,在第一个枯水期内完成主墩承台作业,在水位到达790m前完成全桥下部结构。战术路线是部分改河分流至河床漫滩,降低河心主岛风险,倒排工期,以小时计算,按天考核兑现奖惩。

(4)调兵遣将攻坚克难。开工之日就是奋战之时,特别是在最后几个月,采取24h昼夜连续作业,集中攻坚,咬定目标不放松。将看似不可能完成之事限期完成,这很需要是勇气。经过全体参建员工的努力,形成工程推进与水位上涨赛跑的壮观局面。

(5)战果辉煌。在水位到780m前一天,拆除最后一组塔吊,按期完成全桥下部结构工程。潜在节约投资数千万元。极大降低了水上作业安全风险。打破了高速公路在库区的建设瓶颈,为后续施工赢得了宝贵的时间,为全线顺利建成通车奠定了坚实基础。

6 结语

统筹决策是高速公路建设管理的灵魂。运筹帷幄,决胜千里,是关系项目成败的核心要素。统筹决策是纲领,是统帅,要高瞻远瞩。

地方协调是高速公路建设管理的策略。面临错综复杂的社会矛盾,要从维护好社会稳定,构建和谐社会的大局着想,做艰苦细致的沟通工作,讲究和气,兼顾各方利益。

攻坚克难是高速公路决战决胜的法宝。面对责任不推诿,敢于承担应尽的职责。面临困难不退却,要具有招之即来、来之能战和战之能胜的能力和气魄,同时要有敢于亮剑的勇气。

参考文献

[1] 中华人民共和国行业标准.JTJ J10—2006 公路工程施工监理规范[S].北京:人民交通出版社,2006.

[2] 唐承平.业主与监理的责权利范畴分析[J].中国交通建设监理,2004,3.

[3] 张劲文,周晓志.公路建设投资与经济增长[J].广东农工商干部学院学报,2000,(2).

[4] 高速公路丛书编委会.高速公路建设管理[M].北京:人民交通出版社,2000.

[5] 肖红军,刘自敏.工程建设项目三大目标之间的关系及评价[J].项目管理技术,2006增刊.

浅谈雅泸高速公路科研项目咨询管理模式

王昊宇[1]　刘　俊[2]　刘兆磊[2]

(1. 四川雅西高速公路有限责任公司　成都　610041；
2. 交通运输部公路科学研究院　北京　100088)

摘　要：本文结合雅泸高速公路科研工作特点，深入探讨交通运输部科技示范工程在实施过程中引入科研项目咨询管理工作的必要性，并介绍了科研项目咨询管理工作模式。

关键词：雅泸高速公路　科技示范工程　科研项目　咨询管理

1　雅泸高速公路工程项目及科研概况

1.1　工程项目概况

四川雅安经石棉至泸沽高速公路(以下简称雅泸高速公路)地处四川省西南部的雅安市、凉山州境内，起于成雅高速公路止点，止于泸黄高速公路起点(西昌市泸沽镇)，是国家高速公路网北京—昆明的重要一段，也是西部大通道甘肃(兰州)—云南(磨憨)公路四川境内的重要组成部分。路线全长 239.844km，由四川雅西高速公路有限责任公司(以下简称雅西公司)负责组织修建，于 2006 年开工建设，计划于 2011 年底全线建成通车。雅泸高速公路区域位置如图 1 所示。

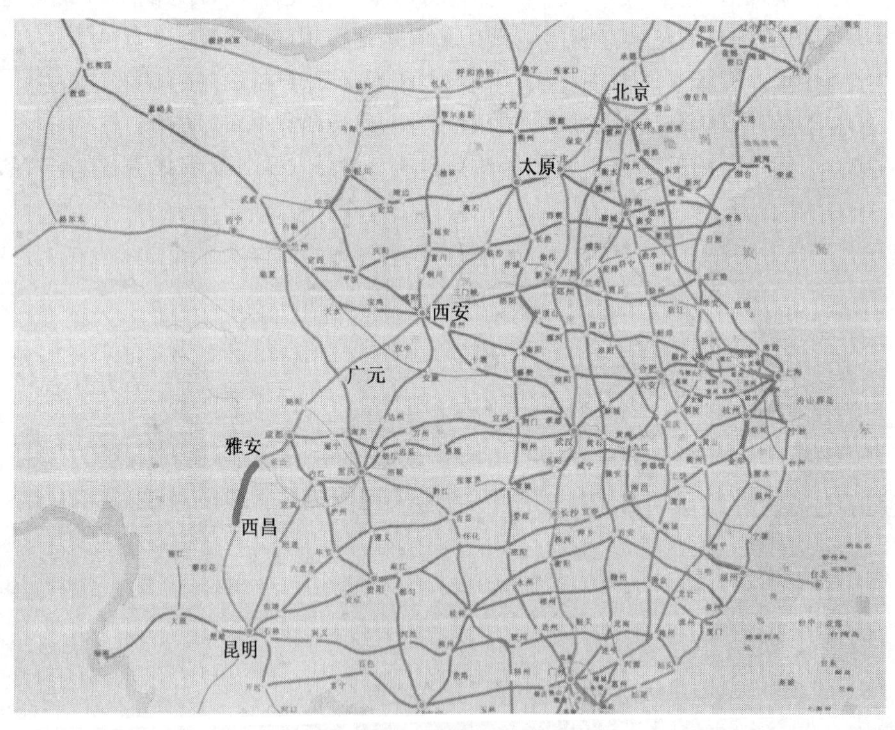

图 1　雅泸高速公路区域位置图

本项目为典型的山区高速公路，雅泸高速公路建设的特点和难点主要体现在：工程项目浩大，地形地质特殊，工程技术复杂，施工条件艰难，建设工期紧迫，人文环境和自然资源独特。其中特长隧道、高烈度地震区大跨高桥、特长纵坡等设计与施工难度最大。本项目是迄今为止四川省投资最大、建设周期最长的高速公路建设工程，是目前全国建设难度最大的高速公路项目之一。

1.2 科研项目概况

基于雅泸高速公路建设的工程特点和沿线地理、地质、环境、材料等影响因素，开展有针对性的科技攻关是不可缺少和十分必要的。2007 年 8 月交通运输部批复雅泸高速公路科技示范工程，项目立足破解工程难题，着眼于提升西部山区公路修建技术和项目后期营运工作需要，积极开展自主创新、集成创新和成果应用，开展了针对连续长大纵坡营运安全、大相岭泥巴山深埋特长隧道建设关键技术、活动断裂区高速公路修筑关键技术等 6 个西部交通建设科技项目，以及特殊路基修筑技术、生态脆弱地区公路环境保护技术、泥巴山隧道重大工程地质问题分析及病害处治技术等 4 个四川交通科技项目，共 31 项研究专(子)题、7 项推广示范应用课题，涵盖多个专业方向，覆盖勘察设计、工程建设和后期营运管理多个环节。

2 科研项目特点及管理工作的重要性

科研项目是指在一定时期内，为完成某项以探索世界未知物态变化规律为目的，借助于试验、计算、理论推演、设计、生产等方式和手段进行的科研任务而组织开展的科研活动。科研项目具有明显的技术工程特点。

首先，科研类工程项目具有一般工程项目特点，具有质量、进度、投资等工程建设目标要求，需要进行合理的组织和规划，进行有效的协调与沟通管理，建立有效的项目管理机制，确保工程建设目标的实现。

其次，科研项目具有较强的创新性，是一种创造性的活动。这种创新既包括发现、发明所获得的成果，又包括这些成果的应用推广。科研项目的创新管理一方面是采取各种有效的措施，创造良好的环境，灵活的反应机制，使创新在复杂的智力系统中达到最佳的效果。另一方面，这种创新管理也包括管理上的创新，即在科研项目管理过程中，探索一种有利于目标达成的有效的管理组织方式。

再次，科研技术工作范围广，涉及面大，业务流程复杂。在组织进行一项科研项目建设的过程中，需要多个单位协调配合，有时更是需要多学科、多单位不断研究讨论，协调配合才能够完成。重大科研项目的建设需要理顺出一套完整的项目管理流程，建立一套健全的项目管理制度，从而进一步规范科研项目的管理工作，保证项目的顺利开展。

面对雅泸高速公路科研项目数量多、参研单位和人员众多、研发周期较长、所涉及的领域宽广、依托工程复杂、科技含量高、系统复杂多样、智力密集、评价标准各异、对实践经验要求高等特点，如何进行有效管理，使之真正服务于工程建设，创新于工程建设，应用于工程建设，是必须解决的管理难题。尤其作为交通运输部科技示范路，如何保证科技示范路的顺利实施，真正起到科技示范的作用，是雅西公司重点要解决的一项关键难题。

3 科研项目咨询管理

3.1 科研项目咨询管理及其必要性

科研项目是一个系统工程，其过程包括项目可行性论证、研究计划、研究方案设计与实施、验收与成果鉴定、成果推广应用等过程。在科研项目实施过程中，普遍采用传统的管理模式，注重项目前期的可行性论证和项目后期的验收与成果鉴定工作，项目实施的全过程管理并没有受到足够的重视。加之科研活动的不确定性、较长的周期性和科学产品的非物质性、不可重复性，决定了科研发展更多地应接受实施全过程管理与监督和一个整体战略的指导，实现实施过程管理的动态监督控制，随时掌握和了解项目实施状态。这种监督管理与宏观指导影响深远，意义重大，因而必须奠基于科学基础之上。引入科研项目咨询管理就是基于这种理念进行的一项科研管理工作创新。

科研项目咨询管理单位是中介组织，具有相应的专业项目管理知识与能力，熟练掌握国际及国内项目管理标准，对交通行业科研项目管理流程把握准确，拥有丰富的专家优势资源及交通科研管理水平，可以受业主的委托进行科研项目管理，也就是进行智力服务。通过科研项目咨询管理单位的智力服务，提高科研项目管理水平，服务于雅泸高速公路建设，真正促进科研与生产的有效结合，确保科研服务于生产，在解决工程实际技术难题的同时，依靠科技创新，提高工程品质。

鉴于此，雅泸高速公路引入国内著名的专业科研机构——交通运输部公路科学研究院新桥公司作为科研项目咨询管理单位，开展雅泸高速公路科研项目全过程专家咨询与日常科研管理工作，将建立完善的科研项目申报、审批、审查、阶段成果评估、成果鉴定、推广应用等全过程管理体制。

3.2 科研项目咨询管理工作内容

(1)组织编写雅泸高速公路建设科研项目规划，协助科研项目的选题与立项；起草编制雅泸科研项目管理办法及奖励办法等规章制度。

(2)对雅泸科研项目提出咨询意见，负责组织人员对科研项目研究内容和可行性研究报告的审查。

(3)组织开展科研项目研究方案和研究大纲的评审、中间成果的审查以及科研项目的鉴定验收，并协助科研项目成果的申报。

(4)全过程监督与管理科研项目的具体实施，定期提交科研项目咨询管理总结报告。

3.3 具体实施方案

3.3.1 成立组织机构，健全管理制度

成立项目工作组(即咨询管理办公室)，指定项目负责人，安排专人负责；组织成立雅泸高速公路科研项目咨询专家组。

起草完善管理制度，编制科研项目管理办法、奖励办法、科研项目档案管理办法等各项规章制度，并开展专家定期检查制度。

3.3.2 总体规划，协助做好科研项目立项工作

依据交通运输部科技示范工程的总体目标，邀请交通运输部、省厅主管领导、行业技术专家，组织召开“雅泸科研项目专家咨询会”，进一步明确正确的政策方向，形成系统化的专家咨询意见，使科研项目研究方向更加明确，研究重点得以突出，并确定切实可行、具有创新价值的科研课题。

3.3.3 精细化开展日常科研项目管理

这包括科研项目的合同管理、质量进度控制、经费支付管理、信息管理以及上下级公共关系管理等具体工作。

3.3.4 全过程开展专家咨询工作

科研咨询专家组对科研项目立项、可研、研究大纲、阶段成果、研究报告等全过程进行巡审、函审、会审等咨询审查工作。全过程参与对科研项目进行监督、咨询管理，根据各项目科研任务书要求，督促各项目承担单位按时、保质、保量完成相关研究工作；每年定期组织至少5名咨询专家组成的专家小组，实地对各科研项目进行巡审咨询工作，不定期召开科研项目阶段工作会，对各项科研项目进行检查及咨询。通过借鉴科研管理、桥梁隧道、路基路面、岩土工程等各方面专家、领导的经验，全面把关雅泸高速公路科研项目。

3.3.5 积极落实，确保各科研项目鉴定验收

通过科研项目承担单位的开发、应用研究，各科研项目具备成果鉴定验收条件时，科研项目咨询管理单位应根据交通运输部、交通部西部中心、省厅等有关规定和要求，组织科研项目的成果鉴定、验收工作，并及时做好成果登记和奖项申报。

4 组织机构

该科研项目的组织机构如图2所示。

5 结论和展望

通过雅泸高速公路科研项目的科研管理实践证明，委托独立的第三方单位以科研项目咨询管理的工作模式对科研项目的预研、论证、立项、实施、验收等环节进行全过程咨询管理，运用合理的项目管理经验、技术应用手段和丰富的专家资源，进行科研项目的规范管理，有助于在确保实现科研项目研究的正确性和合乎规律性的同时，确保其经济性、效率性和有效性，是实现科研管理科学化、标准化、规范化的重要举措，是提高科

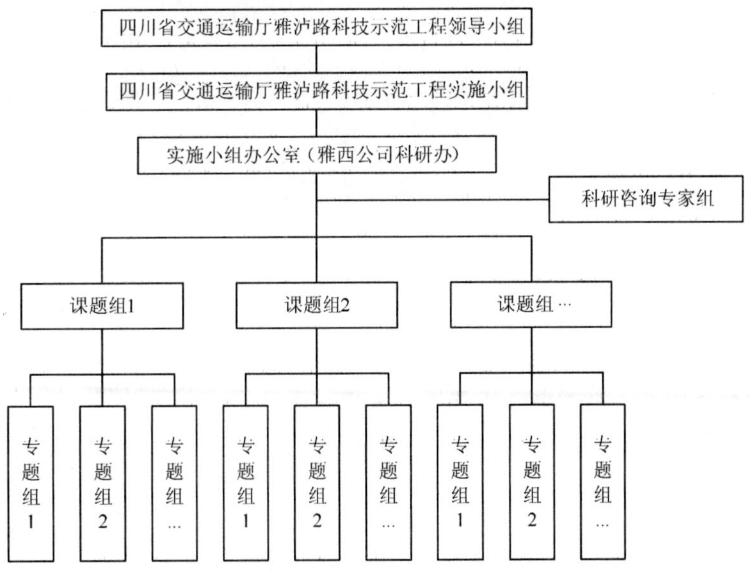

图2　组织机构

研项目管理水平，保证科研项目成功率的重要手段。

雅泸高速公路按照“以科技示范工程理念统领整个项目建设，以科技示范工程要求落实工程施工任务”的总体思路，结合科研项目咨询管理模式，必将建设成为“绿色、安全、科技”的国内一流、最具典型的“交通运输部科技示范路”。科研项目咨询管理模式的成功经验也将会在更广泛的区域内发挥积极作用。

亚行贷款项目与国内项目招标采购之迥异

吴 斌 王光明

(四川雅西高速公路有限责任公司 成都市 610041)

摘 要:近几年,我国利用亚行贷款的项目越来越多,为了更好地进行招标采购工作,详细了解和掌握亚行贷款项目和国内项目招标采购的差异是非常必要的。本文以亚行贷款项目四川雅泸高速公路为例,充分阐述两者之间的差异,并论述了亚行贷款项目招标采购工作的一些体会。

关键词:亚行 国内 招标 迥异

1 引言

亚洲开发银行(ASIAN DEVELOPMENT BANK,缩写为ADB,以下简称“亚行”)是面向亚太地区的一个区域性政府间的金融开发机构,于1966年11月正式成立,总部设在菲律宾首都马尼拉。我国于1986年加入亚行,自1987年获得亚行首笔贷款以来,我国利用亚行贷款的规模不断扩大,尤其是在中、西部欠发达省份。四川省雅安至泸沽高速公路(以下简称“雅泸路”)使用亚行贷款为6亿美元,是目前我国利用亚行贷款额度最大的单个公路项目,招标采购工作尤为重要,其成功与否,不仅会影响项目的顺利进行,而且还会影响项目的预计效益,甚至导致项目实施的失败。因此,充分了解和掌握亚行与国内招标程序的异同尤为重要。

2 亚行与国内招标采购总体之差异

(1)招标采购的原则不同:按照《中华人民共和国招标投标法》(以下简称《招标投标法》)国内招标采购活动应遵循公开、公平、公正和诚实信用的原则。亚行贷款《采购指南》对招标采购规定了四项基本原则:一是必须注意资金的节约和效率,包括对所有工程和货物的采购;二是作为一个合作机构,亚行愿意为来自发展中国家和发达国家的所有合格投标人,在利用亚行贷款资助的项目中提供工程和货物采购的竞争机会;三是作为一个发展机构,亚行愿意促进借款国本国的承包业和制造业的发展;四是为了招标更加经济有效、防止欺诈与腐败的发生,非常强调招标采购的透明度。这些要求和意愿,亚行认为可以通过恰当的国际竞争性招标(ICB)等方式得以体现。在我国利用亚行贷款的高速公路土建工程大多采用国际竞争性招标(ICB)的方式。

(2)参加投标的主体范围不同:国内招标参加投标的一般为中国境内具有相应资质条件的法人及其他组织;参加国际竞争性招标采购的潜在投标人可来自亚行所有合格成员国。

(3)招标方式不同:按照《招标投标法》国内招标采购的主要方式为公开招标和邀请招标;亚行招标采购方式包括:国际竞争性招标(ICB)、国际采购、国内竞争性招标(NCB)、直接采购、邀请招标、重复采购、自营工程等;亚行一般要求借款人采用国际竞争性招标方式采购亚行贷款项目所需的工程、货物与服务。

(4)招标程序不同:国内招标采购主要为一阶段招标程序和两阶段招标程序,而亚行招标采购根据项目的复杂程度可分为:一阶段单信封招标程序、一阶段双信封招标程序、两阶段双信封招标程序及两阶段招标程序。根据亚行贷款谈判备忘录的要求,雅泸路土建国际竞争性招标采用一阶段招标程序。

3　亚行与国内招标采购招标阶段之差异

一般地，任何项目的实施主要是通过招标采购来实现的，招标采购工作贯穿于贷款项目的整个周期。因此，要根据工程施工总体进度顺序确定工程招标采购顺序，其原则是：施工准备工程在前，主题工程在后；制约工期的关键工程在前，辅助工程在后；土建工程在前，设备安装在后；结构工程在先，装饰工程在后；制约后续工程在前，紧前工程在后；工程施工在前，工程货物采购在后。因此在项目招标阶段亚行与国内招标采购差异更为明显。

3.1　合同段划分原则不同

对于国内工程施工项目招标采购，标段的划分应依据工程建设项目管理承包模式、工程设计进度、工程施工组织规划和各种外部条件、工程进度计划和工期要求、各单项工程之间的技术管理关联性以及投标竞争状况等因素，综合分析研究划分标段。高速公路土建路基工程国内招标采购一般按如下原则进行标段划分：

(1)路线长度以不小于10km，一般为10～20km，适当考虑土石方合理调配。

(2)对影响项目工期的跨越江河的特大型桥梁和特长隧道单独划分为一个或两个合同段。

(3)施工进场条件：便道、便桥及施工场地应充分考虑材料供应、运输方案、临时工程、进场道路的合理性。

(4)结合工期要求及我国大部分一级施工企业的现有装备状况和施工能力。

亚行招标采购项目标段的划分除考虑上述因素外，还应考虑：

(1)在保证亚行要求的具有广泛的竞争性的前提下，考虑借款国7.5%的优惠待遇和中国的实际国情。

(2)在不违背亚行《采购指南》要求的前提下，标段的划分应充分考虑对国外投标人的吸引力，以便于国际竞争，应将标段划大些。如高速公路土建路基工程单个标段的合同金额原则上不少于5亿元人民币。经过与亚行协商，雅泸路土建路基招标共划分了27个标段，其中最大的标段为8.3亿元人民币。路面仅划分了5个标段，单个合同金额均在2亿元人民币以上。

3.2　信息发布的媒介不同

国内招标采购按照《招标公告发布暂行办法》指定《中国日报》、《中国经济导报》、《中国建设报》、中国采购与招标网(http://www.chinabidding.com.cn)为依法必须发布招标项目的媒介，而亚行招标采购除了要求在借款人广为流通的报纸(如《中国日报》)和潜在投标人易通达的网站(如http://www.chinabidding.com.cn)上发布外，同时要求必须在《亚行商业机会》刊登"资审通告"或"招标公告"，借款人须至少提前90d将采购通知提交亚行，经审查合格后刊登。

根据要求，雅泸高速公路土建路基、路面招标分别在中国采购与招标网、《中国日报》、《中国交通报》、《亚行商业机会》和四川省交通厅网站登载了资格预审公告和招标公告。

3.3　标准招标采购文件范本不同

国内招标采购文件主要参照《公路工程标准施工招标资格预审文件》和《标准施工招标文件》范本进行编写；而亚行招标采购文件以《亚行贷款采购指南》为指导，按照亚行《土建工程采购标准招标文件》范本进行编制。

3.4　使用的语言不同

国内招标采购文件一般以中文为主；而亚行招标采购文件以英文为主，当采用中文和英文两种文字对照方式时，如两种文字不一致时以英文为准。因此，亚行贷款项目招标采购时，对专用条款翻译一定要慎重，否则因一时疏忽，可能对项目施工阶段留下隐患。

3.5　资审和招标文件发售的时间不同

国内招标采购发售资审或招标文件不少于5个工作日；而亚行采用国际竞争性招标(ICB)方式或国内竞争性招标(NCB)方式的，在资格预审或投标截止到日前均可以发售资格预审文件或招标文件。

3.6 编制资格预审申请文件和投标文件的时间不同

国内招标采购编制资格预审申请文件的时间无统一规定，原则上不少于14d，编制投标文件的时间不得少于20d；而亚行招标采购采用国际竞争性招标(ICB)方式的，应允许潜在投标人编制资格预审申请文件的时间不少于60d、编制投标文件至少为6周。采用国内竞争性招标(NCB)方式的，投标人编制投标文件的时间至少为4周。

3.7 投标文件的密封和小签要求不同

国内招标采购对招标文件未按招标文件要求密封，将被拒绝接收；而亚行招标采购投标文件没有密封和小签不能成为废标的理由，但投标人自己承担信息泄露的风险。

3.8 投标人数量少于3家时处理不同

对于国内招标采购，当投标人数量少于3家时，必须重新招标。而亚行招标采购投标人数量少于3家应继续开标、评标，如果有投标书实质性响应招标文件的要求，应完成授标；如果所有投标书没有实质性响应招标文件的要求，可以重新招标或拒绝所有投标。

3.9 对评标委员会的要求不同

国内招标采购需要在国家级或省级行政监督部门设立的专家库随即抽取有关经济、技术专家，与招标人的代表组成评标委员会，成员人数为5人以上单数，经济、技术专家人数不得少于2/3。而亚行招标采购没有要求，由采购人自己决定，遵循“谁投资，谁决策”的理念，采购人对招标结果负有最终的责任。

评标工作完成后，招标人或招标代理机构须将开标记录表、评标报告和中标结果提交亚行，待亚行出具“不反对意见”后，方可向中标人发布中标通知书和签订合同。

3.10 对高于预算的投标处理原则不同

国内招标采购所有投标高于招标人最高限价或采购预算的投标将按废标处理。而亚行招标采购时，若最低评标价的投标报价高于采购预算，在征得亚行同意后，招标人可与最低投标价的投标人进行降价谈判；若谈判后价格仍高于预算，可以重新招标，并考虑修改合同招标范围。

4 经验与体会

在我国，利用亚行贷款项目的招标采购工作在遵守《中华人民共和国招标投标法》的同时，还必须遵守亚行贷款项目采购准则。雅泸高速公路既是国家高速公路网项目，也是亚行贷款项目，其资格预审文件、资格预算结果、招标文件和评标结果须同时报送交通运输部和亚行审批。根据《亚行贷款采购指南》附录1“2.(C)”条“仅当收到亚行的‘不反对意见’之后，借款人方可授予合同”的相关规定，可知亚行具有最终批复权。在实际招标采购过程中，由于亚行和国内招标采购的诸多差异，招标人要完成国内和亚行审批时会不可避免地会出现一些矛盾，从而加大了招标人的沟通协调力度。如：原交通部*对采用最低评标价法的国际竞争性招标采购项目，要求对投标人低价抢标和高价围标的行为采取防范措施，而亚行允许投标报价低于成本价的投标人中标，并对超额履约保证金无要求。为此，2008年3月，原交通部颁发《关于改革使用国际金融组织或者外国政府贷款公路建设项目施工招标管理制度的通知》，将亚行贷款公路工程项目施工招标从审批制改为施工招标由审批制改为备案制。

在我国公路建设市场上，利用亚行贷款项目普遍存在低价中标的问题。按照《亚行贷款采购指南》的规定，合同将授予给“其投标文件已被确认与招标文件实质性响应的、且评审标价最低的投标人，否则，亚行将不予批复”。按照这一要求，雅泸高速公路27家土建路基承包商中标价都只占到预算价的65%～76%。事实上，将合同授予给低价的承包人，在施工过程中给业主对工程建设项目的管理带来了诸多困难。

目前我国仍处于社会主义初级阶段，市场经济体制还不太健全，信誉体系也还不够完善，工程建设项目

* 现为交通运输部。

往往出现一级企业中标，二级企业分包，民工队伍施工的现象，许多承包人低价中标后又无力履约而转让或分包，从而给业主带来工程建设进度和质量等方面的风险。国际工程承包市场发育比较成熟，建筑法规比较健全，运行机制比较合理，亚行贷款国际竞争性招标采购讲究的是高效、透明，并且均以市场经济的思维方式为出发点。因此，今后在进行亚行贷款项目国际竞争性招标时，应坚强与亚行的充分沟通与交流，让亚行更充分了解项目的情况以及国内施工企业的状况；充分了解亚行与国内招标的差异，求同存异，取长补短；认真做好资格预审文件和招标文件的编制工作；严把好招标采购各个关口，从而为项目实施选择价格合理、信誉良好、施工实力较强的承包人奠定良好的基础。

第二篇　路线与总体

雅安经石棉至泸沽高速公路总体设计

郑　斌[1]　张　琪[2]　朱学雷[2]　庄卫林[2]　刘云辉[2]
(1.四川雅西高速公路有限责任公司　成都　610041；
2.四川省交通运输厅公路规划勘察设计研究院　成都　610041)

摘　要:雅安经石棉至泸沽高速公路为典型西部山区高速公路项目,沿线地形、地质、气候条件十分复杂,走廊狭窄,地震烈度高,不良地质、构筑物众多,生态环境脆弱,有工程规模大、工程技术难、科技含量高的特点,通过对项目特点、重难点的分析研究,进行项目总体设计。

关键词:雅泸高速公路　总体设计

1　概述

雅安经石棉至泸沽高速公路(简称"雅泸高速公路")地处四川西南部的雅安市、凉山彝族自治州境内,是国家高速公路网(简称"7918网")中第5条首都放射线之北京—昆明公路的重要路段,其中雅安是国家高速公路网成渝地区环线和四川省高速公路网(2008～2030年)中雅安至康定的结点;项目也是国家8条西部大通道之一甘肃(兰州)—云南(磨憨)公路四川境内的一段(图1)。

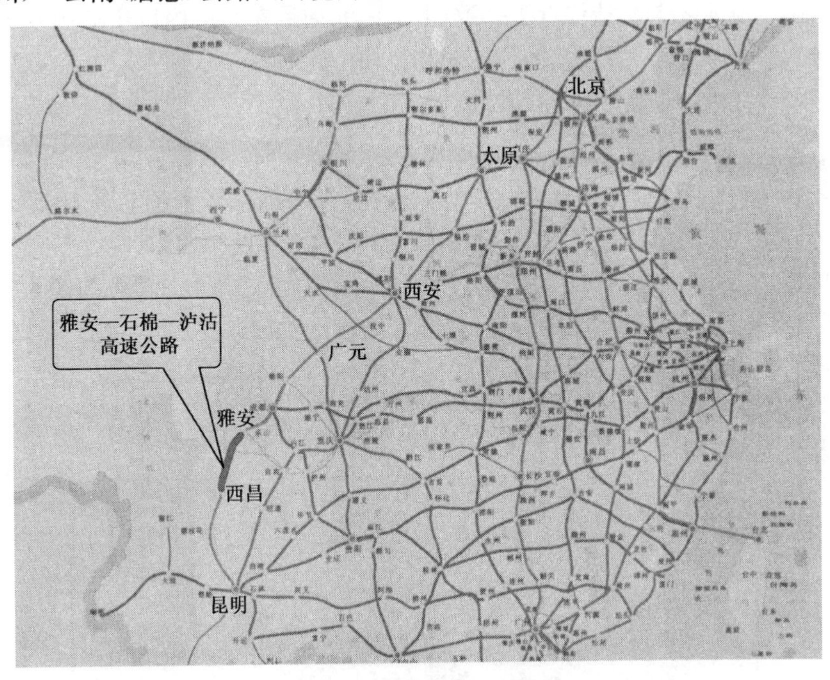

图1　国家高速公路网布局图

项目起于成雅高速公路止点(K140+340)雅安市雨城区对岩乡,途经雅安市荥经、汉源、石棉,止于凉山冕宁县泸沽镇,接泸(沽)黄(西昌黄联关)高速公路(K2725+000),路线全长239.844km。项目沿线地形、地质、气候条件十分复杂,走廊狭窄,地震烈度高,不良地质、构筑物众多,生态环境脆弱,路线先后翻越大相岭和拖乌山,受环境条件影响,部分路段存在超长连续纵坡和冰雪、浓雾、强降雨等不良气候,有建设里程长、工程规模大、特长隧道、螺旋隧道的设计与施工、高烈度地震区大跨高桥设计等工程技术难度大等特点。这些都是项目建设、运营安全面临的严峻问题。该项目为2005年交通运输部勘察设计典型示范工程,亦为2007年交通运输部科技示范项目。

项目为利用亚洲开发银行贷款，设计远景年交通量为25 000～47 000pcu/d，按二级服务水平设计，全线采用四车道高速公路标准，设计速度80km/h，路基宽度24.5m，桥涵设计车辆荷载为公路—Ⅰ级，批复总概算为163.77亿元，总工期(自开工之日起)5年。

2 沿线自然地理概况

2.1 气候

测区属亚热带湿润季风气候区，降雨量、气温等气象要素在不同地区和海拔高度变化显著，根据各路段的气象要素特征将测区分为4个气候区：雅安—大相岭泥巴山以北为潮湿多雨区、大相岭泥巴山以南—汉源为雨量中等区、汉源—石棉(顺大渡河)为干旱河谷区(瀑布沟电站蓄水后区域气候将产生一定的变化)，石棉—泸沽为雨量中等区。

由于大相岭南北坡气象条件是确定大相岭越岭路线方案及大相岭隧道隧址方案的重要控制因素，区域气象资料缺乏，为选取既安全又经济的大相岭越岭方案，对大相岭隧道工程进行了专项气象报告(设5个气象站进行观测：北坡1号气象站海拔1 432m；5号气象站海拔1 650m；南坡2号气象站海拔1 589m；3号气象站海拔1 465m；4号气象站海拔1 366m)，为隧址及洞口高程的确定提供了理论依据。

2.2 地形、地貌

测区地处四川盆地西南边缘向高原的过渡带，地形起伏，山峦重叠。山地高程多在800～3 500m，个别山峰高达4 000m以上。大相岭泥巴山横亘测区中部，隧道附近山峰高程约3 200m。而雅安处青衣江支流喷江河为路线最低点，海拔高程为620m，高差达2 600m以上。

地貌受构造控制，山脉水系与构造线近于一致，多呈南北向展布。区内以中低山及中山为主，按成因类型、高程及形态特征可将地貌划分为：侵蚀堆积地貌和侵蚀构造地貌。

2.3 工程地质

2.3.1 地层岩性

测区上元古界、古生界、中生界及新生界地层均有出露，分布面积较大的有震旦系(Z)的花岗岩安山岩流纹岩、二叠系(P)、三叠系(T)、侏罗系(J)、白垩系(K)、第三系(N)及第四系(Q)等地层。

2.3.2 地质构造

测区位于新华夏系构造、滇藏“歹”字形构造的复合部位，地质构造复杂(图2)。根据构造的空间展布特征及其生成关系，可将与路线相关的构造体系分为三个：经向构造体系(九襄断裂、大凉山断裂及安宁河断裂带东支断裂)、新华夏构造体系(雅安—石滓向斜、香樟岩背斜、羊子岭背斜及花滩断裂等)及“歹”字形构造体系(大相岭构造带及青龙构造带)。

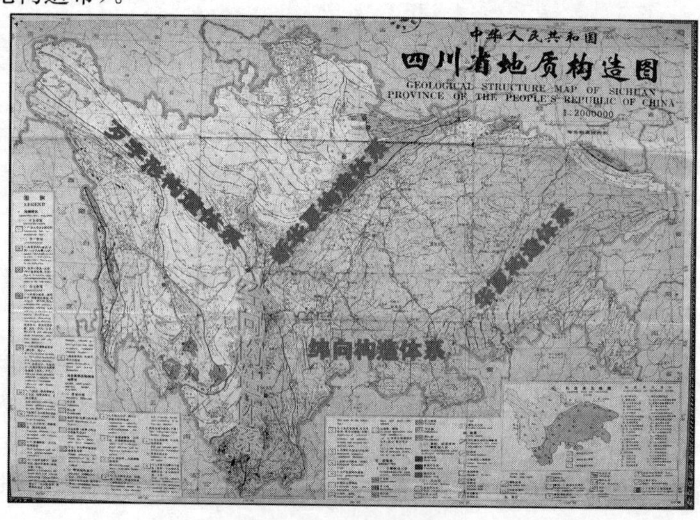

图2 区域地质构造图

2.3.3　地震

根据《中国地震动峰值加速度区划图》、《中国地震动反应谱特征周期区划图》，以及《雅安至泸沽项目地震安全性评价报告》及活动断裂定位，起点至观音岩大渡河大桥段(K104)地震基本烈度为Ⅶ度，地震动峰值加速度为0.15g，地震动反应谱特征周期为0.45s；观音岩大渡河大桥—菩萨岗段(K172)地震基本烈度为Ⅷ度，地震动峰值加速度为0.20g，地震动反应谱特征周期为0.45s；菩萨岗—止点段地震基本烈度为Ⅸ度，地震动峰值加速度为0.30g，地震动反应谱特征周期为0.40s。

2.4　水文地质

2.4.1　地表水

路线经过区域水网密集，以大相岭及菩萨岗为分水岭，大相岭以北属青衣江水系，大相岭以南—菩萨岗以北属大渡河水系，菩萨岗以南为雅砻江水系。测区青衣江水系主要河流有：经河、喷江河、冷水溪、白石河及高桥河等；大渡河水系主要河流有：流沙河、宰罗河、楠桠河、孟获水等；雅砻江水系主要河流有：拖乌河、曹古河、勒帕河、马尿河等，河流呈树枝状分布，主要接受降雨补给。

2.4.2　地下水

测区地下水十分发育，根据地下水的赋存条件、水理性质，水动力条件等可分为：第四系堆积层孔隙潜水、碎屑岩孔隙裂隙水、基岩构造裂隙水、基岩风化带网状裂隙水、碳酸盐岩裂隙溶洞水五类。

区内地下水及地表水以重碳酸钙、重碳酸钙镁型水为主，pH值为5～6.4，一般矿化度小于0.3g/L，属弱酸性的低矿化度淡水，对混凝土无侵蚀性，可作工程用水。

2.5　生态环境与人文环境富集

项目所在地区位于四川省西南地区，是少数民族居住地，除汉族外，还居住有彝、藏、回、苗等十多个民族，由于地处偏僻山区，交通条件差，经济十分落后。沿线自然、森林、矿产、水能等资源丰富，种类繁多。雅安地区以农业为主，发展建材、能源等支柱产业，沿白石河、高桥河、楠垭河水能资源梯级开发已初具规模，以及正在建设中的瀑布沟电站；攀西地区地处成矿地带的攀西大裂谷，矿产等资源。

项目影响区内旅游资源极为丰富，雅安百丈湖和碧峰峡、宝兴夹金山和蜂桶寨、石棉安顺场渡口，以及石滓(大相岭)原始森林、栗子坪省级自然保护区、泸定革命纪念地、泸沽湖女儿国、彝海结盟、冕宁灵山寺，以及西昌邛海、卫星发射基地等，开发前景广阔。

3　项目特点

项目地处青藏高原与四川盆地的结合地带，为典型西部山区高速公路，在全国乃至世界范围内均具有特殊性和典型性，具有“大、难、高”三大特点。

3.1　工程规模大

项目路线全长239.427km，工程规模大，其中桥梁279座，长91km；隧道25座，长39km，桥隧比达55%。其投资规模大，是利用亚行贷款数额最大的单个项目。

3.2　工程技术难

这主要体现在：一高、二多、三复杂。

(1)地震烈度高：项目平行“经向构造体系”布设，构造十分发育，穿越鲜水河、大凉山、安宁河等12条断裂带，地震烈度高(图3)。

(2)不良地质众多：沿线滑坡、泥石流、煤矿采空区、崩塌落石及危岩、花岗岩开采区、石棉尾矿堆积区、昔格达半成岩、库岸再造等广泛分布。

(3)施工干扰多：沿线分布有大小水电站40余个和多组高压输电线，及国道108线、瀑布沟水电站库区道路，施工保通压力大，通过汉源瀑电移民安置和少数民族聚居区。

(4)地形复杂：目位于四川盆地西南边缘向高原的过渡带，山高谷深，横坡陡峻，布线自由度极小，受自然条件影响全线共需六次越岭(鹿子岗、大相岭、拖乌山、扯羊、勒不果喇吉和马鞍山)，特别是大相岭、拖乌山越岭路线长，平均纵坡大，且存在冰冻积雪。

(5)气候复杂：强降雨、浓雾，季节性冰冻积雪，以及瀑布沟电站蓄水后区域气候将产生较大变化等。

(6)工程技术复杂：高烈度地震区结构物的抗震减震、超长连续纵坡的营运安全、大相岭深埋特长隧道施工等技术面临巨大考验，在全国乃至世界范围内均具有特殊性和典型性。

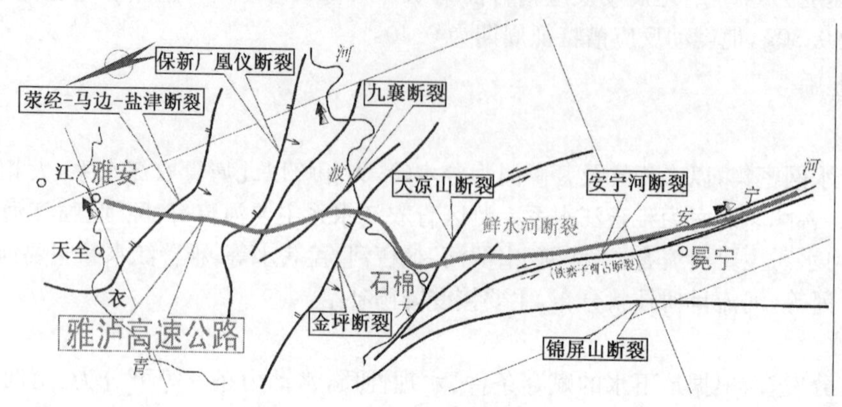

图 3 测区地质构造图

注：场内地震活动频繁，断裂构造发育，主要有10处断裂（包括鹿子岗、江花、施查沟、九襄隐伏、金坪、美乐、白马及鲜水河、大凉山、安宁河）。

3.3 科技含量高

为克服以上工程技术难题，唯有依靠科技创新。项目开展了6项西部交通建设科技项目、5项四川省交通厅科技项目研究、共32项研究专（子）题、7项推广示范应用课题，为项目的顺利实施提供了强有力的技术支持，同时为努力提升西部山区高速公路建设技术创新的能力积累经验。

4 勘察设计思路

项目勘察设计过程中认真贯彻“安全、环保、舒适、和谐”的设计理念，按照“四个坚持、四个树立”和“资源节约、环境友好”的设计思路，认真落实交通运输部勘察设计典型示范要点，在总体把握项目重点、难点工程和关键技术的基础上，深化基础资料、加强方案综合比选与技术创新、强调设计精细化，确定安全、经济、环保的设计方案。

4.1 项目勘察设计思路

4.1.1 加强总体设计

项目为典型山区高速公路，设计以“安全、经济、环保”为主线，认真落实交通运输部勘察设计典型示范要点，总体把握项目重点、难点工程和关键技术，坚持“地形选线、地质选线、环保选线、安全选线”，结合自然（冰雪、浓雾、地形和不良地质）、行车安全（平纵组合、避险车道和沿线设施位置）、经济（线位与地形匹配、爬坡车道设置、视距加宽）、与环境协调（植被保护与利用，合适桥隧比例、临时停车区或观景台）等反复的优化调整和综合比选，确保工程的可实施性、运营的安全性、项目的经济合理性。

为统一设计指导思想，总体组结合项目特点编制了《项目勘察、设计暂行规定》、《项目勘察设计示范实施指导意见》、《停车视距、爬坡车道的设置原则》、《交通工程设计指导意见》和《交通安全设施实施建议》等。

4.1.2 分段确定技术指标

根据交通量、沿线地形、地质条件等进行综合分析研究，将其划分为若干个设计单元，针对每个单元选用适宜的技术指标，将其划分为雅安至荥经、荥经至汉源、汉源至石棉、石棉至菩萨岗、菩萨岗至泸沽5个路段单元，针对每个单元选用适宜的技术指标，其中雅安至荥经、汉源至石棉、菩萨岗至泸沽3个路段采用较高的技术指标；对地形困难、地质条件复杂的荥经至汉源（大相岭越岭）、石棉至菩萨岗（拖乌山越岭）两个路段采用了较低的技术指标（图4）。

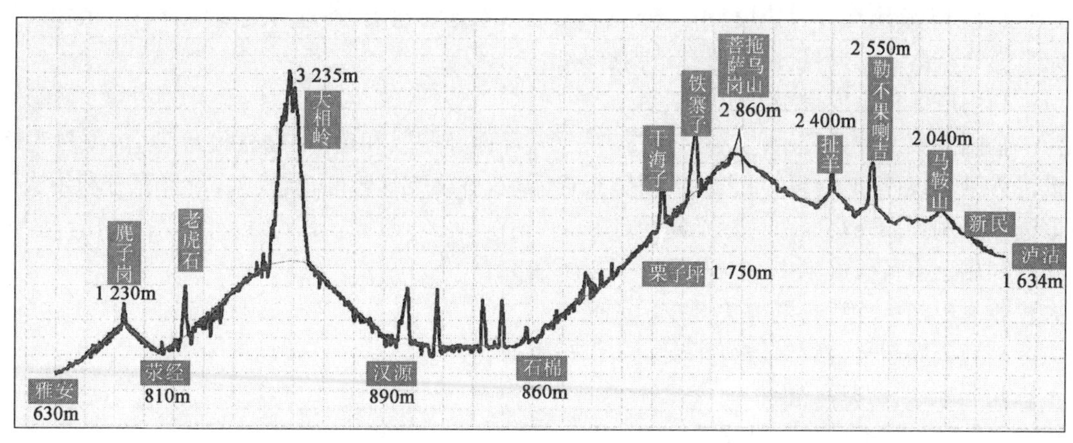

图 4　路线纵断面示意图

注：路段长约 51.126km，高差 1.515m，平均纵坡 2.96%。

具体分段情况为：

(1)雅安(对岩)—荥经(老虎石)：地形相对平缓，布线自由度较大，采用较高技术指标(平曲线半径以设置超高不大于 5%、纵坡不大于 4%控制)。

(2)荥经(老虎石)—汉源(大相岭越岭线)：其影响因素多(地形、地物、地质、气象、立交、采空区、溯源侵蚀、平均纵坡较大、隧道长)，工程规模大，平曲线半径以不小于 350m、纵坡以不大于 4%控制；对大相岭隧道北坡引道冰冻积雪路段，设计高程 1 500m 以上，纵坡不大于 3%。

(3)汉源—石棉(瀑布沟电站库区线)：路段沿大渡河瀑布沟库区两岸布线，坡体陡峻，受电站库岸再造、库区道路(国道 108 线、右岸复建公路)、厚层崩坡积、石棉尾矿区等多种因素影响，路线线位单一，路段路线大多以隧道与跨大渡河特大桥梁衔接，在加强控制横断面测量的基础上布线，处理好分离式隧道与整体式桥梁的关系，处理好路线平纵面与库区视觉的协调，控制纵面坡差不大于 3%。

(4)石棉—菩萨岗(拖乌山越岭线)：路段沿楠桠河 V 形河谷升坡展线的拖乌山越岭上山线，长度 51.126km，高差 1 518m，平均纵坡约 2.97%，沿线地形陡峻、地质条件复杂，与安宁河东支活动断裂并行，走廊内还有楠桠河梯级电站、高压输电线、既有国道 108 线，以及栗子坪省级自然保护区等，在加强沿线高压输电线、电站引水渠、桥梁控制墩台位、隧道洞口等地形、地物的控制测量工作，保证施工期间国道 108 线公路的安全营运和通畅，其平曲线半径以不小于 300m、纵坡不大于 5%控制；对菩萨岗越岭北坡引道冰冻积雪路段，设计高程 2 000m 以上纵坡以大于 3.5%为宜；栗子坪回头展线，隧道内平曲线半径以不小于 600m、超高不大于 4%控制。

(5)菩萨岗—拖乌—泸沽段(拖乌山越岭下山线)：路段地处山区脊谷相间地形，沿线河流比降大，水能资源丰富，梯级电站较多，滑坡、泥石流、昔格达地层、崩塌等地质病害比较严重，地震烈度高，加之受国道 108 线路影响，为线路布设与展线带来困难。

4.1.3　尊重自然，保护环境，促进社会和谐、可持续发展

根据项目沿线地形、地貌和自然景观等特征，将全线分为以下 4 种景观段，即对岩至鱼泉、松林头至龙洞营、彝海至泸沽——农田景观段；鱼泉至松林头——森林景观段；龙洞营至菩萨岗——河谷景观段；菩萨岗至彝海——高山植物景观段。路线布设结合沿线地形、地质、城镇电力和水利、旅游等规划，线形设计顺"势"布设，与山川、河流、大地的"势"相吻合，以曲线适应地形，设置圆顺的三心圆、双心圆卵形曲线、连续 S 形曲线；线形自然流畅，曲线占路线总长的 60%以上。

线形设计遵循"动"、"珠链"理念，运用"保护性、恢复性、乡土化、自然性和文化性"的设计手法，将沿线特色生态(大相岭林区、九襄经济林区、瀑布沟库区、栗子坪省级自然保护区、菩萨岗高山湿地及湖泊)、地区文化(彝海结盟、彝族文化、康巴文化)，利用高速公路串联起来，达到路随景出、景由路生，实现公路建设顺应自然、呼应自然、融入自然的景观效果，提高行车安全性、愉悦性。

同时加强对表土资源在项目边坡、中央分隔带及工点绿化的利用，筛选并提前培育乡土植物进行边坡绿化，模拟原生植物群落结构，尽量恢复原有植被群落。

4.1.4 利用成熟科研成果服务于本项目

为落实"全国勘察设计典型示范工程"，贯彻"安全、环保、舒适、和谐"的勘察设计理念，项目组确立了争创"国家级优秀勘察设计"的目标，对大渡河桥隧相连路段，桥梁墩身较高，规模大，设计充分利用成熟的科研成果，隧道进口采用连拱→小净距→标准间距(图5)，确保工程综合成本最低，设计方案经济合理，体现个性化设计；项目利用已有科研成果10余项，开展了以下研究：

(1)大相岭泥巴山深埋特长隧道关键技术研究。

(2)山区高速公路超长连续纵坡行车安全关键技术研究。

(3)生态脆弱地区公路环境保护研究。

(4)活动断裂区高速公路修筑技术研究。

(5)高速公路螺旋形曲线隧道营运安全控制技术研究。

(6)超高墩大跨预应力混凝土连续刚构桥梁设计与控制关键技术研究。

(7)雅泸高速公路特殊路基修筑技术研究。

(8)雅泸高速公路泥巴山隧道重大工程地质问题分析及病害处治技术研究。

(9)西部高速公路生态型声屏障技术应用研究。

(10)中等跨度钢管混凝土桁架梁桥成套技术研究。

(11)雅泸高速公路运营管理体系研究。

图5 桥隧相接的苏村坝大桥(徐店子隧道进口采用连拱—小净距—标准间距)

4.1.5 贯彻特长曲线隧道更安全的理念

为提高驾驶员在隧道内的注意力，调整大相岭特长隧道内平面线形，洞内设置了两个大半径平曲线(偏角约10°，曲线半径5 500m)，以诱导行车，降低驾驶疲劳，提高行车安全性；同时隧道设计遵循全寿命成本控制理念，其通风、救援方案的选择不仅考虑建设成本，而且兼顾隧道的营运和管理成本的综合最优。

4.1.6 结合项目建设对沿线不良景观进行改善、整治

根据项目沿线地形、地质条件，以及项目投资控制困难的实际情况，在确保工程安全的前提下，经综合比选采用经济合理的设计方案，同时对局部已破坏的自然生态结合工程予以整治。

如结合项目对文武坡喇嘛溪沟的溯源侵蚀(原国道108线改线原因之一)、小堡乡花岗岩开采区高边坡治理(目前开挖边坡高80m左右，长1.5km)、对石棉尾矿的利用(作为路用材料)，以及结合工程对扯羊隧道出口泥石流沟的治理(图6～图9)。

图6 文武坡喇嘛溪沟的溯源侵蚀

图 7　石棉尾矿区

图 8　大渡河沿线地形(已开采花岗岩坡面)

图 9　扯羊隧道出口泥石流沟(路线从流通区通过)

4.1.7　加大综合地勘工作

由于项目地形地质复杂,加大综合地质勘探工作,并实施全过程地勘监理,确保基础资料的完整、准确(见表 1,未含施工期地质补充勘察)。

主要地质勘察工作　　表 1

项目		单位	数量				
			A1 合同段	A2 合同段	A4 合同段	A5 合同段	合计
工程地质	1:200 地质断面测绘	个	140	168	400	191	899
	地质调绘 1:2 000	km²	69	66	125	96	356
	静力触探孔	个	250	102	0	97	449
	取土钻孔		116	159	139	20	434
	机械钻孔	m/个	24 782/815	10 795/470	29 201/902	18 382/728	83 160/2 915
	试坑	个	47	43	653	352	1 095
	土工试验	组	95	111	171	104	481
筑路材料	砂卵砾石筛分试验	处	14	12	3	26	55
	石料		13	13	6	15	47
	天然中粗砂		6	13	3	8	30
	机制砂		2	2	1	—	5
	路面配合比试验	组	1	4	2	3	10
	碎石压碎值、磨光值		5	4	3	7	19
	石灰、粉煤灰化学分析		1	—	—	3	4
	沥青混凝土试验		3	—	—	—	3
	CBR 击实试验		4	5	47	8	64
	弃土场/取土坑	处	85/3	32/1	24/2	66/12	207/18

专项地质勘察：大相岭气象报告、煤层采空区、工地场地地震安全性评价及活动断裂定位、泥石流调查、瀑布沟电站库区库岸再造，以及物探、孔内测试等综合勘察手段。

4.1.8 强化方案咨询、会审

邀请专家对大相岭特长隧道、栗子坪螺旋展线路线方案，大相岭特长隧道通风方案，项目地震安评报告进行评审、咨询；统一制订爬坡车道、视距、交通工程总体设计原则；结合项目特点开展科研工作。

4.2 总体设计原则的具体执行情况(图10、图11)

总体设计是在对项目沿线自然、气候、水文、地形地质条件等特征，以及项目功能、交通量及分布、设计通行能力、服务水平、技术标准、路线方案与线形设计、景观设计和沿线设施等综合研究的基础上提出的。

4.2.1 安全原则

项目需综合考虑功能、行车安全、自然环境等因素，对线路布设进行公路安全性评价。对项目走廊复杂多变的地质条件和地质灾害进行专项调查和研究，明确地质灾害可知性、可治性。对控制性工程(特大桥、特殊桥梁、大桥及隧道)进行结构安全性和可靠性检算，从源头上把好设计安全关。

首先，项目受地形制约，一些路段不可避免地出现了长大纵坡，为此在不影响路线升坡的地段，顺应地形，增加缓坡段或反坡段，缩短连续纵坡长度或减缓平均纵坡，尽量减小急剧爬坡对运营安全的不利影响；其次，应该选择有利地形，在适当位置设置爬坡车道、避险车道、冷却池等安全设施；再次，纵面结合平面和横断面综合考虑，做到充分利用地形、地势，合理采用坡率、坡长，力求指标均衡，凹凸竖曲线设置合理，视觉顺适，路、桥、隧衔接，路面、路线交叉、停车视距、路基宽度(结合地形适时加宽路基)和沿线设施(结合地形增设临时停车区或观景台)等方面的设计考虑公路行车的安全，把公路的整体安全放在设计工作的首位，从设计上消除安全隐患。

(1)路线布设

确保线形的舒顺、连续，经安全性评价控制相邻路段速度差不大于20km，对越岭线连续长下坡，布线时择址设置缓和坡或反向坡(如K50土山岗、K78文武坡、K134西冲、K160铁寨子等)，缩短连续坡长；对大相岭北坡、菩萨岗南坡积雪、浓雾路段，最大纵坡以不超过3%控制。

(2)路基设计

以“预防”、“容错设计”的安全设计理念，浅挖路堑、深挖路堑、两侧分别设置可绿化的浅碟形边沟、加盖板暗沟，以及优化路侧护栏端头及护栏过渡段的设计等。设计最大超高采用8%，当同向曲线间的直线长度较短($<3v_s$)时，从保障行车安全考虑，其越岭路线的下坡方向设置2%的单向横坡(即外侧车道设置了2%的超高)。

图10 挖方边沟——暗沟

图11 设置边沟盖板

(3)桥梁设计

依据《地震安全性评价报告》，兼顾结构安全性与投资效应比的关系，一般中小跨径的桥梁按“小震不坏、中震易修、大震不倒”设防，大跨桥梁按“中震不坏、大震易修”设防；同时对控制性工程(特大桥、特殊桥梁、大桥)进行结构安全性和可靠性检算，并为综合考虑运营养护，对特殊结构桥梁设置专用的检修通道。

(4)隧道设计

隧道是封闭的结构物，线形、路基宽度、亮度等过渡段设计十分重要。隧道内采用流畅的线形，曲线隧道的视距满足要求，洞口的平纵线形应与隧道保持 3s 行程的一致性；隧道洞口与路基之间设置宽度过渡段长度渐变率不超过 1/30；隧道洞口 500m 范围内采用沥青混凝土复合式路面形式，与洞外路面一致；隧道内按不同的隧道长度布置了完善的照明、监控、消防、通风等机电设施。

(5)交通工程及沿线设施设计

结合超长连续纵坡、不良气候条件、隧道、景观等具体情况，考虑交通安全的需要，有目的、有针对性的设置服务区和停车区，为下坡车辆在中途提供休息、检查车辆、制动装置冷却(通过设置冷却区)、加水等服务，为进入连续下坡路段做好准备工作，以及设置被动防护的紧急避险车道，满足断面通行能力的爬坡车道。

在一些容易发生事故的路段前和弯道前，连续急弯路段及平曲线位于长大下坡、积雪等危险路段，对行车安全极为不利，设置警告、限速标志、减速带、轮廓标等交通工程设施，路侧护栏、中央分隔、车道分隔线等应用反光材料，加强夜间可辨识性，并适当加高或加强护栏；同时加强路基护栏与隧道侧墙、桥梁护栏有很好的连接与过渡。

(6)被动式防护(避险车道)

根据《公路路线设计规范》(JTG D20—2006)对设置避险车道的规定，在公路连续长、陡下坡路段，当平均纵坡≥4%，且纵坡连续长度≥3km，或远景年大中型重车比例≥50%时应设置避险车道。经验证全线平均纵坡均＜4%，但考虑到本项目连续下坡长(大相岭北、南坡约 20km，拖乌山越岭上山线长约 50km)，且部分路段受积雪浓雾等不良气候影响，为减轻失控车辆的损失或危及第三方安全，仍考虑设置避险车道，避险车道宽 9.5m(制动坡床宽 4.5m＋右侧服务道路宽 3.5m，两侧各 75cm 路肩)。

项目避险车道设置原则为：平均纵坡≥3%、连续下坡长度＞5km 时，考虑择址设置，一般考虑在进入互通式立交、服务区(观景台)、停车区等沿线设施，以及隧道(特别是螺旋隧道)、路侧居民集中区前设置，为保证安全在下坡方向外侧等危险路段设置“三波护栏”。全线越岭路段避险车道设置见表 2。

全线越岭路段避险车道设置一览表　　表 2

名　称		起讫桩号	路段长(km)	平均纵坡(%)	避险车道设置情况
鹿子岗	北坡	K0＋424～K4＋410(633.76～692.76)	3.986	＋1.52	K6＋800
		K4＋410～K12＋040(692.76～914.34)	7.630	＋2.90	
		K12＋040～K12＋840(914.34～922.14)	0.800	＋0.60	
		K12＋840～K17＋160(922.14～1043.06 越岭最高点)	4.320	＋2.82	
	南坡	K17＋160～K25＋840(1043.06～810.72)	8.682	－2.68	
大相岭	北坡	K25＋840～K47＋090(810.72～1400)	13.030	＋3.19	K37＋280 K44＋700
		K47＋090～K49＋750(1400～1446.15)	2.660	＋1.76	
		K49＋750～K50＋510(1446.15～1444.41 隧道进口)	0.760	－0.50	
		K50＋510～K53＋804(1444.41～1526.95 隧道进口)	3.294	＋2.51	
		K53＋804～K58＋810(1526.95～1564.44 越岭最高点)	5.006	0.77	
	南坡	K58＋810～K63＋766(1564.44～1540.63 隧道出口)	4.956	0.50	K71＋098 K81＋800
		K65＋170～K71＋600(公墓后缘 1515.53～地瓜坪)	6.547	－3.24	
		K63＋766～K65＋170(1540.63～1515.39 公墓后缘)	1.404	－1.76	
		K65＋170～K71＋380(1515.39～1300.62 大水坪)	6.327	－3.41	
		K71＋380～K72＋480(1300.62～1273.45)	1.100	－2.38	
		K72＋480～K77＋480(1273.45～1099.35 伍家山)	5.000	－3.52	
		K77＋480～K79＋250(1099.35～1071.67 喇嘛溪沟)	1.770	－1.39	

续上表

名称		起讫桩号	路段长(km)	平均纵坡(%)	避险车道设置情况
鹿子岗	北坡	K116＋020～K119＋150(871.89～936.13 鸡公山隧道出口)	3.142	＋2.04	K121＋000 K140＋100 K145＋350 K149＋600 K156＋058 K166＋400
		K119＋150～K120＋380(936.13～932.29 广元堡)	844.98	－0.45	
		K120＋000～K125＋960(928.16～1116.04 罗家坪)	6.007	＋3.18	
		K125＋960～K128＋440(1116.04～1163.02 罗家山隧道出口)	2.480	＋1.89	
		K128＋440～K132＋250(1163.02～1282.70 元堡山隧道)	3.778	＋3.17	
		K132＋250～K135＋700(1282.70～1324.40 西冲)	3.450	＋1.10	
		K135＋700～K151＋810(1324.40～1888.79 螺旋隧道进口)	16.240	＋3.49	
		K151＋810～K153＋770(1888.79～1943.13 螺旋隧道出口)	1.960	＋2.80	
		K153＋770～K159＋070(1943.13～2134.20 螺旋隧道进口)	5.300	＋3.62	
		K159＋070～K162＋450(2134.20～2224.80 螺旋隧道出口)	3.380	＋2.65	
		K162＋450～K168＋360(2224.80～2391.40 孟获沟)	4.532	＋3.70	
		K168＋360～K172＋340(2391.40～2443.57 越岭最高点)	3.980	＋1.33	
	南坡	K172＋340～K175＋300(2443.57～2409.88)	2.96	－1.14	
		K175＋300～K177＋300(2409.88～2390.74)	2.00	－0.96	
		K177＋300～K185＋600(2390.74～2165.63)	8.30	－2.71	
		K185＋600～K189＋600(2165.63～2104.29)	4.00	－1.53	
		K189＋600～K193＋380(2104.29～2068.07)	3.78	－0.96	
扯羊	北坡	K193＋380～K197＋460(2068.07～2174.93 越岭最高点)	4.08	＋2.62	
	南坡	K197＋460～K202＋760(2174.93～1999.15)	5.30	－3.32	
勒不果喇吉	北坡	K202＋760～K206＋400(1999.15～2082.89 越岭最高点)	3.64	＋2.30	
	南坡	K206＋400～K212＋730(2082.89～1908.81)	6.322	－2.75	
马鞍山	北坡	K220＋710～K224＋800(1934.58～2026.17 越岭最高点)	4.09	＋2.24	
	南坡	K224＋800～K231＋620(2026.17～1799.47 新民)	6.828	－3.32	K228＋600
		K231＋620～K232＋480(1799.47～1793.67)	0.860	－0.3	
		K232＋480～K237＋385(1793.67～1669.82 回龙)	4.905	－2.52	

全线共设置避险车道 12 处。

(7)停车视距检验

①全线平曲线内侧主车道行驶车辆停车视距均满足要求。

②对平曲线中央分隔带外侧超车道停车视距的检验(货车按主车道检验)。当平曲线半径 $R<665$m 时，其外侧超车车道视距不能满足规范要求。对于平曲线半径 $R=440\sim665$m 时，采取偏置曲线路段中央分隔带护栏位置及防眩设施；对于平曲线半径 $R=320\sim440$m 时，采取不加宽路基(因项目投资控制困难)，压缩外侧硬路肩宽度，将外侧车道标线向外移(内侧行车道和中央分隔带位置保持不变)，从而增加外侧超车道的横净距，以满足视距要求。路段分隔带采用加强型护栏。

(8)冰雪、浓雾等不良气候路段交通安全

项目大相岭北坡隧道口 K49＋090～K53＋804 长 6.714km 的路段、菩萨岭 K162＋450～K172＋340 长为 9.89km 的路段位于雪线之上，大相岭隧道、双螺旋隧道、菩萨岗隧道正好位于此地段，驶出隧道的车辆突然进入冰雪、浓雾环境，极易导致交通意外事故发生设计应加强排水设计，控制合成坡度小于 5%，特别是桥梁；隧道洞口配置完善的气象检测装置，设置可变情报板，加强监控、救援设施，合理设置沿线设施、交通标志及诱导设施，提高危险路段护栏防护等级或遮挡视线；建立道面温度预测系统——热谱地图，并配备融雪剂自动或人工撒布系统。

(9)构建完善的管理体系

项目沿线气候恶劣、地势险峻，道路平、纵线形变化大，运营中连续长大纵坡发生车辆失控(特别是载重汽车)或驾驶操作失误(主要是高速行驶的小轿车)的可能性较大，加之高填方路段和陡崖路段很多，因车辆失控或驾驶失误导致车辆冲出路外后的事故后果会非常严重。因此，从提高公路运营的安全防护效力、安全救助功能的角度，根据项目地理环境、气候特点、运行车辆构成、车辆行驶性能、驾驶员生理和心理特性等因素，综合考虑安全性、经济性、环境协调性等各方面的影响，有针对性地设置平缓的边坡、浅蝶形边沟、有较高安全防护效力的护栏或护墙，构建公路防护安全保障和不利气候条件下的运行安全保障体系、紧急避险救助系统和交通服务管理体系，以及防护安全应急预案，有效提高项目安全防护水准。

4.2.2 经济原则

项目沿线地形地质条件复杂，高填深挖、不良地质处治不可避免地会出现，这些工程不仅对路线总体方案和工程造价有极强的控制作用，同时还会影响道路的安全运营，设计中加强对典型工程方案的综合比选，合理选择线位和工程方案，确保设计经济合理。

(1)全寿命安全理念

构造物的形式坚持实际、实用、实在和经济合理的原则，注重标准化、定型化，以及“建、管、养”全寿命整体安全的设计理念选择。

(2)爬坡车道设置

根据公路运行速度检验，对于上坡路幅运行速度降低至50km/h以下的路段设置爬坡车道。爬坡车道宽3.5m(含右侧路缘带宽度)，由2.5m宽硬路肩加宽1.0m形成，即设置爬坡车道路段上坡侧的路幅宽度增宽0～1.0m。结合项目大型构造物较多、工程艰巨的实际情况，未设置紧急停车带。全线共设置19.977km/9段。

(3)路面

中、短隧道采用复合式沥青路面，长、特长隧道采用水泥混凝土路面；桥面铺装小、中桥采用与相应段落内主线表面层+中面层相同的路面结构；对桥长大于100m的一般结构的大桥、特大桥沥青混凝土铺装层采用段落内主线表面层+3cm细粒式沥青混凝土AC-10下面层的路面结构；对特殊结构桥梁的沥青铺装层采用1cm微表处抗滑磨耗层。

(4)公路用地

严格控制公路用地规模，尽量靠近山脚布设，减少耕地或基本农田占用；合理选择取、弃土场，结合临时用地选择管理、服务、收费等设施。为节约土地，路基为边沟或坡脚外侧边缘及路堑坡口(设置截水沟时为截水沟沟壁外侧)以外2m，桥梁为两侧边缘以外1m，为公路用地范围(图12)。

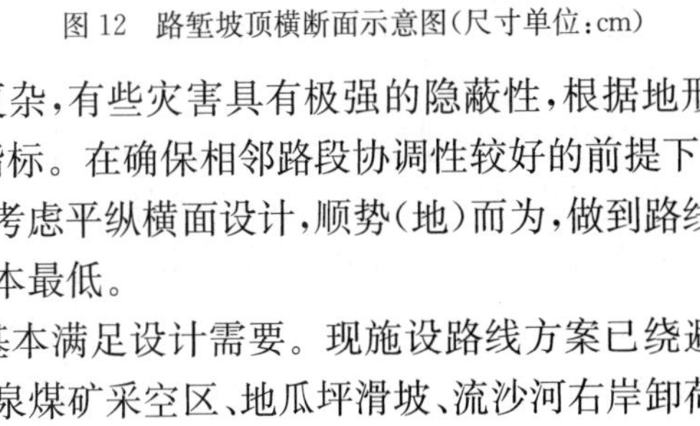

图12 路堑坡顶横断面示意图(尺寸单位：cm)

4.2.3 坚持地形、地质选线的理念

项目地形地质复杂，地质灾害的类型多，分布面广，且成因复杂，有些灾害具有极强的隐蔽性，根据地形和探明的走廊内地质条件合理选用技术指标，避免片面追求高指标。在确保相邻路段协调性较好的前提下，宁可适当采用较低的线形技术指标，尽量避让不良地质带，综合考虑平纵横面设计，顺势(地)而为，做到路线三维协调有序，确保项目的可实施和运营的安全性，达到综合成本最低。

经过初勘、详勘阶段的地质调绘、综合地质勘探，地勘深度基本满足设计需要。现施设路线方案已绕避了老虎石隧道进出口滑坡、经河大桥泸沽岸深层滑坡堆积体、鱼泉煤矿采空区、地瓜坪滑坡、流沙河右岸卸荷裂隙、大宝滑坡、新光滑坡等大型不良地质。

4.2.4 控制高边坡的规模

项目重峦叠嶂，横坡陡峭，高边坡防护工程一定程度要比高架桥工程量大，且施工困难，对自然环境破坏较大，特别是本项目处在高烈度地震区，地震发生时高边坡的坍塌会导致灾难性后果。因此在路线方案比选时，始终将高边坡作为重要的控制因素予以避免，尽量避免出现面大、坡高的削皮式路堑边坡。

定线根据数字地面模型，结合实测地形控制点、地勘资料进行横断面设计，通过调整平纵面线位控制高边坡高度、桥隧工程规模以及路基土石方工程量，以安全、经济、环保为主线确定路线方案，因地勘工作的深入，施设高边坡工程规模与初设相比有所增加，但各段高边坡的路段长度有所减少。

项目岩质高边坡高度均控制在40m以内，对于个别高度大于40m的高边坡，控制其路段长度不超过100m，且尽可能避免较长全路堑，确保良好驾驶视野；边坡坡脚、坡顶应取消折角作弧形化处理，填挖交界处的挖方部位形成的凸出棱角也应折角圆顺处理。

4.2.5 将生态环保置于优先地位

公路作为公共设施，既要满足车辆通行的基本要求，又要与自然环境和谐统一，尽最大努力地减少对自然环境的破坏。项目沿线生态环境脆弱，在充分认识区域环境特性，收集翔实地质、环保资料的基础上，顺应山势，充分利用地形布线，严格控制高填深挖、废方规模，根据边坡稳定情况，采取以植物防护为主的设计思想，合理选择取、弃土场和施工场地，减少施工期污水、废料、噪声污染，且同步实施环境保护工程，达到线路与沿线复杂多变的地形地貌有机融合。

控制挖填方高度，挖方深于30m、填方高于20m，进行桥隧、分离式等方案的综合技术经济比较。隧道早进晚出，洞门形式与地面平顺衔接，取弃土场做专项设计，尽量融入周围环境。对不良地质路段首先绕避，不可绕避时则避重就轻，并因地制宜的选用跨、导、截、治等综合措施。

4.2.6 以人为本，充分考虑人文环境的要求

路线设计在充分考虑减少对自然环境、基本农田、居民村落及学校、名胜古迹等环境敏感点影响的基础上，强调更好地为道路使用者服务，以及方便沿线居民生产和生活。

线形设计中注重优化平纵横组合设计，同时注重道路视觉与沿途气候、地形、地貌、生态特征及民俗风情（如彝族文化、康巴文化）、社会环境等自然景观结合起来，充分尊重地区特性，使公路与沿线的自然景观协调一致，如下穿分离式立交、边坡截水沟的协调，观景台、停车区、服务区的人性化服务；构造物的设置注重保持地方路网及排灌设施的完整性，以及居民出行、农耕的需要，通道间距250～350m控制，结合亚行扶贫、工程服务的理念，先期开工的大相岭隧道（长18.841km）、冕宁（长18.258km，）施工便道按四级公路实施。

荥经、石棉、冕宁服务区，土山岗、汉源停车区，晾山观景台充分结合场址环境进行调整，其石棉服务区、汉源停车区设于瀑布沟库区，土山岗停车区设于大相岭北坡森林区，晾山观景台设于九襄果林区，冕宁服务区设于一颗古树旁。

在施工过程中可根据路基开挖、取弃土场、临时用地等，在增加工程不大的情况下，在超长连续纵坡路段增设小型停车区、休息区（或观景台）或路侧紧急停车带，如大相岭隧道进口、瀑布沟库区段、勒不果喇吉隧道进口等。

4.2.7 充分考虑施工技术条件

项目沿线地形起伏大，为减少施工难度，降低工程造价，路线方案及桥涵、隧道方案的选择将施工难易、降低施工成本作为方案决策重要控制因素之一，如老虎石隧道出口端布线时考虑采取路堤方案，以方便隧道施工。

由于全段土建施工场地选择困难，因此对于处于同一施工合同段的桥梁，特别是桥梁相对集中的段落，尽量采用孔跨和结构形式基本相同的桥梁，以便于标准化、定型化施工。根据各土建施工合同段所处位置的区域路网情况，对进场施工便道（桥）进行了设计，其大相岭隧道、冕宁便道已先期开工。

项目与现有G108线大多位于同一走廊，平行路段、交叉多次，方案选用考虑将施工期对现有交通的影响降低到最小限度，如衰家岩坪至大湾头段，为减小施工对国道108线的干扰，路线绕过方家岩，将路线布设在冷水溪右岸。

4.3 起讫点衔接

项目按一次性建成，2007～2012年实施，建设工期为5年。路线起点K0+000接已建成都至雅安高速公路止点K140+340，设计速度、路基宽度及路幅划分与本项目一致；止点与已建泸沽—西昌（黄联关）高速

公路相接，其设计速度与本项目一致，路基宽度为 19.5m，设置渐变段过渡衔接。

5　主要技术指标与主要工程

5.1　主要技术指标(表 3)

按照交通量、地形条件划分的不同设计路段所选有的技术指标，局部仍可能存在指标不均衡现象，但通过安全性评价后的反复调整，使各线位相邻路段运行速度与设计速度的差值<20km/h，达到线形的均衡与连续，做到高、低指标的合理过渡。

根据项目特点同向曲线间直线长度可按 $3v$ 控制，否则应调整成复曲线、卵形曲线(多卵形)或复合曲线(本项目不采用凸形和 C 形曲线)；缓和曲线长度一般应满足回旋线参数 $R/3 \leqslant A \leqslant R$ 的要求，其缓和曲线与圆曲线长度之比宜为 1∶1～3∶1。

主要技术指标的运用情况　　表 3

项　目		单位	A1 合同段	A2 合同段	A4 合同段	A5 合同段
路线长度		km	70.683	45.227	60.252	63.682
转角桩个数		个	94	55	80	71
平曲线比例		%	71.05	70.4	66.99	77.88
平曲线最小半径		m	400	453.03	323	450
小半径平曲线	超高 7%	m/个	400/5	—	<(420～320)/9	—
	超高 6%		<(550～420)/18	<(510～420)/5	<(550～420)/17	<(550～420)/12
	超高 5%		<(710～550)/24	<(710～550)/4	<(710～550)/16	<(710～550)/14
平曲线最大半径		m	5 500	5 600	4 700	4 000
交点间最大直线长		m	2 590.01	2 075.55	1 942.58	1 027.86
变坡点个数		个	91	61	78	93
最大纵坡		%/处	4.0/3	4.0/9	(4.0～5.0)/21	4.5/3
最短坡长		m	293.99	334	300	250
最小凸形竖曲线半径		m/个	12 000/4	12 000/1	8 000/4	12 000/8
最小凹形竖曲线半径		m/个	8 000/2	10 614/1	7 000/2	8 000/1
隧道最小平曲线半径		m	710	710	600	747.62
卵形曲线		处	9	5	9	1

5.2　重要工程简介

5.2.1　大相岭隧道(图 13)

大相岭隧道长 9 962m(右洞 10 007m)，为双洞单向行车，最大埋深 1 701m。隧道轴线间距为 40m 左右的并行线，雅安端位于直线上，泸沽端位于曲线上，曲线半径 R=1 410m。考虑大相岭特长隧道行车安全，通风井的设置以及通风风道的布置等，隧道内平面线形设置了偏角约 10°，半径 5 500m 的大半径平曲线，诱导行车，降低驾驶疲劳，提高安全性。

隧道纵面线形设计综合考虑了地形、地质条件、通风、排水、施工及隧道两端的接线条件，兼顾考虑通风井的设置，隧道左右线纵坡均为+0.75/−0.5(雅安至泸沽方向上坡为正)，变坡点基本设置在隧道中部。

根据建筑限界要求以及电缆沟、排水沟、隧道通风需要以及机电设施等所需空间尺寸确定了衬砌内轮廓断面形式：拱高 700cm，上半圆半径为 550cm 的三心圆曲边墙结构，其净空面积(含仰拱)76.45m²，周长(含仰拱)31.98m。

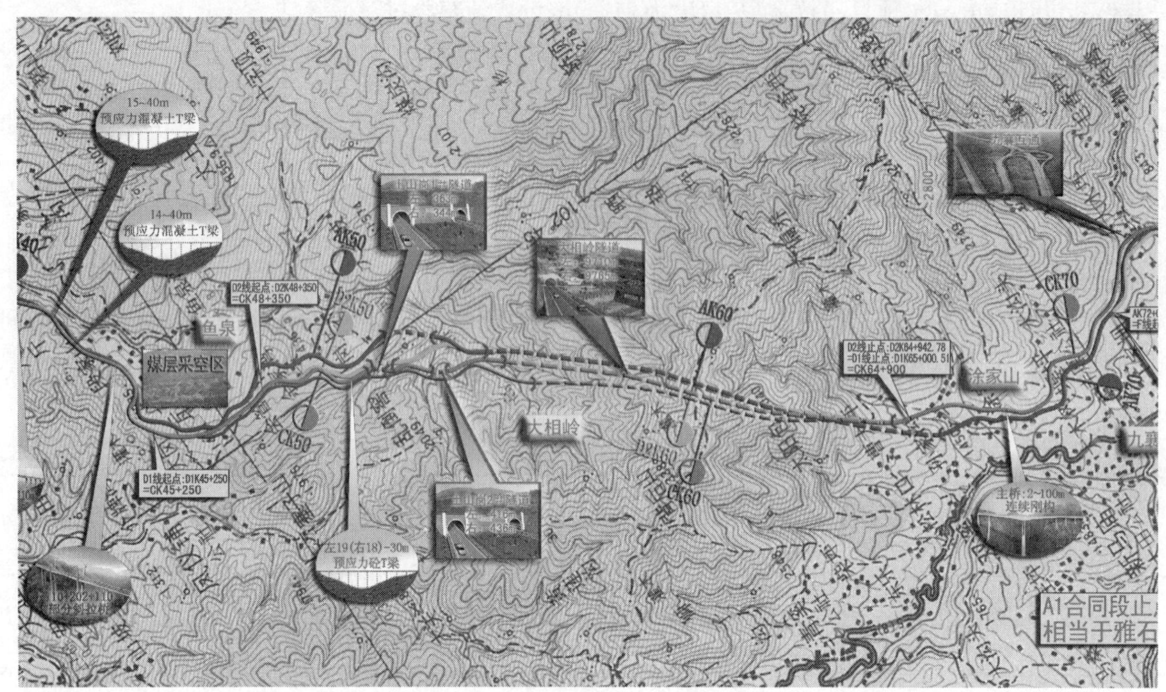

图13　大相岭越岭线方案示意图

隧道采用三区段四斜井送排式通风，其中雅安端两斜井分别为排风斜井和送风斜井，隧道左右洞的排风共用排风井，送风共用送风井，通过风门调节左右洞的送排风量，送风斜井 1 537m，坡度 12.2%，排风斜井 1 361m，坡度 15.9%，无轨运输，采用地下风机房；泸沽端两斜井各自独立的为左右洞的送排风服务，斜井用钢筋混凝土隔板分隔出送风道和排风道，左洞斜井 909m，坡度 31.5%，右洞斜井长度 912m，坡度 29.9%，有轨运输，采用地面风机房。

5.2.2　螺旋隧道

石棉至拖乌山段路线长 51.126km，爬升高度 1 518.336m，平均纵坡达 2.97%，特别是栗子坪至大营盘路段直线距离仅为 12.352km，克服高差达 713m；该路段走廊狭窄，新增地物多，地质条件十分复杂，结合地形、地质和工程情况，采用双螺旋隧道展线克服地面高差，干海子隧道位于第一个螺旋线位上，山体海拔高程最高为 2 350m，设计为分离式隧道，左洞平面为 600.64m 的圆曲线，纵坡+2.8%，隧道长 1 665m；右洞平面为 619.63m 的圆曲线，纵坡+2.7%，隧道长 1 735m。铁寨子 1 号隧道位于第二个螺旋线位上，山体海拔高程最高为 2 370m，设计为分离式隧道，左洞平面为直线+600.11m 的圆曲线，纵坡+2.57%，隧道长2 755m；右洞平面为直线+622.41m 的卵形曲线，纵坡+2.6%，隧道长 2 370m。

螺旋隧道平曲线半径小于满足货车停车视距 680m 的平曲线最小半径(图 14)，经比较后采用加宽隧道内轮廓的设计方案。

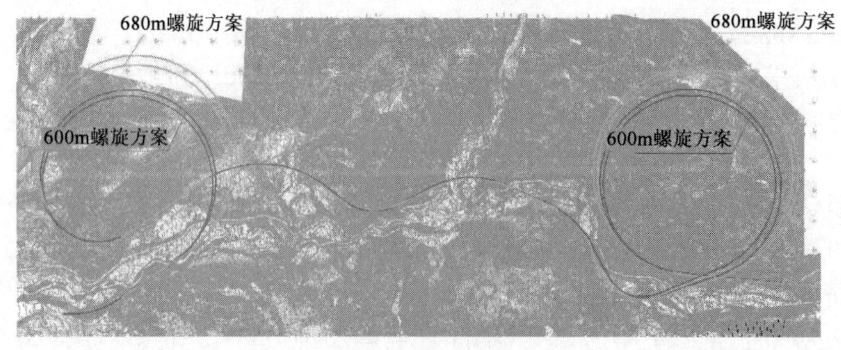

图14　螺旋方案

5.2.3　腊八斤特大桥(图 15)

腊八斤特大桥位于荥经县石滓乡境内，桥梁高度由路线高程决定，其主跨为变截面连续刚构，全桥跨径组合为：(8×40+105+2×200+105+5×40)m，主桥长 610m，引桥为 532m，全桥长 1 142m。

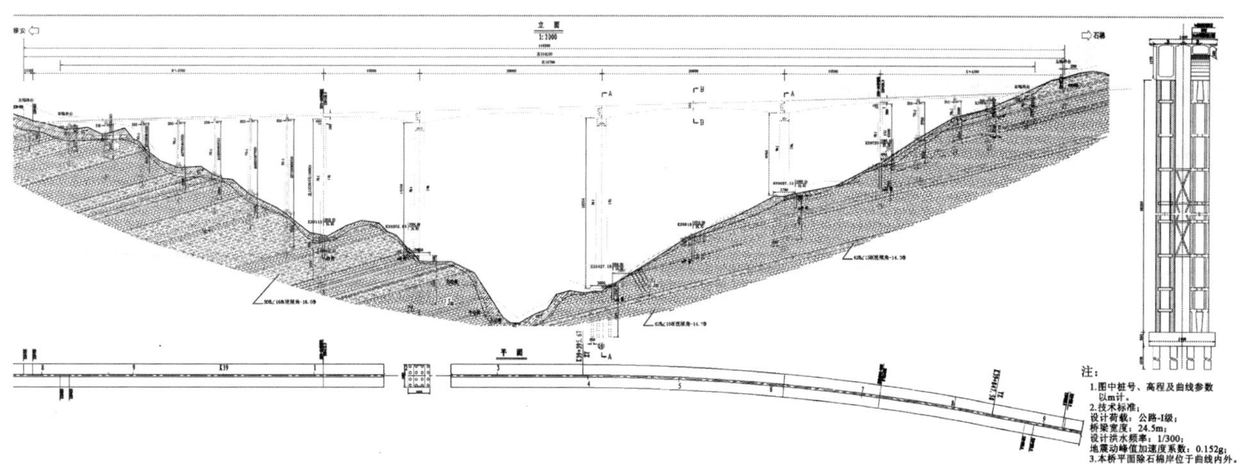

图 15　腊八斤特大桥(尺寸单位：cm)

(1)主桥箱梁采用单箱单室箱型截面，为三向预应力结构，箱顶板宽 12.1m，底板宽 6.8m，箱梁跨中及边跨现浇段梁高 3.80m，箱梁根部断面和墩顶 0 号梁段高为 12.75m。

(2)下部结构主墩高达 182.64m，采用钢管混凝土叠合柱，墩顶横桥向 7m、等宽，顺桥向顶宽 10.0m，按 70∶1放坡；钢管混凝土柱外包层钢筋混凝土厚度为 20cm，腹板厚为 50cm 的钢筋混凝土，沿墩高每隔 12m 设置一道 100cm 厚水平加劲预应力钢筋混凝土隔板。

5.2.3　苏村坝大渡河特大桥(图 16)

苏村坝大渡河特大桥为第二次跨越大渡河，大桥位于石棉县宰羊乡向阳村苏村坝，瀑布沟电站库区，路线跨越大渡河后与徐店子隧道连接。主桥桥跨组合为 132m+220m+67.65m 预应力混凝土高低塔斜拉桥，斜拉索采用双索面、密索、对称扇形布置，主梁为预应力钢筋混凝土双纵肋主梁。

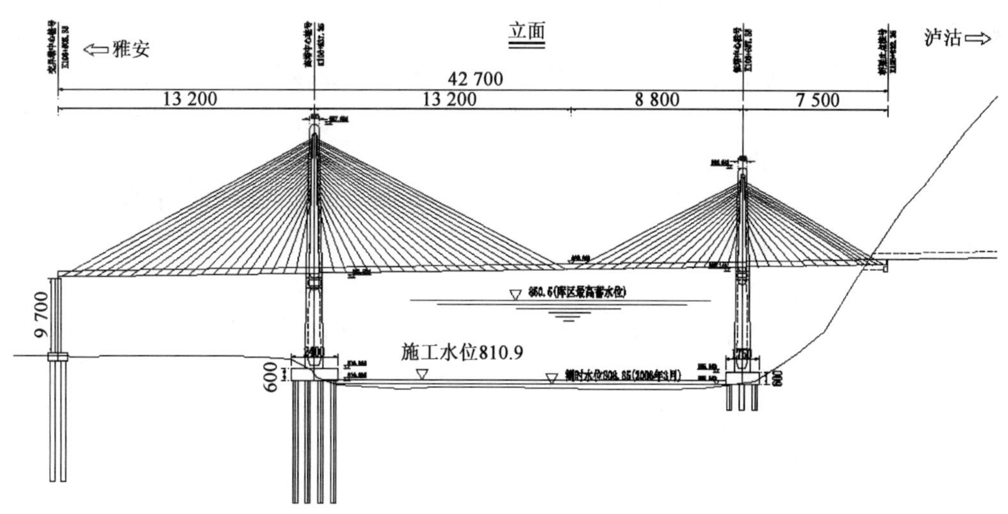

图 16　苏村坝大渡河特大桥(尺寸单位：cm；高程单位：m)

(1)主梁为预应力混凝土双纵肋，肋中心高为 250cm，肋顶宽 150cm，肋底宽 175cm。肋间设两道小纵梁，梁高 80cm，梁宽 50cm。双纵肋顶板厚为 28cm。

(2)索塔为“A”形塔：为空心薄壁箱型截面，上塔柱横桥向宽3.5m，顺桥向宽5.0～8.0m，塔高76m(低塔高51.5m)；下塔柱横桥向宽4.0～8.0m，顺桥向宽8.0～9.0m，下塔柱高为40.5m。索塔上横梁为实心截面，高1.5～2.5m；索塔下横梁为箱型截面，箱高2.5～5.0m，箱宽7.5m，顶底板厚0.6m，腹板厚1.2m。

(3)斜拉索采用ϕ7低松弛高强镀锌钢丝，护套采用高密黑色和彩色双层聚乙烯，锚具采用与斜拉索型号相匹配的冷铸墩头锚，塔端为张拉端，梁端为固定端；主梁拉索索标准间距6.0m。

5.3 主要工程规模(表4)

全线主要工程比较表 表4

序　　号	指标名称	单　　位	工程数量
1	路线长度	km	239.844
2	挖土石方	万 m^3	2 287
3	路基防护及排水		142.522 1
4	桥梁	m/座	90 976.34/270
5	涵洞、通道	道	328
6	分离式立交	m/座	27
7	渡槽及人行天桥	座	684/14
8	互通式	座	9
9	隧道	m/座	38 901/26
10	互通立交连接线	km	5.57
11	永久占地	亩(1亩=666.6m^2)	17 481
12	桥隧比	%	54.15

5.4 施工中需注意或完善的问题

5.4.1 废方处理问题

项目沿线地形狭窄，施工时不可避免地会给河道带来影响，应加强施工组织，综合考虑沿线设施、路面工程，充分利用路基挖方与隧道弃渣，以及增加临时拦挡与疏浚，减少水土流失和对环境破坏。

5.4.2 与水电站、输电线的干扰

沿线总共分布有大小水电站四十余个，35～220kV输电线多组与项目并行，由于路线走廊带狭窄，相互有较大影响，应全线总体统筹，减少改移损失。

5.4.3 国道108的保通

路线与国道108线大多路段并行，交叉30余次处，主线上跨均采取单跨跨越，应对紧邻国道108线的桥墩设置防撞设施，以保证主线桥梁安全。对高速公路位于国道108线上方或跨越的，施工期应加强施工组织(拦挡或交通管制)，确保行车安全，加强路段安全防护等级。对位于高速公路上边坡的公路，避免次生灾害，在其他公路上应增设护栏(墙式)及防抛网。

6 结语

总体设计是一项比较复杂的系统工程，它牵涉的内容多，涵盖专业面广，作者结合十余年路线设计经验与体会，在雅安至泸沽高速公路的总体设计得以实践，其设计不甚完善，在此供同行间相互学习、探讨，共同提高。

参考文献

[1] 中华人民共和国国家标准. JTG B01—2003　公路工程技术标准[S]. 北京:人民交通出版社,2003.
[2] 中华人民共和国国家标准. JTG D20—2006　公路路线设计规范[S]. 北京:人民交通出版社,2006.
[3] 中华人民共和国国家标准. 高速公路规划与设计[M]. 北京:人民交通出版社,1999.
[4] 美国交通部联邦公路管理局. 公路灵活性设计指南[M]. 北京:人民交通出版社,2007.

双螺旋展线在山区高速公路中的应用

李　大

（湖南省交通规划勘察设计院　长沙　410008）

摘　要：通过对雅泸高速公路石棉至下鲁坝段路线方案的比较和对推荐方案的确定，最后通过交通运输部专家的审查，确定越岭路段推荐方案采用双螺旋展线的方案，总结展线不拘于传统方法，开拓山区高速公路展线的新设计理念和思维方法。

关键词：山区高速公路　双螺旋展线　路线新理念　展线新思路

1　引言

定线是公路设计中很关键的一环，它不仅要解决工程、经济方面的问题，而且对公路与周围环境的配合，公路与生态平衡的关系，公路本身线形的安全、环保、舒适、和谐，以及驾驶员的视觉和心理反应等问题都必须在定线过程中给予充分的考虑。而山区高速公路的定线显得尤为关键，下面作者就雅泸高速公路如何就路线方案解决上述问题而采用双螺旋展线进行控制谈谈一些体会。

2　项目简介

雅泸高速公路是国家高速公路网七条首都放射线中北京—昆明的一段，同时亦是西部大通道甘肃（兰州）—云南（磨憨）公路的重要组成部分。项目地处四川省西南部的雅安市和凉山彝族自治州境内，是交通运输部批准的勘察设计典型示范工程。项目沿线地形地质条件极其复杂、设计技术难度大。本次设计的第A4合同段起于雅安市石棉县的川心店，终于凉山彝族自治州的下鲁坝，路线长61.153km。全线采用四车道高速公路标准，设计速度80km/h，路基宽度24.5m。全线设桥梁29.345km/43座，隧道12.209km/13座，桥隧比例占67.6%。连续爬坡路段长50.7km，克服高差1 595m，平均纵坡大于3.2%，是雅泸高速公路全线最为困难的路段之一，亦是现阶段我国高速公路建设的困难路段之一。

3　项目主要特点

3.1　地形极其复杂，地面横坡陡峻

路线走廊位于四川省西南部，受地质构造控制，山脉连绵起伏，沟壑纵横，河流深切，地形极其复杂，地貌类型多样，主要可分为高中山峡谷区、高中山深切河谷和高中山湖盆区。山体自然横坡为45°～60°。

3.2　连续50.7km的长大纵坡是我国高速公路建设史上空前的最大长陡坡路段

本路段主线经石棉县城跨越南垭河至菩萨岗连续50.7km的路段均为连续升坡，克服高差1 595m，平均纵坡大于3.2%，局部段落平均纵坡达到3.7%，目前为国内高速公路最长的陡坡路段。

3.3　地质条件复杂、地质灾害严重

本项目地质条件复杂，岩石破碎，地质灾害频发，是四川省境内地质灾害最为严重的八大地区之一。其主要地质灾害有泥石流、滑坡、崩塌、砂土路基、冻土和昔格达地层等。

3.4　地质构造在本路段连续出现和高地震烈度，决定了本项目路线方案的成败

本项目区位于安宁河地震带和鲜水河地震带交汇部位，均为我国主要的地震活动带之一，地震活动频繁。路线起点段地震烈度为Ⅷ度区，终点段地震烈度为Ⅸ度区。活动性断裂主要有大凉山断裂、鲜水河断裂

(磨西断裂)、安宁河断裂带,对路线影响最大的是安宁河断裂带东支断裂及其分支。

3.5　气候特征明显,季节性冰冻和积雪对公路安全构成重大影响

项目在终点段存在季节冰冻和季节性积雪,由于积雪和冰冻对公路的运营安全有重大影响,因此在路线方案考虑时应该引起足够重视,在路线方案考虑时选择合理的平面、纵坡和合适的超高。

3.6　项目走廊带狭窄,并行的G108和密布的水电站、电力、水利设施是路线布设的难点

本项目走廊带狭窄,是山区典型的"两山夹一沟"地形,丰富的水力资源使得路线范围密布了58个水电站,水渠、水洞、高压铁塔等设施星罗棋布,并行的G108及其必须保通更是加剧了高速公路布设的难度。

3.7　对自然保护区和湿地的绕避保护措施体现了人与自然的和谐相处

栗子坪自然保护区是以保护大熊猫等珍稀野生动物及其森林生态环境为主要目标的野生动物类型保护区。菩萨岗湿地是野生鸟类的重要栖息地,为保护环境、保护野生动物,高速公路对这些控制点重点关注,予以绕避,体现了人与自然的和谐相处。

4　双螺旋方案的提出

栗子坪段是本项目路线方案研究的重点和难点,本项目的特点均有体现。路线起于园根村经栗子坪乡、铁寨子最后到达大营盘。该段路线起终点两控制点之间的直线距离仅为12.352km,设计高程由1 649m爬升至2 362m,克服高差达713m;路段地质条件十分复杂,区域内有安宁河断裂东支和铁寨子—曹谷两条断裂带经过,季节性的冰冻与积雪问题更加剧了该路段的复杂性。很明显,该段路线的关键点是如何结合地形地质情况进行展线升坡。

鉴于本路段的复杂性,在初设过程中针对本路段进行详细的方案论证和技术经济比较,布设了大大小小十几个方案,经过反复研究、推敲、论证并最终筛选出了三个方案进行同精度比较。分别为A线方案(简称方案一)、A线前段+O线方案(简称方案二)、J4线+O线后段方案(简称方案三),下面对图1中的N线方案和工可方案进行论述。

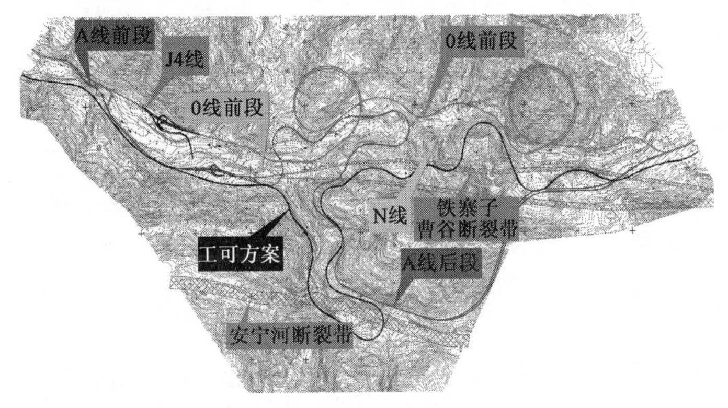

图1　双螺旋方案

方案一起于园根村,沿南桠河右岸布线,换岸升坡展线至栗子坪村,后设栗子坪3号特大桥连续跨越南桠河及其支流孟获水,沿孟获水两侧山坡以S形方式换岸回头展线至党克代山,之后伴南桠河右岸山坡升坡布线设铁寨子Ⅰ号、Ⅱ号隧道至经铁寨子到达本路段终点大营盘,路线全长20.975km。

优点:

(1)方案为自然展线,没有进行螺旋展线为最大特点。

(2)隧道最短,所以后期营运费用最低,工程亦最经济。

缺点:

(1)工程存在极大的风险,路线与铁寨子—曹谷断裂有四个地方相交,且前三处相交点均位于大桥和隧道内,仅最后一处位于路基段。路线距安宁河主干东支断裂距离较近,仅120m左右。未来强震导致的地表

破裂对桥、隧影响较大。

(2)在 AK156+490～AK156+720 段采用切方的形式通过筲箕湾古滑坡，最大切深约 8m，极易引起古滑坡的复活，特殊路基处理较为困难。

(3)对生态环境有一定的破坏作用，路线部分地段横穿了栗子坪自然保护区中的原始森林，施工建设将对该原始森林产生较为严重的破坏。于铁寨子至大营盘段以路基方式通过，将对该保护区中的动物通道产生一定的影响。

(4)桥隧比例虽然最小，但桥梁的墩高普遍较高，工程实施难度最大。

(5)平面指标较低，工程建设实施难度及安全性角度较差。小于 400m 的平曲线半径为 11 个，且多数位于高墩桥梁处，其中最小半径为 251m。

(6)施工组织难度最大，施工对生态环境的影响最大。

(7)栗子坪互通较差，被交路为栗冶公路，被交路与互通连接线相交处为一回头弯，纵坡较陡(6%)，安全性较差，且主流车辆绕行距离较长。

(8)废方较大，山区很难找到弃土场位置，对征地拆迁、环境保护非常不利。

方案二起点至栗子坪互通段线位同前述方案一，后路线跨越栗冶公路及南桠河于孟获水与南桠河之间的台地上与后述方案三相接，绕锅底函和三家店螺旋展线，终于大营盘，路线全长 21.290km。

优点：

(1)基本上避开了活动性断裂，工程风险较小。

(2)避开了自然保护区，保护了生态环境。

(3)线路绕避了大型地质灾害区，确保工程安全。

(4)平面指标较高，小于 400m 的平曲线半径为连续 3 个，最小平曲线半径为 265m。

(5)便于施工组织，施工对生态环境的影响较小。

缺点：

(1)受地形、地质条件所限，布设了两个螺旋线形进行升坡展线，且第二个螺旋线形隧道较长，车辆运行条件较差。

(2)桥隧比例较高，整体工程造价最高。

(3)栗子坪互通较差，被交路为栗冶公路，被交路与互通连接线相交处为一回头弯，纵坡较陡(6%)，安全性较差，且主流车辆绕行距离较长。

(4)废方较大，山区很难找到弃土场位置，对征地拆迁、环境保护非常不利。

方案三起点园根村，沿南桠河右岸布线，经姚河坝水电站拦水坝左侧至瓦渣坪，后两次跨越孟获水及 G108 后绕锅底函逆时针螺旋展线 3.370km，爬升 107m，再沿孟获水两岸换岸展线，绕三家店山顶逆时针螺旋展线 3.778km，爬升 109m，再次跨越孟获水后，终于大营盘，路线全长 20.875km。

优点：

(1)避开了活动性断裂，工程风险最小；距上述两条断裂均相距较远，断裂对该方案基本无影响。

(2)线路绕避了大型地质灾害区，确保工程安全。

(3)平面指标最高，无小于 400m 的平曲线半径。

(4)避开了自然保护区，保护了生态环境；对栗子坪自然保护区中的原始森林及动物通道影响较小。

(5)栗子坪互通较好，地方车流出入互通方便直捷。互通主线范围内填方数量较大，可以消化邻近地段废方，对征地拆迁、环境保护非常有利。

(6)便于施工组织，施工对生态环境的影响较小。

(7)路线里程短，桥梁工程数量较少，且大部分桥墩均较矮，工程造价较低。

缺点：

(1)受地形、地质条件所限，布设了两个螺旋线形进行升坡展线，且第二个螺旋线形隧道较长，车辆运行条件较差。

(2)桥隧比例较高，整体工程造价较高。

(3)平面指标虽较高,但纵面指标稍低。

N线方案起点至第一个螺旋段线形同方案三,出第一个螺旋后,路线沿O线方案右侧布线,跨越孟获水沿孟获水左岸山坡和沟底展线,经铁寨子边缘设铁寨子隧道绕跑马坪顺时针螺旋展线回至铁寨子,终于大营盘,路线全长21.567km。该方案的致命弱点是铁寨子隧道两次与全新世强烈活动的铁寨子—曹谷断裂相交,未来强震导致的地表破裂对该方案影响大,存在极大的工程风险。故该方案基本不可行,不再另行比较。另原工可方案存在与冶勒电站严重干扰、路线跨越安宁河东支断裂两大难以解决的问题,基本无实施可能性。

综合上述方案的优缺点对比及结合主要技术经济指标(表1)对比,推荐采用方案三(双螺旋展线方案)。

主要技术经济比较表 表1

序号	指标名称	单位	方案一	方案二	方案三	备注
1	路线长度	km	20.975	21.290	20.875	
2	平曲线最小半径	m/个	251/2	265/1	270/1	
3	最大纵坡	%/处	4.513/1	4/9	4.5/1	
4	挖方	1 000m^3	941.402	1 201.198	1 253.972	
5	废方	1 000m^3	399.859	772.286	905.801(调互通)	含隧道出渣
6	排水与防护工程数量	m^3	56 678	57 866	51 848	
7	特殊路基	处	29	16	18	
8	路面	1 000m^2	366.72	354.09	324.66	
9	桥梁	m/座	12 159.29/15 平均墩高较高	12 519.16/17 平均墩高较矮	12 044.54/18 平均墩高较矮	桥梁长度均为 整幅长度
10	隧道	m/座	6 868/2	9 154/2	9 154/2	单洞长
11	建安费	万元	156 615.028 7	158 755.064 2	157 345.635 0	
12	比选意见				推荐	

5 双螺旋展线的适应条件

通过对以上路线方案的研究,最后推荐双螺旋的路线方案,交通运输部专家在初步设计审查时认为双螺旋方案"构思新颖,富有创意"。作者认为双螺旋方案的采用具有其适用条件,在山区高速公路选线中具有很好的借鉴意义:

(1)双螺旋展线能够很好的克服高差,在较小的路线段内能够克服较大的高差,使路线在很短的走廊内争取到一个有利的地形。

(2)双螺旋展线在特殊地形条件下的灵活运用能够取得很好的效果,如本项目采用特殊的展线方式,对自然保护区和原始森林的保护至关重要;对活动性断裂的绕避保证了工程的安全。

(3)双螺旋展线是山区越岭路线的一种布线方法,只有在路线通过狭长的路线走廊带内且平均自然坡降较大的地段内才能采用。

(4)螺旋展线一般能将复杂的路段通过处理使工程难度集中到一起,对施工组织能够简单化,如本路段的处理就是将工程量集中到螺旋位置,其余地段工程相对较简单。

6 结语

通过本项目的路线方案的研究,双螺旋路线方案的采用应该有其适应性,一般情况下对其应用的安全性、经济性和可实施性要进行充分的研究、分析、论证。如果能够解决工程范围内的复杂问题,比如地质环境问题,对不良地质路段能够很好的避让,我们设计人员应该不断的思考、总结、探索和开拓思维,不断开阔我们的视野,制订出可行的总体思路,为解决工程实际问题运用我们的智慧。

公路应该与周围环境融为一体,为贯彻交通运输部提出的"安全、环保、舒适、和谐"的设计理念,体现以人为本和可持续发展的理念,随着设计理念的更新,以及建设水平的提高,螺旋展线在我国高速公路向山区建设的过程中一定有其在特殊路段能够很好的运用,并且能够取得良好的效果。

雅泸高速公路超长连续纵坡路段路线方案研究

郑 斌[1] 李 大[2] 陈友谊[1]

(1. 四川雅西高速公路有限责任公司 成都 610041)

(2. 湖南省交通规划勘察设计院 长沙 410008)

摘 要:本文针对雅安经石棉至泸沽高速公路面临的超长连续纵坡运营安全问题,通过对大相岭、拖乌山两段越岭路线方案研究,采取缩短连续纵坡路段长度、减缓平均纵坡的主动安全设计措施,以期达到项目安全、经济、舒适、和谐的综合效益。

关键词:高速公路 超长连续纵坡 运营安全

1 引言

雅安经石棉至泸沽高速公路为典型山区高速公路,设计速度 80km/h,路基宽度 24.5m,路线全长 239.427km,为 2005 年交通运输部勘察设计典型示范工程和 2007 年交通运输部科技示范项目。

项目经鹿子岗、大相岭(泥巴山)、拖乌山、扯羊、勒不果喇吉和马鞍山共 6 次越岭(图 1),受地形、地质等条件限制,一些路段不可避免将出现连续长大纵坡,特别是大相岭(泥巴山)南北坡、拖乌山北坡越岭线其路线长度分别约 33km、26km、51km,相对高差达 754m、670m、1 511m;且部分路段在一定海拔高度上还存在冰、雪、雾和强暴雨等恶劣气候条件,这样的不利组合在世界范围内都是罕见,也是项目存在第一位的安全问题。

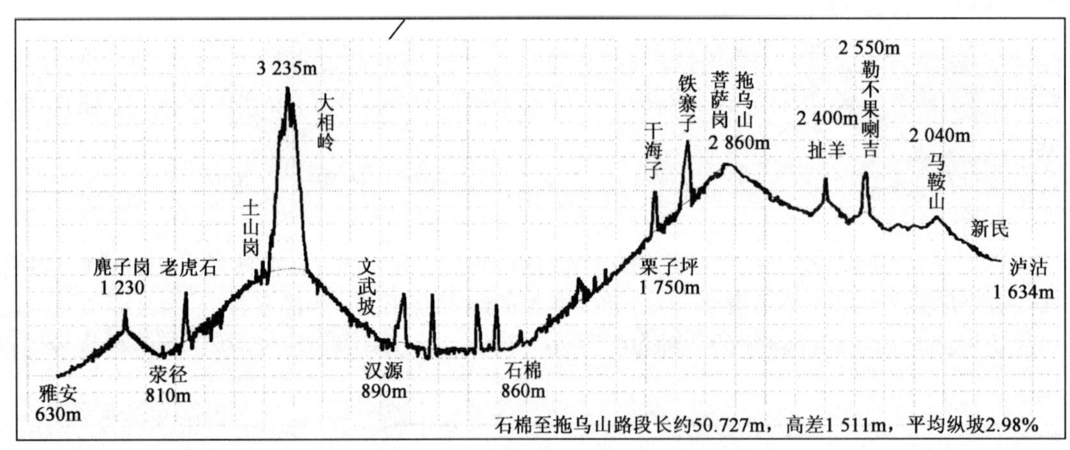

图 1 路线越岭地形纵断面图

2 公路连续长大下坡路段的界定

根据西部交通建设科研项目课题成果,从下坡安全性考虑,以车—路联合设计为主导思想,通过研究车辆制动器温度和车辆制动效能之间的关系,结合汽车制动器温升模型和连续纵坡路段事故统计分析,长大连续纵坡与坡长的联合控制指标见表 1。

越岭路线长大连续纵坡控制指标 表 1

平均纵坡(%)	2	2.5	3	3.5	4	4.5	5	5.5	6
路线长度(km)	30	12	7.5	5.5	4.5	4.0	3.5	3.0	2.5

3　连续长下坡总体设计指导思想

山区高速公路由于受地形、地质、地物和投资等多因素制约，连续长大纵坡难以避免，如设计对其运营安全重视和研究不够，一旦建成通车后将会造成严重经济和社会影响。超长连续纵坡路段运营的最大危害是车辆超高速行驶、路面附着系数降低、制动性能降低，驾驶员动视力下降、速度与距离判断出现偏差、心理负荷增加，大大降低行车安全度。路线设计中存在的运营安全问题几乎无法通过其他辅助设施完全消除，特别是超长连续纵坡路段的安全问题，故良好的路线设计是确保运营安全的关键。因此灵活的线形设计，是提高雅泸高速公路运营安全的根本。

为降低长大纵坡路段的安全威胁，建设一条运营安全、经济环保的山区高速公路，确立了勘察设计的指导思想：

(1)从优化设计方案入手，作好基于行车安全的越岭线总体和路线设计，采取降低越岭相对高程、增加路线长度以减缓平均坡度，设置缓和坡或反向坡以减短连续纵坡长度，达到主动控制安全，减弱长大纵坡的危害，保障行车安全。

(2)依据《公路项目安全性评价指南》(JTG/T B05—2004)和《公路路线设计规范》(JTG D20—2006)，通过运行速度分析和通行能力计算，优化路线平纵线形，提高线形的连续性和均衡性，达到控制相邻路段小汽车与货车的速度差。

(3)纵面设计结合平面和横断面综合考虑，做到充分利用地形、地势，合理配置坡率、坡长，力求相邻路段指标均衡，凹凸曲线设置合理，视觉顺适。

(4)合理设置服务区、停车区(休息区)、避险车道、爬坡车道等沿线设施和交通安全设施，达到警示和被动安全防护的目的。

4　超长连续纵坡路段路线方案研究

对超长连续纵坡设计，即使路线单一设计指标均满足现行技术标准、规范的要求，但路段仍将面临十分严峻的交通安全形势，最有效的解决办法是从路线设计方面研究是否可避免。下面重点研究大相岭南北坡、拖乌山北坡越岭线路线方案。

4.1　设置完全分离式路基方案研究

翻越山岭时，为了保障行车安全，可以采用上、下线分离式路基，其中上坡的一幅采用较大纵坡以克服高差，而下坡的一幅则充分利用地形通过展线以较小的纵坡顺势而下。这样，下坡的路线长度增加，坡度变缓，或设置一定长度的反向坡段将连续长纵坡分段，从而达到有效降低车辆制动系统的负担(图2)。

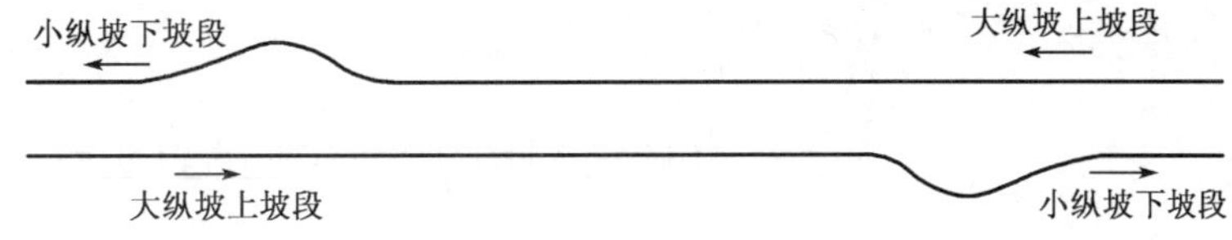

图2　连接凹形路线上下分离式路基平面示意图

大相岭越岭线南北坡均为傍山线，拖乌山北坡上山线为沿狭窄的楠桠河利用地形展线越岭，其山体自然横坡均在45°～60°，两处越岭线受地形、地质及地物等环境条件限制，不具备设置完全分离式路基的条件。

4.2　大相岭越岭线路线方案研究

4.2.1　走廊方案研究

结合大相岭越岭路段地形、地貌、地质构造特点，拟定了大相岭、花滩两个大的路线走廊，以及大相岭走廊的双溪、九襄、佛静山三个方案(图3)，经技术经济综合比较，选择地质条件较好、建设里程最短、占地及弃方量较少、特殊路基及不良地质处治工程规模小，工程投资较低的大相岭—九襄方案(A线)。

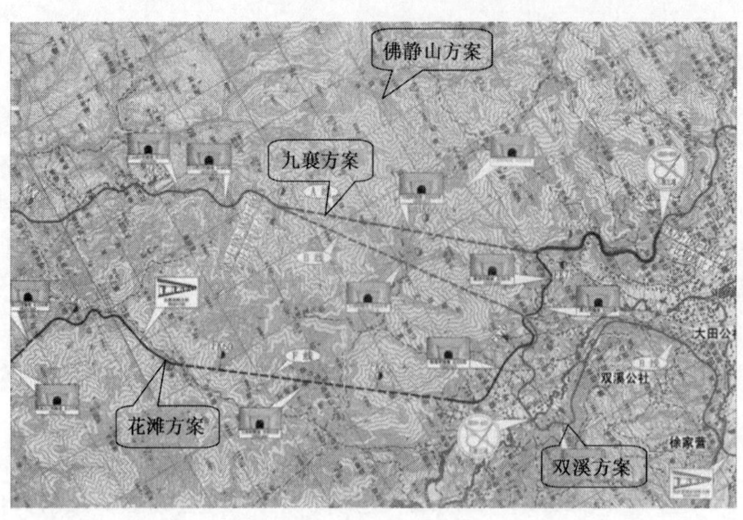

图 3　大相岭越岭线走廊比选图(A、B、E、F 线)

4.2.2　线位方案研究

根据大相岭越岭路段地形、地貌特征、地质构造特点，结合该越岭路段纵坡大、连续纵坡长，南北洞口地质条件较差，新增地物多，以及针对大相岭隧道洞口积雪冰冻所作的专项气象报告，按降低隧道洞口高程、减缓平均纵坡和最大限度地减短冰雪路段长度、有利于石滓和九襄两互通式立交的布设、绕避煤层采空区为越岭线方案比选的总体设计思路，以及隧道地质、排水、通风斜、竖井位置及隧道两端的接线条件，对可能的洞口位置：北坡洞口高程 1 250～1 650m、南坡洞口高程：1 400～1 670m，隧道长度从 8 500～11 500m，分别拟定了低线方案(A 方案)、中线方案(C 方案)、高线方案(D1 方案)和其组合方案 D2(C+D2+C 方案，北口 C、南口 A)、D3(C+D2+D3+C 方案)线、D4 线共六个方案(图 4)。

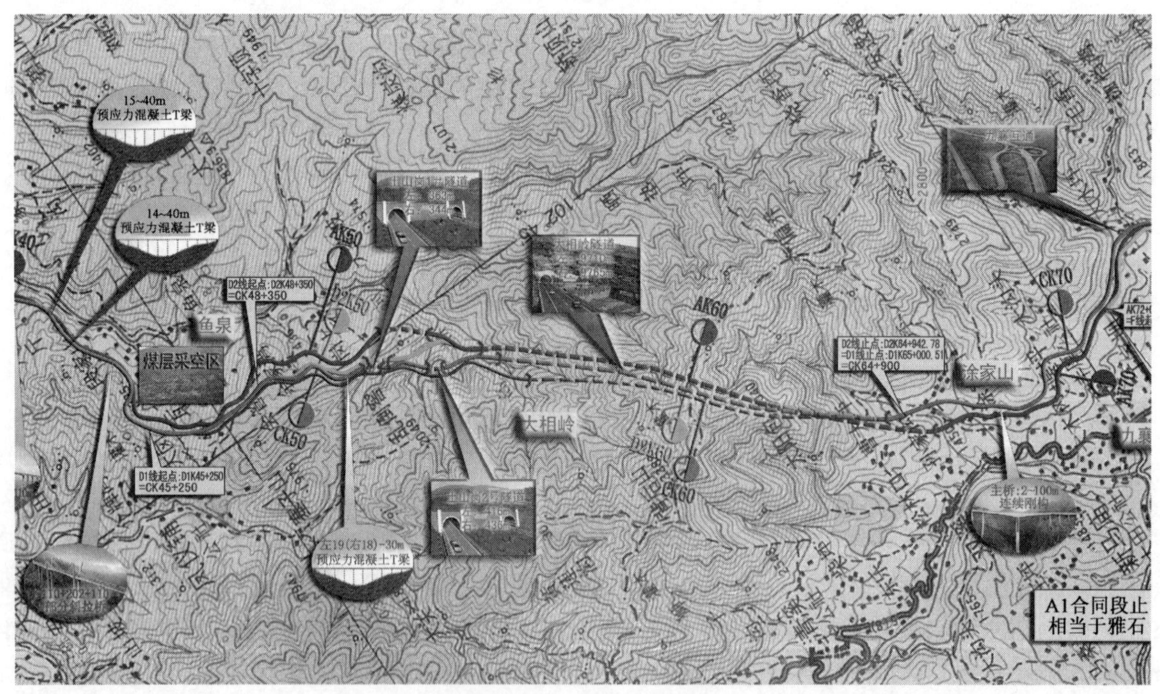

图 4　大相岭隧道路线方案比选图

通过隧道引道、互通式立交、隧道通风等综合比较，推荐采用组合方案 D3，其越岭高程为 1 527m，1 541m，隧道长度为 9 962m，10 007m，采取三区段四斜井送排式通风，北坡为多雨雾潮湿气候，气候条件较恶劣，且存在冰冻积雪，设置地下风机房，斜井长度为 1 361m，1 537m，坡度分别为 15.9%，12.2%，无轨运输施工；南坡为干旱河谷气候，设置地面风机房，斜井长度为909m，912m，坡度分别为31.5%，29.9%，有轨运输施工。

4.2.3　设置缓和坡段或反向坡减短连续纵坡长度

(1)北坡方案研究

因受土山岗地形、煤矿采空区限制，前面已对高、中、低越岭及其组合方案进行了研究，按照缩短连续纵坡长度、减缓路段平均纵坡，特别是积雪路段长度，采用的路线方案，其连续大坡路段已缩短至10km，积雪路段长度为6.714km，平均纵坡+1.89%，最大纵坡不大于3%。

(2)南坡方案研究

根据路段地形、地质条件，对文武坡拟定了设置缓和坡，将其连续纵坡分为两段的文武坡路堑方案(通过昔格达地层，最高路堑边坡高度35m)和均化全路段纵坡的文武坡设置隧道方案(通过昔格达地层和崩坡积地层)进行比较。

文武坡路堑方案于伍家山—文武坡段设置1.8km缓和坡(平均纵坡-1.4%)，将原大相岭南坡超长连续纵坡分隔为两段，可大大提高行车的安全度，其设计方案施工安全，造价低、投资可控，结合紧邻的溯源侵蚀喇嘛溪沟的综合处治(反压固脚防沟床下切)，经技术经济综合比较采用文武坡明挖方案(图5)。

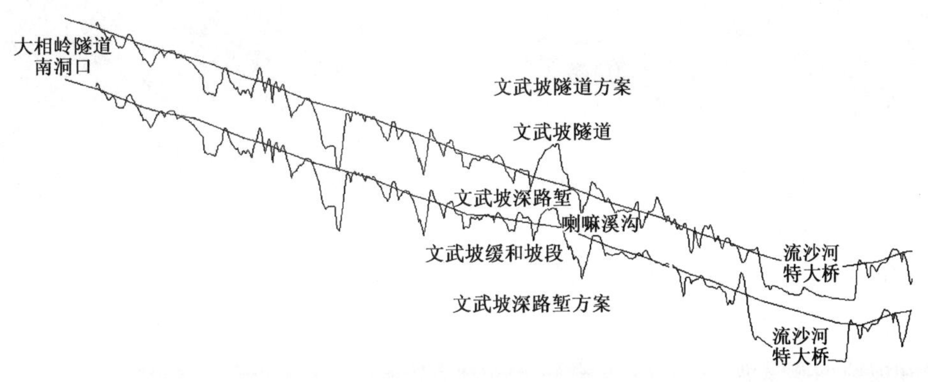

图5　大相岭南坡路线方案纵面图

4.3　拖乌山越岭线北坡(栗子坪)路线方案研究

拖乌山北坡连续爬坡段起点K120+380，设计高程为932.29m，推荐方案最高点K172+340(菩萨岗隧道中)，设计高程为2 443.57m，即在50.727km的路线长度范围内完成升坡1 511.28m，平均纵坡为2.98%，结合地形和楠桠河河床高程，将路段分割为广元堡—栗子坪、栗子坪—铁寨子和铁寨子—孟获村三个路段进行路线方案研究。

4.3.1　越岭高程选择

铁寨子—孟获村路段，坡顶有一高山湿地和湖泊。拖乌山越岭线明线方案以桥梁通过湿地，路段平均纵坡达3.72%，平曲线最小半径为265.526m，且与4%的陡纵坡相组合；湿地大桥(最高点)设计高程2 540m，且为受积雪冰冻及雨雾影响最严重的路段，将可能是本项目事故高发的主要路段之一；采用以长隧道通过湿地，其路线设计高程降低约100m，北坡平均纵坡仅为2.45%，将原8km连续长大纵坡长度降至4.5km；南面平均纵坡由3.88%降到2.2%，以隧道通过积雪冰冻最严重的路段，加之平均纵坡减缓、坡长减短，运营安全有保证，解决了局部路段的长大纵坡问题，对全段越岭线的运营安全明显提高；经综合比较采用菩萨岗隧道方案(图6)。

4.3.2　栗子坪—铁寨子段(螺旋隧道方案)

由于路段起终点两控制点之间的直线距离仅为12.352km，设计高程由1 649m爬升至2 362m，需克服高差达713m，路段走廊狭窄、新增地物多，地质条件十分复杂，区域内有安宁河东支断裂和铁寨子—曹古两条断裂带经过，以及季节性的冰冻与积雪问题，拟定了十几个方案综合比较后，开创性地采取双螺旋隧道展线(图7、图8)。通过螺旋隧道展线延长路线长度约8km，路段平均纵坡降低至3.08%。

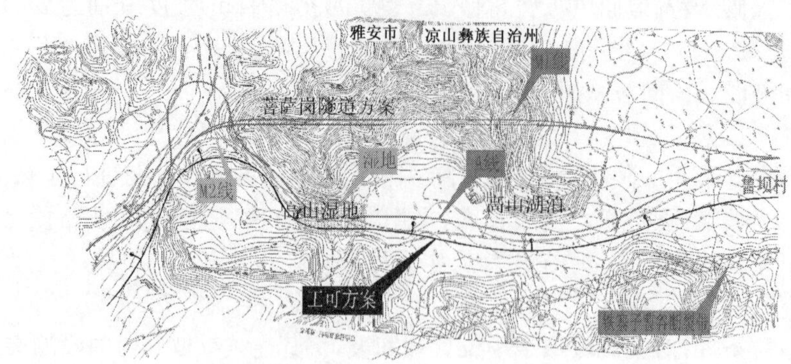

图 6 拖乌山越岭线越岭方案比选图

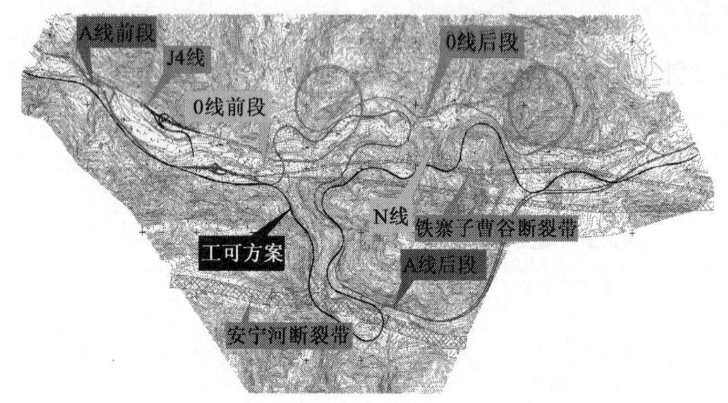

图 7 栗子坪—铁寨子方案比选图

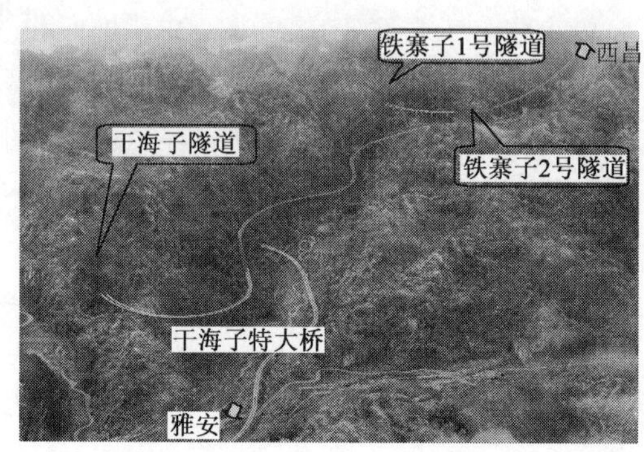

图 8 双螺旋隧道三维示意图

4.3.3 广元堡—栗子坪段

(1)增设缓和坡或均衡纵坡

针对 K135+700～K151+810 连续陡坡路段长 16 240m、平均纵坡达 3.49%，安全问题较为突出，结合地形、地质等情况若在 K145 附近增加曲线半径 250m 的椭圆形螺旋桥梁的方式增长路线 1 797m，中部设置平均纵坡为 1.01%的 1 807m 缓坡段，将连续陡坡路段分成 10 664m 和 5 566m 的两段，其平均纵坡降为 2.98%，可以有效降低连续下坡的制动毂温度，有利于行车安全；但设置 250m 平曲线半径螺旋展线对行车条件影响较大，且小半径的螺旋桥梁的最大墩高达 80m，施工难度极大；以及需两次跨越国道 108 线，其施工干扰较大，且建安费增加约 1 亿，考虑到在 K142+400 已经设置栗子坪停车区，可以采用被动安全来保证运营车辆的安全，故经安全、经济综合比较后采取顺坡展线方案。

(2)设置反向坡

按照将整段连续纵坡物理分隔为多段的指导思想，结合地形、工程条件在 K127+000 增设一处反向坡，纵坡－0.5%，坡长 700m；其设置的反向坡对制动失灵车辆仅能适当降低车速(如需完全停止应设置－2.5%/1 000m)，反而对正常行驶车辆形成一上坡的视觉，增加了视觉的不均匀性，致使其加速冲大坡的操作，对行车安全更为不利，经比较后采取顺坡展线方案。设计时考虑到本段连续长大纵坡达 51km，在 K132+250～K133+400 设置 0.5%和 K133+400～K135+700 设置 1.4%的缓坡段，其长度达到 3 450m，将连续长大纵坡物理分段。

勘察设计阶段，通过上述大量的方案比选、综合分析，其选择的路线方案，辅助相应的安全设施和管理手段，项目营运安全是完全可控的。

5 结语

公路连续长大纵坡的安全问题，首先应从路线布线上考虑，充分利用地形缩短连续纵坡长度、减缓平均纵坡，使其满足长大纵坡限值，从而达到主动安全防护的效果；在条件受限无法满足时，应根据车辆制动温度的预测，设置避险车道、(强制)停车区(休息区)等辅助措施，以及有针对性的设置完善的交通工程设施，从而达到被动安全防护的效果。作者结合雅泸高速公路项目勘察设计的经验与体会予以总结，供同行间相互学习、探讨，共同提高。

参考文献

[1] 四川省交通运输厅公路规划勘察设计研究院. 四川省雅安经石棉至泸沽高速公路工可报告、初步设计和施工图设计文件[R]·成都.

[2] 澳大利亚旷达有限公司·中国四川雅石高速公路项目旷达技术应用及评估报告[R]·2005.

[3] 四川省交通运输厅公路规划勘察设计研究院·雅泸高速公路行车安全评价报告[R]·2007.

[4] 雅安市气象局·雅泸高速公路大相岭隧址专项气象报告[R]·2006.

[5] 湖南省交通规划勘察设计院·高速公路螺旋型小半径曲线隧道风险预测与行车安全技术研究[R]·2007.

[6] 交通运输部公路科研院·雅泸高速公路拖乌山湿地保护措施研究[R]·2007.

雅泸高速公路设计关键问题与对策措施

李 大

(湖南省交通规划勘察设计院 长沙市 410008)

摘 要:本文通过对四川雅安至泸沽高速公路建设条件和项目特点的研究,分析初步设计中的关键技术问题,提出对这些问题的处理措施,为山区高速公路的勘察设计开拓新的设计理念和思维方法。

关键词:山区高速公路 关键问题 对策措施

1 引言

随着高速公路的又好又快发展,高速公路向山岭重丘区修建,在山区高速公路的勘察设计过程中,往往会遇到地形、地质条件复杂的路段,设计人员面对异常复杂的路段,怎么样结合项目的具体实际情况,对项目特点进行充分的认识和理解,然后根据项目的特点进行分析,找出项目设计存在的重点问题,根据重点问题列出项目的关键问题,最后针对项目的关键问题进行研究、分析、解决。设计者在初步设计阶段找出项目的关键问题及对策措施就较好的贯彻了勘察设计的新理念和新方法。

四川省雅泸高速公路的地形、地质异常复杂,设计时遇到的挑战前所未有,设计组根据项目的特点找出项目的关键问题,在初步设计中对关键问题采取对策措施并一一解决,较好地完成了初步设计。下面作者就雅泸高速公路如何找出关键问题及设计中采取的对策措施谈谈体会。

2 项目简介

雅泸高速公路是国家高速公路网七条首都放射线中北京—昆明的一段,同时亦是西部大通道甘肃(兰州)—云南(磨憨)公路的重要组成部分。项目地处四川省西南部的雅安市和凉山彝族自治州境内,是交通运输部批准的勘察设计典型示范工程,项目沿线地形地质条件极其复杂、设计技术难度前所未有。湖南省交通规划勘察设计院设计的第 A4 合同段工可推荐方案起于雅安市石棉县的川心店,终于凉山彝族自治州的下鲁坝,路线长度 59.27km。连续爬坡路段长 54.8km,克服高差 1 646.97m,是雅泸高速公路全线最为困难的路段之一。

3 项目关键问题及对策措施

3.1 地形条件相当复杂,严重影响着路线的布设

3.1.1 地形地貌

路线走廊带位于四川省西南部,从四川盆地过渡到云贵高原的边缘地带,地貌主要可分为高中山峡谷区、高中山深切河谷和高中山湖盆区。线路主要沿南垭河蜿蜒而行,由于河流下切作用强烈,切割深度一般在 1 000m 以上,河谷宽 20～150m,河谷呈“V”字形,两岸山体自然横坡为 40°～45°,局部为悬崖,而且两岸山体极不规则,故在两岸山坡上很难找到适合于路基修筑的台地。

3.1.2 路线与 G108、水利和水电设施的干扰

路线走廊范围内水利、水电设施众多。项目与 G108 位于同一走廊带内,而且 G108 是本项目段内的唯一公路通道,故布线时必须尽量减少对 G108 的干扰。如何确保其畅通和减少对水利、水电设施的干扰是勘察设计的关键问题之一。

3.1.3　对策措施

(1)合理选择路线方案。

(2)合理选用施工方法。

(3)合理安排施工顺序。

(4)合理采用保通措施。

3.2　地质条件异常恶劣，地质选线控制着路线方案

3.2.1　地质条件

项目地处我国地质条件异常复杂地区，原铁路部门在修建成昆铁路时就是由于地质情况复杂而对本走廊带予以放弃。沿线不良地质主要有：泥石流、滑坡、崩塌、砂土路基、冻土和出露昔格达地层。由于地质情况异常复杂，地质选线是勘察设计的关键问题之二。

3.2.2　对策措施

(1)加强地质选线，正确确定场地地质较好的路线方案。

(2)加强地质调查，合理绕避。

(3)运用综合勘察手段，对场地工程地质予以查明。

(4)根据勘察成果进行针对性特殊设计。

3.3　气候条件有冰冻和积雪，路线方案必须考虑气候的制约

3.3.1　气候条件

项目海拔高度从800m升到2 500m，终点段存在季节冰冻和季节性积雪，积雪和冰冻对公路的运营安全有重大影响。气候条件是勘察设计的关键问题之三。

3.3.2　对策措施

(1)选择合理的平面、纵面和合适的超高。

(2)局部路段采用隧道方案。

(3)加强路面的抗冰冻和积雪设计。

(4)加强运营阶段的养护和管理。

3.4　地质构造在本路段连续出现和高地震烈度，决定了本项目路线方案的成败

3.4.1　地震安全

项目区位于安宁河地震带和鲜水河地震带交汇部位，均为我国主要的地震活动带之一，地震活动频繁。根据地震安评结果，路线起点段地震烈度为Ⅷ度区，终点段地震烈度为Ⅸ度区。活动性断层主要有

(1)大凉山断裂。

(2)鲜水河断裂(磨西断裂)。

(3)安宁河断裂带，对路线影响最大的是安宁河断裂带东支断裂及其分支。

地震安全是勘察设计的关键问题之四。

3.4.2　对策措施

(1)根据项目特点，进行专题性的地震安全性评价。

(2)根据安评结果，路线方案合理绕避。

(3)桥梁和隧道设计考虑抗震设计。

(4)尽可能的在活动性断裂处采用路基跨越。

3.5　自然保护区和湿地的绕避，是人与自然和谐的保证

3.5.1　与自然相和谐

栗子坪自然保护区在本项目范围内，是以保护大熊猫等珍稀野生动物及其森林生态环境为主要目标的野生动物类型保护区。本项目路线沿马蹄形区域中间的河谷展现，在菩萨岗附近穿越保护区。终点地段存在湿地，湿地是人类最重要的环境资本之一。湿地被称为“地球之肾”。因此必须注重对湿地的保护。与自

然相和谐是勘察设计的关键问题之五。

3.5.2 对策措施

(1)路线方案充分考虑保护区,对保护区的影响最小。

(2)在核心地带以隧道通过保护区。

(3)在保护区范围内设置动物通道。

(4)确保工程对湿地环境不构成破坏。

3.6 连续长大纵坡,路线方案选择相当困难

3.6.1 连续长大纵坡路段的安全

项目连续长大纵坡段长度和平均纵坡在国内高速公路建设史上是罕见的,现阶段亦是国内空前的。连续超过50km长大纵坡路段的安全问题是本项目的最为关键性问题。在现在的工程量和地形条件下,路线增长受到限制。工可阶段栗子坪—菩萨岗段处于路线爬坡的集中地段,但受菩萨岗南北坡季节性积雪与冰冻影响,海拔1 850m的栗子坪及其以上路段的纵坡又不宜太陡;姚河坝至菩萨岗路段存在连续长大纵坡,平均纵坡3.6%。就目前国内已运行高速公路情况来看,连续长大纵坡路段上坡方向容易造成交通堵塞,服务水平降低;连续长大纵坡路段下坡方向容易因为车辆失控造成易重大交通安全事故。因此解决连续长大纵坡交通安全问题是路线方案的重点。为减少交通事故,除对路线平纵面进行优化外,还应充分利用地形,采用多种技术措施,加强后期运营管理,确保行车运行安全可控。连续长大纵坡路段的安全是勘察设计的关键问题之六。

3.6.2 对策措施

(1)抬高最低点高程,降低最高点高程,增加展线长度,降低平均纵坡。

(2)路线设计时注重指标均衡,尽量少用极限指标,平、纵组合得当,以运行速度进行安全性评价。

(3)合理设置超高和充分考虑加宽,根据运行车速设置超高,路侧采取宽容性设计。

(4)连续上坡侧设置爬坡车道,解决上坡路段的服务水平问题。

(5)连续上坡的路段在中间位置设置较长缓和坡段,人为的将连续下坡地段分段,以利行车安全。

(6)在坡顶和适当位置设置强制停车区,强制车辆检查和休息,并布设加水降温设施。

(7)根据汽车制动轮毂温度计算,下坡侧设置紧急避险车道,紧急避险车道可与停车区统筹安排。

(8)采用减速路面,增加路面摩擦力,桥梁、隧道路面进行特殊性设计。

(9)设置路况监控和播报系统,平时提示、警告驾驶员,事故时指示驾驶员。

(10)长下坡区段设置球形摄像机,进行实时监控;设置限速标志、长下坡提示标志及减速标线等;设置雷达测速设备,严格限制超速行驶(运营期)。

(11)路侧设置防撞卸能护栏;陡崖峭壁处设置加强型护栏;设置太阳能突起路标;设置路肩隆声带。

(12)设置货车检查站,加强超载治理,超载车不得在高速公路行驶。

(13)严格进行车速限制,设置车速提醒系统和加强超速检测。

(14)加强运营阶段的路况保养,确保所有设施均发挥良好作用。

(15)加强运营阶段的交通管理,严防二次事故的发生。

(16)加强宣传教育,从管理方面提高交通安全的认识,从主观上做好行车安全准备。

4 结语

通过四川雅安至泸沽高速公路的设计,项目组对整个项目的理解和重点问题的分析,对存在的问题一一采取有针对性的对策措施,为解决项目设计遇到的问题起到了很好的效果。通过"地形选线、地质选线、安全选线、环保选线、生态选线",较好的贯彻了交通运输部的勘察设计新理念的要求。

项目组对雅泸高速公路的安全性、经济性和可实施性要进行充分的研究、分析、论证。当我们遇到项目的特殊性时,设计人员应该不断的思考、总结、探索和发散思维,不断开阔视野,制订出可行的总体规划,运用我们的智慧解决工程实际问题。

参 考 文 献

[1] 雅泸路初步设计文件[D].湖南省交通规划勘察设计院,2005,10.

大相岭泥巴山隧道总体设计

田尚志 李玉文 李海清 王联 邵 江

（四川省交通厅公路规划勘察设计研究院 成都 610041）

摘 要：首都放射线北京至昆明高速公路雅安经石棉至泸沽段上的大相岭泥巴山隧道长10km，地形、地质和气象条件十分复杂，勘察设计十分困难。在充分研究国内外超长公路隧道建设的基础上，结合本地区的特点，强化泥巴山隧道总体设计，使隧道处于整体可控状态，目前隧道施工进展顺利。本文主要介绍泥巴山隧道的总体设计思路，供类似工程设计借鉴与参考。

关键词：高速公路 泥巴山隧道 总体设计

1 工程概况

雅安经石棉至泸沽高速公路地处雅安市南部、凉山州北部，是国家高速公路网七条首都放射线中北京—昆明高速公路的一段，同时也是西部大通道甘肃兰州—云南磨憨公路的重要组成部分。大相岭泥巴山隧道长达10km，双向四车道，设计行车速度80km/h，是雅安至泸沽高速公路上的控制性工程。隧道埋深特大，最大埋深达1 650m，山体宽厚，隧道洞身埋深超过1 000m的宽度达5 100m。隧道穿越山体地形地貌复杂，沟壑交错，丛林密布，人烟稀少；隧道海拔较高，气象条件复杂，处于亚热带季风性气候和高原气候分隔带，山上积雪期长。隧道地质条件复杂，主要不良地质问题有：15条大断层破碎带、岩爆、大变形、高压涌突水（泥）等。所有这些特点都给设计、施工、运营带来困难，因此从宏观上来把握泥巴山隧道的总体设计将十分重要。

2 对隧道区地质的认识

隧址区的主体构造是大相岭背斜（图1）。隧址区位于大相岭背斜近SN向的中段。背斜核部大面积出露下震旦统苏雄组火山岩建造，构成该背斜主体。大相岭背斜是一个核部隆起高、出露宽，两翼变形强烈、倒转、出露狭窄，并且被保凰断裂和曹大坪断裂切割并限定的背冲式“Ω”形隔档式翻卷褶皱。

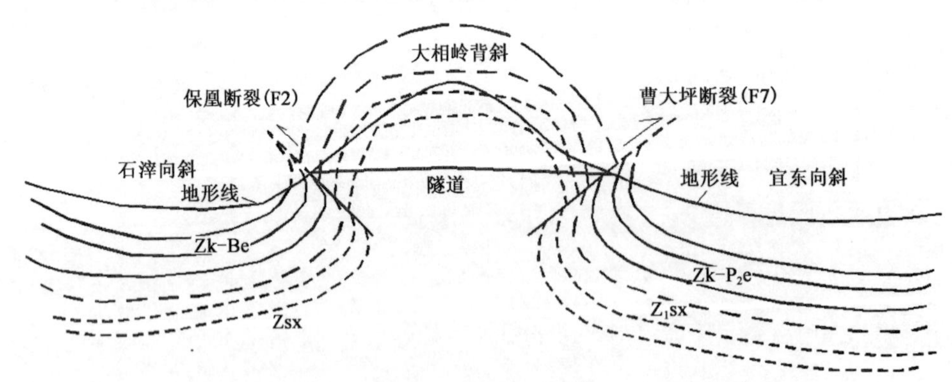

图1 大相岭背斜的构造形式

大相岭背斜核部两侧的保凰断裂和曹大坪断裂附近是强变形集中带，尤其对断层下盘的沉积岩岩系影响最大，使之发生强烈倒转；而变形向两侧逐渐减弱，大相岭背斜核部的变形介于上述二者之间，形成两翼大致对称，轴部局部大致开阔平缓近似呈箱状的背斜，同时发育与之配套的断裂变形。

隧道穿越的主要不良地质有15条大的断层破碎带和构造破碎带，可能发生高压涌突水、突泥、弱～中等大变形；中部较完整的流纹岩和安山岩段可能发生岩爆；出口白云岩段有岩溶。

3 隧道总体设计

3.1 隧道路线总体规划

从工可阶段、初步设计阶段、补充初步设计到施工图阶段，随着认识的不断加深，在地形选线、地质选线的基础上，泥巴山隧道的线路规划还充分考虑了泥巴山地区特殊的气候条件和隧道运营通风和防灾的需要。

3.1.1 隧道路线方案的影响因素

在路线走廊内，隧道路线方案的选择存在较多的制约因素，在区域内地质条件类似的情况下，隧道平纵面选择时主要考虑了气象条件、地形条件、新增地物以及隧道通风和救灾的影响。

(1)气象条件的影响。隧址区气候分区十分明显，处于亚热带季风湿润气候与青藏高原大陆性干冷气候的交界地带。雅安端为亚热带季风湿润气候，雨量充沛；冬天气温较低，常有降雪、积雪、结冰和多雾。泸沽端为高原性气候，干燥少雨，气候条件较好。受气候条件的影响，雅安端理想的高程范围在 1 500～1 550m 之间，不超过 1 650m；泸沽端洞口则基本不受影响。

(2)地形条件的影响。隧址区地面切割强烈，山势陡峻，高低悬殊，山势雄浑；槽谷陡直深切，泥巴山两侧均发育有多级阶地，西侧第四系较发育，东侧第四系分布较少。由于隧道埋深特大，山顶起伏小，山势雄浑，山体宽厚，隧道平面选择上要兼顾通风井的选择，隧道中部尽量靠近沟谷较深的地方，以减小通风井的长度。

(3)地物的影响。勘察设计期间雅安端高桥河高程从 1 250～1 650m、宽度 5km 范围相继增加了四座水电站，在狭窄的走廊内，对隧道方案的选择产生了较大的影响，其中高桥河电站和相岭电站直接位于可选择隧道方案的洞口位置上，避让和拆迁都很困难。泸沽端受汉源县佛静山公墓和大片的优质果园的影响。

综上所述，根据隧道两端地形地质条件、新增地物情况，拟定隧道轴线位置方案，提出可供选择的越岭高程为雅安端洞口高程 1 250～1 650m，宽度范围 5km，泸沽端洞口高程 1 400～1 670m，宽度范围 1. 5km。

3.1.2 路线方案的规划

(1)方案的比选(图 2)

在隧道可选择范围的基础上，对隧道方案进行了初步布局，选定了高线方案、中线方案、低线方案。中线方案隧道长 10 380m，低线方案隧道长 14 380m，高线方案隧道长 8 950m。低线方案隧道最长，雅安端洞口高程为 1 290m，与新建高桥河水电站干扰严重，纵坡组合极不合理，通风要求高；高线方案雅安端洞口高程 1 615m，洞口位置被新建相岭水电站占据，避让后洞口高程 1 653m，且位于厚层坡积层中，气候条件恶劣，高线方案隧道最短，但路线最长，桥梁增加约 5. 5km，具有路线长、建安费大、纵坡大、受气候影响大等缺点；中线方案两洞口高程分别为 1 536m，1 470m，该方案较其他方案节省建安费 1. 17 亿～3. 25 亿元，并兼顾了越岭线所有的受控因素，因此推荐中线方案。

图 2 泥巴山隧道方案

(2)隧道方案的优化

为尽量缩短积雪冰冻影响时间，充分结合通风斜、竖井的选择来布置洞内路线，结合泥巴山隧道两洞口的地形地质条件，适当降低中线隧道雅安端高程，对中线泸沽端线位进行优化，避开隧道石棉端洞口段200～400m的巨厚冰水堆积层，适当降低隧道两洞口高程，并调整洞内曲线设置位置，使洞内路线更靠近隧道进出口的两条沟，使隧道斜竖井位置的选择更加合理。

3.2　隧道结构设计

隧道结构按新奥法施工原理进行设计，采用复合衬砌形式，通过结构分析计算、技术经济比较及工程类比等多种方法，同时结合本隧道工程地质特点进行结构设计。结构设计重点对可能出现不良地质问题进行预案设计。

3.2.1　断层破碎带及高压涌突水

对隧道内15条大的断层性质、规模、含水情况以及可能发生涌突水的危险程度的不同，分三个等级采取针对性的应对措施见表1。

断层破碎带及高压涌突水地段处治对策　　表1

分类	断层性质	涌突水类型及特征	危险性程度	处治对策				
				衬砌类型	超前地质预报	注浆方式	超前支护	施工方法
Ⅰ类	压扭性断层，碎粉带与破碎带宽度大于30m	地下水呈淋雨状，揭穿上盘可能局部涌突水，存在高压涌水、涌泥的可能	断层可能发生灾害，水头压力高，危险程度极高，应重点防范	$V_{加强}$	TSP+TEM+超前钻孔	全断面深孔预注浆	φ42小导管	CD法
Ⅱ类	压扭性断层，碎粉带与破碎带宽度小于30m	地下水呈淋雨状，揭穿断层可能集中涌水	总体水量较大，涌水点较多，危险程度高，应注意防范	$V_{加强}$	TSP+TEM+超前钻孔	上半断面周边预注浆	φ42小导管	CD法
Ⅲ类	逆冲断层，碎粉带与破碎带宽度小于30m	地下水呈淋雨状，局部可能股状突水	总体水量较大，涌水点较多，单个涌水点危险程度一般	$V_{加强}$	TSP+TEM+超前钻孔	—	φ42小导管	CD法

3.2.2　岩爆

岩爆地段的施工措施见表2。

岩爆地段的施工措施　　表2

防治措施			弱岩爆	中等岩爆	强烈岩爆
初期支护	掌子面	喷C25钢纤维混凝土			√
		挂φ6.5钢筋网(10cm×10cm)		√	√
		长锚杆			√
	拱墙	喷C25钢纤维混凝土		√	√
		φ22药包锚杆		√	√
		钢架			√
施工措施	分步开挖或小导坑超前			√	√
	光面爆破、短进尺		√	√	√
	超前应力释放孔			√	√
	超前松动爆破				√
	反复找顶		√	√	√
	洞壁洒水冲洗		√	√	√

续上表

防治措施		弱岩爆	中等岩爆	强烈岩爆
其他措施	岩爆活跃期待避	√	√	√
	个体防护、设备防护	√	√	√
	加强照明	√	√	√

3.2.3 大变形

大变形分初级大变形和中级大变形，处治措施主要以主动适应变形的方式为主。其主要的处理措施如下：

(1)采用自进式长锚杆和智能中空注浆锚杆主动约束洞周变形。

(2)扩大开挖断面，加大预留变形量，以适应围岩变形。

(3)加深仰拱，改善仰拱受力。

(4)采用 C25 喷钢纤维混凝土和 U25 可缩式钢架构成初期支护体系，同时设置纵缝。

(5)加强二次模筑混凝土衬砌支护承载力，二次衬砌采用 50cm 厚钢筋混凝土。

(6)采用侧壁导坑法施工。

3.3 隧道营运安全设计

3.3.1 隧道行车安全设计

(1)洞口施工采用零开挖进洞技术，弱化隧道洞门，加强交通标志的诱导性，减轻行车进洞前的紧张心理。

(2)洞口段采用耐磨的青混凝土路面，提高路面防滑能力。

(3)加强照明，减轻光线和空间变化带来的不安因素。

(4)改善特长隧道内平纵线形，在隧道内 1/3 和 2/3 处调整了平面线形，增加设置了两个半径为 5 000m 曲线段，提高驾驶人员在隧道内的注意力。

(5)隧道两侧边墙分段刷涂颜色变化、诱导性的条带，拱部防火涂料分段采用不同的颜色，路面和拱部设立变化多样、醒目的交通标志以及富于变化的灯光带，提高驾驶人员在隧道内的注意力，降低驾驶疲劳感，提高行车安全性。

(6)设置气象观测站，随时为隧道运营提供气象支持。

(7)设置能见度传感器，通过中央控制计算机、可变限速显示牌和雨雪冰雾提示牌等，降低隧道洞口外交通事故。

3.3.2 隧道营运通风设计

泥巴山隧道采用三区段四斜井送排式通风方案(图 3)，其中雅安端两斜井分别为排风斜井和送风斜井，

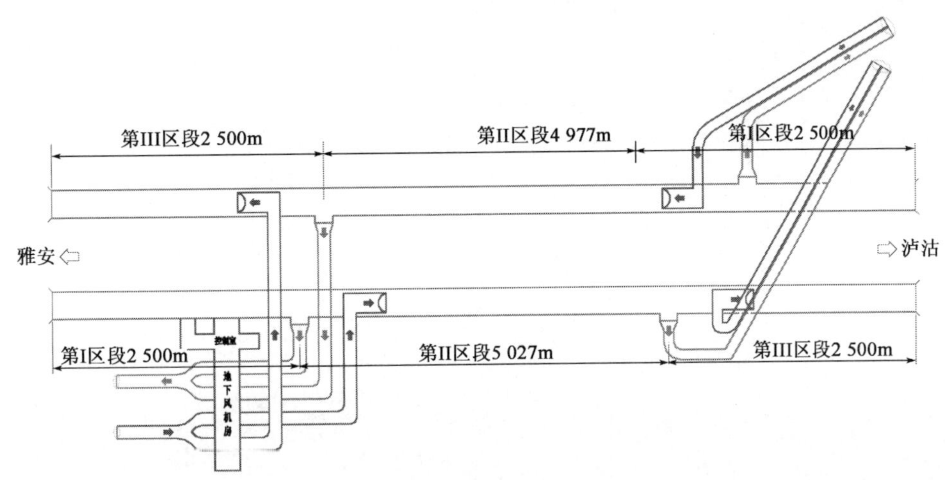

图 3 推荐通风方案示意图

隧道左右洞的排风共用排风井，送风共用送风井，通过风门调节左右洞的送排风量，采用地下风机房；泸沽端两斜井各自独立的为左右洞的送排风服务，斜井用钢筋混凝土隔板分隔出送风道和排风道，采用地面风机房。

3.3.3　隧道防灾救灾预案

(1)火灾发生后，立即关闭两个公路隧道，即只准车辆出，不准车辆进入。

(2)横通道处的隧道断面上要设车道表示器和可变情报板，同时横通道上方要设明显的标志。

(3)一个隧道发生火灾后，另一个隧道暂时变为双向交通，组织车辆迅速驶离隧道。

(4)横通道要设防火门，一旦发生火灾，必须立即启动防火门(有中控室计算机自动控制)，全部车流疏散后，关闭防火门。

3.3.4　易燃易爆和危险品车辆进入隧道的安全运输管理办法

长大隧道在公路系统中的重要性不言而喻，世界各国对装有易燃、易爆、危险品的车辆进入隧道都建立了一套安全的管理办法，其中主要内容为限制性措施、检测措施、安全保护措施、正常运输情况的管理措施、事故情况下的处理措施、紧急情况下的救援措施等。针对泥巴山隧道，深入调查分析进入隧道的危险车辆的组成、通过时间等，经过对行驶车辆的有效安全管理，将在隧道内的事故率降低到最小。

4　结语

泥巴山隧道复杂的环境和地质特点要求对隧道的路线总体规划、隧道结构设计、运营安全和施工安全等多方面进行综合考虑，贯彻“以人为本，安全至上”的设计理念，规划选择最合理设计方案，顺利建成“安全、经济、环保”的泥巴山隧道。

参考文献

[1] 中华人民共和国行业标准.JTJ D70—2004　公路隧道设计规范[S].北京：人民交通出版社，1995.

[2] 中华人民共和国行业标准.JTJ 076—95　公路工程施工安全技术规程[S].北京：人民交通出版社，1995.

[3] 郭中印，方守恩，等.道路安全工程[M].北京：人民交通出版社，1998.

[4] 张荣立，何国纬，李铎，等.采矿工程设计手册[M].北京：煤炭工业出版社，2002.9.

雅(安)西(昌)高速冕宁互通立交的选型与设计

付书颖[1] 蔡贤俊[2] 张 洋[1] 刘明刚[2]
(1. 四川雅西高速公路有限责任公司 成都市 610041
2. 四川省交通运输厅交通勘察设计研究院 成都市 610017)

摘 要:本文根据雅西高速公路冕宁段地形、地质、相交道路等级和交通流量情况,详细地阐述了冕宁互通式立交的地理位置及修建的必要性,并对两种设计方案进行了技术、经济等多项指标比较,最后选择出一个最适宜的方案。本文就冕宁立交方案的构思、选型、设计等谈一点粗浅的认识。

关键词:互通立交 选型 方案 设计

1 概述

雅西高速公路是国家高速公路网七条首都放射线中北京—昆明的一段,同时亦是西部大通道甘肃(兰州)—云南(磨憨)公路的重要组成部分。北京—昆明高速公路四川境南段成都至攀枝花(川滇界)长约680km,目前成都至雅安、泸沽至西昌高速公路已建成通车,西昌至攀枝花、攀枝花至田房(川滇界)高速公路也将于2007年、2008年建成,届时雅安—石棉—泸沽段(以下简称雅西高速)将成为交通运输的瓶颈地段,因此本项目的尽早建成,对国家高速公路网中北京—昆明高速公路四川境南段的早日贯通具有重要意义。

为了充分发挥高速公路的作用,方便沿线车辆的使用,以集散交通,促进地方经济发展。全线分别在紫石(八步)、荥经、石滓、九襄、汉源、石棉、栗子坪、彝海、冕宁9处设置互通式立交。本文就冕宁立交方案的构思、选型、设计等谈一点粗浅的认识。

2 冕宁互通式立交的设置及方案比选

2.1 设计原则

路线交叉中重点是互通式立交,为最大限度发挥拟建公路的作用和效益,促进地方社会经济的发展,方便群众生活,根据互通式立交功能要求和远景(2027年)直行、分流及合流交通量的分布情况,合理利用地形,并综合考虑地方规划、现场条件、技术特征、投资成本、经济效益、美学效果和远期发展等因素,在多方案比较的基础上,合理选定互通式立交的形式,确定匝道的行车速度及技术指标。

2.2 主要技术标准

根据各互通式立交被交叉道路等级,交通量分布情况以及使用性质,确定其互通式立交建设规模和技术标准。

(1)设计速度:主线80km/h;匝道35km/h。

(2)路基宽度:主线24.5m;匝道8.5m(单车道),15.5m(对向分离双车道)。

(3)行车道宽:主线2×7.5m;匝道3.5m。

(4)加速车道采用平行式或直接式,长180m(渐变段长度70m);减速车道采用直接式,长110m(渐变段长度80m)。

(5)连接线路基宽度:冕宁12m(二级)。

(6)设计荷载:公路-Ⅰ级。

(7)路面、桥涵:匝道路面与主线相同;桥涵与路基同宽。

(8)匝道主要技术指标见表1。

匝道主要技术指标表　　表1

项　目	单　位	冕　宁	项　目	单　位	冕　宁
匝道计算行车速度	km/h	35	匝道最大纵坡	%	5
圆曲线一般最小半径	m	40	凸形竖曲线一般最小半径	m	700
匝道回旋线最小参数		30	凹形竖曲线一般最小半径	m	700
分流点的行驶速度	km/h	≤40	竖曲线一般最小长度	m	40
分流点的最小曲线半径	m	170	加速车道长	m	180
分流点最小回旋线参数		60	减速车道长	m	110

2.3　设计情况

2.3.1　地质概况

冕宁互通式立交位于冰水堆积扇，地形较为平缓向下部河流倾斜，其表多垦为农田。冰水堆积物上部为0.3～0.5m黏土，中部为含细粒土砾，下部为卵(漂)石夹土。厚数十余米。在冰水堆积物底部为昔格达组泥岩，半胶结状。昔格达组地层在堆积扇前缘或次生深切沟谷底部有出露。地下水位埋深1～3m。

2.3.2　方案比选

(1)立交位置的选择

在冕宁互通立交位置选择中，根据项目全线总体立交布局，充分考虑路网规划、交通特征、技术经济等方面因素，结合本互通的功能、服务水平、交通量分布状况和当地客观条件，通过实地踏勘收集相关资料后，考虑了多个可能的立交方案，从多个方面进行比较：交通是否保证流畅安全；各个匝道的平面、纵、横断面相互的立体组合线形是否合适；立交桥梁的结构、布置、设计和施工的难易程度；整个工程的结算造价和养护营运条件；立交的造型和美化、绿化观感。结合地形、连接108国道连接线长度及交通主流方向，通过初步比选后，选用冕宁县东北的灵山寺路口和冕宁县东南的糖梨坝两处位置如图1进行方案比较。

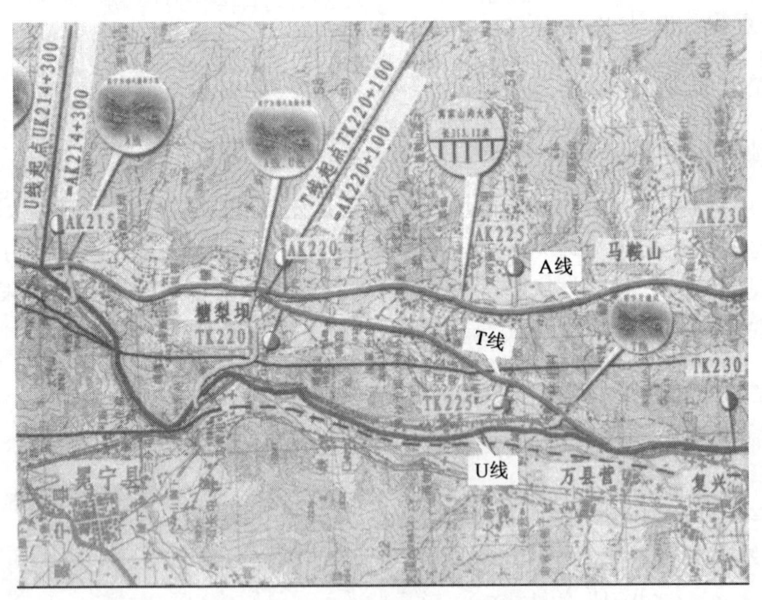

图1　寺山路和糖梨坝两处位置方案比较

(2)立交形式的选择

交通量预测与定性定量分析确定主流向后，立交的布局及选型是立交设计的关键工作。立交形式选择恰当与否，不仅关系到公路交叉本身的功能和经济，而且对地区的规划、地方交通功能的发挥、区域经济发展，以及整个公路路容景观都会产生较大影响；另一方面从交通流来看，立交匝道的布设应对车速高、流量大的主流向采用直接联系的定向或半定向形匝道为主，而相对车速低、流量少的次要流向则采用环形匝道。在选择冕宁互通立交的形式时，结合本线的性质和地区特点，方案选择的原则为：①交通适应性；②环境适应性；③技术适应性；④总体经济性；⑤有利于带动当地经济发展。

冕宁互通供冕宁县及以南、以西区间车辆上、下高速公路，被交公路为现 108 国道。根据预测交通量趋势知道，主要交通流为冕宁至泸沽方向，20 年后目标年度设计每小时交通量（双向）成都至冕宁交通量相对较少，泸沽至冕宁交通量相对较大，故泸沽至冕宁方向匝道标准相对要高，成都至冕宁方向匝道标准可适当降低；根据交通量及使用性质，该互通按单喇叭互通式立交设计方案。

(3)立交平纵线形与断面布置

立交形式确定以后，平纵线形的优化非常重要。需考虑桥梁布墩与避让 22 万伏高压线的要求，因此设计中不断优化，使线形优美，平纵配合协调，使立交不仅具有交通设施的功能，同时还将成为公路景点。

纵断面设计中，经反复调坡，并注意平纵线形的组合要求，在条件允许的情况下，尽量采用较大竖曲线半径，以提高车辆行使的舒适度、安全度，并且使总体景观协调。

(4)方案设计情况

推荐方案：冕宁互通于灵山 AK214＋996.80 处设单喇叭 A 形互通，连接线顺冰水堆积扇而下，跨马尿河后与 108 国道连接，利用国道 108 线 3km 至冕宁马尿河桥头。该全互通交叉处主线平面位于直线上，纵坡为 2.5%。匝道共长 2.836km，匝道最小半径 50m，匝道最大纵坡 4.885%。其中 A 匝道长 2.090km，其楔形端处主线高程为 1 922.3m，与国道 108 平交处高程为 1 845.5m，高差 76.8 米，平均纵坡为 3.93%，连接线最大纵坡为 4.775%，收费站出口至平交口的连接长约 1.28km，按二级路标准设计，设计速度 40km/h，路基宽度 12m。

比较方案：冕宁互通比较方案于塘梨坝 AK219＋760.57 处设单喇叭 A 形互通，连接线沿秧柴沟左侧布设，横跨断裂带，跨越至秧柴沟沟右侧，顺山势而下与国道 108 线连接，利用国道 108 线 0.4km 至冕宁县城城南。该互通交叉处主线平面位于半径 4 000m 的圆曲线上，纵坡为－3.0%。匝道共长 2.893km，匝道最小半径 50m，匝道最大纵坡 5%。其中 A 匝道长 0.922km，其楔形端处主线高程为 1 931.50m，与国道 108 线平交处高程为 1 757.66m，高差 173.8m，平均纵坡为 3.871%，收费广场为 0.6%。收费站出口至平交口的连接长 3.568 34km，按二级路，计算行车速度 60km/h 设计，路基宽度 10m。

比选意见：糖梨坝互通式及连接线更符合立交主交通流向，冕宁至西昌主交通流向运营里程短 5.3km，但连接线里程长，新建里程较灵山方案长 1.72km，地形复杂、工程艰巨。为了兼顾灵山旅游开发及发展，减少工程规模，考虑地方意见在推荐线 A 线上推荐灵山冕宁互通式立交方案。

3　结语

通过冕宁互通立交的方案设计，作者认为要做好一个立交设计，必须从深入调查研究着手，充分掌握第一手资料，包括交通量的调查、分析、论证及预测，以及立交区域的地形地貌的调查，抓住主流，精心设计，集思广益，不断论证优化设计方案，并在满足交通功能的前提下，强调其实用性、安全性及美观性，使道路立交不仅能发挥其交通运输的功能，而且能使其经济美观同时与周围环境相协调。

参考文献

[1] 中华人民共和国行业标准.JTG D20—2006　公路路线设计规范[S].北京：人民交通出版社，2006.
[2] 中华人民共和国行业标准.JTG B01—2003　公路工程技术标准[S].北京：人民交通出版社，2004.
[3] 王伯惠.道路立交工程[M].北京：人民交通出版社，1999.
[4] 吴国雄，李方.互通式立体交叉设计范例[M].北京：人民交通出版社，2002.

雅泸高速地形陡倾地段桥隧方案比选研究

蒋正华[1]　张新明[2]　杨建平[2]
(1.湖南省交通规划勘察设计院　长沙　410008)
(2.四川雅西高速公路有限责任公司　成都　610041)

摘　要:对于沿河傍山高速公路路线,当地势较平缓时多采用路基形式;当地势山势陡峻时,多采用桥梁形式;而当山势过于陡峻,且存在不利于桥梁下部结构施工,或桥面运营存在落石、崩塌等安全隐患时,还应比较将线路设置于山体里面的隧道方案,以综合选择较优方案。

关键词:陡峻边坡　桥隧比选　施工方法

1　概述

雅安至泸沽高速公路是西部大通道甘肃(兰州)—云南(磨憨)公路在四川省境内的一段,在石棉县罗家坪至元堡山段,沿线路进行方向,由于河岸左岸坡脚位置已由G108公路占据,且左岸山坡更为陡峻,线路在右岸基本无布设条件。线路基本有两种比选方案,方案一线路沿南桠河河岸布置,由于山势陡峻,河流山脚有众多建筑物及发电站水渠,只能采用桥梁方案沿山腰布设线位。方案二则是采用长隧道方案直接穿越山体。

地质地形情况如下:

中高山地貌,沿线沟谷纵横,山坡陡峻,坡度约50°～60°。山体最高处为1 273m,最低处为1 011m,相对高差273m,山坡上植被较发育。

根据斜坡体结构特征及稳定状况等可将本段线路桥梁边坡分为三个分区。

(1)Ⅰ区(K126+339～980):以崩坡积堆积体边坡为主,间夹花岗岩岩质边坡;主要发育4个规模不等的崩坡积堆积体,堆积体总体具有一定的顺坡成层性特征,是多期次逐渐堆积而成,稍密,具一定的泥质胶结,现状无明显的变形破裂现象,堆积体目前整体处于基本稳定状态。

该区岩质边坡整体处于稳定状态,浅表部存在失稳破坏块体,其变形破坏类型主要为平面滑移拉裂和滑移压致拉裂。其中产状为165°～175°∠40°的倾坡外偏上游缓倾角长大裂隙构成滑移变形破裂块体的底滑面,以陡倾坡外长大裂隙200°∠75°～85°为后缘拉裂面。

(2)Ⅱ区(K126+980～K128+105):主要为中粗粒花岗岩岩质边坡,崩坡积堆积物主要分布于线路以下浅沟(槽)中。本段斜坡陡峻,基岩内陡倾角和中缓倾角裂隙发育,受岩体结构控制,斜坡浅表部稳定性较差,无论是上边坡还是下边坡,均多处存在规模相对较大的变形体或危岩体,其变形破坏方式主要为平面滑移(压致)拉裂型,局部存在楔形滑移拉裂及滑移弯曲变形。

(3)Ⅲ区(K128+105～K128+605):斜坡临河一带较陡峻,桥梁线路一带相对较平缓。该段斜坡以粗晶花岗岩组成,岩体的风化程度相对Ⅰ、Ⅱ区强。斜坡中发育一组顺坡略偏上游的长大结构面对斜坡的变形破裂及风化卸荷起着极为重要的控制作用。由于斜坡坡面总体上与顺坡长大裂隙近于一致,斜坡整体处于稳定～基本稳定,斜坡浅部存在滑移(或压致)拉裂破坏的可能,桥基下边坡局部存在滑移(压致)拉裂变

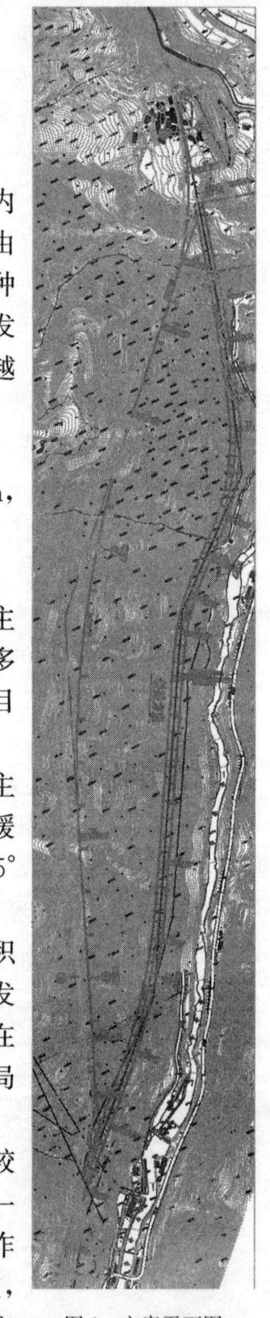

图1　方案平面图

形块体。

2　桥梁方案

2.1　桥梁方案平纵线位

路线起于石棉县罗家坪K125+759.041，设罗家坪隧道穿越罗家坪，设2 262.64m南瓜桥1号特大桥沿南桠河左岸而行，终于K128+700，路线总长2 935.049m。路线处于三卵形曲线（R=3 062.375m、R=4 200m、R=540m）以及半径分别为R=540m、R=1 500m的单曲线上，最大纵坡为3.8%，最小纵坡0.8%；全线路段采用纵面分离，左右线高差相差10m。

2.2　桥梁方案上下部构造情况

桥梁全长2 262.64m，上部构造为2×30+4×40+2×30+3×40+30+10×40+2×30+22×40+7×30+7×40预应力混凝土简支T梁、简支小箱梁。下部构造采用柱式台配桩基础、柱式墩配桩基础及变截面高墩配桩基础。根据地质情况的调查，桥梁范围内地质条件普遍复杂，宜尽量减少桥墩个数，桥梁跨径大部分采用40m。

2.3　桥梁方案的边坡状况

边坡病害的发生受地质构造、地层岩性、地貌类型所组成的基本区域地质特征的控制。桥位区位于大凉山活动断裂的影响区域，在降水、边坡开挖、地震等诱因的情况下，极可能使山坡失稳。因此，此种地段的边坡防护工程不仅是必需的，而且在某种程度上还应该进一步加强。

2.3.1　边坡加固设计原则和方法

此种地段的边坡防护和边坡加固设计采用预防为主的原则，综合治理的原则、动态设计以及信息化施工的原则、预加固的原则。

采用的主要设计方法有工程地质比拟法、力学计算法、经验对比法。

2.3.2　处理措施及治理对策

预应力锚索：其中锚索框架用于坡面比较规整的边坡；节点锚索使用灵活，适用于小范围的不同方向锚固，多用于危岩体加固。

锚固桩：锚固桩是由锚固段侧向地基抗力来抵抗悬臂段的土压力或边坡下滑力的横向受力桩，适用于软弱破碎岩、土质的预加固。

松散土体：对于松散岩土体因松弛、雨水作用而产生的滑动、坍塌以刷缓边坡为主，坡面设置骨架护坡防止冲刷。

危岩落石：对上边坡100m范围内危岩落石采用清除、锚杆加固或柔性防护网防护。

3　隧道方案

3.1　基本情况

路线起于石棉县罗家坪K125+759.041，设2200m南瓜桥隧道至南瓜沟出洞，设208.18m南瓜桥1号桥（5×40mT梁）跨越南瓜沟，终于K128+667.103，路线总长2 908.062m。

南瓜桥隧道长约2 200m，左右线线形为S形曲线，雅安端位于R=720m的圆曲线中，泸沽端位于R=800m的圆曲线中，隧道中间洞身段为直线。

整个隧道位于1.8%的上坡。本隧道设置2道行车横洞和3道行人横洞连通左右洞，作为火灾情况下的紧急救援通道。

3.2　南瓜桥隧道地质概况

隧址区地貌为中高山地貌，沿线沟谷纵横，山坡陡峻，坡度50°~60°。山体最高处为1 273.50m，最低处为1 011.20m，相对高差273.30m，山坡上植被较发育，主要为林木、灌木及果林。

本区位于川滇地北向构造带北端，第四系以来伴随着青藏高原的快速隆起抬升，测区内处于整体的间歇性隆起状态，形成深切割的高山峡谷地貌，在区域大面积隆升的背景下，大凉山断裂，鲜水河断裂和安宁河断裂带第四系以来发生了大幅度的差异运动，构成了贡嘎山强断隆与大凉山中升区两处二级新构造单元的边界。

据钻探及资料分析，洞身围岩岩性较复杂，主要为弱风化花岗岩，岩体由于受构造影响，节理裂隙发育，局部发次级小断层以及局部存在差异风化带，岩石较破碎，花岗岩岩层透水性较差，地下水对围岩稳定性影响不大，但在断层及其影响带，节理密集带，岩脉与花岗岩接触带，岩体较破碎。

3.3　南瓜桥隧道技术关键点

3.3.1　洞口坡面防护

雅安端地质为风化的土体，此处隧道设计原则为提前进洞，尽量减少边仰坡开挖高度，采用1∶1的仰坡，坡面采用挂网喷混凝土打设砂浆锚杆防护。泸沽端山体较陡，地表为破碎的岩土体，此处拟采用贴壁进洞的方法。洞口施工时，先清除洞口破碎的岩体、孤石，并采用挂网喷混凝土打设砂浆锚杆加固土体坡面。洞门形式采用环框式洞门，将明洞适当伸出山体，以防上方石头滚落。

3.3.2　浅埋段处理

在K126＋350～370段，隧道上方为山体沟槽，槽底地表距隧道顶埋深只有15m左右，岩土体比较破碎。此段隧道施工时，采用小净距段的施工方法，小导管超前，钢拱架支护，严格控制施工时的爆破速率和强度，防止塌方冒顶。为防止此段衬砌漏水，此段需在地表进行防渗漏水处理，即在地表夯填1m厚黏土，并在夯填黏土顶上施作0.5m厚浆砌片石进行防水处理，同保证此段洞顶填筑坡度在10％以上，防止雨季积水下渗。

3.3.3　小净距段处理隧道衬砌

隧道雅安端K126＋160～470，泸沽端K128＋250～350段左右线隧道净距为12～25m，此段按照小净距段隧道衬砌设计。左右洞之间的围岩体采用中空注浆锚杆加固，同时施工时采取“弱爆破，短进尺，勤量测”的工程措施，保证左右线隧道之间岩体的稳定性。

3.3.4　断层破碎段的处理

对于隧道洞身段的断层破碎段，施工时先做好施工应急措施。隧道施工时应该做好超前地质预报工作，判断好断层破碎段的位置。在断层破碎段采取小导管注浆加固掌子面周围的破碎体，并采用钢拱架和锚喷支护进行初期支护。

3.3.5　与下方过水隧洞交叉段的处理

隧道在K126＋400以及K126＋370处与下方的过水隧洞交叉。其中过水隧洞的位置在本隧道下方约70m。其中过水隧洞宽约3.6m，高约4.5m。此段位于山体内，岩体为弱风化花岗岩，岩性坚硬，完整性较好。此处隧道与下方过水隧洞距离达到过水隧洞宽度的20倍，且位于过水隧道的上方，因此可以认为下方存在的过水隧洞对本隧道的施工、运营基本无影响。

4　方案比较

4.1　技术经济比较

上述两方案的技术经济比较详见表1。

主要技术经济比较表　　　　表1

序　号	指标名称	桥梁方案	隧道方案	备　注
1	起讫桩号	K125＋759.041～K128＋700	K125＋759.041～K128＋667.103	
2	路线长度(m)	2 935.049	2 908.062	
3	平曲线个数	4	3	

续上表

序　号	指标名称	桥梁方案	隧道方案	备　注
4	平曲线最小半径(m/个)	540/1	720/1	
5	最大纵坡(%/处)	3.8/1	3.6/1	
6	最大平曲线半径(m)	4 200/1	2 500/1	
7	桥梁(m/座)	2 262.64/1	496.38/2	
8	隧道(m/座)	162/1	2 200/1	
9	防护工程费(万元)	2 100		
10	预计工程费(万元)	27 588	24 611	

4.2　两个方案主要优缺点比较

4.2.1　工程造价比较、后期运营费用比较

根据部颁预算定额，隧道方案工程造价较桥梁方案少 5 077 万元(不含勘察设计费、银行贷款利息等)。隧道方案每年用于通风照明等运营费用约为 350 万元，运营费用高于桥梁方案。

4.2.2　建设工期比较

隧道方案工期约 24 个月，桥梁方案考虑本路段便道工程、基础工程的实施难度，以及为减少山体破坏，采用以缆索调运等施工作业方式，预计工期约 30 个月。

4.2.3　工程风险分析

面对南瓜桥 1 号大桥在建设中可能出现的最为棘手的边坡稳定性问题，认为南瓜桥 1 号桥桥位整体安全性良好，但在局部地段仍存在边坡稳定性问题，难以完全消除高陡横坡路段存在的危岩滚石对桥梁结构、行车安全的威胁。隧道方案有效降低了危岩滚石的影响，而且在地震活动比较频繁的路段对抗震安全更有利。

4.2.4　建设条件比较

龙江电站水渠始建于 20 世纪 50 年代，属民工建勤工程，所用材料及建筑质量差。为增加发电量，20 世纪 80 年代又在原渠的基础上直接加高了渠道的侧墙，大部分地段的水面高程已超出地面 0.5～1.5m，现流量已近 $30m^3$，由于年久失修，部分水渠侧壁，甚至渠外地面都已出现漏水、涌水现象。桥梁方案桩基开挖和施工荷载对水渠影响大，若水渠开裂或垮塌，倾泻的渠水对 K126+400～K126+700 段居民聚居区人民生命安全将构成巨大的威胁。隧道方案则与山体内引水隧洞必定有一次横向交叉，隧道与下方过水隧洞距离达到过水隧洞宽度的 20 倍，且位于过水隧道的上方，两者之间基本无影响。

5　结语

综合考虑以上种种因素，为减少工程施工风险、确保工期，此地段推荐采用隧道方案。

在地势陡峻的沿河布线时，应综合沿线的地质、地物情况，进行桥梁与隧道方案的比选，选择安全、经济的方案。

参考文献

[1] 中华人民共和国行业标准. JTG B01—2003　公路工程技术标准[S]. 北京：人民交通出版社，2004.
[2] 中华人民共和国行业标准. JTG D70—2004　公路隧道设计规范[S]. 北京：人民交通出版社，2004.

位于古滑坡体的隧道处置方案比选

柏 署[1] 米文勇[2] 傅立新[1] 易震宇[1] 杨 燕[3]

(1.湖南省交通规划勘察设计院 湖南长沙 410008;
2.四川雅西高速公路有限责任公司 四川成都 610041;
3.湖南建筑高级技工学校 湖南长沙 410015)

摘 要:本文针对处于古滑坡体内的四川雅泸路磨房沟隧道,考虑了挡墙、反压、卸荷、锚喷、抗滑桩等多种处理方法,利用极限平衡理论,在同一模型,同一参数的情况下,计算衡量边坡稳定性的指标——安全系数,来确定方案的可靠性。由于计算的精度有限,单独的安全系数不具有太大意义,通过对多个方案计算结果的横向比较,可以有较直观的效果。

关键词:隧道 古滑坡 极限平衡 安全系数

1 引言

边坡稳定分析是一个很复杂的问题,对于工程中常见的分析方法主要包括两个步骤:一是计算已知滑动面上的安全系数,常见的方法有:刚体极限平衡法[1]、塑性极限分析法、有限元法[2]、离散元法[3]等;二是搜索最小安全系数对应的临界滑动面。

刚体极限平衡法假定土坡破坏是因为滑动块体按某个滑动面滑动,具体解法是:首先假定滑动面是已知的,将滑动区域内的土体看作是刚性体,不考虑土体的变形,对此刚性体进行细分,由于细分一般采用竖向条分(sarma 法除外),所以又叫做条分法,然后对单个块体进行力学分析,由静力平衡原理来建立平衡方程,利用刚性体上的抗滑力(矩)与下滑力(矩)之间的关系来评价土坡稳定问题,当滑动面所有不稳定部分的抗滑摩擦力正好等于破坏时的抗滑摩擦力[4],则刚性体已经处于极限状态。

按照安全系数的定义,实质上是假定了某个滑动面而求出的结果,这并不代表求出了最小安全系数和最危险的滑动面,因此,需要假定一系列的滑动面,进行多次试算,从而得到最危险滑动面及起上的最小安全系数,目前,寻求滑动面的方法很多,包括费伦纽斯经验法、泰勒曲线法及遗传化算法等方法[5]。

2 工程地质概况

2.1 工程概况

雅安至泸沽高速公路石棉至泸沽段 C17 合同段磨房沟隧道经过四川省石棉县擦罗乡磨房沟古滑坡,该处滑坡位于南桠河左岸,在 K135+030~+250 范围内,滑坡体横向宽约 185m,纵向长约 160m,滑体厚度约 10~20.7m。滑体在线路范围内,左线长 200m(K135+044~K135+244),右线长 166m(YK135+109~YK135+275),其中前段处于磨房沟大桥范围内,后段 K135+145~K135+244 长 99m,(右线 YK135+170~YK135+275 长 105m)处于磨房沟隧道内。

2.2 工程地质(表 1)

滑坡体前缘和后缘的高差约 100m 左右。磨房沟古滑坡滑体中前部斜坡坡角约 40°~45°左右,滑体后段为一缓坡,坡角约 20°左右。滑体后缘以外山坡明显变陡,坡角在 40°~45°,滑体后缘分布有 4 条冲沟,其中中间两条冲沟在滑体后缘约 20m 处合并,除暴雨季节冲沟内有少量地表水存在外,一般为干涸冲沟。地层主要为第四系全新统崩坡积层、冲洪积层、第四系中上更新统冰水沉积层、早震旦世花岗岩、构造岩等。滑体两侧边界外缘可见弱风化花岗岩出露,泸沽侧边界地形上受一走向与坡面倾向一致的小冲沟控制。滑体后缘受地层为中更新统结构密室的碎石夹块石控制，山坡明显变陡。滑坡体前缘剪出口位于边坡坡脚[6]。

岩土主要力学指标推荐值表　　表1

岩土类别		容重 (g/cm³)	残余抗剪强度	
			黏聚力(kPa)	内摩擦角(°)
Q_4	碎石	2.0		
	碎石夹块石	2.1		
Q_{2+3}	碎石夹块石	2.1		
滑带土	拉裂段	1.9	10	35°～41°
	中段		10	29°～35°
	阻滑段		10	25°～29°
弱风化岩(较破碎)	2.5			

2.3　计算模型建立

取滑坡体最不利断面(K135＋159.38)进行计算分析。该断面从上至下地质分别为第四系中上更新统冰水沉积层，强风化层花岗岩，弱风化花岗岩。左右隧洞间距51m，左洞埋深很浅，最小处约6.5m，处于沉积层中；右洞埋深约32m，处于地层分界线上，如图1所示。

提取地面线、材料分界线、隧洞，计算深度为隧道底面以下45m，左、右和底部三面约束。形成计算模型如图2所示。

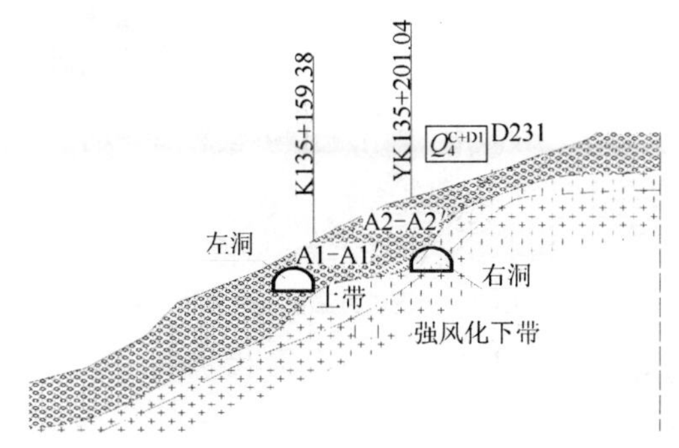

图1　磨房沟隧道K135＋159.38工程地质断面图

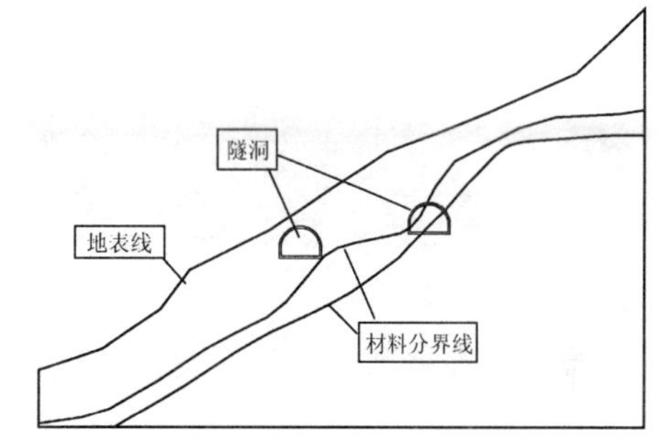

图2　计算模型

3　计算分析

在常态下计算后，结果如图3所示。

该古滑坡现状稳定，经隧道开挖后，滑体稳定系数为1.09，土体现状在饱和状态下基本稳定，但达不到规范规定的一级工程安全等级要求，需治理。

3.1　明挖、锚喷支护方案

由于隧道左洞埋深浅，开挖后成洞困难，考虑对其进行明挖，路线改为左路基、右隧洞的方式通过该滑坡，对滑坡的上缘卸荷的同时，对边坡锚喷支护，左洞左侧边坡8m，右侧需放3级边坡。锚杆长6m，间距1m，呈梅花状布置。

计算结果如图4所示。

经计算，此方案安全系数仅为1.15，较天然情况下稳定性得到一定的改善，但是在改善了原边坡的同时，造成了更大边坡的形成，对行车安全留下较大隐患。

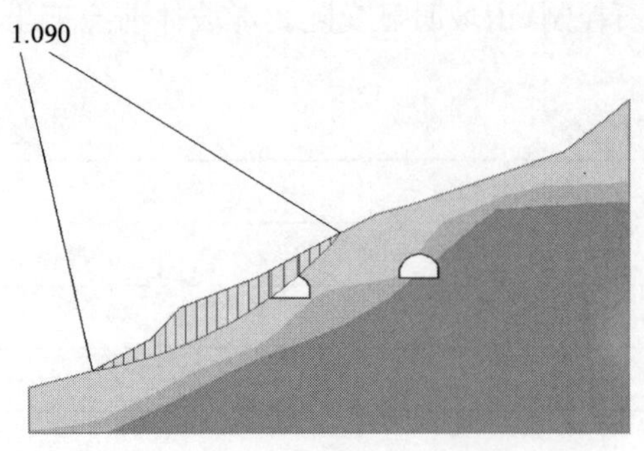

图3　初始状态下的边坡稳定性分析

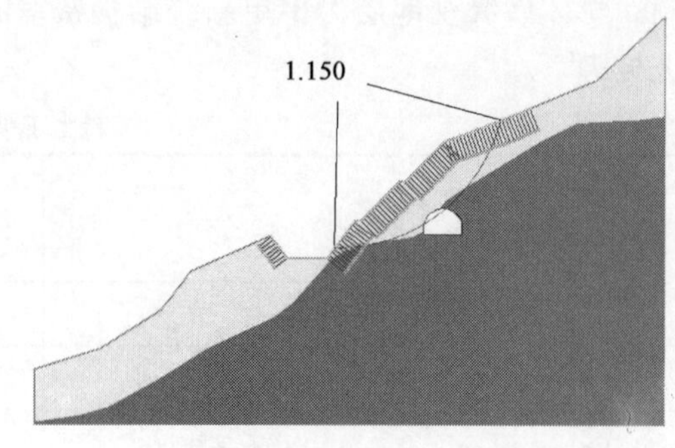

图4　明挖、锚喷支护方案边坡稳定性分析

3.2　挡墙、反压方案

针对常态下的最危险滑动面，施作高10m、厚2.5m的重力式挡土墙，墙后回填土石，在挡墙抗滑的同时，对滑坡前缘进行反压。如图5所示。

该方案安全系数1.265，满足规范[7]要求(1.25)，且能解决部分隧洞弃渣的问题。

3.3　抗滑桩方案

为了提高提高滑动带的抗剪强度，实现滑坡的长期稳定，还可以考虑设置抗滑桩。在隧洞左右各设置一排抗滑桩，共三排，每根桩长30m，如图6所示。

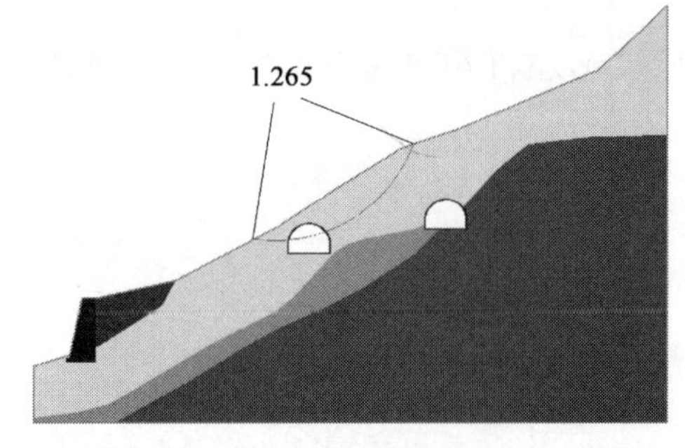

图5　挡墙、反压方案稳定性分析

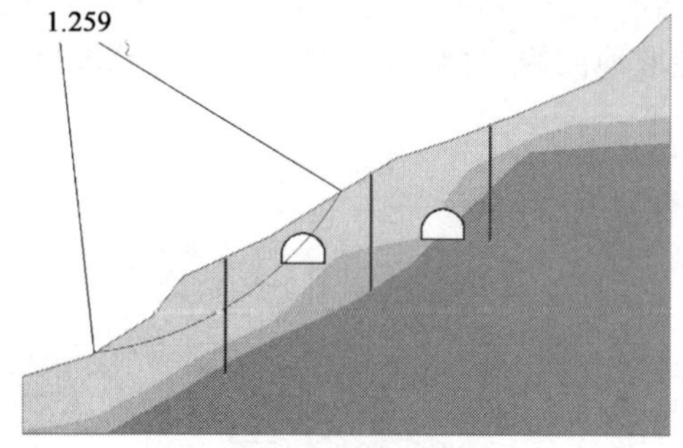

图6　抗滑桩方案稳定性分析

抗滑桩方案安全系数在计算中也能达到规范的要求，在施工时，需先加固滑坡上段，后加固下段，尽可能的少扰动滑坡。

4　结语

(1)本文通过计算处于古滑坡体的磨房沟隧道各种工况下的安全系数，提出了较合理的处置措施。

(2)因受到模拟精度，参数选取等因素的影响，数值计算不能在数值上保证可靠性，但是作为方案的横向比较对方案的选取有参考作用。

(3)方案在保证结构可靠度的同时，应综合考虑经济性和施工的便捷性。

(4)滑坡工程处治，排水工程是关键，在施作防护工程的同时，还要考虑地下水和地表水的作用，须设置排水沟等，及时将水引出。

(5)挡墙和抗滑桩方案虽然能满足边坡的稳定性要求，但是，隧道左洞的浅埋、成洞困难的问题没有解决，须加强隧道环向注浆和超前支护。

(6)各方案并不是独立存在的，在支挡不够时，可以考虑多方案同时采用。

参考文献

[1] 黄昌乾，丁恩保．边坡工程常用稳定性分析方法[J]．水电站设计，1999，15(1)：53-58.

[2] Sloan SW. Lower bound limit analysis using finite elements and linear Programming. International journal for Numerical and Anatytical Methods in Geomechanics,1989,12:61-67.
[3] 陈文胜,柏署,杨燕.离散元计算的位移控制方法[J].岩土力学,2007,7.
[4] 林峰,黄润秋.边坡稳定性极限平衡条分法的探讨[J].地质灾害与环境保护,1997,8(4):9-13.
[5] 钱家欢,殷宗泽.土工原理与计算[M].2版.北京:水利电力出版社,1994,181-183.
[6] 中华人民共和国行业规范.JTG D30—2004　公路路基设计规范[S].北京:人民交通出版社,2004.

雅泸高速公路石棉段桥梁设计

樊华明[1] 张武先[2]

(1. 湖南省交通规划勘察设计院 湖南长沙 410008)

(2. 四川雅西高速公路有限责任公司 四川成都 610041)

摘 要:介绍了雅泸高速公路石棉段桥梁的特点,并针对其特点阐述桥梁设计的一些具体方法。

关键词:雅泸高速公路 桥梁特点 设计方法

1 项目概况

雅安至泸沽高速公路是国家高速公路网中第四条首都放射线之北京至昆明高速公路的重要路段,由我院承担设计的石棉至下鲁坝段(以下简称"本项目")长约60km,设桥梁28 316m/32座,隧道12 146m/12座,桥隧占整个路线长度的比例达68%,其中桥梁占整个路线长度的比例为47%。

本项目建设条件十分困难,地形起伏非常大,需在50km内连续克服1 600多米海拔的升坡压力,工程地质、水文地质条件极其复杂,地震烈度高对构造物的设置极为不利,沿线40多个电站的发电厂房、拦水坝、变电站、高压输电线等水电相关设施对项目影响非常大,108国道与路线并行和多次交叉对国道的保通要求很高。

2 本项目桥梁的主要特点

(1)本项目位于安宁河地震带和鲜水河地震带交汇部位,两地震带均为我国主要的地震活动带之一,地震活动频繁,地震基本烈度为Ⅷ和Ⅸ度,对结构工程防震及抗震设计要求非常高。

(2)路线设计受地形地质条件影响大,本项目桥梁墩高普遍较高,最大高度达到110m。

(3)桥梁多位于曲线内,桥梁半径普遍只有400~800m,桥梁最小半径仅为323m。

(4)部分桥梁因设置爬坡车道需加宽,还有部分桥梁位于小半径内引起停车视距不能满足110m的最低要求也需要加宽,因此本项目桥梁宽度变化较多。

(5)受各种因素的影响,本项目概算单价较低,桥梁由于比例较大,其造价的控制对整个项目造价起着关键的作用。

3 桥型方案的选择

本项目桥涵构造物众多,在跨越主要河流及沟谷时,桥梁一般较高、较长,基本不受洪水控制。特大桥、大桥及中桥的桥型及桥长,主要根据桥位地形、地质、河床特征、路线纵坡要求、施工和养护条件,并遵循桥梁整体布置协调、匀称、简洁的原则进行综合考虑。上部构造一般采用20m预应力混凝土小箱梁、25m、30m、40m预应力混凝土T形梁,以简支结构为主。对于个别大跨桥梁,采用预应力混凝土连续刚构方案。下部构造当桥墩高度在40m以下时,一般采用双圆柱式墩;当桥墩高度超过40m时,一般采用空心薄壁墩。

4 抗震设计

抗震设计是本项目的重点,我院从初步设计开始就委托有资质单位完成了《地震安全性评价报告》,对主要场地进行了地震危险性概率分析和地震动参数的确定。随后又与科研院校完成了《桥梁抗震设计专题研究报告》,指导本项目的施工图设计。

4.1　上部构造抗震设计

本项目上部构造以简支梁为主，主要通过加强抗震措施来满足抗震需要。

4.1.1　T梁墩顶横向弹塑性挡块设计

(1)设置机理

如图1所示，T梁桥的横向弹塑性挡块通常设置在盖梁的两端，与普通混凝土挡块不同的是，弹塑性挡块需要设置拉杆与主梁相连，从而保证其在地震中进入屈服后能实现循环反复的弹塑性变形。其减震的主要机理为：地震作用下，弹塑性挡块发生屈服，延长结构横向振动周期，减小横向地震力；另外，弹塑性挡块还通过反复的弹塑性循环变形耗散地震能量，控制相对位移；再次，弹塑性挡块对墩身在横向受力上形成能力保护，不论地震输入的大小，由弹塑性挡块传递给墩身的横向剪力总是等于挡块的屈服荷载，使得墩身的横向受力较为明确，这一点对于难以形成弹塑性铰的矮墩而言尤为有利。

(2)设置方法

设伸缩缝位置：由于主梁断开，相邻联横向运动难以一致，致使墩梁横向相对位移较大，挡块采用200kN级，联间伸缩缝设4套，桥台设2套。

不设伸缩缝位置，由于主梁连续，墩梁横向相对位移较小，挡块采用120kN级，每墩设4套。

4.1.2　T梁纵向连梁装置

(1)设置机理

为防止伸缩缝两侧相邻梁端相对墩顶盖梁纵向位移过大而造成落梁，在各伸缩缝处相邻两梁端之间拟设置由直径32mm精轧螺纹钢筋(设计强度770MPa)、配套螺帽和弹性橡胶垫块构成的纵向连梁装置，其布置如图2所示。在正常使用条件下该纵向连梁装置能提供相邻梁端因温度变化和混凝土收缩、徐变等因素引起的纵向自由分离位移；在地震作用时，当相邻梁端纵向相对分离位移超出一定限值，就会受到纵向连梁装置的弹性约束。

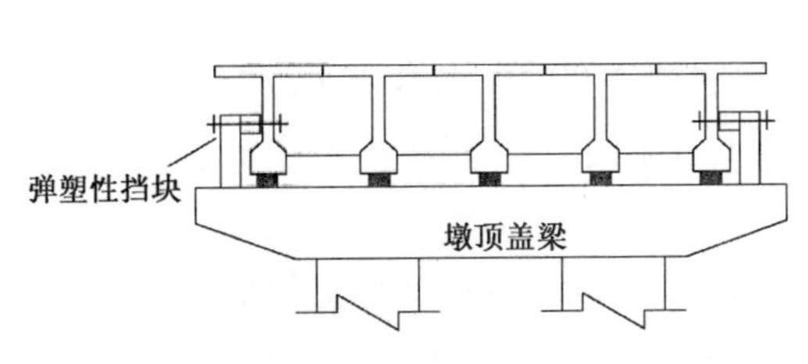

图1　T梁横向弹塑性挡块

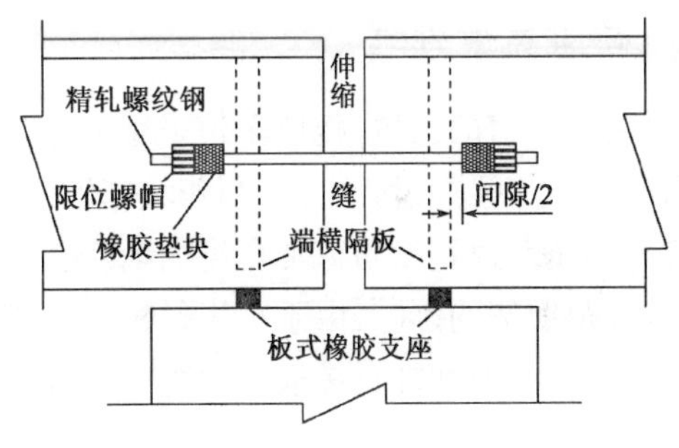

图2　T梁纵向连梁装置

(2)设置方法

桥台处：由于刚性较大，在地震作用下，主梁纵向与台体相对位移一般也比较大，需要设置较多的纵向拉杆以控制其相对位移量，设置2×10～2×15根ϕ32JL螺纹钢拉杆。

联与联中的伸缩缝：如果伸缩缝两侧墩高差异较大，相邻联纵向基本周期差异较大，则在地震中两相邻联运动一致性较差，相对位移较大，设置2×8～2×10根ϕ32JL螺纹钢拉杆；若伸缩缝两侧墩高差异不大，相邻联纵向基本周期差异较小，则在地震中两相邻联运动一致性较好，相对位移较小，设置2×5～2×8根ϕ32JL螺纹钢拉杆。

施工时应注意在桥台背墙处预留孔道，以便纵向连梁装置的安装。

4.2　下部构造设计

4.2.1　抗震计算

桥梁下部构造全部按Ⅷ度标准增加地震力，计算软件采用Midas2006，由于本项目桥梁设计任务繁重，桥梁计算没有全部单独建模，而是通过归类建立典型桥梁的计算模型，从而总结出各种跨径、桥墩高度、地形特点所选用的桥墩顺桥向以及横桥向尺寸和配筋，桥梁高度包括大部分情况。

4.2.2 抗震措施

除了进行详细的抗震计算，本项目还采取多种抗震措施来保证桥梁下部构造的安全。对墩柱的塑性铰区域进行箍筋加密，确保塑性铰区域截面的延性能力，箍筋间距由普通情况的15～20cm加密至8～10cm，加密区的长度取1.5～2倍墩柱截面尺寸。对空心截面墩柱进行约束混凝土配筋，以满足延性需求。

5 曲线内桥梁设计

(1)曲线桥计算按路线设计线处布置标准跨径，各墩沿径向设置，以折线代替曲线，每跨各片梁预制不等长。

(2)曲线上横向超高通过改变主梁翼缘板的横向倾斜适应，以保证桥面铺装厚度的一致，避免过厚或过薄的混凝土桥面铺装，主梁横隔板底面与翼板顶面平行，超高值取相邻墩台盖梁横坡的平均值。

(3)梁长变化处理：梁长变化采用调整端部等截面段的长度，保持梁端至支座中心线(端横隔板)的距离不变。

(4)平面横向弓高的处理：维持主梁横向位置不变，外梁翼板按弧线形设计，在弯道外侧形成凸形翼缘，在弯道内侧形成凹形翼缘，桥梁平面布置图中提供了各中横隔板位置的翼缘宽度。

(5)主梁横隔板间距的处理：中横隔板布置方式与直线桥相同，间距为5m，与梁垂直；端横隔板布置保持梁端至端横隔板的距离与直线桥相同，端横隔板至中横隔板的距离随梁长变化而变化。

(6)梁端斜度的处理：采用封锚形成。

(7)特殊超高的设计：结合灵活和舒适的设计理念，为尽量减少缓和曲线段桥梁超高的变化幅度，从而降低设计施工难度，并提高行车的舒适度，本桥在同向圆曲线之间的直线段采用2%超高设计。

6 桥梁宽度处理

(1)爬坡车道的设置：爬坡车道采用加宽1m设计，需单独编制爬坡车道桥梁参考图，对于T梁和小箱梁均采用增加一片梁的设计方法，当爬坡车道需在桥内渐变时，设计采用了两跨桥突变的设计方法，通过车道标线实现爬坡车道宽度与正常宽度的渐变。

(2)视距加宽的影响：由于小半径桥梁不满足视距要求，部分弯道需加宽，根据加宽值的不同，设计时采用了增加一片梁或增加翼缘板横向宽度两种方法，对于渐变的处理采用与爬坡车道渐变相类似的突变设计方法。

7 造价控制措施

(1)桥梁孔径的布设：在项目业主、咨询审查单位、项目总体单位多次审查后，优化了桥梁孔径的布设，并在部分桥梁内采用了经济指标较好的20m小箱梁，以降低桥梁造价。

(2)桥型结构以安全、适用、经济为原则，并兼顾美观与环保。桥型结构尽可能标准化，以方便施工、缩短工期、降低工程投资。

(3)上部构造通用图：25m、30m、40mT梁上部构造通过采用2.5m梁间距，使T梁片数仅为5片；20m跨径采用相对经济的小箱梁。从而有效减少了上部构造的造价。

(4)爬坡车道的灵活设置：对于路基及主跨≤30m且墩高≤40m的桥梁，当连续长度大于500m且大货车预测运行速度<50km/h时，设置爬坡车道；对于隧道及主跨>30m且墩高>60m的桥梁，不设置爬坡车道，从而减少设置爬坡车道到来的造价增加。

(5)对于爬坡车道加宽、视距加宽等渐变的处理：采用突变的设计方法，从而避免现浇梁的使用，即使设计施工均较为简单，又可工程造价较低。

8　结束语

笔者通过参加雅泸高速公路石棉段桥梁设计全过程，对一些设计方法进行归纳整理，希望对类似工程起到借鉴作用。

参考文献

[1] 中华人民共和国行业标准. JTG/T B02-01—2008　公路桥梁抗震设计细则[S]. 北京：人民交通出版社，2008.

第三篇　桥 梁 工 程

钢管混凝土组合高墩技术

牟廷敏[1]　范碧琨[1]　万忠金[2]　陈　渤[2]
(1.四川省交通运输厅公路规划勘察设计研究院　成都　610041
2.四川雅西高速公路有限责任公司　成都　610041)

摘　要： 本文论述了采用 ϕ1 320×14mm 钢管混凝土柱肢与型钢横撑形成受力主体的框架结构体系，现浇厚度为 50cm 的钢筋混凝土腹板，改善钢管混凝土柱肢受力状况和提高桥墩刚度。同时，试验验证这种结构体系的可实施性、结构受力行为的合理性、较强的抗风性能和优越的经济性能，是现代山区高速公路桥梁克服复杂地形地质及高地震烈度条件下的新型桥梁结构，具有广阔的推广应用前景。

关键词： 山区桥梁　钢管混凝土　组合结构桥墩　安装工艺　模型试验　抗风分析

1　概述

雅(安)—西(昌)高速公路沿线地质条件复杂、桥位岩陡沟深、地震烈度最高达 9 度。目前常规的钢筋混凝土结构，用于高烈度地区高墩(墩高大于 100m)时，结构自重与地震响应间的矛盾导致墩身截面不断增大，施工困难、工程造价不断增高，例如一个跨度 200m、高 157m 的连续刚构桥墩，其建安费至少需要 4 000 万元。

根据调查分析，目前桥梁的高墩，按其组成材料可分为钢筋混凝土墩、钢结构墩和钢—混凝土组合结构墩。按结构构造形式可以分为空心墩、空心双薄壁墩，空心与双薄组合墩。针对地震荷载作用下结构受力机理及破坏行为，开发强度高、延性好、易于施工的桥梁结构，是技术发展的必然。近年来，在日本等国家研究应用中，有采用钢管混凝土作为高桥墩施工的骨架，但结构破坏行为仍表现为钢筋混凝土受力特点，未充分发挥钢管混凝土结构的优越性。因此，根据工程实际，本文提出了钢管混凝土组合高墩这一新型结构的设计构想。

2　设计思路

由于高桥墩截面设计主要受自重、地震荷载、风荷载引起的内力控制，因此，钢管混凝土组合高墩采用框架—剪力墙构造设计思想，其主要内容包括：

(1)钢管混凝土柱与水平预应力混凝土隔板组成框架，为受力的主体结构(图 1)；

(2)正常使用阶段，钢筋混凝土腹板及钢管外包钢筋混凝土按有效宽度参与受力，但不能出现裂缝，强度、刚度满足规范要求；

(3)设计地震荷载作用下，地震力由钢管混凝土框架承担，容许墩身钢筋混凝土构件出现裂缝，钢筋混凝土腹板参于抗剪，并提高桥墩抗震刚度，符合两水准设防要求(图 2)。

(4)钢管内采用高强度等级混凝土，钢管外包厚度较薄的低强度等级混凝土，作为钢管防护。通过材料等级匹配和截面尺寸设计，实现结构内部刚度和内力分配，以满足上述设计思路。

其受力特点为：利用钢管混凝土材料强度高及延性好的特点，有效减小截面尺寸，减轻结构自重，提高抗震能力。在正常使用阶段材料处于弹性工作范围，钢管混凝土框架及钢筋混凝土均应满足规范要求；设计地震荷载作用下，材料处于弹塑性工作阶段，满足抗震设防的两水准设计要求。

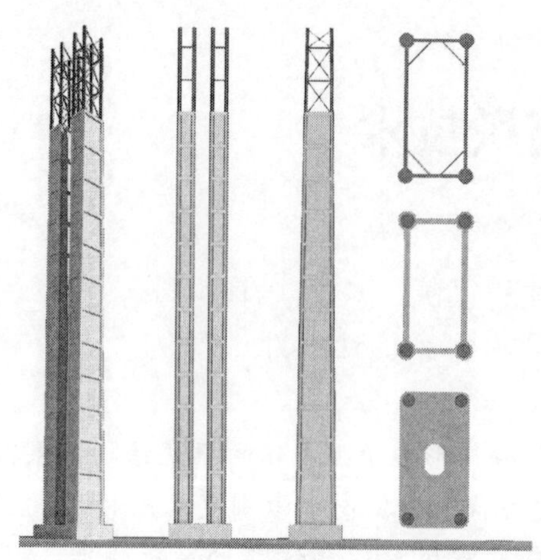

图1　使用阶段受力主体结构

图2　地震荷载受力主体结构

3　依托工程

项目依托工程为雅安—西昌高速公路的腊八斤大桥(图3),该桥主桥为(105+2×200+105)m连续刚构桥,引桥为40m简支T梁桥,主桥最高墩高为182.5m,引桥墩高为40～117m。地震基本烈度7.5度。

图3　腊八斤大桥布孔图

同时,雅(安)—西(昌)高速公路上的黑石沟大桥和唐家湾大桥,主孔跨度分别为200m连续刚构桥和主跨114m的T型刚构桥,最大墩高为157m,也采用这种结构体系。其地震基本烈度7.5度。

这三座大桥均具有墩高、上部结构自重大、地震烈度高、地形复杂的特点,如采用常规钢筋混凝土桥墩,地基强度要求高、桩基数量多、施工作业面大,且大体积混凝土的材料采购、运输及结构裂缝等技术问题较难克服,工程造价很高,施工工期较长。

4　设计构造

4.1　一般构造设计

根据高桥墩的高度和地震烈度,可以采用钢管混凝土混合墩、钢管混凝土组合墩、钢管混凝土结构墩三种形式的结构,本文研究讨论的为钢管混凝土组合桥墩。

组合高墩采用分节段安装的ϕ1 320mm钢管与型钢横撑、斜撑形成骨架,浇注钢管内C80混凝土,最后外包C30混凝土和浇注C30腹板。骨架采用型钢构件,与立柱钢管间采用节点板拼接或焊接连接,横桥向设置水平撑,纵桥向设置水平撑和交叉斜撑(图4、图5)。

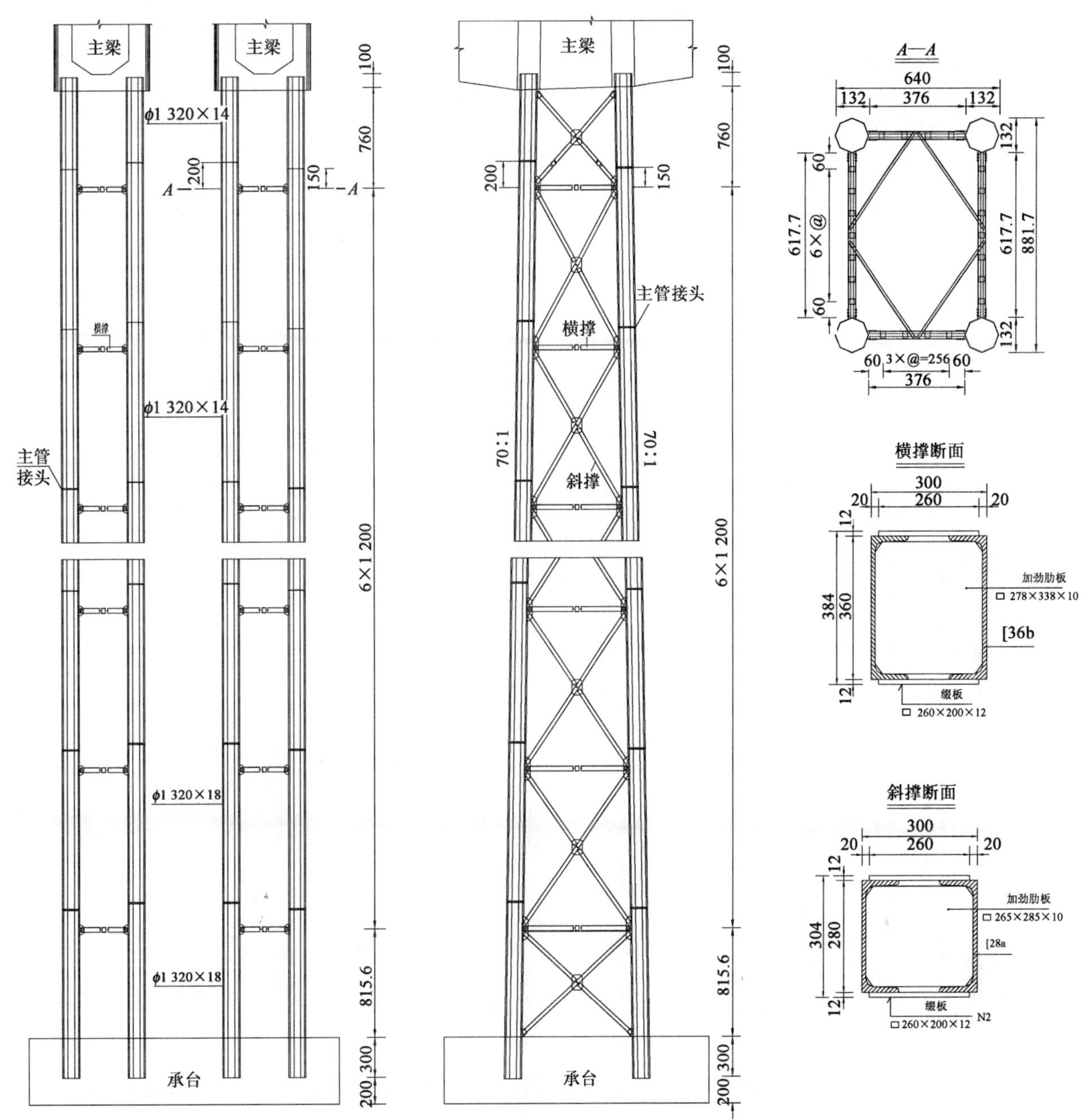

图4　桥墩骨架一般构造图(尺寸单位:cm)

4.2　与承台、主梁的连接构造

柱顶和柱脚处钢管分别与箱梁0号块和桩基承台连接,钢管伸入箱梁混凝土内不小于1.0m,插入承台混凝土内不小于2倍管径(图6和图7)。为使钢管立柱与承台连接可靠,采用PBL抗剪器和钢管底段均匀开孔,形成钢管与承台混凝土的锚固连接。

由于钢管混凝土与预应力水平隔板形成的框架为主要受力构件,因此,桥墩钢管混凝土立柱内力大。为了使承台构造简单,设计时尽量将桥墩钢管混凝土柱与桩基上下对齐,使承台受力更明确。

4.3　有关设计参数的研究

为有利于桥墩与主梁连接和施工,并提高体系刚度,桥墩纵向设置70:1的纵向坡度,横向为竖直。

钢管立柱采用相同外径、不同壁厚,既确保了弯矩变化与截面抗力成正比。同时,又有利于主管对接施焊连接加工和节约工程造价。钢管径厚比是控制钢管失圆、局部屈曲、结构刚度、套箍系数的重要参数,根据众多工程实践,其径厚比控制在 100 以内是可行的。钢管内灌注 C80 混凝土,可提高核心混凝土承载能力、增加结构刚度,确保了桥梁正常使用的性能。

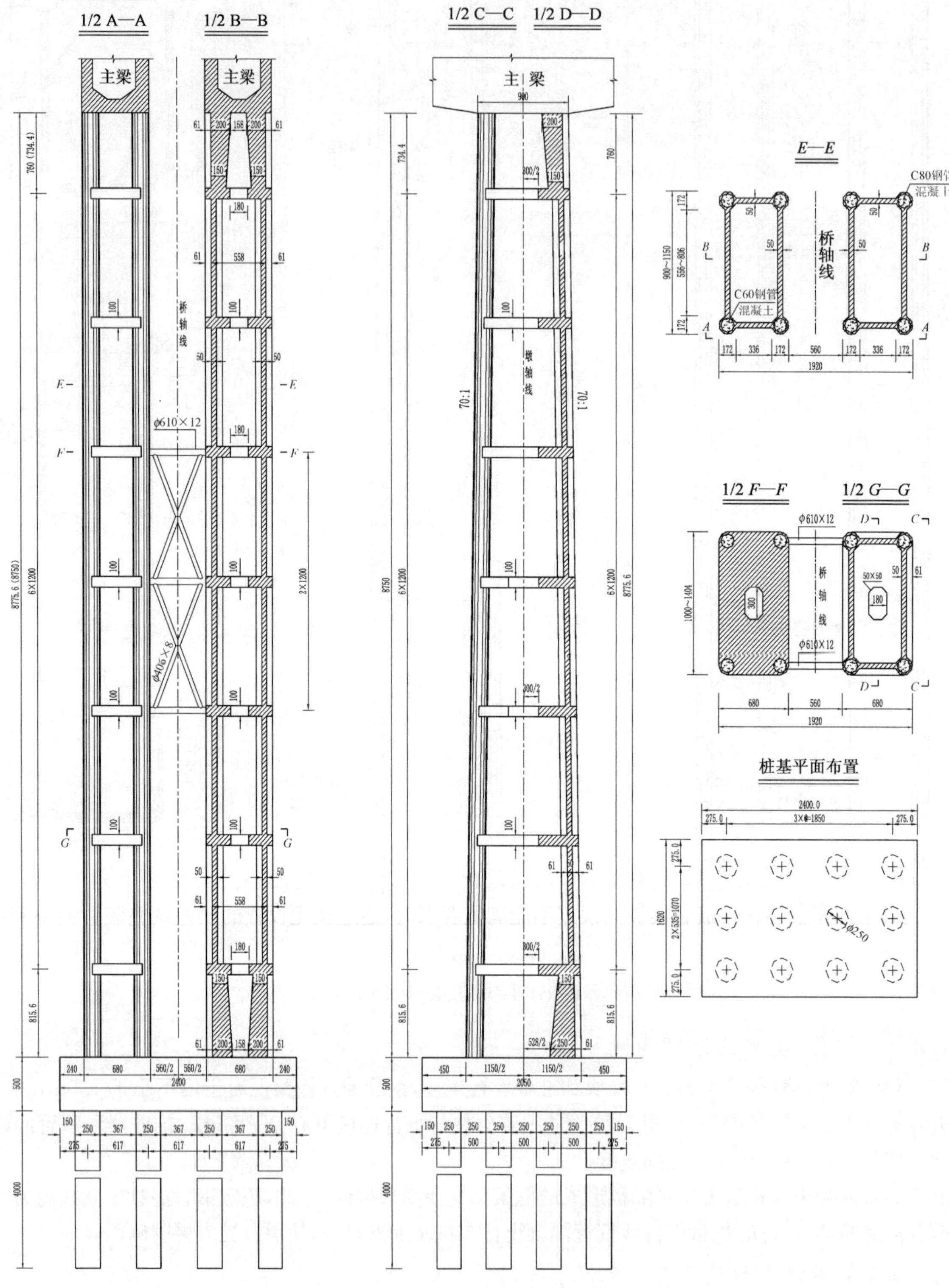

图 5 桥墩一般构造图(尺寸单位:cm)

桥墩水平隔板间距，通过对 8m、12m、16m 和 20m 的计算比较。采用 12m 既有利于施工，又兼顾了长细比指标的要求，发挥了桥墩延性好的特点。水平隔板内设置环向钢束，降低了水平隔板应力峰值，提高了桥墩整体性能，增加了桥墩的刚度。

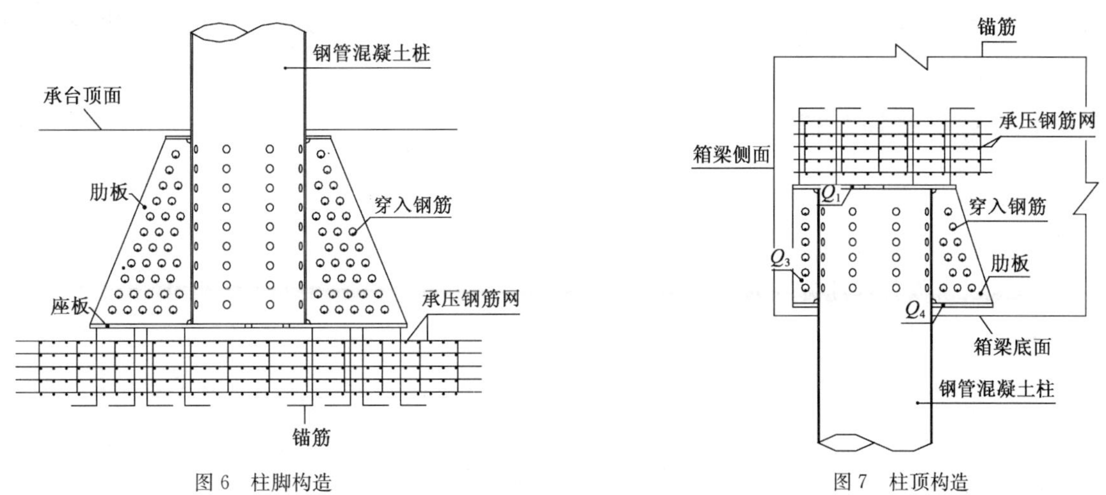

图 6　柱脚构造　　图 7　柱顶构造

钢管外包混凝土可以降低钢结构养护费用，同时提高正常使用阶段桥墩整体刚度。但为了提高钢管混凝土骨架核心作用，减少钢管外包钢筋混凝土的内力，在满足构造要求和易于施工的条件下，应尽量减小外包钢筋混凝土的截面尺寸和混凝土等级。经比较，采用外包厚度 20cm 的 C30 混凝土。

因顾及连续刚构受力特点及合龙顶推需要，主梁设计为左右分幅，墩身也设计为左右分幅，两幅桥的墩、梁适当位置设置横向连接系，以保证地震力作用下的横向稳定及提高桥梁动力特性。

4.4　结构计算论证

这种新型结构体系，计算完成了施工各阶段结构强度、刚度及稳定性验算。完成了成桥后结构恒载、活载、地震荷载、风荷载作用的强度、刚度、稳定和动力特性计算分析，并建立实体计算模型，计算分析了局部受力情况。

5. 工艺技术

(1)钢管骨架的加工制造：钢管加工在桥位附近建设临时加工场地，按管结构加工制造要求，通过工艺试验及专家审查、首节段验收后，开展流水作业施工。

(2)钢管骨架的安装工艺：钢管骨架的节段误差通过加工车间内预拼装完成，拆除构件运输到现场后，通过设置的塔吊起吊安装构件成骨架。当误差不能满足要求时，通过预先设置的误差调整装置调整到满足要求为止。

(3)钢管内混凝土灌注技术：钢管内混凝土灌注节段高为 12m，为了快速、保质地完成，采用了高性能自密实混凝土灌注技术，经过试验、调整，配置的自密实混凝土能满足工艺要求，混凝土配合比见表 1。

施工高性能混凝土配合比表　　表 1

混凝土等级	水　泥	粉煤灰(Ⅰ级)	硅　灰	膨胀剂	水	减水剂掺量(%)	砂	汉 源 碎 石
C80	470	40	50	50	150	2.0	708	978
C30	250	130	—	30	175	0.6	814	996

采用超声波等多种手段检测表明，混凝土质量均匀，强度满足要求。

(4)C30 混凝土外包工艺技术：由于腹板厚为 50cm，长度达到 12m，主钢管外包厚度为 15cm，为了防止裂缝的产生，采用了 C30 防裂高性能混凝土，经检测效果良好。

(5)施工工艺流程为:工厂加工钢管节段和腹杆运至工地→采用塔吊或人字桅杆安装钢管立柱和横撑、斜撑→采用自密实混凝土灌注主钢管内混凝土→施工包钢管钢筋混凝土和腹板→待混凝土强度达到设置值后,张拉隔板内预应力束→安装下一节段钢管立柱和横撑、斜撑→采用高位抛落法灌注立钢管内混凝土→施工包钢管钢筋混凝土和腹板→待混凝土强度达到设置值后,张拉隔板内预应力束→按以上顺序逐节段施工直到墩顶。

6 风致振动性能计算分析

6.1 基础资料

腊八斤大桥最大桥墩高度为183m,主梁在成桥状态下的设计风速为40.6m/s。桥墩的设计风速为35.15m/s。桥墩施工阶设计风速分别为34.11m/s,桥墩独立状态的驰振临界风速为35.44m/s。

6.2 结构动力特性计算分析

根据施工设计资料,对该桥成桥状态、最大双悬臂状态、桥墩独立状态等进行了三维自振特性计算,各阶段结构自振频率见表2。

各阶段结构自振频率 表2

阶次	成桥状态	桥墩独立状态	主梁最大双悬臂状态
	频率(Hz)	频率(Hz)	频率(Hz)
1	0.201 9	0.309 5	0.152 7
2	0.228 3	0.352 0	0.162 8
3	0.301 4	0.866 5	0.175 8
4	0.345 1	1.156 2	0.503 0
5	0.345 1	1.813 1	0.767 2

6.3 桥墩及主梁静力风参数CFD分析

根据计算流体力学理论,采用计算流体力学理论软件对风载参数进行计算分析,其成果见表3。

桥墩参数CFD分析表 表3

桥墩独立状态风参数	施工状态主梁风参数	成桥状态主梁风参数
上风侧桥墩的阻力系数为1.82,下风侧桥墩的阻力系数为−0.58	上风侧主梁的阻力系数为1.78,下风侧主梁的阻力系数为−0.30	上风侧桥墩的阻力系数为2.08,下风侧桥墩的阻力系数为−0.38

由计算结果可知:上风侧桥墩、主梁的阻力系数均为正,而下风侧的为负,主梁的升力系数均为正,主梁的力矩系数有正有负。

6.4 风致内力计算分析

自然风作用下结构内力响应主要由两部分构成:

(1)结构在对应于平均风速的静风荷载作用下的内力;

(2)结构受脉动风作用发生抖振所引起的内力。

因此,针对该桥进行了成桥状态、桥墩独立状态及施工最大悬臂状态的风致内力计算,计算的基本参数见表4。在设计风速下、横桥向风作用下风致内力计算结果见表5~表7。

6.5 结构风致振动分析

自然风对桥梁结构产生的风致振动形式有发散振动的颤振、驰振,限幅振动的涡振,脉动风引起的抖振。通过对钢管混凝土组合高墩外形及尺寸研究分析,发生颤振、驰振的可能性小,需进行风洞试验验证。

风致响应计算基本参数　表4

	参　　数	成 桥 状 态	施 工 状 态	备　　注
主梁	风速 V(m/s)	40.61	34.11	桥面高度
	主梁高度(m)	12.75～3.8	12.75～3.8	
	主梁宽度(m)	12.1	12.1	
	阻力系数 C_D	2.08/−0.38	1.78/−0.3	CFD计算结果
	升力系数 C_L	0.77/0.06	0.60/0.06	CFD计算结果
	力矩系数	−0.15/0.01	−0.18/0.04	CFD计算结果
桥墩	V_Z 剖面风速(m/s)	$40.61\left(\frac{z}{182.78}\right)$	$34.11\left(\frac{z}{182.78}\right)^{0.30}$	
	塔墩宽度(m)	4.5～15.22	4.5～15.22	顺桥向宽
	阻力系数 C_D	1.82/−0.58	1.82/−0.58	CFD计算结果

桥墩独立状态典型截面风致内力　表5

截　　面	内　　力	静　风　力	抖　振　力	合　　力
墩底单柱	轴力(kN)	12 695	7 644	20 339
	顺桥向剪力(kN)	0	952	952
	横桥向剪力(kN)	1 909	662	2 571
	扭矩(kN·m)	0	8 193	8 193
	横桥向弯矩(kN·m)	77 670	36 665	114 335
	顺桥向弯矩(kN·m)	0	129 750	129 750

最大悬臂独立状态典型截面风致内力　表6

截　　面	内　　力	静　风　力	抖　振　力	合　　力
墩底单柱	轴力(kN)	39 651	15 907	55 558
	顺桥向剪力(kN)	0	2 259	2 259
	横桥向剪力(kN)	3 255	887	4 142
	扭矩(kN·m)	0	35 816	35 816
	横桥向弯矩(kN·m)	167 840	56 813	224 653
	顺桥向弯矩(kN·m)	0	356 720	356 720

成桥状态典型截面风致内力　表7

截　　面	内　　力	静　风　力	抖　振　力	合　　力
墩底单柱	轴力(kN)	28 365	18 037	46 402
	顺桥向剪力(kN)	42	925	967
	横桥向剪力(kN)	2 011	1 708	3 719
	扭矩(kN·m)	2 492	18 040	20 532
	横桥向弯矩(kN·m)	119 730	100 382	220 112
	顺桥向弯矩(kN·m)	3 992	83 199	87 191

7　试验研究

7.1　自密实混凝土模拟试验

为保证制备的高抛自密实钢管混凝土满足高抛施工的工艺要求，同时掌握高抛施工技术，确保实际施工过程的顺利，在大桥工地进行了高位抛落施工方法的工地模拟试验。试验中采用钢管规格为 ϕ1 320mm，混凝土抛落高度为11m。试验过程表明,混凝土高抛灌注顺利、黏聚性好、无离析泌水现象。

通过实验室和工地现场的模拟试验可知,采用研究的混凝土配合比,其力学性能达到设计要求,而且混凝土工作性能良好,完全满足高抛施工工艺的要求。

7.2 整体模型试验研究

7.2.1 研究内容

主要研究内容包括在正常使用极限状态下:

(1)钢管混凝土组合高墩的结构行为;

(2)钢管混凝土组合高墩的外包混凝土的工作情况;

(3)钢管混凝土组合高墩与主梁连接部位的工作状态;

(4)钢管混凝土柱与腹板之间荷载的传递情况;

(5)地震荷载作用下,结构的受力状态及破坏行为。

7.2.2 预期成果

通过试验研究,拟得到的预期成果:

(1)判断桥梁与主梁连接构造的可靠性及分析论证;

(2)高强钢管混凝土组合高墩的结构受力行为机理,并提出其受力性能的简化分析方法;

(3)钢管混凝土组合高墩抗震性能、破坏行为及分析论证;

(4)钢管混凝土组合高墩综合评价分析。

7.3 局部模型试验研究

7.3.1 研究内容

主要研究内容包括在使用荷载作用下:

(1)钢管混凝土柱、混凝土腹板的传力途径和传力机理;

(2)钢管混凝土柱和混凝土腹板之间的剪应力分布状态;

(3)钢管混凝土柱与混凝土腹板过渡区域的联结状态;

(4)钢管混凝土柱的受力状态。

7.3.2 预期成果

根据试验研究,拟达到的预期成果目标包括:

(1)对钢管混凝土柱与混凝土腹板可靠性有量化结论,并形成初步理论成果;

(2)形成钢管混凝土柱与混凝土腹板之间应力传递机理的理论构架,供设计参考;

(3)根据试验成果,建议设计施工改进或提出注意事项;

(4)为钢管混凝土组合高墩综合评价分析提供数据。

8 结语

云万高速公路的汤溪河大桥(地震基本烈度为6度)和本项目依托工程黑石沟大桥,都为主跨200m、桥墩高为157m的连续刚构桥,按同精度的施工图设计,计算相同高度桥墩工程数量如表8所示。

桥墩墩身主要工程数量比较表 表8

桥名	C40混凝土(m^3)	C80钢管混凝土(m^3)	C30外包混凝土(m^3)	钢绞线(kg)	普通钢筋(kg)	钢管(kg)	其他钢材(kg)
黑石沟大桥	—	1 668	7 143	4 576	1 527 673	695 788	335 613
汤溪河大桥	17 950	—	—	—	2 780 240	—	167 907

采用钢管混凝土组合高墩,节约混凝土9 139m^3;节约钢材389 073kg;增加钢绞线4 576kg;节约工程造价约600万元。由于桥墩重量轻,减少了桩基数量,克服了山区斜坡施工群桩的难题。

在西部山区,大于100m高墩的桥梁数量多,面对的地形地质条件复杂,地震烈度高,本文提出的钢管混凝土组合桥墩为克服这类地区高桥墩建设难题的重要技术途径，为促进西部地区桥梁技术发展具有重要意义。

参 考 文 献

[1] “钢管混凝土组合桥梁技术开发应用研究”科研报告（内部资料）[R]. 四川省交通厅公路规划勘察设计研究院.

[2] 钟善桐. 钢管混凝土统一理论—研究与应用[M]. 北京：清华大学出版社.

[3] 四川省交通厅公路规划勘察设计研究院. 公路钢管混凝土桥梁设计与施工指南[M]. 人民交通出版社，2008.

钢管混凝土组合高墩在大跨径连续刚构桥梁中的应用

汪碧云[1] 杨 君[2] 牟廷敏[3] 万忠金[1] 陈友谊[1]

(1.四川雅西高速公路有限责任公司 成都 600041;
2.四川路桥桥梁工程有限责任公司 成都 600041;
3.四川省交通运输厅公路规划勘察设计研究院 成都 610041)

摘 要:雅泸高速公路全线多座连续刚构桥梁下部结构创新采用钢管混凝土组合高墩技术,这在桥梁建设史上尚属首次,其中腊八斤大桥10号主墩高度居同类型桥梁世界之最。本文以腊八斤大桥为背景,介绍了大跨径连续刚构桥梁采用钢管混凝土组合高墩的设计与施工关键技术。

关键词:大跨径 连续刚构桥 钢管混凝土组合高墩 设计与施工

1 概述

随着高速公路建设环境日益“山区化”,高墩大跨径桥梁(特别是连续刚构)多、地震烈度高、材料资源组织困难、施工环境恶劣、施工条件差等是山区桥梁建设的显著特点。因此,如何从设计技术的角度来提高结构抗震能力、减少结构材料用量、适应恶劣的自然环境施工,桥梁建设者们对此进行了长期研究。特别是在四川雅泸高速公路的建设中,在高墩的设计与施工技术方面取得了新的突破。

2 依托工程概况

2.1 腊八斤大桥

腊八斤大桥(见图1)主桥为(105+2×200+105)m连续刚构桥,引桥为40m简支T梁桥,主桥最高墩高为182.5m(其高度在同类型桥梁中居世界之最),引桥墩高为40~117m。基本地震烈度7.5度。

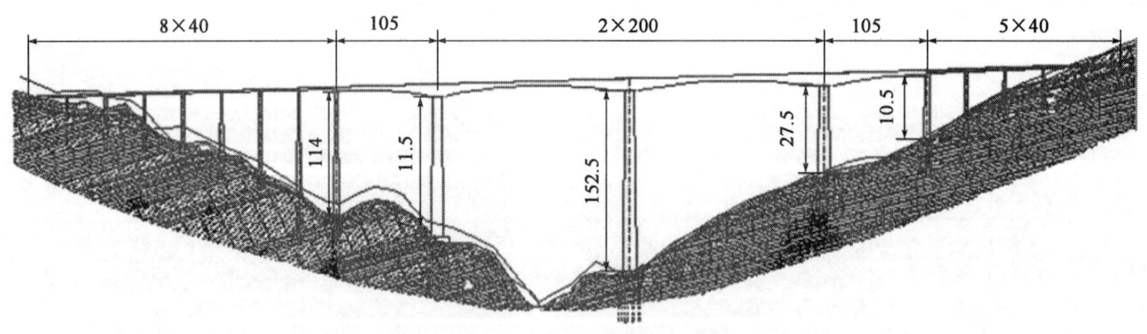

图1 腊八斤大桥总体布置图(尺寸单位:m)

2.2 黑石沟大桥

黑石沟大桥(见图2)主桥为(60+115+200+105)m连续刚构桥,引桥为40m简支T梁,主桥最高墩高为157m,引桥墩高为40~107m。基本地震烈度7.5度。

2.3 唐家湾大桥

唐家湾大桥(见图3)主桥为(114+114)m的T型刚构桥,引桥为30m简支T梁,主桥桥墩墩高为77m。基本地震烈度7.5度。

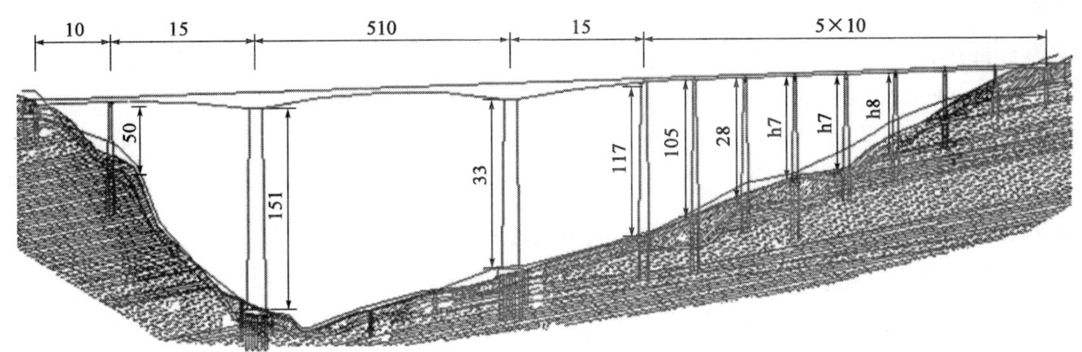

图 2　黑石沟大桥总体布置图(尺寸单位:m)

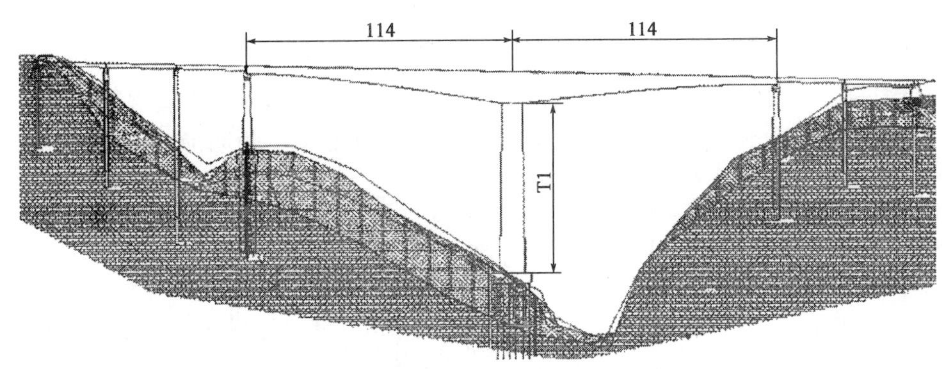

图 3　唐家湾大桥总体布置图(尺寸单位:m)

3　钢管混凝土组合高墩的方案构思与设计

3.1　方案构思

目前,连续刚构桥梁常规的钢筋混凝土墩有以下几种结构形式:整体式空心墩、空心双薄壁墩、双薄壁实心墩、空心与双薄壁组合墩等。针对地震荷载作用下结构受力机理及破坏行为,开发强度高、延性好、易于施工的桥梁结构,是技术发展的必然。近年来,在日本等国家研究应用中,有采用钢管混凝土作为高桥墩施工的骨架,但结构破坏行为仍表现为钢筋混凝土受力特点,未充分发挥钢管混凝土结构的优越性。因此,根据工程实际,设计单位提出了钢管混凝土组合高墩这一新型结构的设计构想。

3.2　设计思路

(1)根据高层建筑结构设计理念,钢管混凝土组合高墩采用"框架—剪力墙构造"设计思想(如图 4 所示)。

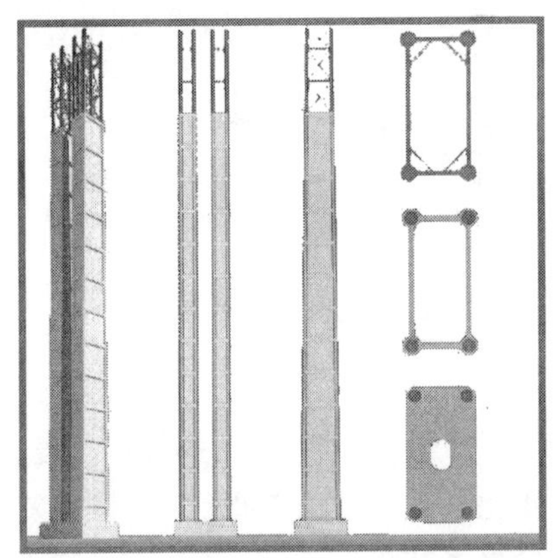

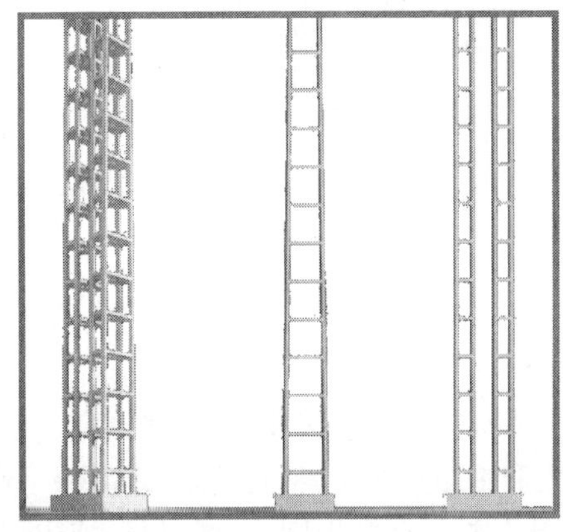

图 4　钢管混凝土组合高墩设计模型图

(2)其受力特点为:在正常使用阶段材料处于弹性工作范围,钢管混凝土框架及钢筋混凝土均应满足规范要求;在设计地震荷载作用下,材料处于弹塑性工作阶段,且容许腹板开裂破坏,但钢管混凝土框架结构满足抗震设防的两水准要求。

3.3 关键设计技术

3.3.1 一般构造设计

(1)组合高墩单幅采用分节段安装的 4 根 ϕ1320mm 钢管与型钢横撑、斜撑形成骨架。骨架采用型钢构件,与立柱钢管间采用节点板拼接或焊接连接,横桥向设置水平撑,纵桥向设置水平撑和交叉斜撑(图 3)。

(2)在骨架上浇筑钢管内 C80 混凝土,最后外包 C30 混凝土和浇注 C30 腹板,形成正常使用阶段的钢管混凝土组合结构(图 4)。

3.3.2 与承台、主梁的连接构造

(1)柱顶和柱脚处钢管分别与箱梁 0 号块和桩基承台连接,钢管伸入连接长度不小于 1.0m,采用 PBL 抗剪器和钢管底段开孔,形成钢管与承台混凝土的锚固连接(图 5~图 8)。

(2)由于钢管混凝土与预应力水平隔板形成的框架为主要受力构件,桥墩钢管混凝土立柱内力大。为了使承台构造简单,设计将桥墩钢管混凝土柱与桩基上下对齐,使承台受力更明确。

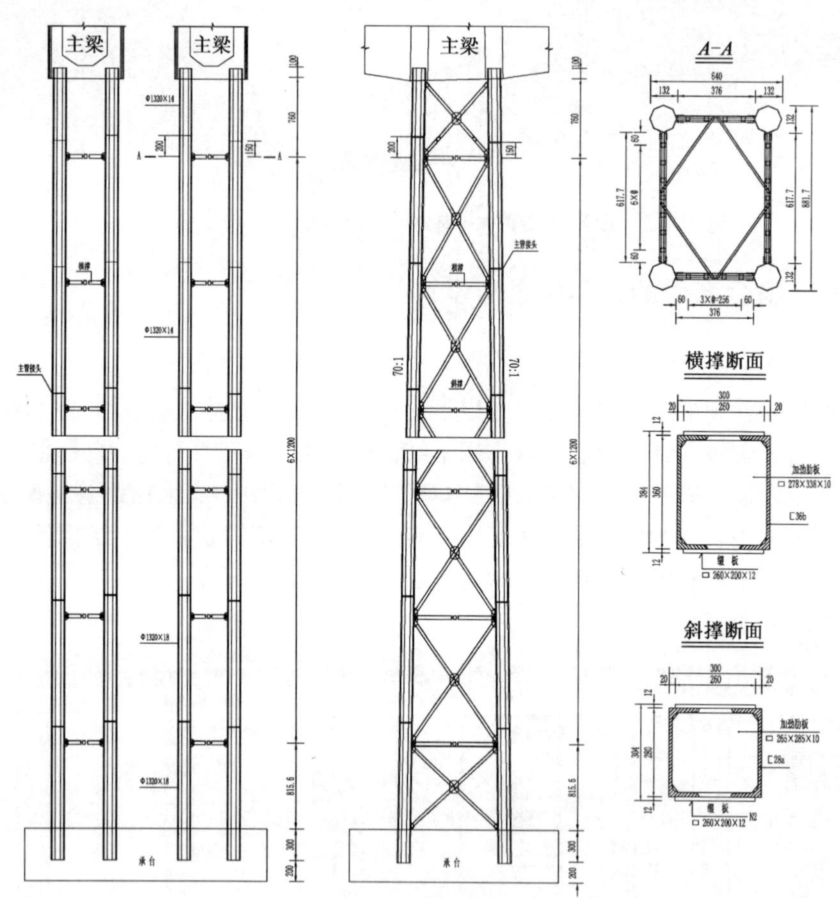

图 5 桥墩骨架一般构造图(尺寸单位:cm)

3.3.3 有关设计参数的研究

(1)为有利于桥墩与主梁连接和施工,并提高体系刚度,桥墩纵向设置 70:1的纵向坡度,横向为竖直。

(2)钢管立柱采用相同外径、不同壁厚,既确保了弯矩变化与截面抗力成正比。同时,又有利于主管对接施焊。钢管径厚比是控制钢管失圆、局部屈曲、结构刚度、套箍系数的重要参数,根据众多工程实践,其径厚比控制在 100 以内是可行的。

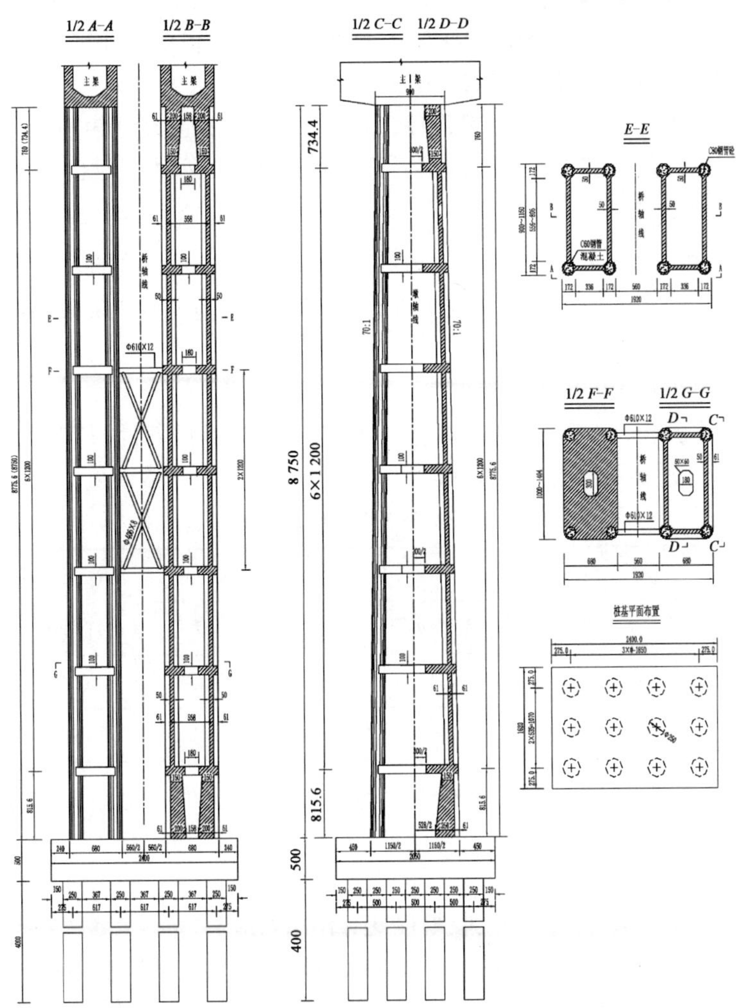

图 6　桥墩一般构造图(尺寸单位:cm)

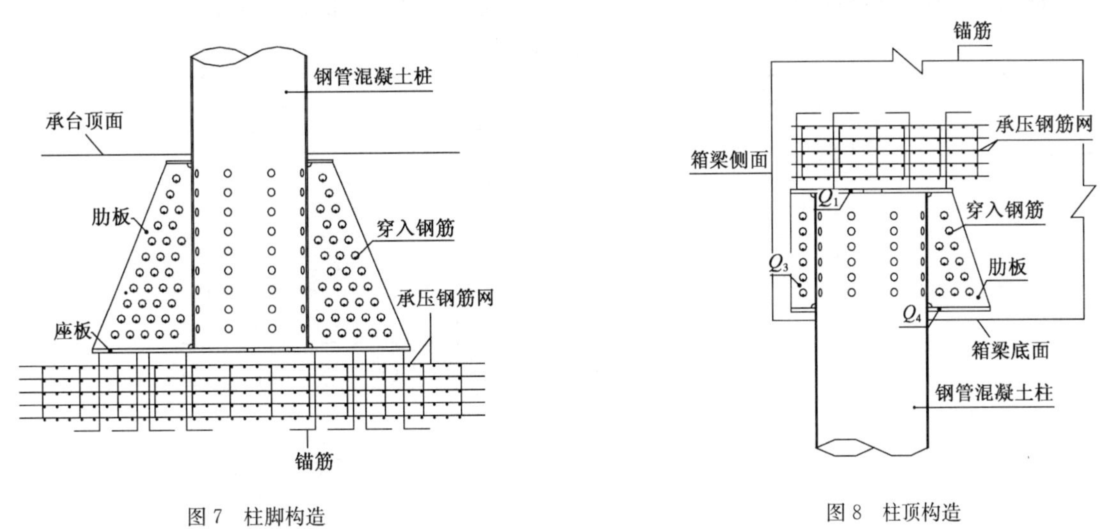

图 7　柱脚构造　　　　图 8　柱顶构造

(3)钢管内灌注 C80 混凝土,提高核心混凝土承载能力、增加刚度,确保了桥梁正常使用的性能。

(4)桥墩水平隔板间距,通过对 8m、12m、16m 和 20m 的计算比较。采用 12m 既有利于施工,又兼顾了长细比指标的要求,发挥了桥墩延性好的特点。水平隔板内设置环向钢束,降低了水平隔板应力峰值,提高桥墩的刚度。

(5)外包混凝土可以降低钢结构养护费用,同时加强正常使用阶段桥墩整体刚度。但为了提高钢管混凝土骨架核心作用,减少钢管外包钢筋混凝土的内力,在满足构造要求和易于施工的条件下,尽量减小外包钢筋混凝土的截面尺寸和混凝土等级,设计为厚度20cm的C30混凝土。

(6)因顾及连续刚构受力及合龙需要,主梁设计为左右分幅,墩身也设计为左右分幅,两幅桥的墩、梁适当位置设置横向连接系,以保证地震力作用下的横向稳定及提高桥梁动力特性。

3.4 主要计算论证成果

3.4.1 施工强度、刚度验算

按先完成全部骨架,再外包钢筋混凝土的施工方案,计算成果显示:施工阶段各构件强度及刚度均在容许范围内,表明施工过程是安全的。

3.4.2 地震荷载极限承载力及刚度验算

地震内力计算时,认为腹板已开裂退出工作,仅计入其重量,强度验算时,简化为框架结构的受力体系。其强度和刚度检算成果(表1)显示。各桥主墩和交界墩计算内力均小于截面抗力限值,强度满足要求;

地震荷载作用下刚度验算表 表1

位移方向	黑石沟大桥				腊八斤大桥				
	2号墩	3号墩	交界墩	引桥墩	9号墩	10号墩	11号墩	交界墩	引桥墩
横向(cm)	34.1	43.7	36.4	28.9	47.3	64.5	14.6	29.9	21.3
纵向(cm)	17.8	22.2	10.9	6.5	10.3	14.2	15.5	12.0	3.9

根据位移量计算确定交界墩和引桥墩顶梁的搁置宽度,确保地震时不会落梁,因此,计算最大位移值满足抗震要求。

3.4.3 正常使用阶段强度验算

计算计入了汽车荷载、风荷载、温度荷载、收缩徐变等作用效应。

(1)墩身局部分析:针对隔板内是否设环向钢束,从对桥墩整体刚度的影响、对节点应力的影响和对横隔板刚度的影响三个方面进行了对比计算论证,由计算结果对比可知,隔板内张拉环向钢束对增加桥墩整体刚度、降低横隔板节点处的应力峰值具有显著的作用。

(2)强度验算:如表2结果所示,钢管混凝土高墩各构件截面计算应力最大值满足有关要求。

强度验算表 表2

部　位	最大应力(MPa)	最大应力(MPa)	纵向剪应力(MPa)	横向剪应力(MPa)
钢管混凝土	−20.79	−6.77	−8.62	−8.62
钢管外包混凝土	−13.32	−4.83	−7.47	−7.43
腹板	−12.72	−1.55	−2.15	−2.07
水平隔板	−1.96	1.96	2.75	0.18

(3)刚度验算:计算结果显示,桥墩刚度 $\psi=55/182\,500=1/3\,318$MPa;$\delta_{max}=11\text{mm}\leqslant30\text{mm}$,满足要求。

3.4.4 线性稳定及动力聚物特性分析报告

(1)线形稳定计算结果计算表明:钢管混凝土组合高墩一阶稳定安全系数为13.5,失稳模态为横桥向整体失稳,结构稳定性高。

(2)动力特性计算结果:

通过计算对比分析可知,两幅桥的桥墩间,由于受桥墩承台和主梁横向联系间接影响,在桥墩中间设置横向撑,既可以节约材料,又可以大幅提高桥梁动力特性。一阶竖向弯曲自振频率为0.209Hz,一阶扭转自振频率为16.77Hz,弯扭频率比达80。

4 钢管混凝土组合高墩实施方法

4.1 施工难点

单节段(12m)钢管叠合柱整体重量达300kN,根据施工便道运输能力和现场地形条件,采用整体安装方法施工难度极大。因此采取将钢管叠合柱化整为零的方法,将4根钢管和平撑、斜撑分成若干单元加工成型后,运输至现场单肢安装,最后形成整体。单肢安装最大重量71kN,采用普通5023塔吊即可实现垂直起吊运输,施工较方便。

4.2 主要施工工艺

(1)加工钢管节段和腹杆。

(2)采用塔吊作为提升设备安装钢管立柱和横撑、斜撑。

(3)采用高位抛落法灌注主钢管内C80混凝土。

(4)施工钢管和腹板外包钢筋混凝土。

(5)待混凝土强度达到设计值后,张拉隔板内预应力束。

4.3 主要施工方法介绍

4.3.1 钢管节段和腹杆加工

(1)主要施工流程:钢板进场检验→放样画线→切割(坡口设置)→卷板→校圆→连段→焊接→预拼装→拆除→外观检查、焊缝超声波检测、X射线拍照检测合格→单肢出厂

(2)施工过程中强化各工序质量控制,以各工序质量来保证半成品、成品质量。制定了钢管加工各工序质量控制的指标和措施,在施工前进行工艺评定试验,合格后方可施工,以此确保钢管加工质量。

(3)钢管加工工艺介绍:

①进料:进场钢材应附有质量证明书,并按照要求频率对钢材的质量抽样检验。

②放样和切割:要通过焊接工艺试验来确定具体的放样标准和要求。钢板切割需在专用切割平台上进行,切割平台要求平整牢固,保证切割钢板时的稳定性。

③坡口:卷制钢管前,应根据要求将板端开好坡口。为适应钢管拼接的轴线要求,钢管坡口端应与管轴线严格垂直。

④矫正和弯曲:矫正后的钢材表面不得有明显的凹面和损伤,表面划痕深度、钢材矫正后的偏差以及零部件在冷矫正和冷弯曲时,其曲率半径和最大弯曲矢高应满足相关规范要求。

⑤卷板:卷管方向应与钢板压延方向一致,采用样板严格控制钢管椭圆度。卷板机为上辊万能式卷板机(见图9),上辊可以作上下、左右移动,从而可以直接起弧、压弧,实现一次成型,效率高、质量好。

⑥对圆与纵缝焊接:主要控制上、下管口的允许不平度、周长、圆度、对接间隙、错边量。打底焊缝采用分段退焊法,第二、三层可从下向上焊接,正面焊完,背缝清根后再焊接,一次焊完。在焊接过程中要随时用样板检查弧度,随时纠正焊接变形。

图9 W11-30×2000卷板机

⑦钢管拼接组装:根据运输条件和吊装条件确定,把对圆、纵焊缝检验合格后的2m节段钢管拼接组装成12m节段钢管。钢管对接时应严格保持焊后管肢的平直,焊接时除控制几何尺寸外,还应注意焊接变形对肢管的影响,焊接宜采用分段反向顺序,分段施焊应保持对称。

⑧焊接:钢板加工成节段钢管,需要焊纵缝;由2m节段钢管联成设计的节段钢管,需要焊环缝。连段工作完成后,对环缝进行满焊,这项工作在滚焊台车(见图10)上进行,保证焊接工作顺利进行。焊接人员和焊接工艺必须通过焊接工艺试验评定合格后方可进行作业。

⑨预组装工序:对加工好的12m节段钢管,必须与下一个12m节段中与其连接的管节预组装(见图

11)，并做好记录与编号，以保证钢管安装精度。

⑩钢管质量检测：单肢钢管出厂前，需进行外观检查、焊缝超声波检测、X射线拍照检测，合格后方可出厂。

图10 滚焊台车

图11 已加工好的首节段钢管

(4)腹杆采用型钢加工而成，其加工工艺和质量需满足钢结构加工的相关要求。

4.3.2 钢管叠合柱安装

4.3.2.1 总体施工方法

节段钢管检测合格后，用拖车运送到墩柱底部，采用塔吊(首节段钢管安装采用吊车)垂直和水平运输到设计位置进行安装，定位形成骨架并检测。

4.3.2.2 施工工艺流程

钢管运输→吊装→底节钢管初步固定(底部套螺栓)→钢管调位，测量满足要求→临时固定钢管，安装并临时固定横撑→精确定位钢管→固定横撑→精确定位钢管检查→调整填板厚度、填满并上紧螺栓(包括横撑螺栓)→按规程满焊钢管接头→解除临时固定装置→复测→焊缝探伤→焊接斜撑与风撑→完成第1节段钢管安装→循环安装下一节段钢管至墩顶。

4.3.2.3 钢管运输

加工好后的钢管采用拖车运输到现场。在拖车上设置胎膜，把合格钢管吊到胎膜上固定牢固，并平稳的运输到施工现场。

4.3.2.4 首节钢管起吊

吊装选用两点吊装法。使用2台25t吊车同时水平抬吊钢管至一定高度后，一台吊车保持不动，另一台吊车缓慢松吊，最后交由前一台吊车独自竖直起吊钢管，直至设计安装位置(见图12)。

图12 首节钢管吊装

4.3.2.5 首节钢管安装定位

首节钢管的安装就位后，通过导向板定位钢管的下口；上口利用八字形缆风索(图13)调整、定位。当上口位置调整到满足设计要求后，焊接临时支撑、拧紧调节螺栓，使钢管临时固定，保证取钩时的稳定性。再采用全站仪进行定位测量，当单柱钢管经调整并满足设计要求后，先调整好定位法兰盘之间填板的厚度、间隙，再对称隔孔拧紧所有螺栓。待所有螺帽拧紧，并经测量合格后，再进行对称点焊临时固结。

4.3.2.6　安装横撑

横撑螺栓孔在厂内预组装时就把节点板与横撑配钻而成并编号，现场安装只要对号入座，便能顺利穿上螺栓，实现水平横撑的安装（见图14）。横撑安装前在横隔板位置搭设脚手架，作为钢管精确定位及安装水平撑、斜撑及绑扎腹板钢筋的平台。横撑均为螺栓连接，安装好两根钢管后，把横撑加上，并不把螺栓拧紧。横撑随钢管安装逐一加上，形成初步钢管骨架。钢管全面调整定位，待测量满足精度要求后，横撑螺栓逐一上紧。

图13　纵、横桥向缆风

图14　横撑安装完成

4.3.2.7　焊接斜撑与风撑

再次复测钢管位置，确定准确无误后，焊接斜撑。斜撑分肢利用手拉葫芦悬吊于横撑上，调至安装位置并点焊定位。用同样的方法安装另一根斜撑形成稳定三角形骨架，测量定位后满焊固定好。依次按此方法焊接好上部分肢斜撑，最后完成斜撑的焊接。

4.3.2.8　其余空中节段钢管及其构件的施工

(1)其余空中节段钢管的施工与首节钢管的施工之间的区别，主要体现在施工平台的设置和钢管调节定位的方法上。

(2)施工平台应专门设计，做到全封闭施工，实现高空作业平地化。

(3)钢管平面位置的初调：采取在前一节段钢管顶口四周焊接四块调位钢板（板与钢管外壁间距4cm，板高60cm，其中20cm焊接在前一节段钢管顶口，宽20cm），板宽方向竖直于管壁，在管壁与调位钢板间加垫钢楔，靠松紧钢楔来调整后一节段钢管顶口平面位置；也可采用调节螺杆来进行钢管调节定位。

(4)钢管平面位置的精调：按上面相同方法安装完成横撑、斜撑后，再精确测量钢管偏位，并通过调整焊接位置、顺序和方法来实现平面位置的精确控制。

4.3.2.9　焊接钢管接头

第一道打底焊采用对称、分段、退步的焊接方法同时焊接。每道焊完，均应清除焊渣、清洁焊缝后才能施焊下道焊缝。焊缝接头均要错开100～150mm，而且一次焊完，中间不间断，一旦间断焊接，重新焊接前，要进行预热。在整个焊接过程都要用经纬仪协助观测其变形，及时发现问题、随时纠偏（主要依靠调节焊接位置和顺序来实现）。

4.3.2.10　焊缝探伤

焊缝采用超声波探伤检测。

4.3.3　钢管内混凝土浇筑

(1)由于采取高位抛落免振施工工艺，要求研制的钢管混凝土强度高、工作性能良好，具有优良的黏聚性和自密实性。因此，从原材料的选择、配合比设计等方面对钢管混凝土的工作性能和强度性能进行研究，采用掺入高效减水保塑剂、掺加磨细掺和料、控制强度和膨胀之间的协调发展的技术路线。

(2)管内C80混凝土采取拌和楼集中拌制，灌车运输到墩位处，利用塔吊提升料斗吊装混凝土至管口位置，采取高位抛落免振法进行灌注；当抛落高度不足4m时应辅以插入式振动器振实。管口位置设置操作平台，便于工人操作。混凝土通过漏斗进入钢管。4根钢管内混凝土应交替灌注，混凝土高度差不宜超过4m，在管顶加水进行混凝土养护，管内混凝土采用超声波进行质量检测。

(3)在整节钢管混凝土施工结束前，混凝土要具有良好的工作性和黏聚性。新拌混凝土应保持2h时坍落度无损失，3h时坍落度应能保持在20～21cm，新拌混凝土初凝时间应保持在12～16h。

4.3.4　外包混凝土施工

(1)由于墩高达182.6m(见图15)，要求混凝土在具有良好的抗裂性能的同时，还要具有良好的泵送性能，以满足施工的需要。因此混凝土内掺加了聚丙烯腈纤维、减缩防裂剂和高效减水保塑剂。

图15　腊八斤大桥10号墩

(2)外包混凝土施工主要采取液压自爬模法和翻模法两种方案。混凝土采取在拌和楼集中拌制，灌车运输到墩位处，输送泵泵送入模。根据墩柱高度，选用了80型输送泵进行混凝土的垂直运输，确保一次性泵送入模。

(3)主墩左右幅墩身C30外包混凝土浇筑与钢管安装同时进行，半幅标准单元12m(从横隔板顶至下一个横隔板顶)分3次浇筑，即第一次浇筑6m，第二次浇筑5m，第三次浇筑1m横隔板。

(4)利用已浇筑横隔板上设牛腿作为平台，作为模板存放场地。

(5)翻模施工工艺流程：施工准备→基顶放线定位→绑扎钢筋、立模→灌注一节段墩身混凝土→模板提升→如此循环，墩身施工完成。

(6)液压自爬模施工工艺流程：首次混凝土浇筑完后→拆模后移→安装附着装置→提升导轨→爬升架体→绑扎钢筋→模板清理、刷脱模剂→埋件固定→合模→浇筑混凝土→如此循环，墩身施工完成。

4.3.5　施工监控及效果

(1)在墩底、墩顶等控制截面处埋置传感器，对各控制截面处钢管内混凝土、钢管、外包混凝土的各方向(轴向、横向、纵向)应力的分布规律进行监测。

(2)各墩墩底轴力、应变值的理论值变化趋势如图16所示。在混凝土箱梁悬浇施工中，利用控制截面埋设的振弦式传感元件，对主墩应变进行跟踪测量。通过应变测试误差分析并与理论应变值比较，综合分析该处应变变化趋势及规律，得到的结论为：实测值与理论值较为吻合，结构静力状态良好，桥梁主墩结构安全。

(3)对每个施工工况下主墩的平面线型测量数据表明：每相邻两个工况之间墩顶绝对坐标最大偏差±10mm内；每个墩顶累计最大偏位30mm内，其值均在理论值控制范围之内。根据目前偏位测量结果可判断高墩有较好的稳定性。

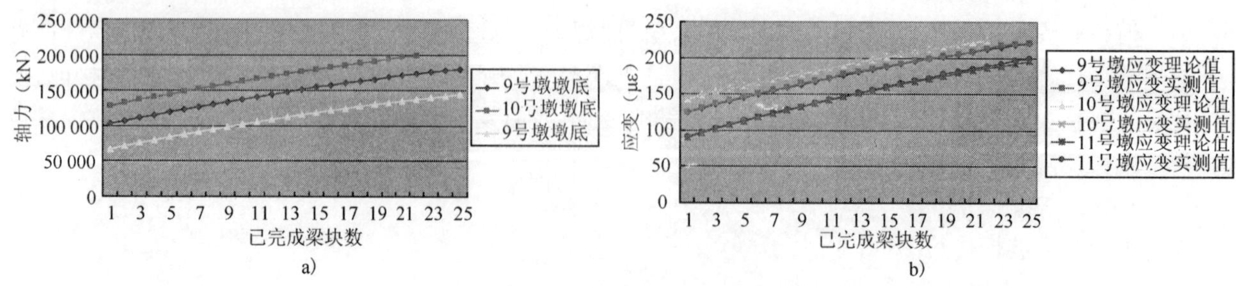

图16　轴力、应变值的理论值变化趋势图

a)各墩底轴力理论对比图；b)各墩底应变理论与实测对比图

(4)外包 C30 混凝土内通过掺加聚丙烯腈纤维和减缩防裂剂、优化配合比等措施，经检测，混凝土实体质量较好，表面未出现开裂现象。

(5)2010 年 12 月 31 日，所有主墩均顺利完工，其施工速度达 18m/月，施工质量良好。

5　结语

(1)钢管混凝土组合主墩具有极大的社会效益。它的成功实施，填补了我国桥梁施工在这一领域的空白，可为今后类似桥梁的设计和施工提供借鉴。

(2)钢管混凝土组合高墩结构材料用量显著降低，其经济效益明显。以黑石沟大桥为例，按同精度的施工图设计，与相同高度的钢筋混凝土桥墩工程数量的对比结果表明：采用钢管混凝土组合高墩可节约混凝土 9 139m^3，节约钢材 389 073kg，增加钢绞线 4 576kg；仅主墩节约工程造价约 800 多万元，若计入桩基、承台节省材料数量，则可节约总投资近 1 200 万元。腊八斤大桥主墩及基础可节约总投资近 1 700 万元。

(3)钢管混凝土组合高墩施工工艺较钢筋混凝土墩柱复杂，应进一步从结构设计方面加以优化。随着钢管混凝土组合高墩在结构设计方面的不断完善，相信它会得到越来越广泛的应用。

钢管混凝土组合桁梁受弯性能试验研究

牟廷敏[1] 熊国斌[2] 陈宝春[3] 李治强[4] 喻光煜[2]

(1.四川省交通厅公路规划勘察设计研究院 成都 610041;
2.四川雅西高速公路有限责任公司 成都 610041;
3.福州大学土木工程学院 福州 350000;4.中铁二十三局集团公司 成都 610000)

摘 要:钢管混凝土组合桁梁是由混凝土顶板、钢管混凝土下弦杆、钢桁腹杆组成的一种新型组合结构。本文以四川干海子大桥为原型,进行了1:8缩尺的两跨连续模型梁受弯性能试验,对钢管混凝土组合桁梁的正弯矩节段和负弯矩节段的应力应变分布、极限承载力、破坏模式和组合截面连续梁的挠度进行了试验分析和研究。研究结果表明,钢管混凝土组合桁梁的结构失效源于负弯矩区混凝土桥面板的弯剪破坏,开裂荷载为75kN,相当于2.98倍公路Ⅰ级车道荷载作用于实桥。钢管内填混凝土可有效加强节点径向刚度,钢腹杆实际分担轴向力较小。组合结构整体刚度大,延性好,极限荷载与屈服荷载之比为1.69,结构最大挠度为计算跨径1/113。

关键词:钢管混凝土 组合桁梁 受弯性能 试验

1 概述

在建的四川干海子大桥主梁采用了钢管混凝土组合桁梁结构。钢管混凝土组合桁梁结构是由混凝土顶板、钢桁腹杆及钢管混凝土上、下弦杆组成的新型组合结构,如图1所示。结构具有自重轻、抗震性能好、施工方便、经济指标高等特点。施工时先由钢管上弦杆、钢桁腹杆、钢管下弦杆组成钢骨架。待骨架安装就位后,浇筑上弦杆、下弦杆管内混凝土,形成浇注混凝土顶板的施工平台,然后支模浇筑混凝土顶板。上弦杆、下弦杆钢管内填混凝土一方面可有效地限制了桁架节点变形,提高了桁梁结构的承载能力[1];另一方面钢管混凝土结构用在结构受压区可充分发挥其良好的抗压性能。混凝土顶板直接承受行车荷载,可通过施加预应力作用,使结构满足连续板的受力要求。钢桁腹杆传递剪力作用,承受轴向拉力或压力,并连接混凝土顶板和钢管混凝土下弦杆,形成桁梁结构的上节点与下节点。图2所示为上节点构造,上、下节点构造的合理性将直接影响桁梁结构的整体承载力。为了对钢管混凝土组合桁梁结构的抗弯性能进行研究,本文进行了两跨连续模型梁受弯性能试验,对钢管混凝土组合桁梁的正弯矩节段和负弯矩节段的应力应变分布、极限承载力、破坏模式和组合截面连续梁的挠度进行了研究。

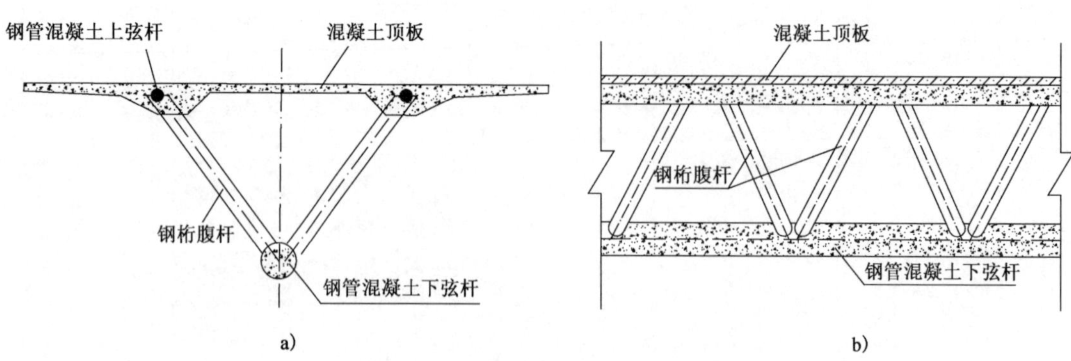

图1 钢管混凝土组合桁梁结构

a)横断面;b)立面图图

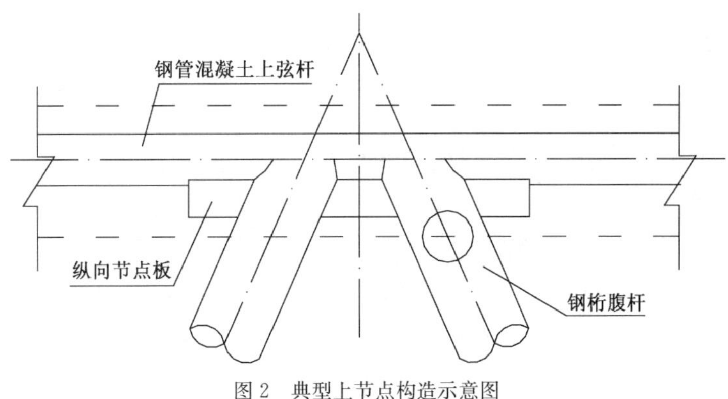

图2 典型上节点构造示意图

2 试验概况

试验模型为2跨连续梁结构，几何尺寸按原桥尺寸以1∶8比例进行缩尺。如图3a)、图3b)所示，试验梁单跨跨径6.665m，全长13.63m。桁梁高0.55m，宽3.06m，节间间距0.55m。钢桁腹杆倾角65°。每跨跨中共布置2道横撑。

试验梁共布置12个测试断面，考虑结构对称性，对称加载下研究*A*-*L*断面的应变情况，如图3d)所示。每个测试断面各构件均布置了应变片，其中混凝土顶板为双向片，其余为单向片，见图3c)。同时在每跨的1/4*L*、1/2*L*、3/4L下弦管布置百分表采集结构的竖向变形。千斤顶通过反力架、分配梁对试验梁施加跨中对称荷载。试验荷载采用分级加载，接近破坏时慢速连续加载，直至结构破坏。

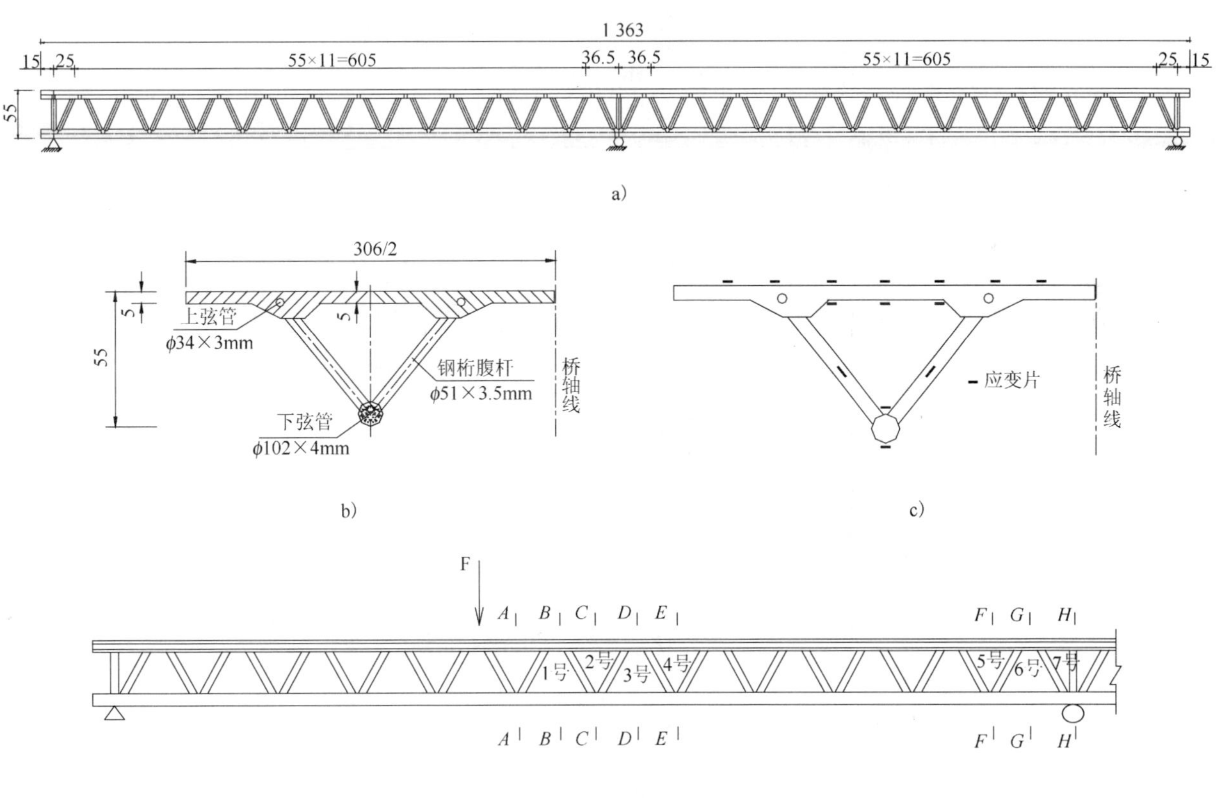

图3 试验梁构造和测试断面布置图(尺寸单位：cm)

a)试验梁立面图；b)试验梁横断面；c)应变测点布置示意图；d)应变测试断面布置示意图

3 试验结果分析

3.1 试验过程

图 4 为试验梁挠度图，图 5 为跨中截面荷载—挠度关系曲线图。对称荷载下，两跨试验梁的挠度变化规律相同，跨中截面出现最大挠度。结构受力可大致分为弹性段 *OA*、混凝土顶板裂缝开展阶段 *AB*、钢管屈服阶段 *BC*、结构破坏阶段 *CD*4 个阶段。弹性段加载从 0 直至 75kN，荷载挠度曲线以较大斜率接近直线上升，结构处于弹性阶段。试验荷载达到 75kN 时，负弯矩区混凝土顶板出现横向裂缝后，结构内力重分布。荷载挠度曲线斜率略有减小，稍微偏向挠度轴，结构整体刚度开始变小。试验荷载达到 160kN 时，荷载—挠度曲线开始出现明显转折，结构变形增长率逐渐变大，曲线斜率不断减小，不断偏向挠度轴，结构进入非线性阶段。此时跨中下弦杆钢管下缘、中支座下弦杆钢管下缘开始屈服，结构内力重分布，刚度变化稳定。试验荷载达到 240kN 时，跨中下弦杆钢管上、下缘应力均达到屈服。但结构仍可继续承载，加载至 270kN，由于结构变形过大无法加载，试验加载停止。

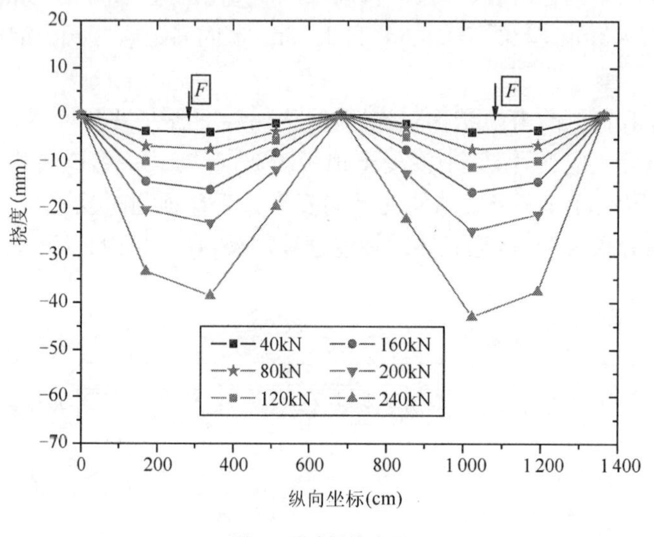

图 4 试验梁挠度图

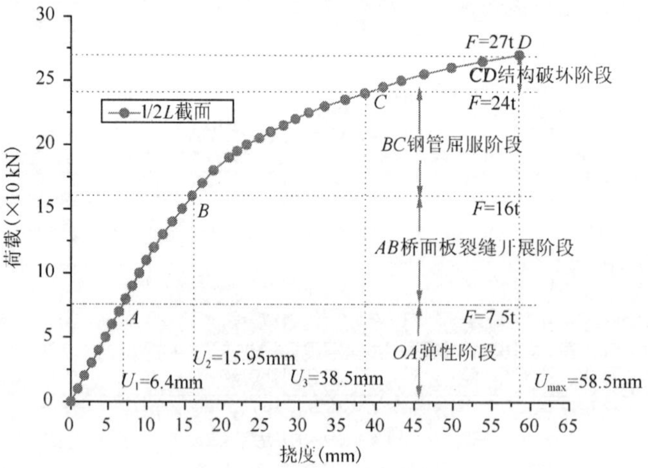

图 5 跨中截面荷载—挠度曲线

3.2 正弯矩区受力特点

图 6 为正弯矩节段混凝土顶板上缘荷载—应变曲线，图 7 为正弯矩区钢管混凝土下弦杆下缘的荷载—应变曲线。正弯矩区混凝土顶板受压，最大压应变值仅为 720$\mu\varepsilon$。试验荷载 *F* 达到 95kN 时，混凝土顶板纵

肋下缘开始出现裂缝，靠近加载点最近的 A 截面混凝土板最先进入非线性增长阶段，其荷载—应变曲线斜率也开始不断减小，整个加载过程结构并不屈服。试验荷载达到 160kN 时，A 截面下弦钢管首先达到屈服应变 1820$\mu\xi$，最早进入屈服状态。

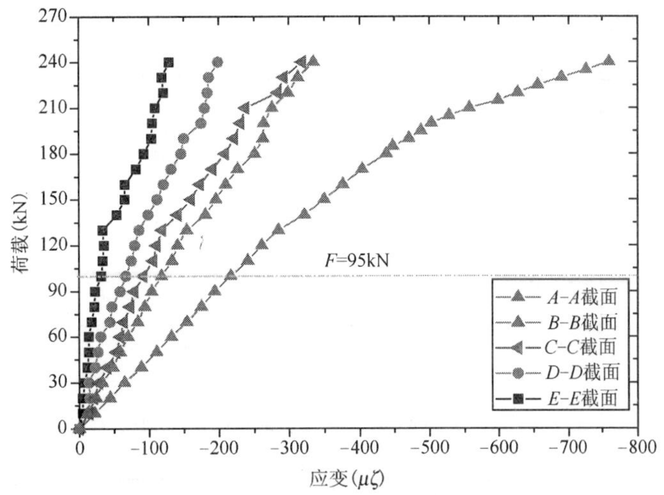

图 6　正弯矩区混凝土顶板上缘荷载—应变曲线

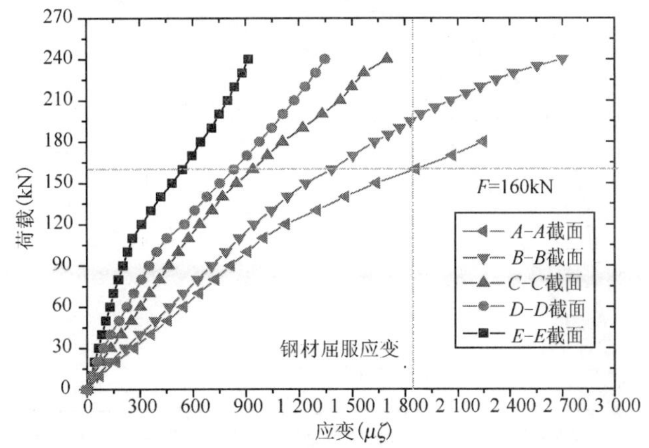

图 7　正弯矩区下弦钢管下缘荷载—应变曲线

3.3　负弯矩区受力特点

图 8 为负弯矩节段混凝土顶板荷载—应变曲线，图 9 为负弯矩区钢管混凝土下弦杆下缘的荷载—应变曲线。负弯矩区预应力混凝土顶板受拉，在试验荷载达到 75kN 时，开始出现横向裂缝。试验荷载达到 160kN 时，中支座 H 截面下弦钢管受压，下缘受压应变首先达到屈服应变 1820$\mu\xi$，最早进入屈服状态，接着 G、F 截面下缘也进入屈服状态。

3.4　钢腹杆受力特点

图 10、图 11 是钢腹杆荷载—应变曲线图。试验荷载加至 160kN 时，结构内力发生重分布，曲线出现明显转折点，应变增长率开始变大。但整个加载过程中，钢腹杆最大应变仅为 1 170$\mu\xi$，远小于屈服应变 1 570$\mu\xi$，说明钢腹杆所受轴向力不大。同时，上、下节点构造在整个试验过程中没有发生节点破坏，说明管内混凝土有效地提高桁梁节点刚度，合理的节点构造可以避免桁梁节点破坏。

3.5　连续梁挠度

试验荷载 F 达到 75kN 时，负弯矩区混凝土顶板发生弯剪破坏，上缘出现第一条横向裂缝。此时桁梁结构跨中最大挠度 6.4mm，为计算跨径的 1/1041。试验荷载 75kN 为弹性荷载，可等效为 2.98 倍公路Ⅰ级车道荷载作用于实桥。

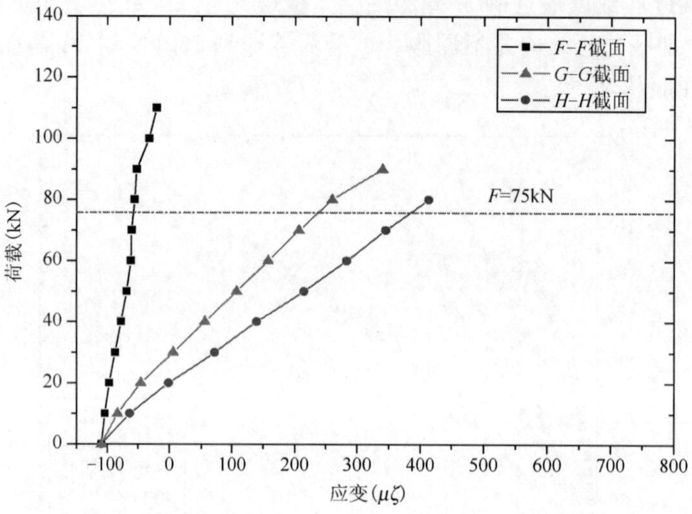

图 8　负弯矩区混凝土顶板上缘荷载—应变曲线

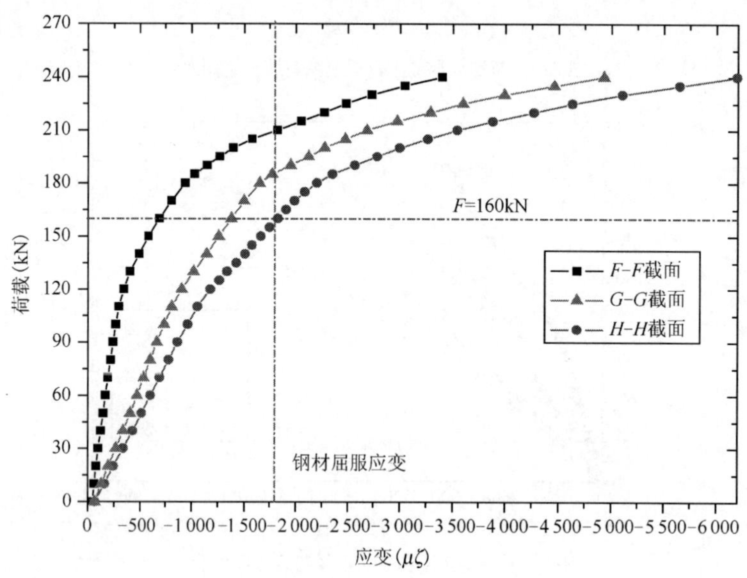

图 9　负弯矩区下弦钢管下缘荷载—挠度曲线

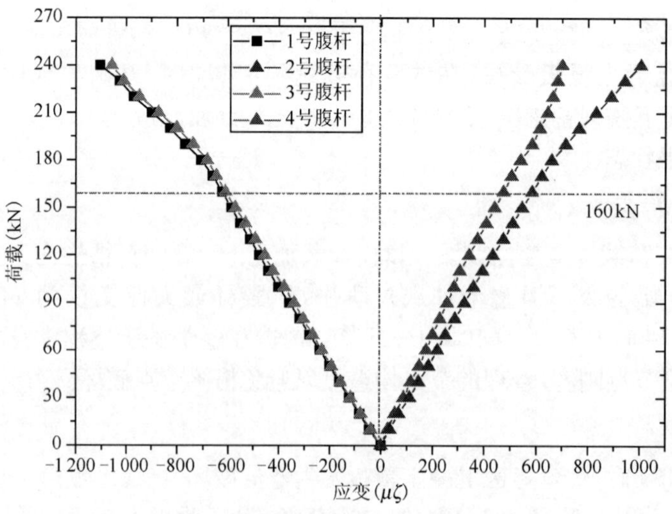

图 10　正弯矩区钢腹杆荷载—应变曲线

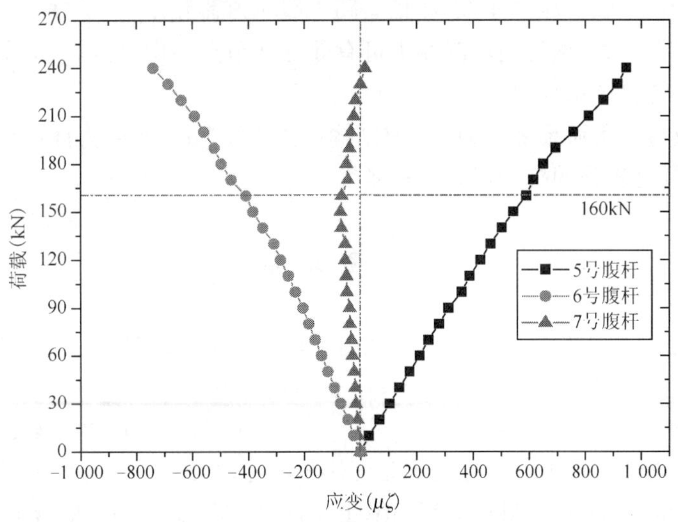

图11　负弯矩区钢腹杆荷载—应变曲线

试验荷载 F 达到95kN时，正弯矩区加载处混凝土顶板纵肋下缘开始出现横向裂缝，结构发生局部破坏。试验荷载 F 达到160kN时，跨中下弦钢管下缘拉应变与中支座下弦钢管下缘压应变同时达到屈服应变。试验荷载160kN为屈服荷载，此时桁梁结构跨中最大挠度15.95mm。而后结构变形呈非线性增长。加载至极限荷载240kN时，跨中下弦钢管上、下缘应力均达到屈服，中支座混凝土顶板钢筋也开始屈服。但桁梁结构仍然能够继续承载，直至加载至270kN，由于结构变形过大无法继续加载。此时结构最大挠度58.5mm，为计算跨径的1/113。试验荷载270kN为极限荷载。可见极限荷载与屈服荷载比值为1.69。

3.6　裂缝分析

试验荷载 F 达到75kN时，负弯矩区混凝土顶板受拉，拉应力超过了预加应力，混凝土顶板出现第一条横向裂缝。随着试验荷载的增加，裂缝横向延伸，宽度变大，最后形成通缝。同时沿着纵桥向出现新的横向裂缝。裂缝分布如图12所示，裂缝分布范围约2倍腹杆节间距。可见通过调整预应力度，可以延缓负弯矩区混凝土板的裂缝开展，从而提高结构的抗裂度。

试验荷载 F 达到95kN时，受压的正弯矩区混凝土顶板发生结构局部破坏，即加载处混凝土顶板纵肋下缘、钢腹杆周围开始出现横向裂缝。裂缝由于钢腹杆的约束混凝土顶板变形引起。随着试验荷载的增加，裂缝沿横向延伸，宽度变大。同时沿纵桥向开展新的横向裂缝，如图13所示。裂缝分布宽度约2倍腹杆节间距。

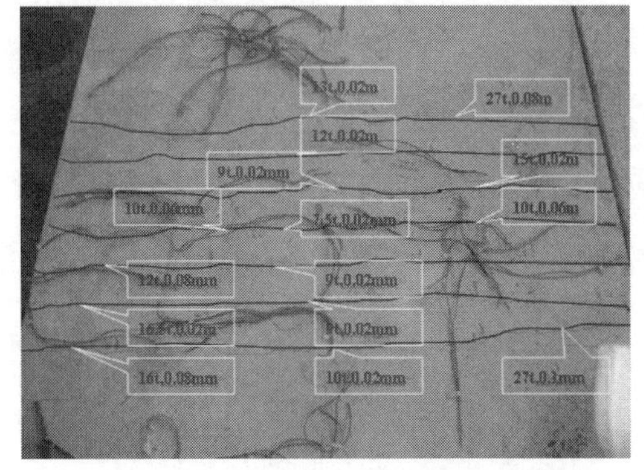

图12　负弯矩区混凝土顶板裂缝分布图

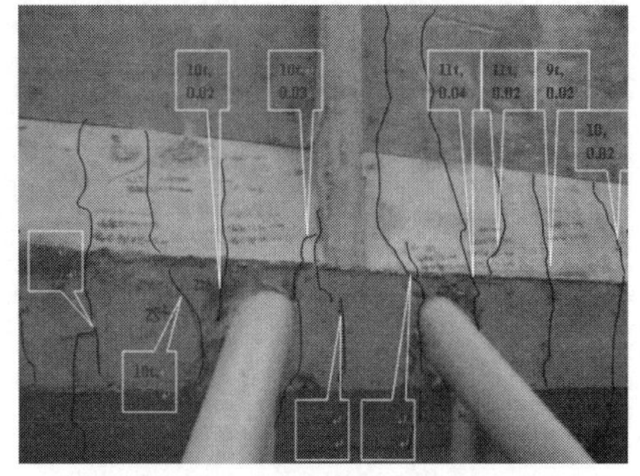

图13　正弯矩区混凝土顶板纵肋裂缝分布图

4　结论

(1)负弯矩区混凝土顶板开裂荷载为75kN，相当于2.98倍公路Ⅰ级车道荷载作用于实桥。正弯矩区下弦钢管开始屈服的荷载为160kN,相当于6.36倍公路Ⅰ级车道荷载作用于实桥。

(2)钢腹杆所受轴向力不大;钢管内填混凝土可有效加强节点径向刚度,合理的节点构造可避免桁梁节点破坏,从而提高该结构的整体承载力。

(3)试验的极限荷载与屈服荷载之比为1.69;结构最大挠度58.5mm,为计算跨径的1/113,从而说明钢管混凝土组合桁梁结构具有较强的抗变形能力和延性。

参考文献

[1] 陈宝春,黄文金.钢管混凝土桁梁受弯试验研究[J].建筑科学与工程学报,2006,23(1):29-33.

[2] 张联燕,李泽生,程懋方.钢管混凝土空间桁架组合梁式结构[M].北京:人民交通出版社,1999.

[3] 王俊华,陈宝春,黄文金.现代钢管桁架桥.中外公路[J].2006,26(4):138-142.

[4] 方填三.向家坝大桥设计与施工[J].有色冶金设计与研究,2003,24(1):21-23.

[5] Schumacher Ann, Nussbaumer Alain, Manfred A Hirt. Modern tubular truss bridgrs[R]. Report of IABS Symposium, 2002: 132-133.

连续刚构 0 号块横隔板受力分析研究

何　勇[1]　卢小锋[2]　王世发[1]

（1. 四川雅西高速公路有限责任公司　成都　610041；
2. 四川省交通运输厅公路规划勘察设计研究院　成都　610041）

摘　要：针对依托工程腊八斤大桥，选取主桥 10 号墩的 0 号块节段建立局部有限元模型，通过数值分析，对 0 号块横隔板的受力状态及横隔板横向预应力钢束布置形式进行对比分析研究，提出横向预应力钢束的合理布置形式。

关键词：0 号块　横隔板　横向预应力钢束

1　概述

腊八斤大桥位于荥经县石滓乡境内，是雅泸高速公路上跨越腊八斤沟的一座特大桥。主桥为变截面连续刚构，孔跨布置为(105＋2×200＋105)m，全桥长 1142m，主桥宽度 24.5m，采用分幅设置。

为了研究 0 号块横隔板的受力状态以及布置不同形式的横向预应力钢束对 0 号块受力的影响，建立 0 号块有限元分析模型进行数值分析。

2. 有限元分析模型

2.1　局部模型选取范围

选取主桥 10 号墩的 0 号块及其两侧各 3 个节段作为分析局部模型，主梁模型总长为 30.4m，墩身部分截取长度为 13m。其模型如图 1、图 2 所示。

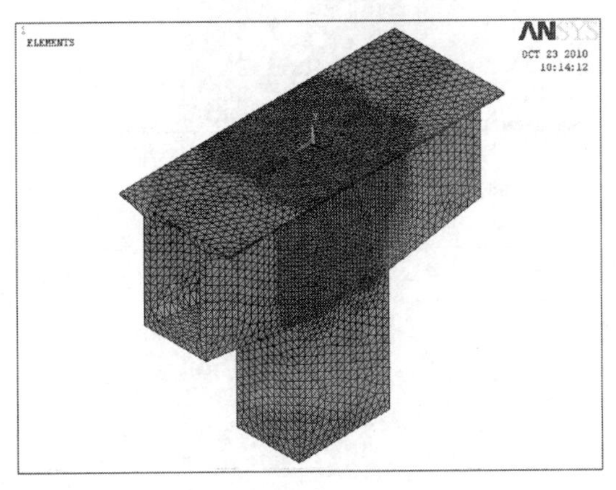

图 1　局部分析有限元模型图

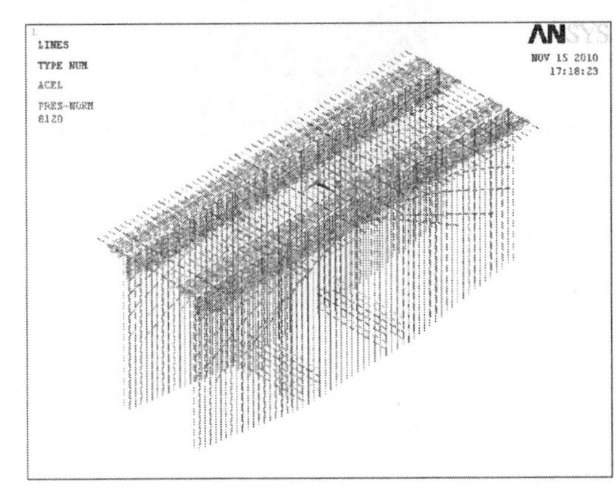

图 2　三向预应力钢束单元示意图

2.2　边界条件及加载方式

局部模型所受荷载包括结构自重、预应力、二期恒载、活载、温度荷载等，约束条件取墩身底部固结，再从全桥整体分析结果中提取控制工况下模型两端内力，作为边界荷载按静力等效原则施加到局部模型端部截面形心处，其数值列于表 1。结构自重按照实际进行施加，二期恒载和活载等效为均布力，均布加在箱梁顶板。

正常使用阶段标准值组合的内力结果(边界荷载)　　表1

位　置	荷　载	最大轴力(kN)	最小轴力(kN)	最大剪力(kN)	最小剪力(kN)	最大弯矩(kN·m)	最小弯矩(kN·m)
模型左端	轴力	6.80E+03	1.56E+03	4.81E+03	3.34E+03	5.34E+03	2.93E+03
	剪力	−4.41E+04	−4.25E+04	−4.15E+04	−4.57E+04	−4.17E+04	−4.51E+04
	弯矩	−1.50E+06	−1.50E+06	−1.42E+06	−1.55E+06	−1.40E+06	−1.61E+06
模型右端	轴力	7.40E+03	1.30E+03	5.20E+03	3.37E+03	5.77E+03	2.86E+03
	剪力	−4.46E+04	−4.23E+04	−4.18E+04	−4.56E+04	−4.21E+04	−4.51E+04
	弯矩	−1.51E+06	−1.48E+06	−1.43E+06	−1.54E+06	−1.40E+06	−1.59E+06

3　横隔板无横向预应力钢束受力分析

选择不设横向预应力时横隔板的受力状态作为分析研究的基准状态。

如果横隔板不布置横向预应力钢束，通过计算，横隔板与腹板连接的部位有5.4MPa的主拉应力，最大横向应力有5.0MPa；出现拉应力的范围比较广，大部分区域主拉应力在0～2MPa，横向应力在0～1.5MPa之间(图3、图4)。观察主拉应力方向，横隔板上半部分的主拉应力方向越靠近腹板的位置越倾斜，下半部分主拉应力方向基本为水平方向(图5，图6)。

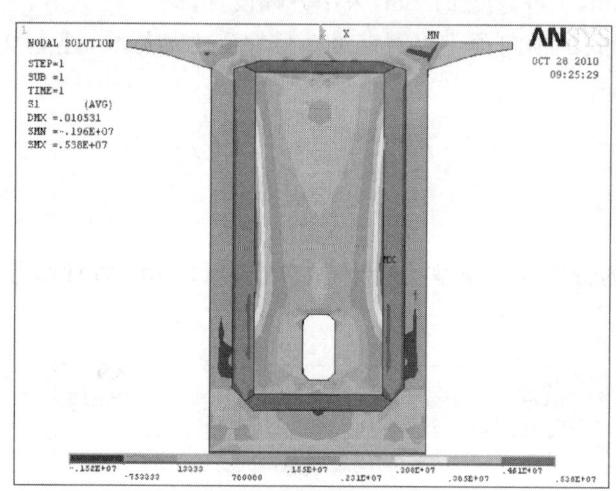

图3　无横向预应力时横隔板主拉应力

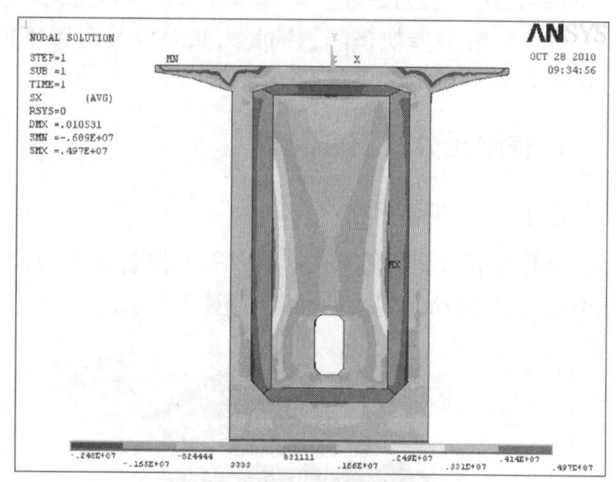

图4　无横向预应力时横隔板横向应力

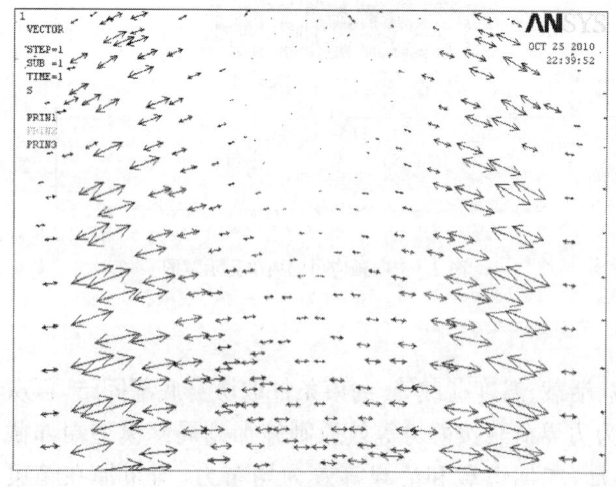

图5　横隔板上半部分主拉应力方向

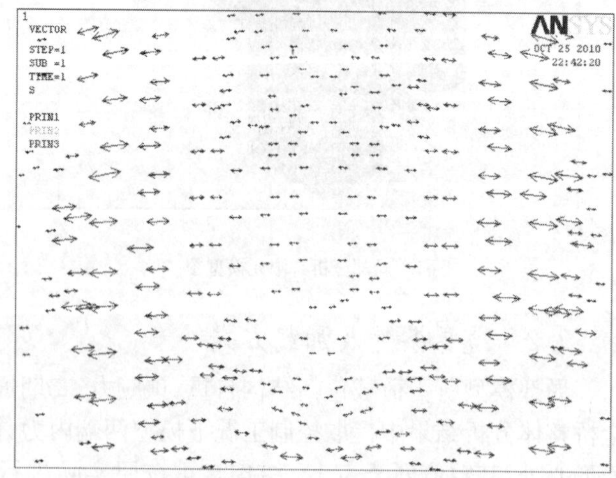

图6　横隔板下半部分主拉应力方向

4　不同横向预应力钢束布置下受力分析

根据横隔板的受力情况，拟增加以下三种预应力钢束布置形式进行对比分析：

方式一：施工图设计采用的横向预应力钢束布置，如图7所示；

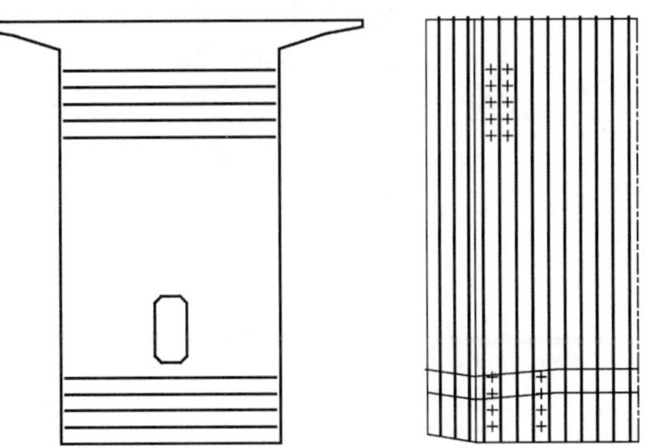

图7　横向预应力钢束布置方式一

方式二：在方式一的基础上，增加横向预应力钢束的数量，如图8所示；

方式三：根据主拉应力的方向，横向预应力钢束上半部分采用曲线布置方式，如图9所示。

4.1　布置方式一计算结果

由图10、图11可知，布置横向预应力钢束之后，横隔板受力有所改善，最大主拉应力5.2MPa，最大横向应力4.8MPa；上部区域出现压应力。大部分区域主拉应力在0～1.0MPa之间，横向拉应力在0～1.4MPa之间。

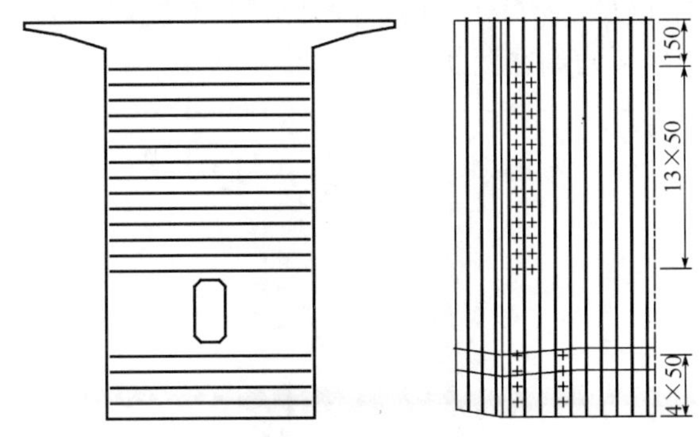

图8　横向预应力钢束布置方式二

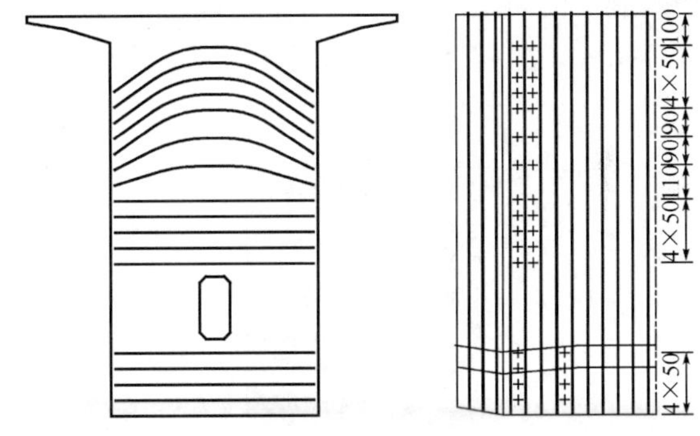

图9　横向预应力钢束布置方式三

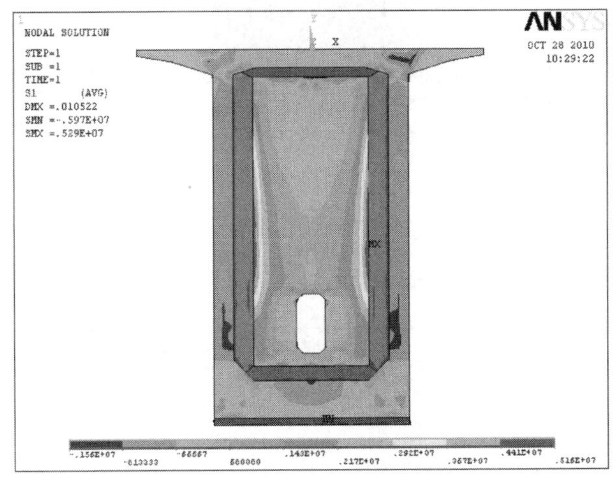

图10　方式一横隔板主拉应力

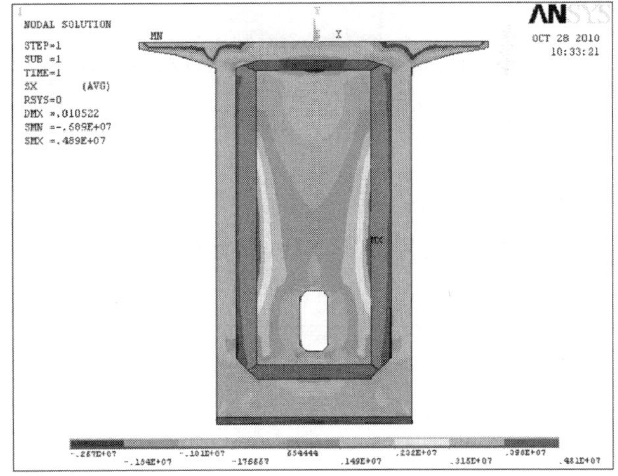

图11　方式一横隔板横向应力

4.2　布置方式二计算结果

由图12、图13可知，增加横向预应力钢束数量使横隔板大部分区域受力得到改善。最大主拉应力4.2MPa，最大横向拉应力3.7MPa。大部分区域拉应力很小，主拉应力基本在0.3MPa以内，横向拉应力在0.5MPa以内。拉应力区域集中在两侧。

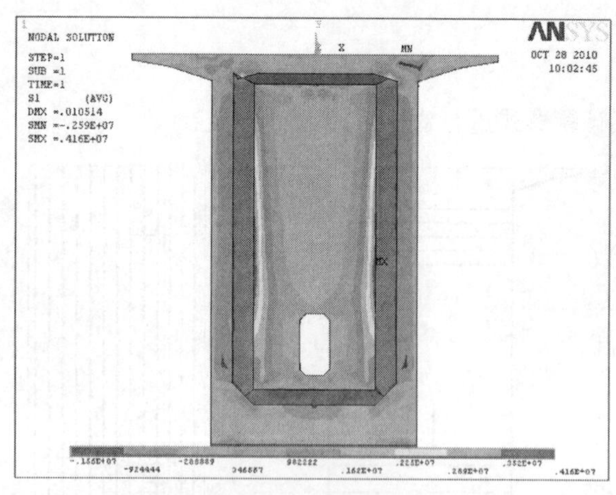

图 12 方式二横隔板主拉应力

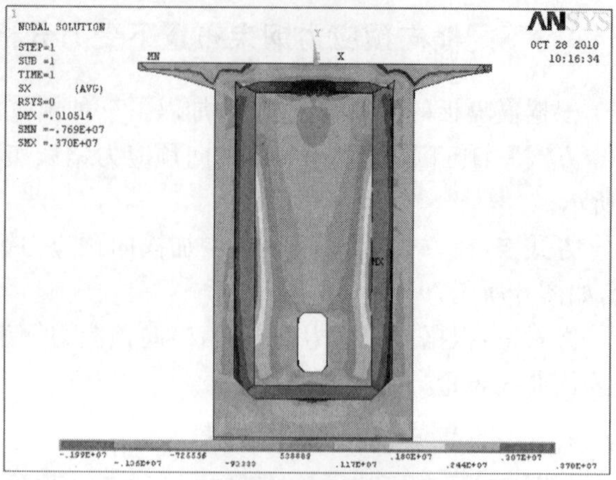

图 13 方式二横隔板横向应力

4.3 布置方式三计算结果

由图 14、图 15 可知，横向预应力钢束曲线布置同直线布置得到的效果相差不是很大。最大主拉应力 4.3MPa，最大横向拉应力 3.9MPa，与直线布置的最大应力相差在 0.2MPa 以内。大部分区域主拉应力基本在 0.3MPa 以内，横向拉应力基本在 0.5MPa 以内。拉应力区域集中在两侧。

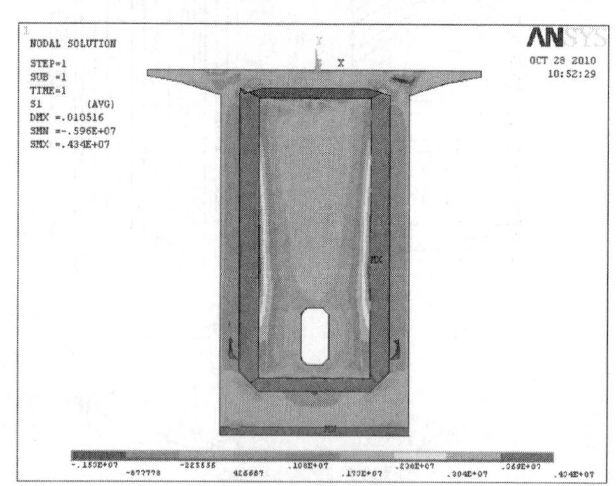

图 14 方式三横隔板主拉应力

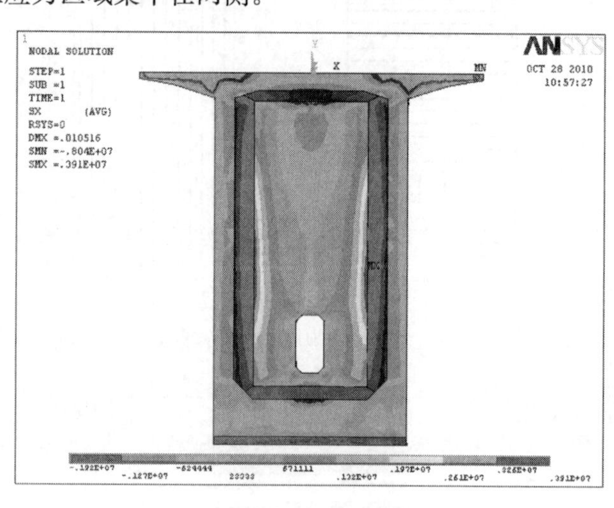

图 15 方式三横隔板横向应力

4.4 四种方式的对比

几种方式的计算结果对比分析见表 2。

不同横向束布置受力分析对比(MPa) 表 2

横向索布置方式	最大主拉应力	最大横向拉应力	大部分区域拉应力分布范围	
			主拉应力	横向应力
无横向索	5.4	5	0～2.0	0～1.5
方式一	5.2	4.8	0～1.4	0～1.0
方式二	4.2	3.7	0～0.3	0～0.5
方式三	4.3	3.9	0～0.4	0～0.5

5 减小横隔板厚度对 0 号块横向受力的影响

原横隔板厚度设计为底部厚 2.5m，顶部厚 1.5m，现将横隔板厚度减小 0.5m，即调整为 2.0～1.0m，以考察减小隔板厚度后顶板及隔板的横向受力。横隔板厚度减小后，横隔板内部横向、竖向预应力数量均保持不变,仅对其位置进行适当调整。

由图 16、图 17 可见,更改前顶板最大横向压应力－5.2MPa,减小隔板厚度后,顶板最大横向压应力－5.9MPa,顶板横向压应力整体有所增加。

由图 18、图 19 可见,更改前隔板外侧最大横向拉应力 4.9MPa,减小隔板厚度后,隔板外侧最大横向拉应力 4.4MPa,有所改善。

由图 20、图 21 可见,更改前横隔板内侧在底部两侧有 0.5MPa 左右的拉应力,减小横隔板厚度后,未出现拉应力,横向压应力有所增加。

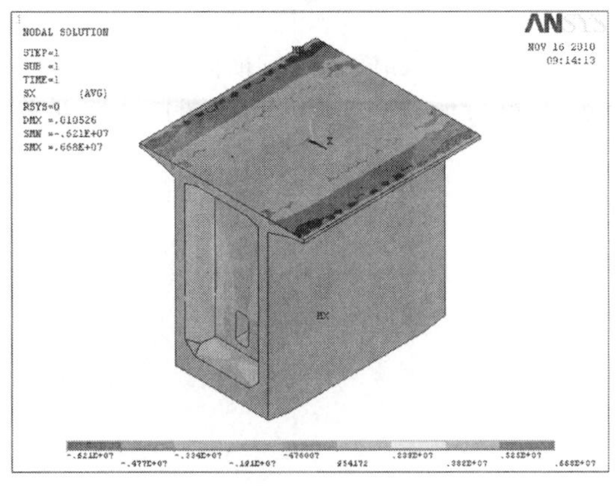

图 16 更改前顶板横向应力

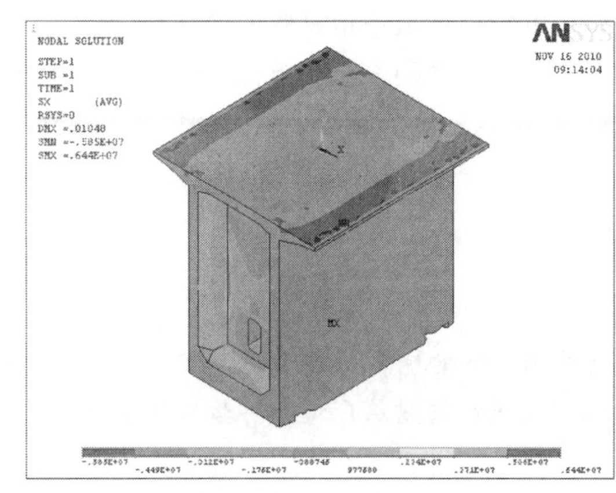

图 17 更改后顶板横向应力

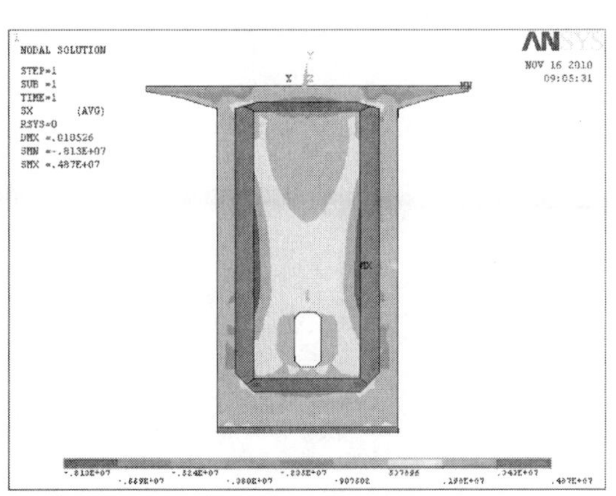

图 18 更改前横隔板外侧横向应力

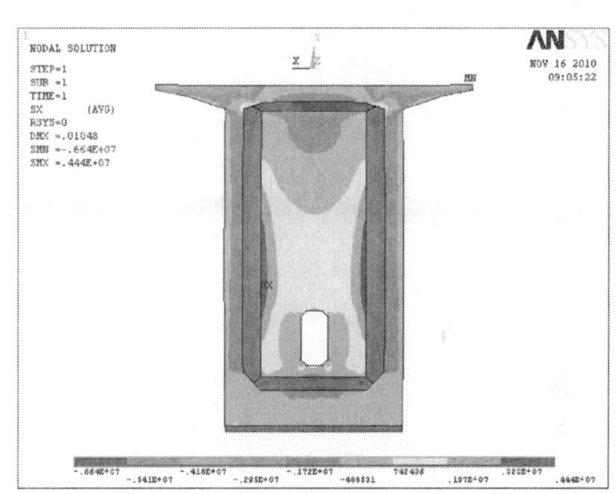

图 19 更改后横隔板外侧横向应力

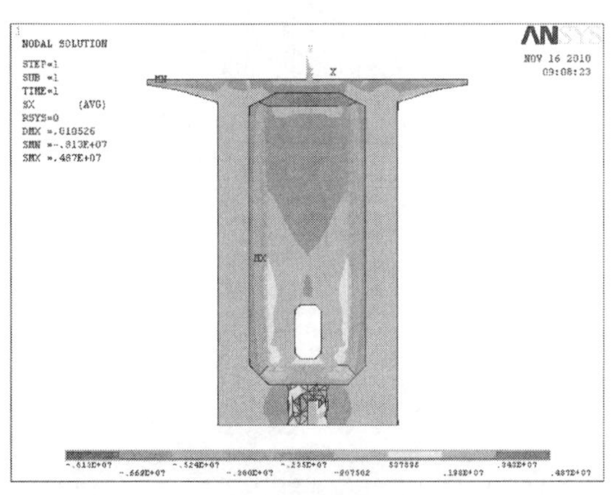

图 20 更改前横隔板内侧横向应力

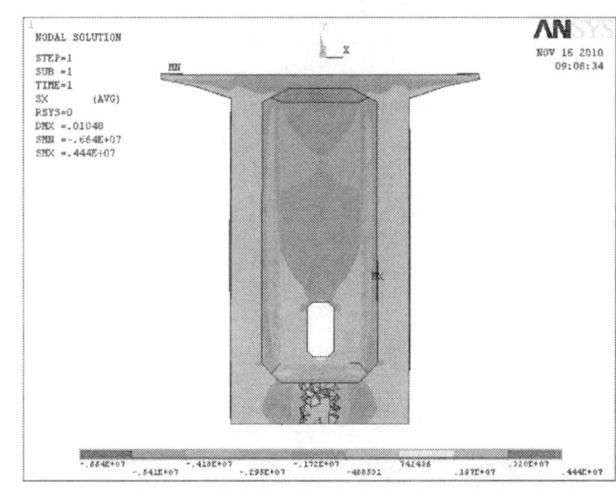

图 21 更改后横隔板内侧横向应力

6 结语

(1)如果 0 号块横隔板不设置横向预应力,在横隔板外侧与腹板连接的部位将出现较大的拉应力,易导致混凝土倒角部位开裂。

(2)在 0 号块横隔板上布设横向预应力可以在一定程度上改善横隔板的受力,且不能只在局部区域布置横向预应力。

(3)全高范围内满布直线型横向预应力,与曲线布置预应力相比,对横隔板受力的改善作用相当,虽曲线布置采用的横向索数量相对略少,但构造相对复杂。

(4)在横向、竖向索相同布置的情况下,减小横隔板厚度对 0 号块顶板和横隔板的横向受力有利。

(5)横隔板外侧与腹板相交的倒角部位应作为薄弱部位处理,通过加强配筋或增大倒角尺寸等方式适当增强。

参考文献

[1] 叶爱君. 桥梁抗震. 北京:人民交通出版社,2002.
[2] 雅泸高速公路腊八斤特大桥施工图设计文件,2007.

连续刚构竖向预应力张拉方式研究

王红侠[1]　卢小锋[2]　蒋劲松[2]

(1. 四川雅西高速公路有限责任公司　成都　610041;
2. 四川省交通运输厅公路规划勘察设计研究院　成都　610041)

摘　要:针对依托工程雅泸高速公路腊八斤大桥,按施工阶段分析竖向预应力张拉效应,对比常规张拉、滞后张拉两种不同施工过程的竖向预应力张拉效果,同时关注在施工过程中,端节段未张拉竖向预应力时,在施工荷载作用下的拉应力分布,提出竖向预应力钢束合理张拉方式。

关键词:竖向预应力　常规张拉　滞后张拉　应力

1　概述

雅泸高速公路腊八斤大桥位于荥经县石滓乡境内,是项目上跨越腊八斤沟的一座特大桥。主桥为变截面连续刚构,孔跨布置为(105+2×200+105)m,全桥长1142m,主桥宽度24.5m,采用分幅设置。

在悬臂浇筑的连续刚构桥中,常规施工顺序一般为:移动挂篮,立模,绑扎钢筋,浇筑块件混凝土,养生,张拉纵、横、竖三向预应力筋。也就是说,浇筑完一个节段的混凝土后,就马上张拉了本节段的竖向预应力筋。对这种施工顺序,可称为"常规张拉顺序"。"滞后张拉"也就是节段混凝土浇筑完后不立即张拉该节段的竖向预应力钢束,而在后续施工阶段张拉。

选取主桥节段建立空间有限元模型,按施工过程分析竖向预应力张拉效应,对比常规张拉、滞后张拉两种不同施工方法的效果,并关注施工过程中端节段尚未张拉竖向预应力时,在施工荷载作用下的拉应力分布。

1.1　局部模型选取范围

结构计算选取2～10号共9个混凝土节段,利用ansys的单元生死功能来模拟桥梁的施工阶段,选取的节段和有限元分析模型参见图1、图2。

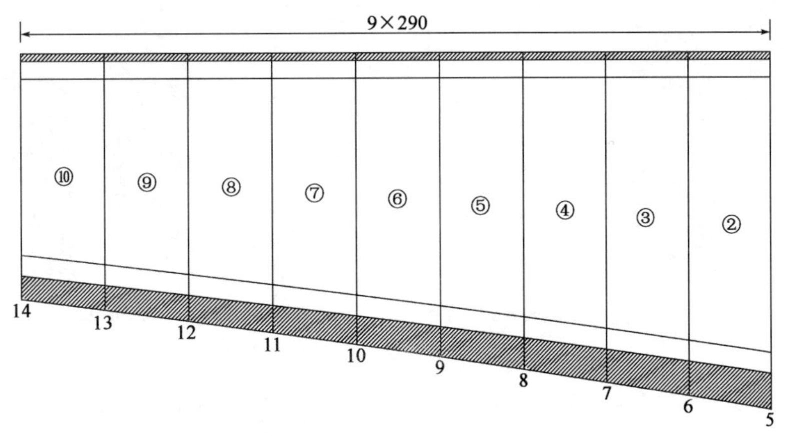

图1　计算所选取的结构节段(尺寸单位:cm)

1.2　边界条件及加载方式

对2号节段端节点采用固结约束,在对比两种张拉方式效果时不考虑结构自重和施工荷载的影响。对于端节段不张拉竖向预应力钢束时,考察施工荷载作用下的端节段拉应力分布,将挂篮荷载、下一悬浇节段

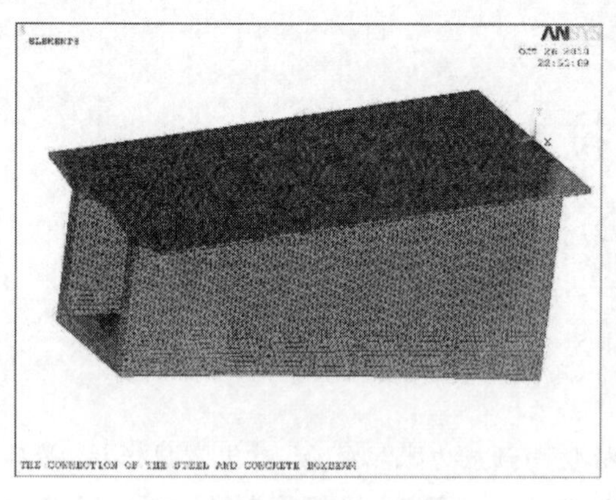

图 2 局部分析有限元模型图

混凝土湿重等荷载以集中力和弯矩施加在模型端部刚性面上。

2 常规张拉和滞后张拉的对比

模型对 2 号块节段右端节点进行了约束，为了排除约束对结构受力分析的影响，因此仅选取远离约束端的 5～9 号节段的计算结果作对比分析研究。

以 7 号节段为例，其典型的应力云图参见图 3～图 6。在竖向预应力作用下，5～9 号节段在常规张拉和滞后张拉方式下的应力分布见表 1。由表可以看出，常规张拉方式下腹板上前端的压应力较大，尾端压应力较小，前后端压应力存在较大的差异。而滞后张拉方式，平均压应力与常规张拉方式基本一致，虽前后端压应力也存在差异，但数值上已经较小。

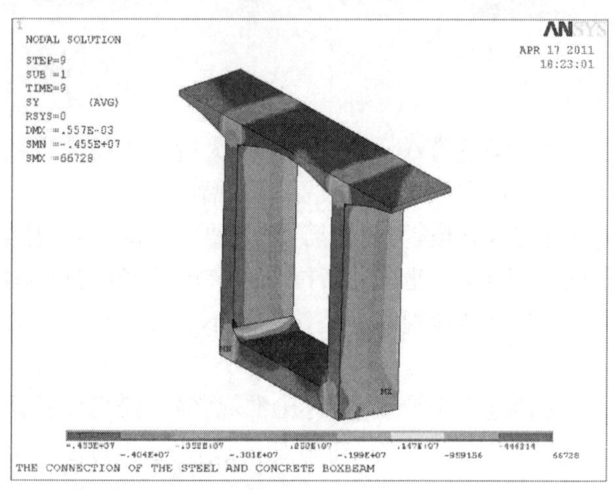

图 3 常规张拉 7 号节段总体竖向预压应力

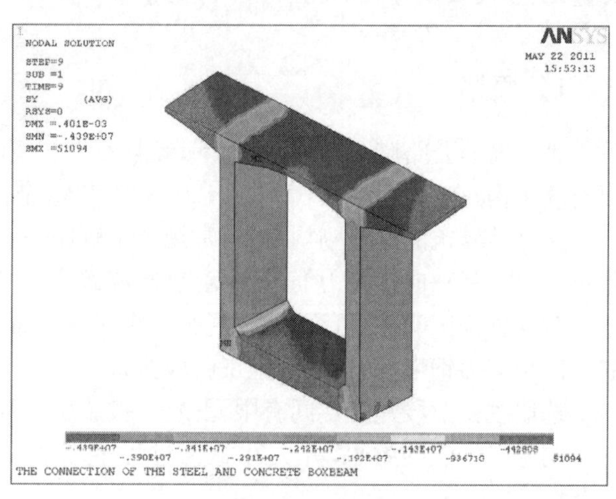

图 4 滞后张拉 7 号节段总体竖向预压应力

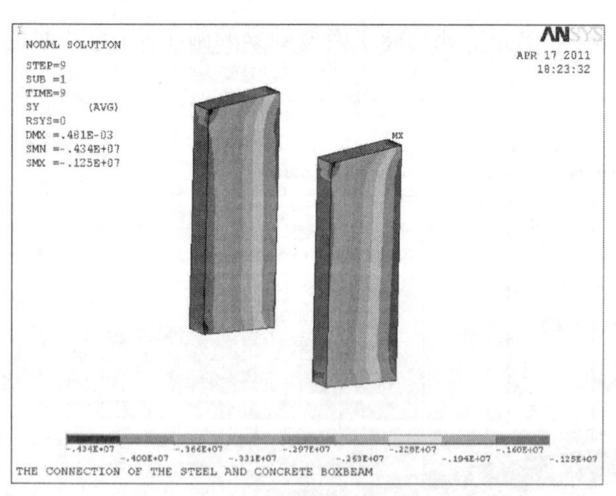

图 5 常规张拉 7 号节段腹板竖向预压应力

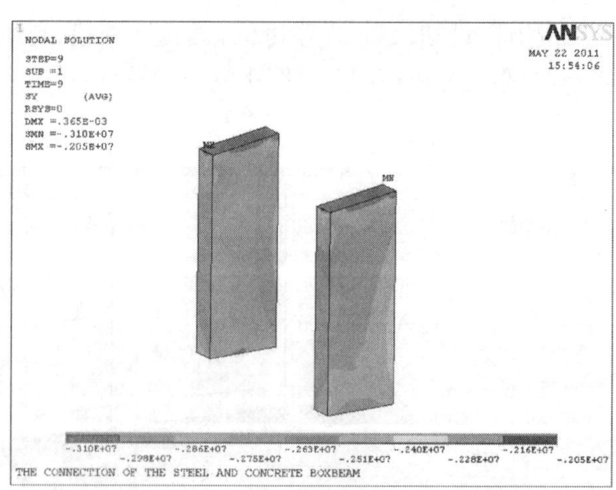

图 6 滞后张拉 7 号节段腹板竖向预压应力

在常规张拉中，悬浇节段的前端，由于没有相邻节段的约束，张拉预应力筋时产生的预压力明显提高，而悬浇节段的尾端，由于上一节段的预应力筋早已张拉，不可能对其产生效应，因此永存预压力又明显减少，从而导致永存预压力分布不均匀。滞后张拉中，滞后张拉竖向预应力钢束节段同时受到相邻节段的约束，因此节段前端和尾端的有效预应力虽然存在差异，但差值大幅减小。

不同张拉方式竖向压应力分布(单位:MPa)　表1

节段	竖向压应力							
	常规张拉				滞后一个节段张拉			
	前端	尾端	平均	应力差值	前端	尾端	平均	应力差值
5号	−3.77	−1.47	−2.62	−2.30	−2.80	−2.27	−2.54	−0.53
6号	−3.80	−1.48	−2.64	−2.32	−2.81	−2.33	−2.57	−0.48
7号	−3.90	−1.48	−2.69	−2.42	−2.79	−2.38	−2.59	−0.41
8号	−3.95	−1.49	−2.72	−2.46	−2.69	−2.35	−2.52	−0.34
9号	−3.78	−1.55	−2.67	−2.23	−2.61	−2.37	−2.49	−0.24

从具体数据可以看出,对于“常规张拉”,永存预压力分布极不均匀,最大效应约为平均值的144%,最小效应约为平均值的56%。对于“滞后一个节段张拉”,最大效应约为平均值的108%,最小效应约为平均值的92%,永存预压力的分布已较为均匀,完全能够满足工程需求。

3　滞后张拉长度建议

进一步分析表明,增加滞后张拉节段数,即增加滞后张拉的长度,前端和尾端的有效预压应力分布将更加均匀。但考虑到即使只滞后一个节段张拉,预压力分布的极值与平均值相比,其偏差也一般不会超过10%,足以满足工程需求。所以,滞后2个节段甚至更多节段张拉,工程意义不大。

以偏差不大于10%为标准,分析得到常用梁高、节段长组合的滞后张拉长度,列于表2、表3。

悬浇段滞后长度(单位:m)　表2

滞后长度	节段长				
梁高	2	3	4	5	6
4	1.0	1.0	1.0	1.0	1.0
6	1.5	1.5	1.5	1.5	1.5
9	2.5	2.5	2.5	2.5	2.5
12	2.5	3.0	3.0	3.0	3.0
15	3.0	3.5	3.5	3.5	3.5
18	3.0	3.5	4.0	4.0	4.0

合龙段滞后长度(单位:m)　表3

滞后长度	节段长				
梁高	2	3	4	5	6
4	1.0	1.0	1.0	1.0	1.0
6	1.5	1.5	1.5	1.5	1.5
9	2.5	2.5	2.5	2.5	2.5
12	3.5	3.5	3.0	3.0	3.0
15	4.0	4.0	3.5	3.5	3.5
18	4.5	4.5	4.0	4.0	4.0

4　滞后张拉时端节段拉应力分布

在施工中,端节段未张拉竖向预应力时,在挂篮施工荷载以及下一悬浇节段湿重作用下,端节段应力分布见图7、图8。除去预应力筋端点应力集中区域不予考虑外,其他区域拉应力、主拉应力一般小于2MPa,低于规范限值。

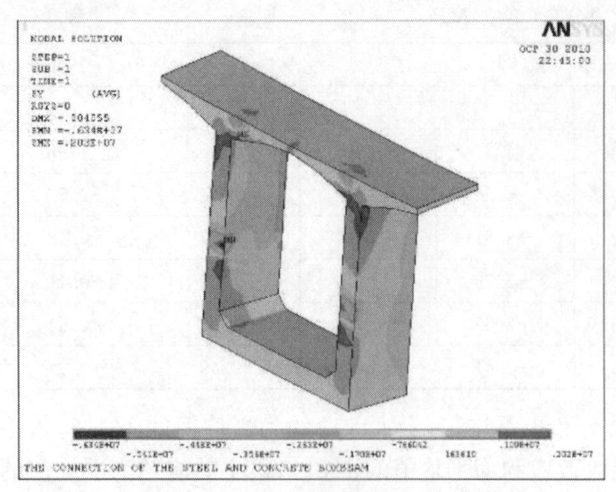

图7 10号节段竖向应力分布

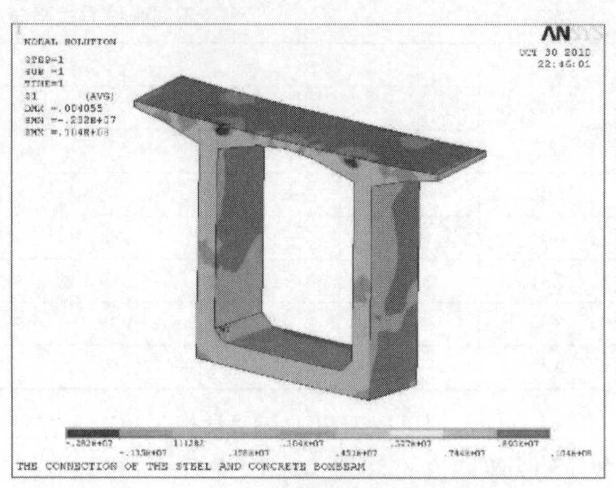

图8 10号节段第一主应力分布

5 结语

在常规张拉中,最后一个悬浇节段的前端,由于没有相邻节段的约束,张拉预应力筋时产生的预压力明显提高,而最后一个悬浇节段的尾端,由于相邻倒数第2个节段的预应力筋早已张拉,不可能对其产生效应,因此永存预压力又明显减少,从而导致永存预压力分布不均匀。从腹板中央的预压应力可以看出,滞后张拉中,节段前端和尾端的预压力虽然存在差异,但差值有效减小,偏差不大于10%,已可满足工程需求。

从10号节段的应力分布可以看出,在未张拉竖向预应力钢束时,在施工荷载的作用下,拉应力均低于规范限值。由于结构的纵向预应力钢束已经张拉,可以提供足够的安全储备,即使浇筑完本节段混凝土后不立即张拉该节段的竖向预应力,采用滞后张拉方式施工也不会影响到结构安全。

参考文献

[1] 范立础. 桥梁工程. 北京:人民交通出版社,2005.
[2] 雅泸高速公路腊八斤特大桥施工图设计文件,2007.

桥梁高性能混凝土制备技术

牟廷敏[1]　熊国斌[2]　范碧琨[1]　郑　斌[2]

（1. 四川省交通运输厅公路规划勘察设计研究院　成都　600041
2. 四川雅西高速公路有限责任公司　成都　600041）

摘　要：本文针对西部现代高速公路桥梁建设面临的复杂地形地质条件、混凝土用量大的特点，简要地介绍了高性能混凝土使用的必要性、可行性，并介绍了大体积混凝土、自密实钢管混凝土、箱型结构混凝土等不同桥梁部位的高性能混凝土制备指标、措施等主要研究成果。

关键词：混凝土桥梁　裂缝控制　高性能混凝土　性能指标　技术措施　研究成果

1　概述

当今西部高速公路不断向崇山峻岭延伸，桥梁建设面对复杂的地形地质条件，桥梁建设数量越来越大，因此，在不断发展桥梁设计与施工技术的同时，必须要不断地发展材料技术。据统计，在建的雅安—西昌高速公路，全线总长为240km，其中桥梁里程总长约为93km，桥梁使用C30以上混凝土约$5\times10^6m^3$，因此，如何提高复杂环境条件下的混凝土品质，是保证桥梁建设质量的关键。

雅（安）—西（昌）高速公路桥梁具有大跨墩高的特点，面对地形复杂、气候多变的环境条件，工程建设需重点开展以下课题研究：

（1）混凝土桥梁裂缝成因与措施研究；

（2）高性能混凝土的研究与应用；

（3）自密实钢管混凝土的研究与应用；

（4）高性能大体积混凝土的研究与应用；

（5）高性能箱型结构混凝土的研究与应用；

（6）高性能桥面铺装混凝土的研究与应用；

（7）高性能清水饰面混凝土的研究与应用。

通过这些研究，可以实现在满足混凝土力学性能要求的前提下，确保混凝土体积稳定性能和混凝土耐久性能、减少混凝土质量控制关键环节、改善混凝土浇筑性能、节约工程造价、提高混凝土品质的目的；为发展桥梁新型结构、开发新工艺提供前提条件。

2　高性能混凝土技术

根据我们的理解，高性能混凝土首先应该有保证结构要求的力学性能；其次，高性能混凝土要有高超的流动性级较小的坍落度损失，以保证施工质量及密实性；再者，高性能混凝土应该具有优异的耐久性，耐久性是高性能混凝土最关键的性能指标。

2.1　普通混凝土的缺陷

普通混凝土是以水泥、水、砂、石为主要材料，掺入减水剂、掺和料，按常规工艺以强度为主要控制目标、并兼顾混凝土的坍落度及一般和易性要求配制的混凝土。由于浆量过大、质量不佳，混凝土拌和物的黏度低，混凝土结构内形成的内分层、外分层（图1）导致了集料下的水囊和上表面的泌水，水泥石中形成粗大、连通的毛细管，混凝土结构密实度较差，收缩率大，水化热高。

2.2 高性能混凝土制备技术

(1)正确选择原材料。正确选择水泥、集料、高效减水剂或复合高效减水剂、矿物掺合料或复合矿物掺合料,是制造高性能混凝土的重要工作环节。

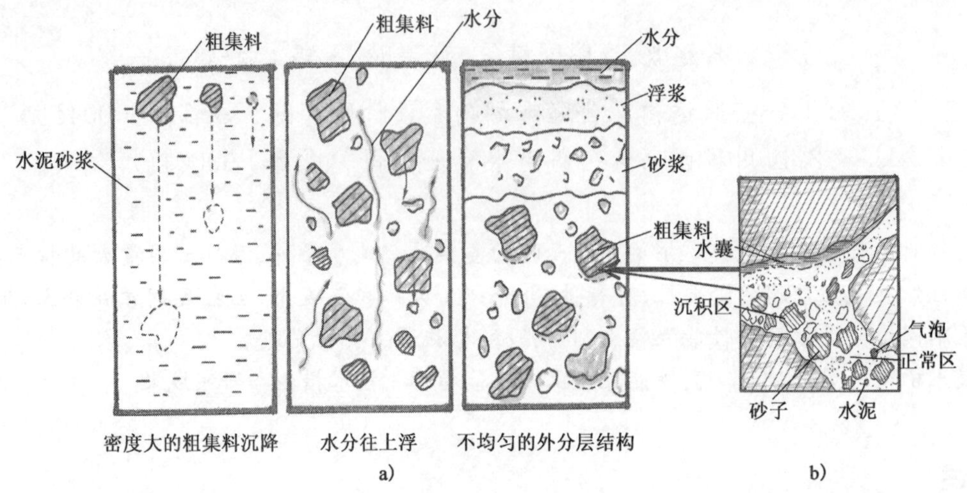

图1 普通混凝土的内外层结构

a)外分层结构;b)内分层结构

(2)致密配比设计法。首先将不同比例的粉煤灰与砂进行充填单位重试验,获得最大单位重,再以粉煤灰与砂为细集料与石子进行充填单位重试验,从而获得三者最大单位重。致密配比法以大量安定的集料为骨架,安全性会优于以水泥浆为主构件的 AC1 配比设计法。密实骨架堆积理论,采用致密配比技术,使粗细集料的堆积密度达到最大,从而使水泥石的结构达到最密实的程度,在保证混凝土的强度的同时最大限度地降低水泥的用量。

(3)合理选择外加剂。为了实现混凝土高性能化,必须选择质量稳定、品质优良、减水效率高的外加剂,且应考察与水泥的相容性、对工作性能、体积稳定性能、耐久性能的影响规律。

(4)科学掺加矿物掺和料。掺和材料是改变混凝土工作性能和体积稳定性能的重要掺和材料,因此需要研究掺和材料掺量、掺加方法等对混凝土性能的影响规律。

(5)拌和与养护技术。拌和采用混凝土拌和楼进行。养护是高性能混凝土重要的环节,必须严格按照规定执行。

2.3 高性能混凝土评价指标

(1)工作性能。混凝土工作性能评价指标有:坍落度、坍落度经时损失、压力泌水、扩展度、倒坍落筒流出时间等。试验研究表明:坍落度经时损失值与外加剂种类、掺加方法、水泥品种和水胶比密切相关。

(2)材料的相容性。主要是指水泥与外加剂的相容性。水泥与外加剂、集料、矿物掺和料的相容性是高性能混凝土配制成功与否的关键,相容性理想的混合材料,不仅流动度大、饱和点低,且流动度的保持性好,因此,对原材料进行化学分析和相容性试验,并通过大量试配和观察比较,从而选择合理的原材料,是实现混凝土高性能化的重要关键技术。

(3)耐久性能。混凝土耐久性能按环境条件分为:抗炭化耐久性、抗冻害耐久性、抗盐害耐久性、抗硫酸腐蚀耐久性、抗减集料反应耐久性。通过调查分析及试验研究,我们提出了对策措施、计算方法和工程控制指标。

(4)力学性能。影响高性能混凝土物理力学性能的因素有:矿物掺和料种类、掺和料掺量、掺和料掺加方式、水胶比、胶结材料用量、粗集料最大粒径、砂率等因素。通过试验我们找出各种因素影响规律,试验结果表明,配制的混凝土强度并非是只与水泥用量有关。

(5)抗裂性能。通过对高性能混凝土和普强高性能混凝土的对比研究,我们提出了混凝土的高性能是提高抗裂性能的重要技术途径，包括原材料的选择、配合比的优化设计、浇筑工艺和养护技术等，并应按桥梁结构不同部位受力行为分别采取具体的措施。

3　高性能混凝土的优越性

3.1　采用配合

根据云阳长江公路大桥 C60 混凝土及结构特点，采用与普通混凝土相同料场的原材料、相同厂家同类外加剂和同类的矿物掺和料，通过试配确定的配合比如表 1 所示。

高性能混凝土与普通混凝土配合比对比表　　表 1

编号	水 (kg/m³)	水泥 (kg/m³)	Ⅱ级粉煤灰 (kg/m³)	砂 (kg/m³)	石 (kg/m³)	减水剂 (kg/m³)	坍落度(cm)		凝结时间(h)		28d 抗压强度 (MPa)
							0h	1h	初凝	终凝	
普通混凝土	166	490	64	689	1 127	5.5	16	10	3.0	4.5	74.5
高性能混凝土	150	400	87	744	1 027	5.6	20	18	12	14	73.0

3.2　浇筑前的质量检测

拌和料运输到现场后，对全部混凝土测定其浇筑时流动度、浇筑时空气量的抽样结果如图 2 和图 3 所示。

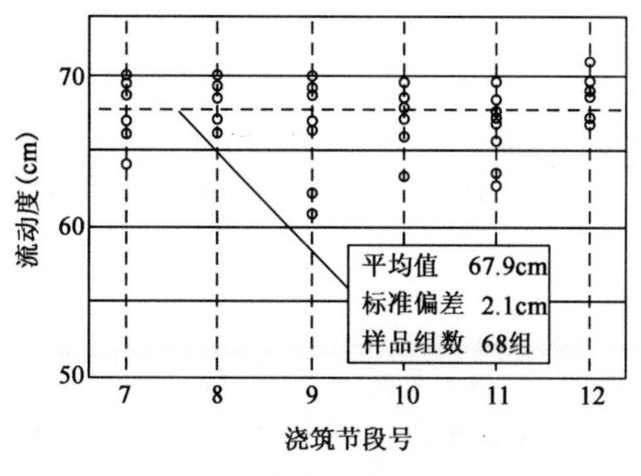

图 2　流动度抽样结果

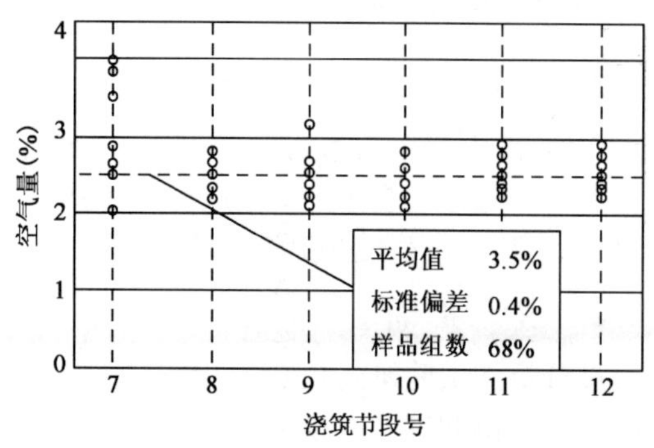

图 3　空气量抽样结果

高性能混凝土的流动度的平均值是 67.9cm，空气量的平均值为 3.5%，这些值均满足目标值，而普通混凝土初凝时间为 3h，且流动度不能满足施工要求。

3.3　强度试验结果

如图 4 和图 5 所示，根据试验标准的取样频率，抽取浇筑前试件，通过与普通混凝土同条件对比分析，高性能混凝土早期强度略低于高流动性混凝土，28d 强度两者一致，高性能混凝土 90d 强度略高于普通混凝土。从外观检测发现，高性能混凝土质量均匀、色泽一致。

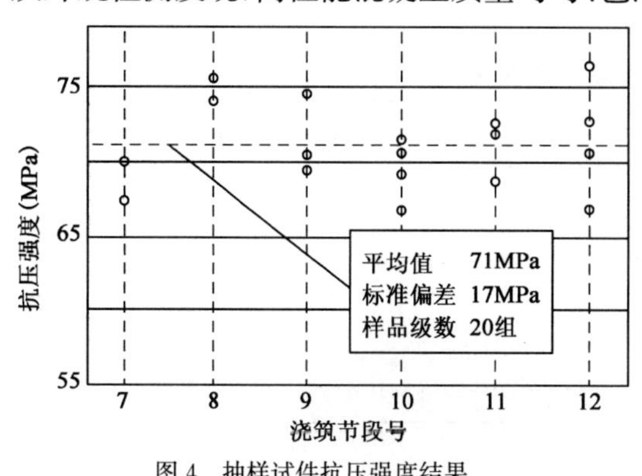

图 4　抽样试件抗压强度结果

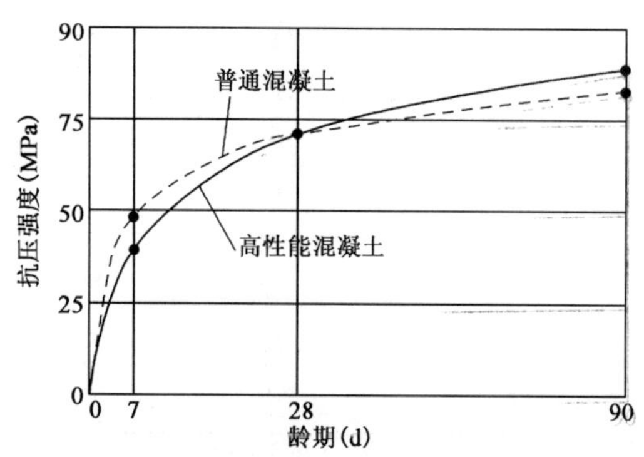

图 5　抗压强度变化曲线

根据标准规定的试验法，进行了弹性模量与干燥收缩量试验测定。通过与同等级普通混凝土对比试验研究，试验结果表明，高性能混凝土弹性模量略高，干燥收缩量比普通混凝土减少 1/2，如图 6 和图 7 所示。

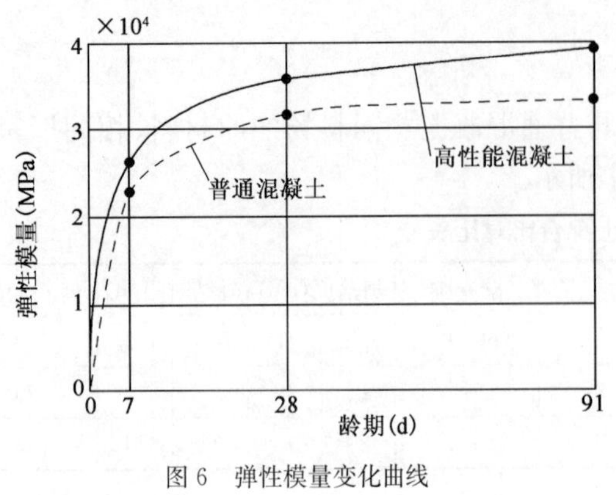

图 6　弹性模量变化曲线

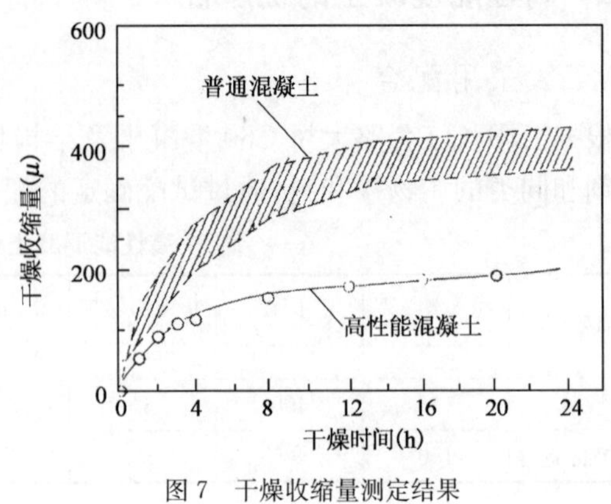

图 7　干燥收缩量测定结果

通过以上现场试验研究表明，高性能混凝土成本低、工作性能更好、收缩量更小、结构整体质量更高，具有明显的技术优势。

4　自密实钢管混凝土制备技术

4.1　性能指标要求

工作性能：混凝土初始坍落度 24cm 以上，扩展度 600mm 以上，3h 坍落度仍达 18cm 以上。含气量小于 2%，不离析、不泌水、自密实；混凝土 28d 弹性模量不小于 4.0×10^4MPa；混凝土 28d 限制膨胀率$(2.0\sim4.0)\times10^{-4}$，徐变系数(360d 徐变系数小于 2.0)。

4.2　技术措施

通过分析和试验研究，制定了掺入高效减水保塑剂、掺加磨细掺和料(粉煤灰、矿渣粉或硅灰)、控制强度和膨胀之间的协调发展的技术路线。通过对工程所在区域的原材料调查、测试分析和磨细掺和料性能的研究，按高性能混凝土配合设计理念，拟订出试验研究用 160 余组混凝土配合，通过不断试验配置，首先确定满足自密实混凝土工作性能要求的配合比，再确定满足强度等级的混凝土配合比，最后通过膨胀性能、收缩性能、徐变性能等指标控制，确定最后的试验实际设计配合比。

4.3　试验结论

4.3.1　工艺试验及强度

在工程现场进行自密实混凝土模拟试验，试验时钢管柱规格为 ϕ800mm，整个试验过程中，钢管混凝土黏聚性与和易性良好，经抛落后未出现分层离析泌水现象。混凝土 28d 抗压强度均达到各强度等级要求，检测结果如表 2 所示。

各钢管混凝土不同截面处超声波波速　　表 2

No. 测点位置	C80			
	SA2	SA7	SA8	SA9
离上端口 50cm	4 257	4 213	4 266	4 326
中截面	4 519	4 506	4 535	4 766
离下端口 50cm	4 621	4 599	4 841	4 880

4.3.2　工作性能等参数

工作性能等参数见表 3。

工作性能等技术指标表　表 3

等级	工作性能(cm)			膨胀率(×10⁻⁴)		28d 弹性模量(×10⁴)	300d 徐变系数	含气量
	0h 坍落度	1h 坍落度	扩展度	60d	300d			
C80	23	21	60	0.58	0.55	4.4	1.8	1.1
C70	24	23	60	0.90	0.90	4.2	1.9	1.2
C60	24	23	60	1.00	1.00	4.1	1.9	0.9

同时，验证了混凝土的疲劳性能、钢管混凝土短柱承载能力，疲劳试验结果及钢管混凝土承载能力结果如表 4 所示。

各组混凝土在应力水平 0.65 时的疲劳试验结果　表 4

No.	C80			
	SA2	SA7	SA8	SA9
疲劳试验结果	2 173 484	2 164 087	>250 万次	2 181 564

由上表可知，在 0.65 的应力水平下，不同配合比混凝土试件的疲劳寿命均在 200 万次以上，其中 SA8 试件达到 250 万次以上。可知，本次制备的钢管高强混凝土具有优良的抗疲劳性能，且其疲劳寿命随混凝土强度等级的提高而延长。C80 钢管混凝土短柱试件在轴压荷载下钢管外壁的应变见图 8。

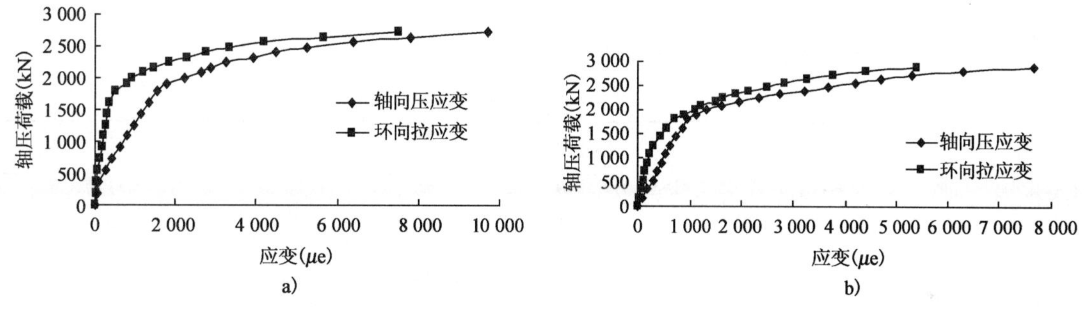

图 8　C80 钢管混凝土短柱试件在轴压荷载下钢管外壁的应变

a)SA8；b)SA9

5　高性能大体积混凝土的制备技术

5.1　性能指标要求

性能指标为：

(1)混凝土浇筑温度不超过 28℃；

(2)混凝土绝热温升不超过 60℃；

(3)混凝土内外温差不超过 25℃；

(4)混凝土降温速率不超过 2.0℃/d。

5.2　技术措施

通过原材料优选、采用密实骨架堆积法优化混凝土配合比，掺入 30%Ⅱ级粉煤灰作为复合胶凝材料，掺加优化的超缓凝高效减水剂，将水泥用量降为 210～260kg/m³；加强原材料拌和投入温度控制，控制承台 C30 大体积混凝土的水胶比在 0.39(较常规 C30 混凝土水胶比大为降低)，配制出了低热、抗裂高性能混凝土，实现了承台 C30 混凝土的高性能化。

5.3　试验成果

5.3.1　混凝土配合比

承台大体积混凝土配合比见表5。

承台大体积混凝土配合比　表5

编号	水(kg/m³)	水泥(kg/m³)	Ⅰ级粉煤灰(kg/m³)	Ⅱ级粉煤灰(kg/m³)	砂(kg/m³)	石(kg/m³)	减水剂(kg/m³)
1	150	230	—	160	796	1099	3.5
2	145	210	180	—	796	1099	3.1
3	166	328	87	—	689	1127	2.49

注：表中编号3的混凝土配合比为设置冷却水管的普通混凝土。

5.3.2　技术指标

承台大体积混凝土性能指标见表6。

承台大体积混凝土性能　表6

编号	坍落度(cm)		凝结时间(h)		抗压强度(MPa)			劈裂抗拉强度(MPa)			
	0h	1h	初凝	终凝	7d	28d	90d	3d	7d	28d	90d
1	20	18	18	20	23	38	45	1.5	1.9	3.8	4.0
2	21	18	19	20	21	36	41	1.4	1.8	3.6	4.0
3	6	4			25	39	40				

5.3.3　实测控制指标

对于取消冷却水管的大体积混凝土，实测其指标见表7。

表7

项　目	浇筑温度(℃)	绝热温升(℃)	内外温差(℃)	降温速率(℃/d)
设冷却水管混凝土	28	58	23	1.2
高性能混凝土	28	48	18	1.0
控制标准	28	60	25	2.0

经过近2个月的观测和抽样试验，承台没有裂纹，混凝土检测强度满足设计等级要求。且每个承台减少工期5d，节约工程造价13万元。

5.4　技术优点

新技术的实际应用表明，本项成果解决了以下技术难题：

(1)省去冷却水管，减少了材料的采购、运输、加工、安装等环节；

(2)不需要人为管理和控制冷却水管的水循环，减少了质量控制环节；

(3)雅—西高速公路穿越高山峡谷，本项技术克服了缺水建桥的施工难度；

(4)省去事后向冷却水管压浆的施工环节，确保了大体积承台的整体性；

(5)节约了水泥、钢管、压浆设备、抽水泵站等大量材料和设备；

(6)节省了人力配备，缩短了工期；

(7)实现了节能减排的总体环保思想；

(8)新技术的实施，使产品技术指标更好、质量更可靠。

6　高性能箱形结构混凝土的制备技术

6.1　性能指标要求

根据箱形的结构特点，制定的C60混凝土技术要求为：

(1)3d 抗压强度不小于 54MPa；

(2)28d 抗压强度不小于 70MPa；

(3)3d 弹性模量不小于 3.45×10^{4}MPa；

(4)360d 徐变系数小于 2.0；

(5)初凝时间大于 20h；

(6)坍落度不小于 20cm(0h)；不小于 20cm(1h，相比 0h 不损失)不小于 18cm(2h，保证能泵送)；

(7)90d 干缩值小于 2.5×10^{-4}；

(8)氯离子渗透系数不小于 $1.5\times10^{-12}m^{2}/s$。

6.2　采取技术措施

(1)通过聚羧酸高效减水保塑缓凝外加剂来控制混凝土的凝结时间，实现混凝土的超塑性；采用密实骨架堆积方法优化混凝土配合比，利用矿物掺和料和化学外加剂的复掺技术，解决箱形结构高性能混凝土需要缓凝时间长而且早期强度要求高之间的矛盾；

(2)通过系统研究箱形结构高性能混凝土配合比参数对混凝土收缩的影响规律，建立箱形截面结构高性能混凝土的收缩模型；采用矿物掺和料复掺技术，实现对混凝土的长期体积变形和徐变收缩的有效控制；

(3)通过工程环境调查，结合工程实际特点，建立边界条件，采用有限元法模拟薄壁箱梁混凝土的温度场及应力场；通过预埋温度传感器的方法，利用计算机技术在线监测箱梁混凝土的温度变化情况，验证各项温控指标及措施的有效性；

(4)采用氯离子渗透系数和快速碳化深度等评价箱形截面高墩大跨薄壁箱形结构高性能混凝土的结构耐久性，进行混凝土的寿命评估。

采用以上技术，通过系列单因素试验分析研究和综合试验，配制出了可泵性好、缓凝时间长、早期强度高且干缩小、渗透性低、耐久性高的 C60 高性能混凝土。

6.3　主要研究成果

通过对组成混凝土各因素分析研究，为满足箱形结构混凝土配合比性能要求，对合理使用各种材料的比例具有重要价值，其主要成果如下图所示。

6.3.1　外加剂的影响

外加剂的影响如图 9 所示。

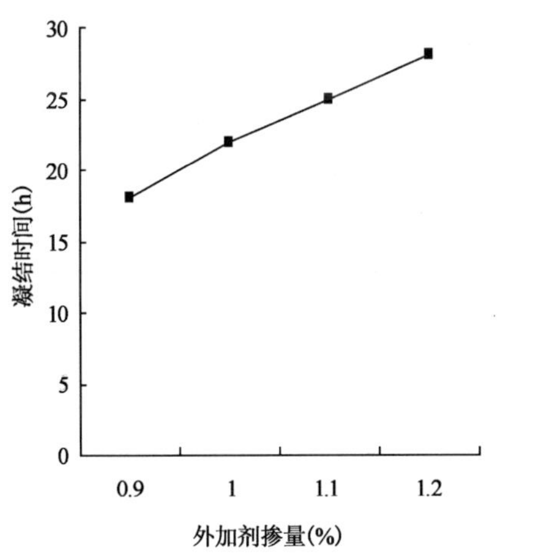

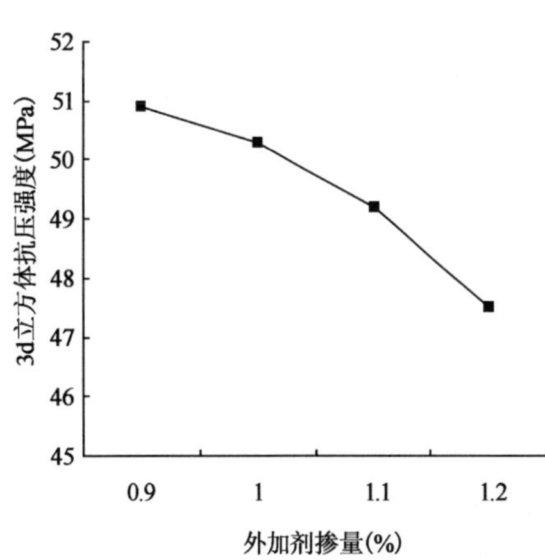

图 9　外加剂掺量对混凝土凝结时间和强度的影响

6.3.2　水灰比的影响

水灰比的影响如图 10 所示。

6.3.3　矿粉掺量的影响

矿粉掺量的影响如图 11 所示。

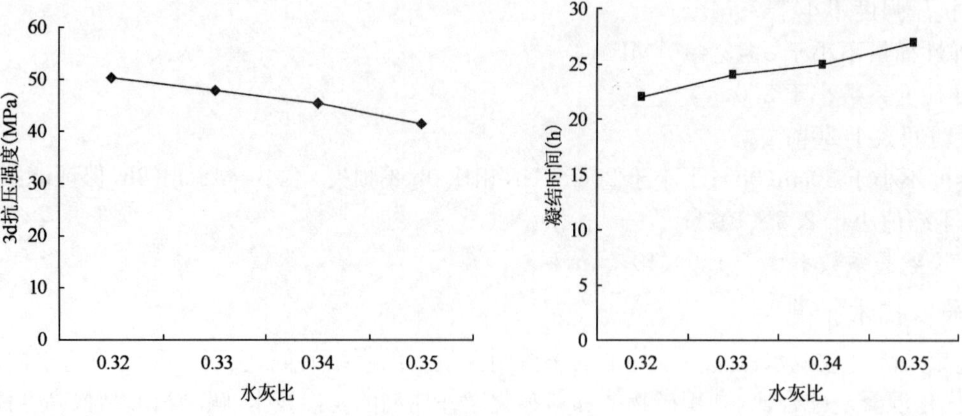

图 10 水灰比对混凝土凝结时间和强度的影响

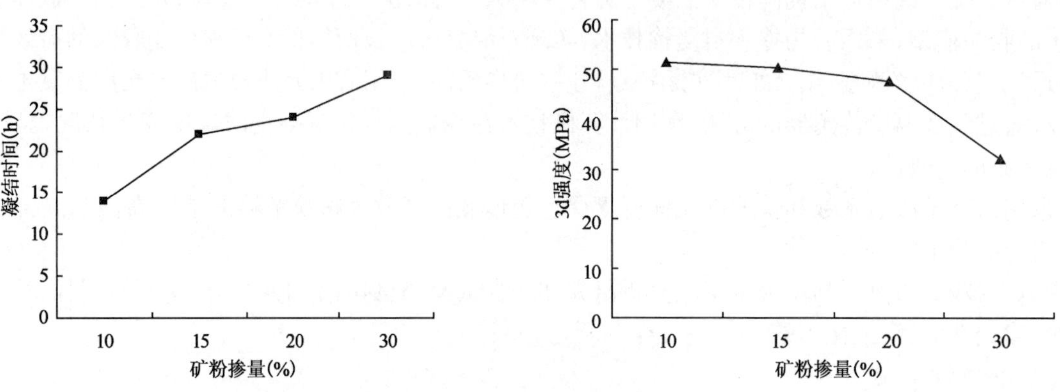

图 11 矿粉掺量对混凝土凝结时间和强度的影响

6.3.4 粉煤灰掺量的影响如图 12 所示。

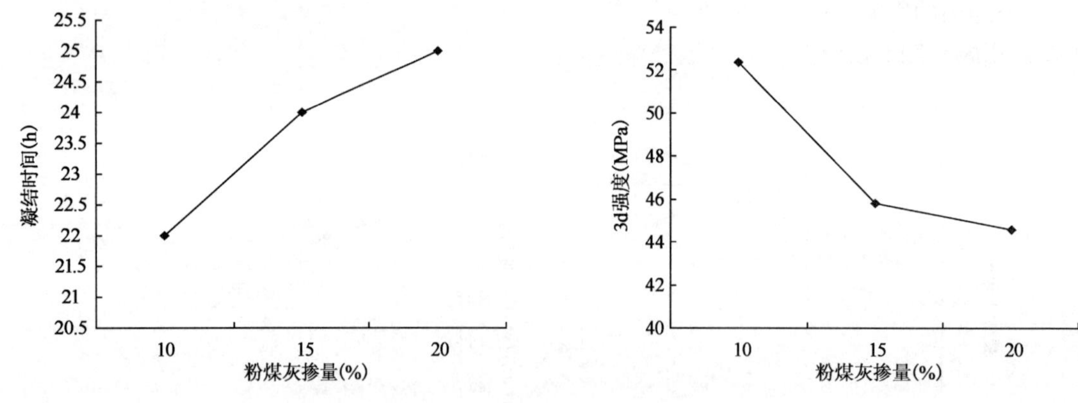

图 12 粉煤灰掺量对混凝土凝结时间和强度的影响

6.3.5 混凝土收缩影响规律试验分析

混凝土收缩的影响如图 13 所示。

6.3.6 裂缝试验研究

由表 8 可以看出，采用的混凝土配合比 HP2、配合比 HP11 与普通 C60 混凝土配合比 HP0 相比，开裂面积、裂缝宽度、长度和条数明显减小，说明矿物掺和料的掺入大幅度地提高了混凝土的抗裂性能。

6.3.7 徐变试验研究

徐变度与徐变系数试验结果见表 9。

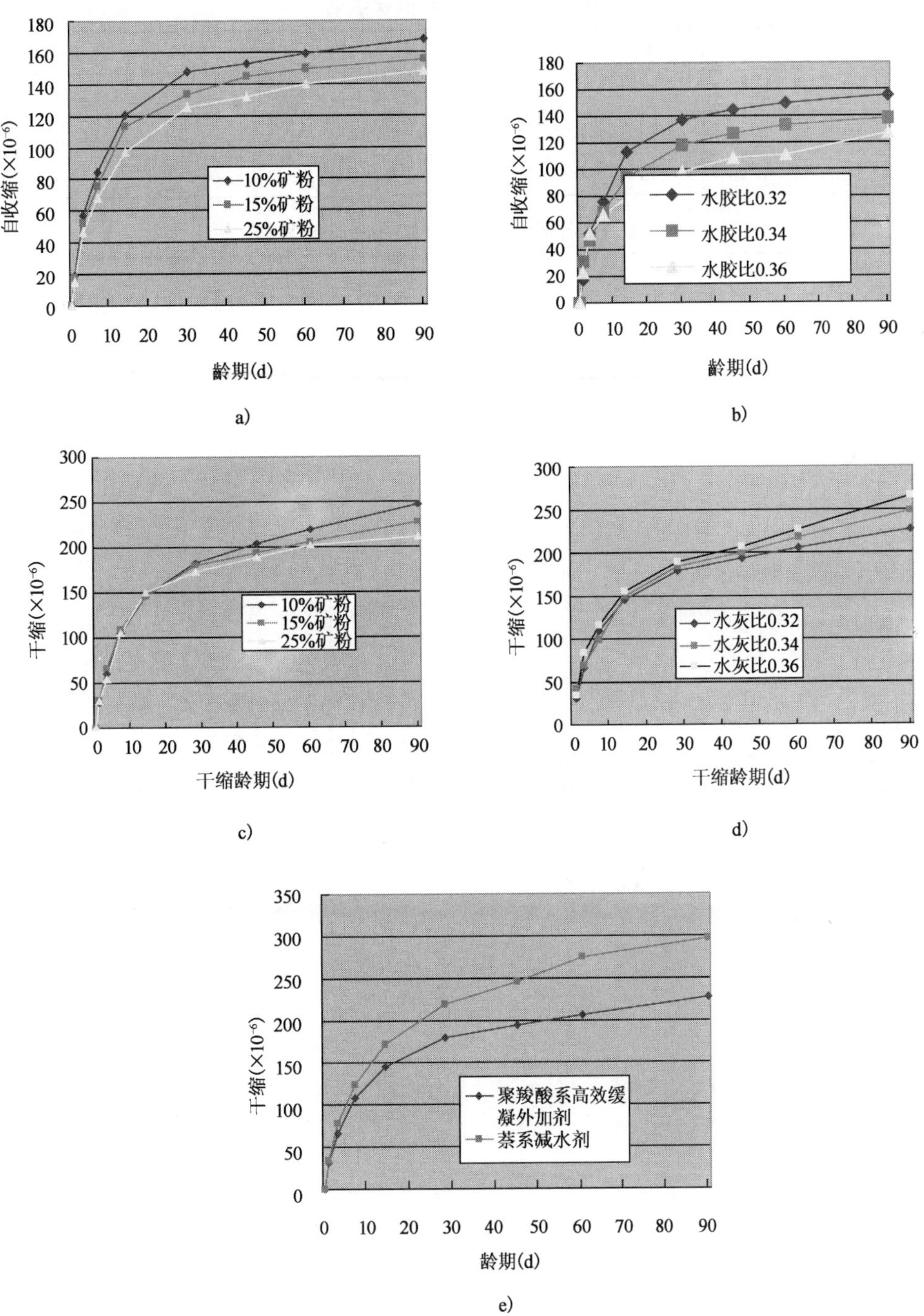

图 13 混凝土收缩的影响

a)矿粉掺量对混凝土自收缩的影响;b)水胶比对混凝土自收缩的影响;c)矿粉对混凝土干缩的影响;d)水胶比对混凝土干缩的影响;e)外加剂对混凝土干缩的影响

混凝土平板试验 表 8

配 合 比	最大裂缝宽度(mm)	总开裂长度(cm)	裂缝条数(条)	开裂面积(mm^2)
HP0	0.54	234	8	507.2
HP2	0.16	161.2	4	109.3
HP11	0.18	116	5	83.52

6.3.8 疲劳试验结果及分析

应力比与破坏时的循环次数的关系见表 10。

徐变度与徐变系数试验结果 表 9

持荷时间	1	3	7	14	28	45	60	90	120	150	180	360
HP0	0.19	0.34	0.57	0.76	1.01	1.18	1.29	1.43	1.48	1.58	1.62	1.81
HP2	0.14	0.26	0.48	0.68	0.87	1.03	1.11	1.21	1.25	1.34	1.37	1.54
HP11	0.16	0.28	0.53	0.71	0.95	1.14	1.23	1.35	1.39	1.47	1.54	1.69

应力比与破坏时的循环次数之间关系 表 10

应力比	0.60	0.65	0.70	0.75	0.80	0.85
HP2	>2 000 000	725 246	258 493	61 010	8 897	1 238
HP11	>2 000 000	813 426	315 293	73 240	8 539	1 341

6.3.9 矿粉对裂缝的影响

矿粉对裂缝的影响如图 14～图 17 所示。

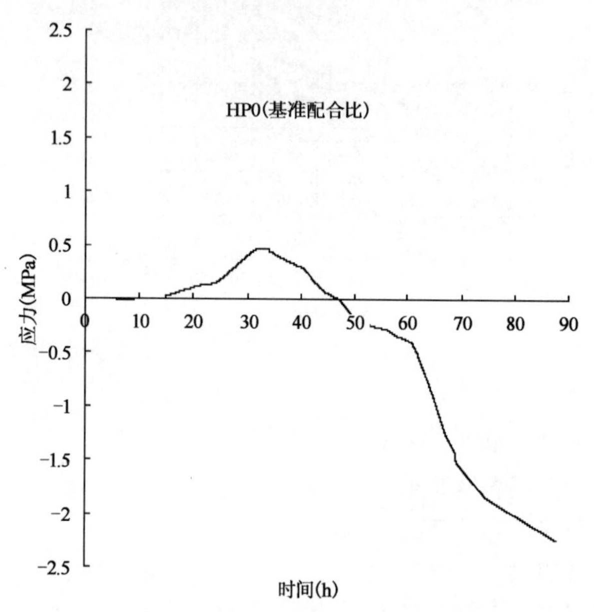

图 14 基准配合比(HP0)应力时间曲线
(应力储备 32.9%)

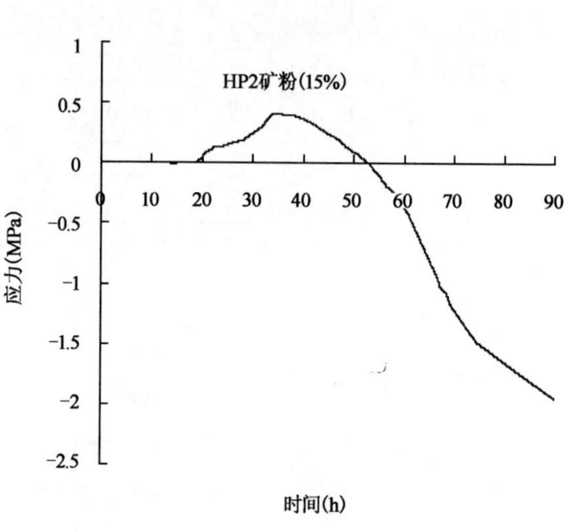

图 15 矿粉掺量 15%配比应力时间曲线
(应力储备 47.3%)

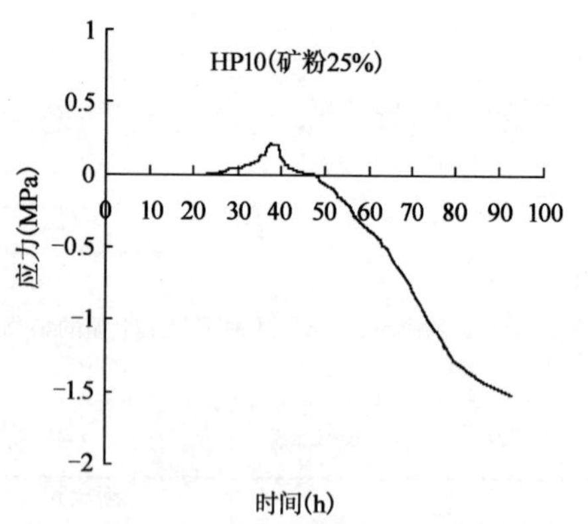

图 16 矿粉掺量 25%配比应力时间曲线
(应力储备 38.5%)

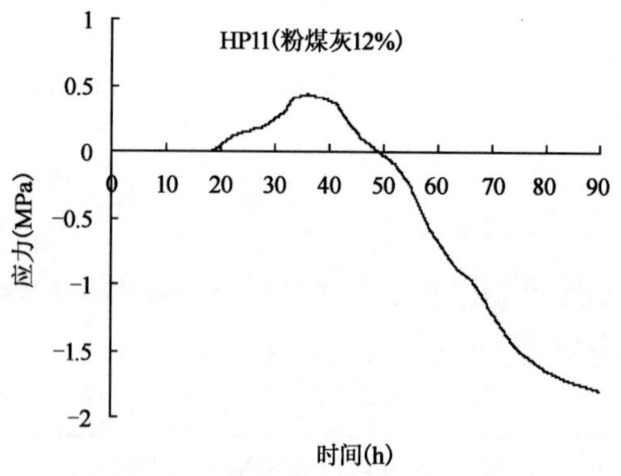

图 17 粉煤灰掺量 12%应力时间曲线
(应力储备 54.5%)

箱形结构抗裂混凝土浇筑施工质量控制技术主要根据试验结果，从箱形结构混凝土生产与运输、混凝土生产质量控制、混凝土浇筑工艺与振捣工艺、混凝土的养护工艺等技术方面进行了要求和合理的规定，以确保混凝土质量。

7　结语

本项目配制的雅安—泸沽高速公路桥梁承台、桥墩钢管、箱形结构等高性能混凝土，在原材料选择、配比设计等技术进行了精心设计和严格的规定，采用这种高性能混凝土后，通过对比测算，取得直接效益 30～100 元/m^3；同时，桥梁结构混凝土可振捣性、体积稳定性、抗裂性和长期耐久性得到更可靠的保证，从而可节约大量的后期维护、维修费用。对于雅安—泸沽高速公路桥梁 C30 以上混凝土用量达 500 万 m^3，具有十分显著的经济效益和社会效益。

参 考 文 献

[1] 课题组."桥梁高性能混凝土制备技术研究"科研报告. 内部资料. 四川省交通厅公路规划勘察设计研究院等.

[2] 课题组."高性能混凝土的研究"科研报告. 内部资料. 武汉：武汉理工大学.

[3] 课题组."自预应力钢管混凝土在桥梁工程上的应用研究"科研报告. 内部资料. 四川省交通厅公路规划勘察设计研究院等.

高烈度地震山区桥梁抗震设计研究

杨沪湘[1] 徐 航[2]

(1. 湖南省交通规划勘察设计院 长沙 410008;
2. 中交公路规划设计院有限公司 北京 100088)

摘 要:以高烈度地震山区桥梁——栗子树大桥为研究对象,从桥型方案设计和桥墩构造选型两个方面进行了桥梁抗震概念设计;运用SAP2000有限元程序,建立了桥梁的空间有限元模型,分别进行动力特性和反应谱分析,并建立了非线性模型进行了非线性时程分析;确定了各桥墩钢筋配筋率,选取了合理的减、隔震措施,提出了对高烈度山区桥梁抗震设计的建议。

关键词:山区桥梁 高烈度地震 抗震设计 反应谱分析 时程分析

1 引言

雅安至泸沽高速公路处于四川省境内的地震多发区,该地区大部分为地震烈度8度区,部分地区甚至达到9度,同时由于桥位地处山区,地形条件复杂,该路段桥梁多采用典型的山区高墩桥梁结构,其构造复杂。高烈度地震山区建桥,在世界范围内也较为少见,其抗震设计已超出现行《公路工程抗震设计规范》的适用范围。现以栗子树特大桥为例,对高烈度地震山区桥梁抗震性能和设计方法进行研究。

2 桥梁抗震概念设计

20世纪70年代以来,人们在总结大地震灾害经验中发现,对桥梁抗震设计来说,"概念设计"比"计算设计"更为重要。概念设计就是以工程概念为依据从有利于提高结构抗震力的概念上,用符合工程客观规律和本质的方法,对所设计的对象作宏观的控制[1,2]。

栗子树大桥是雅安至泸沽高速公路上的一座特大桥,全长2 267.74m,仅取其中有代表性的24~38号墩之间一段桥梁结构进行研究,其桥形结构布置如图1所示,40mT梁墩高普遍在40m左右,80m连续刚构最高墩高达80m。在该桥初步设计阶段,主要从桥型方案设计和桥墩构造选型两个方面进行了高烈度地震山区桥梁的抗震概念设计,并由此确定其墩柱形式。

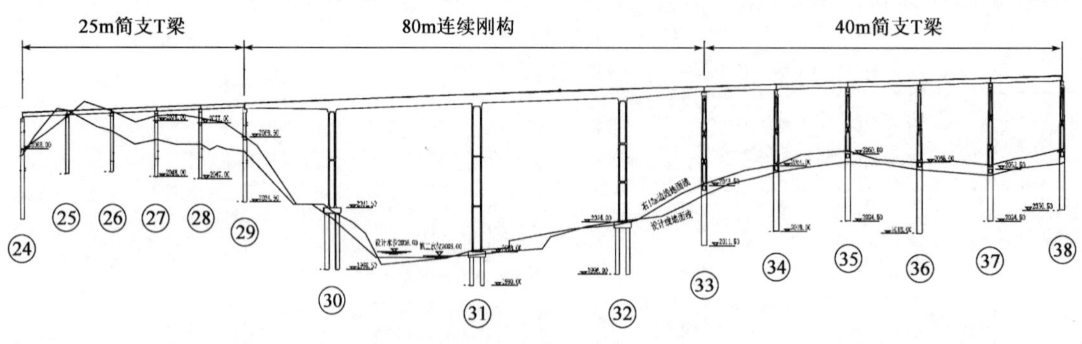

图1 桥型结构布置图

2.1 桥型方案设计

在桥型方案抗震概念设计时,主要考虑了桥梁上部结构与桥墩的连接形式。上部结构与桥墩的连接方式主要有两种:刚接形式和支座连接形式。下面简要讨论它们各自抗震性能的特点[3]。

2.1.1　刚接形式

上部结构与下部结构的支座连接形式最适合于较细长的桥墩或者大跨度桥梁。这种连接方式在抵抗地震侧向力、特别是顺桥向的地震力上，具有一定的优势，因为它与支座连接方式相比，增加了结构的超静定次数。如果抗侧力桥墩在墩底也是固结的，那么在强震作用下，墩顶也能形成塑性铰，从而产生一个附加耗能机制。

桥墩与上部结构刚接的主要缺点是上部结构在纵向地震反应中将产生附加的地震弯矩。附加的地震弯矩与恒载弯矩叠加，可能成为上部结构的设计控制弯矩。

2.1.2　支座连接形式

上、下部结构采用支座连接方式最大的优点是在上部结构和桥墩之间几乎没有地震弯矩的传递，上部结构的抗震设计则大大简化了。其次，在上部结构和桥墩之间通过柔性支座隔开，延长了结构的固有周期，使结构的弹性设计地震力减小。另外，采用支座连接方式，通过在上部结构和桥墩之间设置支座，可以解决较矮的刚性墩吸引过大的地震力的问题。

相比刚性体系，其主要缺点是上部结构对地震位移较为敏感。由于支座的柔性，结构的最大反应位移可能明显增大，特别是横向位移。为了限制支座的横向位移，通常需要在横桥方向设置支座挡块。

2.2　桥墩构造选型

山区建造跨越山谷的桥梁也越来越多，这些桥梁的上部结构具有弯、坡的特点，下部一般为高墩结构，其中常见的构造形式如图 2 所示。

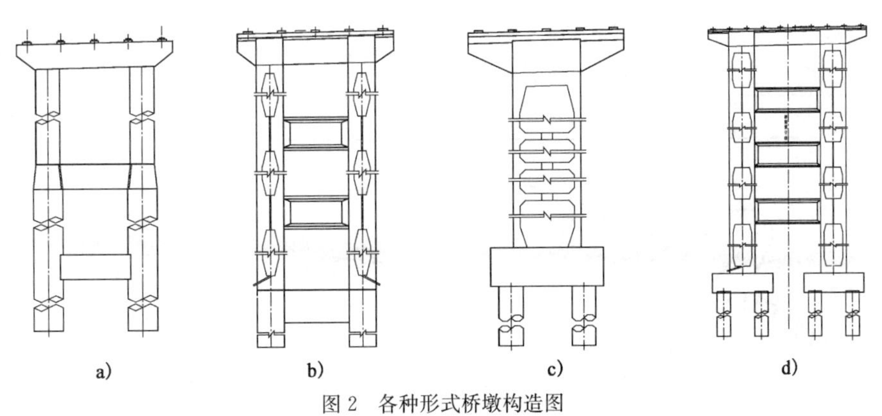

图 2　各种形式桥墩构造图

a)双圆柱墩；b)双方柱墩；c)空心薄壁墩；d)整体式空心薄壁墩

通过对墩柱形式和断面的参数分析，综合考虑墩柱的强度、刚度和延性需求，适当调整设防要求，最终确定了不同墩高、不同地形条件下对应的墩柱形式和断面。

高烈度地震区 T 梁桥的墩高在 30m 以内时，采用双圆柱墩(图 2a)；墩高 30～80m 以内，横向坡度不超过 40°时，采用双方柱墩(图 2b)；墩高 30～80m 以内，横向坡度超过 40°时采用空心薄壁墩(图 2c)；墩高超过 80m 以后，分离式大桥可采用刚构桥，整体式大桥可采用整体式空心薄壁墩(图 2d)。

3　动力特性研究

3.1　计算模型

为了计算在地震作用下的结构的动力响应，运用 SAP2000 有限元程序建立桥梁结构的空间线性动力模型(见图 3)，计算其动力特性。

模型中利用空间梁单元模拟主梁和墩柱；对于桥墩，由于采用桩柱一体式下部结构，桩—土结构的相互作用采用在桩身梁单元上施加离散侧向土弹簧进行模拟，弹簧刚度按采用“m”法计算；对双柱墩特别考虑了由于地面线横向坡度造成的两侧桩柱出露地面高程的显著差异。

采用连接单元模拟圆板式橡胶支座的弹性连接作用，墩顶处相邻跨桥面先简支后连续构造也采用连接单元进行模拟。

桥墩在混凝土开裂前采用毛截面刚度，开裂后采用墩柱截面有效抗弯刚度用于分析计算。

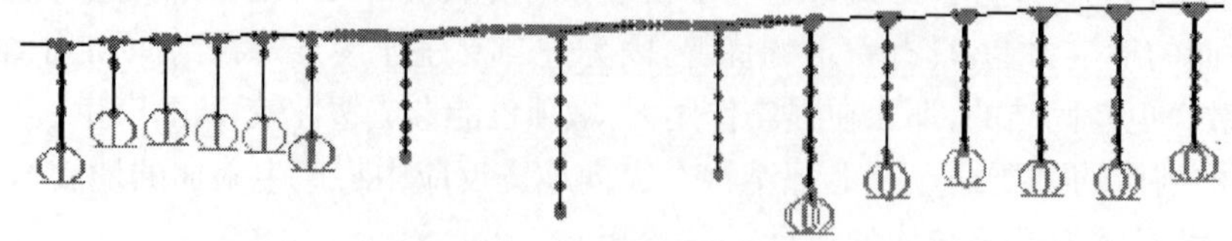

图3 有限元计算模型

在进行动力特性及反应谱分析时，不考虑伸缩缝处纵向连梁装置的约束作用和相邻梁端的纵向碰撞效应；墩顶横向弹塑性挡块采用连接弹性弹簧模拟。

3.2 动力特性

动力特性是进行桥梁抗震性能分析的基础。由于一般情况下结构前几阶自振频率和振型起控制作用，限于篇幅，本文只给出该桥梁前8阶振动频率和其中2阶振型，振动频率计算结果列于表1，振型图如图4所示。

动力特性 表1

振型阶数	频率(Hz)	振型特征	振型阶数	频率(Hz)	振型特征
1	0.313	刚构桥墩横向振动	5	0.405	T梁桥墩纵向振动
2	0.334	刚构桥墩纵向振动	6	0.422	T梁桥墩纵向振动
3	0.356	T梁桥墩纵向振动	7	0.509	T梁桥墩横向振动
4	0.364	T梁桥墩纵向振动	8	0.510	T梁桥墩横向振动

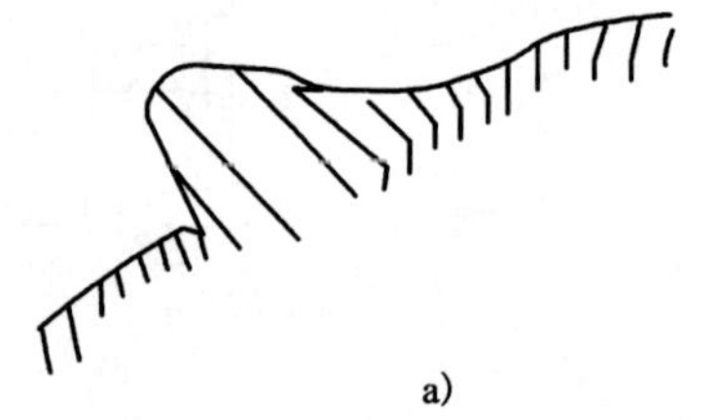

a)

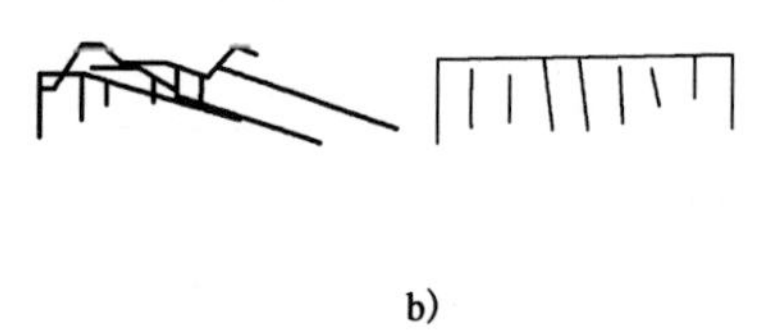

b)

图4 前2阶振型

a)第1阶振型；b)第2阶振型

计算结果表明，桥梁的自振频率值较小，主要原因是：栗子树特大桥墩高普遍较高，桥墩较柔，振动形式主要由桥墩的纵向、横向振动形式组成。其中，80m连续刚构墩高达80m，该段桥梁第一阶振型为桥墩的横向振动，表明高墩刚构桥梁整体纵向刚度较大，横向刚度较小。第3～6阶振型都是简支T梁桥墩的纵向振动形式，表明该部分桥墩纵向刚度较弱，设计中应注意防落梁纵向连接装置的布置。第7～8阶振型出现了简支T梁桥墩的横向振动。

4 反应谱分析

利用前述有限元模型，输入50年10%超越概率、阻尼比为5%的场地加速度反应谱[4]，输入方向组合分别为："纵向+竖向"和"横向+竖向"。对结构进行反应谱分析，其部分墩底截面最不利内力见表2，墩顶的位移反应最大值见表3。

通过对该桥地震反应谱分析可以看出：

(1)34～38号墩均为40m简支T梁桥墩，墩高40m左右，与动力特性规律相符，其纵桥向刚度较小，最大纵向位移达0.241m，横向刚度稍大，但最大横向位移也达0.139m，应注意纵向连梁装置以及横向弹塑性防撞挡块设计。

(2)墩高超过80m后，为防落梁，减小墩顶位移，该桥采用了80m连续刚构结构，计算结果显示其地震最不利内力值要远远大于简支 T 梁结构，需要相对更大的截面抵抗地震反应，主要原因在于 80m 连续刚构桥墩整体刚度较大，上部构造自重相对较重。

反应谱分析墩底截面最不利内力　表 2

工　况	桥墩位置	轴力 N(kN)(压+拉−)	剪力 Q(kN)	弯矩 M(kN·m)
纵向+竖向输入	P27	2 180	341	701
	P28	2 140	294	997
	P29	3 100	194	1 138
	P30	35 100	3 913	94 370
	P31	48 100	2 827	85 400
	P32	39 600	3 186	87 720
	P33	7 140	419	5 210
	P34	6 100	445	6 447
	P35	5 490	540	7 184
	P36	5 620	428	6 352
横向+竖向输入	P27	1 980	365	795
	P28	1 860	386	1 270
	P29	780	789	567
	P30	35 400	2 300	81 500
	P31	48 200	2 780	99 500
	P32	39 700	2 590	109 000
	P33	1 480	824	4 150
	P34	3 710	542	912
	P35	2 840	627	980
	P36	2 570	620	909

反应谱分析墩顶的位移反应最大值　表 3

桥墩位置	水平位移(m) 纵向+竖向输入		水平位移(m) 横向+竖向输入	
	纵　向	横　向	纵　向	横　向
P27	0.011	0.000	0.003	0.003
P28	0.023	0.000	0.002	0.008
P29	0.069	0.004	0.021	0.053
P30	0.292	0.017	0.007	0.202
P31	0.300	0.032	0.007	0.404
P32	0.295	0.025	0.007	0.343
P33	0.289	0.025	0.130	0.251
P34	0.237	0.046	0.113	0.110
P35	0.226	0.054	0.102	0.097
P36	0.241	0.069	0.107	0.139

(3)在纵桥向水平地震作用下 30、31、32 号刚构桥墩中，30 号桥墩墩底的剪力和弯矩明显大于 31 号和 32 号桥墩，而轴力最小。出现上述情况的主要原因是：在纵向水平地震作用下，桥梁纵向只有 30 号桥墩墩高较矮，刚度较大，全桥纵向振动引起的水平作用大部分由 30 号桥墩来承担，故 30 号桥墩墩底的内力大于其他部位桥墩墩底的内力。

5　非线性时程分析

5.1　边界条件的模拟

为考虑板式橡胶支座、纵向连接装置、伸缩缝和横向弹塑性挡块的非线性性质对结构地震动反应的影响，在前述线弹性有限元结构模型基础上，添加系列非线性单元，形成非线性有限元结构模型。

5.1.1　支座滑动摩擦的模拟

在地震作用下，可能产生梁底相对支座顶面的滑动。对支座与梁底之间的纵、横向滑动摩擦近似采用理想弹塑性连接单元进行模拟，其典型滞回曲线如图5示。图5中滞回曲线屈服力 F_y（即滑动起始摩擦力）取支座恒载轴压力 N 乘以动摩擦系数，动摩擦系数按《公路工程抗震设计规范》(JTJ 004—089)规定，对于所有板式橡胶支座均取0.15，对于所有盆式支座纵桥向均取0.02。

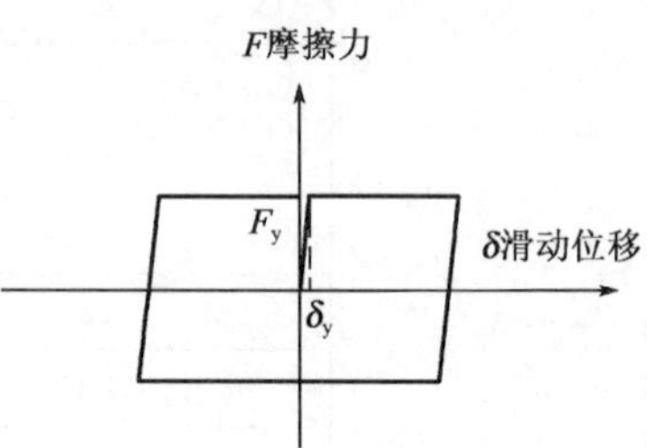

图5　滑动摩擦支座的理想弹塑性简化滞回模型

5.1.2　纵向连梁装置的模拟

为防止落梁，在各伸缩缝处相邻两梁端之间均设计了纵向连梁装置，其布置如图6所示。在正常使用条件下该纵向连梁装置能提供相邻梁端因温度变化和混凝土收缩、徐变等因素引起的纵向自由分离位移；在地震作用时，当相邻梁端纵向相对分离位移超出一定限值，就会受到纵向连梁装置的弹性约束。该纵向连梁装置使用拉伸间隙单元进行模拟，其力—位移关系如图7所示。

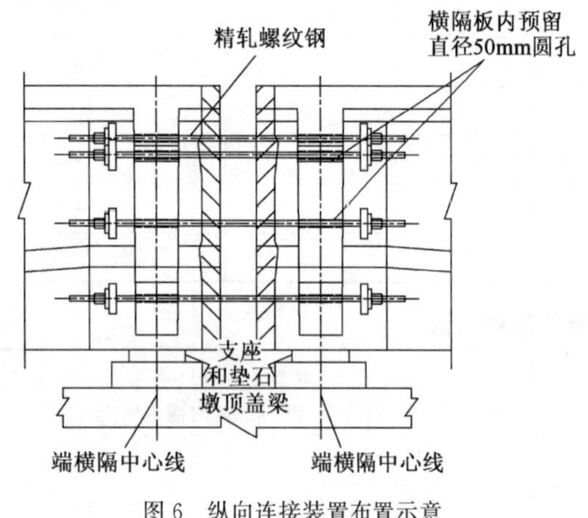

图6　纵向连接装置布置示意

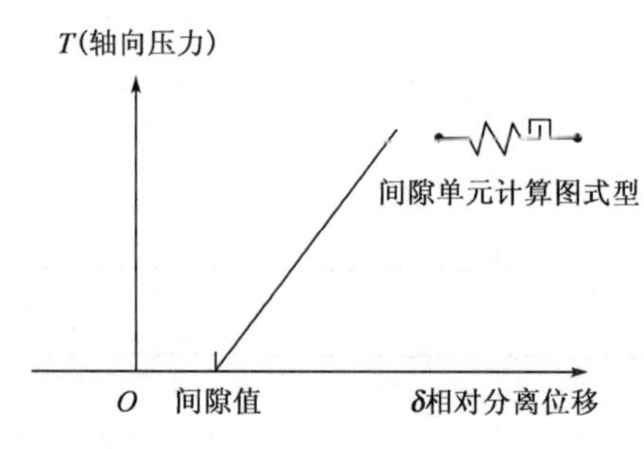

图7　纵向连接间隙单元的力—位移关系

纵向连梁装置拉伸间隙单元参数的取值如下：相邻梁端纵向分离运动的间隙值取该装置所处伸缩缝宽度的0.5倍；纵向弹性约束刚度 K 计算公式为[5]：

$$1/K = 1/K_s + 1/K_p$$

式中：K_s——限位螺帽之间精轧螺纹钢筋的轴向刚度；

K_p——限位螺帽之间两侧橡胶垫块的串联轴向刚度。

5.1.3　伸缩缝的模拟

地震作用下伸缩缝位置相邻梁端可能发生弹性碰撞，采用接触单元对其进行模拟。在正常使用条件下伸缩缝能提供相邻梁端因温度变化和混凝土收缩、徐变等因素引起的纵向自由合拢位移；在地震作用时，当相邻梁端纵向合拢接触时，就会在接触面上产生弹性作用力和反作用力。伸缩缝接触单元的力—位移关系如图8所示。

伸缩缝接触单元参数的取值如下：相邻梁端纵向合拢运动的间隙值取该装置所处伸缩缝宽度的0.5倍；纵向弹性碰撞刚度 K 取伸缩缝构造纵向压密后的弹性刚度。

5.1.4　横向弹塑性挡块的模拟

为防止桥梁上部结构相对桥墩盖梁发生过大的横向地震位移反应而引起落梁事故，特在各桥墩盖梁顶面横向两侧设置了由弹塑性钢型材制作的横向弹塑性挡块，以限制主梁相对盖梁的横向地震位移。对横向弹塑性挡块近似采用理想弹塑性连接单元进行模拟，其与梁体接触点的力—变形滞回曲线如图9示。图9中滞回曲线的屈服力 F_y 和屈服变位 δ_y 由挡块的几何构造和材料力学性质计算分析得到。

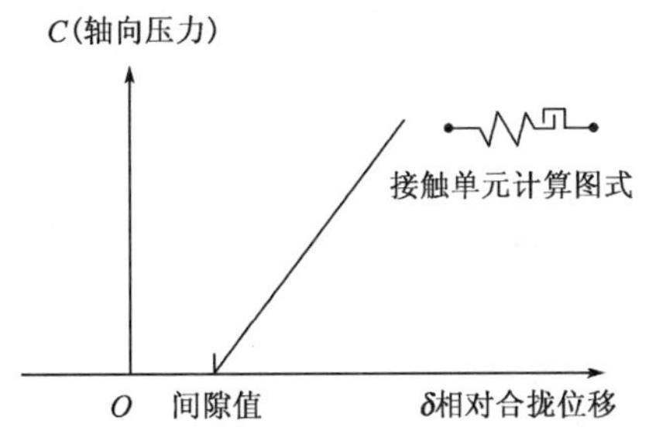

图8　伸缩缝接触单元的力—位移关系

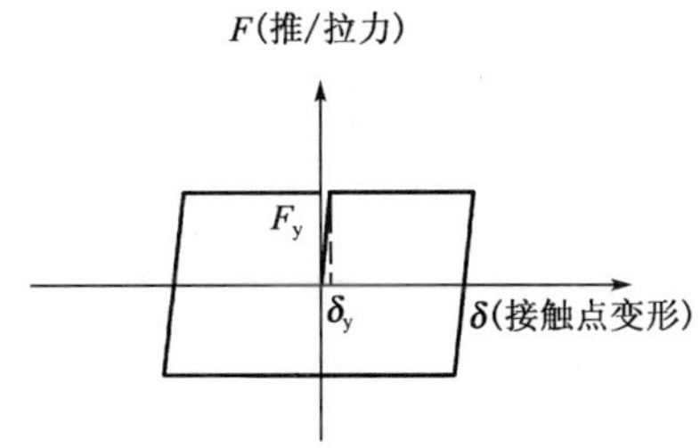

图9　横向弹塑性挡块的理想弹塑性简化滞回模型

5.2　50年10%超越概率地震动反应时程分析

根据《地震安全性分析报告》，采用人工数值模拟方法，利用计算机自动产生的不同随机相位谱，按50年超越概率10%概率水准合成得到的3条地震波，并取3条波的平均响应作为输出结果。地震输入方式为："纵向＋竖向"和"横向＋竖向"。对结构进行非线性时程分析，其墩底截面最不利内力见表4，墩顶的位移反应值见表5。

时程分析墩底截面最不利内力　　表4

工　况	桥墩位置	轴力 N(kN)(压＋拉－)	剪力 Q(kN)	弯矩 M(kN·m)
纵向＋竖向输入	P27	2 200	256	343
	P28	2 160	249	510
	P29	2 810	217	2 100
	P30	33 800	4 090	85 900
	P31	46 900	3 990	96 900
	P32	38 500	4 140	89 000
	P33	7 110	437	8 800
	P34	5 800	531	10 900
	P35	5 030	559	10 000
	P36	5 260	516	11 400
横向＋竖向输入	P27	2 040	234	288
	P28	1 980	268	571
	P29	213	918	5 980
	P30	34 300	2 770	91 700
	P31	46 800	3 290	106 000
	P32	38 500	3 070	111 000
	P33	1 940	988	8 660
	P34	3 930	440	4 900
	P35	3 480	559	4 460
	P36	3 500	476	5 270

时程分析墩顶的位移反应最大值　　表5

桥墩位置	水平位移(m) 纵向+竖向输入		水平位移(m) 横向+竖向输入	
	纵　向	横　向	纵　向	横　向
P27	0.008	0.001	0.002	0.002
P28	0.019	0.002	0.004	0.005
P29	0.065	0.008	0.022	0.061
P30	0.238	0.019	0.012	0.212
P31	0.243	0.028	0.010	0.397
P32	0.239	0.024	0.011	0.337
P33	0.293	0.026	0.090	0.258
P34	0.240	0.041	0.084	0.108
P35	0.210	0.055	0.076	0.075
P36	0.247	0.069	0.076	0.098

从时程分析计算结果可以看出：

(1)对比非线性时程分析结果与线性反应谱分析结果可见，“纵向+竖向”工况所对应的墩顶最大纵向位移均减小。由此可见，通过选取合适的纵向连梁装置设计参数，并考虑支座相对梁底的滑动摩擦和伸缩缝处相邻梁端碰撞效应后，各梁跨端头相对于墩顶的纵向位移值能得到控制。为防止地震动纵向输入时梁跨端头相对于墩顶出现过大纵向位移而发生落梁事故，设计中进行了纵向连梁装置轴向受拉刚度的参数分析和优选，以确定其布置。

(2)横向弹塑性挡块对于降低各墩墩底弯矩、改善最不利单桩内力均有较明显的效应。考虑横向弹塑性挡块的作用后，非线性时程分析相对线形反应谱分析，结构横向位移有较明显的减小。尤为重要的是，合理的横向弹塑性挡块参数选取和布置，能够将横向地震动作用下的梁端与墩顶之间的横向相对位移控制在较为理想的范围之内，从而有效防止落梁事故。

(3)各墩墩底截面均通过了恒载+地震作用内力组合下的截面抗弯能力验算，结果显示，实心的墩、桩截面采用1%的纵向钢筋配筋率，空心墩柱截面采用2%的纵向钢筋配筋率，各墩墩底截面均满足抗震设计要求，且在地震作用下能处于弹性工作状态。

6　结论及建议

通过以上计算、分析，可以得到结论如下：

(1)从动力特性分析、反应谱分析以及非线性时程分析结果可知桥墩墩高超过80m后，采用T梁结构，墩顶位移过大，此时宜采用刚构体系以提高结构整体刚度，同时也能提高结构抗震能力。

(2)当采用支座连接方式的桥梁结构时，合理的布置纵向连梁装置和横向弹塑性挡块对控制墩顶的纵、横向位移，降低桥墩地震反应有非常显著的效果。

(3)结果显示，设计地震作用下各墩、桩截面均出现较大的内力，应保证足够的纵向钢筋配筋率，以满足抗震性能需求，使墩柱能处于弹性工作状态；同时，通过适当的配箍率以保证墩柱有足够的延性。经计算，雅泸路高烈度地震区实心的墩、桩截面一般采用1%的纵向钢筋配筋率，空心墩柱截面一般采用2%的纵向钢筋配筋率；在墩底、墩顶等塑性铰位置加密箍筋间距。

参考文献

[1] 范立础.桥梁抗震[M].上海:同济大学出版社,1997.
[2] 宋晓东,李建中.山区桥梁的抗震概念设计.地震工程与工程振动,2004,24(1):92-96.
[3] Priestley M. N., Seible F, Calvi GM. Seismic design and retrofit of bridge[M]. New York: Wiley&Sons Inc, 1996.
[4] 中华人民共和国行业标准.公路工程抗震设计规范(JTJ 004—89)[S].北京:人民交通出版社,1989.
[5] A. Caner. Seismic performance of multisimple-span bridges retrofitted with link slabs[J]. Journal of Bridge Engineering, March-April 2002 :85-95.

大体积混凝土温度控制措施在桥梁施工中的应用

汪碧云[1]　杨　君[1]　万忠金[2]　陈友谊[2]
(1. 四川路桥桥梁工程有限责任公司　成都　600041;
2. 四川雅西高速公路有限责任公司　成都　600041)

摘　要: 大体积混凝土因受水化热的影响,其表面和内部温度将形成温差,若温差不得到有效控制,会在混凝土内部产生裂缝,并可能发展成为贯穿裂缝,对结构造成较大危害。本文着重介绍了大体积混凝土温度控制措施在工程实例中的成功应用。

关键词: 大体积混凝土　温度裂缝　控制措施　应用

1　工程背景

本文依托工程为雅泸高速公路C4合同段腊八斤特大桥(主桥上部结构为105m＋2×200m＋105m预应力混凝土连续刚构)和黑石沟特大桥(主桥上部结构为55m＋120m＋200m＋105m预应力混凝土连续刚构)。其主墩承台断面尺寸分别为(24.0m×20.5m×5m)及(24.0m×20.5m×5.5m)两种,混凝土数量分别为2 460m^3和2 706m^3,采用C30大体积混凝土。

2　对大体积混凝土温度裂缝的认识

随着桥梁建设的迅猛发展,大体积混凝土被越来越多的大型、特大型桥梁采用。而温度裂缝是很多大体积混凝土工程的"通病",温度裂缝给工程结构带来的严重影响,长期困扰着工程界的设计、施工人员,因此大体积混凝土的温度裂缝控制问题越来越引起人们的重视。

2.1　产生的原因

大体积混凝土施工阶段所产生的温度裂缝,是由其内部矛盾发展的结果。一方面由于内外温差和收缩而产生应力和应变,另一方面是结构物的外部混凝土各质点间的约束,阻止这种应变,一旦温度拉应力超过混凝土能承受的抗拉强度时,即出现裂缝。

大体积混凝土由于截面大,水泥用量大,水泥水化释放的水化热会产生较大的温度变化,由此形成的温度应力是导致产生裂缝的主要原因。这种裂缝分两种:

2.1.1　表面裂缝

大体积混凝土在浇筑初期水泥发生大量水化热,内部温度迅速升高,体积膨胀,此时由于受基岩或先期混凝土的约束随即产生压应力。而混凝土表面温度下降速度较快,致使混凝土内外温度梯度较大,结果混凝土内部产生压应力,表面产生拉应力,当该拉应力超过混凝土的极限抗拉应力时,混凝土表面就产生裂缝。

2.1.2　收缩裂缝

在硬化后期冷却收缩时,受地基和结构边界条件的约束,混凝土不能自由变形,导致产生拉应力,且拉应力将大于升温膨胀产生的压应力值。当拉应力超过混凝土的极限抗拉应力时,就会在其内部产生裂缝,并可能发展成为贯穿裂缝,对结构造成较大的危害。

2.2　危害

(1)由温度应力引起的贯穿裂缝,会破坏结构的整体性、耐久性和抗渗性,影响正常使用。

(2)温度变化对结构的应力状态也具有重要影响,有时温度应力在数值上可能超过其他外荷载引起的应力。

2.3　控制的必要性

规范要求："必须控制大体积混凝土的温差在设计要求以内，当设计无要求时，温差以不超过 25℃为宜"。因此，应采取有效施工措施，以降低混凝土内部温度，进而缩小结构内外温差，达到避免产生温度裂缝的目的。

3　温度控制标准与常用措施

3.1　温度控制标准

根据计算成果，在施工期内为保证承台混凝土不出现温度裂缝，采取如下温控标准：

(1)混凝土在浇筑温度基础上的最大水化热温升不超过 35℃；

(2)混凝土内表温差不超过 25℃；

(3)混凝土降温速率不超过 2.0℃/d。

3.2　常用温度控制措施

(1)优化混凝土配合比：合理选择混凝土原材料(选用水化热低的水泥)，用改善集料级配、降低水灰比、掺加混合料、掺加外加剂等方法减少水泥用量，是降低混凝土内部水化热温升的重要环节。

(2)选用合理施工工艺：采取分层浇筑，减小浇筑层厚度，加快混凝土散热速度。

(3)降低材料温度：混凝土用料要遮盖，避免日光暴晒，并用冷却水搅拌混凝土，以降低入仓温度。

(4)在混凝土内部埋设冷却管通水冷却，降低混凝土内外温差。

(5)加强混凝土保温保湿养护，防止混凝土表面裂纹。

(6)作好承台大体积混凝土温控施工的现场监测，为温度控制措施的合理采用提供依据。

4　本工程项目主要温度控制措施的选择

4.1　合理选用混凝土原材料

选择级配优良的砂、石料，选择优良的混凝土外加剂，控制混凝土水灰比，降低水泥用量，是降低内部水化热温升的重要环节，经过多方案比选，最终确定原材料如下：

4.1.1　水泥

选用四川金顶集团峨眉水泥厂生产的金顶 P.O 42.5 普通硅酸盐水泥，具有水化热低、凝结时间长等特点，使用时温度控制在 50℃内，同时采取防潮措施，水泥应分批检验，确保质量稳定。其主要性能指标见表 1 所示。

水泥主要性能指标　　表 1

水泥品种	细度(0.08mm 筛余)	凝结时间(h：min)		抗压强度(MPa)		安定性
		初凝	终凝	3d	28d	
金顶 P.O 42.5 水泥	3.0	2：14	2：47	26.1	45.8	合格

4.1.2　集料

细集料：采用荥经产中砂，含泥量 0.6%，细度模数为 2.78；汉源产中砂，含泥量 0.3%，细度模数为2.86。

粗集料：采用玄武岩碎石，粒径分别为 5～10mm、10～20mm，为连续级配。

4.1.3　矿物掺和料(采用双掺技术)

粉煤灰：选用成都搏磊粉煤灰用作混凝土掺和料，具有改善混凝土和易性、提高可泵性及混凝土的耐久性、延缓水化速度、减小混凝土因水化热引起的温升、对防止混凝土产生温度裂缝十分有利等优点。其主要物理性能指标如表 2 所示，符合《用于水泥和混凝土中的粉煤灰》(GB/T 1596—2005)规范要求。

高效减水保塑剂：选用上海马贝 SP1 超塑化剂，减水率为 30%。其优点为掺量较低(0.15%～0.25%)

时就能产生理想的减水和增强效果，对混凝土凝结时间影响较小，坍落度保持性较好，与水泥和掺和料的适应性较好，对混凝土干缩性影响较小。其主要性能指标见表3所示。

粉煤灰主要物理性能指标 表2

粉煤灰品种	细度(0.045mm)(%)	需水量比(%)	烧失量(%)	含水率(%)	SO_3含量(%)
Ⅱ级标准	≤25	≤105	≤8.0	≤1.0	≤3.0
成都搏磊粉煤灰	24.2	103	6.28	0.21	1.05

高效减水保塑剂主要性能指标 表3

检测项目	单位	检验限度	检验结果
固含量	%	26.5～29.3	27.92
密度	g/ml	1.07～1.09	1.081
pH	—	6～8	6.75
氯离子含量	%	<1	0.01

4.2 混凝土配合比设计与优化

(1)根据工程中实际所用原材料，考虑到大体积混凝土水化热较高，故采用大掺量粉煤灰替代水泥以降低水化热；同时选定砂率，通过改变粉煤灰掺量来保证混凝土强度。经过多组配合比试配，确定了以下两组供比选，配合比设计如表4所示。

C30大体积混凝土配合比(kg/m^3) 表4

编号	水	水泥	粉煤灰	砂	石	减水剂
S13	158	260	130	796	1 100	2.73
S14	166	328	87	686	1 127	2.49

(2)混凝土工作度及力学性能：按照GB/T 50080 2002标准及GB/T 50081—2002进行上述表中各组C30混凝土的工作度及力学性能试验结果如表5所示。

C30混凝土的物理力学性能 表5

编号	新拌混凝土外观	坍落度/扩展度(cm)		抗压强度(MPa)	
		0h	2h	7d	28d
S13	不离析、不泌水，石子的包裹性良好，工作度良好	22/50	20/48	27.3	41.8
S14	不离析、不泌水，石子的包裹性良好，工作度良好	22.5/47	21/46	30.2	41.8

(3)通过比较，因S13组配合比水泥用量低、工作性能好、混凝土强度高、成本较低，故选择该组配合比作为施工配合比。

4.3 合理选择承台施工工艺

(1)主墩承台混凝土均为大体积混凝土，腊八斤特大桥10号墩承台混凝土总数量为2 706m^3，其余主墩承台混凝土数量为2 460m^3。为减小混凝土浇筑时产生的水化热，将每个承台沿高度方向分为两次浇筑。

(2)为加快混凝土散热速度，混凝土浇筑时采取分层进行，按顺序浇筑，每层厚度控制在30cm左右；在同一层面中分条浇筑，浇筑从一侧按顺序浇筑到另一侧。

4.4 控制原材料温度

为降低原材料温度，对中砂、石子、拌和水等采取搭篷遮盖，避免日光曝晒。对水泥、粉煤灰罐上也要设置遮盖措施，同时严格控制水泥使用时间，降低水泥使用时的温度。

4.5 在混凝土内部布设冷却管通水冷却，降低混凝土内外温差(图1)

(1)采用ϕ48×3钢管作为冷却管，钢管接头环缝焊接。

(2)每层设置 2 个进水口 2 个出水口，出水口设置水阀控制出水量。

(3)对冷却水管进行水密封试验确保不漏水。

(4)第一层浇筑混凝土厚度 2m，底板以上 1m 处设置一层冷却水管；第二层浇筑混凝土厚度 3m，设置 2 层冷却水管，两层水管间距 1m。

(5)在浇筑层内的不同位置设置了 9 个测温孔，在混凝土浇筑完成后的 4～5d 时间内对混凝土温度进行不间断监测。

(6)在混凝土浇筑时即开始通水，管内水流速度不得低于 $3m^3/h$，连续通水 10d 左右。在此期间，如混凝土的降温速率超过 2.0℃/d，立即停止通水，具体时间视测结果而定。

(7)待冷却水管通水结束后，即采用 C30 水泥砂浆进行压浆封堵。

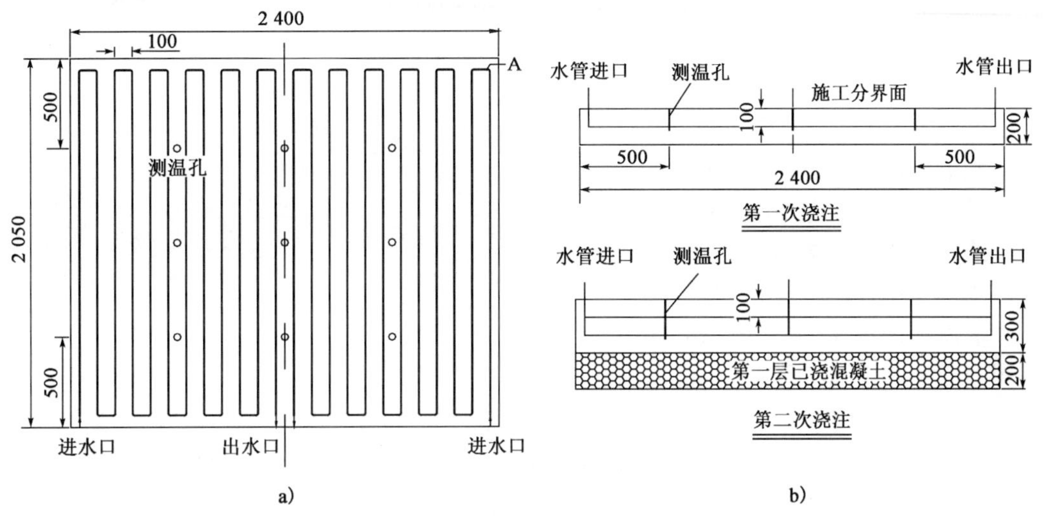

图 1 冷却管布置图(尺寸单位：mm)
a)平面布置图；b)立面布置图

4.6 作好承台大体积混凝土的养护

承台顶面采取蓄水(至少 20cm 深)养护，若温度低于 5℃时，则在表面覆盖保温养护；承台侧面则采取延迟拆模时间，洒水保湿养护。养护时间不少于 7d。

5 温度控制措施在本项目的实际应用

5.1 各承台温度控制措施的选用

5.1.1 水化热温升的估算

混凝土绝对温升：

$$T_t = WQ(1-e^{-mt})/(CP)$$

式中：W——每立方米混凝土水泥用量(kg/m^3)；

Q——每千克水泥水化热，3d 取 163kJ/kg，7d 取 335kJ/kg；

C——混凝土比热，取 0.96J/kg·K；

P——混凝土密度，取 2 400kg/m^3；

m——与水泥品种、振捣温度有关的经验系数，取 0.404；

t——龄期(d)。

由表 6 计算可知，混凝土在其不吸热，也不失热的情况下，完全由水化热而导致的温升随龄期的增长呈递增的趋势，但龄期达到 20d 后，温升基本处于稳定状态。而且可以看出，混凝土在 7d 龄期温度增长最快，其温升占整个温升的 94.1%，由此可见控制前 7d 龄期的温升，是混凝土温控施工的关键时期。

混凝土绝对温升计算表　表 6

W (kg/m³)	Q (kJ/kg)	C (J/kg·K)	P (kg/m³)	m	t (d)	T_t (℃)
230(260)	163	0.96	2 400	0.404	1	5.4(6.1)
230(260)	163	0.96	2 400	0.404	3	11.4(12.9)
230(260)	199	0.96	2 400	0.404	5	17.3(19.5)
230(260)	335	0.96	2 400	0.404	7	31.5(35.6)
230(260)	335	0.96	2 400	0.404	15	33.4(37.7)
230(260)	335	0.96	2 400	0.404	28	33.4(37.8)

注：括号内数字为采用 S13 组配合比时数据，括号外数字为采用 S15 组配合比时数据。

5.1.2　循环水管日降温计算

计算公式为：

$$T_t = 24 \times W_1 \times \Delta_t \times \Delta_L \times W_2 / (187.5CP)$$

式中：W_1——水的密谋，取 1×10^3kg/m³；

Δ_t——进出水口的温度差(℃)；

Δ_L——冷却水通水流量(m³/h)；

W_2——水的比热，取 4.186kJ/kg；

C——混凝土比热，取 0.96kJ/kg·K；

P——混凝土密度，取 2 400kg/m³。

当进出水口的温差为 7℃，通水量为 2m³/h 时，外界温度按 20℃考虑。

由表 7 计算可见，到第 7 天龄期时，混凝土内部温度达到最高，为 34.8℃，比外界温度高 14.8℃，满足规范要求，从第 8 天开始，混凝土内部温度以每天 4.6℃开始下降，大于每天 2.0℃的要求，需要调节进出水口的温差及通水量。从第 8 天开始，调节进出水口的温差为 3℃，通水量降为 1.2m³/h，混凝土内部温度计算如下。

混凝土内部温度计算表（计算采用 S14 组配合比时）　表 7

W_1 (kg/m³)	Δ_t (℃)	Δ_L (m³/h)	W_2 (kJ/kg)	C (kJ/kg·K)	P (kg/m³)	t (d)	降温 Δ_t (℃)	混凝土内部温度 (℃)	混凝土通水后温度 (℃)
1 000	7	2	4.186	0.96	2 400	1	3.3	26.1	22.8
1 000	7	2	4.186	0.96	2 400	3	9.8	32.9	23.1
1 000	7	2	4.186	0.96	2 400	5	16.3	39.5	23.2
1 000	7	2	4.186	0.96	2 400	7	22.8	55.6	34.8
1 000	7	2	4.186	0.96	2 400	8	26.1	56.3	30.2
1 000	7	2	4.186	0.96	2 400	9	29.3	56.8	27.5

调整后混凝土内部温度计算表（计算采用 S14 组配合比时）　表 8

W_1 (kg/m³)	Δ_t (℃)	Δ_L (m³/h)	W_2 (kJ/kg)	C (kJ/kg·K)	P (kg/m³)	t (d)	降温 Δ_t (℃)	混凝土内部温度 (℃)	混凝土通水后温度 (℃)
1 000	3	1.2	4.186	0.96	2 400	8	23.6	56.3	32.7
1 000	3	1.2	4.186	0.96	2 400	9	24.5	56.8	32.3
1 000	3	1.2	4.186	0.96	2 400	10	25.3	57.1	31.8
1 000	3	1.2	4.186	0.96	2 400	11	26.1	57.4	31.3
1 000	3	1.2	4.186	0.96	2 400	12	27.0	57.5	30.5
1 000	3	1.2	4.186	0.96	2 400	20	33.7	57.8	22.1

从表 8 计算可见，从第 8 天调整进出水口温差及通水量后，混凝土内部温度以每天 0.4℃的速度下降，到第 20 天，混凝土内部温度已经降至 22.1℃，与环境温度 20℃已经接近，可以停止通水降温。

5.1.3　温控方案的选择

为了能更好地研究上述措施对于承台温度控制的作用，故在本项目中先后采取了两种温度控制方案：第一种方案采用 S13 组配合比，完全按照上述措施实施，从计算结果看，各项指标均能满足控制标准的要求；第二种方案则采用 S15 组配合比，取消了上述措施中的“在混凝土内部布设冷却管通水冷却，降低混凝土内外温差”这一措施，而对混凝土配合比进一步进行了优化，降低了水泥用量，根据计算结果，在考虑混凝土自身散热和表面采取覆盖保温等措施后，各项指标基本能满足控制标准的要求。

5.2　第一种温度控制方案

(1)本方案先后应用于黑石沟特大桥 3 号墩和 2 号墩承台第一层混凝土(一次浇筑承台全断面 2m 高度)。施工中在混凝土内部设置了冷却管，混凝土采用表 4 中的第 S13 组配合比进行拌制。

(2)混凝土浇筑前严格控制了原材料的温度，过程中采取分层(每 30cm 一层)浇筑、冷却管被混凝土埋置 30cm 后即通水以降低混凝土内部温度，混凝土浇筑完成并收浆后则采取顶面蓄水、侧面洒水进行养护 7d。

(3)混凝土浇筑完成后 4d 内，对混凝土表面温度、冷却管进出水口温度及混凝土内部温度大约每 2.5h 进行一次不间断监测，混凝土内部温度最小值为 38.3℃，最大值为 41.1℃，各项实测指标均在控制标准能内。结果汇总见表 9 和表 10。

黑石沟特大桥 3 号墩承台第一层混凝土施工温度记录表　表 9

时　间	2008.4.9			2008.4.10			2008.4.11			2008.4.12	
温度(℃)	上午	下午	晚	上午	下午	晚	上午	下午	晚	上午	下午
1 进水口	13	16.7	14	13	15.7	14.5	15	15.7	13.3	13	14
2 出水口	18.7	24.7	23	20.7	23.7	21.5	21	21	20	19.7	21
进出水口温差	5.7	8	9	7.7	8	7	6	5.3	6.7	6.7	7
3 混凝土表面	20	24.3	19.5	18.3	21.7	16.3	17	17.7	16	15.7	16
4 混凝土内部	38.3	38.8	39	39.8	40.2	40.7	40.7	40.8	40.6	39.4	39
混凝土内表温差	18.3	14.5	19.5	21.5	18.5	24.4	22.3	23.1	24.6	23.7	23

黑石沟特大桥 2 号墩承台第一层混凝土施工温度记录表　表 10

时　间	2008.4.23			2008.4.24			2008.4.25			2008.4.26	
温度(℃)	上午	下午	晚	上午	下午	晚	上午	下午	晚	上午	下午
进水口	11.5	15.7	11.5	13	15.7	14	14.3	15.5	12.3	13	14
出水口	17.5	21	19.3	21	22.3	20.8	21	21	19.8	19.5	22.5
进出水口温差	6	5.3	7.8	8	6.6	6.8	6.7	5.5	7.5	6.5	8.5
混凝土表面	15.5	17.7	14	16.3	18.7	16	17.7	23	16	16	17.5
混凝土内部	38	38.2	38.3	39.2	39.9	40.4	41.1	40.9	40.8	39.6	38.9
混凝土内表温差	22.5	20.5	24.3	22.9	21.2	24.4	23.4	17.9	24.8	23.6	21.4

5.3　第二种温度控制方案

(1)本方案先后应用于黑石沟特大桥 3 号墩承台第二层混凝土(一次浇筑承台全断面 3m 高度)和腊八斤特大桥 10 号墩承台第一层混凝土(一次浇筑承台全断面 2.5m 高度)。施工中混凝土内部取消了冷却管，混凝土配合比作了适量调整，采用表 11 中的第 S15 组配合比进行拌制，减小了水泥用量。

(2)混凝上浇筑前严格控制了原材料的温度，过程中采取分层(每 30cm 一层)浇筑，混凝土浇筑完成并收浆后则采取顶面蓄水、侧面洒水进行养护 7d。

C30大体积混凝土调整后配合比(kg/m³) 表11

编号	水	水泥	粉煤灰	砂	石	减水剂
S15	158	230	170	796	1 100	2.73

(3)混凝土浇筑完成后4d内,对混凝土表面温度和混凝土内部温度大约每2.5h进行一次不间断监测,混凝土内部温度最小值为37℃,最大值为48℃,各项实测指标均在控制标准以内。结果汇总见表12和表13。

黑石沟特大桥3号墩承台第二层混凝土施工温度记录表 表12

时间	2008.6.3		2008.6.4			2008.6.5			2008.6.6			6.7
温度(℃)	下午	晚	上午	下午	晚	上午	下午	晚	上午	下午	晚	上午
混凝土表面	29.5	24.5	25	31.3	24	26.5	31.7	24	24	25	21	25
混凝土内部	39.1	39.2	41.1	41.8	42.4	42.6	44	44.8	44.5	45.3	44	42.6
混凝土内表温差	9.6	14.7	16.1	10.5	18.4	16.1	12.3	20.8	20.5	20.3	23	17.6

腊八斤特大桥10号墩承台第一层混凝土施工温度记录表 表13

时间	2008.6.30		2008.7.1			2008.7.2			2008.7.3	
温度(℃)	下午	晚	上午	下午	晚	上午	下午	晚	上午	下午
混凝土表面	22	20	23.5	29.8	23	22	25.7	21.3	22.5	26
混凝土内部	39.6	40.2	42.5	43.8	44.4	44.5	44.6	44.7	43	42.4
混凝土内表温差	17.6	20.2	19	14	21.4	22.5	18.9	23.4	20.5	16.4

6 温控措施应用效果分析

6.1 各承台检测结果

各承台检测结果见表14。

各承台检测结果 表14

编号	部位	表面温度(℃)	进出水温差(℃)	混凝土内部温度(℃)		内外温差(℃)
				范围值	平均值	
1	黑石沟桥3号墩第一层承台	15.0~24.3	5.3~9.0	38.3~40.8	39.8	14.5~24.6
2	黑石沟桥2号墩第一层承台	13.0~23.0	5.3~8.5	38.0~41.1	39.6	17.9~24.8
3	黑石沟桥3号墩第二层承台	21.0~31.7		39.1~45.3	42.6	9.6~23.0
4	腊八斤桥3号墩第一层承台	20.0~29.8		39.6~44.7	43.0	14.0~23.4

6.2 温控结果

采取上述温控措施后,通过对本项目承台进行现场检测,未发现有温度裂缝,混凝土强度及外观质量均能满足设计要求。

6.3 效果分析

(1)通过多种温控方案的实施,所有承台混凝土内外温差均控制在25℃内;混凝土最大水化热温升低于35℃;混凝土温度下降速率均控制在2.0℃/d以内。

(2)从实测数据表明,混凝土浇筑后第4天时内部温度达到最高,内表温差也达到最大值,比理论计算时间(发生在第7天)有所提前,这主要是计算时未充分考虑混凝土浇筑状态、自身散热、养护方式、假定条件与实际施工的差异等所致。

(3)大体积混凝土的外界温度越高,其内部温度也越高。在外界气温骤降时,会增加外层混凝土与内部混凝土的温度梯度,将导致混凝土表层裂纹,这对大体积混凝土极为不利。

(4)冷却管通水排热效果较好,降温效果明显,有效防止了混凝土内部裂缝的产生。

(5)水泥用量对混凝土内部温度影响极大。通过优化配合比,降低水泥用量,很好地控制了混凝土内部温度,减小了混凝土内外温差,较好防止了温度裂缝的产生,因此在后期施工中取消了冷却管。仅此一项可节约成本 34 元/m^3,本项目大体积承台混凝土共 29 000m^3,总共可节约成本约 99 万元。

(6)当夏季气温较高时,尽量利用夜间浇筑混凝土,如果浇筑施工要经历午间高温期,应当在采取遮阳措施下进行施工。

(7)必须严格控制混凝土原材料的温度,砂、石料要采取遮阳措施,防止太阳直晒;建议拌和水采用流动深水或深井地下水拌和。

(8)取消冷却水管之后,对初凝以后的混凝土表面采取储水蓄热、保湿保温养护,不仅降低了混凝土最高温升,同时有效控制了混凝土内外温差,预防了温度裂缝的产生,而且覆盖层下面易于保持水分,混凝土强度增长也快,更能增强本身的抗裂能力,避免混凝土因表面干缩而产生收缩裂缝。

(9)推迟承台侧模板的拆除,减小混凝土侧表面温度的下降速率,也是避免大体积混凝土裂纹的措施之一。

7　结语

在本项目施工中,通过各种温控措施的合理应用,最终成功解决了承台大体积混凝土易产生温度裂缝这一难题。现将施工中几点体会总结如下:

(1)由于作了充分的技术准备并采取了合理的施工方法,从腊八斤特大桥、黑石沟特大桥主墩承台拆模后的情况来看,混凝土表面未发生任何裂纹,外观质量良好。

(2)选择较优的配合比、利用双掺技术(加入外掺剂及粉煤灰)、尽可能减小水泥用量、采取合理的施工方式和养护措施、设置冷却水管等是大体积混凝土降低水化热、控制温度裂缝的有效措施。

(3)通过配合比的优化及其他温控措施的合理选用,从而取消冷却管的设置,不仅能节省大量材料,还能减少施工工序,降低成本。通过在本项目的应用,证明是成功的,这是今后大体积混凝土施工技术改进的发展方向。

(4)在设计中通常要求不出现拉应力或者只出现很小的拉应力,但在施工过程中,大体积混凝土结构由于温度的变化而产生很大的拉应力,要把这种温度变化所引起的拉应力限制在允许范围以内是非常困难的。如何控制大体积混凝土结构温度、防止裂缝发展,是施工中的重要研究课题。

参 考 文 献

[1] 中华人民共和国行业标准.公路桥涵施工技术规范(JTJ 041—2000)[S].北京:人民交通出版社,2000.

[2] 中华人民共和国行业标准.公路工程水泥混凝土试验规程(JTG E30—2005)[S].北京:人民交通出版社,2005.

[3] 中华人民共和国行业标准.普通混凝土配合比设计规程(JTJ 55—2000)[S].北京:人民交通出版社,2000.

观音岩大渡河特大桥主桥混凝土防裂施工技术

金天江　黄　岗　梁朝勇　黄琼安　李　斐

(四川路桥桥梁工程有限责任公司　成都　610071)

摘　要：观音岩大渡河特大桥是京昆高速公路四川境内的一座双塔三跨单索面矮塔斜拉桥，是四川境内雅安至西川段高速公路的控制性工程，本文着重介绍该桥主桥C60高性能混凝土施工裂纹控制施工技术。

关键词：主梁　C60混凝土　防裂　技术

1　工程概况

观音岩大渡河特大桥是(北)京昆(明)高速四川段雅安经石棉至泸沽高速公路上一座主桥桥跨组合为110m+202m+110m跨大渡河的预应力混凝土矮塔斜拉桥，位于雅安市石棉县宰羊乡境内。全桥长为2 762.8m，其中引桥为40m和30m跨预应力简支T梁，主桥为桥跨组合为110m+202m+110m的预应力混凝土矮塔斜拉桥，采用塔梁墩固结结构形式(图1)。

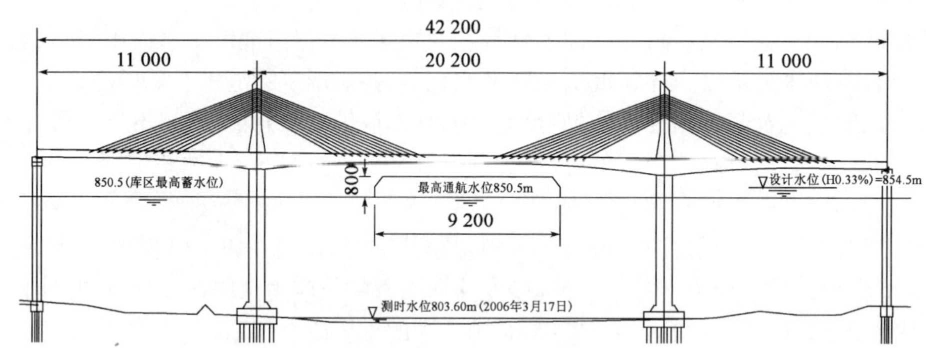

图1　观音岩大渡河特大桥主桥桥型布置图(尺寸单位：cm)

主梁为C60全预应力混凝土结构，采用变高度单箱三室截面，斜腹板(图2)。顶面总宽25.5m，翼缘悬臂长4.0m，顶板设置2%的双向横坡，主墩顶梁高6.5m，跨中梁高3.0m；梁底曲线按二次抛物线形变化，中跨直线跨长58m，边跨直线跨长38m。主桥箱梁采用三向预应力体系，按全预应力构件设计。斜拉索为单索面双排索，布置在中央分隔带内，采用高强度环氧树脂喷涂钢绞线索，规格为31ϕ^S15.24和37ϕ^S15.24。全桥共48对斜拉索，塔根附近主梁无索区长度为40m，梁上横向索距0.8m，纵向索距4m，塔上横向索距、竖向索

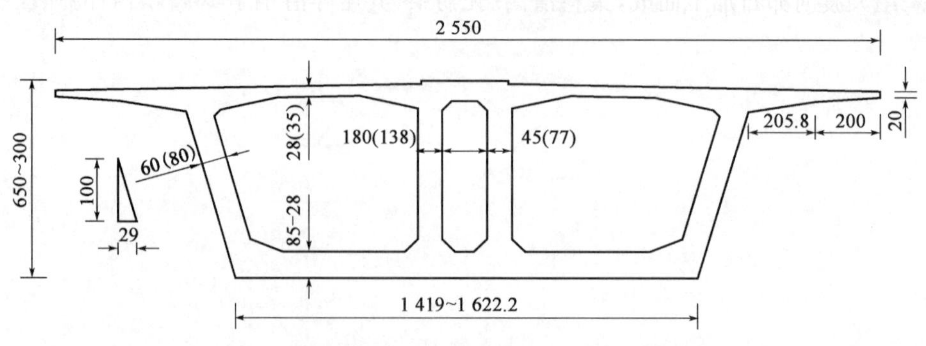

图2　主梁截面(尺寸单位：cm)

距均为 0.8m。主梁边跨和中跨合拢段梁高均为 3m,底板厚度为 28cm,中间腹板厚度为 45cm,两边腹板厚度为 60cm,箱梁顶板厚为 28cm。

2　主梁混凝土施工要求

(1)混凝土泵送距离:水平距离>230m,竖直泵送高度>80m。

(2)坍落度要求:180～220mm。

(3)混凝土缓凝时间:12～18h。

(4)混凝土强度:5d 张拉强度≥设计强度的 85%。

3　保证混凝土质量及控制裂缝的措施

3.1　原材料的选用和质量控制

3.1.1　水泥

选用 PO 42.5R 普通硅酸盐水泥，以减少水泥用量,降低早期水化热温度,避免水化热过高产生的温度裂纹。

3.1.2　超细活性矿物掺和料

硅粉:选用 SiO_2-94 硅粉,该硅粉二氧化硅含量达到 96%,而烧失量仅为 2%,在加料时专人按配合比掺量足量加入,防止加料飞溅。

粉煤灰:采用含碳量低、细度低的优质Ⅰ级磨细粉煤灰,其烧失量小于 5%,SO_3 的含量小于 3%,需水量不大于 95%;同时,在施工时不定时的随机抽取粉煤灰原材料进行烧失量和需水量检测。

3.1.3　高效减水保塑剂

采用第三代聚羧酸系高效减水保塑剂,相比传统施工中采用的萘系减水剂,聚羧酸系减水剂有如下优点:

(1)聚羧酸系减水剂的减水率明显高于萘系减水剂，在达到相同减水率的情况下，聚羧酸减水剂的掺量远远低于萘系减水剂;

(2)聚羧酸系减水剂的保坍性明显优于萘系减水剂，用聚羧酸减水剂配制的大流动性混凝土在 90min 内坍落度基本不损失或损失较小,仍能到达泵送要求;

(3)随着掺量的增加，聚羧酸减水剂的极限减水率远高于萘系，而萘系减水剂掺量在 2.0%左右时已基本达到极限，这表明聚羧酸减水剂更适合配制低水灰比高强混凝土;

(4)在相同流动性情况下,对水泥凝结时间影响较小,可很好地解决减水、引气、缓凝、泌水等问题;

(5)使用聚羧酸类减水剂,可用更多的矿渣或粉煤灰取代水泥,从而使成本降低;

(6)由于不使用甲醛、萘等有害物质,不会对环境造成污染。

3.1.4　严格控制骨料级配和含泥量

粗集料:采用大渡河卵石加工而成,集料清洁、无污染,其压碎值小于 10%,岩石的弹性模量高,其粒形应接近于球形,针片状颗粒含量小于 5%,含泥量在 0.5%以下。

细集料:采用大渡河天然中砂,其细度模数为 2.6～2.9,砂的颗粒坚硬,而且其含泥量和云母含量均低于 1%。

3.1.5　聚丙烯腈纤维

根据设计要求混凝土中掺入适量的聚丙烯腈纤维,防止混凝土开裂。该纤维断裂伸长率大于 20%,弹性模量大于 7.5MPa,抗拉强度>550MPa。本桥该纤维掺量为每立方米 0.8kg,出厂时,厂家已根据聚施工配合比掺量采用小袋包装,每包 0.8kg,每盘投入 1 袋。

3.1.6　混凝土拌和和养护用水

拌和用水采用的大渡河渗水,符合国家标准《混凝土拌合用水标准》(JGJ 63—89)的规定。

3.2　混凝土的拌制

在施工过程中，由于砂、石露天堆放，阳光暴晒、雨水渗透导致砂、石料堆由表层向下含水率不断变化。因此在施工过程中必须随时测定砂、石的含水率变化，试验室根据现场实际情况，实时调整混凝土的用水量。

投料顺序采用水泥裹砂法：又称SEC法，该法为二次投料法之一。采用这种方法拌制的混凝土称为SEC混凝土或造壳混凝土。先加一定量的水使砂表面的含水率调到20%（一般控制在15%～25%），再加入石子、聚丙烯腈纤维并与湿砂搅拌30s，使砂、石和纤维拌匀，然后将全部水泥投入与砂石共同拌和30s，使水泥在砂石表面形成一层低水灰比的水泥浆壳，最后将剩余的水和外加剂全部加入搅拌90s成混凝土。采用SEC法制备的混凝土与一次投料法相比较，强度可提高15%～25%，混凝土不易产生离析和泌水现象，工作性好。

混凝土的拌合机械采用全电脑控制投料的60型拌和楼，减少人为因素可能产生的误差。混凝土的拌和时间，以拌和物色泽一致，粗细集料均匀为标准，一般情况下，拌和时间为150s。

4　混凝土的浇注

混凝土灌注前应对模板、钢筋预埋件、预应力管道、混凝土施工设备进行一次全面检查，确认所有结构数据无误、预埋准确、设备状态良好后，方可开盘灌注混凝土。

混凝土浇筑从梁高端向低端推进的方法进行，按照底板、腹板、顶板及翼板形成一定梯度，全断面分层错开间距。箱梁混凝土浇筑分四批前后平行作业，第一批浇筑底板两侧混凝土，当浇筑到腹板后，紧跟着第二批浇筑底板中间，当混凝土从梁两端向跨中浇筑的过程中，浇筑断面间相距4～5m后，开始第三批浇筑腹板，依次逐步向跨中浇筑，最后浇筑顶板及翼板，这样逐批浇筑面相隔时间保持在60min之内，避免出现混凝土施工冷缝。底板混凝土由内模顶开天窗孔输送而下，内模顶按5m间距布置30cm×30cm的天窗孔。底板混凝土经天窗孔向下输送，采用插入式振捣器振捣，振棒应垂直点振，不得平拉，不得采用振动棒推赶混凝土。点振移动间距不超过振动棒作用半径的1.5倍。振捣时快插慢拔。振捣时避免振动棒触碰模板、钢筋和波纹管等；对每一振动部位必须振到该部位混凝土密实为止。底板混凝土振捣密实后，根据底板厚度人工刮平。底板两侧混凝土由输送泵经腹板输送到位，浇筑高度在腹板倒角以上，底板两边混凝土以自然流出为主，部分不能到位的，在腹板内插入振捣棒，使混凝土由腹板流出，与底板中部混凝土连成一体。底板两边的混凝土振捣采用插入式振动棒。振捣密实后，刮除底板多余的混凝土。

浇注中应严格注意以下事项：

(1)混凝土纵桥向浇注顺序从混凝土箱梁高端向低端浇注，以使两边受力均衡，保证模板和支架稳定。

(2)由于箱梁底板钢筋较为密集且其中分布有预应力束管道，空隙比较狭小，这就对混凝土的流动性要求很高，浇注过程中应加强振捣，防止出现蜂窝、麻面。

(3)振捣方向应从中间向两侧振捣，防止底板中部砂浆过多而影响局部混凝土强度。

(4)振捣工在振捣前可站在箱梁底模上施工，振捣完后应蹲在芯模支撑上收面，不许踩踏底板混凝土；箱内振捣人员应与箱外振捣人员及时协调沟通，振捣好腹板底角，不要产生过振或漏振。

(5)使用插入式振动器应快插慢拔，插点要均匀排列，逐点移动，按顺序进行，不得遗漏，做到均匀振实。振捣上一层时应插入下层混凝土面50mm，以消除两层间的接缝。

(6)浇注混凝土期间应设专人检查模板、支架、钢筋和预埋件的稳固情况。发现松动、变形和位移时，应及时处理。

(7)严格控制混凝土入模温度，尤其是在夏季施工时，最好不要让混凝土在太阳下直接暴晒。施工过程中应对碎石洒水降温，保证水泥库通风良好，施工用水从井中抽取后直接使用，避免暴晒。

(8)改进施工技术，施工时加强筋位置的振捣、抹压、养护。由于钢筋是热的良导体，易产生大的温度梯度，这是裂缝产生的一个主要环节。同时加强初凝前的抹压，以消除初期裂缝，并加强早期养护，提高混凝土抗拉强度。

(9)泵送过程中，常会发生输送管堵塞故障，故提高混凝土的可泵性十分重要。须合理选择泵送压力，泵管直径，输送管线布置应合理。泵管上须遮盖湿麻袋，并经常淋水散热。

(10)采用二次抹压技术，即混凝土入模振捣，表层刮平抹压 1～2h 后，在混凝土初凝前在混凝土表面进行二次抹压，消除混凝土干缩、沉缩和塑性收缩产生的表面裂缝，增加混凝土内部的密实度。但是，二次抹压时间必须掌握适当，过早抹压没有效果；过晚抹压混凝土以进入初凝状态，失去塑性，消除不了混凝土表面以出现的裂缝。

5　混凝土的养护

混凝土的早期养护，主要目的在于保持适宜的温湿条件，以达到两个方面的效果，一方面使混凝土免受不利温、湿度变形的侵袭，防止有害的冷缩和干缩裂纹；一方面使水泥水化作用顺利进行，以期达到设计的强度和抗裂能力。适宜的温湿度条件是相互关联的，混凝土的保温措施常常也有保湿的效果。从理论上分析，新浇混凝土中所含水分完全可以满足水泥水化的要求而有余。但由于蒸发等原因常引起水分损失，从而推迟或妨碍水泥的水化，表面混凝土最容易而且直接受到这种不利影响。因此混凝土浇筑后的最初几天是养护的关键时期，在施工中应切实重视起来。每天按时浇水，保证混凝土表面的湿润。混凝土浇筑到顶板时应立即加盖防水薄膜(如图 3)，不能等到混凝土初凝时在加盖薄膜，避免水分过早散失。

(1)混凝土浇注完成后应立即在表面覆盖塑料薄膜等覆盖物进行保温、保湿养护，防止混凝土成型后暴晒、风吹、寒冷等条件，这样不但可以降低混凝土内外温差，防止表面产生裂缝，还可以防止混凝土骤然降温产生贯穿裂缝，并且还可以使水泥顺利水化，防止产生湿度裂缝。

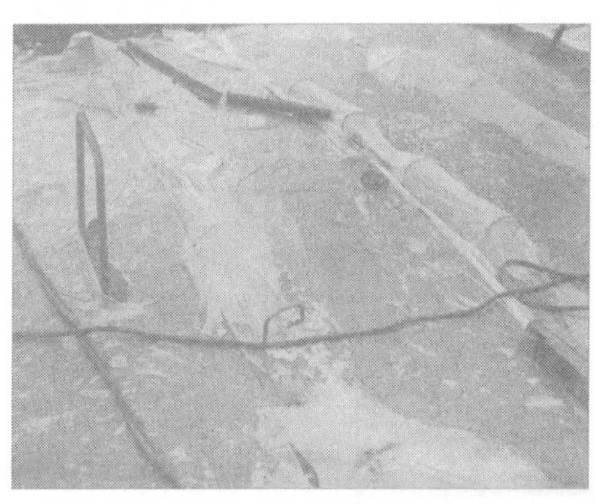

图 3　混凝土浇筑后加盖薄膜覆盖保湿养护

(2)在混凝土的施工中，为了提高模板的周转率，往往要求新浇筑的混凝土尽早拆模。当混凝土温度高于气温时应适当考虑拆模时间，以免引起混凝土表面的早期裂缝。新浇筑早期拆模，在表面引起很大的拉应力，出现“温度冲击”现象。在混凝土浇筑初期，由于水化热的散发，表面引起相当大的拉应力，此时表面温度亦较气温为高，此时拆除模板，表面温度骤降，必然引起温度梯度，从而在表面附加一拉应力，与水化热应力叠加，再加上混凝土干缩，表面的拉应力达到很大的数值，就有导致裂缝的危险，因此拆模时间不得早于 4d 为宜。

(3)在混凝土终凝后揭开塑料薄膜，在混凝土外露面不断洒水保湿，以防止箱梁因干燥而出现裂缝。

(4)箱梁内表面热量散发较慢，温度上升阶段在箱梁内采用大功率风扇通风等措施能够有效、较均匀地促进混凝土散发热量 ，但应特别注意持续洒水保湿措施的配合，以防止干缩裂缝。

(5)夏季施工应当注意混凝土在高温条件下，表面干燥快，产生较大的收缩，受到内部混凝土的约束，在表面产生应力而开裂。所以浇筑后要尽早养生，在混凝土终凝前，加强多次抹压消除裂缝，再进行早期保温养护。

混凝土浇筑完毕后应做好养护工作，以防止混凝土早期收缩裂缝混凝土初凝后在混凝土表面覆盖湿麻袋。同时由于混凝土早期强度较高，故应加强早期湿润养护，每天均洒水数次，使其保持潮湿状态。加强保温、保湿养护，延缓降温速率，防止混凝土表面干裂。保温养护措施采取在混凝土面表面覆盖 2 层麻袋并加盖一层薄膜。

养护时间应以不少于 7d 为宜，防止出现混凝土早期裂缝，尤其是冬季施工，模具的外部气温远低于混凝土的内部温度，拆模过早，容易产生温度梯度产生的应力，因此，拆模时间不得早于 4d。

6　结语

本工程规模大、技术要求高，施工工期紧。其中主桥混凝土的施工是关键控制工程，必须通过有效的组织，大量的投入和先进的技术才能确保完成。在该桥 C60 高强度等级混凝土的施工过程中，采用了大量的新材料、新工艺、新方法，有效地控制了大跨径桥梁普遍存在的混凝土开裂现象。该桥已于2010年4月合龙（图4），各项指标均满足设计和规范要求。实践证明，通过多种预防处理措施的有效实施，混凝土的裂缝是完全可以控制在允许的范围内。

图4　合龙后的观音岩大渡河特大桥主桥

C60 钢纤维钢管混凝土在桥梁工程中的研究与应用

牟廷敏[1] 何 勇[2] 丁庆军[3] 范碧琨[1] 张武先[2] 杨 毅[4]
(1. 四川省交通运输厅公路规划勘察设计研究院 成都 600041;
2. 四川雅西高速公路有限责任公司 成都 600041;
3. 武汉理工大学 武汉 430000;4. 中铁二十三局集团公司 成都 610000)

摘 要:本文结合雅泸高速 C20 合同段干海子特大桥钢管桁架连续梁结构工程,通过掺入钢纤维、减缩增韧聚合物等措施,设计制备出各项性能满足干海子大桥工程设计要求的 C60 钢纤维钢管混凝土,并对混凝土的拌和物性能、混凝土物理力学性能及混凝土的长期性能进行了研究。超声波检测结果表明,制备的 C60 钢纤维钢管混凝土匀质性能良好。

关键词:钢管混凝土 微膨胀 钢纤维 干海子大桥

1 工程概况

雅泸高速 C20 合同段干海子特大桥全长 1 811m,上部构造为我国公路桥梁首创的中等跨度钢管桁架连续梁结构,墩高 117m,跨径 40~62.5m,大桥设计为钢管混凝土桁架梁桥,高墩由 4 根 ϕ813mm 钢管混凝土立柱、横向每 12m 设一道钢管桁架、纵向每 2m 一根连接杆、根部纵向钢筋混凝土肋板等组合的格构桥墩。钢管混凝土桁架梁桥在国内桥梁中属于新型的桥梁结构,桥的高度和施工难度大[1],如图 1 所示。

图 1 桥梁全景照片(施工中)

干海子特大桥下弦杆采用钢管混凝土结构,下弦钢管内核心混凝土处于特殊受力部位,钢管混凝土构件承受的是偏心压力,一方面承受纵向压应力,另一方面还承受横向拉应力。在如此复杂应力环境下,钢管混凝土构件的抗弯性能非常重要。普通钢管混凝土脆性较大,韧性不足,此类结构跨度不能太大,因为一旦结构受弯应力作用时,其荷载为破坏荷载的 15%~20%时就会产生裂缝,影响钢管混凝土的使用安全性。该工程对钢管核心混凝土的具体要求如下:

(1)工作性能:混凝土初始坍落度 230mm,扩展度 550mm;3h 坍落度仍达 180mm,扩展度 480mm。含气量小于 2.5%,不离析、不泌水,黏聚性好。初凝时间控制在 14~16h,终凝时间在 18~22h。

(2)力学性能:混凝土 7d 抗压强度≥60MPa,达到设计强度的 100%以上;28d 抗压强度≥70MPa。

(3)膨胀性能:自由膨胀率:3d≥2.5×10^{-4},28d≥4.0×10^{-4},28d 限制膨胀率$(1.5\sim2.5)\times10^{-4}$,56d 混凝土体积达到基本稳定。

(4)弹性模量:混凝土 28d 弹性模量≥3.8×10^{4}MPa。

针对以上要求,本文利用钢纤维、减缩增韧聚合物等方法对混凝土进行增强增韧,并通过掺加膨胀剂的方法改善混凝土的收缩性能,研究制备抗折、抗拉、抗冲击和抗疲劳等力学性能和耐久性优良,且工作性能满足设计和施工要求的 C60 自密实微膨胀钢纤维钢管混凝土[2,3]。

2 原材料

(1)水泥:四川金顶(集团)股份公司峨眉水泥厂 P. O42. 5R 水泥,密度 3. 15g/cm^3,3d 实测强度30. 3 MPa,28d 实测强度 51. 2MPa。

(2)集料:粗集料采用粒径 5～20mm 碎石;细集料采用连续级配中粗河砂,细度模数为 2. 7,含泥量小于 1%。

(3)粉煤灰:四川省江油市金能经贸有限公司生产的Ⅰ级优质粉煤灰,需水量比为 92%,比表面积 380m^2/kg。

(4)硅灰:成都明凌科技有限公司生产的硅灰,SiO_2 含量 94. 6%,比表面积 20 000m^2/kg,密度 2. 2g/cm^3。

(5)膨胀剂:钢管混凝土专用膨胀剂 HCSA,自由膨胀率 4～6×10^{-4}。

(6)钢纤维:武汉新途长 DM、BW、BP 三种碳钢冷拔钢丝,尺寸 ϕ0. 5×30mm,长径比 60,抗拉强度>1 000MPa。

(7)减水剂:上海三瑞企业聚羧酸减水剂,固含量为 30%,减水率 32%。

(8)减缩释水聚合物:自主研发的一种带有多羟基和烷基醚基团具有减缩和内养护功能的聚合物。

3 钢纤维对自密实微膨胀钢管混凝土工作性能的影响

固定胶凝材料掺配比例,变化钢纤维的掺量和种类,设计不同的试验配比如表 1 所示。

钢纤维增强自密实微膨胀钢管混凝土试验 表 1

试样	材料用量(kg/m^3)							减水剂(%)
	水泥	粉煤灰	硅灰	膨胀剂	砂	粗集料	水	
Ref	420	90	30	40	763	1 012	178	2. 0
DM80	420	90	30	40	763	1 012	178	2. 0
BW80	420	90	30	40	763	1 012	178	2. 0
BP80	420	90	30	40	763	1 012	178	2. 0
DM60	420	90	30	40	763	1 012	178	2. 0
BW60	420	90	30	40	763	1 012	178	2. 0
BP60	420	90	30	40	763	1 012	178	2. 0
DM40	420	90	30	40	763	1 012	178	2. 0

注:试样编号时,Ref 指没有加入任何纤维的自密实微膨胀钢管混凝土试样;DM、BW、BP 分别代表多锚点状、波纹状和扁平状三种钢纤维,其后数据表示每方混凝土中纤维的掺入质量。

掺钢纤维混凝土的坍落度、扩展度按照《普通混凝土拌合物性能试验方法标准》(GB/T 50080—2002)进行测试。工作性能测试的结果如表 2 所示,各配比组成的混凝土抗折强度测试结果如图 1 所示。

钢纤维增强自密实微膨胀钢管混凝土工作性能 表 2

试样	坍落度(mm)	扩展度(mm)	L 形箱最大流动距离 L_f(mm)	V 形漏斗通过时间(t/s)
Ref	250	600	1 400	10
DM80	220	550	1 200	11
BW80	200	500	1 100	13
BP80	190	480	1 000	15
DM60	220	520	1 200	12
BW60	220	550	1 300	11
BP60	200	510	1 100	13
DM40	230	560	1 400	10

从表 2 可知，掺入钢纤维后，自密实微膨胀混凝土的坍落度和扩展度明显比自密实微膨胀混凝土的小，说明钢纤维掺入降低了混凝土的流动度，但是均满足钢纤维钢管混凝土实用技术指标：坍落度 220～260mm，扩展度 550～650mm。此外，Ref、DM80、BW80、BP80、DM60、BW60、BP60、DM40 七种钢纤维混凝土流动速度分别为 140mm/s、109mm/s、84mm/s、66mm/s、120mm/s、118mm/s、85mm/s、140mm/s，总体呈下降趋势。从而表明，加入纤维后，混凝土拌和物黏度总体偏大，虽然对物料的包裹性有所改善，但拌和物流动性明显不足，充填性欠佳，对混凝土流动性能影响次序为：BP＞BW＞DM，当 DM 掺量为 40kg/m^3 时，混凝土的流动性能与未加纤维相当。

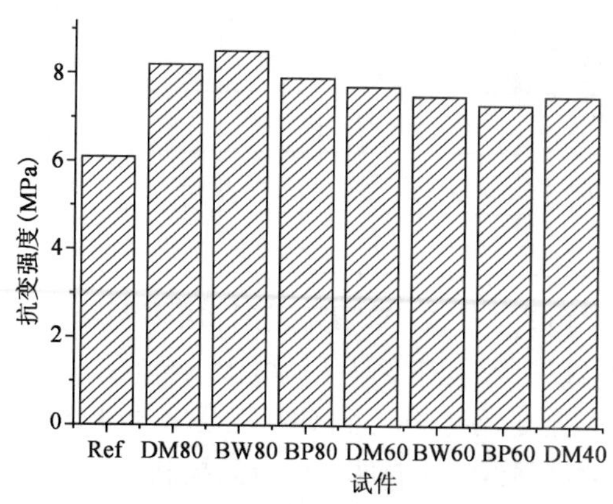

图 2　纤维形状对混凝土抗弯强度的影响

由图 2 可知，加入钢纤维后，混凝土的 28d 抗弯强度显著提高，增幅达到 30%～50%，通常情况下混凝土中加入 0.5%～1.5%纤维，抗弯强度提高 40%～80%。从这里来看，波纹状和多锚点状钢纤维对自密实微膨胀钢管混凝土的增韧均有一定效果，适当提高纤维掺量对此类混凝土增韧有利[4]。

在达到初裂时采用美国材料与试验协会 ASTM1018.98 韧性指数法来衡量钢纤维钢管混凝土的弯曲韧性[5]。采用韧性指数法计算后，Ref、DM60、BW80、DM40、BW60 共 5 个试件的韧性指数分别为 1.27、8.72、3.32、7.93、3.09。由此可见，钢纤维对自密实微膨胀钢管混凝土的韧性可提高 3～7 倍。综合钢纤维对自密实微膨胀钢管混凝土的各项力学性能来看，钢纤维总体对此类混凝土抗压、抗拉强度均有一定贡献，尤其波纹型钢纤维对抗压强度的改善作用更大一些，而多锚点钢纤维对混凝土韧性较为显著。然而，纤维掺量的增大会影响混凝土的工作性能，因此，本文选择多锚点钢纤维增强核心混凝土韧性，掺量为 40kg/m^3[6]。

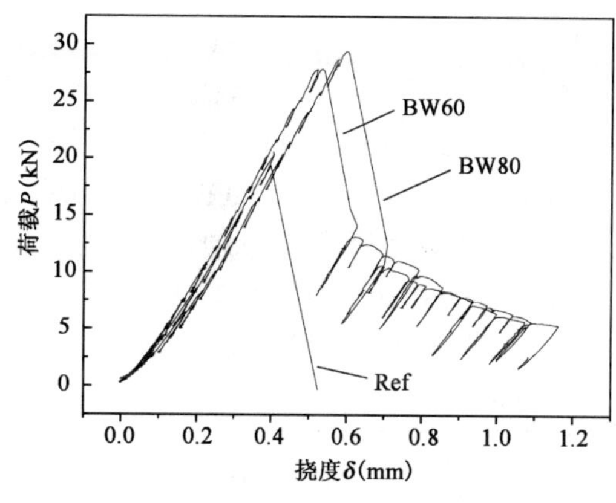

图 3　掺波纹钢纤维混凝土的 P-δ 曲线

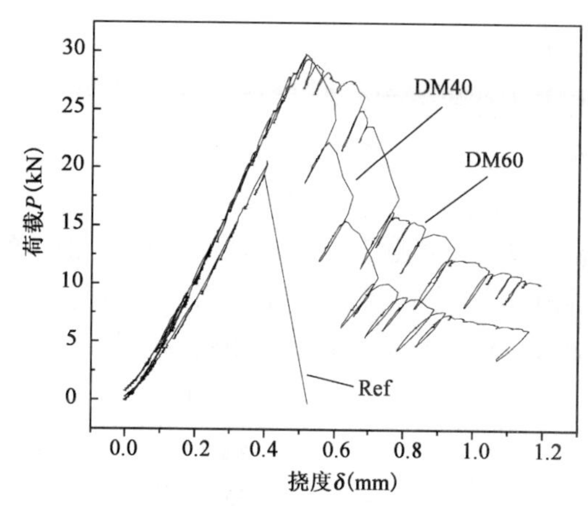

图 4　掺多锚点钢纤维混凝土 P-δ 曲线

4　膨胀剂与减缩增韧聚合物双掺技术对钢管混凝土体积变形的影响

对于高强混凝土，由于其单方水用量低、胶凝材料用量高，且混凝土密实度较高，无法从外部获得水分，一方面导致自收缩值较大，另一方面膨胀剂因不能获得充足的水分而发挥其膨胀效果，致使混凝土仍然收缩，导致混凝土与钢管之间的脱粘。针对这个问题，本文采用在混凝土中掺入一种自主研发的带有烷基醚基团和多羟基的具有减缩和内养护功能的聚合物，掺入一定量的该聚合物后，利用其表面活性，缓解混凝土内部因自干燥所引起的自收缩现象，减小了体系的收缩变形，并且聚合物在混凝土中的聚合反应能释放出一部分水分，可对混凝土起到一定程度的内养护作用，继续供给水泥、矿物掺和料的水化反应所需的水分，进一步减小了体系的收缩。本文设计的采用释水因子、膨胀剂和减缩聚合物等不同减缩技术的混凝土配合比及性能见表 3。

不同减缩技术对高强自密实混凝土性能的影响 表3

试验编号	材料用量(kg/m³)								28d强度(MPa)	28d体积变化率(×10⁻⁴)	28d混凝土内部相对湿度(%)
	水泥	粉煤灰	硅灰	HSCA	释水因子	聚合物	水	减水剂			
C60	420	90	20	0	0	0	178	11.0	79.4	−6.32	80
C60J	420	90	20	0	0	10	178	11.1	77.2	−2.16	88
C60PS	420	50	20	40	80	0	178	11.1	85.7	−1.39	78
C60PJ	420	50	20	40	0	10	180	11.8	67.8	1.17	91

由表3可知:单掺膨胀剂和单掺减缩聚合物仍不足以弥补高强混凝土的自收缩,复掺减缩聚合物与膨胀剂可以有效地补偿高强混凝土的自收缩,并产生持续稳定微膨胀。但是由于释水因子会显著降低高强混凝土的强度,使它达不到C60混凝土的设计要求。因此,本文采用膨胀剂与减缩释水聚合物双掺的技术来实现对高强混凝土自收缩的有效控制。经大量的混凝土试配试验,确定最优化的C60钢纤维钢管混凝土配合比见表4。

C60自密实微膨胀钢管混凝土推荐配合比 表4

材料用量(kg/m³)									减水剂(%)
钢纤维	水泥	粉煤灰	硅灰	膨胀剂	砂	粗骨料	水	聚合物	
40	420	90	30	40	763	1012	178	10	2.0

5 C60自密实微膨胀钢纤维混凝土的性能研究

5.1 C60自密实微膨胀钢纤维钢管混凝土物理力学性能

对表4推荐的配合比进行了一系列的混凝土物理力学性能测试,试验结果见表5。由表5可知,混凝土的工作性能、力学性能和含气量均满足设计要求。混凝土含气量对混凝土在钢管密封条件下的膨胀率有较大影响,在相同膨胀剂掺量时,混凝土拌和物含气量越大,在钢管混凝土施工过程中易形成气体膜,混凝土在钢管密封条件下的膨胀率越低,对混凝土与钢管的结合不利。因此,为保证混凝土与钢管壁的紧密结合,必须将混凝土含气量限制在一定范围内。根据大量工程试验检测结果,将混凝土含气量控制在2.0%以下时,可有效减少钢管与核心混凝土的脱粘现象,充分发挥膨胀剂的膨胀效能,避免钢管壁与混凝土脱粘问题。

C60自密实微膨胀钢管混凝土的物理力学性能 表5

坍落度(cm)			扩展度(cm)			凝结时间(h)		抗压强度(MPa)		28d弹性模量(GPa)	含气量(%)
0h	1.5h	3h	0h	1.5h	3h	初凝	终凝	7d	28d		
22	20	19	56	54	50	16	19	62.1	74.1	37.1	1.8

5.2 钢管密闭条件下核心混凝土的膨胀率

依照GB 50119—2003进行了混凝土限制膨胀率的测试,试验结果见表6。

C60钢纤维钢管混凝土限制膨胀率(×10⁻⁴) 表6

龄　期	3d	7d	14d	21d	28d	56d	90d	180d	360
限制膨胀率	0.8	1.3	2.1	1.9	1.6	1.5	1.5	1.4	1.4

由表6的结果可得,混凝土在28d之前的膨胀比较显著,28d后仍有少量膨胀性能并保持稳定,这样有利于发挥核心混凝土与钢管的套箍作用,提高钢管混凝土的承载力和结构的稳定性。由于钢管混凝土处于密闭环境中,限制膨胀率不能真实的模拟混凝土的膨胀规律,因此,对C60钢纤维钢管混凝土拌和物进行了

钢管约束条件下的混凝土膨胀率测定，试验装置如图5所示，其测试结果如表7所示。

由表7可以看出：钢管核心混凝土在钢管中形成持续微膨胀，这样有利于钢管与核心混凝土的黏结，形成稳定的钢管混凝土结构。

图5 钢管密封条件下混凝土膨胀率测定

混凝土在钢管密闭条件下的膨胀率（$\times10^{-4}$） 表7

龄期	3d	7d	14d	28d	60d
膨胀率	0.2	0.5	0.7	0.9	0.9

C60钢纤维钢管混凝土各龄期的徐变系数 表8

持载时间(t-τ)(d)	3	7	14	21	28
徐变系数	0.7	1.1	1.3	1.5	1.6
持载时间(t-τ)(d)	56	90	180	360	
徐变系数	1.7	1.7	1.8	1.9	

5.3 C60钢纤维钢管混凝土的徐变性能

为考察所制备混凝土的长期体积变形性能，进行了混凝土的徐变性能测试。试件为尺寸100mm×100mm×400mm棱柱体。3d时取3个徐变试件进行加载，加载应力值为同龄期轴心抗压强度的40%，变形用千分表测量。表8为由测试结果得到的混凝土徐变系数。

6 工程应用

为保证工程施工质量，对于干海子大桥水平钢管桁架钢纤维钢管混凝土的施工制定了如下的施工质量控制工艺：首先，泵送清水，清水必须湿润所有的输送泵管。检查输送泵工作情况是否正常、输送管道有无渗漏，泵送不宜过多，0.3m^{3}为宜。第二，注入0.3m^{3}清水完毕后，紧接着泵送和混凝土同配比组成的砂浆，主要作用是润滑管道减小混凝土泵送阻力。第三，当混凝土泵斗内砂浆少于1/3时，开始泵入C60自密实微膨胀钢纤维钢管混凝土。混凝土坍落度应控制在20～24cm，不宜过大，防止离析堵管。一次泵送填充整个水平钢管，水和砂浆先后从钢管顶排气孔排出，接着混凝土排出，当混凝土排出1m^{3}后，每隔3～5min再泵送一次，反复3～4次，以增加水平钢管的密实程度，混凝土泵送施工完毕后，关闭截止阀，拆卸清洗钢管[7]。干海子大桥C60自密实微膨胀钢纤维钢管混凝土灌注施工现场图片如图6、图7所示。同时，在施工完毕后，对干海子大桥钢管混凝土进行了超声波密实度检测，测试结果见表9。

图6 45m两端封闭水平放置

图7 45m两端封闭水平放置灌注冒浆口

根据表9的超声波波速检测结果表明，采用本技术成果制备的高强钢纤维钢管混凝土匀质性能非常好。

干海子大桥C60钢纤维钢管混凝土超声波检测波速 表9

测点位置	核心混凝土强度等级	测点位置	核心混凝土强度等级
	C60		C60
离顶部1m	4 621	离底部1m	4 585
中截面	4 559		

7 结语

(1)采用$40kg/m^3$的掺量加入混凝土后，对混凝土包裹性有所改善，混凝土的抗弯强度提高60%。同时，在采用膨胀剂与减缩释水聚合物双掺的技术后，C60钢纤维混凝土产生持续稳定微量膨胀，实现了混凝土的自收缩有效控制。

(2)采用推荐的配合比拌制的C60混凝土，其工作性能满足泵送施工要求，使拱桥钢管内浇筑混凝土浇筑时一次性顺利完成，力学性能及长期性能达到C60钢纤维钢管混凝土的设计要求。

(3)超声检测表明，钢管内核心混凝土灌注密实、均匀，钢管和混凝土协同工作性能良好，满足该工程的设计要求。

参考文献

[1] 钟铁峰，孙叔红，蒙云. 西南地区SFRC公路及桥梁工程实例及发展前景[C]. 全国第七届纤维水泥与纤维混凝土学术会议论文集. 北京：中国铁道出版社，1998.

[2] 蔡绍怀. 现代钢管混凝土结构[M]. 北京：人民交通出版社，2003.

[3] 赵国藩，彭少民，黄成逵，等. 钢纤维混凝土结构[M]. 北京：中国建筑工业出版社，1999.

[4] 李悦，胡曙光，丁庆军. 钢管膨胀混凝土的研究及其应用[J]. 山东建材学院学报，2000，14：189-190.

[5] ASTM C1018—97. Standard testmethod for flexural toughness and first crack strength of fibre reinforced concrete(using beam with third-point loading)[S]. Philadelphia：American Society of Testing and Materials，1998.

[6] 丁庆军，刘荣进，牟廷敏，宋晓波. 钢纤维增韧自密实微膨胀钢管混凝[J]. 东南大学学报(自然科学版)增刊(II)，2010，40：10-14.

[7] 丁庆军，彭艳周，何永佳，等. 巫山长江大桥钢管混凝土配合比设计与施工[J]. 混凝土，2006(10)：61-64.

聚羧酸类减水剂在高性能混凝土中的应用

李岳桃

（岳阳市公路桥梁基建总公司　岳阳　414000）

摘　要：评述了聚羧酸类高性能减水剂的研究与应用现状、作用机理，与萘系减水剂的区别和使用意义，在雅泸高速公路C23合同段的应用。

关键词：聚羧酸类高性能减水剂　概述　作用机理　应用

1　引言

在交通建设大规模发展的今天，混凝土的大量应用，为外加剂的研制开发提供了广大的空间。如何寻求一种质量稳定可靠、经济效益显著的外加剂，对承包单位来说，显得尤为重要。因此，混凝土外加剂研发的第三代产物—聚羧酸类高性能减水剂的使用已成为一种必然。

在2008年5月7日由四川省交通厅勘察设计研究院下发的《关于雅泸高速公路桥梁水泥混凝土质量控制技术要求的函》中，提出“如果没有监理和业主同意，不得采用早强剂，萘系带早强成分，不宜采用萘系外加剂，提倡采用聚羧酸类高性能减水剂”。2008年8月27日召开了《雅泸路C14-C27桥梁混凝土质量技术交流会》，提出了聚羧酸类高性能减水剂在高性能混凝土、大体积承台混凝土、高抛自密实混凝土的研究与应用，并列举了C8合同段苏村坝大渡河大桥（全长569.65m的预应力混凝土低塔斜拉桥）聚羧酸类高性能减水剂的应用实例。会上着重强调了高性能混凝土与高强混凝土是两个完全不同的概念。高性能混凝土的内涵主要有：易于浇捣而不离析，高超的能长期保持的力学性能、早期强度高、韧性好、体积稳定性优越，在恶劣的自然条件下使用寿命长，且具有优异的耐久性和抗裂性能，高的流动性和较小的坍落度损失、良好的工作性能等。

聚羧酸类高性能减水剂又名超塑化剂，用于混凝土拌和物中，主要起三个不同的作用：

(1)为提高混凝土的浇筑性能，在不改变混凝土组分的条件下，改善混凝土工作性；

(2)在给定工作性条件下，减少拌和水和混凝土的水灰比，提高混凝土的强度和耐久性；

(3)在保证混凝土浇筑性能和强度的条件下，减少水和水泥的用量，减少徐变和干缩、水泥水化热等引起的混凝土初始缺陷的因素，混凝土技术发展离不开化学外加剂，如泵送混凝土、自流平混凝土、水下不分散混凝土、喷射混凝土、聚合物混凝土、高强高性能混凝土等新技术的发展，高效减水剂都起到了关键作用；另外，化学外加剂进一步提高了工业废料的应用程度，随着世界保护能源的和资源要求增强，人们更加关心水泥生产时大量排放CO_2问题，大量有效的利用工业副产品作为水泥基复合材料，如硅灰、高炉矿渣、粉煤灰等，高效减水剂使超细矿物掺和料应用于配置高性能混凝土成为可能，特别是大掺量粉煤灰、大掺量矿渣混凝土，大大改进了混凝土的性能，产生了巨大的经济效益和社会效益，使人们进一步把混凝土技术与高效减水剂的发展联系在一起。

由于减水剂对混凝土性能的提高贡献巨大，早在20世纪60年代，高效减水剂的发现和应用使混凝土朝着低水灰比，高流动性方向发展。高性能减水剂与高效减水剂概念的区别在于：高性能减水剂是性能更好、更能满足实际需要的高效减水剂，除具有高效减水、改善混凝土孔结构和密实程度等作用外，还能控制混凝土的坍落度损失，更好的控制混凝土的引气、缓凝、泌水问题。最新的聚羧酸系减水剂大多属于高性能减水剂，聚羧酸类高性能减水剂与不同水泥有相对更好的相容性，即使在低掺量时，聚羧酸系减水剂能使混凝土具有高流动性，并且在低水灰比时具有低黏度和坍落度保持性能，所以它的应用推广很快。在众多系列的减水剂中，因聚羧酸系减水剂具有很多独特的优点，21世纪世界上使用的重要外加剂主要是聚羧酸系减水剂。

2　作用机理

2.1　聚羧酸系减水剂的结构特点

(1)具有支链，吸附层不易被渐进新生成的水化产物所覆盖；

(2)羧酸架体与水泥浆中碱性成分发生反应，逐渐转变成具有分散作用的羧酸。

2.2　作用机理

用水溶性聚氧乙烯醚链接枝到主链上的办法合成聚羧酸酯超塑化剂，调节不同羧酸/羧酸醚(CA/CE)的分子比，随着合成时CA/CE比的增加，吸附量增加，但ZATA电位受影响小。CA/CE是影响水泥与减水剂间相容性的重要参数，而吸附作用和立体稳定作用是两个主要影响超塑化剂性能的因素。通过用原子力显微镜、电动声音放大方法(ESA法)、测ZATA电位等对萘系的一种、聚羧酸系的两种(丙烯酸与丙烯酸酯共聚物、烯烃与马来酸酐共聚物)进行测试，测定吸附高效减水剂的水泥粒子之间的相互作用力水泥浆微坍落度的关系和粒子间力与微坍落度的关系，证实外加剂对水泥粒子的分散性存在两种力的作用：静电排斥力作用和立体排斥力作用。

相同混凝土流动性情况下，与萘系减水剂相比，聚羧酸系减水剂的掺量更低，保持流动性时间更长。其作用机理是吸附聚羧酸系减水剂的水泥粒子存在立体排斥力，使其在低水灰比更有效地增加混凝土的工作性，坍落度损失更小。温度对水泥水化和水泥粒子吸附聚羧酸减水剂也有重要影响。研究发现带聚氧乙烯链甲基丙烯酸接枝聚合物的混凝土在20℃时流动性最小，温度升高使混凝土坍落度损失加快，但随着聚合物支链的链长增加，温度对混凝土的流动性损失的影响减小。

3　工程应用

四川省雅安经石棉至泸沽高速公路C23合同段，全长13.452km，桥梁隧道占路线总长度的51 %，混凝土数量多达273418.92m^3，地质条件差，地下水丰富，山体多为松散破碎岩体，稳定性差，质量安全控制难度大。如何寻求一种质量稳定可靠、经济效益显著的混凝土外加剂，是项目部面临的一个重要问题。在摒弃了以前常用的萘系高效减水剂后，在混凝土配合比中，采用聚羧酸类高性能减水剂为混凝土外加剂。试验室试配如下：

3.1　原材料

(1)水泥：四川锦屏水泥有限责任公司生产“隆冠”牌P.O42.5R水泥，检验结果见表1。

水泥检验结果　　表1

细度(%)	安定性	初凝时间(min)	终凝时间(min)	3d抗折强度(MPa)	3d抗压强度(MPa)	28d抗折强度(MPa)	28d抗压强度(MPa)
1.6	合格	145	241	6.3	25.8	8.2	49.5

(2)砂：河砂、中砂；

(3)水：饮用水；

(4)碎石：4.75～31.5mm、4.75～26.5mm连续级配碎石；

(5)外加剂：马贝建筑材料(上海)有限公司SX-C16、SP$_1$-A超塑化剂，检验结果见表2和表3。

SX-C16检验结果　　表2

试验项目	试验项目	单位	试验结果值	备注
匀质性指标	含固量	%	27.0	基准混凝土配合比：水泥用量330kg/m^3，水灰比0.65，砂用量718kg/m^3，碎石用量1 172kg/m^3，外加剂掺量1.0%，砂率0.38，坍落度80mm
	密度	g/cm^3	1.062	
	pH值	—	6.4	
	砂浆减水率	%	13.6	

续上表

试验项目	试验项目		单位	试验结果值	备注
掺外加剂混凝土性能指标	减水率		%	12.7	
	含气量		%	2.5	
	凝结时间之差	初凝	min	17	
		终凝	min	−88	
	抗压强度比	1d	%	151	
		3d	%	147	
		7d	%	131	
		28d	%	130	
	收缩率		%	110	

SP_1-A 检验结果　　表3

试验项目	试验项目		单位	试验结果值	备注
匀质性指标	含固量		%	—	
	密度		g/cm³	—	
	氯离子含量		%	—	
	水泥净浆流动度		mm	—	
	pH 值		—	—	
	表面张力		—	—	
	还原糖		%		
	总碱量（$Na_2O+0.658K_2O$）		%		
	硫酸钠		%		
	泡沫性能		—	—	基准混凝土配合比：水泥用量 330kg/m³，水灰比 0.65，砂用量 718kg/m³，碎石用量1 172kg/m³，砂率 0.38，外加剂掺量 1.0%，坍落度 80mm
	砂浆减水率		%	—	
掺外加剂混凝土性能指标	减水率		%	17.9	
	泌水率		%	93	
	含气量		%	3.4	
	凝结时间之差	初凝	min	361	
		终凝	min	—	
	抗压强度比	3d	%	137	
		7d		137	
		28d		136	
	收缩率		%	—	
	相对耐久性指标		—	—	
	对钢筋锈蚀作用		—	—	

3.2　试验室配合比统计

试验室配合比统计见表4。

3.3　适用范围

SX 系列适用于自密实混凝土，具有很高的减水率、抗渗透性、优良的工作度保持和快的机械强度发展，在施工时可保证高工作度又不会造成大黏度，因此应用于桩基、隧道衬砌、桥面施工。

试验室配合比统计表

表4

编 号	标号	用 途	单位体积用量(kg/m³)							外加剂型号	坍落度(mm)	拌和物状态	7d抗压强度(MPa)	28d抗压强度(MPa)	原材料说明	其他指标
			水	水泥	河砂	碎石	外掺料1	外掺料2	外加剂							
C23-00375-01-011	C30	钻孔灌注桩	181	369	739	1 109	—	—	2.21	SX-C16	190	流动性良好、无泌水、板结	34.8	42.8	锦屏 P.O42.5R	
C23-00483-01-011	C25	隧道明洞洞身衬砌	144	351	772	1 111	—	—	2.3	SX-C15	180	流动性良好、无泌水、板结	30.9	34.6	锦屏 P.O42.5R	抗渗S8
C23-01003-01-01	C40	预制小箱梁、湿接缝	155	422	616	1 310	—	—	2.95	SP_1-A	90	流动性良好、无泌水、板结	47.2	55.8	峨眉 P.O42.5R	
C23-00511-01-011	C50	预制T梁、湿接缝	149	426	599	1 272	—	—	4.3	SP_1-A	70	流动性良好、无泌水、板结	52.3	61.5	峨眉 P.O42.5R	
C23-06968-01-011	C50	预制T梁、湿接缝	150	417	617	1 312	—	—	4.2	SP_1-A	90	流动性良好、无泌水、板结	55.9	63.4	锦屏 P.O52.5R	
C23-06969-01-011	C40	预制小箱梁、湿接缝	155	397	622	1 322	—	—	4.0	SP_1-A	90	流动性良好、无泌水、板结	54.5	60.7	锦屏 P.O52.5R	
C23-07733-01-011	C40	桥面铺装	180	430	573	1 162	0.8	—	4.3	SX-C15	170	流动性良好、无泌水、板结	—	49.4	锦屏 P.O42.5R,聚丙烯腈 0.8kg/m³	28d抗压强度≥48MPa,28d抗折强度≥5.5MPa,28d劈裂抗拉强度≥4.0MPa,28d收缩率≤2.5×10^{-4},360d收缩率≤4.0×10^{-4}
C23-07734-01-011	C50	桥面伸缩缝	185	460	558	1 134	0.8	40	4.6	SX-C15	170	流动性良好、无泌水、板结	—	48.6	锦屏 P.O42.5R,聚丙烯腈 0.8kg/m³,钢纤维 40kg/m³	

SP_1-A 主要用于生产具有高工作度以及张拉预应力锚索的最小抗压强度 $R_{CK}>$35MPa 的预制钢筋混凝土梁，也适用于生产浇注时无需振捣的自密实混凝土，无流动性与抗离析的特征使之也适合于快速浇注工艺。因早期强度高，避免采用蒸汽养护，从而避免了因蒸汽养护带来的如收缩、力学性能的均质性和弹性模量等基本性能参数的消极影响，以及因热效应引起的高位应力造成结构内部微裂缝，裂缝会严重的危害结构的使用，因本标段地处高原地区，具有山区和高原气候特点，年平均气温只有 6.4℃，因此特别适合于该合同段的使用要求，应用于预制小箱梁和预制 T 梁、现浇箱梁。

3.4　施工注意事项

(1)加入超塑化剂后，可适当延长搅拌时间，宜控制在 120s 左右；

(2)严格控制外加剂的掺入量，通过试验室对不同掺量的比较结果分析，掺入量对混凝土黏聚性、减水率和强度有显著影响。因此，在混凝土浇筑过程中，应严格控制其掺入量，才能保证混凝土高性能的发挥；

(3)开封后应尽快使用，注意贮存、防冻。

4　技术意义和经济意义

4.1　聚羧酸系高效减水剂与萘系、氢胺系高效减水剂的比较

(1)掺量小；

(2)减水率高；

(3)吸附状态不同；

(4)坍落度经时损失小；

(5)与水泥适应性好；

(6)cl^- 含量低；

(7)生产无污染。

4.2　聚羧酸系高效减水剂的优点

(1)掺量低，减水增强效果明显；

(2)可提高活性矿物掺和料对水泥的替代率，掺入粉煤灰后技术性能更优越，可改善混凝土的耐久性、延长结构物使用寿命；

(3)混凝土具有良好的施工性、力学性能和耐久性；

(4)一般情况下，不会出现因流动性下降及离析、泌水、板结造成堵管塞泵现象；

(5)浇注后混凝土外观光泽密实，现场抗压强度评定合格，结构体没有出现裂纹；

(6)可产生高泵程、高耐久性混凝土中的技术、经济和环境效益；

(7)大量降低用水量和胶材用量，水化热低，节约温控费。

4.3　经济意义

采用聚羧酸系高效减水剂配制混凝土还试验和应用均表明：尽管聚羧酸系高效减水剂单价较高，但采用该配制高性能混凝土的原材料成本均低于采用萘系减水剂的，性价比高：例如在该合同段隧道二衬设计抗渗等级为 S8，图纸要求“拱部及边墙掺入不少于 8%的防水剂”，但实际掺入 0.65%SX-C15 后，即可达到抗渗 S10，强度也能达到设计要求，大大节约了工程成本。采用超塑化剂，平均每单方混凝土可节约成本 6.4 元，共计可节约人民币约 70 万元(已扣除不掺外加剂混凝土的数量)。

5　结语

通过上述对聚羧酸系减水剂的情况介绍和在该合同段的成功应用，取得了较好的质量效益和经济效益，论证了该产品的技术可行性和经济合理性，很值得施工单位推广使用。

第四篇 隧道工程

行波激励下穿越断层隧道的地震响应分析

张广洋[1]　李旭升[2]　高　波[2]　申玉生[2]　吴耀宗[2]

(1. 四川雅西高速公路有限责任公司　成都　610041；
2. 西南交通大学土木工程学院　成都　610031)

摘　要：本文从土—结构相互作用模型出发，运用数值分析方法对行波作用下跨不同断层宽度的隧道结构进行了三维弹塑性分析，以研究其地震动力响应特性。从计算结果可得，在断层影响范围内隧道的水平位移、竖向位移和最大主应力均出现明显增大的现象；随着断层宽度的增加，其水平位移和竖向位移均变大，其两侧影响范围也变大，而其最大主应力变化不明显。

关键词：隧道　断层　位移　行波　效应

1　引言

随着西部大开发的进行，越来越多的重大交通工程将在西部的高烈度地震区建设，在那些地区地质条件复杂，存在大量的断层，作为重要的公共设施，它们的安全性受到了格外的重视[1]。如何在设计和施工阶段就使它们具有合理的抗震能力的安全度，始终是各国工程界、学术界十分关心的问题。然而地震波输入问题是进行结构地震反应分析的前提和基础。到目前为止，这个关键问题仍然是结构抗震设计计算中最薄弱的环节[2,3]。目前在实际工程的结构地震反应分析中，地震输入方法常用的是一致激励法，即假定各支承点的地面运动是相同的，只考虑它们随时间的变化。这种假定对于跨度较小结构来说，与实际情况出入不是很大，分析结果是可以接受的[4]。但是对于那些跨度很大的结构来说，这种假定与实际情况有很大出入。地震发生时，大跨度结构的各支承点由于受行波效应、局部场地效应、部分相关效应的影响，各支承处输入的地震波是不同的。地震现场的实测资料表明，即使在 50m 的范围内，地基各点振动的幅值和相位也有很大差别[5]。因此，大跨度结构在地震反应分析中就必须考虑多支承的不同激励，即多点激励问题。本文基于多点激励结构的运动方程，介绍了不同断层宽度下穿越断层隧道结构在行波激励下的地震动力响应[6-8]。

2　数值模拟的几个关键问题分析

2.1　计算模型

为了对比分析不同断层破碎带宽度对隧道的地震动力响应的影响差异，取断层宽度为 10m，15m 和 20m 进行研究，模型的纵向长度为 300m，仰拱至模型底部 60m。断层处于隧道中部 150m 处，断层倾角为 30°，Ⅳ级围岩条件下进行研究。隧道边界取为沿隧道中线各向外延伸 50m，纵向长度取为 300m，仰拱至模型底部 60m。断层处于隧道中部 150m 处，宽度分别为 15m。隧道采用马蹄形断面，全断面一次开挖，开挖完成后施加地震波以观察隧道及围岩的动力响应。三维数值模型计算网格和开挖体的计算网格如图 1 所示，隧道断面如图 2 所示。单元总数为 75 980，节点总数为 79 232。围岩及断层物理力学参数如表 1。

隧洞基本参数取值　表 1

计　算	重度 γ(kN/m³)	弹性模量 E(GPa)	泊松比 μ	黏聚力 c(kPa)	摩擦角 φ(°)
围岩	22	2	0.35	200	30
初期支护	23	30	0.22	—	—
二次衬砌	25	31	0.2	—	—
断层	18	1	0.4	100	40

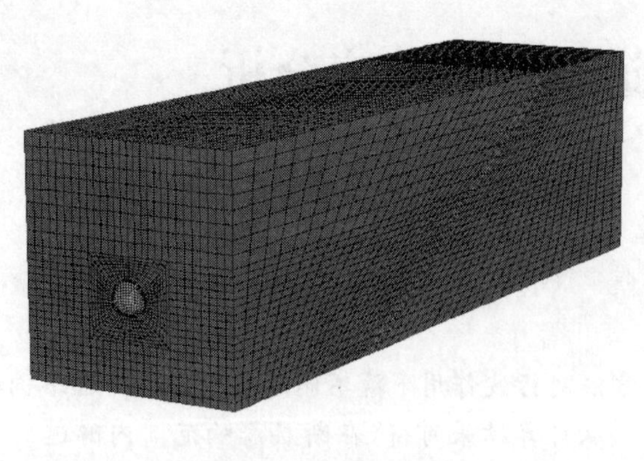

图1　隧道结构模型图

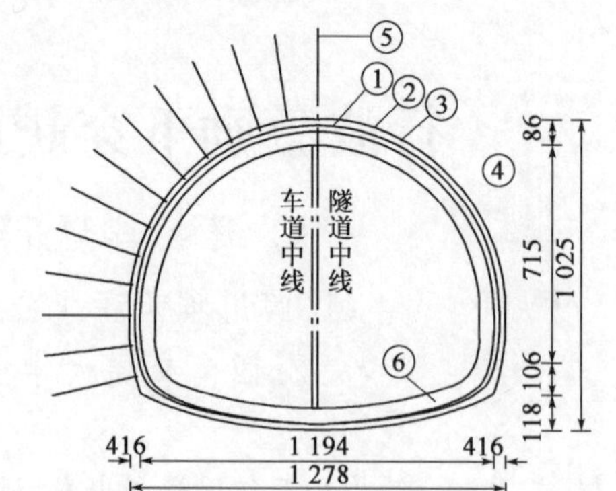

图2　隧道衬砌图

2.2　边界条件

用数值方法模拟地震波在岩体中的传播时，必须考虑无限域的动力影响，即需要解决能量向无穷远处辐射的问题。然而，计算只能选取有限区域进行处理，为使人工截取的有限模型周边能真实的模拟实际场地内的地震传播过程，本文采用黏性人工边界。它是基于一维平面波动理论提出来的，主要原理是利用黏性阻尼器的耗能作用，在模型边界处设置阻尼器，利用其产生的与运动速度成正比的黏性阻尼力来吸收逸散波动能量。

2.3　阻尼

天然动力系统在系统中包含一定程度的振动能量阻尼，否则，当遭遇强制力时，系统将无限振动下去。在FLAC3D的动力计算中，阻尼形式有很多种，可采用的阻尼计算模型有瑞利阻尼、滞后阻尼、局部阻尼。本次计算采用局部阻尼，局部阻尼主要通过在振荡循环过程中单元节点或结构节点质量的添加和删减来产生作用。局部阻尼有以下几个特点：

(1)只有加速运动才会被减弱，匀速运动不引起误差阻尼力；

(2)阻尼系数为常数，没有维数；

(3)阻尼与频率无关，不同频率区域可采用相同的阻尼系数。根据计算，采用的局部阻尼为0.157[9]。

2.4　地震波的输入

地震动作用下的结构反应就是随时间变化的地震波导致的结构反应。此时设随时间变化的地震波，具有一阶、二阶导数，即具有一定的速度和加速度，那么结构会产生相应的位移、速度和加速度，此时，将结构的自由度分成支座自由度和非支座自由度两类。可知此时的动力平衡方程为：

$$\begin{bmatrix} M_{ss} & M_{sb} \\ M_{bs} & M_{bb} \end{bmatrix}\begin{bmatrix} \ddot{u}_s \\ \ddot{u}_b \end{bmatrix}+\begin{bmatrix} C_{ss} & C_{sb} \\ C_{bs} & C_{bb} \end{bmatrix}\begin{bmatrix} \dot{u}_s \\ \dot{u}_b \end{bmatrix}+\begin{bmatrix} K_{ss} & K_{sb} \\ K_{bs} & K_{bb} \end{bmatrix}\begin{bmatrix} u_s \\ u_b \end{bmatrix}=\begin{bmatrix} 0 \\ R_b \end{bmatrix} \tag{1}$$

式中：$\ddot{u}_s$、$\dot{u}_s$、u_s——绝对坐标系下上部结构非支座结点运动向量；

$\ddot{u}_b$、$\dot{u}_b$、u_b——绝对坐标系下已知地面运动向量；

M、C——质量、阻尼矩阵。

通常情况下$\ddot{u}_b$、$\dot{u}_b$、u_b为已知量，而$\ddot{u}_s$、$\dot{u}_s$、u_s和R_b为未知量；将式(2.1)中的第一式展开就可以得到关于上部结构未知运动向量$\ddot{u}_s$、$\dot{u}_s$、u_s的动力平衡方程。

本文基于多点地震动输入的基本运动方程，研究采用的地震波为超越概率为2%的人工合成勒布果拉吉水平地震波，加速度曲线和速度曲线如图3和图4所示。

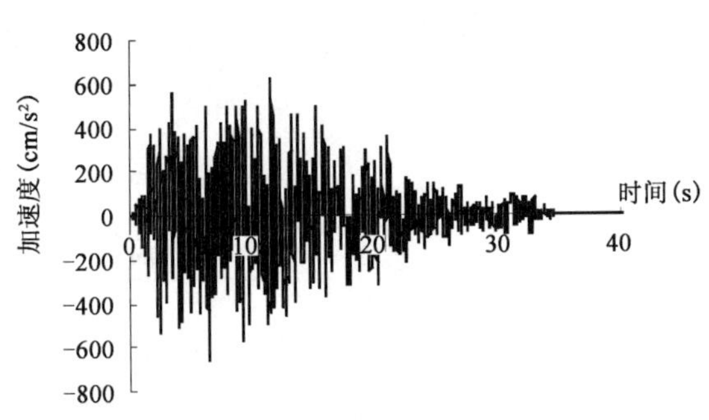

图3　超越概率2%的勒布果拉吉水平地震波加速度时程曲线

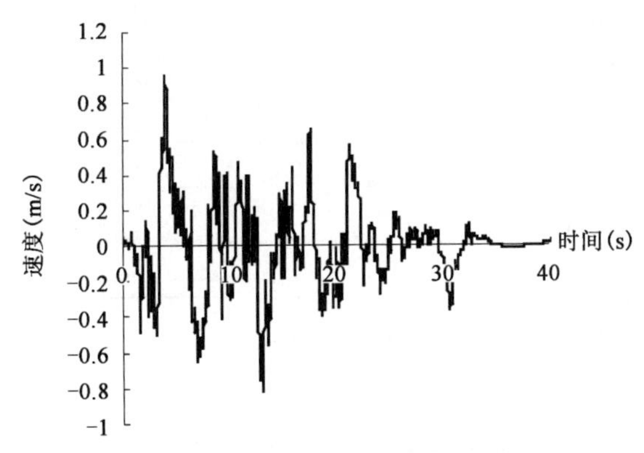

图4　超越概率2%的勒布果拉吉水平地震波速度时程曲线

3　计算结果及分析

3.1　水平峰值位移响应结果对比分析

本文在研究位移响应时于横截面选取4个检测点，依次为拱顶、右拱腰、拱底和左拱腰。通过计算，断层分别为10m、15m和20m时，其拱顶、右拱腰、左拱腰和拱底的水平位移峰值变化规律如图5～图8所示。

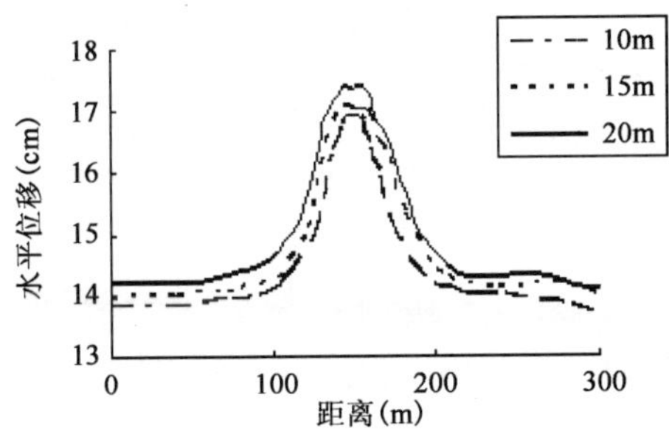

图5　拱顶沿隧道纵向水平位移峰值

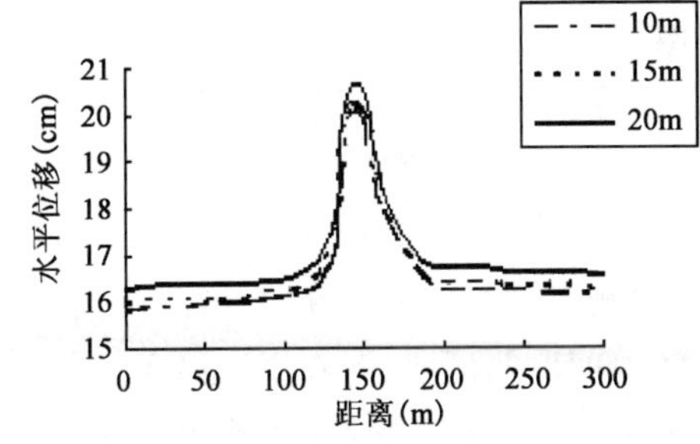

图6　右拱腰沿隧道纵向水平位移峰值

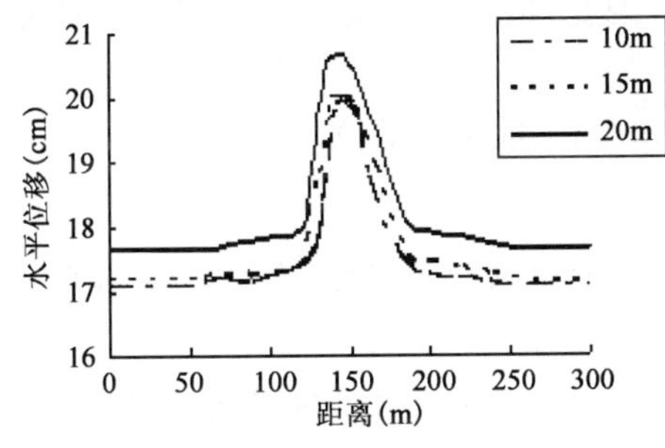

图7　左拱腰沿隧道纵向水平位移峰值

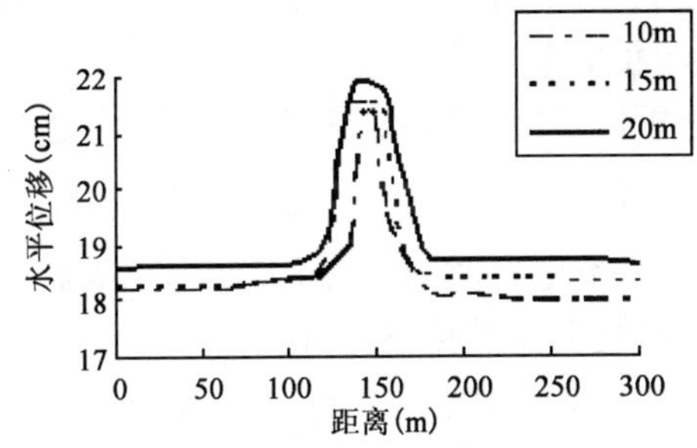

图8　仰拱沿隧道纵向水平位移峰值

根据各检测点的水平位移，可以得到以下结论：

(1)在隧道前后两侧，水平峰值位移变化平稳，但在断层处，水平峰值位移发生突变，突变处距断层中心(隧道150m处)30m(突变处位于隧道120m处)。

(2)当断层宽度增加时，各点的水平峰值位移都有所增加，并且相应的断层影响范围也随之增加。

(3)根据图示可以看出，仰拱处水平峰值位移最大，为20.9cm，因此，根据水平位移判断：仰拱变形最大，在实际工程中应重点关注。

(4)根据隧道水平峰值位移各突变位置，建议在断层两侧约35m内采取响应的抗震加固措施。

3.2 竖向峰值位移响应结果对比分析

断层分别为10m、15m和20m时，其拱顶、右拱腰、左拱腰和拱底的竖向峰值变化规律如图9～图12所示。

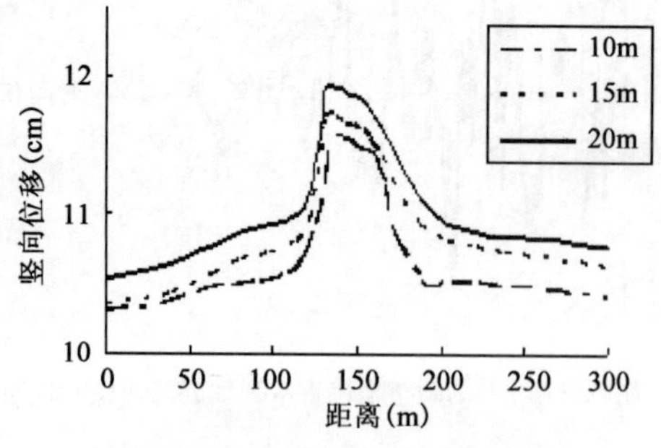

图9 拱顶沿隧道纵向竖向位移峰值

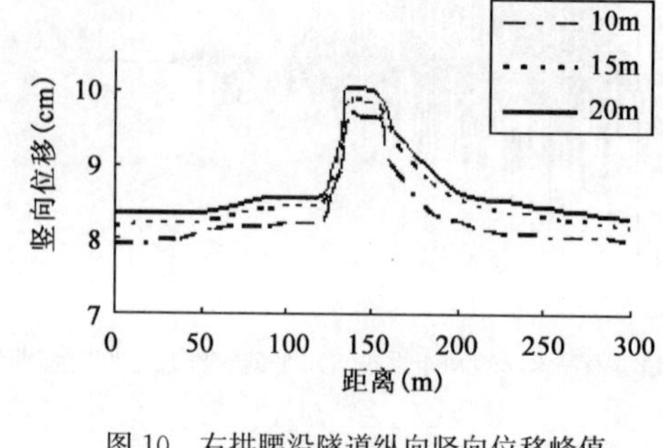

图10 右拱腰沿隧道纵向竖向位移峰值

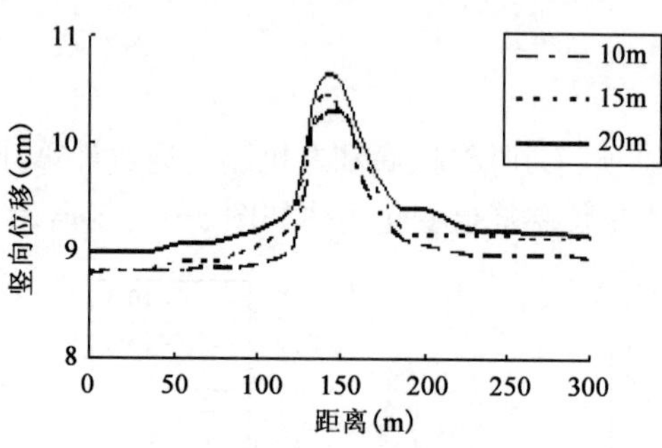

图11 左拱腰沿隧道纵向竖向位移峰值

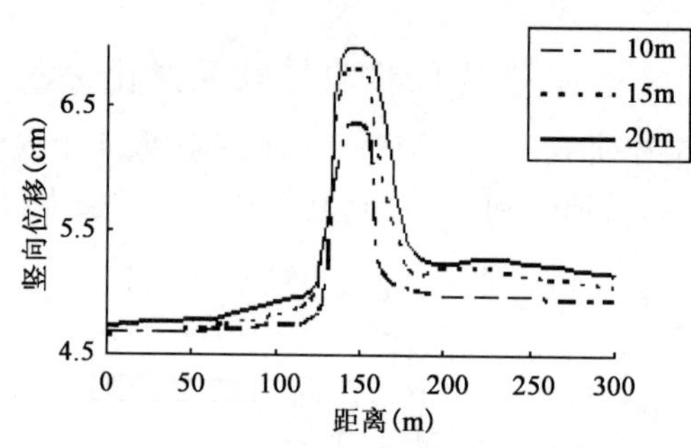

图12 仰拱沿隧道纵向竖向位移峰值

根据各检测点的竖向位移峰值，可以得到一下结论：

(1)在隧道前后两侧，竖向峰值位移变化平稳，但在断层处，竖向峰值位移发生突变，突变处距断层中心(隧道150m处)约30m(突变处位于隧道120m处)。

(2)当断层宽度增加时，各检测点的竖向峰值位移都有所增加，并且相应的断层影响范围也随着增加。

(3)根据图示可以看出，拱顶处竖向峰值位移最大，为11.9cm，因此，根据竖向位移判断：拱顶变形最大，在实际工程中应重点关注。

(4)根据隧道竖向峰值位移各突变位置，建议在断层两侧约35m内采取响应的抗震加固措施。

3.3 隧道衬砌最大主应力对比分析

本文在研究隧道衬砌最大主应力时于横截面选取8个检测点，顺时针依次为拱顶、右拱肩、右拱腰、右拱脚、拱底、左拱脚、左拱腰、左拱肩。

通过计算，断层分别为10m、15m和20m时，其拱顶的最大主应力峰变化规律如图，其他各监测点的变化规律与拱顶大致相同。隧道衬砌大主应力在断面上的分布图如图13、图14所示。

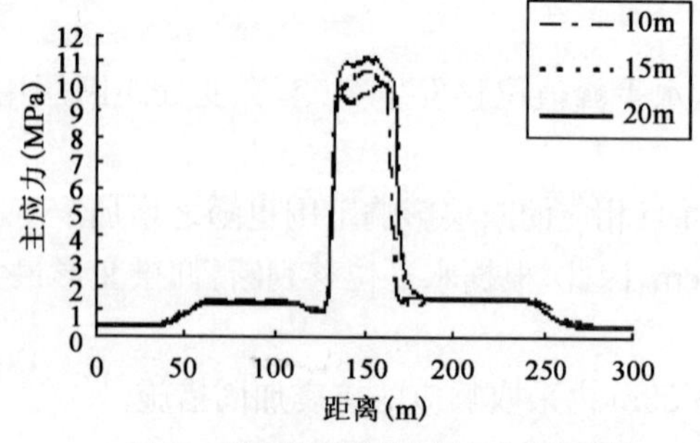

图13 拱顶沿隧道纵向最大主应力峰值

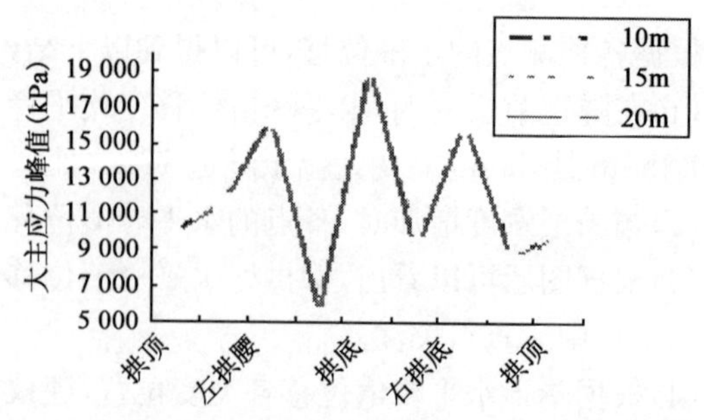

图14 最大主应力峰值沿环向分布

根据各检测点的竖向位移，可以得到以下结论：

（1）最大主应力峰值曲线在纵向分布曲线形式上与水平位移峰值和竖向位移峰值相似，在隧道前后两侧，竖向峰值位移变化平稳，但在断层处，竖向峰值位移发生突变，突变处距断层中心（隧道 150m 处）月 30m（突变处位于隧道 1 120m 处）。

（2）最大主应力峰值均最大出现在拱底，最小出现在左拱脚，其大小关系为：拱底＞左拱腰＞右拱腰＞左拱肩＞拱顶＞右拱脚＞右拱肩＞左拱脚。

（3）断层对两侧一定范围会有很大影响，其影响大致为离断层中间 30m 以内的范围。

4　结论与建议

基于以上研究，得出以下几点结论：

（1）由于断层破碎带的存在，断层处围岩的弱化范围的增大，断层水平位移、竖向位移和最大主应力的峰值变化大小随断层宽度的变大而变大，并且相应的断层影响范围也随着增加。其竖向峰值位移最大值小于水平峰值位移最大值；水平位移最大值都出现在拱底；竖向位移最大值都出现在拱顶，最大主应力峰值均最大出现在拱底。

（2）在隧道前后两侧，水平位移、竖向位移和最大主应力的峰值位移变化平稳，但在断层附近，竖向峰值位移发生突变，突变处距断层中心（隧道 150m 处）约 30m（突变处位于隧道 120m 处）。

（3）根据隧道竖向峰值位移各突变位置，建议在断层两侧约 30m 内采取响应的抗震加固措施。

参 考 文 献

[1] 皇民. 浅埋双洞隧道地震动力响应研究[D]. 西南交通大学博士论文，2009.

[2] 李宏男. 结构多维抗震理论与设计方法[M]. 北京：科学出版社，1998.

[3] 林家浩，张亚辉，赵岩. 大跨度结构抗震分析方法及近期进展[J]. 力学进展，2001，31(3)：350-359.

[4] 屈铁军，王前信. 多点输入地震反应分析研究的进展[J]. 世界地震工程，1993，9(1)：30-36.

[5] 朱永生. 浅埋隧道地震动力响应数值分析及研究[D]. 成都：西南交通大学，2006.

[6] 王君杰. 多点多维地震动随机模型及结构的反应谱分析[D]. 哈尔滨：国家地震局工程力学研究所，1992.

[7] 李小军，赵凤新，胡聿贤. 空间相干地震动场模拟的研究[J]. 地震学报，1997，19(2)：212-215.

[8] 刘洪兵. 大跨度桥梁考虑多点激励及地形效应的地震响应分析[D]. 北京：北方交通大学，2001.

[9] 王正松. 双连拱隧道洞口段地震动力响应及减震措施研究[D]. 西南交通大学硕士论文，2009.

基于流固耦合作用大相岭隧道断层开挖分析

唐承平[1] 黄水亮[2] 巫锡勇[2]

(1. 四川雅西高速公路有限责任公司 成都 610041;
2. 西南交通大学土木工程学院 成都 610031)

摘 要:本文主要通 Geo-studio 软件对大相岭隧道 F6 断层开挖进行流固耦合数值模拟,对比分析考虑流固耦合作用和未考虑耦合作用断层开挖应力应变情况,说明考虑流固耦合作用对隧道安全开挖断层的重要性,为今后类似隧道开挖提供理论依据。

关键词:断层 流固耦合 数值模拟 应力场 渗流场

1 引言

渗流中的流固耦合理论是最近国内外研究热点问题,在石油、土木、环境、地质、采矿等领域有广泛应用。这一问题的研究对促进科技进步和解决实际工程学术问题有着重要意义[1]。大相岭隧道地处四川盆地与青藏高原过渡的盆地边缘山区,为雅(安)—泸(州)高速公路的控制性工程,区内渗流场及应力场条件复杂,为长大深埋隧道,施工难度大,涌突水现象普遍。本文主要通 Geo-studio 软件进行断层开挖流固耦合数值模拟,当进行耦合分析时,所有的力和位移的平衡方程都在 SIGMA/W 中定义,在 SEEP/W 中定义所有的水力条件。在 SIGMA/W 中必须定义力和位移的边界条件,及利用有效应力参数定义岩土的性质[2],在 SEEP/W 中必须定义水头和流量边界条件,及水力传导系数和体积含水率函数[3]。

2 野外调查情况及计算模型与参数

2009 年 10 月 11 日,大相岭隧道出口左线掘进 1 993m(左线掌子面里程为 K61+773)时,掌子面上台阶左侧拱脚(进洞方向)和掌子面中线位置出现股状涌水,涌水量达 17 000m^3/d,且水压较大;12 日凌晨钻孔时,由掌子面喷出的水柱水平距离最远达 8m,涌水急剧增加如图 1、图 2 所示。

图 1 K61+773 掌子面涌水现场

图 2 K61+780 断层正面图

由于岩体产状与隧道中线成 60°左右交角,且破碎带先在中下台阶出露,可见前方会出露断层破碎带,长度约 18m。整体上看,破碎带宽度较小,两侧均为相对隔水层,地下水埋深大,水力梯度大,因此开始涌水压力大,流量大,过 5d 后明显减小;从钻进碎屑物显示,前方 30m 软弱夹层、黏土和泥较少,主要应该是破碎岩块和碎屑。

计算模型如图 3 所示,采用流纹岩分析;模型取单位长度,模型自隧道轴线向上取了 100m 作为计算范围，顶面设定为自由面；向下 5m，为不透水边界，向两侧分别取 80m，认为是等水头边界。模型的前、后面定义为自由面，以模拟二维渗流场。根据工程地质情况，确定连续介质模型数值计算中的围岩物理力学参数，如表 1 所示。

断层围岩物理力学参数　　表 1

	重度（kN/m³）	黏聚力（kPa）	内摩擦角（°）	泊松比	变形模量（GPa）	渗透系数（m/s）	孔隙率
流纹岩	27	2.04	45.91	0.13	48.47	0.005 0	0.03
断层破碎带	25	10	20	0.35	0.5	0.05	0.3

模型自隧道中线向下取 40m 至下边界，左侧 5m 处为断层破碎带，取为定水头边界。计算模型见图 3。

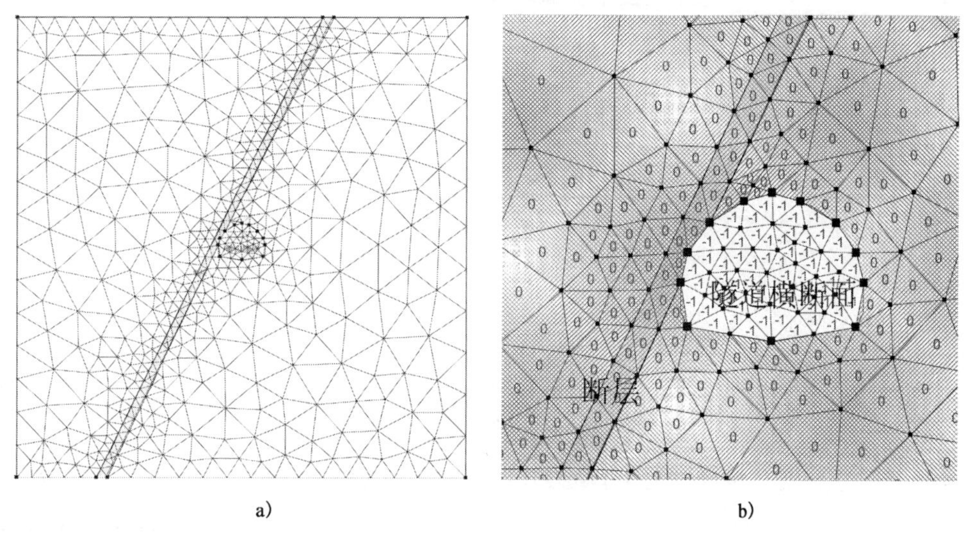

图 3　断层计算模型

a）断层计算模型网格划分；b）断层开挖模型

3　计算结果

3.1　耦合与非耦合情况下应力场对比分析

由图 4 及图 5 对比分析知，耦合与非耦合情况下应力重分布情况差异较大，表 2 为耦合与非耦合情况下最大/最小应力值对比。

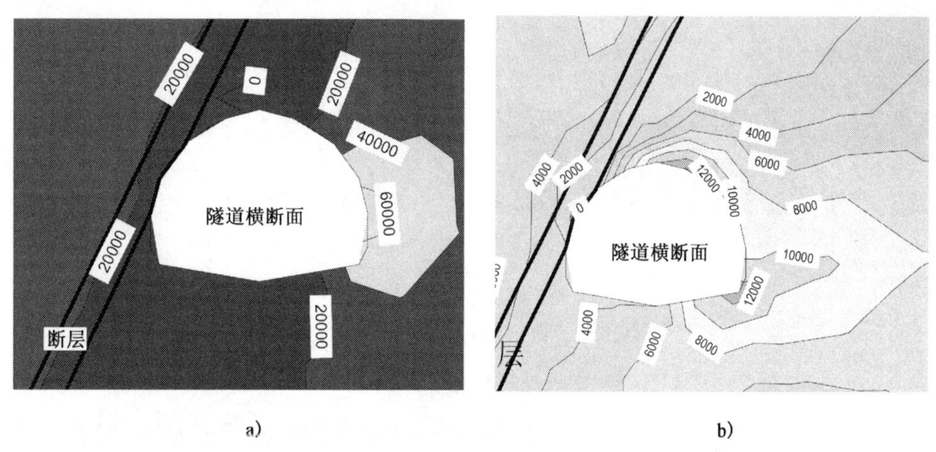

图 4　考虑耦合作用断层开挖引起的应力重分布（单位：kN）

a）竖直方向应力；b）水平方向应力

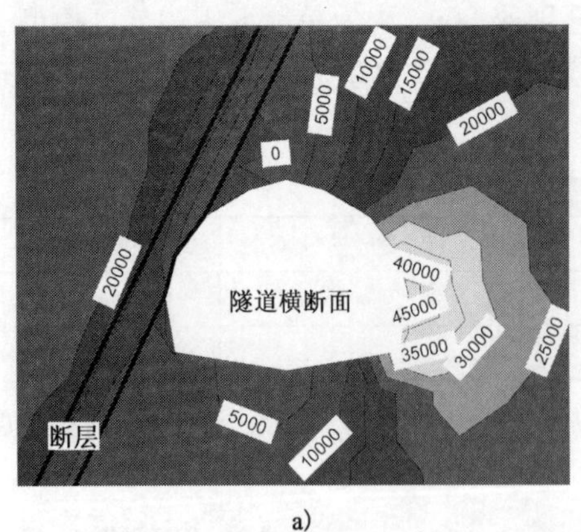

a)

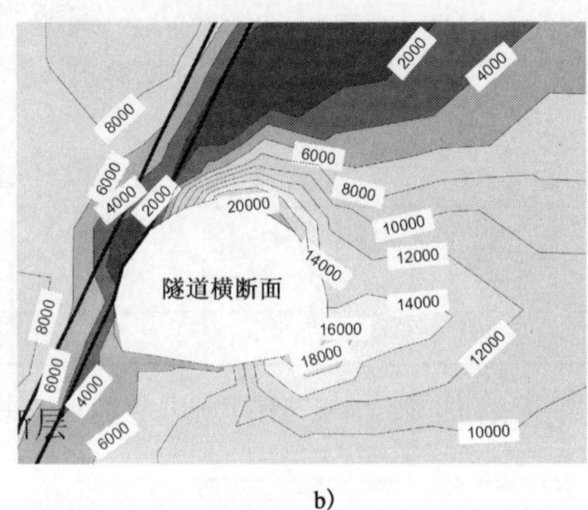

b)

图 5　未考虑耦合作用断层开挖引起的应力分布(单位:kN)

a)竖直方向应力;b)水平方向应力

耦合与非耦合情况下应力值对比　　表 2

	水平最大应力(kN)	水平最小应力(kN)	竖直最大应力(kN)	竖直最小应力(kN)
耦合	14 211.6	−13 106.7	71 660.6	−2 637.77
非耦合	21 246.4	−7 484.53	51 031.38	−3 912.3
$(\sigma_{耦合}-\sigma_{非耦合})/\sigma_{耦合}$	−49.5%	42.9%	28.8%	−48.3%

由图 6 及图 7 知,耦合与非耦合情况下,断层开挖引起的应变变化较大,耦合情况下竖直方向的应变比非耦合情况下大 32.8%,水平方向的应变大 9.0%,表 3 表明考虑耦合情况下的隧道破坏程度大于不考虑耦合情况下的隧道破坏程度,说明考虑流固耦合作用对隧道安全施工的重要性。

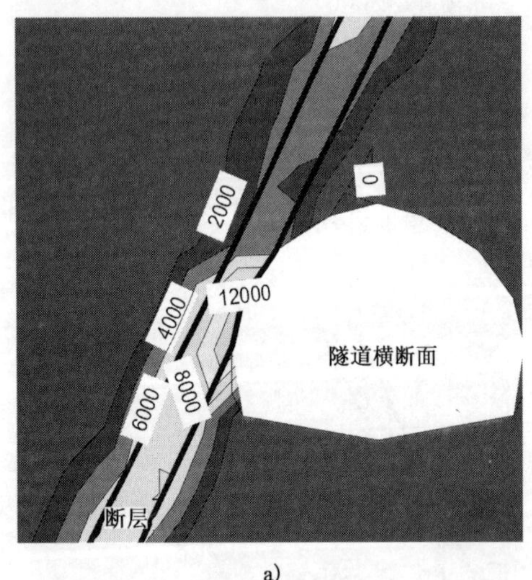

a)

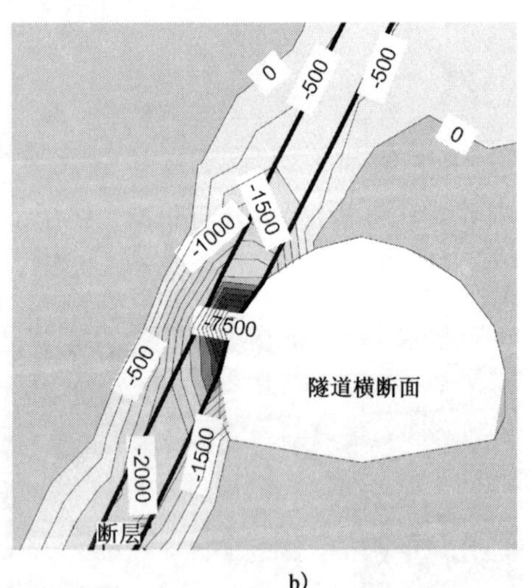

b)

图 6　考虑耦合作用断层开挖引起的应变

a)竖直方向应变;b)水平方向应变

3.2　考虑耦合与非耦合作用下断层开挖渗流场的变化

由于当时现场无法测出水压,水头,地下水位线等参数,渗流场的分析只能是定性的,由图 8 及图 9 知,在考虑流固耦合作用下渗流场的水流矢量明显比未考虑流固耦合作用时大,渗流路径也比未考虑流固耦合作用下多。

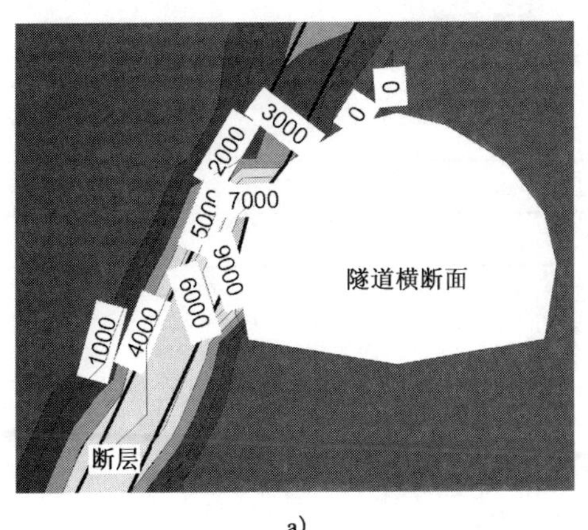

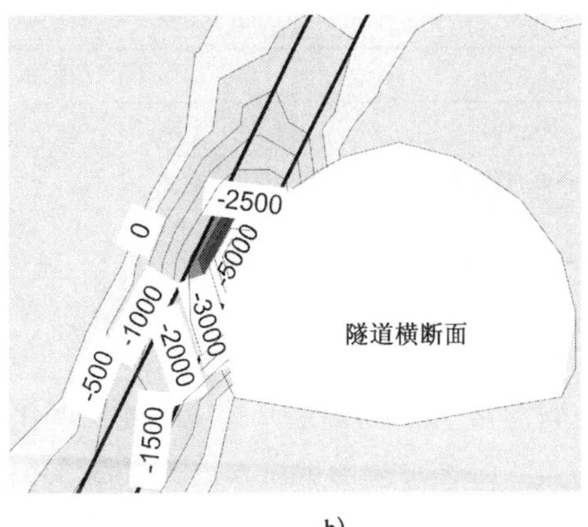

a)　　b)

图 7　不考虑耦合作用断层开挖引起的应变

a)竖直方向应变图；b)水平方向应变图

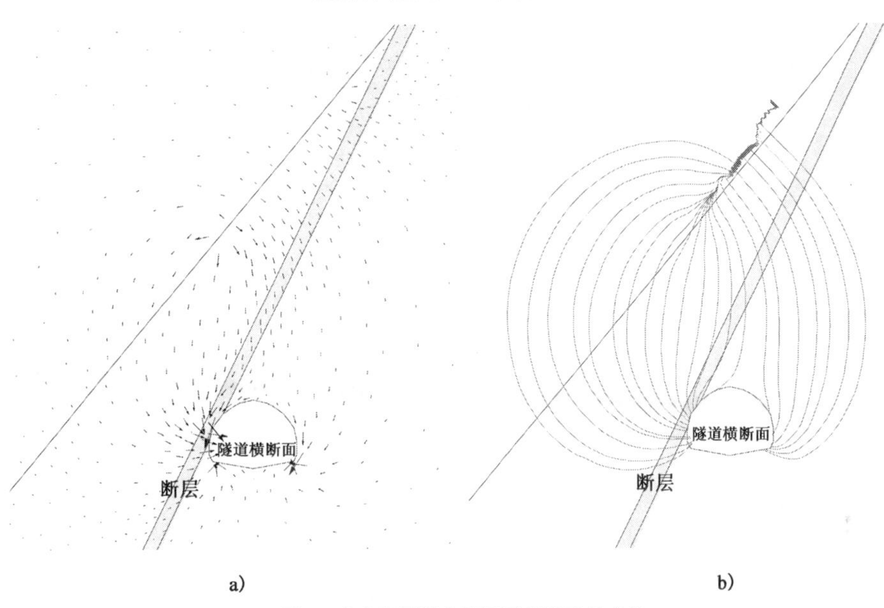

a)　　b)

图 8　考虑流固耦合情况下的渗流场变化

a)速度矢量图；b)渗流路径图

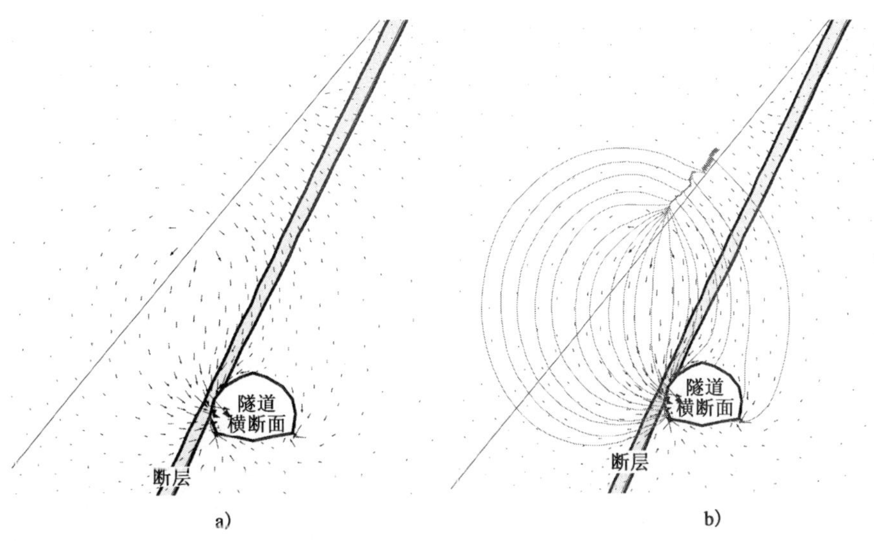

a)　　b)

图 9　不考虑耦合情况下的渗流场变化

a)速度矢量图；b)渗流路径图

耦合与非耦合情况下应变值对比　表3

	最大水平应变 ε_X	最大竖直应变 ε_Y
耦合作用	1 135.31	14 045.5
非耦合作用	1 033.44	9 434.63
$(\varepsilon_{耦合}-\varepsilon_{非耦合})/\varepsilon_{耦合}$	9.0%	32.8%

4　结语

在考虑流固耦合作用下，断层开挖应力场的变化比未考虑流固耦合作用时复杂，应变也比未考虑耦合情况下大9%～32.8%，渗流场的水流矢量图较未考虑大，渗流路径多，这也符合隧道实际开挖情况，故大相岭隧道在开挖断层时出现的涌水量大，塌方严重的情况就不足为奇了。

大相岭隧道断层有15条之多，这些都是涌水的高发地带，同时由于断层的储水作用(压扭性断层)导致断层上盘地下水位壅高，隧道掘进到断层带时要提前做好超前预报等工程措施。断层带开挖时必须及时支护并加强监测，发现渗水及时通报并采取安全措施。

参考文献

[1] 闫健文.石油天然气开采过程中流固耦合理论研究进展及应用[J].中国科学技术大学(增刊).2004Vol.34:527-532.

[2] John Krahn. Stress and Deformation Modeling with SIGMA/W[M]. Canada:GEO-SLOPE International Ltd,2004:369-373.

[3] John Krahn. SEEPAGE modeling with SEEP/W[M]. Canada:GEO-SLOPE International Ltd,2004:311-316.

大相岭隧道火山岩储水空间特征分析

万忠金[1] 邓 睿[2] 廖文江[1] 巫锡勇[1] 段江涛[1]

(1. 四川雅西高速公路有限责任公司 成都 610041;
2. 西南交通大学土木工程学院地质工程系 成都 610031)

摘 要:岩体储水空间包括孔隙和裂隙两大类,火山岩储水空间受到岩性岩相以及构造作用等的影响。本文依托雅泸高速公路泥巴山隧道,从隧址区火山岩岩性岩相、裂隙发育特征等方面对储水空间进行分析,并结合实际开挖对泥巴山隧道涌突水部位进行分析总结。

关键词:储水空间 岩性 岩相 裂隙 涌突水

火山岩储水空间是指岩体中能储存地下水的孔隙和裂隙,储水空间介质的空隙类型、大小、多少和分布范围等是决定地下含水系统规模大小、储量多少的因素。火山岩的储水空间往往很大,例如青岛地区玄武岩储水空间达到 $2.25\times10^8\mathrm{m}^3$,相当于崂山水库容量的 4 倍[1]。通过对泥巴山隧道火山岩储水空间的分析总结,可为火山岩隧道涌突水预测提供的一定的理论依据。

1 隧址区工程概况

泥巴山隧道进口位于荥经县凰仪乡高桥河右岸斜坡,距荥经县城约 40km;出口位于汉源县双溪乡,距汉源县城约 32km,属汉源县九襄镇。隧址区属于深切割高中山区,山势陡峻,高差悬殊,海拔 2 000～3 400m,外营力以水力侵蚀为主,隧址区相对高差约 2 100km,隧道穿越段最大埋深 1 701m,属于深埋特长越岭公路隧道。

大相岭岭脊为隧址区地表分水岭。其北东属青衣江水系,其南西属大渡河水系,隧址区东部木沟岩沟、高桥河属青衣江流域的荥河、经河上游支流;西部施查沟、青林沟、狮子沟属大渡河水系流沙河支沟。同时,大相岭为天然的屏障,是一条重要的气候分界线,荥经一侧降雨量平均 1 300mm 汉源一侧降雨量平均 742mm。因此,隧址区地下水补给较好。

隧址区内地下水类型可分为第四系松散堆积层孔隙水、基岩裂隙水和构造破碎带裂隙水,并以后两种类型为主。

2 隧址区储水空间特征

隧址区火山岩储水空间发育受到岩性、岩相、构造运动以及成岩作用等的影响,从而隧址区火山岩的孔隙、裂隙发育具有一定的特征。

2.1 岩性特征

岩石类型的划分和识别是储水地质结构预测的前提和基础。不同的岩性具有不同的硬度、密度、成分、结构和构造等属性,从而使其具有不同的孔隙度和渗透率。流纹岩和熔结凝灰岩的孔隙度、渗透率一般略高;玄武岩、安山岩和凝灰岩的孔隙度、渗透率略低[2]。

根据钻孔反映,隧道沿线的岩体主要为流纹岩(约 69%),安山岩次之(约 21%),见少量的火山碎屑岩、岩脉及陆源碎屑岩(图 1)。从岩性与裂隙发育程度来看,其具有以下特点:花岗斑岩＞流纹岩＞安山岩＞凝灰岩＞角砾岩＞辉绿岩脉。岩脉具有独特的储水空间,其接触带裂隙十分发育,例如在 K61+700～K61+721 隧道通过辉绿岩岩脉,岩脉本身隔水,其周围裂隙发育,从而储水量大,涌突水呈股状。

隧道进口端半程 K53～K58 含有少量岩脉,角砾岩和凝灰岩,流纹岩和安山岩所占比例相差不大,但是垂直方向岩性变化较频繁；出口端半程K58～K63含有少量岩脉，主要以流纹岩为主，仅在近隧道出口处发育火山碎屑岩和陆源碎屑岩。因此，隧道进口端半程岩性较复杂，变化快，不利于储水层的发育，而出口端岩性则相对简单，对于储水层发育更为有利。

2.2 岩相特征

火山岩相能够揭示火山岩空间展布规律和不同岩性组合之间的成因联系，不同岩相带的孔隙和裂隙及其组合不同。隧址区主要分为流纹岩和安山岩类两个亚旋回，从钻孔统计来看，岩相中以喷溢相最多，占59%；爆发相次之，占37%；火山沉积相占3%。隧道进口端半程K53～K58主要为爆发相和喷溢相，出口端半程K58～K63主要为喷溢相，如图2所示。

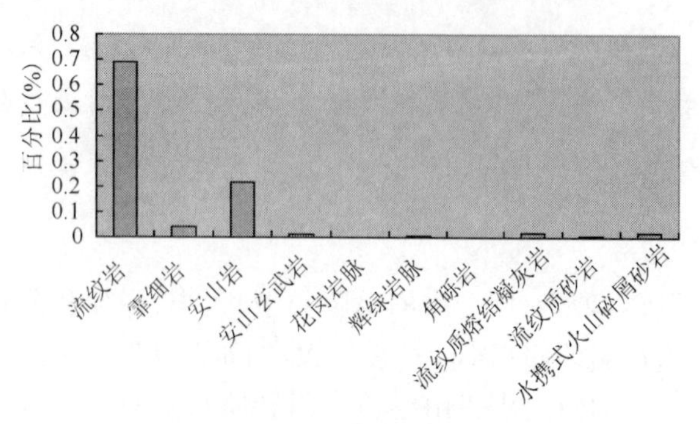

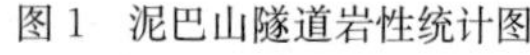

图1 泥巴山隧道岩性统计图

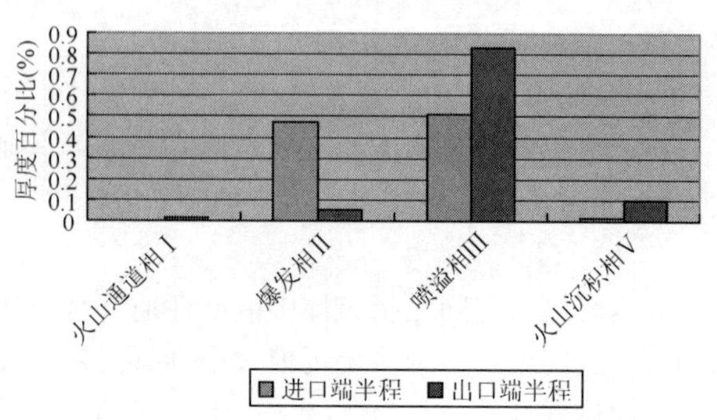

图2 泥巴山隧道火山岩钻孔岩相发育厚度

只有发育了孔隙和裂隙的空间才可能成为火山岩的储水层。从渗透率上分析，喷溢相上段和爆发相上段的孔隙度和渗透率相对略高，而火山沉积相受沉积环境和成岩作用影响明显，孔隙度和渗透率均较差，其岩体本身孔隙和裂隙储水性能很差[2]。隧址区火山岩孔隙发育特征如表1所示。

隧址区火山岩孔隙发育特征 表1

岩相	岩性	主要孔隙
火山沉积相	凝灰岩、凝灰质砂岩/角砾岩	碎屑颗粒间孔
喷溢相	气孔流纹岩、流纹状流纹岩	气孔、杏仁内孔、溶蚀孔
爆发相	流纹质熔结凝灰岩、角砾岩、晶屑凝灰岩	气孔、晶粒间孔、基质内微孔、基质内溶孔
火山通道相	花岗斑岩、辉绿岩脉	主要为柱状节理和接触带裂隙

从岩性—岩相组合关系上讲，角砾岩、凝灰熔岩主要见于爆发相热碎屑流，是有利的储水部位，分布较为广泛。喷溢相中部和上部亚相主要的岩性为气孔流纹岩和流纹状构造的流纹岩，常形成于火山喷发旋回中期，通常构成火山岩隆起的主体，气孔、裂隙发育，是最主要的储水部位。

泥巴山隧道主要为喷溢相和爆发相，因此发育良好的储水空间，但是进口端半程岩性和岩相变化较快，整体上不利于岩体的储水和渗透。

2.3 裂隙发育特征

通过野外调查，隧址区裂隙主要受到后期构造影响形成，其优势节理走向为4个方向：①N10°～50°W(发育最为优势)；②N50°～80°E；③N10°～20°E；④N70°～90°W。这些裂隙多以陡倾角产状为主，最主要的裂隙产状为3组：①45～65°∠20～86°，倾角60～75°；②85～108°∠50～87°，倾角60～75°；③140～172°∠15～85°，倾角55～75°。

裂隙对于火山岩这种特殊的储水岩体而言具有重要的意义。一方面，裂隙本身是储水空间的一个大类；另一方面，裂隙又起到了通道作用，可以使孤立的原生孔隙互相联通，也可以大大促进次生孔隙的发育，从而改善火山岩的储水性能。裂隙发育具有不同的特点，例如产状、裂隙填充物、裂面特征等，并受到岩性、埋深和构造作用等的影响。

2.3.1 裂隙倾角

按倾角大小裂隙可分为3类[3]：水平裂隙倾角0°～10°；斜交裂隙倾角10°～60°；高角度裂隙倾角60°～90°。隧址区高角度裂隙最发育，占80％，斜交裂隙和网状裂隙次之，占60％，水平裂隙最少，仅约3％。如图3所示，隧道进口端半程以高角度裂隙最为发育，斜交裂隙次之；出口端半程则高角度裂隙、斜交裂隙和网状裂隙均十分发育，约为90％，而水平裂隙基本不发育。其中，受大相岭背斜的影响，近背斜核部裂隙发育程度增高。因此，隧址区岩体中裂隙普遍发育，以出口端半程更为明显，裂隙的发育为地下水的渗流和深部储集提供了条件，是隧址区储水空间最重要的影响因素。

2.3.2 裂隙填充情况

隧址区岩体裂隙填充以石英岩脉最多，约占18.6％，钙质填充、方解石脉填充、黄铁矿填充和泥质填充在10％～13％之间，绿泥石膜、黑灰色薄片填充和砂质填充最少，仅在2％左右。受到裂隙宽度的影响，裂隙填充物厚度较小，多为1～2mm，最大为4～16mm。水流运动与裂隙填充介质特性有关[4]，如方解石脉的形成，其不仅占据了一部分储水空间，更重要的是降低了岩体的渗透性。

隧道进口端半程与出口端半程裂隙填充情况相差较大(图4)，受热液作用和沉积环境的影响，出口端半程裂隙填充较发育，以石英岩脉、黄铁矿、泥质填充为主，从而对出口端半程地下水的局部储集和渗流影响较大。

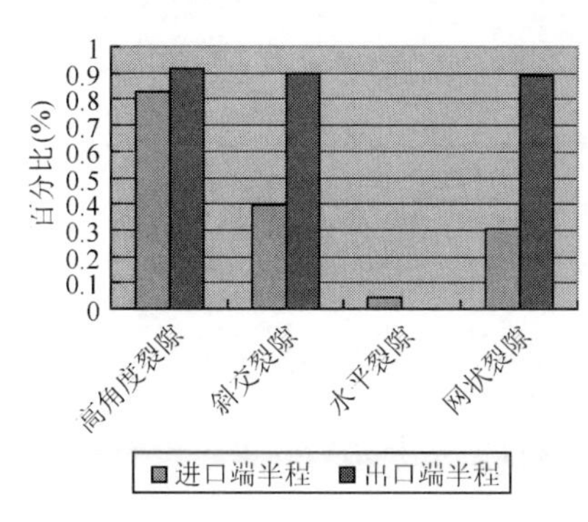

图3 隧道进出口半程裂隙倾角

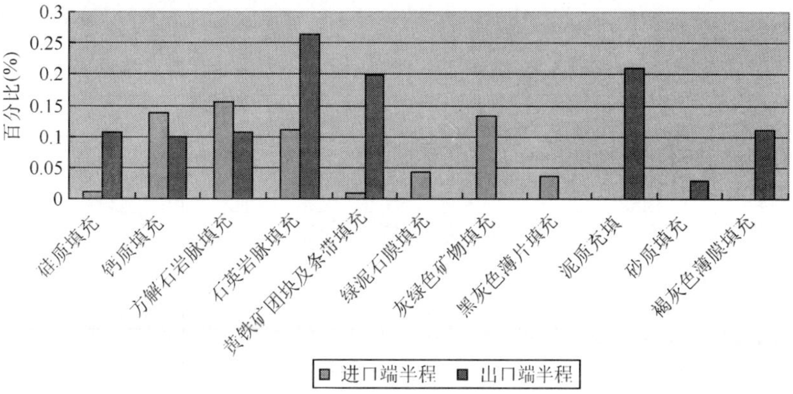

图4 隧道进出口半程裂隙填充情况

2.3.3 裂面水锈特征

通过钻孔资料分析，具有水锈斑点的裂隙岩体范围约占40％。其中Zk1与Zk5分别靠近隧道进口和出口处，Zk3与Zk4靠近隧道背斜轴部：Zk1裂隙水锈明显少于Zk5，Zk3中流纹岩及安山岩发育的裂隙均含有大量的水锈，分布范围达到1000m以下，而Zk4只是在埋深700～800m可见(图5)。因此隧址区火山岩深部裂隙也十分发育，曾经有地下水的活动，其在一定环境影响下，可再次赋存地下水。

综上所述，隧址区裂隙发育主要为NW向，并以出口端半程更为发育，为隧址区火山岩地下水渗流提供了条件，储水性较好。

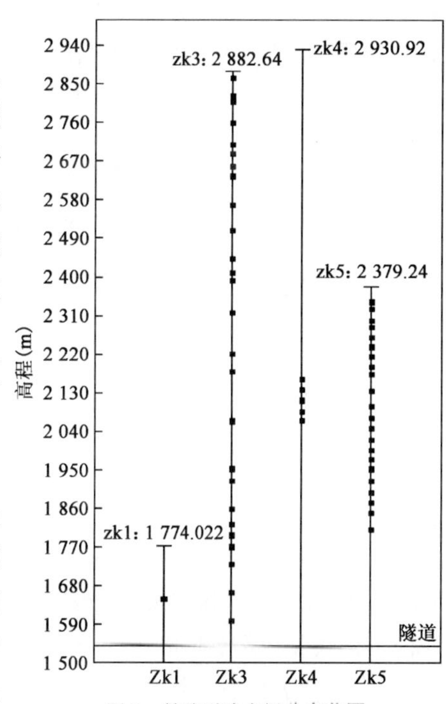

图5 钻孔裂隙水锈分布范围

2.4 构造储水特征

泥巴山隧址区火山岩构造十分发育，主要为大相岭背斜和众多断层。大相岭背斜轴线整体呈NW向，在隧址区部分转呈SN向，与隧道轴线呈大角度相交，之间被数条断层破坏(图6)。大相岭背斜核部两侧的保－凰断层和曹大坪断层附近是强变形集中带，大相岭背斜形成两翼大致对称，轴部局部大致开阔平缓近似呈箱状，两翼沉积地层变形强烈，岩层倒转的背斜，同时发育与之配套的断层变形和次级褶皱。

鉴于大相岭背斜的特点，该地区是以此背斜为分水岭，地表水有沿着背斜两翼向下流动的趋势，在流动过程中受到地层岩性、地形高低起伏以及背斜中发育的断层和次级褶皱的影响，并且在流动过程中逐渐下渗转变为地下水。根据背斜的富水特点[5]，大相岭背斜的富水情况如表2所示。

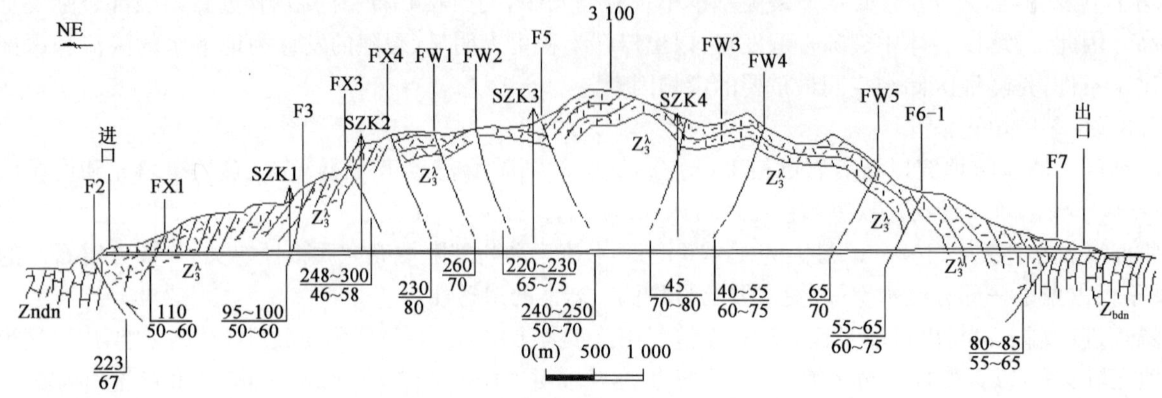

图6　隧址区地质构造略图

大相岭背斜富水情况　　表2

褶曲特点	富水情况
两翼受到逆断层影响，上盘上升，导致褶曲相对变缓，下盘下降，导致褶曲相对变陡	褶曲变缓段储水的能力相对增强，褶曲变陡段储水能力相对降低
褶皱大致对称，但是转折端处进口端岩层相对较缓(40～50°)；而出口端岩层相对较陡(50～80°)	进口端岩层浅部富水性好，出口端岩层深部易于富水
受到构造运动，形成“Ω”形隔挡式——翻卷褶皱	在近似“Ω”的形态中，平缓段及两翼易于富水
背斜形成分水岭地形	富水性较差

泥巴山隧址区断层以压扭性为主，其旁侧裂隙多为较好的储水空间。断层除提供地下水储存空间外，某些断层的阻水作用，也是富水带形成的重要条件。例如压性断层或一盘为隔水岩层的其他断层，当其走向和地下径流方向相垂直时，则将对补给区流来径流起着阻挡和相对富集作用，常常造成上游一侧地下水位抬高或呈泉水溢出。隧址区构造泉多分布在进口端半程，表明地下水多受隔水层的影响而在地表排泄，地下水的深部运移和储存则相对较弱。

总体而言，泥巴山隧址区断层十分发育，大量的裂隙为储水提供了条件，压扭性断层及其附近张裂隙密集带是储水的重要部位。受大相岭背斜的影响，在靠近背斜轴部的断层富水性应较高，例如F5和Fw3断层。

3　隧址区火山岩储水特征

岩体的储水性主要受到孔隙和裂隙发育情况的影响。通过压水试验分析，隧址区试验段渗透系数基本都小于0.1m/d，总体上为弱透水～微透水。区内地下水的富含深度很大，根据钻孔揭露，部分地段已经大于1 000m。

结合储水空间特征，对隧道进口端左线1 336m，右线1 626m，以及出口端左线995m，右线945m的火山岩涌突水情况进行分析。隧道涌突水段以及含水率较大岩体的长度为：进口端右线长约373m，左线长约222m，分别占开挖长度的23%和17%；出口端右线约407.59m，左线约为633.8m，分别占开挖长度的43%和64%。出口端的岩体富水性好于进口端，各岩性富水情况如图7、图8所示。

由上图可知，凝灰质沉积岩、流纹岩以及熔结凝灰岩具有较好的富水性。在断层破碎带附近，岩体裂隙十分发育，致使岩体含水性增高，地下水多呈淋雨状～股状，涌水量十分大，最大可近25 000m^3/d，平均涌水在6 000～8 000m^3/d(图9)；在非断层影响范围内，岩体的储水性主要受到孔隙和裂隙发育情况的影响，地下水多呈浸润状和点滴状～线状，表明地下水并不只是分布在受断层影响的裂隙带，在渗流的作用下，岩体的裂隙及孔隙中也含有水，虽然其含水性较差，但是却提高了整个隧址区的储水和渗透能力。

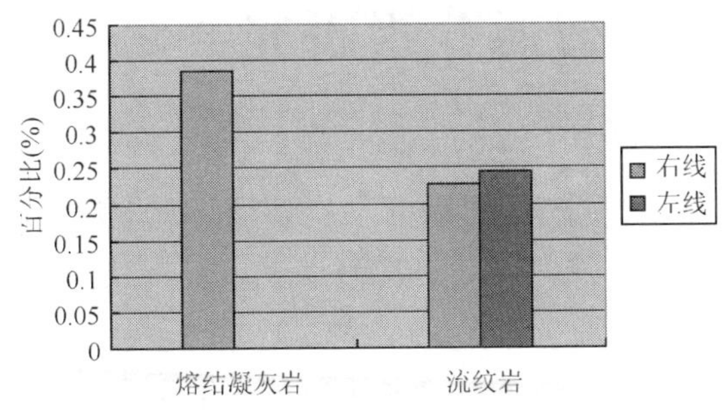

图7　进口端各岩性段富水性百分比

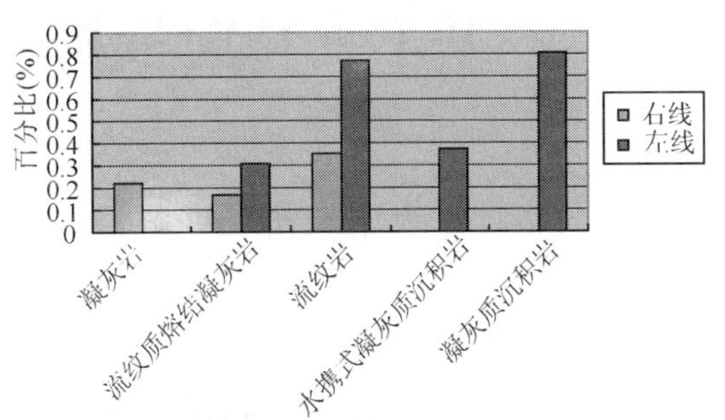

图8　出口端各岩性段富水性百分比

在此需要指出的是，并非所有的断层都会富集地下水，根据统计隧道进口端与出口端大小断层分别为14条和13条，无水断层所占比例约为50%和23%。但是，断层破碎带仍然是隧址区重要的储水空间，是发生涌突水的概率最高的部位。断层无水主要是受到成岩作用的影响而形成了相对隔水层，如热液、泥质填充等作用，隧道埋深的增加也会对岩体的储水性有所影响。同时，断层的涌突水具有滞后现象，例如部分断层在开挖后期才呈浸润状，表明地下水受隧道开挖影响，向该断层逐渐运移。因此，储水空间特征是隧道涌突水发生的控制性因素。

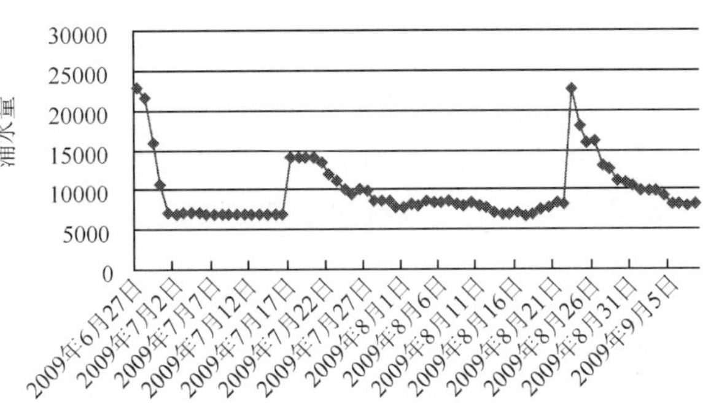

图9　K62+134m处流纹岩集中涌水量

4　结语

泥巴山隧道火山岩储水空间的发育受到岩性岩相、构造因素和成岩作用的影响，其中火山喷发（岩性和岩相）是发育的基础，构造作用（背斜和断层）、成岩因素是形成火山岩储水空间的重要因素。从现场调查和隧道开挖发生涌突水的情况而言，火山岩无疑具有良好的储水空间，富水性较高，最大涌水量可达到25 000m³/d。根据对隧址区火山岩储水空间特征的分析，其具有以下特点：

(1)进口端半程浅部易于富水，由于岩性变化较大，多形成相对的储/隔水层，虽然受断层的影响，但是岩体深部富水性相对较差，靠近背斜轴部富水深度增加。

(2)出口端半程高角度、斜交和网状裂隙的发育，是该区储水空间发育的最主要因素，虽然填充作用也较发育，但是影响具有局部性，岩体深部富水性好。

(3)隧道主体岩性流纹岩和安山岩孔隙、裂隙发育，储水深度很大（部分地段大于1 000m），易于发生涌突水灾害，特别是断层破碎带、岩脉储水带和裂隙密集带需要引起高度重视。

参 考 文 献

[1] 郑继民，曹钦臣，赵广涛，邱汉学．青岛地区玄武岩蓄水条件探讨[J]．中国海洋大学学报（自然科学版）．1992，22(2)：61-70.

[2] 王璞珺，冯志强，等．盆地火山岩：岩性·岩相·储层·勘探[M]．北京：科学出版社，2007：34-60.

[3] 庞彦明．酸性火山岩储层储集空间特征与评价研究——以松辽盆地北部营城组为例[D]．浙江大学博士学位论文．2006：43-44.

[4] 于龙，陶同康．岩体裂隙水流的运动规律[J]．水利水运科学研究．1997，3：208-218.

[5] 廖资生．基岩裂隙水的富集规律[J]．吉林大学学报（地球科学版）．1976，2：45-57.

基于支持向量机的围岩定性智能分级研究

牛文林[1]　李天斌[1]　熊国斌[2]

(1. 成都理工大学地质灾害防治与地质环境保护国家重点实验室　成都　610059；
2. 四川雅西高速公路有限责任公司　成都　610000)

摘　要：本文将数据挖掘的新方法支持向量机应用于隧道围岩分级。支持向量机是一种基于统计学习理论的新的学习算法，比神经网络算法能更好地解决小样本问题。选用岩层厚度、岩体结构、嵌合程度、风化程度、地下水特征、节理发育程度、榔头敲击声和地应力8个定性指标作为评判因子，用泥巴山隧道采集的实际数据作为样本对不同核函数的支持向量机进行训练，并得到评判因子与围岩级别的映射关系，从而可以对未知的围岩样本进行级别判别。判别结果表明采用多项式核的支持向量机对围岩级别进行判别有较高的准确率，是一种值得推广和应用的围岩智能分级方法。

关键词：围岩分级　支持向量机　隧道

1　引言

在隧道施工过程中需要对围岩进行分级从而确定支护方法，目前常用的分级方法有RMR法、Q系统法、水电围岩分级法和公路隧道围岩分级等方法。这些方法都需要对岩体的完整程度、岩石的强度、地下水状况等指标进行定量或半定量的测定，从而定量地算出RMR值、Q值、T值和[BQ]值用来对岩体进行分级。但是这些方法需要现场实测的数据太多，有时甚至会影响施工，引起施工单位的抵触。这就引起我们思考，能不能用一种快速而相对的准确的方法对围岩情况进行定性描述，再通过这些定性描述从而确定围岩级别？目前围岩级别智能判别主要用神经网络方法[1]，采用定量和定性数据作为输入参数对围岩级别进行判别，但是神经网络在数据学习的过程中容易陷入局部最小值，影响判别结果的准确性。20世纪90年代发展起来的支持向量机是以统计学习理论为理论体系，通过寻求结构风险最小化来实现实际风险的最小化，追求在有限信息的条件下得到最优的结果。随着支持向量机理论的不断发展和成熟，加之神经网络等学习方法在理论上缺乏实质性进展，支持向量机开始受到越来越广泛的重视[2]。基于以上考虑，我们开发了基于支持向量机的围岩定性智能分级方法。

2　支持向量机用于围岩分级的基本理论

支持向量机(Support Vector Machines，SVM)是由Vapnik[3,4]及其合作者发明，是基于统计学习理论(SLT)的机器学习方法。统计学习理论着重研究在小样本情况下的统计规律及学习方法性质。支持向量机能够很好地处理分类和回归问题，因此在文本分类、图像识别、生物序列分析、手写字符识别等领域有着广泛的应用[5]。

SVM是从线性可分情况下的最优分类面发展而来的，其基本思想可用图1所示[6]。

图1表示的是二维情况下支持向量机的示意图，点“+”和“o”分别代表两类数据样本，实线是这两组样本的分类线，虚线为过各类中离分类线最近的数据样本且平行于分类线的直线，虚线之间的距离叫做分类间隔。虚线通过的数据就是支持向量。我们所要寻找的最优分类线，就是要求此分类线不但能将两类正确分开，而且还要使分类间隔最大。在3维空间里，最优分类线就成了最优分类面，

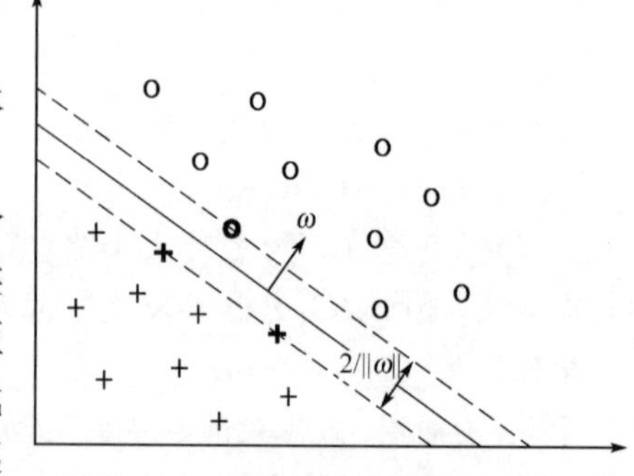

图1　支持向量机分类面示意图

高维空间里就是最优超平面。

此超平面可用式(1)表示：

$$\omega \cdot x + b = 0 \tag{1}$$

由此可得决策函数：

$$f(x) = \text{sgn}(\omega \cdot x + b) = \text{sgn}\left(\sum_{i=1}^{l} \alpha_i y_i K(x \cdot x_i) + b\right) \tag{2}$$

式中：$K(x \cdot x_i)$是核函数，通过选择合适的核函数可以把非线性数据转换成线性数据进行分类；$\text{sgn}(\cdot)$为符号函数，当$\omega \cdot x + b \geqslant 0$时，$f(x)=1$，当$\omega \cdot x + b \leqslant 0$时，$f(x)=-1$，这样就可以把超平面的上下两部分分成两类。

图1中2条虚线的间隔为$2/\|\omega\|$，极大化"间隔"的思想导致求解变量ω和b的最优化问题。

这样，对于已知训练集(x_i, y_i)，其中$i=1,2,\cdots,l$，$x_i \in R^n$，$y \in \{+1, -1\}$，构造求解对变量ω和b的最优化问题：

$$\min_{\omega, b} \frac{1}{2} \|\omega\|^2 \tag{3}$$

$$\text{s. t. } y_i((\omega \cdot x_i) + b) \geqslant 1, i = 1, \cdots, l \tag{4}$$

或求解α：

$$\min_{\alpha} \frac{1}{2} \sum_{i=1}^{l} \sum_{j=1}^{l} y_i y_j \alpha_i \alpha_j K(x_i \cdot x_j) - \sum_{j=1}^{l} \alpha_j \tag{5}$$

$$\text{s. t. } \sum_{i=1}^{l} y_i \alpha_i = 0 \tag{6}$$

$$\alpha_i \geqslant 0, i = 1, \cdots, l \tag{7}$$

得最优解α_i^*，则有：

$$\omega^* = \sum_{i=1}^{l} y_i \alpha_i^* x_i \tag{8}$$

据此可计算b^*：

$$b^* = y_j - \sum_{i=1}^{l} y_i \alpha_i^* K(x_i \cdot x_j) \tag{9}$$

把式(8)～式(9)代入式(2)即可得到最优分类面。

以上的算法是解决二类分类问题，对于围岩分级这种多类分类问题，我们用"一类对余类"方法将其转换为二类分类问题进行解决[7,8]。一类对余类法(One Versus Rest, OVR)是最早出现也是目前应用最为广泛的方法之一，其步骤是构造k个两类分类机(设共有k个类别)，其中第j个分类机把第j类同余下的各类划分开，训练时第j个分类机取训练集中第j类为正类，其余类别点为负类进行训练。判别时，输入信号分别经过k个分类机共得到k个输出值：

$$f^j(x) = \text{sgn}(g^j(x)),\ j = 1, \cdots, k \tag{10}$$

其中：

$$g^j(x) = \sum_{i=1}^{l} y_i \alpha_i^j K(x, x_i) + b^j \tag{11}$$

若只有一个+1出现，则其对应类别为输入信号类别；若输出不止一个+1(不止一类声称它属于自己)，或者没有一个输出为+1(即没有一个类声称它属于自己)则比较$g(x)$输出值，最大者对应类别为输入的类别。

3 围岩智能分级的实现

3.1 分级指标的选取

隧道围岩质量的好坏主要取决于岩石的坚硬程度和岩体的完整程度，地下水和地应力等因素也会影响围岩质量。所以国标BQ法选用岩石单轴饱和抗压强度R_c来确定岩石坚硬程度，用岩体完整性系数K_v来表示岩体的完整程度。用这两个值可以算得BQ值，再把地下水、软弱结构面产状和初始应力状态作为影响因素，对 BQ 值进行修正，从而得到修正后的[BQ]值。但是在实际操作中 R_c、K_v 等定量指标的获取比较困难，甚至需要用专用仪器才能测定，费时费力，所以分级效率比较低，不利于快速为设计和施工单位提供岩石级别，及时调整支护措施。因此，为提高分级功效，我们选取岩层厚度、岩体结构、嵌合程度、风化程度、地下水特征、节理发育程度、榔头敲击声和地应力 8 个定性指标作为分级依据，各分级指标分为若干等级（表 1）。其中岩层厚度、岩体结构、嵌合程度、节理发育程度可表示岩体完整程度，风化程度和榔头敲击声可表示岩体的坚硬程度，地下水特征、地应力作为影响因素。这些定性指标在现场通过技术人员肉眼观察就可获取，不用实测数据，对施工无干扰，因此可用其迅速对围岩级别进行判别。

围岩分级定性指标及其评判因子 表 1

	指标							
	岩层厚度	岩体结构	嵌合程度	风化程度	地下水特征	节理发育程度	榔头敲击声	地应力
评判因子	厚层（>1m）	整体状结构	紧密	未风化	干燥	不发育	清脆	一般
	中厚层（0.5～1m）	块状结构	较紧密	微风化	湿润	较发育	较清脆	高应力
	中层（0.1～0.5m）	裂隙块状结构	较松散	弱风化	渗、滴水	发育	不清脆	极高应力
	薄层（<0.1m）	镶嵌结构	松散	强风化	淋雨状	很发育	声哑	
	松散层	碎裂结构		全风化	线状			
		散体结构			股状			
					涌水			

3.2 核函数的选取与模型的训练及判别

支持向量机常用的核函数有线性核函数、二次核、多项式核、高斯径向基核、多层感知器核等。我们分别用上述核对在雅泸高速泥巴山隧道采集的掌子面数据建立训练样本（表 2，其中“样本级别”是以 BQ 法为基础，专家进行修正后得到的级别）进行训练，再对 10 个现场掌子面的围岩数据（表 3）进行判别。结果发现高斯径向基核与多层感知器核不能正确判别样本级别。其他几种核函数的判别结果见表 4。

支持向量机的训练样本 表 2

样本编号	岩层厚度	岩体结构	嵌合程度	风化程度	地下水特征	节理发育程度	榔头敲击声	地应力	样本级别
1	厚层	块状结构	较紧密	弱风化	渗滴水	不发育	较清脆	一般	Ⅱ
2	厚层	整体状结构	较紧密	弱风化	湿润	不发育	清脆	高应力	Ⅱ
3	中厚层	块状结构	紧密	弱风化	湿润	较发育	清脆	一般	Ⅱ
4	中厚层	块状结构	较紧密	微风化	渗滴水	不发育	清脆	一般	Ⅱ
5	中厚层	块状结构	较紧密	未风化	渗滴水	较发育	较清脆	高应力	Ⅲ
6	中厚层	裂隙块状结构	紧密	微风化	干燥	不发育	较清脆	一般	Ⅲ
7	中厚层	裂隙块状结构	紧密	弱风化	渗滴水	较发育	清脆	一般	Ⅲ
8	中厚层	镶嵌结构	较紧密	微风化	干燥	较发育	清脆	一般	Ⅲ
9	中层	块状结构	紧密	微风化	干燥	较发育	较清脆	一般	Ⅲ
10	中层	块状结构	紧密	弱风化	淋雨状	较发育	清脆	高应力	Ⅳ
11	中层	裂隙块状结构	紧密	微风化	湿润	较发育	不清脆	一般	Ⅳ
12	中层	块状结构	较紧密	微风化	股状	较发育	不清脆	一般	Ⅳ
13	中层	裂隙块状结构	较紧密	微风化	淋雨状	较发育	声哑	一般	Ⅳ
14	中层	镶嵌结构	较紧密	弱风化	线状	较发育	清脆	一般	Ⅳ
15	中层	裂隙块状结构	紧密	微风化	涌水	较发育	较清脆	一般	Ⅳ
16	中层	碎裂结构	较紧密	强风化	淋雨状	发育	声哑	一般	Ⅳ

续上表

样本编号	岩层厚度	岩体结构	嵌合程度	风化程度	地下水特征	节理发育程度	榔头敲击声	地应力	样本级别
17	薄层	碎裂结构	较松散	微风化	湿润	很发育	不清脆	一般	Ⅳ
18	中层	碎裂结构	较紧密	强风化	湿润	发育	不清脆	高应力	Ⅴ
19	薄层	碎裂结构	较松散	强风化	渗滴水	很发育	声哑	一般	Ⅴ
20	中层	碎裂结构	较紧密	强风化	线性	较发育	不清脆	一般	Ⅴ
21	薄层	碎裂结构	较松散	微风化	线性	发育	声哑	一般	Ⅴ
22	松散层	散体结构	松散	全风化	淋雨状	很发育	声哑	一般	Ⅴ

判别样本及实际施工围岩级别　　表3

样本编号	岩层厚度	岩体结构	嵌合程度	风化程度	地下水特征	节理发育程度	榔头敲击声	地应力	实测[BQ]值	实际施工级别
1	中厚层	块状结构	较紧密	微风化	干燥	较发育	清脆	高应力	383	Ⅲ
2	中厚层	裂隙块状结构	紧密	弱风化	渗滴水	不发育	较清脆	一般	420	Ⅲ
3	中厚层	整体状结构	紧密	微风化	湿润	不发育	较清脆	一般	476	Ⅱ
4	中层	碎裂结构	较松散	微风化	渗滴水	较发育	不清脆	一般	294	Ⅳ
5	中层	镶嵌结构	紧密	弱风化	湿润	不发育	较清脆	高应力	284	Ⅳ
6	中层	镶嵌结构	较紧密	强风化	渗滴水	发育	不清脆	一般	355	Ⅳ
7	薄层	碎裂结构	较紧密	微风化	渗滴水	发育	较清脆	一般	267	Ⅳ
8	薄层	碎裂结构	较松散	强风化	渗滴水	很发育	声哑	高应力	239	Ⅴ
9	薄层	散体结构	松散	强风化	线性	很发育	声哑	一般	142	Ⅴ
10	中层	碎裂结构	较松散	全风化	股状	发育	不清脆	一般	96	Ⅴ

几种核函数判别结果对比表　　表4

	线性核				线性硬边界核				二次核				多项式核			
	Ⅱ	Ⅲ	Ⅳ	Ⅴ	Ⅱ	Ⅲ	Ⅳ	Ⅴ	Ⅱ	Ⅲ	Ⅳ	Ⅴ	Ⅱ	Ⅲ	Ⅳ	Ⅴ
1		√				√								√		
2														√		
3	√				√				√				√			
4								√			√				√	
5								√			√				√	
6			√				√				√				√	
7							√				√				√	
8				√				√				√				√
9				√				√				√				√
10				√				√				√				√

需要指出的是，由于篇幅限制，本文训练样本只包含22个掌子面数据，增加样本数量可以提高判别精度，但随着样本的增加，判别精度的提高是有限的。这是由于支持向量机分类只是与少数处于分类界面附近的样本，即支持向量有关，而无论远离分类界面的样本有多少，其对分类的精度并不产生影响，因此支持向量机特别适用于小样本情况下的分类；表3中6号样本的实测[BQ]值为355按规范应划为Ⅲ级围岩，但现场专家认为该处围岩相对较差，应按Ⅳ进行支护。

由表3及表4可以看出用线性核函数支持向量机对表3的数据进行判别有60%的准确率，但是有4组数据无法判别；线性硬边界核的判别准确率为70%，但是第4、5组数据出现了误判，第2组无法判别；二次核判别准确率为80%，但是无法识别级别Ⅲ的1、2组数据；多项式核的支持向量机可以判别出各组数据的正确级别，准确率达100%。限于篇幅，本文判别样本只包含10个数据，在实际应用中，我们对四川雅泸高速公路泥巴山隧道的157个掌子面的分级结果表明，用多项式核的支持向量机，149个掌子面围岩被正确分级，准确率达到95%，线性核的准确率只有56%，线性硬边界核的准确率为72%，二次核的准确率为83%。

4 结语

(1)本文对把支持向量机用于围岩分级，通过泥巴山隧道的围岩分级资料进行验证，证明该方法能较好地满足工程应用的要求。因此，支持向量机为隧道围岩智能分级提供了一种新途径。

(2)定性指标容易获取，以其作为围岩分级的判别因子可以快速获得掌子面围岩级别，有利于对支护结构的选择提供依据。但是定性指标的获取具有一定的主观性，不同人员对同一掌子面的描述可能不同，因此导致判别结果的不同。

(3)支持向量机核函数的选择对判别结果的影响较大，通过对几种核函数分级结果的对比发现多项式核函数可以较好地满足围岩分级的需要。

参考文献

[1] 李天斌，王睿. ART1神经网络在隧道围岩分类中的应用[J]. 成都理工大学学报(自然科学版)，2006，33(5)：455-459.

[2] 白鹏，张喜斌，等. 支持向量机理论及工程应用实例[M]. 西安：西安电子科技大学出版社，2008.

[3] Vapnik V. N. The Nature of Statistical Learning Theory, N Y: Springer Verlag, 1995.

[4] Vapnik V. N. Statistical Learning Theory. John Wiley & Sons, Inc., 1998.

[5] Cristianini N, Shawe-Taylor J. An introduction to Support Vector Machines and other kernel-based learning methods. Cambridge University Press, 2000.

[6] 邓乃扬，田英杰. 数据挖掘中的新方法——支持向量机[M]. 北京：科学出版社，2004.

[7] 苟博，黄贤武. 支持向量机多类分类方法[J]. 数据采集与处理，2006，21(3)：334-339.

[8] Rifkin R, Clautau A. In defense of one-vs-all classification [J]. Journal of Machine Learning Research, 2004, (5): 101-141.

[9] 冯夏庭，刁心宏. 智能岩石力学(1)——导论[J]. 岩石力学与工程学报，1999，18(2)：222-226.

[10] 冯夏庭，杨成祥. 智能岩石力学(2)——参数与模型的智能辨识[J]. 岩石力学与工程学报，1999，18(3)：350-353.

[11] 冯夏庭. 智能岩石力学(3)——智能岩石工程[J]. 岩石力学与工程学报，1999，18(4)：475-478.

[12] 中华人民共和国行业标准. 公路隧道设计规范(JTG D70—2004)[S]. 北京：人民交通出版社，2004.

浅埋偏压隧道进洞施工技术

陈小勇[1]　陈绪文[1]　李向平[2]
(1.四川交通厅雅西高速公路建设指挥部　成都　610041;
2.中铁十二局集团第一工程有限公司　临汾　031400)

摘　要:本文结合铁寨子1号隧道工程实例,介绍了进洞方案的比选、施工过程中出现的问题及其处理方法,提出了在浅埋偏压、复杂地质条件下的进洞施工技术,采用套管跟进法大管棚施工、明拱暗墙进洞技术,安全平稳进洞,为类似隧道工程提供借鉴。

关键词:浅埋偏压　隧道　明拱暗墙　施工技术

1　工程概况

铁寨子1号隧道位于四川省石棉县铁寨子以东、孟获河右岸,为雅泸高速公路的重点控制性工程,也是世界首创小半径双螺旋曲线隧道。隧道左洞长2 792m,右洞长2 940m,进口端处于孟获河右岸洪坡积形成的平地上,轴线方向地势较平缓,坡度20°左右,隧道紧贴山脚洞口段围岩为第四系全新统洪坡积层,主要有块石夹碎石土组成,中密或密实状,最大厚度大于36.6m,岩体多成散体结构或碎裂结构稳定性极差,地下水十分发育,覆盖层极薄无支护时易产生大塌方,严重时可能导致地表塌陷,且进口端洞门距区域活动断裂安宁河断层约2.5km,故需考虑安全稳妥的进洞方案。

2　进洞方案选择

2.1　原设计方案

原设计隧道左洞K159+335～K159+355为明洞,在K159+355挂网锚喷边仰坡,施工2m长管棚套拱采用39根40mϕ108长管棚进洞。在地表清坡时发现,地质与原设计出入较大,左侧边坡为碎砾石堆积体,自稳能力差易垮塌,最大削坡高度达23m按1∶0.75的坡比很难稳定,当地雨水及地下水丰富易诱发山体滑塌导致灾害。若将大管棚向洞口外推,由于原设计K159+355挂口位置覆盖层仅1.2m厚,清除地表大孤石后覆盖层更薄,无自然承载力易塌方,施工安全隐患大。所以原设计进洞方案存在安全隐患,施工难度大。

2.2　增加明洞方案

在暗挖方案被否定后,提出将K159+355～K159+365暗洞段10m范围大开挖后施作明洞,由于左洞处于山体坡积层上,为平缓～陡直过渡带,所以向大里程方向边坡开挖高度更高,而覆盖层由于受坡积平缓层影响,增加不大。所以若采用增加明洞长度,需对边坡开挖放缓坡,这将大大增加洞口土石方开挖数量,加大对洞口周围土体的扰动,影响洞口围岩稳定,采用该方案若边仰坡防护不当,会引起洞口土体滑塌,且进洞时正逢当地雨季,施工周期长不利于早进洞,因此该方案也未被采用。

2.3　明拱暗墙方案

明拱暗墙是结合上述两种方案的优点提出的,即拱部明挖墙部暗挖,采用这种方案既消除了覆盖层薄暗洞开挖易塌方的可能,又因刷坡高度较小,减少了土石方开挖量和边坡开挖高度,对洞口土体的扰动范围也将大大减少,该方案的里程为K159+346～K159+355,其中K159+353～K159+355为管棚套拱,具体做法是:首先对洞口段9m范围内拱脚以上部分放坡明挖,并在开挖后及时对边、仰坡进行挂网锚喷防护,然后紧靠掌子面2米范围内立三榀上台阶工字钢架、施作ϕ32自进式锁脚锚杆、排木模板、浇筑C25模筑混凝土。由于洞口段地质条件极差,覆盖层只有1.2～3m,根据设计要求采用40m长管棚超前预支护,待套拱混凝土达到一定强度后施作长管棚；施作剩余明拱部分的拱架安装和模筑混凝土，再分中下台阶，左右错开进行墙部暗挖及支护；然后进行仰拱、仰拱填充和二次衬砌施作，封闭成环形成整体环形受力结构，确保洞口稳定；最后拱顶回填黏土植草，恢复原地貌。

3 进洞方案的实施

3.1 明拱暗墙进洞施工

明拱暗墙进洞施工流程见图1。

明拱暗墙进洞施工顺序如下：

(1)仰坡面框架锚杆支护；

(2)上半断面明挖；

(3)边坡面、成洞面框架锚杆防护；

(4)拱部套拱施作(先施作K159+353～K159+355段2m管棚套拱，施作好管棚后往外延伸)；

(5)中台阶开挖；

(6)中台阶边墙初喷混凝土，锚杆施工；

(7)中台阶拱架、网片、喷混凝土施工；

(8)下台阶开挖；

(9)下台阶边墙初喷混凝土，锚杆施工；

(10)下台阶拱架、网片、喷混凝土施工；

(11)先施作仰拱，然后进行二次衬砌混凝土施工。

3.2 施工方案及工艺

3.2.1 设置洞顶截水沟

为确保明拱开挖后临时边仰坡的稳定及拱脚免受雨水浸泡，导致围岩软化，在边仰坡开口外5m施作M7.5浆砌片石洞顶截水沟(水沟截面0.6m×0.6m)，将地表水引至开挖线影响范围之外。

3.2.2 明拱开挖及临时边仰坡防护(图1)

起拱以上明拱部分采用挖掘机开挖，人工配合刷坡，开挖后立即对边仰坡坡面采用挂网锚喷防护，防护参数为：R32自进式锚杆，长9m，间距2.0m×2.0m，梅花型布置；ϕ8钢筋网，网格间距20cm×20cm；C20喷射混凝土厚15cm，明拱开挖及边仰坡防护见图2。为防止左侧边坡因陡直形成侧压力，对边坡锚喷后增设锚杆框架梁进行永久防护，与节点R32自进式锚杆形成整体。

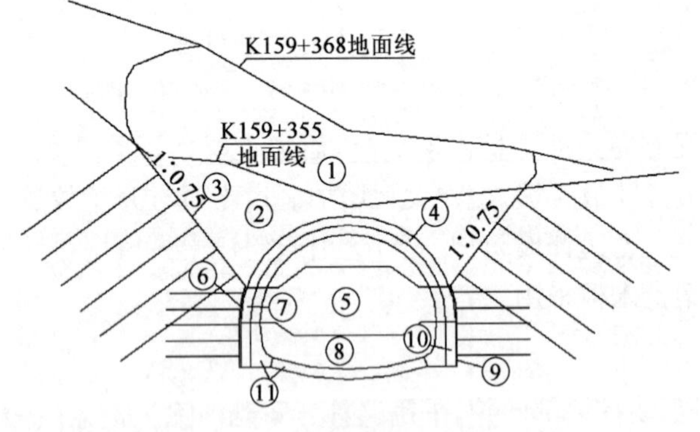

图1 明拱暗墙进洞施工流程图

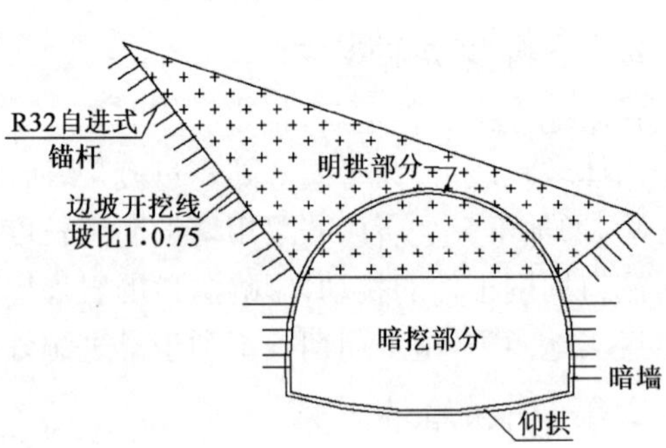

R32自进式锚杆
明拱部分
边坡开挖线
坡比1:0.75
暗挖部分
暗墙
仰拱

图2 明拱开挖及边仰坡防护示意图

3.2.3 施作2m管棚套拱

紧靠掌子面立三榀上台阶工字钢架，间距90cm/榀，将拱架与边仰坡锚杆焊接固定，在每榀拱架的拱脚处施作4根R32自进式锁脚锚杆，然后在拱架内轮廓和端头安装木模板(模板与钢拱架用铁丝绑扎固定，并在底部设支撑钢拱)，浇筑60cm厚C25套拱混凝土，施作套拱时预留ϕ127孔口管，并焊接在拱架上。

3.2.4 施作长管棚

原设计40m长管棚采用一次成孔法施工，在施工过程中卡钻及坍孔现象严重，成孔困难，管棚施工速度慢，因此改进为先用麻花钻头冲孔，再用套管跟进法施工管棚，其流程图如图3所示。改进后施工速度明显加快，施工中遇到的问题得到了有效解决，套管跟进法施工工艺如下所述：

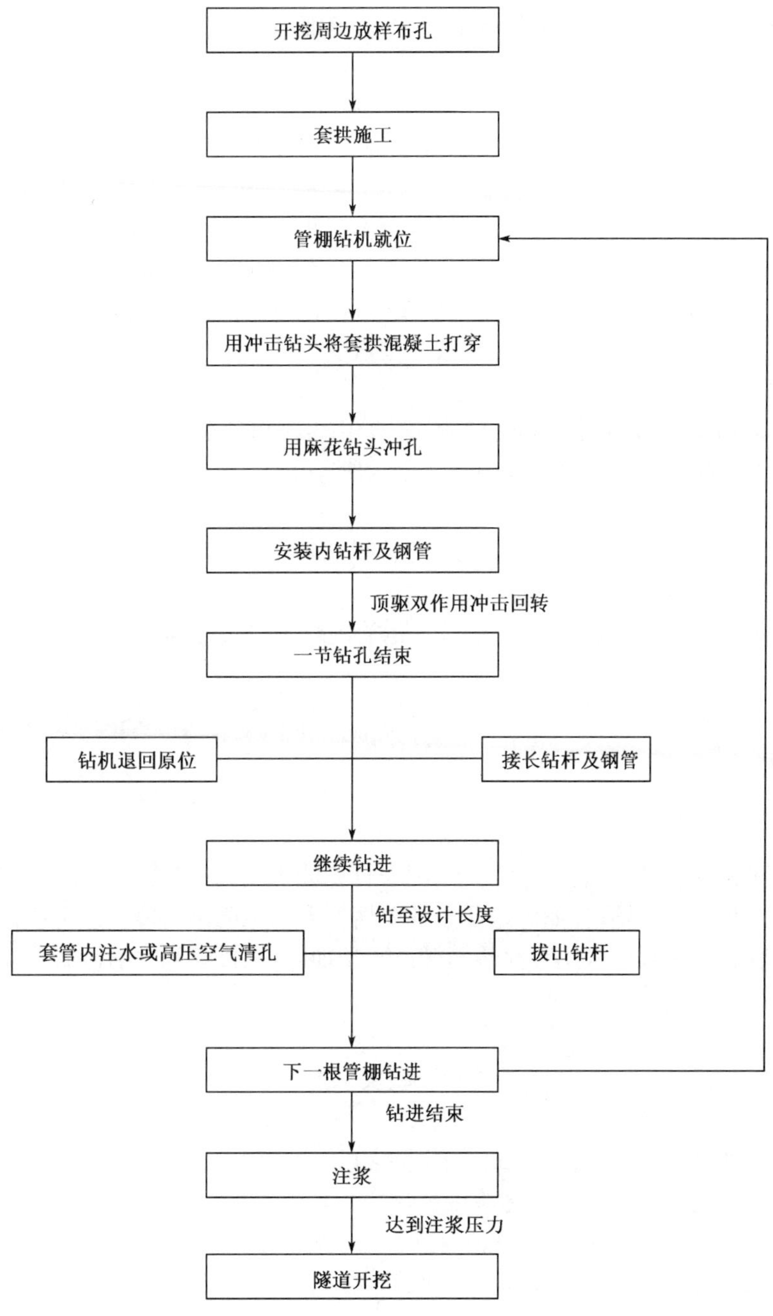

图3 套管跟进法长管棚施工流程图

(1)用冲击钻和麻花钻头相结合的方式冲孔，钻机从预留的孔口管中插入，进行钻孔施工。

(2)用顶驱液动锤把ϕ108钢管与钻杆同时回转冲击，通过孔口管钻入隧道顶板前端。钢管注浆孔眼间距纵向20cm，孔径15mm，梅花形布置，钢管用丝扣连接，丝扣长15cm。为使钢管接头错开，编号为奇数的第一节管采用3m长，钢管编号为偶数的第一节采用6m长的钢管，以后每节均采用6m长钢管，钢管用钻机顶进。ϕ108钢管比ϕ127孔口管外露长10cm连接注浆软管。

(3)钻孔完成后，用高压空气或注水清洗洁净钢管后，才把钻杆取出，并及时封闭外露钢管。

(4)注浆采用水泥—水玻璃浆液压入钢管内，水泥浆水灰比 1∶1，水玻璃浓度 35 波美度，注浆压力 0.5～1.0MPa，终压控制为 2.0 MPa。浆液通过钢管孔眼注入孔壁的缝隙内，固结附近岩土层，注浆采用先灌注"单"号孔，待 1～2h 固结后，再灌注"双"号孔的方法。

(5)注浆结束后及时清除管内浆液，并用 M30 水泥砂浆充填，以增强管棚的刚度。

(6)在管棚的支护下，采用短台阶法进行隧道开挖，大管棚搭接长度不小于 2.0m。

3.2.5 施作剩余 7m 明拱

长管棚施工完后，施作剩余 7m 明拱，施工方法同上述 2m 套拱。由于拱脚岩石软弱，全为沙土层且浸水加重易沉降，所以为防止拱架下落侵入净空，在明拱拱脚设置临时混凝土基座以增加基脚受力。

3.2.6 拱下暗挖

拱部混凝土达到一定强度后，拱下暗挖在拱部混凝土保护下进行开挖，采用短台阶法，分中下台阶左右错开分部进行开挖和初期支护，各部分每循环进尺控制在 1.0m 以内。为防止沙层突然失稳坍塌，开挖时若遇大孤石不得放炮，采用打眼静态破碎剂破碎，并要及时进行初喷混凝土施作，控制围岩变形，并要严格控制系统锚杆的施工质量及注浆质量，以防侧压力力致使围岩变形塌方。

3.2.7 仰拱施作

下台阶施工 10～15m 后，及时进行仰拱混凝土施工，由于洞口断面大围岩软弱、侧压力较大所以仰拱每次施工长度控制在 5m 以内，用践桥全断面施工尽早使初期支护封闭成环。

3.2.8 仰拱填充

仰拱施工一定长度后，采用 C15 片石混凝土进行仰拱回填施作。

3.2.9 二次衬砌

仰拱填充施作一定长度，及时施作 50cm 厚 C25 钢筋混凝土二次衬砌。

3.2.10 拱部回填

洞口二次衬砌混凝土达到设计强度后，施作明洞防水层及排水设施，拱顶采用黏土回填，并撒草籽，恢复景观原貌。

4 结语

铁寨子 1 号隧道进口左洞埋深浅且偏压严重、围岩自稳能力弱，容易产生塌方，提出了进洞方案比选的原则及实施过程应引起重视的问题；在如此地质条件差情况下采用明拱暗墙法既可确保洞口边仰坡稳定，又可保证进洞安全。并在施工过程中采用超前长管棚注浆预加固，钢拱架和喷射混凝土作初期支护，分部开挖等技术措施，从而确保了隧道施工的安全。

参考文献

[1] 中华人民共和国行业标准.公路隧道施工技术规范(JTJ 042—94).北京：人民交通出版社，1994.
[2] 于书翰，杜漠远.隧道施工.北京：人民交通出版社，2000.
[3] 关宝树.隧道工程设计要点集.北京：人民交通出版社，2003.
[4] 黄成光.公路隧道施工[M].北京：人民交通出版社，2006.
[5] 易萍丽.现代隧道设计与施工[M].北京：中国铁道出版社，2001.
[6] 卢志华，师伟.黄土隧道安全进洞施工技术浅谈[J].现代隧道技术，2007.
[7] 刘志刚，赵勇.隧道施工地质技术[M].北京：中国铁道出版社，2000.
[8] 王邦权.老寨坳隧道出口段浅埋偏压软弱围岩的施工技术[J].铁道标准设计，2003(增刊).
[9] 杨建民，喻渝.浅埋大断面黄土隧道初期支护研究[J].现代隧道技术，2008.
[10] 韩日美，谢永利.浅埋暗挖法施工中结构受力的合理转换[J].现代隧道技术，2007.
[11] 刘会.偏压浅埋隧道洞口施工技术[J].现代隧道技术，2008.

泥巴山深埋特长隧道通风井优选方法研究

郭　春　王明年　于　丽

（西南交通大学土木工程学院　成都　610031）

摘　要：通风井的经济断面积和经济风速是土建投资、设备投入和营运能耗的最优匹配结果。对于特长隧道，有时要设置多个通风井，将隧道进行分段通风，此时，调整一个通风井位置或断面积将对整个隧道的通风产生严重影响，为此，在优选通风井经济断面积和经济风速时，必须考虑通风井的最优位置组合，这将引起大量繁重的计算工作。本次研究针对泥巴山深埋特长隧道特点，根据隧道正常通风的计算方法，通过研究通风井位置基本参数的确定方法、最优通风井经济断面积和经济风速搜索方法，最终确定出隧道通风井优选方法及相应流程。

关键词：深埋特长隧道　通风井　经济断面积　经济风速　全寿命

1　概述

通风井的经济断面积和经济风速是土建投资、设备投入和营运能耗的最优匹配结果。一般而言，通风井断面积越大，土建工程费用就越高，工期也越长；但通风井断面积越大，风速越低，设备越少，营运能耗越小。由此可见通风井经济断面积的确定与一个国家的隧道施工水平和国民经济水平直接相关，不同国家会有不同的经济断面积。另外，通风井长度也会影响经济断面积确定，特别是特深通风井，影响更为显著。

对于特长隧道，有时要设置多个通风井，将隧道进行分段通风，此时，调整一个通风井位置或断面积将对整个隧道的通风产生严重影响，为此，在优选通风井经济断面积和经济风速时，必须考虑通风井的最优位置组合，这将引起大量繁重的计算工作。

当需要在隧道址一定范围内搜索通风井位置，寻求通风井的最优位置组合以及此时通风井的经济断面积和经济风速时，搜索范围越大，精度越高，单个通风井的位置就越多，通风井的位置组合也越复杂，计算量也将越大。如果完全依靠常规的手动计算来完成，几乎是不可行的。因此需要根据隧道正常通风的计算方法，通过研究通风井位置基本参数的确定方法、最优通风井经济断面积和经济风速搜索方法。

2　全寿命经济性隧道通风井优选方法

建设工程项目的全寿命周期经济效益是现代管理理论、系统论、控制论和信息论与建设项目相结合的产物。其基本思想是，从项目的长期经济效益出发，全面考虑项目的规划、设计、制造、购置、安装、运行、维修、改造、更新、直至报废的整个寿命周期成本的经济效益。

针对隧道通风井的全寿命经济效益，即是包括其建设、营运、维护各项投入的总的经济成本。因此，在进行隧道通风井选择时，必须对各项参数综合分析考虑，最终确定其最合适的全寿命经济性方案。

3　隧道通风井 DTM 模型建立

DTM(Digital Terrain Model)——数字地面模型是利用一个任意坐标系中大量选择的已知 x、y、z 的坐标点对连续地面的一个简单的统计表示，或者说，DTM 就是地形表面形态属性信息的数字表达，是带有空间位置特征和地形属性特征的数字描述。地形表面形态的属性信息一般包括高程、坡度、坡向等。其表示方法主要包括数学方法和图形方法。

而在目前隧道工程设计中使用的地理信息系统数字等高线图（图 1）即是根据图形表示方法中的点模式

所建立起来的，即用离散采样数据点建立 DEM。最主要的三种表示模型是：规则格网模型、等高线模型和不规则三角网模型。

图 1　搜索等高线示意图

其中不规则三角网模型(Triangulated Irregular Network，TIN)，既减少规则格网方法带来的数据冗余，同时在计算(如坡度)效率方面又优于纯粹基于等高线的方法。TIN 模型根据区域有限个点集将区域划分为相连的三角面网络，区域中任意点落在三角面的顶点、边上或三角形内。如果点不在顶点上，该点的高程值通常通过线性插值的方法得到(在边上用边的两个顶点的高程，在三角形内则用三个顶点的高程)。所以 TIN 是一个三维空间的分段线性模型，在整个区域内连续但不可微。TIN 的数据存储方式比格网 DEM 复杂，它不仅要存储每个点的高程，还要存储其平面坐标、节点连接的拓扑关系，三角形及邻接三角形等关系。不规则三角网数字高程由连续的三角面组成，三角面的形状和大小取决于不规则分布的测点，或节点的位置和密度。不规则三角网与高程矩阵方法不同之处是随地形起伏变化的复杂性而改变采样点的密度和决定采样点的位置，因而它能够避免地形平坦时的数据冗余，又能按地形特征点如山脊、山谷线、地形变化线等表示数字高程特征。

因此，本次研究即采用可表达复杂地形现象的不规则三角网模型来建立隧道通风井 DTM 模型。

4　通风井井型区域划分

目前长大隧道通风井形式根据坡度主要分为缓坡斜井(坡度小于 15%)、陡坡斜井(坡度在 30%～47%，即为 16°～25°)、竖井(坡度 90°)。施工过程中除渣运输方式主要为缓坡斜井可采用汽车或电磁轨道车牵引运输、陡坡斜井采用提升机有轨运输、竖井采用提升机提升运输。

因此，在通风井优化选择的时候，应结合通风井的坡度、运输方式来将地形图划分成以下三个不同区域(图 2)，即：

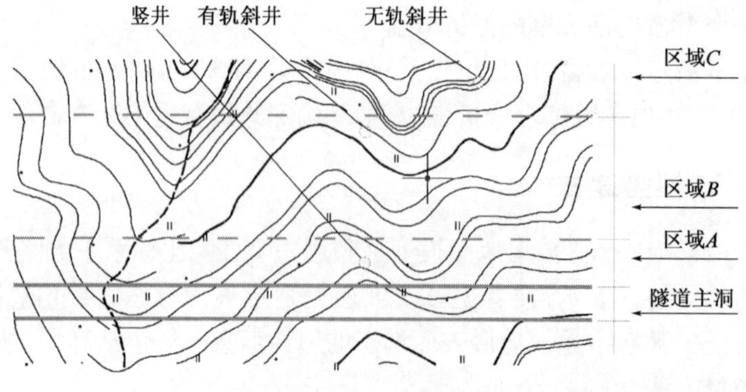

图 2　井型区域划分图

(1)竖井区(提升机运输)－区域 A

(2)陡坡斜井区(有轨运输)－区域 B

(3)缓坡斜井区(无轨运输)－区域 C

5　隧道分段确定方法

目前对于特长隧道通常采用竖(斜)井分段纵向通风方式,因此必须确定隧道合理的分段数量及长度,才能进一步得到最优的通风井方案。

(1)隧道分段确定的控制原则为:

①单向交通的隧道设计风速不宜大于 10m/s,双向交通的隧道设计风速不应大于 8m/s。

②采用斜竖井送排式通风方式时,隧道设计风速宜取 6～8m/s。

③风道内设计风速宜在 13～18 m/s 范围内取值。

(2)隧道分段确定方法(图 3)为:

①首先对整条隧道进行全纵向通风计算,如果满足要求,则不分段,如不满足要求,则进行分段。

②设定需要最大的分段数量。

③首先将隧道分为两段,即设置一座通风井,包括一条送风井,一条排风井。此时的搜索方式为:

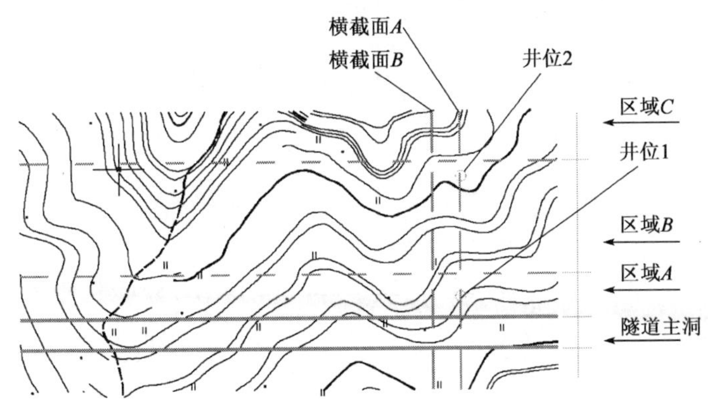

图 3　隧道分段确定

在与隧道轴线垂直方向设置横截面(如横截面 A、B),横截面间距可设为 100m,即每 100m 设置一个横截面。

以隧道主洞为中心区域,向平行方向划分两个区域(如区域 A、B),其中,在距离隧道主洞近的区域 A 内进行竖井井位的搜索,在距离隧道主洞远的区域 B 内进行斜井井位的搜索。

在每个横截面上设置若干个通风井位,具体可以按如下考虑:以隧道轴线为基准,在横截面上向隧道两侧布置通风井位,间距也可按 100m 确定,此时即可确定出很多被选井位。

根据地形图上的等高线,通风井平面位置,通风井位置处隧道的高程,可得每个井位的基本参数,即通风井长度(竖井为高度,斜井为长度)。(如井位 1 位于区域 A 内,则为竖井;井位 2 位于区域 B 内,则为斜井)

得到井位的同时,可得出隧道分段长度。

隧道分段长度确定以后,可以确定每个井位对应的通风分配量。

(3)将隧道分为三段,即设置二座通风井。此时的搜索方式与上一步相同。

(4)以此类推,直到达到设定的分段数量。

6　多因素全组合通风井自动搜索方法

得到通风井井型区域及隧道分段确定方法后,就可以人工进行地质情况判断。自动组合各项因素,根据经济性进行最优通风井搜索。以两通风井为例,通风井位置搜索的方法如下:

(1)固定进口端第一个通风井位置不变,按次序与出口端每一个通风井位进行组合(可按截面搜索),改变两通风井的断面积，计算每种通风井断面积下的土建费用、设备费用、营运费用，并计算出合计费用，将每种通风井断面积下的合计费用进行比较，搜索出第一组通风井经济断面积和经济风速。

(2)固定进口端第二个通风井位置不变，按次序与出口端每一个通风井位进行组合，改变两通风井的断面积，计算每种通风井断面积下的土建费用、设备费用、营运费用，并计算出合计费用，将每种通风井断面积下的合计费用进行比较，搜索出第二组通风井经济断面积和经济风速。

(3)将第一组通风井经济断面积和经济风速与第二组通风井经济断面积和经济风速进行比较，确定出这两组中的最优通风井经济断面积和经济风速。

(4)重复上述步骤，将进口端所有通风井位置搜索一遍，即得到最终的最优通风井经济断面积和经济风速。

7　多因素全组合通风井自动搜索流程

因此，根据基本参数确定方法以及最优通风井经济断面积和经济风速搜索方法，可以最终确定出隧道通风井优选方法的流程如图4所示。

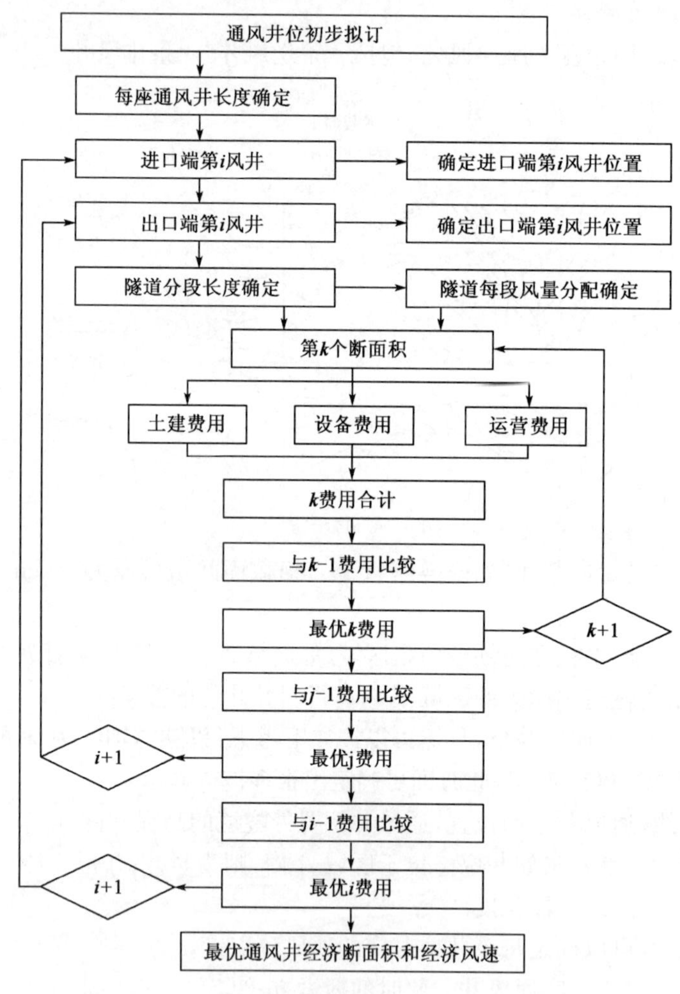

图4　隧道通风井优选方法流程

参考文献

[1] 中华人民共和国行业标准. JTG D70—2004　公路隧道设计规范[S]. 北京：人民交通出版社. 2004.

[2] 中华人民共和国行业标准. JTJ 026.1—1999　公路隧道通风照明设计规范[S]. 北京：人民交通出版社.

2000.

[3] 郭春.深埋特长高速公路隧道通风关键技术研究[D].成都:西南交通大学博士论文,2008.

[4] 高旭.特长深埋隧道通风井经济断面积和经济风速研究[D].成都:西南交通大学硕士论文,2008.

[5] GUO Chun, WANG Mingnian, LI Yuwen. Research on Discount Rate of CO and Smoke Baseline Emissions in Road Tunnel Ventilation. Journal of Highway and Transportation Research and Development. 2009.6.

[6] 黄元平.矿井通风学[M].北京:中国矿业出版社.1986.

[7] 黄元平,王明生,多进风口,多风机矿井自然风压的电算方法[J].煤炭工程师,1994.

泥巴山隧道斜井洞口段施工过程三维数值分析

田志宇　李海清　田尚志

（四川省交通厅公路规划勘察设计研究院　成都　610041）

摘　要：本文采用有限元三维数值分析为研究手段，模拟斜井洞口段施工，分析斜井开挖对岩石力学状态的影响，以及结构本身的受力状况，提出了支护体系的优化设计方案，为特长公路隧道斜井的设计与施工提供了参考。

关键词：公路隧道　斜井　有限元　数值分析

随着我国高速公路建设的发展，特长公路隧道不断涌现，如秦岭终南山隧道、大相岭泥巴山隧道、乌池坝隧道等。由于隧道施工与通风的需要，大部分特长公路隧道要修建斜井，而目前关于斜井数值分析方面国内可供借鉴的资料文献非常少[1]，基于此，本文对斜井进行的三维数值分析，详细研究设置斜井后围岩与支护的力学行为特征，以期为今后的斜井设计与施工提供参考。

1　工程概况

雅泸（雅安至泸沽）高速公路位于四川省西南部的雅安市、凉山州境内，是国家高速公路网7条首都放射线北京至昆明的一段，也是西部大通道甘肃（兰州）至云南（磨憨）公路的重要组成部分。泥巴山隧道长10km，是雅泸高速公路的重要控制性工程之一。

泥巴山隧道穿越四川盆地边缘向青藏高原过渡的山区，属于大渡河与青衣江两大水系的分水岭地带，为深切割高中山区。隧址区受构造影响严重，地质条件十分复杂，断裂、褶曲发育，泥巴山隧道雅安端排风斜井主要穿越的岩层为流纹岩。

在综合考虑隧道通风、地质条件、水文条件、施工条件、后期营运的经济性等多方面因素后，确定了雅安端排风斜井的具体位置：起点位置为YK56＋320.5，起点高程1 574.64，出口高程1 998.00，全长924.21m，井位倾角27.84°，见图1。

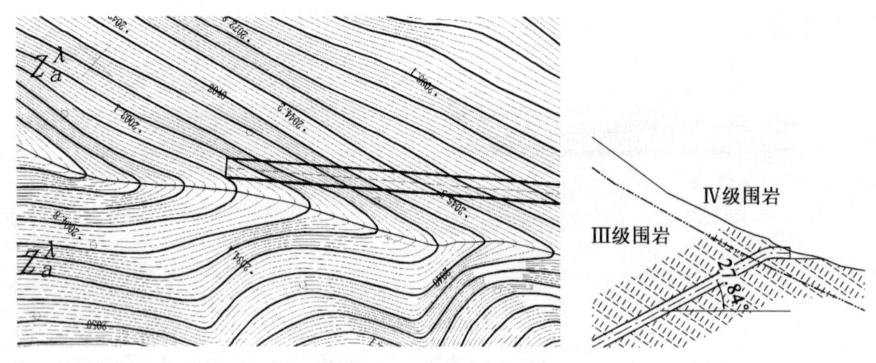

图1　雅安端排风斜井平面布置与洞口段纵断面图

由于斜井洞口段围岩条件较差，且应力场受地形影响较大，因此着重分析斜井洞口段施工过程中的围岩变形与支护受力。泥巴山排风斜井洞口段为Ⅳ级围岩，之后过渡到Ⅲ级围岩，采用的衬砌类型为$Ⅳ_{浅}$、Ⅲ型衬砌，见图2。

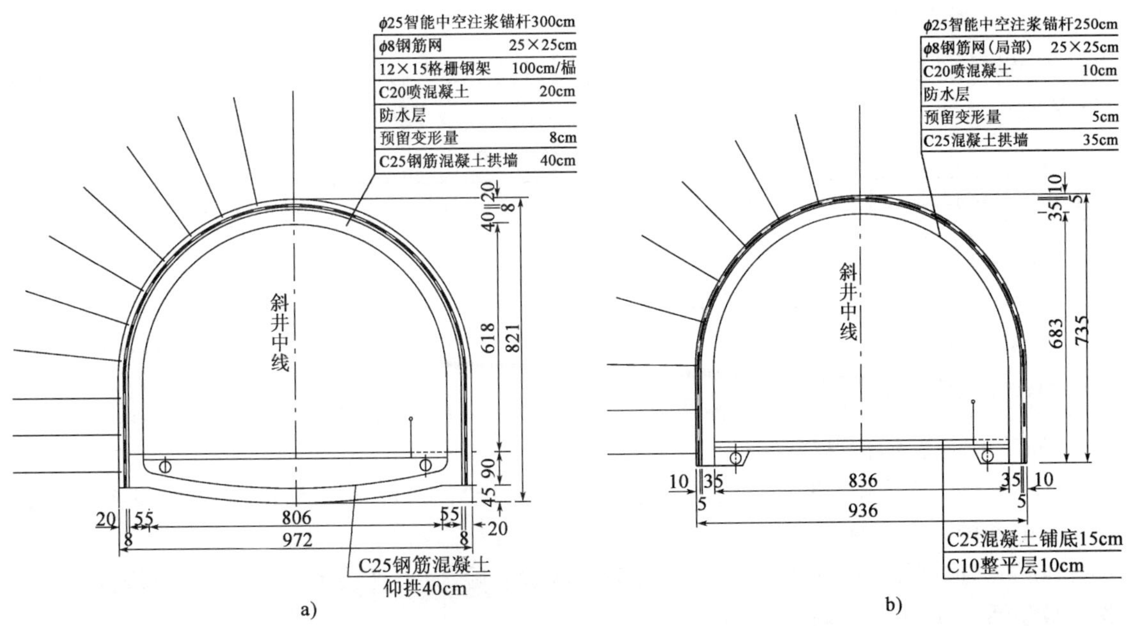

图2　斜井衬砌结构设计图(尺寸单位:cm)

a)雅安端排风斜井Ⅳa型衬砌断面图;b)雅安端排风斜井Ⅲ型衬砌断面图

2　斜井洞口段施工过程中力学行为研究

2.1　计算模型的建立

计算中,依据设计资料严格按照斜井轮廓建立模型,同时参照隧道力学的相关资料,模型边界水平方向取3～5倍的开挖洞径,垂直方向取2～3倍的开挖洞径。为了充分考虑地形因素对原始地应力场的影响,尽量减小边界效应,计算模型沿斜井横断面方向取180m,沿斜井纵向取177m,斜井距离计算模型下边界的最小距离为40m。模型顶面依据实际地形建立。最终建立计算模型见图3。

在模型的4个侧面施加横向约束,在计算模型的底面施加竖向约束。由于洞口段埋深较小,初始应力场用重力场模拟,不考虑构造应力作用。

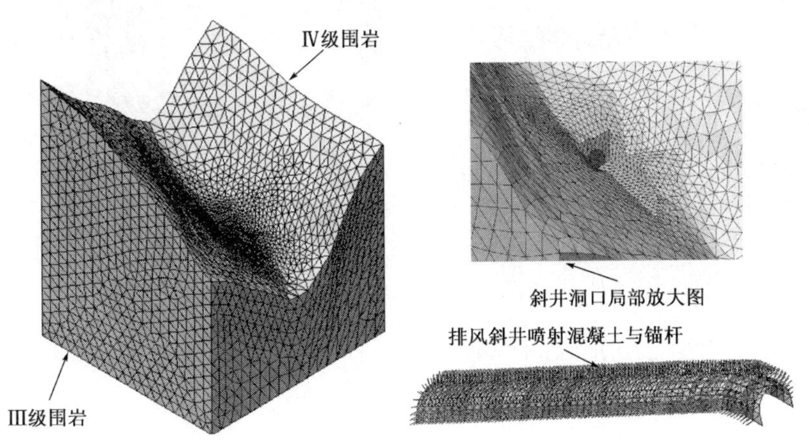

图3　三维计算模型

地层采用实体单元模拟,本构模型选用摩尔—库仑准则;锚杆采用植入式桁架单元模拟,喷射混凝土采用板单元模拟。由于该计算模型比较复杂,单元划分采用自由划分,为保证计算精度,又便于划分单元,网格划分时对于重点研究的斜井区域采用了相对较密的单元划分,单元基本尺寸为2m,而对于模型边缘划分较稀,单元基本尺寸为10m,总共划分70 000多个单元。

2.2 计算参数的选取

围岩计算参数的选取在参考《公路隧道设计规范》及泥巴山隧道岩体物理力学参数室内试验的基础上综合确定，见表1。

围岩物理力学参数表 表1

围岩级别	岩石名称	密度 ρ(kg/m^3)	弹性模量 E(GPa)	泊松比 υ	黏聚力 c(kPa)	内摩擦角 φ(°)
Ⅳ	流纹岩	2.45×10^3	3.0	0.3	300	45
Ⅲ	流纹岩	2.60×10^3	10.0	0.25	900	45

2.3 计算过程模拟

开挖与支护分别用程序中的"钝化""激活"功能模拟，施工阶段完全模仿现场施工步骤，具体步骤如下：

(1)生成原始地应力场，位移清零；

(2)开挖一段岩体：均采用全断面开挖，Ⅳ级围岩段每步开挖1.2m，开挖后应力释放30%；Ⅲ级围岩段每步开挖2.0m，开挖后应力释放40%；

(3)进行喷锚支护：Ⅳ级围岩中锚杆与喷射混凝土被激活后，应力释放剩余的70%；Ⅲ级围岩中锚杆与喷射混凝土被激活后，应力释放剩余的60%；

(4)开挖下一段岩体……

为了避免边界效应的影响，斜井不贯通模型，保留40m不开挖。

2.4 力学行为分析

2.4.1 围岩变形规律与稳定性分析

2.4.1.1 围岩变形

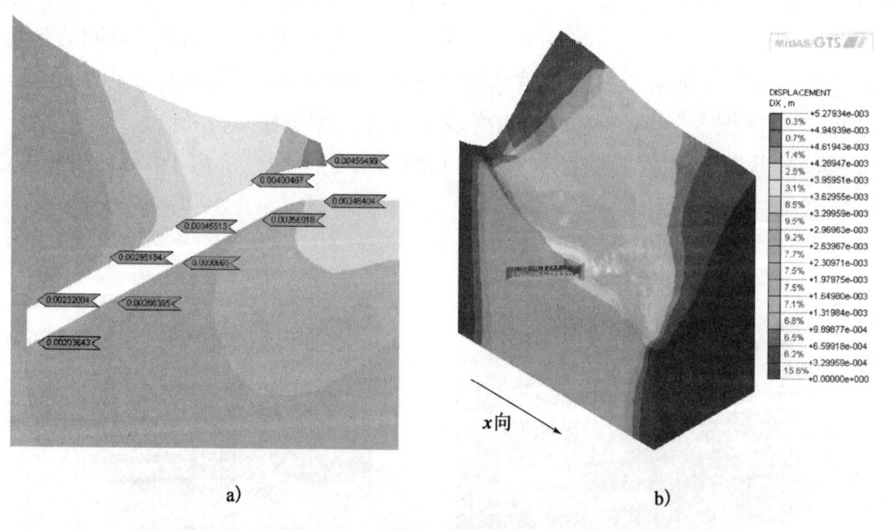

图4 围岩 X 向位移(单位：m)

a)沿斜井中线的剖断面视图；b)沿斜井中线的剖分面等轴测视图

注：图中标记的数值是箭头指向节点的 X 向位移值。

由图4可以看出：

(1)斜井洞口段拱顶与底部有比较明显的朝向 X 正向(洞口方向)的位移，随着埋深的增加，位移量逐渐减少。

(2)拱顶位移略大于拱底位移，因此，设置斜井钢架时，为了防止拱顶围岩发生较大的朝向洞口的相对位移，钢架顶部应朝洞内有一个倾斜角；随着埋深的增加，拱顶与拱底的相对位移逐渐减小，倾斜角度也应逐渐减小。

由图5可以看出，洞口浅埋段拱顶与底部位移均朝向 Z 正向，随着埋深的增加，朝向 Z 正向的位移值逐渐减小，并慢慢演变成朝向 Z 负向的位移。洞口浅埋段的位移朝向 Z 正向，主要是由于该段处于山凹之中，周围三个方向的地势明显高于洞口段，斜井开挖之后应力释放，周围岩体产生朝向斜井洞口浅埋段的变形，并对该段的围岩与支护产生挤压，使该段出现了朝向 Z 正向位移。

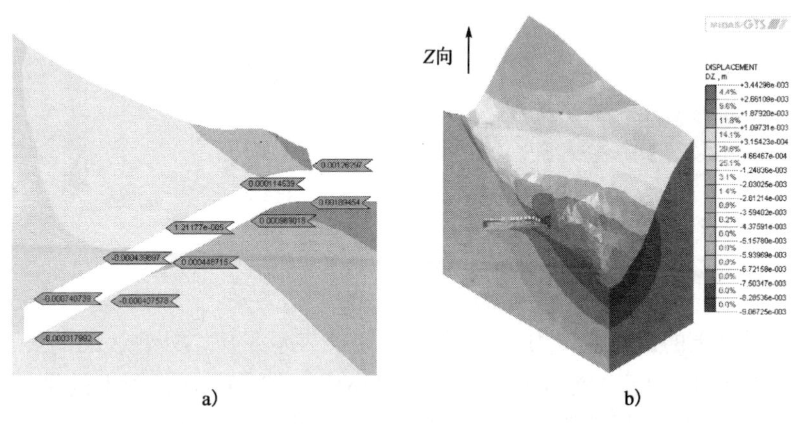

图 5　围岩 Z 向位移(单位:m)

a)沿斜井中线的剖断面视图;b)沿斜井中线的剖分面等轴测视图

2.4.1.2　围岩稳定性分析

在斜井开挖过程中，除洞口段拱顶出现塑性拉应变区外，其余段落的拱部位置均未出现塑性拉应变区；斜井仰拱部位存在塑性拉应变区；另外，开挖段斜井全长均未出现塑性压应变区。因此可以判断斜井洞口段施工过程中围岩稳定性较好，除进洞位置的拱部应采用超前支护措施外，其余段落可取消超前支护措施。此外，施工过程中应当加强对无仰拱段落的拱底隆起监控量测，若变形过大，应及时采取工程措施，防止侵入限界。

2.4.2　支护应力分析

2.4.2.1　锚杆受力分析

93.1%的锚杆应力分布在 2.57～29.81MPa，且为拉应力，而钢筋的抗拉强度设计值为 268MPa，大部分锚杆没有充分发挥抗拉作用；由图 6 可以看出，拱墙部位锚杆受力较小，拱腰、拱肩、拱顶部位锚杆受力较明显，各部位锚杆受力不均匀。锚杆设计存在进一步优化的空间：可以适当的加大锚杆间距，减少锚杆数量，尤其是拱墙锚杆的数量。

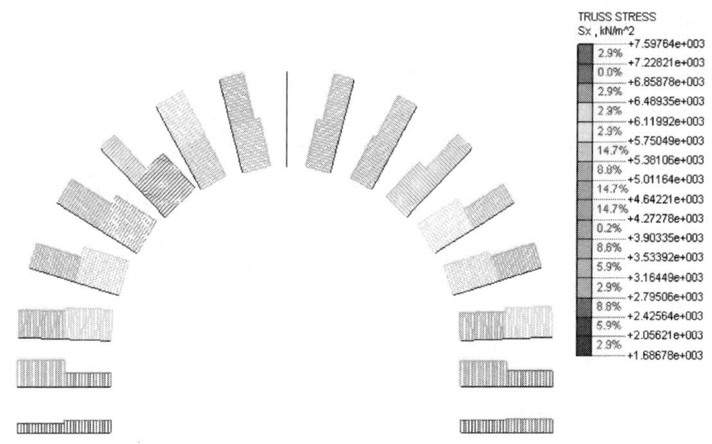

图 6　典型断面锚杆应力分布

2.4.2.2　喷射混凝土受力分析

由图 7a)可以看出，99.5%的喷射混凝土外侧表面的最大主应力值分布在 0.74MPa 以下，0.5%的喷射混凝土外侧表面的最大主应力值分布在 0.74～0.99MPa(该部分应力值较大是由于局部网格形状不规则导致的)；由图 7b)可以看出，97.5%的喷射混凝土内侧表面的最大主应力值分布在 0.95MPa 以下，2.5%的喷射混凝土内侧表面的最大主应力值分布在 0.95～1.96MPa，均小于 C20 喷射混凝土的抗拉强度设计值[6]。

洞口段施工过程中喷射混凝土处于相对安全状态。

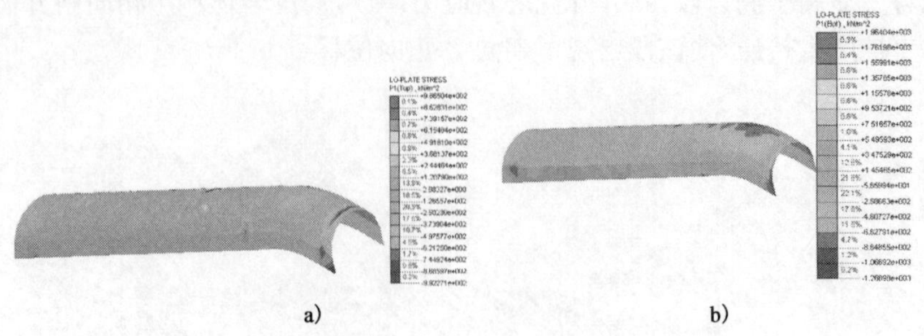

图 7　喷射混凝土的最大主应力分布

a)喷射混凝土外侧；b)喷射混凝土内侧

由图 8 可知，喷射混凝土的最小主应力均为压应力(负值表示受压)，外侧表面的最小主应力绝对值均小于 3.8MPa，内侧表面的最小主应力绝对值均小于 4.46MPa，C20 喷射混凝土的轴心抗压强度设计值为 10MPa。由此可以判断，斜井洞口段施工过程中喷射混凝土出现受压破坏的概率极小。

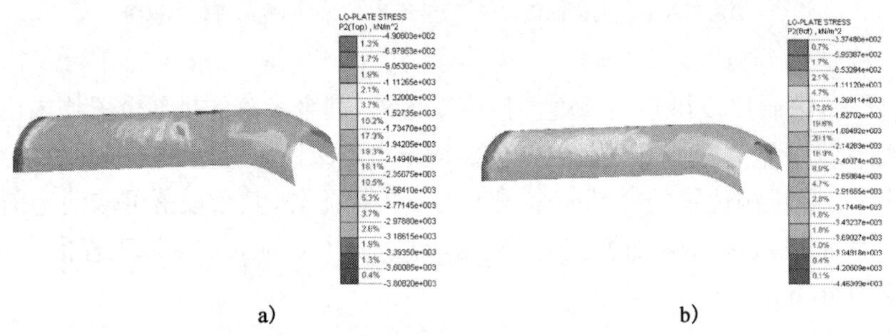

图 8　喷射混凝土的最小主应力分布

a)喷射混凝土外侧；b)喷射混凝土内侧

3　结论

通过以上研究可以得到如下结论：

(1)洞口段拱顶围岩相对于拱底围岩有比较明显的朝向洞口的位移，因此钢架应向井底倾斜，倾斜角度一般为斜井倾角的一半，但不得超过 9°，见图 9；随着埋深的增加，拱顶围岩朝向洞口的相对位移值逐渐减小，所以钢架倾角也应逐渐减小，具体角度应根据现场量测数据确定。

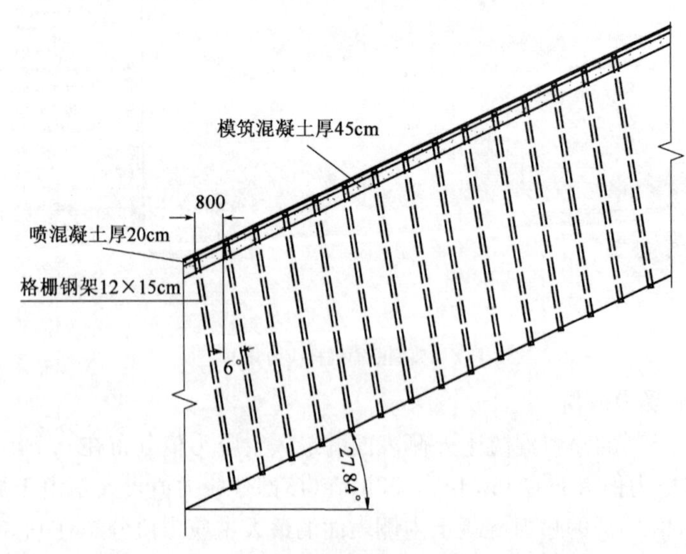

图 9　钢架纵断面布置图

(2)斜井洞口段施工过程中围岩稳定性较好，除进洞位置的拱部应采用超前支护措施外，其余段落可取消超前支护措施。

(3)锚杆受力普遍较小，可适当加大锚杆间距，减少锚杆数量，建议$Ⅳ_{浅}$型衬砌锚杆间距由100cm调整为130cm，Ⅲ型衬砌锚杆间距由120cm调整为150cm；系统锚杆仅在起拱线以上布设，拱墙取消系统锚杆，仅在钢架脚部布设锁脚锚杆。

(4)喷射混凝土受力明显，在施工过程中喷射混凝土受拉、压破坏的概率极小，受力状态稳定。

参考文献

[1] 尹文华，梁桥．复杂地质条件下隧道特长斜井开挖模拟分析[J]．山西建筑，2007(2)：296-297.

[2] 田尚志，李海清．泥巴山特长隧道选线设计[A]//2007年全国公路隧道学术会议论文集[C]．西安：重庆大学出版社，2007：196.

[3] 四川省交通厅公路规划勘察设计研究院．雅泸路大相岭泥巴山特长公路隧道施工图设计文件[R]．2006(12).

[4] 潘昌实．隧道力学数值方法[M]．北京：中国铁道出版社．1995.

[5] 中华人民共和国行业标准．公路隧道设计规范(JTG D70—2004)[S]．北京：人民交通出版社．2004.

[6] 铁道部第二勘测设计院．隧道[M]．北京：中国铁道出版社．1999.

铁寨子Ⅰ号隧道通风阻力系数模型试验研究

张广洋[1] 高菊如[2] 伍晓军[2] 徐辰丁[2]

(1.四川雅西高速公路有限责任公司 成都 610041;
2.中铁西南科学研究院有限公司 成都 610031)

摘 要:根据相似理论建立了铁寨子Ⅰ号隧道的通风阻力试验模型,介绍了该隧道通风模型试验系统的组成及其试验方法。通过模型试验,获得了铁寨子Ⅰ号隧道直线段在通风量为 $1m^3/s$ 时的通风阻力系数为 0.030,并利用柯列勃洛克经验公式验证了该试验结果的正确性,为后续开展曲线类隧道通风阻力修正系数的试验研究奠定了基础。

关键词:铁寨子Ⅰ号隧道 阻力系数 模型试验

1 引言

近年来,将喷射混凝土衬砌作为隧道永久衬砌的例子越来越多。国内对此种界面在大断面公路隧道中的通风阻力系数已经开展了研究[1]。但目前,隧道永久衬砌仍以二次衬砌为主,对该衬砌界面在小半径螺旋形曲线隧道中的通风阻力系数的研究却尚未见有报道。而通风阻力系数的取值对隧道尤其是特长、曲线类隧道通风系统的配置影响很大。课题组依托我国目前曲线半径最小的螺旋形双线单向山区高速公路隧道——铁寨子Ⅰ号隧道,进行了该界面通风阻力系数的系列模型试验研究。本文介绍了铁寨子Ⅰ号隧道直线段通风阻力系数模型试验研究的有关情况及试验结果,试验结论不仅是对隧道通风阻力系数研究的有益补充,也是研究曲线隧道通风阻力修正系数的基础。

2 铁寨子Ⅰ号隧道概况

铁寨子Ⅰ号隧道是交通部批准的2005年度勘察设计典型示范工程,亦是使用亚洲开发银行贷款(贷款6亿美元)建设项目——雅泸高速公路的重点控制性工程。隧道采用钻爆法开挖,总长度2 940m,为一螺旋曲线隧道。其进口位于直线段上,出口位于平均曲线半径600m左右的曲线上。从雅安至泸沽方向为上坡,其中左洞单向坡度为+2.65%;右洞单向坡度为+2.48%。施工期间,拱腰处挂有直径为1.5m的通风软管。隧洞当量直径为9.072m,调研所得隧道衬砌内壁绝对粗糙度平均值为2.735cm。隧道断面及尺寸见图1、图2所示。

图1 隧道洞口断面图

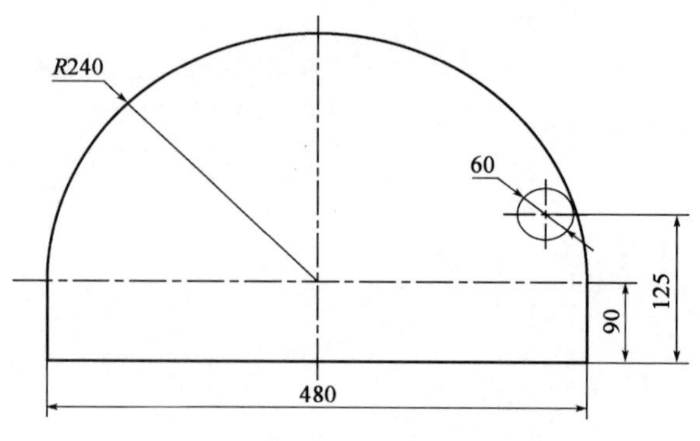

图2 隧道断面尺寸示意图(尺寸单位:mm)

3　试验研究

3.1　模型试验相似性

与实物完全相似的模拟称为完全模拟。完全模拟很难做到，甚至无法做到。而通常的模拟都是在保证主要相似参数相同，忽略次要相似参数的条件下进行的，这被称为部分模拟或近似模拟。对于本次铁寨子Ⅰ号隧道通风模型试验，在保证主要相似条件的情况下，进行近似模拟，其假定如下：

(1)流体不可压缩；

(2)流体为等温流动；

(3)流体流动为稳定流；

(4)流体为连续介质；

(5)流体流动遵守能量守恒定律。

通过以上假定，公路隧道通风可以理想化为黏性不变的不可压缩流体在重力场中有压管流运动。由于公路隧道通风系统属于封闭系统，而要使两个几何相似的封闭系统中不可压缩流体动力相似仅需该两个系统的雷诺数相同。

为了保证试验测得的摩阻系数就是原型隧道——铁寨子Ⅰ号隧道的摩阻系数，除了要求两个系统几何相似，雷诺数相同以外，还必须要保证二者的相对粗糙度相同。根据 1∶24 的模型率确定出模型隧道的壁面绝对粗糙度为 1.14mm。

3.2　模型试验系统

3.2.1　流场模拟系统

流场模拟系统由隧道模型(内挂通风管)、喇叭口、过渡节、动压测试圆管、试验风机和变频控制器等组成，见图 3。

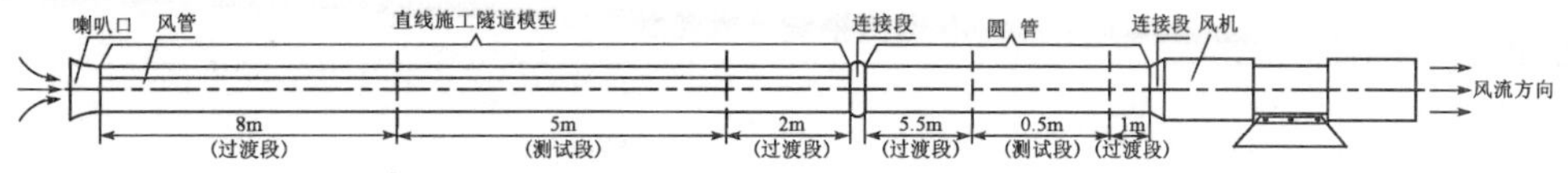

图 3　流场模拟系统

直线隧道模型采用玻璃钢制成，总长 15m，分为 15 节，断面积 0.131m^2。隧道内的模拟通风管采用了与模型率最接近的市场规格，直径为 60mm 的塑料管。隧道模型断面及尺寸如图 4、图 5 所示。

图 4　模型隧道断面图

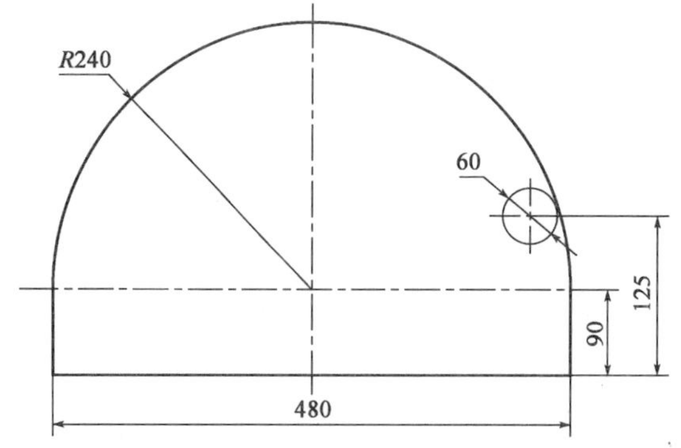

图 5　模型隧道断面尺寸示意图(尺寸单位：mm)

喇叭口同样采用玻璃钢制成，一端与隧道模型一致，另一端为喇叭状，长度 0.5m，如图 6 所示。

过渡节采用镀锌板制成，一端与隧道模型一致，另一端与动压测试圆管相接，长度约 0.5m，如图 7 所示。

动压测试圆管为成型塑料管，长度 5.6m，内径 0.285m，内壁光滑，外壁成螺纹状，如图 7 所示。

试验风机是根据试验的具体要求定制的离心风机，如图 8 所示。变频控制器是与试验风机电机匹配的，可在电机的额定频率以下实现电机无级变速，获得试验需要的风量，如图 9 所示。

图6 喇叭口

图7 过渡节及动压测试圆管

图8 试验风机

图9 变频控制器

模拟系统基本参数汇于表1。

模拟系统基本参数 表1

<table>
<tr><td colspan="3">模 型 率</td><td>1∶24</td></tr>
<tr><td colspan="3">模型隧道长度(m)</td><td>15</td></tr>
<tr><td colspan="3">试验风量(m^3/s)</td><td>1.00</td></tr>
<tr><td rowspan="5">模型断面几何参数</td><td colspan="2">断面高度(m)</td><td>0.33</td></tr>
<tr><td colspan="2">断面底宽(m)</td><td>0.48</td></tr>
<tr><td colspan="2">断面周长(m)</td><td>1.42</td></tr>
<tr><td colspan="2">断面积(m^2)</td><td>0.131</td></tr>
<tr><td colspan="2">当量直径(D)(mm)</td><td>378</td></tr>
<tr><td rowspan="2">模型配件参数</td><td>内壁</td><td>绝对粗糙度(实测值)(mm)</td><td>1.14</td></tr>
<tr><td>风管</td><td>风管直径(mm)</td><td>60.00</td></tr>
</table>

3.2.2 数据采集系统

数据采集系统由微压计、皮托管、皮托管夹具、环形静压导管、连接胶管、气压计及温湿度计等组成，如图10～图13所示。

3.3 模型试验方法

试验测定间距$L=4$(m)的直线模型隧道模块间的流动阻力损失ΔH即近似为静压差$\Delta P_{静}$和动压测试圆管的平均动压H_{sda}。然后由公式(1)和公式(2)计算阻力系数λ。

图10 补偿式微压计

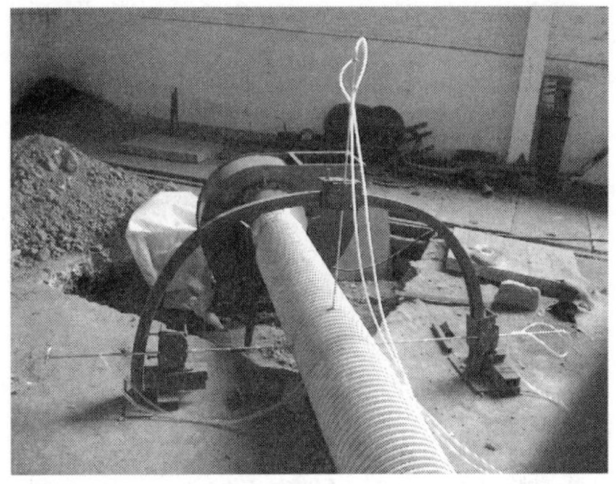

图11 皮托管及其夹具

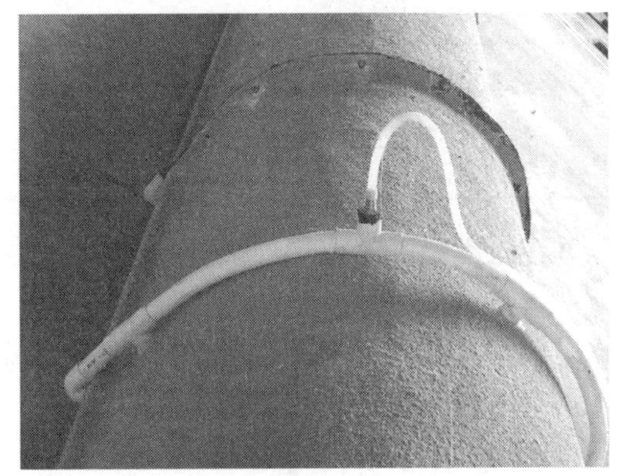

图12 环形静压导管与连接胶管

图13 测试孔与皮托管间隙的密封

$$v_r = K\sqrt{\frac{2H_{sda}}{\rho}} \tag{1}$$

$$\lambda = \frac{\Delta P_{动} + \Delta P_{静}}{v_r^2} \times \frac{D}{L} \times \frac{2}{\rho} \tag{2}$$

式中:K——皮托管系数;

ρ——空气密度;

v_r——平均风速;

D——模型隧道当量直径。

数据采集过程如下:

(1)将皮托管插入动压测试圆管相应测试孔,在对应测试位置固定皮托管,并调整好皮托管的测试方向。最后对皮托管和测试孔之间的间隙进行密封,如图13所示。

(2)安装环形静压导管与连接胶管之间的变径接头,并进行密封。

(3)利用连接胶管将皮托管和环形静压导管分别同微压计连接起来,并保证连接部位的气密性。

(4)微压计调零,准备测试。

(5)开启风机,利用变频控制器调整到试验所需风量。调整微压计,稳定后读取动压及静压差数据。

3.4 模型试验结果及其验证

根据试验测定的动压和静压差数据,由公式(1)和公式(2)计算得到直线隧道模型的阻力系数见表2。

直线模型隧道通风阻力系数试验结果 表2

V(m³/s)	Re	直线隧道模型阻力系数
		λ
1.00	1.93E+05	0.030

由表 2 可知，在试验风量 1.00(m^3/s)处，直线隧道模型的通风阻力系数为 0.030。

柯列勃洛克根据大量工业管道实验资料，整理出工业管道过渡曲线，并提出该曲线的方程为：

$$\frac{1}{\sqrt{\lambda}}=-2\lg\left(\frac{\Delta}{3.7d_e}+\frac{2.51}{Re\sqrt{\lambda}}\right) \tag{3}$$

式中：Δ——管道的当量粗糙高度；

d_e——管道的当量直径；

Re——雷诺数。

上述公式是尼古拉兹光滑区公式和粗糙区公式的结合，不仅适用于紊流过渡区，而且可以适用于整个紊流的三个阻力区，在国际上享有较高声誉。我国 1977 年编制的《全国通用通风管道计算表》就是按该公式计算的。因此，为了验证试验结果的正确性，将试验结果与该经验式计算的结果进行比对。比对情况见表 3。

通风阻力系数试验结果与经验式计算结果的比对 表 3

Δ(mm)	d_e(m)	R_e	阻力系数 λ		相对误差(%)
			试验值	经验式	
1.14	0.378	1.93E+05	0.030	0.027	10

由表 3 可知，试验结果与经验式计算结果吻合较好，误差在工程允许的范围内，表明试验及其结果是可信的。

根据相似理论，在保证模型与原型相对粗糙度一致，雷诺数相等条件下，模型测定的阻力系数就是原型的阻力系数。由此可知，铁寨子Ⅰ号隧道直线段的通风阻力系数约为 0.030。

4 结语

通风阻力系数的准确选取是合理选配风机的前提，也是保证隧道通风系统经济节能的重要手段。通过本次模型试验测定的铁寨子Ⅰ号隧道直线段通风阻力系数不仅可直接用于该隧道通风系统的设计，也可供同类隧道通风系统的设计参考。本次试验结果、试验系统和方法也为进一步研究曲线类隧道通风阻力修正系数奠定了基础。

参 考 文 献

[1] 仇玉良，等.喷射混凝土衬砌隧道通风阻力系数测试研究.中国公路学报，2005：1.

大相岭泥巴山特长高速公路隧道长期气象监测研究

郭　春[1]　王明年[1]　李玉文[2]　李海清[2]　田尚志[2]　周仁强[2]
(1.西南交通大学土木工程学院　成都　610031；
2.四川省交通厅公路规划勘察设计研究院　成都　610041)

摘　要：针对长10km的大相岭泥巴山特长高速公路隧道工程的特殊地理位置及气象条件，为准确分析计算隧道需风量及通风防灾系统自然风压变化规律，在泥巴山隧道南、北2主洞洞口、2斜井洞口规划设计并建立起四个自动气象站，对泥巴山隧道的两个主洞口及两个斜井出口处进行长期气象监测，并取得了温度、相对湿度、风速、风向和气压等相关因素的长期气象资料。

关键词：大相岭泥巴山　特长高速公路隧道　自动气象站　长期气象监测

1　概述

雅安至泸沽段高速公路全长约240km，地处雅安市南部、凉山州北部，是国家高速公路网首都放射线——北京至昆明高速公路的重要组成部分，也是四川省高速公路网中的主干线之一。大相岭泥巴山隧道(以下简称"泥巴山隧道")是雅泸高速公路上的控制性工程，长达10km。

泥巴山位于青藏高原东麓，属青藏高原背风坡地段，是川西高原向四川盆地的过渡地带，属于亚热带季风性气候。由于泥巴山横跨雅安市中部，是雅安市南北不同的自然地理和气候的主要分界线，南北气候差异较大。由于进入隧道通风系统中的空气状态很大程度取决于风道进口处的当地气象情况。所以研究隧道两端洞外空气的温度、相对湿度、风速和风向及压强随时间的连续变化规律、隧道两端洞口高差以及气温差异在洞内形成的巨大自然风压，估算与温度和压力梯度有关的隧道自然风压，对计算隧道需风量，分析通风防灾系统自然风压变化规律是非常必要的。

自动气象站系统是一种集气象数据采集、存储、传输和管理于一体的无人值守的气象采集系统。PH自动气象站用于测量气温、相对湿度、照度、雨量、风速、风向、气压、辐射等基本气象要素，具有显示、自动记录、实时时钟、超限报警和数据通讯等功能。PH自动气象站由气象传感器，PH气象数据采集仪，PH计算机气象软件三部分组成。PH气象数据采集仪采集并记录各气象数据，采用汉字液晶数据显示，人机界面友好，具有设定参数掉电保护和气象历史数据掉电保护功能，可靠性高。PH气象数据采集仪与计算机之间的通讯方式有有线和GPRS无线通信两种方式，采用GPRS无线通信方式可选用PH1000GPRS无线数据通信终端。该自动气象站技术先进、测量精度高、数据容量大、遥测距离远、人机界面友好、可靠性高。

2　泥巴山隧道自动气象站测试方案设计

为使气象观测资料具有一定的代表性、比较性和准确性，需选择适宜的观测场所。为使观测结果能代表当地天气的实际情况，根据气象部门相关手册观测场地的选择必须具备以下条件：

(1)视界广阔，地势较平坦，附近无高大建筑物和树木，远离湖泊和河流；

(2)观测场地的标高要准确；

(3)面积的大小应与仪器的安置数量相适用；

(4)经常保持场地的清洁，场内不得放置与观测无关的物体；

(5)维护场地内的自然状态，有积雪时，除小路上的积雪可以清除外，应保护场地积雪的自然状态；

(6)观测点应视界开阔，能够见到四周的地平线。

针对大相岭泥巴山特长公路隧道工程特点，为研究泥巴山特长公路隧道洞口自然风向、风速、气压、气温变化等气象条件对整个隧道通风的影响，在隧道南、北2主洞洞口、2斜井洞口共建立4个周期1年的长期气象条件观测站，周期性地测试南北主洞、斜井洞口的气象参数变化规律。

(1)测试参数包括风向、风速、大气压力、空气温度、空气湿度。

(2)测试频率为每半小时采集记录各参数数据。

(3)测试数据采集后，经人工收集，并使用统一表格记录，每月定期作4个气象站的数据汇总和数据分析处理。

PH自动气象站与中心气象计算机之间的组网方式可以采用有线和无线两种组网方式。本次自动气象站采用GPRS无线通信方式。

在自动气象站直接布线不方便的情况下，可以采取GPRS无线数据通信网络的方式来传输气象数据，中心气象计算机可以与多台PH自动气象站通过移动GPRS无线数据通信网络组成气象监测网络(图1)。

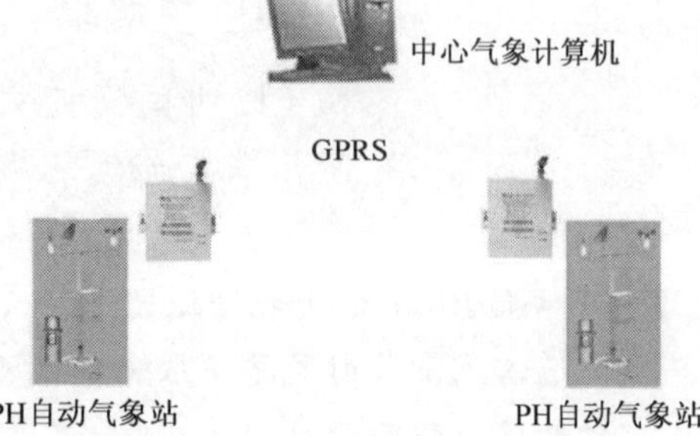

图1　采用GPRS无线通信方式的自动气象站监测网络

3　泥巴山隧道自动气象站相关参数性能

3.1　PH气象数据采集仪

该设备可以接温度、相对湿度、风速、风向、气压、辐射、雨量、土壤温度、土壤含水率、蒸发等气象传感器。采用微机芯片，仪表智能化，可直接在盘面上进行参数设定。掉电采用电池供电数据保护，设置的参数以及历史数据可在掉电时保存。输入、输出采用光电隔离，抗干扰能力强。具有看门狗电路，自动复位功能，保证系统稳定运行。与上位机通信可采用RS232、485、无线移动GPRS。

主要技术指标：

(1)环境温度：−40～70℃；

(2)工作电源：220V AC；

(3)显示形式：图形点阵液晶104mm×40mm；

(4)数据储存容量：64KB。

3.2　风传感器

WC-1型风传感器由风速传感器和风向传感器组成。风杯采用碳纤维材料，强度高，起动好。风向重锤采用附翼板，提高了动态特性。WC-1风传感器互换性好、量程大、线性好、抗雷击能力强、工作可靠。该传感器广泛用于气象、海洋、环境、机场、港口、工农业计交通等领域。

WC-1型风传感器主要技术指标　　表1

项目类别	风速传感器	风向传感器
测量范围	0～40m/s	0～360°
精度	±(0.3±0.03V)m/s	0.1%(线性度)
最大回转半径	90mm	200mm
分辨率	0.1m/s	
起动风速	≤0.3m/s	≤0.8m/s
工作环境	温度−40～50℃ 湿度≤100%RH	温度−40～50℃ 湿度≤100%RH
质量	≤0.5kg	≤0.5kg

3.3　温度传感器

温度传感器的精度和稳定性依赖于感温元件的特性及精度级别。传感器配有5m、10m的屏蔽电缆，广泛应用于气象、勘探、农业、制造业等领域。

气温传感器采用光刻铂电阻作为感应部件，感应部件位于杆头部，外有一层滤膜保护。可配专用的防辐射罩，保护传感器免受太阳辐射和雨淋。

技术指标：

(1)测量范围：－50～＋50℃；

(2)分辨率：0.1℃；

(3)准确度：±0.2℃。

3.4　湿度传感器

空气湿度传感器可用来测量空气湿度，感应部件采用高分子薄膜湿敏电容，位于杆头部，这种具有感湿特性的电介质其介电常数随相对湿度而变化。

技术参数：

(1)测量范围：0～100％RH；

(2)输出范围：0～100％RH0～1VDC；

(3)分辨率：±1％RH；

(4)准确度：3％(T＞0℃)±5％(T≤0℃)；

(5)稳定性：＜1％RH/年。

3.5　轻型百叶箱

轻型百叶箱与一般气象台站用的木质百叶箱的功能相同，都具有保护温湿度传感器免受太阳辐射和降雨影响的作用。与木质百叶箱相比，轻型百叶箱具有体积小、重量轻、安装方便等优点。轻型百叶箱采用直径220mm的人字形环形塑料盘制成，可以保证空气由任何角度自由通过，并反射来自任何方向的阳光。塑料盘片的配方独特，具有高反射率、低导热性、抗紫外线的功能，可用于极端的气候条件。

3.6　气压传感器

气压是作用在单位面积上的大气压力，即等于单位面积上向上延伸到大气上界的垂直空气柱的重量。气象上使用的所有气压表的刻度均应以hPa分度。在标准条件下，760mmHg的气压等于1032.25hPa。适用于各种环境的大气压力测量。气压计安放在采集器机箱内，使用时确保测压腔与外界大气通道畅通，通过静压管与外界大气相通。

技术参数：

(1)测量范围：500～1060hPa；

(2)分辨率：0.1hPa；

(3)量程：0～110kPa；

(4)环境温度：－10～60℃；

(5)测量精度：±0.5％；

(6)长期稳定性：≤±0.1％F.S/年；

(7)响应时间：≤30ms；

(8)最大工作压力：2倍量程；

(9)测量介质：空气；

(10)非线性：≤±0.2％F.S。

3.7　GPRS无线数据透传模块

PH1000是一款内嵌TCP/IP协议栈的GPRS无线数据透传模块，核心部分由SIEMENS MC39i模块和 32 位 ARM7 工业级嵌入式微处理器构成。PH1000 将从 RS232/485 串口接收到的数据经过协议转换后通过 GPRS 网络无线发送出去,同时将从 GPRS 网络接收到的数据经过协议转换后发往串口。PH1000 兼容 SIEMENS MC39i 的所有 AT 命令集,并且具有看门狗功能。因此,PH1000 具有功能强大,运行稳定的特点。PH1000 通常适用于主机没有 TCP/IP 协议栈,使用串口通信的情况,如在数据采集传输系统等。

要求服务器 IP 地址为公网 IP,对于动态 IP,需要使用动态域名解析服务,通信过程通过 Internet(CMNET)实现。

4 泥巴山隧道自动气象站布置及安装

根据气象测试设计方案,在泥巴山隧道南、北 2 主洞洞口、2 斜井洞口各设置一个自动气象站,均选取地势相对平坦,无高大树木、建筑遮掩,视界开阔处。自动气象站安装及完成情况见图 2 和图 3。

图 2 泥巴山隧道自动气象站安装情况

图 3 泥巴山隧道自动气象站完成情况

5 泥巴山隧道长期气象监测数据

自 2008 年 3 月 18 日建立自动气象站起至 2008 年 8 月 31 日止,已经对泥巴山隧道气象进行监测 166 天,共得到 23613 组气象数据,经过统计处理,得出 2008 年 3 月 18 日至 8 月 31 日 1~4 号自动气象站各监测数据图表(图 4~图 7)。

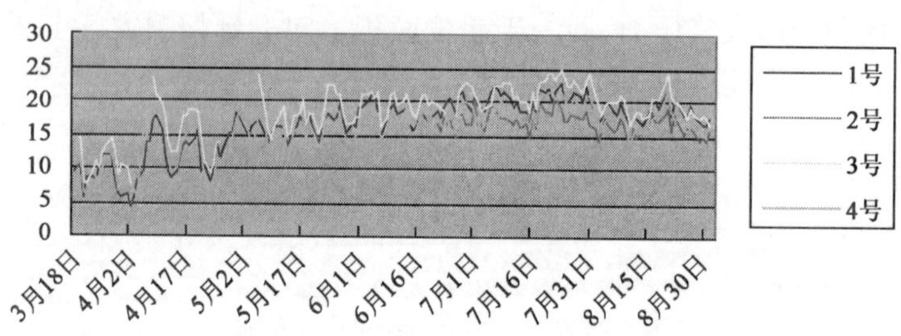

图 4 2008 年 3 月 18 日~8 月 31 日温度数据(℃)

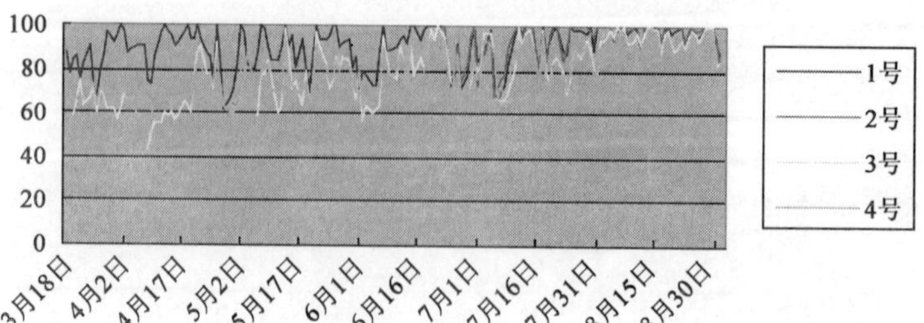

图 5 2008 年 3 月 18 日~8 月 31 日湿度数据(%)

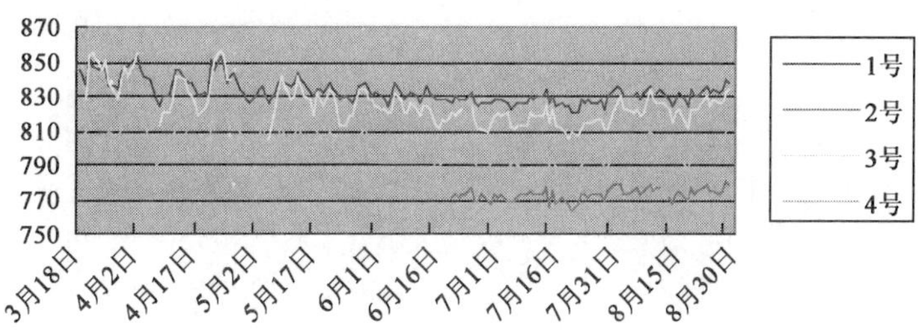

图6 2008年3月18日~8月31日大气压力数据(hPa)

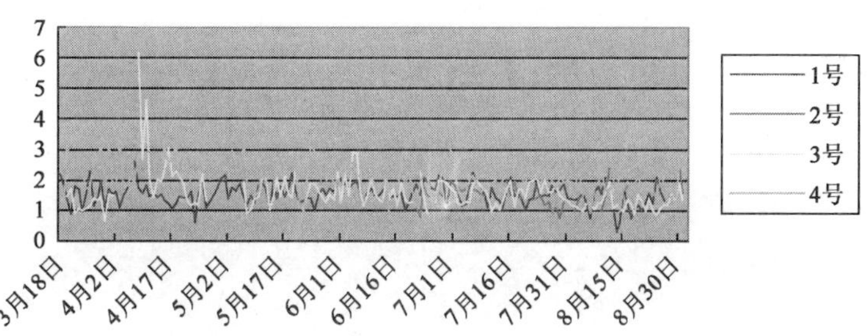

图7 2008年3月18日~8月31日风速数据(m/s)

统计1~4号气象站所取得的长期气象数据,可得到1~4号气象站逐月平均温度、湿度、大气压力、风速(图8~图11)。

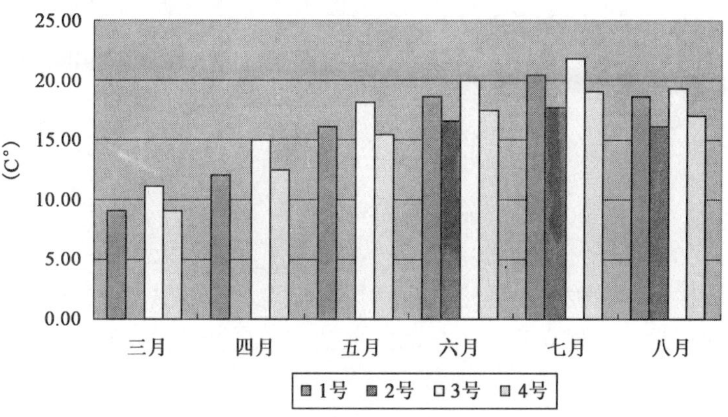

图8 温度逐月平均气象资料(℃)

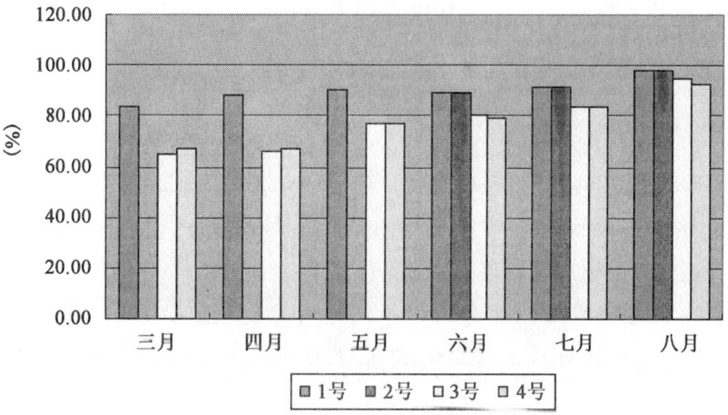

图9 湿度逐月平均气象资料(%)

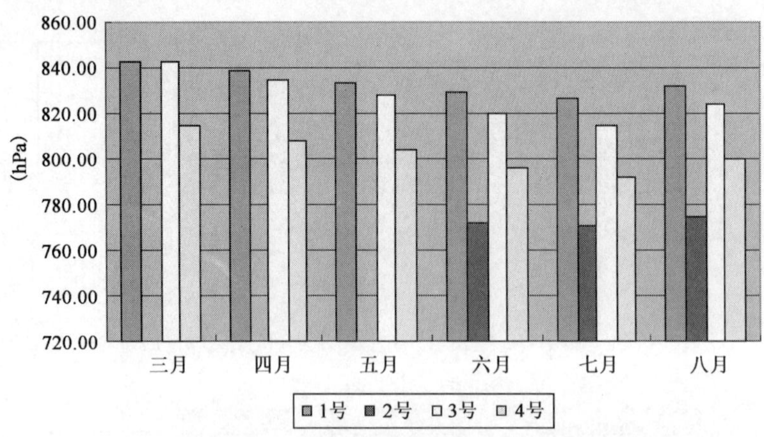

图10　大气压力逐月平均气象资料(hPa)

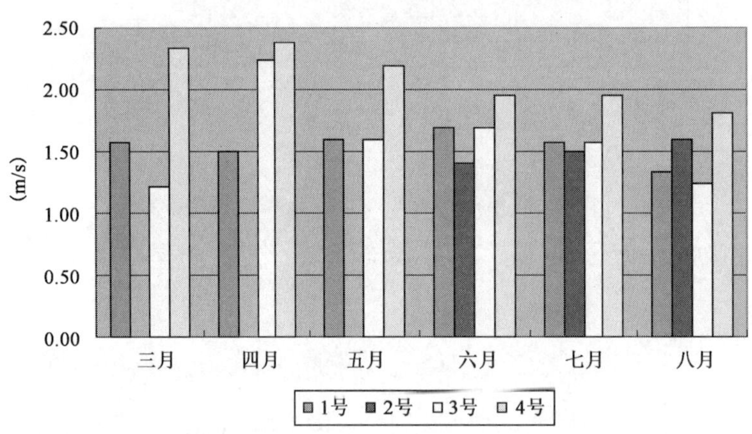

图11　风速逐月平均气象资料(m/s)

6　结论

统计分析气象监测数据可以为泥巴山隧道内自然风确定等研究提供数据支持。通过泥巴山隧道南、北2主洞洞口、2斜井洞口规划设计并建立起四个自动气象站,取得的温度、相对湿度、风速、风向和气压等相关因素的长期气象资料。

分析1～4号气象站逐月平均温度、湿度、大气压力、风速可知,湿度、风速的各处分布差异并不大,因此在今后的研究中,应重点将大气压力、温度作为泥巴山隧道内自然风主要影响因素。

为了进一步得到完善结论,需继续对泥巴山隧道气象进行长期监测,得到更多的气象资料。

参考文献

[1] 王明年,郭春等.大相岭泥巴山隧道通风专题设计[R].西南交通大学.2006.
[2] 郝国栋,李燕,高林.CAWS600-B型自动气象站的串口连接与保护[J].山东气象.2007(3).
[3] 吴利红,康丽莉,陈海燕.地面气象站环境变化对气温序列均一性影响[J].气象科技.2007(1).
[4] 朱霞,张静.地面自动气象站使用中应注意的几个问题[J].现代农业科技.2006.
[5] 王晓默,薛峰,章磊.自动气象站与人工观测的数据对比分析[J].气象科技.2007(4).

大相岭隧道大角度斜井端头汇水特征及形成机理分析

邵　江[1,2]　程　强[2]　巫锡勇[1]

(1. 西南交通大学工程地质系　成都　610031；
2. 四川交通运输厅公路设计院　成都　610041)

摘　要：在深埋特长隧道中大角度斜井的采用越来越多，现阶段研究和总结主要集中在施工工法上，而地下影响特征是大角度斜井顺利施工的关键问题。本文总结了裂隙岩体中大角度斜井具有与主洞不一样的端头水特征，即在穿越含水带时，从拱顶或侧壁流出的地下水，向掌子面一定范围汇集，而已开挖段地下水流逐渐减少。产生端头汇水的主要原因是大角度斜井开挖卸荷造成一定范围内岩体损伤和裂隙宽度增加，以地下水在裂隙岩体中的偏流。另外当有断层在斜井下部穿越时，由于断层导致岩体破碎以及主洞、斜井开卸荷导致的岩体损伤，在斜井下部极易由于陡坡斜井的端部积水下渗，在斜井和主洞间再次形成富水区，对主洞产生涌水危害。本文对大相岭隧道大角度斜井特征的总结和分析对相似工程中穿越含水带具有一定的参考意义。

关键词：大角度斜井　端头汇水　偏流　裂隙岩体　断层

1　前言

随着公路、铁路在山区建设的发展，所穿越的隧道越来越长，埋深越来越大。为了满足通风或多掌子面施工等的需要，通常会在隧道中部设置斜井。所采用的斜井坡度通常较大，造成施工方法与常规隧道施工存在差异，其中地下水的发育特征也因纵坡较大而不同。现阶段对大角度斜井研究或总结较多的主要是施工工法或穿越断层的注浆施工研究[1-3]，对由于坡度大，导致部分地段地下水径流改变，并具有常规隧道不同的地下水特征却鲜有总结和研究，下面以大相岭隧道为例，对其中的陡倾角斜井的地下水发育特征以及对隧道开挖的影响进行总结，作为相似工程的参考。

大相岭隧道为雅西高速的控制性工程，隧道长约10km，最大埋深1680m。隧道共设置有4个斜井，其中泸沽段左斜井长901.45m，右斜井长905.39m，斜井纵坡分别为17°和16°，斜井近平行，相距约40m。雅安端斜井坡度较缓，为7°～9°，因纵坡坡度较小而对地下水影响较小。穿越岩性为中～微风化流纹岩，岩体较破碎～较完整。超前施工的斜井最大水量约7 000$m^3 \cdot d^{-1}$，对施工危害较大。

2　大角度斜井的岩体结构特征

斜井施工中超前施工的斜井对滞后施工的斜井存在汇水作用，因此超前施工的斜井地下水较丰富。以超前斜井为代表来说明斜井的岩体结构特征。在施工中超前的是左斜井，其主要穿越FWS和F6-1两条断层，断层产状相近约30°～40°∠70°～80°，断层宽度和岩体破碎程度存在差异。FWS断层宽约10～15m，其中断层泥和碎粉岩宽约0.5～1.0m，两侧影响带碎裂岩分别宽约5～9m。F6-1断层宽约50m，其中有多条碎粉带，主碎粉岩带宽约1m，其他次级和分支碎粉碎裂带宽0.1～0.2m。断层影响带以碎裂岩和劈理带为主，两侧影响带宽约15～25m。断裂破碎带间有1宽约30cm的辉绿岩岩脉。岩体流面产状变化较大，为255°～270°∠40°～73°，在靠近洞口段局部柱状节理发育。除断裂破碎带和影响带外，发育3～4组节理，岩体较破碎-较完整，呈块碎镶嵌结构。围岩级别以Ⅲ级为主，少量受小型断裂或节理密集带影响为Ⅳ级(图1)。

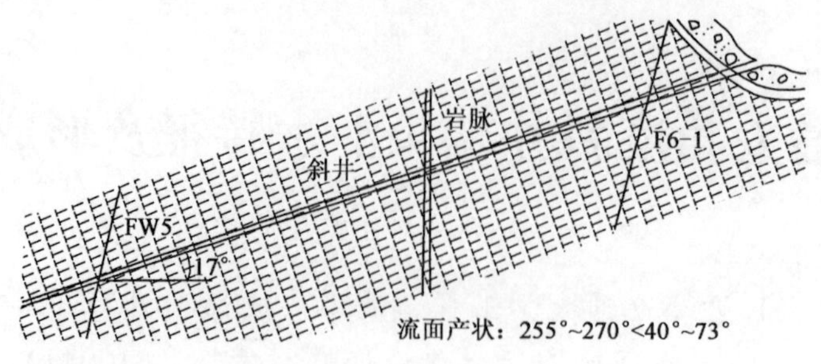

图 1 斜井纵剖面地质图

3 大角度斜井的地下水发育特征

对大相岭大角度斜井施工中认识到，其地下水的分布和发育特征主要受岩体结构、断裂、岩脉等控制，具有以下特征：

(1)地下水主要分布于 F6-1、FWS 断裂破碎带、影响带和岩脉，呈线流状—淋雨状和股状。在局部柱状节理发育的流面附近，地下水也较发育。

(2)在揭穿岩脉时，具有承压水特征。地下水射出约 2m，压力较大。

(3)在穿越 F6-1、FWS 以及柱状节理发育带时地下水呈淋雨状，具有开挖端头汇水效应，即时在刚开挖时，未有明显的地下水流出，即随着开挖的进行，多从掌子面拱顶流出，向掌子面一定范围汇集，而已开挖段地下水流出逐渐减少，甚至呈点滴状。

(4)在穿越辉绿岩岩脉时，地下水呈股状从侧壁涌出，也具有端头汇水效应，但与呈淋雨状涌水不同的是，股状地下水随开挖的进行并未立即减少，而是开挖到一定程度后，部分呈股状从原有涌出口前方一定位置侧壁涌出，原有位置涌出地下水相应减少。

(5)左斜井超前右斜井 10～40m，超前施工斜井地下水明显大于滞后斜井，滞后斜井的地下水呈点滴—线流状，掌子面汇集地下水较少，斜井的抽水设备配备主要集中在超前斜井。

4 掘进端头汇水机理分析

造成大角度斜井端头汇水的机理主要有两个因素。在穿越裂隙含水带过程中，随着开挖的进行，对斜井周围一定范围内产生卸荷作用，卸荷范围内原有裂隙宽度发生变化，对地下水的径流产生改变，造成开挖大角度斜井的端头汇水。

国内外众多学者对应力与渗透性的关系进行了研究，阐述了应力大小对渗透性的影响。而这正好与大角度斜井开挖，应力场改变，洞身范围内产生应力松动圈，其渗透性发生改变相对应。Louis(1974)根据某坝址钻孔抽水实验资料分析得到了渗透系数与正应力的经验关系，其提出的渗透系数和正应力呈负指数的关系。仵彦卿[4]进一步进行了理论推导，并通过实验进行了论证。李世平[5]、韩宝平[6]和包太[7]通过实验总结了岩石应力—应变与渗透性的关系曲线。其中仵彦卿川通过蚀变花岗岩所进行的有效应力与渗透系数的关系曲线较典型(图 2)。由图 2 可见，在正应力较小时，渗透系数较大.随着正应力，的增加，渗透系数明显减少，呈现负指数关系。

周辉[8]总结了应力—应变与渗透系数的研究成果(图 3)，由图 3 可见，随应力的增加，渗透系数逐渐降低，当应力达到极限抗压强度，出现塑性变化后，随着变形阶段性的破坏，渗透系数也相应阶段性迅速增加。而其中与大角度斜井开挖相应的特性主要有，随爆破开挖的进行，洞身直径几倍范围内会产生爆破损伤和洞身范围的应力二次调整所产生的损伤，造成裂隙增加，并且由于开挖卸荷，裂隙宽度也相应增加，应变也相应增加，渗透系数也发生较大改变。

大角度斜井开挖中，除开挖造成岩体损伤外，地下水在岩体中的偏向作用也是造成端头汇水的因素之一。田开铭[9,10]进行了交叉流的染色实验，阐述裂隙水的偏流，通过实验证明了一个隙缝中的水流过交时全部或部分向另一隙缝中折流。大角度斜井的开挖为地下水的偏流提供了有利的条件。下面以 F6-1 与岩脉之间的节理密集带产生的淋雨状涌水进行说明。

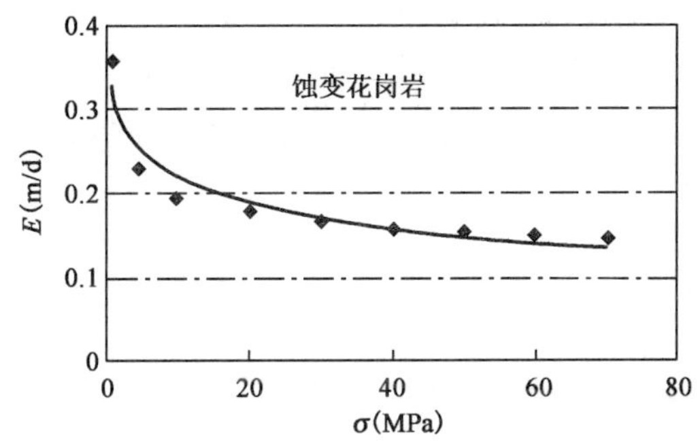

图 2 裂隙岩体渗透系数与有效应力关系图

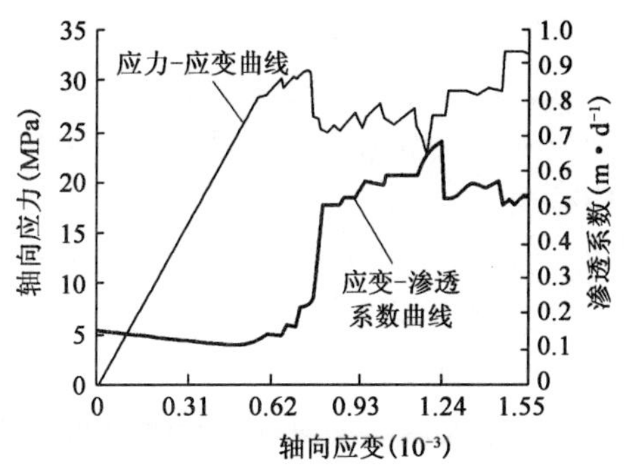

图 3 应力—应变—渗透系数全程曲线

在斜井开挖至掌子面 a 时，拱顶开始出现淋雨状地下水，随开挖至 b 掌子面，淋雨状地下水主要分布在距掌子面一定范围，如图 4 中黑色淋雨状示意所示，而原有开挖至 a 掌子面时产生的淋雨状地下水部分消减，如图 3 中白色淋雨状示意。这种影响程度主要受工程区的结构面控制。场区主要发育 3 组节理①～③节理间距 0.05～0.5m，节理与斜井的关系如图 4 所示。在开始阶段节理①延伸大，间距小，为主要的控水结构面。随开挖的进行，节理③和裂隙②的裂隙宽度增加，沿这两个结构面产生地下水的偏向，并且由于大角度斜井的倾角大，其影响地下水偏流的范围也较大，因此导致同一含水空间的地下水随开挖的进行在已开挖段会出现消减的现象。

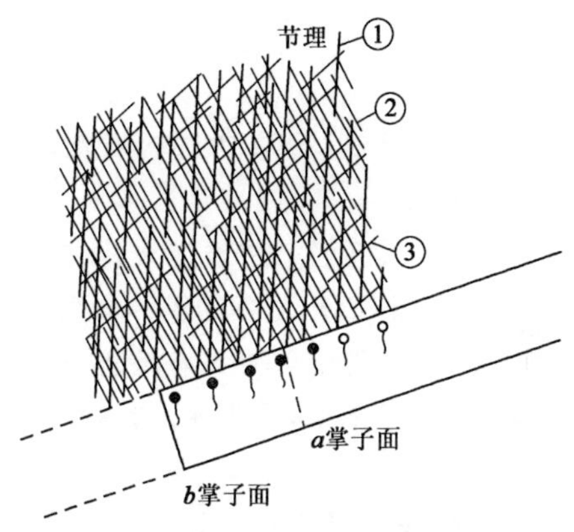

图 4 大角度斜井开挖端头汇水示意图

5 斜井地下水对主洞的影响

由于 FWS 断裂位于斜井的下部，与主洞相距高差仅 30m，由于斜井的导水作用和断裂的控水作用，在斜井开挖过程中，造成与斜井临近的主洞涌水塌方，最大流量达到 24000$m^3 \cdot d^{-1}$。具体情况为如下：

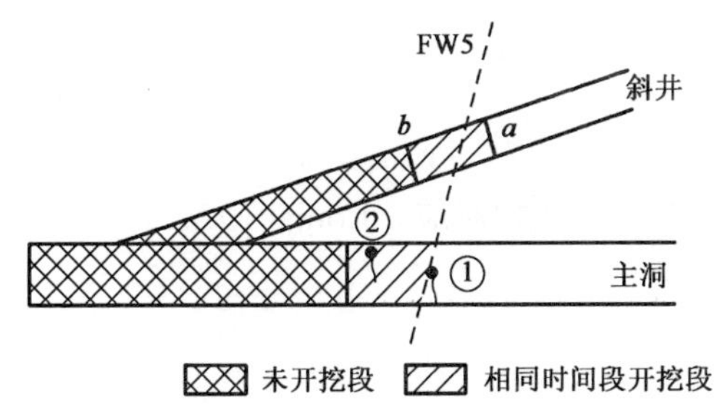

图 5 斜井与主洞施工进度关系图

当主洞施工至 FWS 断层破碎带时，出现集中涌水，即图 5 中①涌水点，最大水量约 8000$m^3 \cdot d^{-1}$，并逐渐衰减至 600$m^3 \cdot d^{-1}$。而此时斜井施工至 a 掌子面，由于倒坡施工，斜井端部积水严重但拱顶仅有点滴一线流状状地下水。当斜井穿越 FWS 断层施工至 b 掌子面，主洞施工至②涌水点。主洞②涌水点与 FWS 断层破碎带相距约 60m，也已穿越断层破碎带 FW5。斜井 b 掌子面与 a 掌子面相距约 30m，此段斜井地下水呈淋雨状。在②涌水点岩体较完整，为Ⅲ级围岩。

造成第一次涌水的原因为主洞开挖揭穿 FW 断层，而斜井未开挖到断层，断层水从上盘涌出，并在施工过程中逐渐衰减。当主洞开挖通过了 FWS 后，斜井施工也已穿越 FWS，斜井掌子面和主洞高差约 30m 左右，位于应力调整范围内，爆破开挖和应力调整导致斜井和主洞间裂隙增加和进一步贯通，为地下水径流提供条件。并且斜井中的掌子面积水通过断层上盘逐渐下渗，改变原有径流通道，在断层上盘和斜井下部再次形成富水区。地下水从较薄弱部位突破，形成涌水。在②涌水点涌水后，斜井掌子面积水迅速衰减，已对施工无影响。

6 结论

在大角度斜井施工过程中，穿越地下水富集带时，存在端头汇水现象，即随着斜井开挖的进行，掌子面淋雨状地下水会在一定范围汇集，而已开挖段地下水流出逐渐减少，甚至呈点滴状。股状地下水随开挖的进行并未立即减少，而是开挖到一定程度后，部分呈股状从原有涌出口前方一定位置侧壁涌出，原有位置涌出地下水相应减少。

大角度斜井端头汇水效应主要因爆破开挖卸荷和围岩二次应力调整导致岩体损伤，为地下水的径流提供了条件，在裂隙网络中，地下水的偏向流动是端头汇水的主要原因。而大角度斜井的倾角大，其影响地下水偏向的范围也较大。

在斜井与主洞的交汇段，由于富水断层和斜井的积水作用，受开挖爆破和二次应力调整影响，在斜井和主洞之间会再次形成富水区，对主洞施工存在一定涌水危害。

参考文献

[1] 代伟，徐双永，杨品坤. 木寨岭隧道大坪斜井软岩大变形原因分析及施工技术[J]. 隧道建设，2010，(2)：169-172.

[2] 刘永红. 大角度斜井施工方法初探[J]. 现代隧道技术，2004 ，(2)：34-40.

[3] 舒文军. 长距离大倾角富水曲线斜井施工技术[J]. 现代隧道技术，2010，(6)：71-76.

[4] 仵彦卿. 裂隙岩体应力与渗流关系研究[J]. 水文地质工程地质，1995，(6)：30-35.

[5] 李世平，李玉寿，吴振业. 岩石全应力应变过程对应的渗透率—应变方程[J]. 岩土I程学报，1995，(3)：13-18.

[6]韩宝平，冯启言，于礼山，等. 全应力应变过程中碳酸盐岩渗透性研究[J]. 工程地质学报，2000，(g)：127-128.

[7] 包太，刘新荣，朱可善，等. 裂隙岩体渗流场与卸荷应力场耦合作用[J]. 地下空间，2004，(3)：386-389.

[8] 周辉，冯夏庭. 岩石应力—水力—化学耦合过程研究进展[J]. 岩石力学与工程学报，2006，(4)：855-861.

[9] 田开铭. 偏流与裂隙水脉状径流[J]. 地质论评，1983，(9)：408-416.

[10] 田开铭. 裂隙水交叉流的水力特性[J]. 地质学报，1986，(2)：202-214.

大相岭深埋特长隧道岩体构造损伤分析及围岩稳定性评价

邵　江　程　强　田尚志

（四川省交通厅公路规划勘察设计研究院岩土勘察设计分院　成都　610041）

摘　要：雅安至西昌高速公路大相岭隧道为深埋特长隧道（长 10km，埋深 1 680m）处于北东向龙门山构造带、北西向大相岭构造带、南北向川滇构造带三大构造体系复合部位，地质构造条件极为复杂。隧址区不同部位受不同构造程度影响，其岩体地质特征有较大的差异。为研究分析构造损伤对岩体地质特征的影响，把握不同段落隧道围岩地质特征，进行了隧址区构造损伤研究。本文研究定义了复杂构造区域岩体构造损伤概念，提出了构造损伤程度评判方法，并用以评判不同部位岩体完整性受构造影响程度，并进行了构造损伤分区。研究表明由于不同构造体系的叠加改造，不同构造损伤分区岩体在岩体完整性程度及岩体强度方面呈现出明显的差异性，而这种构造损伤产生的物理、力学性质的差异性也通过岩石的微观构造得到了充分的证明。根据构造损伤分区研究以及不同构造损伤分区岩体完整性和力学性质，可评价各段隧道围岩稳定性。

关键词：隧道　岩体构造损伤　围岩稳定性　微观构造

1　前言

雅安至西昌高速公路大相岭隧道位于四川省雅安市荥经县和汉源县交界处的大相岭高中山区，穿越山体险峻宽厚，植被茂密，隧道长 10km，最大埋深 1 680m，超过 1 000m 的埋深长度为 5.1km。为典型的越岭深埋特长隧道。

大相岭隧道位于北东向龙门山构造带、北西向大相岭构造带、南北向川滇构造带三大构造体系复合部位，地质构造条件极为复杂。受不同构造体系的影响，隧址区不同部位岩体节理裂隙呈现明显的差异性。因此，可用构造损伤来表示岩体在区域构造应力作用下，岩体的劣化现象。下面通过对大相岭深埋特长隧道岩体的构造损伤特征的分析来说明其在隧道工程中应用和意义。

2　区域构造特征

大相岭区域构造包括的主要构造单元有大相岭北西向构造带和香炉山弧形构造带（图 1）。隧道穿越大相岭北西向构造带的大相岭背斜。大相岭背斜总体呈 NW 向展布，但其轴线具宽缓“S”形，即北段为 NW 向，中段为近 SN 向，南段又为 NW 向。总体走向 N40°W，而近隧址区即处于该构造带中段近 SN 的段落，其构造线方向为 N10°W 左右。造成这种形态的变化主要是由于大相岭构造带中、北部受 NE 向构造影响，造成中、北部形迹改变，向 SW 向凸出，而这部分构造也与 NE 构造形迹反接复合，归并形成香炉山弧形构造带。并构成香炉山弧形构造 W 翼的外弧部分。因此隧址区段位于大相岭北西向构造带和香炉山弧形构造两个构造体系应力场的集中部位，其中进口段受构造集中应力场影响更大。

隧道穿越岩性层主要为震旦系上统灯影组白云岩、震旦系下统苏雄组流纹岩、安山岩和震旦系下统开建桥组流纹质水携碎屑岩，其中流纹岩和安山岩占整个隧道长度的 92%，为隧道穿越的主体岩性。

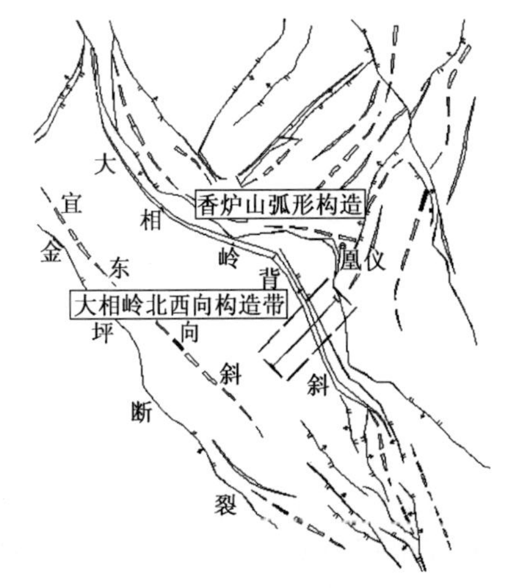

图 1　隧道区域构造图

3　构造损伤特征

结合岩性特征，岩石力学性质，以及区域构造的不同影响程度，在对隧址区的构造损伤分为强构造损伤区、次强构造损伤区、弱构造损伤区，具体见图2，各个构造损伤区的力学性质和岩体构造呈现较明显的差异性，隧址区的构造损伤特征主要表现在以下方面

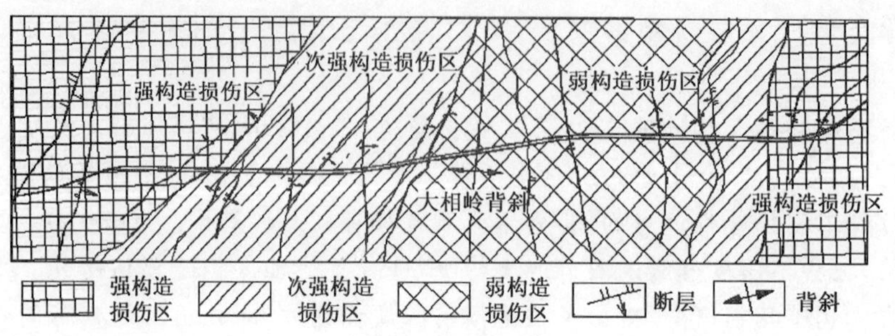

图2　隧道区域构造图

3.1　微裂隙发育特征

不同的构造损伤区岩体裂隙发育程度不同，对于宏观裂隙影响在岩体完整性程度中已考虑，但对于微裂隙则没有考虑。目前对微裂隙的发育程度衡量方法不多，对何种程度裂隙称之为微裂隙也没有明确说明，泥巴山隧道中微裂隙研究的范围主要为手掌标本，且在体节理中未纳入统计的节理[1,2]。下面以每一岩芯上微裂隙发育密度来衡量显观微裂隙的发育程度。具体方法为，对岩芯进行素描，并采用式(1)来进行计算。

$$K_l = \frac{l}{m} \tag{1}$$

式中：K_l——微裂隙率；

l——微裂隙长度；

m——岩芯表面积。

上式中微裂隙长度 l 通过对岩芯素描展开测得。素描范围为岩芯侧面。通过对素描岩芯的分析，可以将微裂纹分为如下几类：微裂隙不发育型（见3a）、单优势节理型(3b)、密集单优势节理型(3c)、多优势节理型(3d)、网纹状节理型(3e)和无明显显观微裂隙型共6种类型。

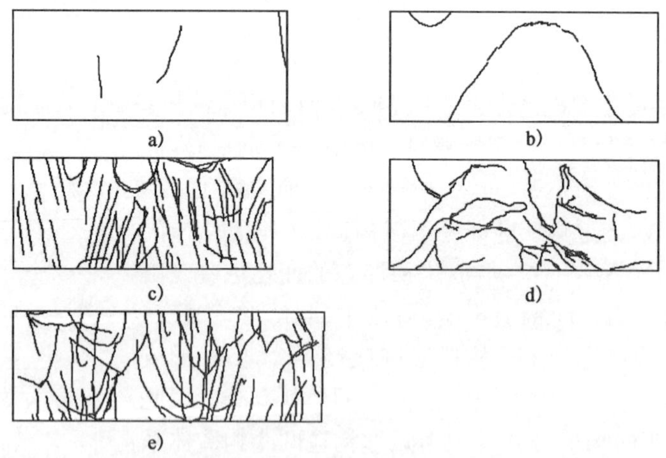

图3　岩芯常见微裂隙种类素描

微裂隙不发育型主要指在岩芯表面微裂隙稀少，可见少量几条，且延伸不长，不影响或对岩芯的极限抗压强度影响小，图3a)可见2条节理，延伸不长，在单轴抗压下影响小；单优势节理型指岩芯发育一条优势节理，节理断续贯穿整个岩芯，图3b)中的节理对岩芯的单轴抗压强度影响大，只有原有强度的1/5～1/7；密集

单优势节理型主要指发育一组优势节理，节理间距小，间距密集，图 3c)中，主要发育一组近似竖向的优势微裂隙，并有几条横向的节理，但横向较零散，影响相对较小；多优势节理型主要指发育一组以上不同方向的优势节理，图 3d)中主要发育 2 组优势节理，均于竖向方向斜交；网纹状节理型主要指岩芯已在微裂隙的切割下呈网状。除了图 3a)和无明显显观微裂隙型外，以上各种类型，对岩石的抗压强度均有影响。

在大相岭隧道共布设深孔 5 个，分别为 SZK1～SZK5，其中，SZK1 分别穿越强构造损伤区、次强构造损伤区，SZK2、SZK3 分别位于次强构造损伤区，SZK4、SZK5 位于弱构造损伤区，对各个钻孔所钻岩芯中的微裂隙发育情况进行统计，其中密集单优势节理型、多优势节理型、网纹状节理型三种确定为微裂隙发育段，对微裂隙发育段进行统计，统计结果见表 1。

各钻孔微裂隙发育段长度　表 1

钻　孔	SZK1 上段	SZK1 下段	SZK2	SZK3	SZK4	SZK5
长度(m)	93.5	40.1	148.9	330.9	132.1	67.1
比例(%)	71	34	33	25	9	8

SZK1 上段为强构造损伤段，SZK1 下段为次强构造损伤段。

由表 1 可见，在强构造损伤段，SZK1 上段，微裂隙长度达到 71%，除受断层直接影响外，还与位于强构造损伤带有关；SZK1 下部、SZK2、SZK3 微裂纹发育段所占比例为 25%～34%，除所揭示的断裂影响外，也与位于次强构造损伤带有关；而 SZK4、SZK5 的微节理发育段明显要小得多，仅为 9%、8%，其虽然也有断裂穿越影响，但整体比例要小得多，这主要受近隧址区其他构造影响较小，位于弱构造损伤段有关。由以上对比，SZK4、SZK5 的隐含裂隙发育较少，SZK1～SZK3 中隐含裂隙所占比例段较大。因为岩体隐含裂隙发育，钻进和采芯难度极大，单管钻进，岩芯多呈粗砂～角砾状，碎块和柱状少量，因此所确定比例有一定误差。

3.2　小型断裂发育特征

在不同构造损伤区，小型断裂发育特征也明显不同。小型断裂主要指具有明显的断裂分带特征，断裂两侧岩体有明显位移，宽度小于数米的断裂。大相岭隧道小型断裂的碎粉带已泥化，呈青灰色，宽 2～3cm，碎裂带宽小于 10m。此种小型断裂的发育会影响隧道开挖洞室的稳定。受区域构造影响程度不同，小型断裂发育密度也不同。根据统计，在强构造损伤区，小断裂间距密度 10～30m；在次强构造损伤区，小断裂间距密度约 20～50m；而在弱构造损伤区，小断裂则发育很少。

3.3　微裂隙发育对单轴极限抗压强度的影响

因微裂隙的产状对抗压强度有影响，与作用力向垂直的微裂隙对单轴极限强度影响极小，而与作用力相平行的则直接影响单轴极限抗压强度，则一个岩芯上对岩石单轴极限抗压强度起作用的微裂隙率用下式表示。

$$K_1=\frac{1}{m}\sum_{i=1}^{n}l_i\cos\theta_i \tag{2}$$

式中：θ——微裂隙与岩石受力作用方向的夹角。

通过对 72 个岩芯进行素描，计算其微裂隙率，测试单轴极限抗压强度可以得出图 4。

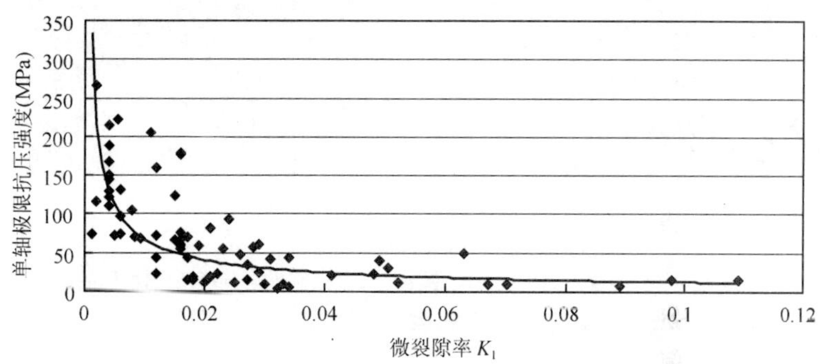

图 4　流纹岩单轴极限抗压强度—微裂隙率关系图

由图 4 可见，单轴极限抗压强度与微裂隙率呈负指数关系，随着微裂隙的增加，单轴抗压强度明显降低，当微裂隙含量增加到一定程度时，抗压强度迅速降低，而随着微裂隙的继续增加，抗压强度并不明显降低。

其中在强构造损伤区的岩样，显观微裂隙率为 0.035～0.115，抗压强度约 10～70MPa；在次强构造损伤区，显观微裂隙率为 0.015～0.035，抗压强度为 35～115MPa；在弱构造损伤区，显观微裂隙率为 0.004～0.02，抗压强度为 68～266.7MPa。

4 构造损伤的电镜扫描特征

通过对岩样的 SEM 电镜扫描可以发现，流纹岩电镜下的微观微裂隙发育特征与岩样上所统计的显观微裂隙特征相同。对大相岭隧址区受构造影响不同程度 15 个岩样进行了不同放大倍数下的电镜扫描，每个岩样在水平和竖直方向各进行一组，通过镜下鉴定，可以确定流纹岩的构造损伤特征。

4.1 流纹岩的微观损伤

在对表面无显观微裂隙的岩样进行电镜扫描，在 50 倍的扫描电镜下，即可将长度约 5mm 的剪节理较清晰的展示。

图 4-1 是一个饱和抗压强度在 187MPa 的流纹岩电镜扫描结果，由图可见，即使在表观完好的岩样中，仍然存在较多的微裂隙和小型晶洞。通过对大量的镜下扫描可以发现隧址区流纹岩以下特点[3,4]：

(1)流纹岩的微观损伤包括：晶洞、扭性、张型、压性和压扭型；

(2)张型和扭型微裂隙多绕晶发育，而压型和压扭型则多切晶，会造成晶粒的破坏；

(3)在部分微裂隙的发育初期，微裂隙利用晶洞形成(见 5c)；

(4)在压型和压扭型的微裂隙中可以发现晶屑堆积于微裂隙中(见图 5d)；

(5)在强和次强构造损伤区的断裂附近岩样，可见鳞片状擦痕；

(6)在强和次强构造损伤区，多条微裂隙切割的岩斑呈次圆～圆状，而在弱构造损伤区呈棱状。

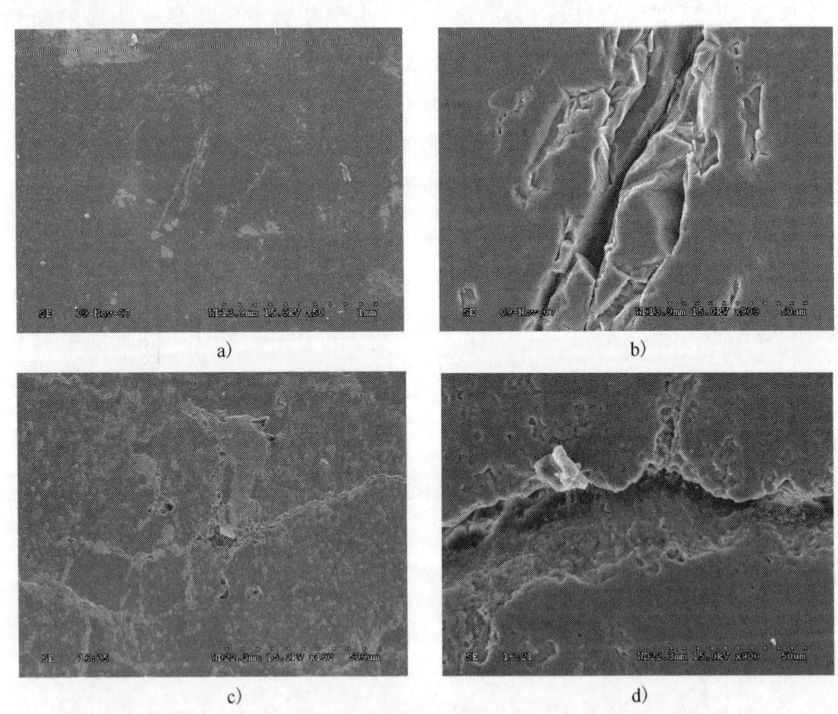

图 5 流纹岩电镜扫描图

a)放大 50 倍；b)放大 900 倍；c)微裂隙形成受晶洞影响；d)微裂隙堆积晶屑

4.2 电镜下微裂隙与单轴抗压强度的关系

对扫描电镜下的微裂隙进行统计，统计公式采用 $E=\dfrac{3M(a^2)}{4\pi}$，此式 O’Connell and Budiansky

(1974)[5,6]用来计算电镜下的微裂隙密度，式中 E 为微观微裂隙密度，M 为单元面积内微裂隙的数目，(a^2)为裂隙长度的均方。隧址区的电镜下的微裂隙密度采用水平和竖直计算结果的平均值。微裂隙率是在电镜放大倍数为 50 倍的基础上测得。

由图 6 可见，虽然微裂隙量级不同，在扫描电镜下，岩石单轴抗压强度与微观统计的微裂隙率具有大致相同的统计规律，均呈负指数关系，随着微裂隙率的增加，单轴抗压强度整体呈明显的下降趋势。其中在强构造损伤区的岩样，电镜扫描下确定的微裂隙率为 0.15～0.24，抗压强度约 10～60MPa；在次强构造损伤区，电镜扫描下确定的微裂隙率为 0.10～0.035，抗压强度为 10～104MPa；在弱构造损伤区，电镜扫描下确定的微裂隙率为 0.01～0.03，抗压强度为 104～187MPa。

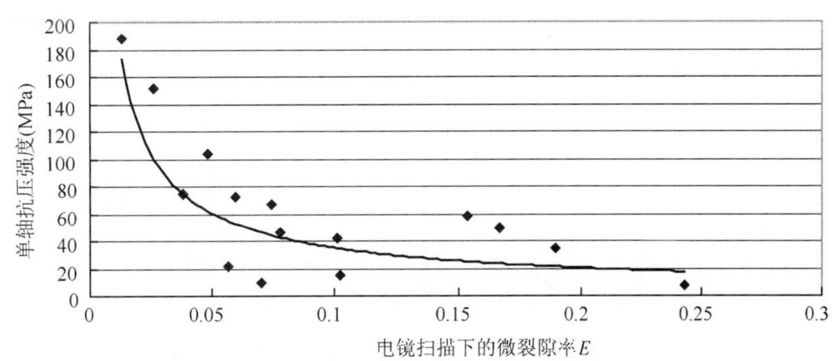

图 6　流纹岩单轴极限抗压强度-电镜扫描统计微裂隙率关系图

5　构造损伤评判

由以上特征可见，同一岩石的抗压强度对不同级别的节理具有同样的特性，也说明对于显观微裂隙较多的岩样上，微观微裂隙也相对较多。而这种微裂隙的增加，直接导致岩石的抗压强度的降低。而岩石性质的劣化的差异性，也说明区域构造作用的差异性。因此用反映微观损伤的单轴抗压强度和反映宏观损伤小断裂发育程度来评判整体构造损伤程度。其中 K_1 为单轴极限抗压强度评判指标；K_2 为小断层发育程度评判指标。

5.1　单轴抗压强度评判指标 K_1

单轴抗压强度的构造损伤评判以抗压强度比作为评判指标，以区域受构造损伤很小的岩石抗压强度作为此种岩性在相同风化程度下的标准抗压强度，将各个岩样的抗压强度与标准抗压强度求比值，作为评判构造损伤抗压强度评判。

$$K_1=\sqrt{\frac{\sum_{i=1}^{n}R_i}{nR_0}}$$

式中：R_0——岩石标准抗压强度；

R_i——一个钻孔岩样的抗压强度；

i——岩样的数量。

对泥巴山隧道的流纹岩所测得的最大的 5 个单轴极限抗压强度的平均值，将其作为微风化～未风化状态下的流纹岩标准抗压强度。大量的岩样由于微裂隙的影响，岩样抗压强度均明显小于此抗压强度值。规定当 $K_1\leqslant0.35$ 时，为强构造损伤；当 $0.35<K_1\leqslant0.7$ 时，为次强构造损伤；当 $K_1\geqslant0.7$ 时，为弱构造损伤。

5.2　小断层发育程度评判指标 K_2

小断层发育主要受区域构造应力和已附近的较大断裂影响，也是评判岩体受区域构造损伤程度的一个重要指标。由于小断裂的发育间距并不是等距的，通常靠近主断裂的小断裂明显增加，距离主断裂较远的小断裂间距会增大，并且部分小断裂在延伸方向上还可能出现交叉。因此对小断裂的发育密度评判按如下方式进行。

在各条调查路线附近选取一条与隧道近于平行的线作为标准线路，此线路长度为两主要断裂间长度 l，将各个不同方向的调查小断层分别按产状延伸到此标准线位上，小断层数量为 n，两交点之间的距离作为两小断裂之间的距离，而小断裂发育程度评判指标 K_2 则以式来表示。

$$K_2 = \frac{\left[\frac{l}{n}\right]}{l} \tag{3}$$

式中：$[l/n]$——平均小断层间距。

根据泥巴山的当 $K_2 \leqslant 0.1$ 时，为强构造损伤；当 $0.1 < K_2 \leqslant 0.5$ 时，为次强构造损伤；当 $K_2 \geqslant 0.5$ 时，为弱构造损伤。

根据 K_1 和 K_2 的综合评判可以确定隧址区不同部分的构造损伤，当 K_1 和 K_2 判定相同时，则按判定结果认定，当不相同时，见表 2。

构造损伤程度综合评判　　表 2

K_1	K_2	构造损伤程度	K_1	K_2	构造损伤程度
强	弱	次强	弱	次强	弱
强	次强	强	次强	强	强
弱	强	次强	次强	弱	次强

通过构造损伤评判，可以确定大相岭隧道的构造损伤分区，具体见图 3。大相岭背斜本是一整体对称两翼倒转的“Ω”形扇状背斜，背斜主体岩性均为流纹岩，在岩体结构上两翼应该大致相当，但从地表调绘和开挖验证，大相岭背斜进口段较出口段岩体结构明显要差，主要为强构造损伤和次强构造损伤，而出口段岩体为强、次强和弱构造损伤，这种差异不仅与大相岭背斜构造形态本身有关，还受区域构造影响，在进口段受北西向构造——香炉山弧形构造强烈挤压有关，这在地应力测试中也得到了相关印证，在出口段的 SZK5 孔深 841.12m，地应力为 16MPa，而进口段 SZK2 埋深 450.50m，地应力确为 19MPa。这些都是造成岩体构造损伤的内动力因素。

6　各构造损伤区的稳定性简评及分区应用

6.1　各构造损伤区的稳定性简评

隧道开挖过程中，在流纹岩段的强构造损伤区，岩体破碎～较破碎，呈碎裂～镶嵌碎裂结构，洞室开挖后稳定性低，拱顶易坍塌，侧壁难自稳，围岩级别主要为Ⅳ和Ⅴ级。在次强构造损伤区，岩体较破碎，少量较完整，呈镶嵌碎裂～块碎状镶嵌结构，洞室开挖后稳定性较低，拱顶稳定性较低，侧壁基本稳定，围岩主要为Ⅳ级，少量Ⅲ级。在弱构造损伤区，岩体较完整，少量较破碎，呈块碎镶嵌～大块状，拱顶和侧壁稳定性较高，偶有掉块，为Ⅱ～Ⅲ级。

6.2　构造损伤分区应用

在构造复杂地区的深埋特长隧道中，通过构造损伤分区，可以对隧址区的岩体结构有一个整体的认识，在此基础上能整体与局部、宏观与微观相结合，有效地对隧道进行综合勘察、综合分析和综合评价。

(1)在构造损伤分区基础上，可以有效布置勘察工作量，针对不同构造损伤区进行钻探、物探。

(2)现阶段对隧道深埋隧道的涌水量，在进行地下水动力学法计算时，通常采用统一的地下水位，统一的参数进行计算，而实际情况应该根据，分区采用参数，建立隧道涌水量模型，更符合实际情况。

(3)在深埋特长隧道通常应进行地应力场的模拟，在建立地应力场模型时，应该考虑各构造损伤分区参数和边界条件的差异性。

7　结论

大相岭深埋特长隧道的岩体构造损伤差异性不仅受自身构造形态还受相邻区域构造的影响。

岩石的单轴极限抗压强度大小与微裂隙发育程度直接相关,呈负指数关系,随着微裂隙的增加,岩石抗压强度显著降低,当降低到一定程度,则基本稳定。这在显观和微观微裂隙统计中,是具有一致性的。

通过电镜对岩石微观结构的扫描,即使在表观完好的岩样中,也存在各种性质的微观微裂隙,这些微裂隙对岩石的力学性质产生影响。

通过对岩石单轴极限抗压强度和小断裂的发育间距统计可以对隧道进行了构造损伤程度进行评判。

通过对深埋特长隧道的构造损伤分区,对隧道的综合勘察、综合分析和综合评价具有一定的指导意义。

参考文献

[1] 张倬元,王士天,王兰生.工程地质分析原理[M].北京:地质出版社,1994.

[2] 中华人民共和国行业标准.JTG D70—2004　公路隧道设计规范[S].北京:人民交通出版社,2004.

[3] 李先炜,兰勇瑞,邹俊兴.岩石断口分析[J].中国矿业学院学报,1983(1):15-21.

[4] 谭以安.岩爆岩石断口扫描电镜分析及岩爆渐进破坏过程[J].电子显微学报,1989(2):41-48.

[5] O'Connell R. J. and B. Budiansky. Seismic Velocities in Dairy Saturated crack Solids . J. Geophys Res. 29. 5512-5426.

[6] 王平,黄凯珠,周锦添.大理岩微裂隙与其力学性质的关系[J].工程地质学报 Vol. 4 No. 2 Jun. 19-23.

泥巴山特长隧道自然风压组成及影响因素分析

郭　春　王明年　于　丽

（西南交通大学土木工程学院　成都　610031）

摘　要：隧道内的空气之所以能在隧道中运动而形成风流，是由于风流的起末点间存在着能量差。这种能量差若是由通风机提供的，则称为机械通风；若是由隧道自然条件产生的，则称为自然通风。由于常规气象观测不能直接测量得到空气密度，只能测得空气的湿度、温度、压强、风速风向，因此，为了能够将对隧道进行常规气象观测得到的物理量用来计算自然风压，必须分析测量物理量的各自影响程度。本文通过研究得到，泥巴山特长隧道自然风压的影响因素应由三部分构成，即：洞外环境因素-隧道洞口间的大气水平压梯度所产生超静压差；洞口环境因素—外界自然风吹至洞口时产生风墙式压差；洞内环境因素—隧道内外气温差引起的热位差。

关键词：特长隧道　自然风压　超静压差　风墙式压差　热位差

1　概述

实践表明，隧道自然风流受隧道内外自然条件的影响，大小及方向比较不稳定。因此自然风压对隧道内机械通风系统的通风作用，有时表现为积极的一面，有时却表现为消极的一面。

特长隧道内自然风压的主要影响因素有隧道长度、隧道坡度情况、斜竖井位置及高度、围岩的初始温度、隧道外大气温度及大气压力等。公路隧道通风规范应用等效风速来考虑自然风压的作用，如公式(1)所示。

$$\Delta p_{\mathrm{m}}=\left(\xi_{\mathrm{e}}+1+\lambda_{\mathrm{r}}\frac{L}{D_{\mathrm{R}}}\right)\frac{\rho}{2}v_{\mathrm{n}}^{2} \tag{1}$$

式中：Δp_{m}——隧道自然风阻力(Pa)；

ξ_{e}——隧道入口损失系数；

λ_{r}——隧道壁面摩阻损失系数；

v_{n}——自然风作用引起的洞内风速(m/s)，规范推荐取2～3m/s。

对于特长隧道，以10km长的泥巴山隧道为例，选取不同的洞内等效自然风速直接影响着隧道内风机的配置。表1表明泥巴山隧道，当选取不同的等效风速时，其两洞口间自然风阻的差别。同样的，如果能合理地利用隧道的自然风压，可以节省隧道的通风运营开支。

不同自然风速的自然风阻　　表1

等效风速(m/s)	1.5	2	2.5	3	3.5
自然风阻(Pa)	69.3	123.3	192.6	277.4	377.5

2　特长隧道自然风压现象(图1)

隧道内的空气之所以能在隧道中运动而形成风流，是由于风流的起末点间存在着能量差。这种能量差若是由通风机提供的，则称为机械通风；若是由隧道自然条件产生的，则称为自然通风。

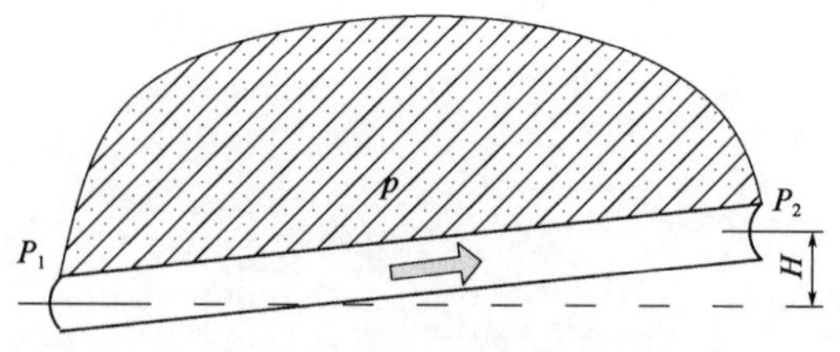

图1　超静压差示意图

将地表大气视为断面无限大、风阻为零的假想风路，则通风系统可视为一个闭合的回路。只要两侧有高差，并且隧道所处环境中的空气密度不等时，则该回路就会产生自然风压。

$$P=\int_0^1 \rho_1 g\mathrm{d}H-\int_2^3 \rho_2 g\mathrm{d}H \tag{2}$$

而空气密度受多种因素影响，因此其与高度 H 成复杂的函数关系。

根据气体状态方程和道尔顿分压定律，我们可以知道空气的密度计算公式为：

$$\rho=0.003\,484\,\frac{P}{T}\left(1-\frac{0.378\varphi P_{\mathrm{sat}}}{P}\right) \tag{3}$$

式中，P_{sat}为饱和水蒸气压力(不同温度下空气的饱和水蒸气压力可通过查表得到)。

由上式可知，隧道内外气体的密度与大气压力 P、温度 T 和相对湿度 φ 均存在关系。

由于常规气象观测不能直接测量得到空气密度，只能测得空气的湿度、温度、压强、风速风向，因此，为了能够将对隧道进行常规气象观测得到的物理量用来计算自然风压，必须分析测量物理量的各自影响程度。

3　湿度的影响

在标准大气压下，当空气温度处于－5～40℃时，相对湿度 φ 为 0%、50%、100%所对应的密度 ρ 如图 2 所示，可以看出在相同温度下，相对湿度越大，密度越小，在相对湿度一样的情况下，温度越高，密度越小。但是相对湿度 $\varphi=0\%$的空气(即干空气)和 $\varphi=100\%$的空气其密度相差很小，最大不超过 3%，这由图 3 可以看出。实际上，由于隧道内外的空气是互通的，其单位体积中所携带的水蒸气质量可认为是一样，即绝对湿度一样。因此相对湿度相差不大，由相对湿度差异引起的洞内外空气密度差异很小，从而对隧道通风影响也很小。

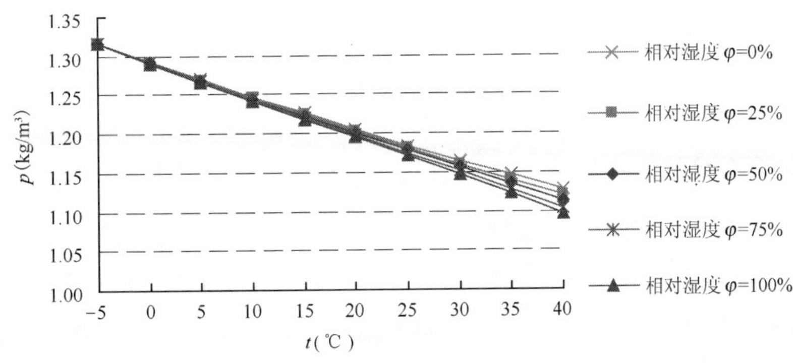

图 2　空气密度与温、湿度关系曲线

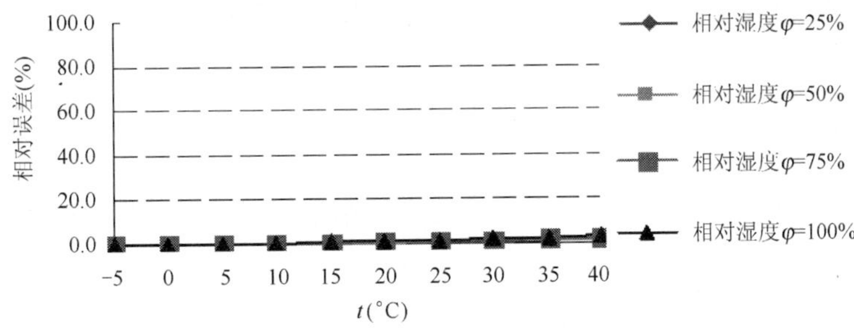

图 3　干空气与湿空气密度差值比例

由此可以得出，在一般条件下，隧道内外空气相对湿度变化对密度影响很小，通常可以用下面公式计算空气密度。

$$\rho=0.003\,484\,\frac{P}{T} \tag{4}$$

由上式可以看出，影响隧道内外气体密度的主要因素即为大气压力和温度。

4 温度的影响

隧道内、外的温度差造成隧道内、外空气密度的不同。当隧道进、出口有高程差时，如果洞内气温高于洞外气温，则洞内空气的密度比洞外空气密度小，洞外空气有从低洞口流入洞内并将洞内空气从高洞口推出的趋势，即浮升效应；反之，洞外空气有从高洞口流入洞内并将洞内空气从低洞口推出的趋势，即沉降效应。这种由于洞内外的气温差及两洞口的高程差所引起空气流动的压力差称为热位差。

由于温度直接影响到密度和测量得到的大气压力数值，因此对于温度影响的考虑主要在于与洞内温度之差形成的热位差。

5 大气压力的影响

大气压力是指单位面积上直至大气上界整个空气柱的重量，是气象学中极其重要的一个物理量，它的分布和变化与大气运动及天气状况有密切关系。

在实际大气中，由于空气的垂直加速度一般小于 0.1cm/s^2，比重力加速度 g 至少小 4 个数量级，所以除去垂直运动剧烈的积云环流区外，都适用大气静力学方程。大气静力学方程反映在重力作用下，大气处于流体静力平衡时气压随高度的变化规律，其主要形式是：

$$\frac{\mathrm{d}p}{\mathrm{d}z}=-\rho g$$

由于常规气象观测不能直接测量得到空气密度，只能测得空气的湿度、温度、压强，故需利用湿空气状态方程，以得到静力学方程的应用形式：

$$\frac{\mathrm{d}p}{p}=-\frac{g}{R_{\mathrm{d}}T_{\mathrm{v}}}\mathrm{d}z$$

将其由 $z_1(p=p_1)$ 积分到高度 $z_2(p=p_2)$，就得到 $p_2=p_1\exp\left[-\frac{1}{R_d}\int_{z_1}^{z_2}\frac{g}{T_{\mathrm{v}}}\mathrm{d}z\right]$

严格地说，使用此式时，不但需要考虑虚温随高度的变化，而且重力加速度也是随高度变化的，这就难以求出积分的数值，但因 g 随高度变化比较缓慢，为了使计算简化，常将它作为常数处理。

若将积分上限延伸到大气上界 $z\rightarrow\infty(p\rightarrow 0)$，则可得到 $p=\int_z^{\infty}\rho g\,\mathrm{d}z$，它表示任一高度上的气压即为该高度以上单位截面空气柱的重量。

由此可知，大气压力主要是由空气密度计算得来的，而密度又由温度、压力同时影响，因此，测量出的大气压力值实际上已经包含了温度的影响，所以其实际作用为使隧道两洞口端形成气流压差，可将其称为超静压差。

6 风速风向的影响

测量得到的洞口风速值均很小，主要是由于隧道外吹向隧道洞口的自然风，碰到山坡后，受到阻挡使其速度减慢，其动压的一部分转变成静压力。

这种吹向洞口时产生“风墙式”压力可称为风墙压差。

7 自然风压影响因素组成

由以上分析可知，泥巴山特长隧道自然风压的影响因素应由三部分构成，即：

(1)洞外环境因素-隧道洞口间的大气水平压梯度所产生超静压差；

(2)洞口环境因素-外界自然风吹至洞口时产生风墙式压差；

(3)洞内环境因素-隧道内外气温差引起的热位差。

参 考 文 献

[1] 中华人民共和国行业标准.JTG D70—2004　公路隧道设计规范[S].北京:人民交通出版社.2004.
[2] 中华人民共和国行业标准.JTJ 026.1—1999　公路隧道通风照明设计规范[S].北京:人民交通出版社.2000.
[3] 郭春.深埋特长高速公路隧道通风关键技术研究.成都:西南交通大学[博士论文],2008.
[4] 尤鸿波.特长隧道自然风影响因素及计算方法研究.成都:西南交通大学[硕士论文],2010.
[5] 刘承思.自然风压的测算[J].煤,2003(1).
[6] 王宗明,董开封.自然风压的间接测算在城郊矿的应用[J].中州煤炭.2002(2).
[7] 梁晓春,郭明春.自然风压在矿山通风中的应用[J].黄金,2005(8).
[8] 李雨成,刘剑,鞠俊.基于热力学的自然风压分析方法[J].公路隧道,2007(4).

监控量测技术在铁寨子1号隧道施工中的应用分析

申付全[1]　陈小勇[2]　赵　峰[1]　邓　超[1]

(1.中铁西南科学研究院有限公司　成都　610031;
2.四川交通厅雅西高速公路建设指挥部　成都　610041)

摘　要:监控量测是新奥法施工的一项重要内容,本文详述了监控量测技术在铁寨子1号隧道施工中的应用分析,对隧道施工起到了很好的指导作用,并对其他类似的隧道及地下工程具有一定的借鉴意义。

关键词:隧道施工　监控量测　回归分析

1　引言

监控量测作为新奥法施工的一项重要内容,是保证施工安全的重要措施,优化结构、降低材料消耗的重要手段,也是实现隧道信息化施工不可缺少的环节,对修改原设计和选择合适的支护时间、及时掌握施工过程中出现的各种情况,对可能出现的事故进行防范具有重要意义。

2　工程概况

铁寨子1号隧道位于四川省石棉县栗子坪乡,为雅泸高速公路的重点控制性工程,也是世界第一小半径螺旋曲线隧道。隧道为分离式双车道单向高速公路隧道,隧道左洞长2 792m,右洞长2 940m,全隧道以软弱围岩为主,Ⅳ、Ⅴ级围岩占隧道总长的88%,隧道施工难度及风险较大,因此加强监控量测对隧道施工的指导作用意义重大。

3　现场监控量测

对于隧道监控量测而言,最直接、最具有代表性的项目为拱顶下沉和周边收敛量测,因此铁寨子1号隧道施工监控量测主要采用此两种方法。监测断面的间距根据合同及相关规范要求而定,拱顶下沉与周边收敛布设在同一断面,以便相互印证。

3.1　拱顶下沉

拱顶下沉量测主要用于确认围岩的稳定性,及时掌握隧道整体的稳定情况。在隧道开挖毛洞或初喷后的拱顶布设1~3个带挂钩的锚桩,测桩埋设深度约15cm,钻孔直径约20mm,用早强锚固剂固定,拱顶下沉测点均尽量贴近掌子面埋设(≥2m)。采用精密水准仪量测,用水准抄平方法,基准点分别设在洞内和洞外(用于校核),视线长度一般不大于30m。拱顶下沉的量测误差应控制在2.0mm以内(高程误差1.4mm),必要时采用冗余观测方法来提高量测精度。测点布置示意见图1。

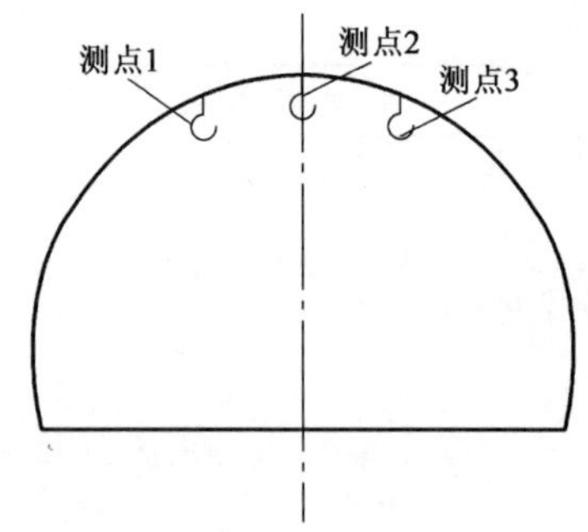

图1　拱顶下沉测点布置示意图

3.2　周边收敛

周边收敛位移量测是最基本的主要量测项目之一,各测点在避免爆破作业破坏测点的前提下,尽可能靠近工作面埋设,一般为0.5~2m。初读数在开挖后12h内读取,最迟不超过24h,且在下一循环开挖前,完成初期变形值的读数。收敛基线在隧道断面最宽处设一条水平测线。本隧道出口端上下台阶开挖地段,由于两台阶距离较远,收敛量测时,先在监测断面上台阶布置一条水平测线,当下台阶开挖至监测断面处,布置下台阶收敛基线。埋设测点时,先用小型钻机在待测部位成孔,然后将带膨胀管的收敛预埋测头敲入。测量仪器采用 Leica 红外线测距仪。周边收敛量测测线布置示意图见图 2。

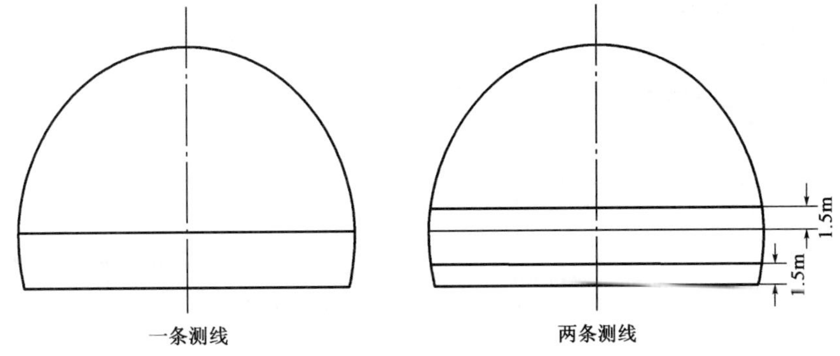

图 2　净空收敛量测测线布置示意图

4　报警指示

为了正确利用监测数据并及时调控施工决策,确保隧道施工安全,应对所测项目制定本工程施工监测管理基准值以及相应的施工管理等级对策。

(1)基准值:基准值为控制限值,不得超过。本项目采用变形速率指标辅以最大变形量作为监测管理基准值,见表 1。实施时,主要采用精度较好的水平收敛量为主,精度稍差的拱顶下沉量做参考。

(2)管理等级:取管理值 M_s=最大监控量/基准值,根据 M_s 所处范围划分管理等级实施相应对策。本隧道按三级管理考虑对策,见表 2。

施工监控量测最大位移值(见 JTJ 042—94 表 9.3.4)　表 1

围岩级别	基准值	最大变形量(mm)		
	(mm/d)	埋深<50m	50~300m	>300m
深埋断层破碎带	10	/	100	150
V	5~7	40	80	100
Ⅳ	3~5	30	40	50
Ⅲ	2~3	10	20	30

基准值:当埋深大于 50m 时取表中大值。最大变形量:主要依据 JTJ 042—94。

本工程监测管理等级及对策　表 2

管理等级	管理值 M_s	管理对策
三级	$M_s<0.7$	正常施工
二级	$0.7\leq M_s<1.0$	警戒,加快支护进度
一级	$M_s\geq 1.0$	暂停有关工序,商讨对策

5　监控量测数据的采集、整理、分析及反馈

严格按照规范要求的监测频率对铁寨子 1 号隧道所布设的监控量测断面进行数据采集,并及时对采集的数据分析处理,得出监控结论,以快报的方式及时反馈施工方,指导施工。对监测时间较长断面的数据进行回归分析,判断断面是否稳定及支护是否合理,为设计的修正、施工方案的调整及二衬施工时间的选择提供科学依据。以断面 K161+668 为例,具体介绍对拱顶下沉和周边收敛监测数据的回归分析。

本文采用对数 $y=a+b\ln(t)$ 对监测数据进行回归分析,拱顶下沉及周边收敛监测数据的回归结果如图 3、图 4。回归显示,拱顶下沉和周边收敛的相关系数分别为 0.984 9 和 0.968 2,说明回归方程与实测数据的拟合程度很高;根据回归方程可求出拱顶下沉速率为 0.088mm/d,周边收敛速率为 0.096mm/d,围岩已基

本稳定，隧道的支护系统及所采用的施工方法是合理的，可以开始二衬施工。

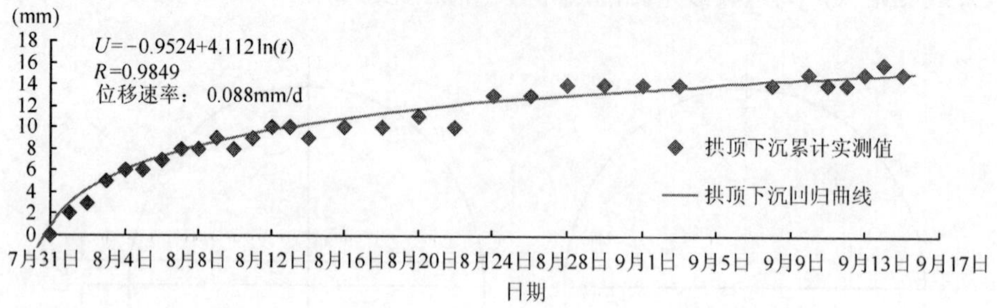

图3 断面K161+668拱顶下沉回归分析

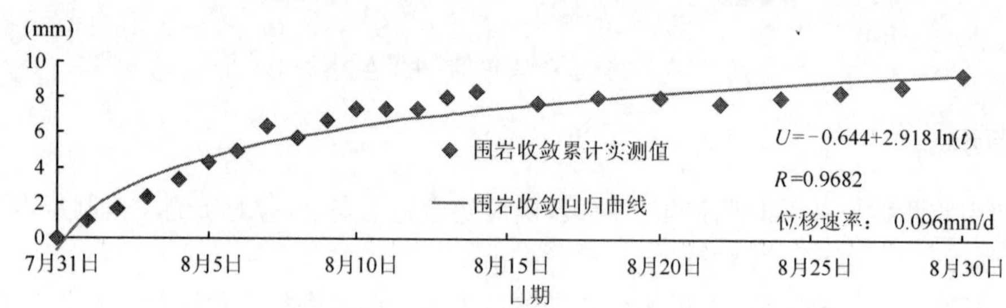

图4 断面K161+668周边收敛回归分析

6 结论

通过对铁寨子1号隧道进行监控量测，数据处理分析并将结果及时反馈施工方，很好地指导了隧道的开挖施工，并通过对监测时间较长断面的数据进行回归分析，判断围岩的稳定性及支护的合理性，为隧道设计修正、施工方案调整及二衬合理施工时间的确定提供了科学依据。高速公路隧道的施工与其他地下工程具有相似性，本文的监控量测技术对其他工程具有借鉴意义。

参考文献

[1] 陈建勋，马建秦. 隧道工程试验监测技术[M]. 北京：人民交通出版社，2004.

[2] 曹江敏. 高速公路长大隧道施工动态监测与数值模拟研究[J]. 铁道建筑，2007，(12)：56-59.

[3] 王详秋，杨林德，高文化. 高速公路隧道施工安全信息化监控技术[J]. 中国安全科学学报，2004，14(8)：109-112.

[4] 代高飞，应松，夏才初，毛海和. 高速公路隧道新奥法施工监控量测[J]. 重庆大学学报，2004，27(2)：132-135.

[5] 尹光志，刘能铸，张东明，曹多阳. 渝湘高速公路隧道新奥法施工监控量测[J]. 2006，21(4)：67-68.

[6] 中华人民共和国行业标准. JTJ 042—94 公路隧道施工技术规范[S]. 北京：人民交通出版社，1994.

强震区山岭隧道洞口段结构动力特性分析

申玉生 高 波 王英学

（西南交通大学 土木工程学院 成都 610031）

摘 要：以雅安—泸沽高速公路高烈度地震区山岭隧道为依托工程，对山岭隧道洞口段结构动力响应进行大型振动台模型试验研究，得出如下结论：隧道结构的最大地震动响应出现位置及其破坏形态与“5.12”汶川大地震中隧道工程的破坏情况基本一致；隧道设置减震层后，衬砌裂缝数量明显减少，能够改善隧道结构的整体受力状态；在试验中隧道结构均出现一定数量的环向裂缝和斜向裂缝，大部分纵向或斜向裂缝延伸至环向裂缝后终止发展。建议在隧道洞口段设置一定数量的减震缝，吸收地震时能量，减小对结构的破坏。研究成果对高烈度地震区山岭隧道抗减震设计与施工具有一定的参考价值。

关键词：隧道工程 动力特性 模型试验 强震区

1 引言

在“5·12”汶川大地震中，交通土建工程都不同程度地受到了破坏，从而使抗震救灾工作陷入极大的困难中，而隧道工程是保证道路畅通的咽喉，因此加强高烈度地震区隧道工程的抗减震技术研究显得异常重要。

在隧道震害调查中发现，隧道洞口段的结构在地震时最容易发生破坏，是抗震的薄弱部分[1,2]。尤其是高烈度地震区隧道洞口、洞门以及洞口边仰坡的稳定性研究将是隧道工程抗减震技术研究的重点。隧道衬砌结构的受力相当复杂，同时围岩的性质千差万别、存在各种非线性特征[3]。在地震工程研究领域，在非线性体系运动方程的建立和数值求解尚不完善的条件下，利用振动台试验方法探索隧道结构抗震能力是一条有效途径[4-7]。振动台试验能够实现多分量的地震波输入，可以得到地震反应的定量结果，是观察隧道结构破坏的最为直观方法，为研究者提供了有力的试验手段[8]。

目前正在建设中的雅（安）泸（沽）高速公路就是多次跨越发震断层（将穿越鲜水河断裂带和安宁河断裂带），在此线路中有多座隧道工程位于强震区内，地震设防烈度为 VII～IX 度，地震动峰值加速度达到 0.4g，地震动参数在我国目前修建的高速公路中是最大的。本文结合该实际工程对山岭隧道洞口段结构的动力特性进行了分析，研究了隧道和围岩在地震动荷载作用下的应力—应变规律及其破坏形态，为高烈度地震区修建高速公路隧道的设计与施工提供了重要参考。

2 依托工程及模型试验振动台

2.1 依托工程地质条件

模型试验依托工程为雅泸高速公路某隧道工程（见图 1），全长 2 233m，穿越烈度为 IX 度的强震区（在洞口穿越一断层），隧道结构按照 V 级围岩设计。隧址区地层主要为三叠系上统～侏罗系下统白果湾群泥岩、粉砂质泥岩、泥质粉砂岩、石英砂岩、碳质泥岩、上覆新生界第四系全新统覆盖层。

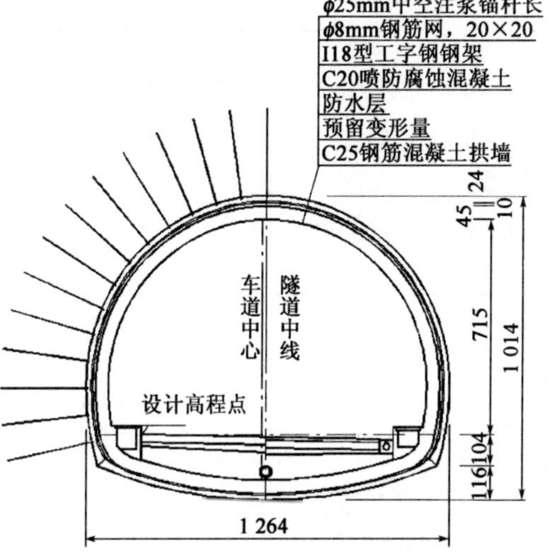

图 1 雅泸高速公路某隧道横断面图（尺寸单位：cm）

2.2 模型试验装置及试验加载方式

本次试验采用双向地震模拟振动台[9]，其台面尺寸为2.5m×2.5m，最大载重为30t，振动方式为X、Y两向四自由度，频率范围为0.1～30Hz，台面最大加速度在X、Y向均为1.0g。作动器是德国SCHENCK公司生产的，模型试验的控制系统采用Tektronix TDS2022。模型箱尺寸为振动方向2.5m、纵向2.5m、高2.0m。

模型试验采用Ⅸ度地震区隧道人工波作为振动台的输入波（X、Y双向输入）。该人工波是由四川省地震局对隧道场地条件下的反应谱合成的人工波（见图2）。

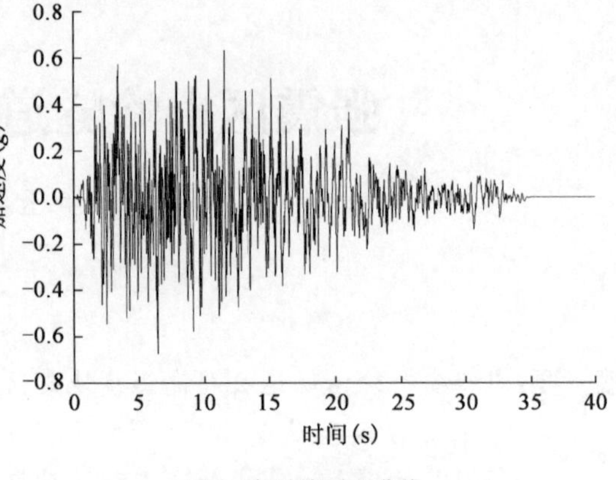

图2 加速度时程曲线

3 模型试验相似参数的确定

考虑到模型的边界效应，模型箱宽度应为6倍隧道宽度以上，由此确定几何相似比$C_L=30$，弹性模量相似比$C_E=45$，根据相似关系得出密度相似比$C_\rho=1.5$，其余物理量相似比见相关研究[10,11]。

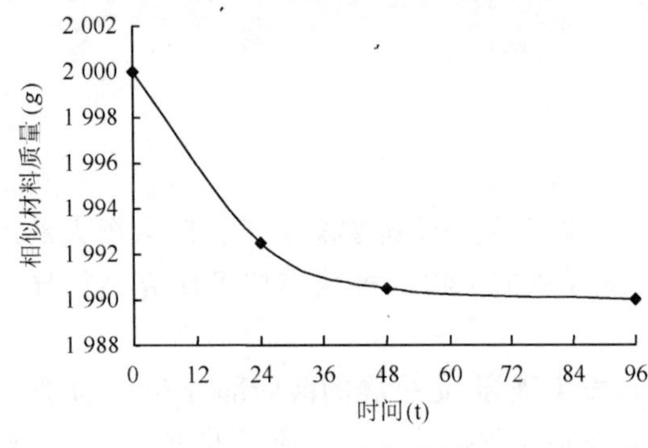

图3 相似材料机油挥发时态曲线

3.1 围岩相似材料配比

根据围岩原型参数及模型试验相似关系[12]，选用粉煤灰（F类、二级）、河砂（细砂）和机油（40号），经正交试验数十次反复比选调配，最后按照一定的相似比配制成相似材料。

围岩相似材料的物理力学参数受机油挥发的影响，本文对此专门进行了对比分析。由图3可知，围岩相似材料中机油在48h后趋于稳定，因此将相似材料中机油所占份额进行微调，相似材料放置约48h后进行模型试验（其力学参数趋于稳定），以保证试验结果可靠性。相似材料最终的物理力学参数见表1。

相似材料物理力学参数 表1

项目	黏聚力c(kPa)	内摩擦角(°)	弹性模量E(MPa)	容重(kN·m^{-3})
原型值	20.00～200.00	20.00～27.00	1.30～6.00×10^3	17.00～20.00
模型值	0.44～4.40	20.00～27.00	28.90～133.00	11.30～13.30
试验值	2.38	29.20	30.10	13.00

3.2 模筑混凝土相似材料配制方法

本次试验进行了大量的试验分析研究，通过正交试验，得出模筑混凝土衬砌的相似材料采用石膏、石英砂、重晶石、水按一定比例配制，可以满足试验要求。衬砌系采用预制方法加工而成，衬砌相似材料的力学指标取用1周后的终凝值（见表2）。

模筑混凝土相似材料物理力学参数 表2

项目	密度(g·cm^{-3})	弹性模量(MPa)	强度(MPa)
原型值	2.50	29.50	12.500
模型值	1.67	0.66	0.300
试验值	1.70	0.72	0.426
相似程度	满足	满足	接近

为了确保试验结果的可靠、有效，衬砌材料配比试验中考虑了不同干燥路径对相似材料强度的影响(见图 4)。衬砌相似材料在天然条件下易吸潮，而此类材料的力学性质对含水率的变化极为敏感。

由图 4 可看出，自然风干条件下的试件强度在 1 周时间内要小于高温烘干条件下的强度，但在自然风干条件下的模型强度恰好满足动力试验要求(见表 2)。为了能够准确观测隧道模型破坏形态，本次试验所用隧道模型均提前 1 周浇筑，然后自然风干而成。

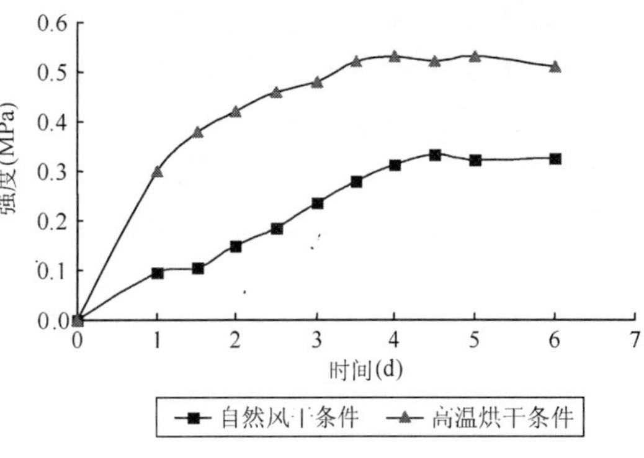

图 4　不同干燥路径对试件强度的影响

4　模型试验量测与试验方案

4.1　隧道结构应变布设

应变量测宜优先布置在结构体受力和变形最大的部位[13,14]。传感器的连接导线应牢固固定在被测结构体上，从物体运动较小的方向引出。为了验证沿隧道结构动力响应规律，本文采用图 5 所示布设方案。

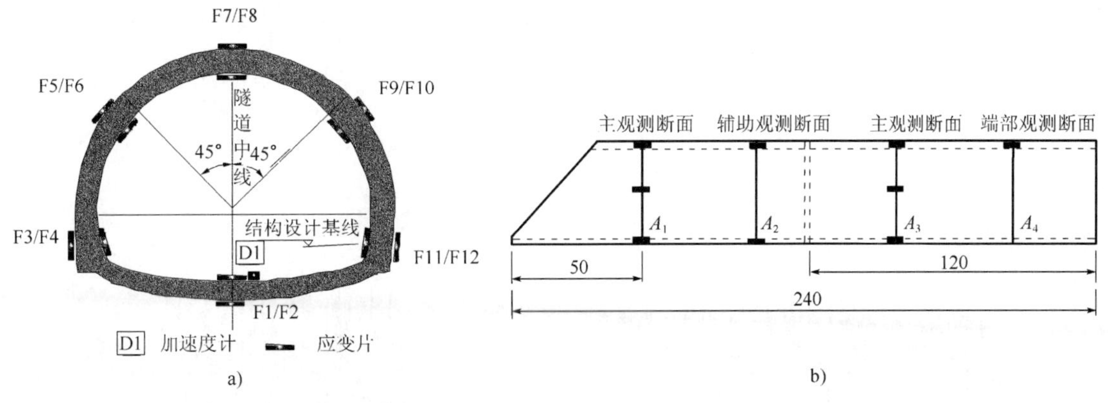

图 5　隧道模型量测断面布设图(尺寸单位：cm)

a)主观测断面；b)纵断面(应变片布置)

4.2　模型试验测试方案

本次试验工况见表 3，工况 2 和工况 3 是为了研究减震层的减震效果；采用聚乙烯材料[15]环绕隧道衬砌外表层铺设(仰拱未铺设)模拟试验的减震层。

山岭隧道模型试验工况　表 3

工况编号	备　注
1	单洞洞口段，验证隧道单洞抗震性能
2	双洞洞口段，双洞错距洞口(无减震措施)
3	双洞洞口段，双洞错距洞口(单洞有减震措施)

5　模型试验测试结果分析

5.1　隧道结构应变反应分析

考虑在试验中可能有部分应变片破坏的问题，在隧道模型中设置 4 个横断面(2 个主观测断面、2 个辅助观测断面)(见图 5)，共设计了 30 多个应变片，主要以主观测断面 A_1 为对象，分析隧道衬砌的应变反应规律。

当台面输入加速度为 0.4g 时(相当于 IX 度地震),工况 2 隧道拱顶最大应变幅值为 22$\mu\varepsilon$(见图 6a)),在减震措施实施后拱顶的最大应变幅值明显减小(工况 3 为 6.5$\mu\varepsilon$)。2 种工况在隧道右边墙部位最大应变幅值相对变化较小(工况 2 为 33$\mu\varepsilon$,工况 3 为 30 $\mu\varepsilon$)。2 种工况仰拱部位出现的最大应变幅值并未出现明显变化,主要是因为在工况 3 中仰拱部位未设置减震层。说明在地震动过程中,设置减震材料对隧道结构来说具有一定的减震效果,能够增强结构的抗震性能,但不能保证结构的任何部位发挥相同功效。同时发现,各测点记录的结构应变值在振动结束后并不能归零,造成这一现象的主要原因是隧道结构周围的土体在动力荷载作用下发生了永久变形,从而使振动结束后结构产生了附加地震应变。

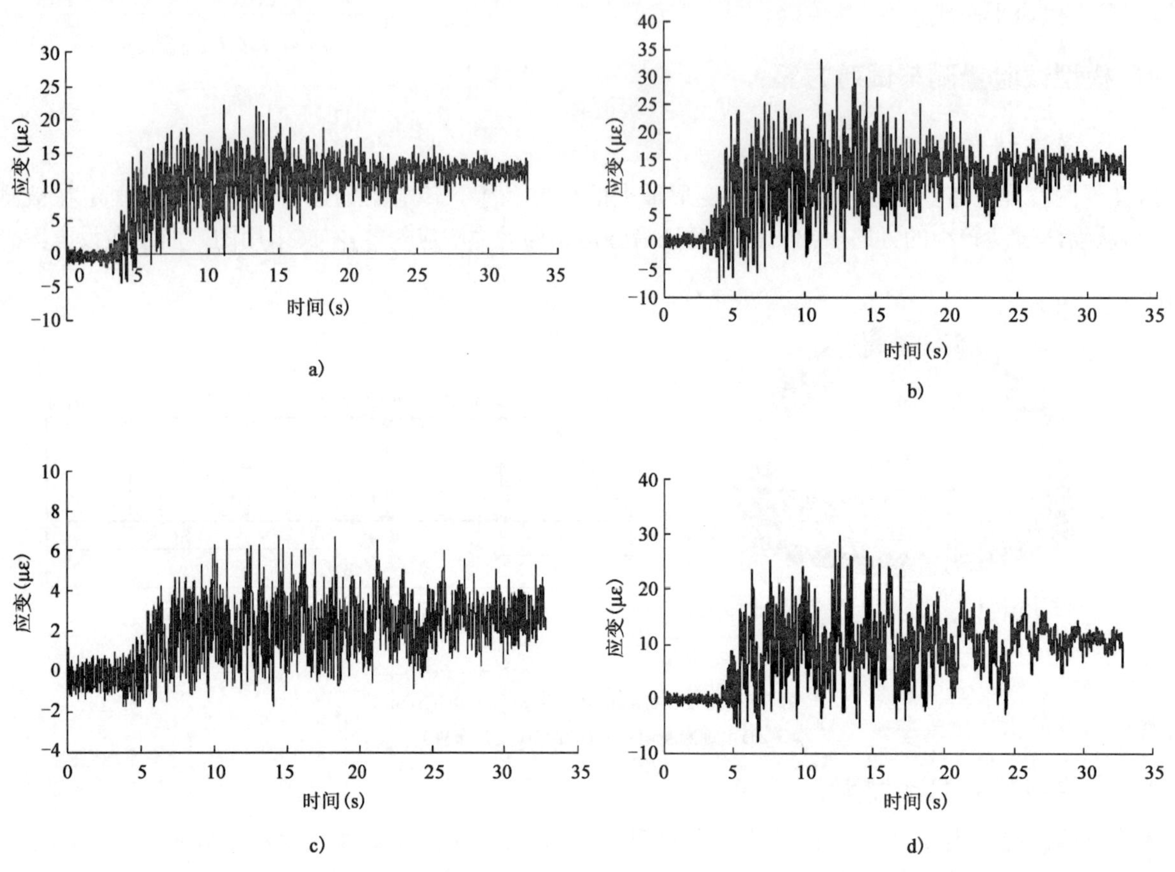

图 6　右洞主断面各测点应变时程(a～d)

a)工况二拱顶应变时程曲线(当 a=0.4g 时);b)工况二右边墙应变时程曲线(当 a=0.4g 时);c)工况三拱顶应变时程曲线(当 a=0.4g 时);d)工况三右边墙应变时程曲线(当 a=0.4g 时)

5.2　隧道结构内力对比分析

从隧道结构内力最大幅值的变化(见表 4)分析,设置减震层后,各测点的内力最大幅值有所减小,结构的动应变响应均明显小于无减震层结构。说明在隧道与周围介质之间设置减震层是非常有必要的,能够减弱结构与围岩之间的动力相互作用。

但隧道边墙一侧内力幅值减小,而另一侧内力幅值增大,这种现象应该引起重视。结合图 7 所示结构内力最大幅值在不同时刻变化形态图可以得出,在地震动荷载作用下,隧道则会出现一侧边墙会远离岩土体,主动土压力减小,而另一侧边墙则挤压岩土体,被动土压力增大,从而易造成隧道结构内力的变化产生异常,导致隧道结构与岩土体之间出现一定空隙,削弱了岩土体对结构的约束作用隧道结构将承受更大的地震惯性力。因此,建议在隧道施工过程中,对隧道两侧边墙重点进行注浆加固,改善结构与围岩之间的匹配关系。

工况 2、3 各测点最大内力幅值　表 4

位　置	M_{max}(kN·m)		N_{max}(kN)	
	工况 2	工况 3	工况 2	工况 3
拱顶	—	0.66	—	0.60
左边墙	2.00	1.97	2.75	1.25
仰拱	1.30	1.00	2.00	1.72
右边墙	1.80	2.00	1.80	2.10

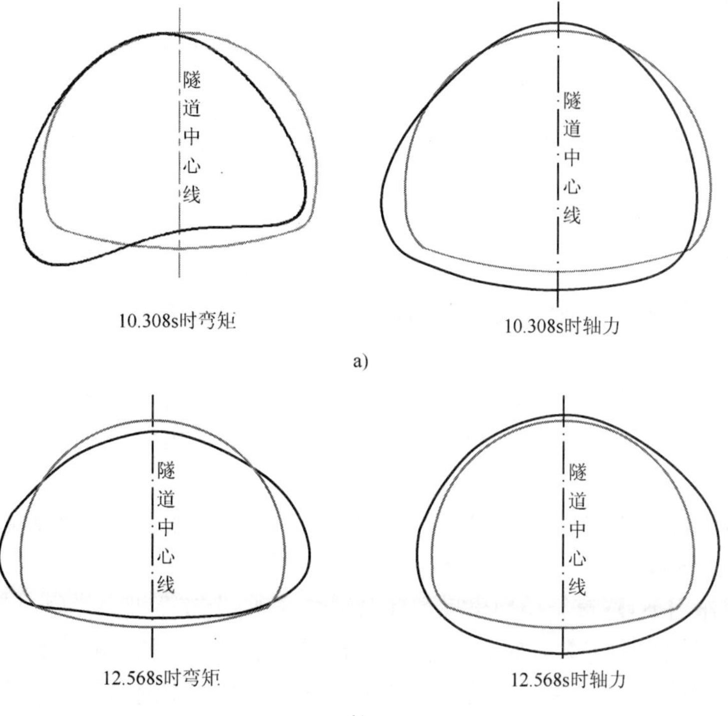

图 7　隧道结构内力变化形态图

a)工况二(左边墙最大幅值时刻);b)工况三(右边墙最大幅值时刻)

从图 7 可以看出,在隧道两侧边墙附近,结构地震动响应出现较大反应,隧道结构的最大内力幅值均出现于此,易出现拉裂破坏;在仰拱部位出现拉压作用,易出现剪裂或压裂破坏,应采取相应措施加强该部位抗震性能。

5.3　隧道结构破坏形态对比分析

从隧道结构在有、无设置减震层 2 种工况的破坏形态图(图 8a)、图 b))分析,工况 2 隧道结构在边墙部位出现严重破坏并脱落,而工况 3 隧道结构仅在仰拱部位出现破坏(仰拱未设置减震层),结构整体较完整。试验现场观察表明,工况 2 隧道结构出现裂缝的数量多于工况 3,并且工况 2 出现了一定数量的环向裂缝、纵向裂缝、斜向裂缝和边墙脚出现的剪切性裂缝,并发现大部分纵向或斜向裂缝延伸到环向裂缝后终止。因此,可以考虑在有断层附近设置较多的沉降缝,缓冲地震时能量的传播。而在工况 3 中,隧道结构局部出现了微裂缝,其数量由洞口向洞身方向逐渐减少。

在隧道洞口段,由于结构刚度远大于地层刚度时,发生地震时围岩变位在地下结构中会产生强制变形,隧道结构受力不均衡,最终可导致结构破坏。从工况 2、工况 3 可以看出,设置减震层能够吸收一定的地震波能量,在提高隧道结构的整体抗震性能和改善隧道结构的受力状态方面具有很重要的作用,同时建议在隧道仰拱部位同样设置减震层,以减小仰拱的破坏("5.12"汶川大地震中多座隧道仰拱出现隆起[2])。

振动台模型试验表明,隧道破坏主要集中在洞口段,与"5.12"汶川地震中隧道工程的破坏情况是基本相

a)

b)

图 8　隧道模型破坏形态

a)工况 2(无减震层);b)工况 3(设置减震层)

符的。在汶川大地震及其余震中,多座隧道洞口段多次发生塌方及破坏[2],在隧道自身破坏和洞外次生灾害的共同影响下,给抢险救灾带了较大的交通障碍。

6　结论

通过对高烈度地震区隧道模型研究,分析了多种工况下隧道衬砌模型的动力响应及其破坏形态,得出了以下几点结论:

(1) 从隧道结构内力变化及破坏形态分析可知,隧道结构的最大地震动响应出现于边墙脚附近,仰拱出现较大的剪裂或压裂破坏,此现象与"5.12"汶川大地震中隧道工程的破坏情况基本一致,说明本次试验结果是可信的。

(2) 模型试验中,隧道设置减震层后,隧道结构内力值变小,衬砌裂缝数量明显减少,大大缓解了地震动破坏,改善了隧道结构的整体受力状态。

(3) 在地震动荷载作用下,隧道结构均出现了环向裂缝,同时大部分纵向或斜向裂缝延伸至环向裂缝后终止。建议在隧道洞口段设置一定数量的减震缝,缓冲地震时能量的传播,减小对结构的破坏。

本次振动台模型试验研究成果,可直接应用于雅泸高速公路高烈度地震区山岭隧道设计与施工中。

参 考 文 献

[1] 李育枢.山岭隧道地震动力响应及减震措施研究[博士学位论文][D].同济大学,2006.

[2] 袁松.地震动力响应下公路隧道合理净距的研究[硕士学位论文][D].成都:西南交通大学,2008.

[3] 罗定伦,高波,申玉生.关于隧道抗减震模型试验围岩相似材料的研究[J].石家庄铁道学院学报(自然科学版),2008,21(3):70-73.

[4] 陈国兴,庄海洋,程绍革,等.土—地铁隧道动力相互作用的大型振动台试验:试验方案设计[J].地震工程与工程振动,2006,26(6):178-183.

[5] 宫必宁,赵大鹏.地下结构与土动力相互作用试验研究[J].三峡大学学报(自然科学版),2002,24(6):493-496.

[6] 杨林德,季倩倩,郑永来.软土地铁车站结构的振动台模型试验[J].现代隧道技术,2003,(1):7-11.

[7] 周林聪,陈龙珠,宫必宁.地下结构地震模拟振动台试验研究[J].地下空间与工程学报,2005,1(2):182-187,213.

[8] 邱法维,钱稼茹,陈志鹏.结构抗震实验方法[M].北京:科学出版社,2000.

[9] 朱长安,高波,索然绪.强震区隧道洞口段振动台模型试验研究[J].现代隧道技术,2008,45(1):48-52,62.

[10] 朱长安,高波,索然绪.强震区隧道洞口段减震的振动台模型试验[J].公路,2008.6:211-215.

[11] 申玉生,高波,王峥峥,等.高烈度地震区山岭隧道模型试验研究[J].现代隧道技术,2008,45(5):38-43.

[12] 林皋,朱彤,林蓓.结构动力模型试验的相似技巧[J].大连理工大学学报,2000,40(1):1-8.

[13] 陈国兴,庄海洋,杜修力,等.土—地铁隧道动力相互作用的大型振动台试验——试验结果分析[J].地震工程与工程振动,2007,27(1):164-170.

[14] 王祥秋,杨林德,高文华.复杂围岩隧道洞口段动力响应特性分析[J].岩石力学与工程学报,2005,24(24):4 461-4 465.

[15] 孙铁成,高波,叶朝良.地下结构抗震减震措施与研究方法探讨[J].现代隧道技术,2007,44(3):1-5,10.

强震区隧道明洞结构抗震设计研究

易震宇[1]　刘家明[2]　傅立新[1]　张进华[1]

(1. 湖南省交通规划勘察设计院　湖南　长沙　410008；
2. 四川雅西高速公路有限责任公司　成都　610041)

摘　要：本文探讨了强震区域采用大偏压高填土明洞方式来减少落石对洞顶的冲击作用和堆积作用可行性，并采用有限元程序模拟大偏压高填土隧道明洞结构的受力，分析了冲击荷载作用下明洞结构承载情况，提出了明洞抗震设计重点。

关键词：公路隧道　明洞　抗震　设计

雅泸高速部分隧道位于地震基本烈度为Ⅸ度区的强震区，隧道抗震安全问题是工程设计人员关心的首要问题。调查表明，地震对隧道的破坏主要表现在隧道洞口区域，而对隧道洞身影响相对较小，因此隧道洞口区域抗震问题显得尤为重要。由于环保观念深入贯彻，偏压地形区域，隧道洞口采用棚洞、明洞来减少开挖，减少山体破坏，运用得越来越多。从台湾集集大地震中，发现隧道棚洞受损案例偏高，基本可以得出在地震区域运用应慎重棚洞的结论。如何运用明洞结构，采用合理的形式，减轻地震影响是需要研究的。

1　前言

1.1　国内隧道抗震研究现状

隧道抗震研究目前的研究有两类：一类是工程类比，另一类是理论模拟，主要研究山岭隧道和城市地铁隧道的抗震问题。当前的主要研究集中在理论模拟方面。

隧道抗震研究方法有：国内外地震震害跟踪、隧道现场踏勘、荷载结构法计算、地层结构法模拟。笔者认为隧道涉及岩土问题，研究时，应遵循“定性分析、定量观测”的原则，从大的方案上把握分析，才能制定合理可行的方案，从细微的观察着手，才能确保工程质量。明洞作为钢筋混凝土结构，一旦震跨，不易清理，对后续抢险救灾反而形成障碍，故设计计算只是为定性分析提供依据，具体实施应进行定量观测，在进行结构配筋时应先遵循按最不利情况或计算结果进行，然后通过定量观测，反分析确定合理的结构受力模式或确定合理的设计调节参数。对于高填土偏压明洞结构配筋也是一样，在地层荷载法的基础上，参照荷载结构法，考虑一定的系数，作为下部工作的基础依据，

1.2　隧道地震震害状况调查

隧道震害调查表明地震对地下结构的破坏随隧道埋深的增加而减轻，深埋隧道除由于地震引起断层错动而产生破坏外，一般很少发生震害，位于Ⅷ度区或以上地震区而地质较差的隧道，其震害主要发生在洞口、浅埋和偏压地段的衬砌，隧道洞口主要是洞门端墙和洞口挡土墙的开裂和破坏。

1999 年 9 月 21 日凌晨 1 时 47 分发生于台湾中部地区的大地震，是百年来台湾地区最大的天然灾害，灾区内的公路运输系统满目疮痍，公路桥梁、隧道受灾最严重。台湾公路局 12 月 10 日在“九二一”集集大地震灾害中的公路灾情及抢修报告中揭示：隧道震害主要是洞口边坡坍塌、隧道洞口段棚洞坍塌、无内衬隧道坍塌三种情况。

1.3　地震震害跟踪结论运用

通过对地震后隧道洞口段调查分析得出如下经验和结论：隧道棚洞顶板应加大斜度，参考土壤安息角(内摩擦角)，使斜度加大，最大可至 30°左右，以避免崩塌土的积累，造成顶板或梁柱无法负荷而损坏；隧道

棚洞、明洞宜有足够之长度，以免洞口经常坍方落石影响行车安全；隧道棚洞、明洞顶板上，宜置放足量之废轮胎，以减少落石对顶板之撞击力，亦可废物利用，消耗影响环境之废轮胎；隧道棚洞、明洞靠山侧墙面应回填密实，不宜留有空隙，造成积水，形成饱和土压，若有需要可加设泄水孔或排水带以排除积水，使其减少水平压力。

2 明洞偏压高填土受力研究

2.1 抗震明洞断面确定

正常隧道明洞洞顶一般填土 1.5～2m 厚，以防止正常情况下的边坡剥落，并要求及时清除，防止超过设计荷载回填线，如图 1 所示。

在地震区域，为防止崩塌土的累积加大顶板的斜度到 30°，同时考虑环保与暗洞顺接等多方面因素，拱圈外最小填土厚度采用 4.0m 控制(图 2)。在模拟地震情况下，只考虑一定量落石的冲击作用，分别计算不同落石点对隧道衬砌结构的影响，由于坡面相对较陡，落石在一定的冲击速度下，滚落出去，不会堆积在坡顶，因而具有相对的安全性。

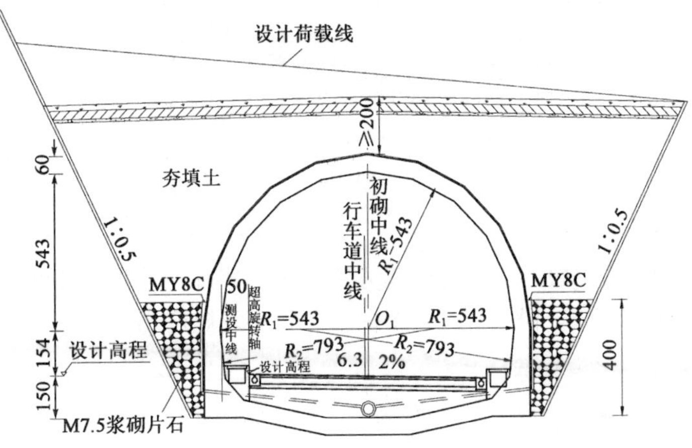

图 1 隧道明洞标准回填断面(尺寸单位：cm)

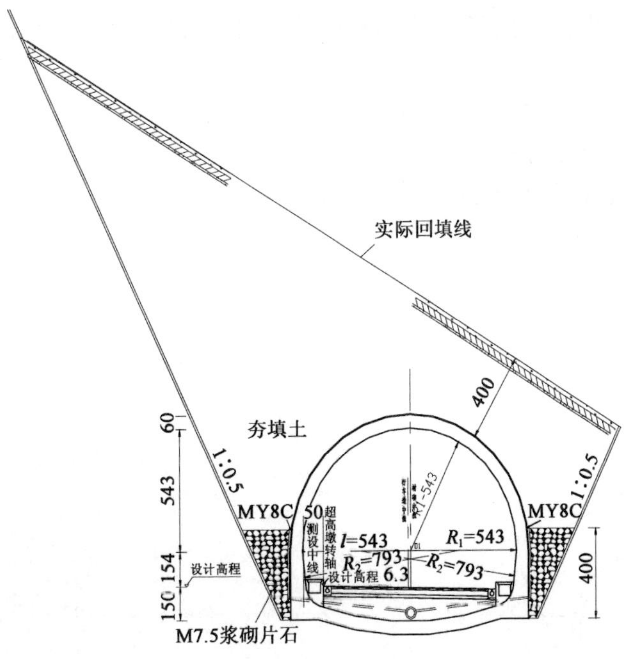

图 2 隧道明洞抗震回填断面(尺寸单位：cm)

2.2　明洞计算分析方法

目前关于明洞计算，一般采用荷载结构法进行，通过模拟弹性约束多次迭代，最终得出结构，对于弹性约束的模拟存在很大的变值，无法定量，只能参考相关资料取值。

对于高填土偏压明洞而言，是否合适是值得进一步做工作，如果要考虑冲击荷载作用，用荷载结构法明显是不合适的。这里主要计算采用地层结构法进行，衬砌拱圈按梁单元考虑，取其最不利值，确定施工过程结构受力情况，并考虑一定的安全系数储备，以最终结果作为配筋依据。

2.3　明洞结构分析步骤与参数

明洞施工步骤如下：路基开挖；施作衬砌拱圈及仰拱；拱脚 M7.5 浆砌片石回填；拱顶 3.3m 厚度以内填土填筑；拱顶偏压三角区域回填。

隧道由于存在高偏压填土，一般的土压力计算方法难于与实际荷载作用相吻合，故隧道填土按一整体材料考虑，根据《公路隧道设计规范》(JTJ D70—2004)第 6.2.6 条规定，回填土石重度采用 $19kN/m^3$，计算摩擦角采用 35°，计算参数见表 1。

围岩及材料计算参数表　　表 1

名　　称	参　　数
明洞（Ⅴ级）围岩	各向同性体，$E=1.0e6kPa$，$\mu=0.45$，$\gamma=-20kN/m^3$，$\varphi=23°$，$c=100kPa$，$R_t=0kPa$，$K_0=0$
回填土	各向同性体，$E=0.5e6kPa$，$\mu=0.45$，$\gamma=-19kN/m^3$，$\varphi=20°$，$c=80kPa$，$R_t=0kPa$，$K_0=0.46$
拱脚回填浆砌片石	各向同性体，$E=1.0e7kPa$，$\mu=0.25$，$\gamma=-23kN/m^3$，$\varphi=45°$，$c=100kPa$，$R_t=0kPa$，$K_0=0$
衬砌(梁)	$E=2.95e7kPa$，$A=0.6m^2$，$\gamma=-24kN/m^3$，$I=0.018m^4$
边坡、衬砌锚杆	杆件，$E=3.3e8kPa$，$A=0.00038m^2$，$\gamma=-78kN/m^3$

隧道由于存在高偏压填土，一般的土压力计算方法难于与实际荷载作用相吻合，故隧道填土按一整体材料考虑，根据《公路隧道设计规范》(JTJ D70—2004)第 6.2.6 条规定，回填土石重度采用 $19kN/m^3$，计算摩擦角采用 35°。

2.4　明洞结构受力计算

明洞结构分析选用同济大学地下工程系研制开发的“GeoFBA2D”弹塑性有限元程序进行计算，该程序具有人机界面友好，计算精度高，能够模拟各种材料，适合于复杂开挖界限情况计算选取范围，上边界至地面、左右边界距离大于 3 倍的两洞开挖宽度，下边界至开挖洞底的距离大于 3 倍的洞高。单元划分所遵循的原则为：

(1)单元边界划分在材料分界面和开挖分界线上；

(2)单元划分采用内密外疏划分；

(3)一个单元内边长不能相差过于悬殊。其网格划分如图 4 所示，左右边界节点为水平位移约束，下边界节点竖向位移约束，上边界为自由边。

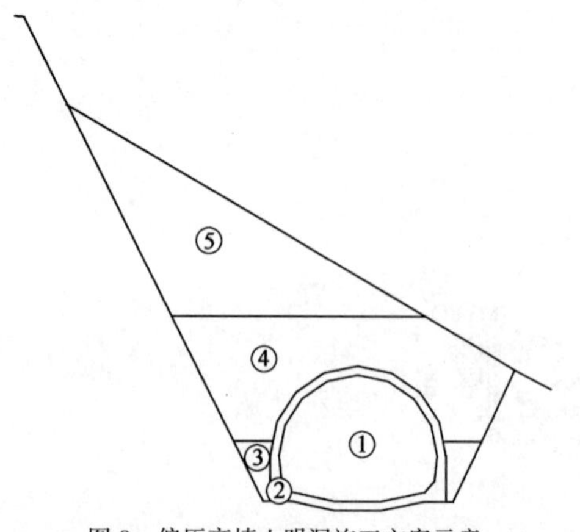

图 3　偏压高填土明洞施工方案示意

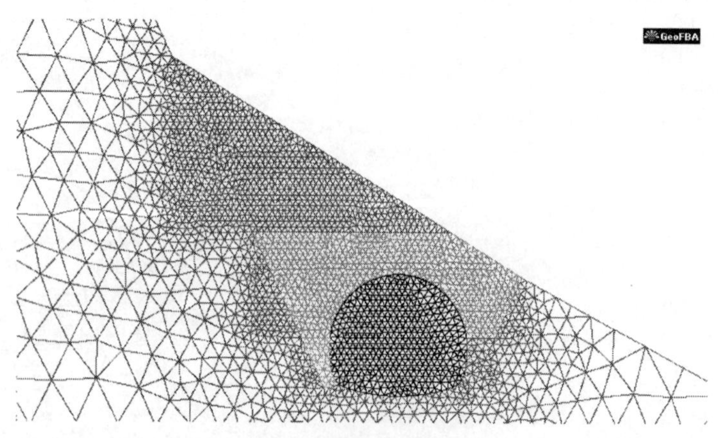

图 4　明洞衬砌计算模型图

明洞衬砌按梁单元考虑分析结果如图5～图7、表2～表3所示。

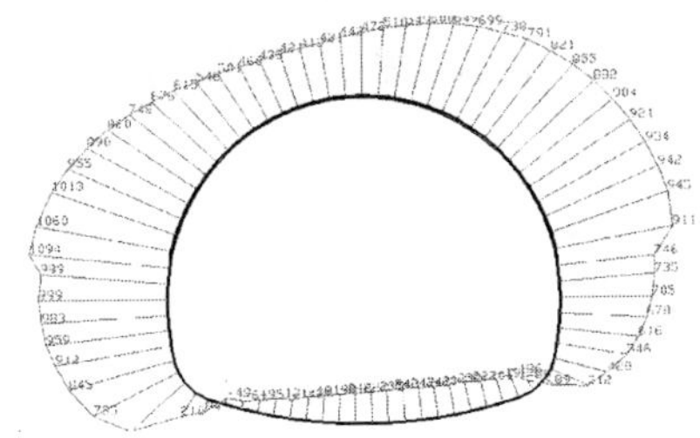

图5　明洞衬砌轴力图

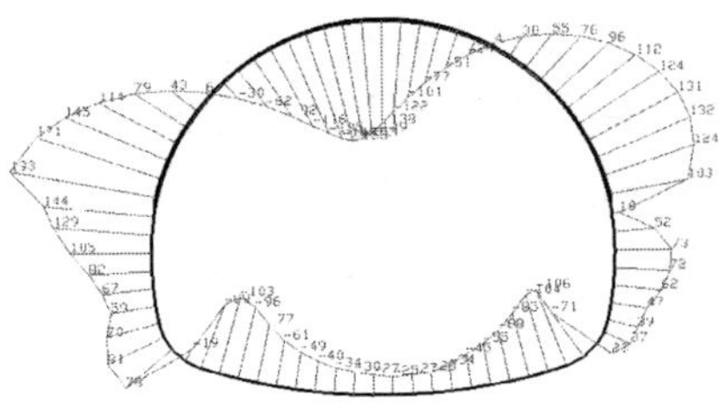

图6　明洞衬砌弯矩图

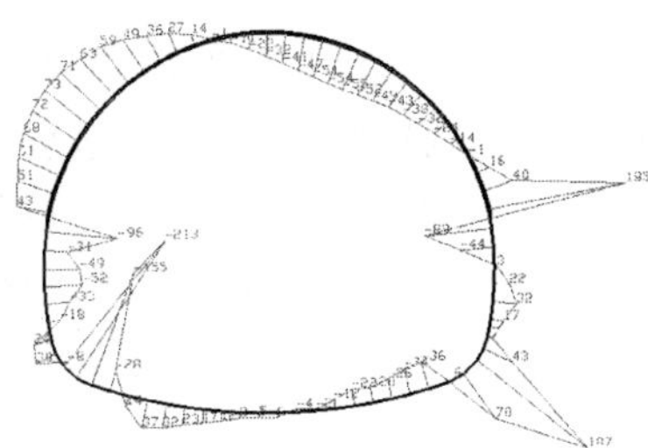

图7　明洞衬砌剪力图

高填土偏压明洞衬砌内力表　表2

项　目	拱　顶	左上1/4点	左侧点	右上1/4点	右侧点	仰拱中心
轴力(kN)	422	676	999	882	705	222
弯矩(km·m)	153	6	193	132	73	25
剪力(kN)	32	73	96	52	185	4

高填土偏压明洞衬砌各施工步骤位移表(单位:mm)　表3

项　目		拱　顶	左上1/4点	左侧点	右上1/4点	右侧点	仰拱中心
施工步骤2	x	0	−0.5	−1.0	0.6	0.9	−1.1
	y	−2.3	−1.3	−0.8	−1.3	−0.8	3.4
施工步骤3	x	0	−0.5	−1.1	0.6	1.0	−1.2
	y	−2.5	−1.5	−1.0	−1.5	−1.0	3.3
施工步骤4	x	1.1	0.6	−1.1	1.7	1.8	−0.9
	y	−4.3	−3.5	−2.3	−2.6	−2.2	2.7
施工步骤5	x	1.4	0.5	−0.4	1.9	2.7	0
	y	−6.1	−4.5	−3.5	−3.9	−2.6	2.4

注:y方向向上、x向右为正,数值为累计值。

2.5　模拟计算结果分析(图8)

由上模拟结果可知,明洞内力呈对不称性,与偏压填土相吻合。衬砌拱圈及边墙轴力较大,仰拱轴力较小;拱圈最大弯矩靠近内侧边墙偏上位置,拱顶及边墙弯矩较大,仰拱也承受相当于最大弯矩的的一半;剪力最大处集中在仰拱与边墙交接处及外侧边墙。

计算结果也表明拱脚浆砌片石回填对提高抗剪能力很有好处,明洞结构衬砌具有足够的抗剪能力,基本可以不需要考虑剪力筋作用;明洞衬砌的弯矩计算结果大于素混凝土受弯构件最大抗力,必须配置钢筋抗弯。

仰拱中心位移反映基底土体位移向上,整个明洞拱部的位移趋势向外向下。

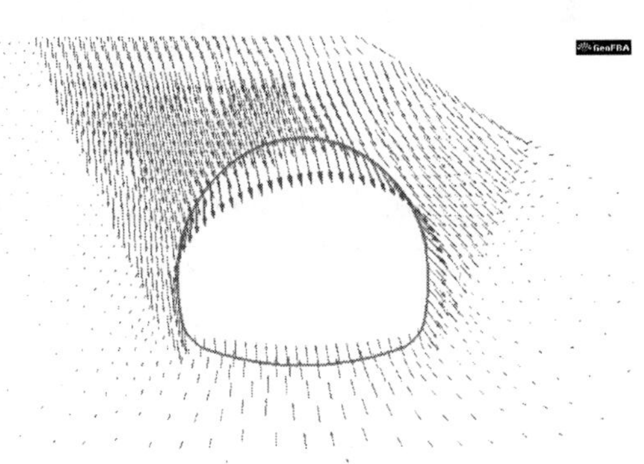

图8　明洞最终位移图

3　明洞偏压高填土抗冲击分析

3.1　明洞洞顶冲击荷载分析

作为强震区隧道明洞,滚落物对其冲击作用不可忽视,由于隧道明洞采用高偏压填土方式,落石跌落到明洞顶部后基本会滚落下去，故洞顶只考虑荷载的冲击作用，而不需考虑荷载的堆积作用，使明洞结构安全性得到提高。

明洞抗冲击分析的荷载冲击作用按1方石头从洞顶30m高处跌落考虑，其冲击时间按1s考虑，冲击作用点分别按作用在明洞顶左侧、拱顶中心、拱顶右侧分别模拟考虑。

由能量守恒定律可知：落石跌落拱顶速度为：24.2m/s，

由动量守恒定律可知：洞顶受落石冲击力为：56.80kN。

考虑落石自重，洞顶受落石冲击力为：79.80kN。

3.2 明洞衬砌抗冲击分析结果

高填土偏压明洞冲击作用下衬砌内力表 表4

冲击位置	轴力 (kN)	左侧弯矩 (km·m)	剪力 (kN)	轴力 (kN)	中部弯矩 (km·m)	剪力 (kN)	轴力 (kN)	右侧弯矩 (km·m)	剪力 (kN)
拱顶	470	147	24	477	151	32	482	147	32
左上1/4点	682	11	75	789	5	73	683	7	73
左侧点	1 016	193	96	1 019	196	96	1 001	192	98
右上1/4点	898	136	55	917	133	55	879	128	52
右侧点	709	51	189	722	51	189	727	53	174
仰拱中心	232	25	4	241	25	4	232	25	5

高填土偏压明洞冲击作用下位移增量表(单位：mm) 表5

项　目	拱　顶	左上1/4点	左侧点	右上1/4点	右侧点	仰拱中心
x	0	−0.3	−0.3	0.1	−0.1	−0.4
y	−0.1	0.2	0	−0.2	−0.1	0

4 明洞偏压高填土设计

4.1 衬砌设计

明洞衬砌结构受力应按双筋截面设计，以适应衬砌不同位置的内力变化情况，建议衬砌截面采用60cm以上，拱脚M7.5浆砌片石回填对加强衬砌刚度、减小内力幅度是有效的，应该强调。

4.2 缓冲层设计

回填土的存在对缓和落石对明洞衬砌结构的冲击具有明显效果，必须认真施工；回填土表层1m深度内，宜置放足量之废轮胎，以减少落石对顶板之撞击力，亦可废物利用，消耗影响环境之废轮胎；明洞靠山侧墙面应切实回填，不宜留有空隙，造成积水，形成饱和土压，若有同时设泄水孔排水，以减少其产生水平压力；若水平压力较大时亦可考虑向山侧施做地锚，以抵抗水平压力。

5 结语

理论上高填土偏压明洞是可行的，高填土偏压明洞具有恢复环境、抵抗冲击的优良效果，值得在抗震地区大力推广，高填土偏压明洞施工简单，不存在技术难题和设备制约因素，并且工程造价较低。

明洞边坡稳定应另行计算，并采取相应支护措施，确保在回填土施工前边坡稳定，由于高填土偏压明洞土体与结构作用复杂，计算理论与实际可能存在差距，建议做以科研课题形式，开展进一步研究工作。通过在明洞开挖、衬砌施工、土体回填期间测量仰拱底部岩体、衬砌关键点及各高度填土的应力、应变值、变形值，进行跟踪和反分析，研究目前的计算理论的适应性；通过改变填土性质参数研究并寻找合适参数的回填土；通过现场量测建议，优化改进施工步骤，制定最优的偏压高填土明洞施工方案。

参考文献

[1] 中华人民共和国行业标准.公路隧道设计规范(JTJ D70—2004)[S].北京:人民交通出版社,2004.
[2] 潘昌实.隧道力学数值方法[M].北京:中国铁道出版社,1995.
[3] 韩瑞庚.地下工程新奥法.北京:科学出版社,1987.

超浅埋偏压段隧道的新型设计施工方法

蒋正华[1] 袁龙涛[2] 杨建平[2]
(1. 湖南省交通规划勘察设计院 长沙 410008;
2. 四川雅西高速公路有限责任公司 成都 610041)

摘 要: 对于山区高速公路,当公路隧道穿越山体时,在超浅埋偏压地段,采用承载能力高、稳定性和整体性好于围岩体的支撑体或套拱,并配合纵向管棚等超前措施,以加强和改善原偏压段的稳定性和安全性,避免人为地增加隧道洞口,“大开挖”洞口边仰坡,破坏环境,做到隧道在超浅埋偏压地段施工时安全和环保的统一。

关键词: 浅埋偏压 安全 环保 套拱 管棚 施工方法

1 问题的提出

随着我国交通事业的快速发展,高速公路、高等级公路都向着西部山区延伸。由于山区地形地质条件的复杂性,在公路选线过程当中,不可避免地出现了大量的地形地势不对称,即偏压隧道。如四川省的雅安至泸沽高速公路,先后翻越大相岭和拖乌山,沿线不但高山深沟纵横,而且要穿越断裂带、采空区等复杂的地质条件,而且沿线部分路段位于雪线之上,若干地域还分布有常年雾区,气候条件也十分复杂,这都为雅泸高速公路的设计和建设带来了巨大的难度。

该条高速公路穿越的山脉,山高坡陡,地质条件的复杂,表层岩石大多风化破碎。受困于这种特殊的地理环境,不可避免地出现了部分超浅埋隧道地段,有的位于洞口地段,有的位于洞身段。按照传统的设计和施工方法,对于这种超浅埋地段,一般作为明洞,进行开挖回填处理。首先开挖明洞段,再按照设计放线刷破。此种做法将会出现边仰坡大挖大刷现象,为了防止边仰坡的失稳,需要喷射大量的混凝土,打设砂浆锚杆。地质条件较差地段,还需架设骨架地梁,打设预应力锚索等。这些措施处理完毕以后,再进行环境恢复工作。即先破坏后治理。如此做法不仅会造成环境的破坏,还会造成大量资源的浪费。有些树木,草地等一经破坏,很难恢复,尤其雅泸高速部分地段就处于这种生态脆弱地带。

在雅泸高速中,由于山高坡陡,表层岩石大多风化破碎,边仰坡放坡时,会导致边仰坡过高。这样不仅会带来山体稳定性的安全隐患,而且会导致土石方数量的增加,在地势特殊地段,隧道连着桥梁,山脚就是河流。施工便道的修建以及弃渣场和大的施工场地的寻找都很困难。且这种大开挖方法无疑会带来环境问题。

2 隧道洞口地形偏压段的一种新设计思路和施工方法

在隧道洞口地形偏压段,如何做到进洞时做到安全、经济,同时又兼顾环保呢?以下介绍隧道洞口地形偏压段的一种新设计思路和施工方法。

图1所示为洞口地形一边高一边低,即隧道从山坡一侧通过,此种情况在中短隧道的设计和施工中经常碰到。按照常规施工方法,明暗交界位置处高侧边坡刷方高度将很高。按照图示方法,先在前方位置设置偏压挡墙,并在位置较低的局部拱腰部位进行清表后,回填片石混凝土等耐压材料即可。

图2所示为洞口地形两边高中间低,即隧道从凹谷中间通过,此种情况在山区公路隧道的设计和施工中也会碰到。按照常规施工方法,明洞段两侧边坡刷方高度都将很高。按照图示方法,先在前方凹谷处清表回填片石混凝土等耐压材料,增强两侧边坡的稳定性,并起到自然拱效应,再按照常规施工方法进行暗洞施工即可。

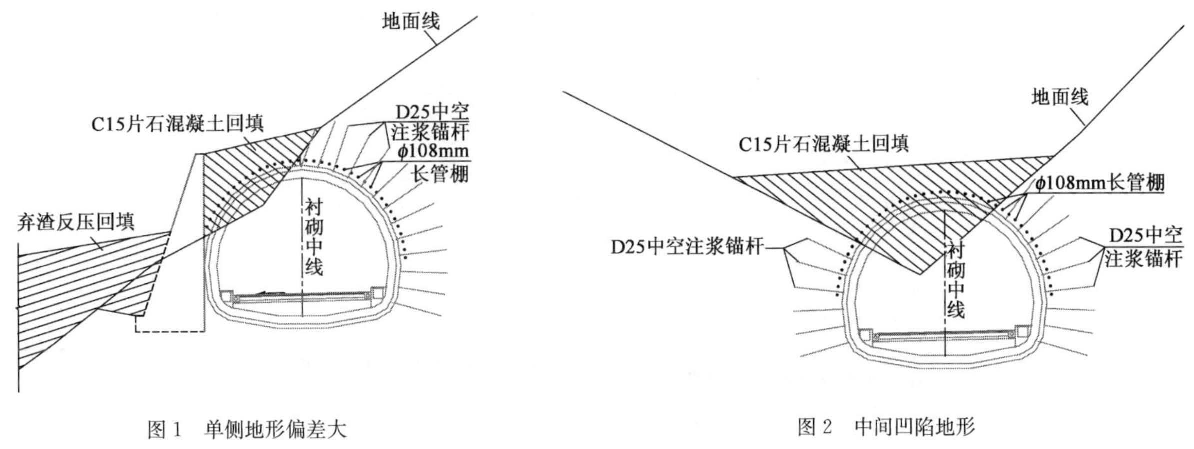

图 1　单侧地形偏差大　　　　图 2　中间凹陷地形

3　工程实例

3.1　实例 1

如图 3 所示，某隧道左洞小里程端穿越一冲沟，且冲沟两侧岩性不同，行车方向右侧为完整性较好的花岗岩体，而左侧则为黄土状亚黏土。从地形来看正好如图 2 中的情况，为了减短明洞的长度和降低明洞两侧边坡的开挖高度，将图示范围内的岩土体清表后(底部高程以该部位初期支护的高程控制)，回填 C15 片石混凝土平均高度 2m，从右往左逐步加厚，最左侧换填厚度为 3.5m(左侧为拱腰至拱脚部位，受力更大，且岩性更差为黄黏土)。经过 C15 片石混凝土换填以后，并打设 30m 长 φ108mm 长管棚，顺利地通过了此段山沟。

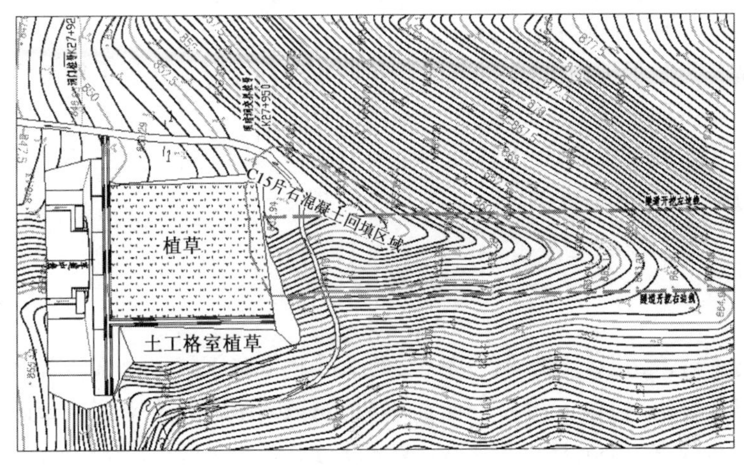

图 3　实例 1 平面图

3.2　实例 2

如图 4 所示，某隧道左洞大里程端 K24＋390～K24＋413 段位于陡峻的边坡处，坡度达到了 40°左右，存在明显的地形偏压情况。施工中首先打设 2m 长钢筋混凝土护拱作为施作 φ108mm 24m 长管棚的套拱，由于 K24＋390～K24＋413 段地形偏压严重，甚至在 K24＋397～K24＋400 段地形出现了内凹，导致此段隧道拱腰部位覆盖层厚度仅 40～60cm，如果不加处理，此段的 φ108mm 长管棚成孔困难，无法施作，难以保证进洞施工安全。而如果按照常规的刷方施作明洞，将造成边坡开挖高度过高，达到 4 级。严重的，影响环境。

为了尽量降低边坡刷方高度，减小对山体的破坏，同时又能保证进洞安全，采取了如下措施：

在 φ108mm 长管棚 2m 长钢筋混凝土套拱打设完成后，K24＋390～K24＋408 段右侧山体薄弱处，设置 1.5m 厚 C20 混凝土护拱，内置 I16 工字钢，纵向间距 0.5m，护拱底部紧贴套拱顶，I16 工字钢呈弧形设置，工字钢下端必须置于稳固的岩体或混凝土浇注基础上，上端通过加设一块钢板与上部山坡坡体顶紧。在隧道拱腰部位覆盖层厚度较薄处为防止钻孔塌孔，在此段管棚预设位置预设置 ϕ127mm 的套管。

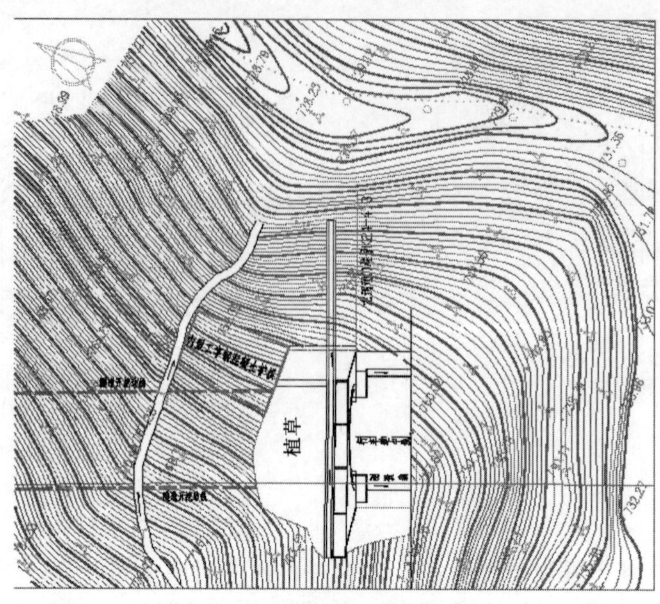

图 4　实例 2 平面图

采取上述措施后，打设了 24m 长 ϕ108mm 管棚，管棚注浆后成功地通过了此超浅埋偏压地段。

4　体会和结语

在隧道设计中，"早进洞，晚出洞"的原则是使得隧道尽可能早进入山体，晚穿出山体，其目的是尽可能降低边仰坡的开挖高度，减少对山体的扰动和破坏。

此原则的根本目的是为了保护山体，保护环境。即原来那种在隧道两端采用大挖大刷，为了缩短隧道长度而损害环境的做法是不可取。

在地形偏压情况的实际施工中，通过上述的方法和原则，可以便利的改变和降低地形偏压对隧道进洞施工的危险性，实现隧道施工安全和环保的统一。

参 考 文 献

[1] 中华人民共和国行业标准. JTG B01—2003　公路工程技术标准[S]. 北京：人民交通出版社，2003.

[2] 中华人民共和国行业标准. JTG D70—2004　公路隧道设计规范[S]. 北京：人民交通出版社，2004.

[3] 中华人民共和国行业标准. JTG F60—2009　公路隧道施工规范[S]. 北京：人民交通出版社，2009.

[4] 王永安，蒋树屏. 公路隧道环保型洞口工法设计与施工. 中南公路工程[J]. 2006，31(1)：145-149.

[5] 崔永杰. 顺层偏压隧道灾害处理及施工技术. 现代隧道技术[J]. 2009，46(5)：86-91.

铁寨子1号隧道炭质页岩变形段处治措施

李向平

（中铁十二局集团一公司雅泸项目部）

摘　要：本文介绍了世界首创第一长双螺旋曲线隧道铁寨子1号隧道初期支护变形开裂情况，分析其开裂变形原因，叙述了具体的整治措施及建议。

关键词：隧道　炭质页岩　初期支护　开裂　处治措施

1　工程概况

铁寨子1号隧道位于四川省石棉县栗子坪乡孟获村铁寨子以东、孟获河右岸，为雅泸高速公路的重点控制性工程，也是世界第一小半径螺旋曲线隧道。隧道左洞长2 792m，右洞长2 940m，进口端左洞处于孟获河右岸洪坡积形成的平地上，轴线方向地势平缓，坡度20°左右，隧道紧贴山脚洞口段围岩为第四系全新统洪坡积层，主要有块石夹碎石土组成，中密或密实状，最大厚度大于36.6m，属于Ⅴ级围岩。岩体多成散体结构或碎裂结构稳定性极差，地下水十分发育，覆盖层极薄无支护时易产生大塌方，严重时可能导致地表塌陷。

2　初期支护变形情况及原因分析

2007年11月至12月在已进行了初期支护的K159＋530～K159＋600段（距开挖掌子面120m），发现已初期支护表面出现多条环向和纵向裂缝，其中尤以拱顶和拱腰最多。其中拱顶环向裂缝最大宽度2cm，深度已贯穿初支厚度，且有不断扩大的趋势，部分地段喷混凝土开裂脱落，其中拱顶最大变形地段初支侵入二衬净空35cm，开裂裂缝中有集中渗漏水现象，经业主、监理、设计、施工方一同汇总分析原因主要有以下两点：

2.1　地质方面

从开挖地质情况分析，铁寨子1号隧道大变形地段为Ⅳ级围岩，设计围岩为炭质页岩夹局部薄煤层、煤线，炭质页岩节理发育完全，节理呈陡直状发育，节理间距小于40cm节理面光滑，并且地下水十分发育。炭质页岩是一种具有沿节理面蠕滑、软质岩流变和构造破碎综合特性的特殊劣质岩。炭质页岩强度低、具有变形长时段发展的流变性质，在区域地质构造作用下，地层强烈扭曲揉皱，产生大量密集的节理和顺层摩擦镜面，岩体的整体性遭到严重破坏，由于富含炭质滑膜的作用，岩体的抗剪切强度c、内摩擦角ϕ值极低，是导致初期支护开裂、变形、侵限的基本地质原因。该种变形具有变形量大、持续时间长、分布不均匀和不对称性等特点，造成变形控制难度很大。炭质片岩大变形地段应按Ⅴ级围岩进行支护。此外由于此段炭质页岩节理发育完全，地下水丰富，地表覆盖层薄，地表水源源不断渗入地下，导致涌水量增大，水对初期支护的侧压力增大，围岩富水软化，裂隙中的胶结物被冲空，围岩间摩擦阻力稳定性降低，故水对围岩的冲蚀、软化和水压力增大是导致初期支护表面开裂的主要原因。

2.2　施工方面

(1)对地质情况把握不够深不够全面，未能认识到此种炭质页岩（图1）后期变化快易蠕动，变形大等特点，在过程施工时未能及时动态掌握此种地质情况反馈信息，联系业主、设计采取变更加强。因原设计支护参数为S4b，格栅钢架间距1m，喷C20混凝土厚25cm，系统锚杆长仅3m，早期支护强度太低，未能有效约束住围岩变形。

(2)对围岩调查分析不够，因此段为洞身浅埋段地下水极其发育段，地下水以排为主，造成拱顶喷射混凝土施工时由于涌水局部地段存在空洞，围岩与钢支撑不紧贴存在空隙造成松散岩在水流的作用下层间摩擦力降低，失稳所致。

图1 铁寨子1号隧道炭质页岩

3 整治措施

3.1 支撑加固

发现裂缝后，为保证施工安全立即停止掌子面施工，迅速在开裂变形严重地段采用 ϕ100 钢管每 3m 一个断面设横撑和竖撑，防止开裂进一步发展。

3.2 加强排水

水压过大也是导致开裂的主要原因，为及时引水泄压降低地下水压力，用潜孔钻机在边墙和拱腰渗漏水严重处打 ϕ76 排水孔，孔深以出水量大小决定，涌水量大孔深在 10～15m，涌水量小孔深在 5～10m，将涌水通过边墙集中排放，减少拱顶水头压力。

3.3 径向注浆加固

为了充填初期支护后面因涌水冲蚀喷混凝土形成的空洞，并加固松散围岩提高围岩的承载能力，尽可能抑制围岩变形位移，减少水压对围岩的破坏，对拱腰和拱顶部设 4m 长的 ϕ42 注浆钢花管，纵向间距 1.2m，环向间距 1.2m，梅花形布置，通过对杆体注水泥水玻璃双液浆，固结初期支护外侧围岩，形成保护环。径向注浆管采用 ϕ42 无缝钢管制作，单根长 4m，管壁每隔 15cm 交错钻孔，孔径 8mm，尾部 50cm 不钻孔。注浆前为防止浆液压力太大，破坏初期支护混凝土的整体性和完整性，要先作注浆试验，以确定合理的注浆压力及注浆量。

3.3.1 注浆参数

(1)水泥浆水灰比 1∶1。

(2)水玻璃掺量为水泥用量的 5%(质量)，水玻璃深度 35 玻美度，模数 2.4。

(3)注浆压力控制在 0.5～1.0MPa。对初支较完整地段取大值，变形开裂现象重地段取小值。注浆量根据浆液扩散系数及试验值每孔定为 0.34m^3，施工时可根据现场适当调整。

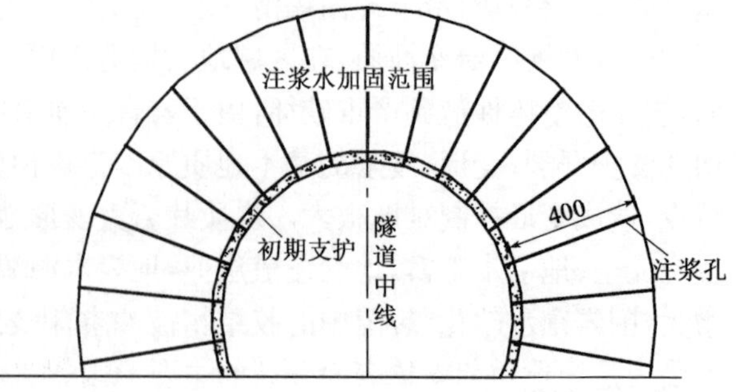

图2 径向钢花管注浆加固示意图

3.3.2 径向注浆施工艺要求

(1)注浆孔的位置允许偏差±5cm，孔底位置偏差应小于孔深的 10%。

(2)注浆孔钻孔要做到孔壁圆、角度准、孔身直、深度够、岩粉清洗干净。

(3)钻孔结束后应掏孔检查，在确认无塌孔及探头石时才可安装注浆管。

(4)注浆顺序为从拱脚到拱顶顺序进行。

(5)注浆孔钻孔过程中应注意不得损伤初期支护钢架及锚杆。

(6)注浆结束后钢花管尾部出露部分应采取切割方式 处理并敷以砂浆,以防刺破防水板。

(7)钢花管注浆过程中应隔孔进行,以提高浆液的扩散性和凝固性。

注浆施工如图 3 所示。

图 3　注浆加固图

3.4　挂网、喷钢纤维混凝土防护

对变形开裂已经脱落掉块的喷混凝土面,由于已经失去了支护作用,人工用钢钎予以剥除,然后在其表面挂 ϕ22 钢筋网,网格间距 20cm×20cm,用高压水清洗原喷混凝土面后喷射 C20 钢纤维混凝土,喷混凝土厚度 10cm,(二次衬砌厚度设计为 50cm,调整为 40cm 并全部配钢筋)。

3.5　尽快施作仰拱和二次衬砌

以上措施施作完,立即施作此段仰拱,仰拱左右跳槽开挖,每次开挖长度 3～5m,仰拱施作完后,暂停其他段的二次衬砌工作,突击施作此段的二次衬砌。为了保证隧道永久结构安全,此段二衬混凝土由原设计 C25 素混凝土变更加强为 C25 钢筋混凝土,衬砌厚度附合原设计的衬砌,主筋采用 ϕ22 双层,厚度小于原设计 10cm 内的衬砌主筋采用 ϕ25 双层。对侵入净空达 35cm 的地段,在注浆加固完后先进行两侧满足衬砌的二衬混凝土施工,待两侧已施工的二衬混凝土强度过到要求后,再拆除此段变形初期支护重新施作初期支护后再进行二衬混凝土施工。

3.6　围岩监控量测

为了及时掌握围岩变化,指导整治施工,进行以下量测工作:

3.6.1　直接观测

在初期支护两侧设水泥钉,用游标卡尺测其变化情况,测量频率为 4 次/d,经量测裂缝宽度在施作临时支撑后基本无变化。

3.6.2　砂浆饼观测

每条裂缝每隔 4m 设一块 5cm×5cm 的砂浆饼,每天观测 4 次,根据砂浆饼是否开裂来确定裂缝是否发展,施作临时支撑后,观测砂浆饼未开裂,证明裂缝发展得到了有效控制。

3.6.3　洞内水平收敛量测

洞内水平移收敛量测工作在发现初期支护开裂后加密进行,每 4m 设一个量测断面,每个断面在拱脚处及边墙中部各设一条基线,用 ZW 型收敛仪量测,量测精度为 0.01mm,通过量测,初期支护最大变形为 8cm,且 10d 后趋于稳定。

4　结束语

通过整治,初期支护和围岩已经稳定,证明隧道整治是成功的,对此本人觉得有不少值得吸取的教训,主要有以下几点:

(1)在涌水量较大的地段,对涌水要排堵结合,以注浆封堵为主,防止水压过大,破坏支护结构。

(2)在软弱围岩和富水地段，要控制好每循环开挖进尺，及时进行支护，应配备有经验地质工程师随时掌握掌子面地质情况，根据地质变化在设计的基础上要同设计单位及时联系，采取局部加强措施，确保支护满足承载力要求。

(3)不可死搬硬套隧道施工规范上对二次衬砌的要求(如二次衬砌应在初支变形速率小于0.2～0.5mm/d后方可施作)对软弱围岩段要尽早进行仰拱和二次衬砌工作，切不可等初支稳定后进行。若有变形及开裂情况的易进行台车跳打。

(4)加强围岩量测工作，根据量测结果，及时采取相应措施，量测工作是确保施工安全和隧道结构稳定的重要用段。

(5)对初期支护变形严重地段进行初支更换时，一定要将锚杆、钢筋网片、拱架等外露钢筋头割除干净，并且喷混凝土平整圆顺。否则给下步二衬防水工作带来很大困难，防水板被割破极易发生涌漏水现象处理起来非常麻烦。

基于量测位移反分析隧道喷混凝土支护可靠度研究

唐　协　吉随旺[1]　陈绪文[2]　陈小勇[2]

(1. 四川省交通厅公路规划勘察设计研究院，成都　610041；
2. 四川雅西高速公路有限责任公司，成都　610041)

摘　要：本文基于隧道喷锚支护监控量测周边位移的变化，根据变形固体理论反算喷混凝土层支护内力，建立起了以周边位移为变量的荷载效应方程；依据混凝土强度检算理论，提出了喷射混凝土承载能力极限状态方程，并总结分析了量测位移、支护厚度和喷层材料随机变量的统计特征；结合现场量测资料对雅安至泸沽高速公路两座隧道三个断面的喷混凝土支护进行可靠度研究，具有一定的指导实践意义。

关键词：喷混凝土支护　监控量测　位移反分析　极限状态　可靠度

1　引言

目前对于隧道结构的可靠度研究主要针对于二次衬砌，基于荷载—结构模式。而由于喷锚支护系统的荷载与抗力都不明确，围岩物理力学指标不易确定，以及大部分随机变量缺乏统计资料，因而对其可靠度的研究还很有限。

喷锚支护系统与围岩形成一个整体共同起支撑作用，按变形压力理论计算喷混凝土层的载荷效应将会遇到极大的困难。由于周边位移为喷锚支护系统所受荷载效应的综合表现，本文基于变形固体理论，偏于安全只考虑喷混凝土层，反分析喷混凝土层的内力，即得到喷混凝土层的荷载效应，结合混凝土强度理论，建立喷混凝土层极限状态方程，参阅当前国内外基础研究成果[1-3]，结合现场量测资料对雅安至泸沽高速公路两座隧道三个断面的喷混凝土支护进行可靠度研究，对隧道信息化设计与施工具有一定的指导意义。

2　极限状态方程

2.1　根据位移反分析作用内力

根据平面应变问题，以拱顶3测点布置为例，其几何关系如图1所示。

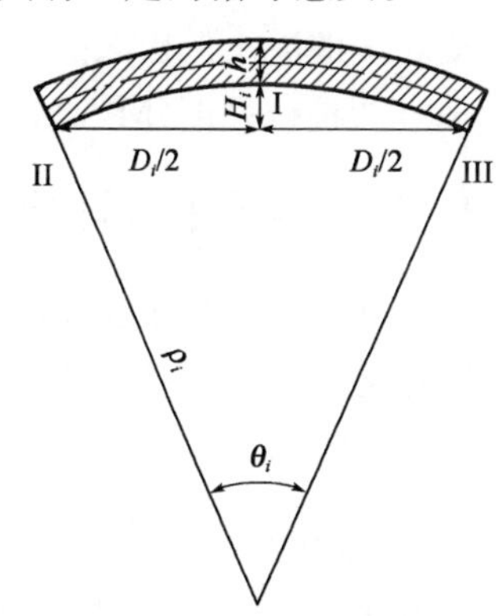

Ⅰ、Ⅱ和Ⅲ点为监控量测观测点

图1　量测几何模型

第 i 次位移量测的曲率半径 ρ_i 为：

$$\rho_i = \frac{D_i^2}{4H_i} + H_i + \frac{h}{2} \tag{1}$$

第 $i+1$ 次位移量测的曲率半径 ρ_{i+1} 为：

$$\rho_{i+1} = \frac{D_{i+1}^2}{4H_{i+1}} + H_{i+1} + \frac{h}{2} \tag{2}$$

根据小变形几何方程，计算喷混凝土中心层应变 ε 公式为：

$$\varepsilon = \frac{\rho_{i+1} \cdot \theta_{i+1} - \rho_i \cdot \theta_i}{\rho_i \cdot \theta_i} \tag{3}$$

根据平衡方程计算截面内力：

$$N = E_c \cdot \varepsilon \cdot bh \tag{4}$$

$$M = E_c I \cdot \left(\frac{1}{\rho_{i+1}} - \frac{1}{\rho_i}\right) \tag{5}$$

式中：N——喷混凝土截面轴力(N)；

E_c——弹性模量(MPa)；

m——截面弯矩(N·mm)；

ε——喷混凝土层中心的应变；

b——喷混凝土层的宽度(取1.0m)；

h——厚度(mm)；

I——惯性矩(mm^4)；

H_i——第i次量测的下沉值(mm)；

D_i——水平收敛值(mm)；

ρ_i——中心层的曲率半径(mm)；

θ_i——圆心角。

2.2　极限状态方程

对于承载能力极限状态，一般认为拱部出现三个塑性铰时达到极限状态，但由于塑性铰出现的顺序和位置的影响因素比较复杂等原因，要求整个喷混凝土层丧失承载能力的概率相当困难，故本文采用现行规范[4]结构截面强度检算式来建立承载能力极限状态方程。

对混凝土和砌体矩形截面中心及偏心受压构件的抗压强度稳定极限状态函数：

$$g(R,S)=R-S=\varphi\cdot\alpha\cdot R_a\cdot b\cdot h-N \tag{6}$$

从抗裂要求出发，混凝土矩形衬砌截面(偏心受压构件)的抗拉强度极限状态函数：

$$g=\frac{1}{6}\times 1.75\varphi\cdot R_l\cdot b\cdot h^2-\left(M-\frac{N\cdot h}{6}\right) \tag{7}$$

式中：R——作用抗力；

S——荷载效应；

φ——构件纵向弯曲系数，在此取为1.0；

α——轴向力的偏心影响系数，$\alpha=1.000+0.648(e/h)-12.596(e/h)^2+15.444(e/h)^3$；

e——轴向力偏心矩(mm)，$e=M/N$；

R_a——混凝土的极限抗压(MPa)；

R_l——抗拉强度(MPa)。

3　随机变量的统计特征分析

从式(1)～式(7)分析可知，极限状态方程中的随机变量包括喷混凝土层的周边位移(下沉值和水平收敛值)、喷混凝土层的厚度和喷混凝土材料性能(喷混凝土极限抗压强度、极限抗拉强度和弹性模量)。

3.1　周边位移的统计特征

周边位移的不确定性主要由测量误差引起，可引入测量误差随机变量来表示拱顶下沉值和水平收敛值的不确定性，测量误差与采用的测量方法有关。

3.2　喷射混凝土厚度

由于喷层厚度h的不定性，因此只考虑由超、欠挖所引起的厚度。由参考文献[3]可知，换算厚度h的概率分布类型为正态分布，如表1所示。

喷层厚度的统计特征　　表1

围岩级别	均值(cm)	标准差(cm)	变异系数	分布类型
Ⅲ	15.12	0.718	0.047	正态
Ⅳ	33.70	2.349	0.070	正态
Ⅴ	31.12	0.989	0.032	正态

3.3 喷射混凝土材料

喷混凝土与通常的混凝土不同，在龄期小的时候就发生变形，显示具有弹性变形以外的相当大的流变变形和干燥收缩变形[5]。据文献[6]喷混凝土极限抗压强度均值 R_a 与龄期 d 的拟合关系：

$$R_a = \min(6.1962 + 3.4922d, 31.059 + 0.0258d) \tag{8}$$

变异系数 δ_{R_a} 随龄期的变化不大，取 $\delta_{R_a}=0.15$。

抗拉强度 R_a 和弹性模量 E_c 通过经验公式与抗压强度换算[3]：

$$R_l = 0.11 \times 0.85 R_a \tag{9}$$

$$E_c = 10^4 \cdot R_a^{\frac{1}{3}} \tag{10}$$

经计算，$\delta_{R_a} = \delta_{R_l} = 0.15$；$\delta_{E_c} = 0.05$。

4 可靠指标的计算

根据随机变量 X_i 统计参数（均值 μ_{X_i} 和标准差 σ_{X_i}），采用一次二阶矩验算点法计算结构可靠指标 β[7]，其计算流程如图 2 所示。

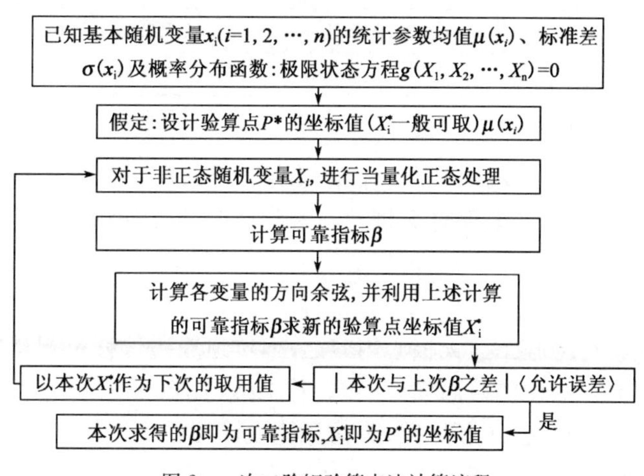

图 2 一次二阶矩验算点法计算流程

5 实例分析

我单位承担雅安至泸沽高速公路 SJ4 隧道监控量测任务，采用高精度全站仪进行非接触量测，采用固定点测量以统计测量误差的统计特征参数，经分析服从均值为 0，标准差为 0.734 的正态分布。根据量测数据和前面总结的统计资料计算了几个断面的喷混凝土层的可靠度。

5.1 擦罗 2 号隧道 K134+745 断面

围岩级别为Ⅳ级，支护类型为 S4c，喷层设计厚度 25cm，施作时间为 2008 年 7 月 4 日。按喷层参数及拱部收敛和拱顶下沉监控量测数据，计算其可靠度如表 2 所示。隧道初期支护拱顶于 7 月 14 日发生开裂。

擦罗 2 号隧道 K134+745 断面喷混凝土层的可靠度计算 表 2

量测次数	量测时间	喷混凝土龄期（d）	拱顶下沉值 H（mm）	水平收敛值 D（mm）	失效概率 P_f	可靠指标 β
Ti	2008/7/6	4	4715.45	1573.54		
Ti+1	2008/7/10	6	4711.79	1571.68	0.125	1.257
Ti+2	2008/7/16	10	4707.68	1568.47	0.495	−0.572

5.2 擦罗 2 号隧道 K134+685 断面

围岩级别为Ⅳ级，支护类型为 S4c，喷层设计厚度 25cm，施作时间为 2008 年 7 月 23 日。按喷层参数及拱部收敛和拱顶下沉监控量测数据，计算其可靠度如表 3 所示。

擦罗 2 号隧道 K134+685 断面喷混凝土层的可靠度计算 表 3

量测次数	量测时间	喷混凝土龄期(d)	拱顶下沉值 H (mm)	水平收敛值 D (mm)	失效概率 P_f	可靠指标 β
Ti	2008/7/26	3	4 848.52	1 611.64		
Ti+1	2008/7/30	7	4 848.01	1 610.03	0.167	1.136
Ti+2	2008/8/2	10	4 846.86	1 608.57	0.095	1.573

5.3 干海子隧道 YK152+640 断面

围岩级别为Ⅳ级，支护类型为 S5c，喷层设计厚度 27cm，施作时间为 2008 年 9 月 10 日 22 时 30 分。按喷层参数及拱部收敛和拱顶下沉监控量测数据，计算其可靠度如表 4 所示。

干海子隧道 K152+640 断面喷混凝土层的可靠度计算 表 4

量测次数	量测时间	喷混凝土龄期(d)	拱顶下沉值 H (mm)	水平收敛值 D (mm)	失效概率 P_f	可靠指标 β
Ti	2008/9/13	3	4 574.46	1 527.57		
Ti+1	2008/9/15	5	4 573.87	1 526.85	0.231	0.997
Ti+2	2008/9/19	9	4 572.95	1 526.03	0.104	1.371

通过上述 3 个断面拱顶喷混凝土支护可靠度计算，当结构开裂时可靠指标较小，结构正常可靠指标与规范所采用定值设计时的安全系数相当，表明计算理论与实际情况吻合较好。

6 结语

监控量测为隧道新奥法设计与施工三大核心内容之一，坑道周边位移量测是最基本的量测指标，本文只研究了锚喷支护体系中喷混凝土结构的截面失效问题，基于结构小变形反算作用效应，进一步计算喷混凝土层的结构可靠度，为其可靠度分析提供了新思路，为信息化设计与施工提供参考。但鉴于目前拥有的随机变量的统计数据较少，有待于进一步补充。

参 考 文 献

[1] 高波，关宝树，钟新樵. 铁路隧道 200 号喷混凝土现场实测强度的概率特性统计研究[J]. 铁道工程学报专刊，1994;(10):10-14.

[2] 关宝树. 喷锚支护结构的荷载状态——喷锚支护结构接触压力实测资料的统计分析[J]. 岩土工程学报，1982,4(4).

[3] 张弥，杨成永. 地下工程喷锚护系统的不确定性研究[J]. 西部探矿工程，1996; (1).

[4] 中华人民共和国行业标准. JTG D70—2004 公路隧道设计规范[S]. 北京:人民交通出版社，2004.

[5] 关宝树. 隧道工程设计要点集[M]. 北京:人民交通出版社，2003:136-139.

[6] 周德培译. 考虑岩体和喷射混凝土与时间相关性的隧道设计[J]. 世界隧道，1995,(2):52-54.

[7] 高波，赵玉光. 土木工程结构可靠度[J]. 西南交通大学，1999 (9).

雅泸高速菩萨岗隧道抗震性能分析

易震宇[1]　陈小勇[2]　蒋武军[1]　傅立新[1]
（1. 湖南省交通规划勘察设计院　长沙 410008；
2. 四川雅西高速公路有限责任公司　成都 610041）

摘　要：菩萨岗隧道位于地震基本烈度Ⅸ度区，本文采用时程分析法对隧道结构进行抗震受力分析，据以验算地层的稳定性，并根据分析结果进行隧道结构截面设计。本文对高烈度区域隧道衬砌设计具有参考借鉴作用。

关键词：隧道　抗震　数值模拟　优化分析

北京至昆明高速公路四川境雅安至泸沽项目勘察区位于我国南北向地震带中南段，属强震到弱震活动的过渡带。勘察区内历史上无6级以上强震记载，其地震安全性主要受外围强震带地震活动的影响。

根据国家地震局2001年编制的1:400万《中国地震动参数区划图》(GB 18306—2001)，勘察区一般场地基准期50年超越概率10%的地震动峰值加速度$a=0.2g$，地震动反应谱特征周期为0.45s，对应地震基本烈度为Ⅷ度。在此高烈度下，修建高速公路，结构物设计抗震必须进行整体稳定性和衬砌抗震分析。

1　隧道概况

菩萨岗隧道分布于石棉县栗子坪乡孟获村与冕宁县拖乌乡鲁坝村交界的菩萨岗。隧道为分离式长隧道，左洞长2 960m，右洞长2 980m，隧道所在区为高中山深切河谷地貌与高中山湖盆区地貌分界的分水岭，山地地形起伏大，山高坡陡，沿线地表植被发育，人迹罕至。据《北京至昆明高速公路四川境雅安至泸沽项目(A4合同段)地震安全性评价报告》所示隧址区位于地震基本烈度Ⅸ度区。在此高烈度下，隧道设计必须进行整体稳定性和衬砌抗震分析。

2　隧道抗震数值模拟

隧道结构采用时程分析法进行抗震受力计算，将隧道结构和地层视为振动体系加以分析，直接按照地震波数据输入地面运动，通过积分运算，求得在地面加速度随时间变化期内，结构的内力和变形随时间变化的全过程，在满足变形协调的前提下计算隧道结构与地层的内力，据以验算地层的稳定性和进行隧道结构截面设计。

2.1　地震波参数

地震参数采用本隧道地震安全性评价报告提供的参数，以基岩加速度峰值和基岩加速度反应谱(基岩地震相关反应谱作为目标谱，用人工数值模拟方法合成得到的，并以此作为场地地震反应计算的输入地震加速度时程。

按50年超越概率10%、5%、2%和1%四个概率水准合成基岩地震加速度时程，其中每一个概率水准合成三条时程(图1为10%概率)，分别对应于三个不同的随机相位，时程采样步长为0.02秒，每条加速度时程总持时为40.96s，共2048个数据点。

2.2　计算模型

本计算采用ANSYS有限元分析软件完成，其中围岩的本构方程采用D—P模型，混凝土的本构采用等强硬化模型(Multilinear Isotropic Hardening)，为简化计算，根据隧道的特点取二维模型(见图2)，其中：铅直方向为Y轴，向上为正；水平方向为X轴，向右为正。计算范围：X轴从隧道左右洞轴线往两侧各取50m；

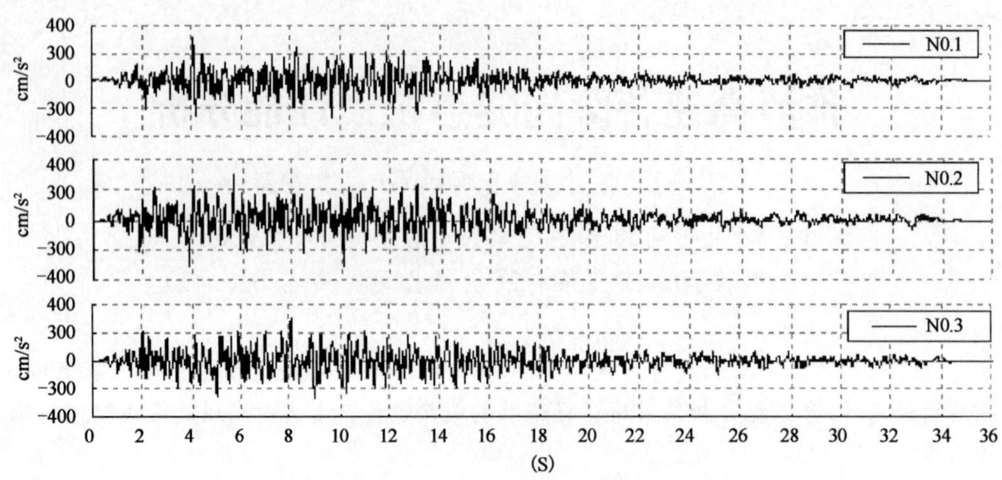

图1 沼泽地明硐输入基岩地震加速度时程图($P_{50}=10\%$)

Y 轴方向底部高程 2 400m 为起点，地表（边坡）最高点高程约 2 465m；材料力学性质指标见表 1。

材料物理力学性质指标值推荐表 表1

参数 / 材料	容重 (kN/m³)	变形模量 (GPa)	泊松比 μ	计算内摩擦角	黏聚力 c (MPa)
Ⅴ级围岩	18.5	1.5	0.40	23.5	0.13
C25 混凝土	23	29.5	0.2	—	—

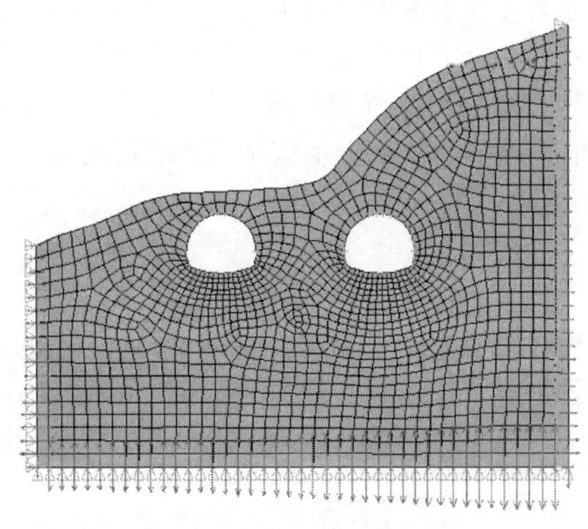

图2 有限元计算网格模型

2.3 模型结果分析

建成后的隧道在地震波的作用下，经计算得出的洞顶衬砌内弯矩时程变化及隧道二衬内力。

从中可以归纳得出表 2：在按 50 年超越概率 10%合成的基岩加速度作用下，隧道二衬内最大弯矩为 0.248MN·m，最大轴力为 2.02MN，最大剪力为 0.321MN；在按 50 年超越概率 5%合成的基岩加速度作用下，隧道二衬内最大弯矩为 0.284 MN·m，最大轴力为 2.09MN，最大剪力为 0.339MN；在按 50 年超越概率 2%合成的基岩加速度作用下，隧道二衬内最大弯矩为 0.312MN·m，最大轴力为 2.09MN，最大剪力为 0.341MN；在按 50 年超越概率 1%合成的基岩加速度作用下，隧道二衬内最大弯矩为 0.346 MN·m，最大轴力为 2.15MN，最大剪力为 0.415MN；同时可以看出：在地震过程中，二衬内最大内力（绝对值）出现在受偏压的右洞右侧墙与仰拱连接处，并且随着地震超越概率的递减，隧道二衬内内力呈递增趋势。图 3～图 6

为部分计算结果。

计 算 结 果 表

表 2

地震超越概率	10%			5%			2%			1%		
地震波	No. 1	No. 2	No. 3	No. 1	No. 2	No. 3	No. 1	No. 2	No. 3	No. 1	No. 2	No. 3
最大弯矩出现时刻(s)	7.99	9.25	8.33	21.2	18.16	16.89	3.49	17.74	8.32	3.48	9.25	8.32
最大弯矩(MN·m)	0.247	0.248	0.246	0.284	0.281	0.283	0.286	0.282	0.312	0.314	0.306	0.346
最大轴力(MN)	2.01	2.02	2.01	2.09	2.09	2.08	2.09	2.08	2.11	2.11	2.14	2.15
最大剪力(MN)	0.320	0.321	0.317	0.339	0.335	0.337	0.341	0.336	0.374	0.376	0.367	0.415

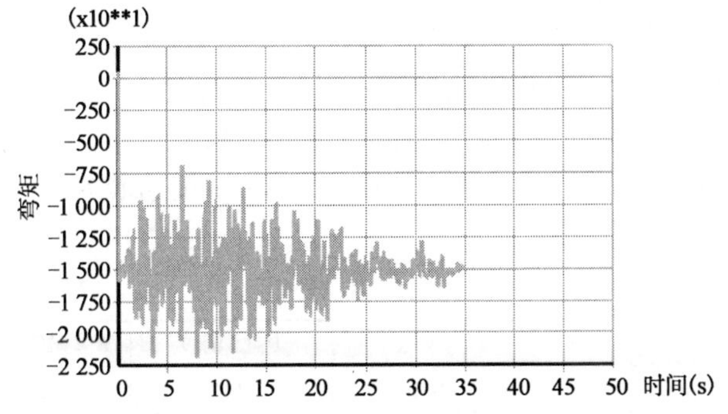

图 3 No. 1 号地震加速度时程所对应的左洞洞顶弯矩时程图(P_{50}=10%)

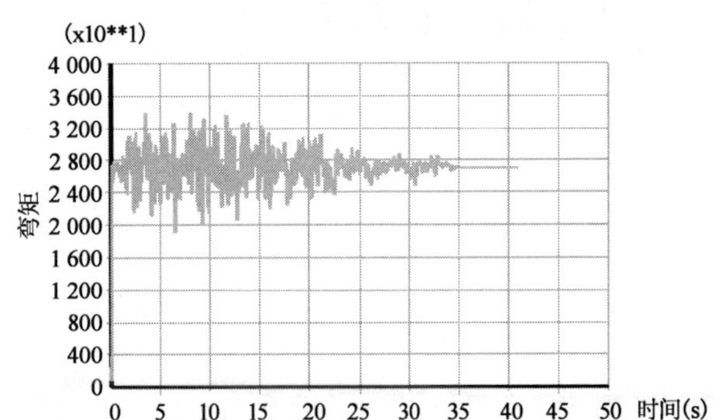

图 4 No. 1 号地震加速度时程所对应的右洞洞顶弯矩时程图(P_{50}=10%)

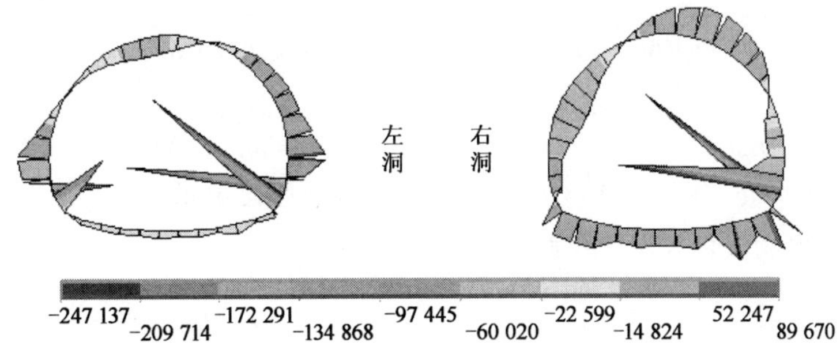

图 5 T=7.99 时刻 No. 1 号地震加速度对应的隧道二衬内弯矩云图(P_{50}=10%)

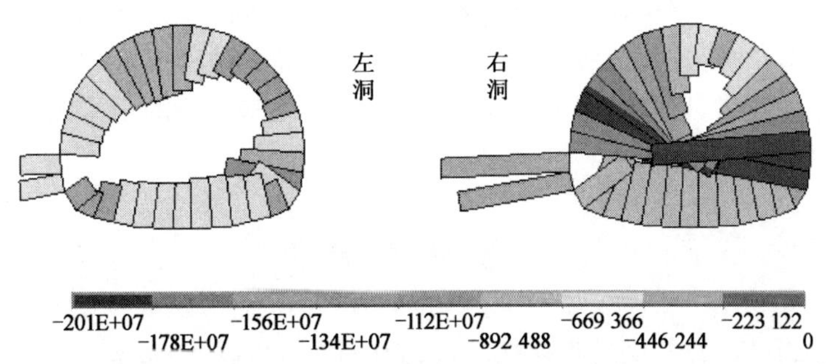

图 6 T=7.99 时刻 No. 1 号地震加速度对应的隧道二衬内轴力云图(P_{50}=10%)

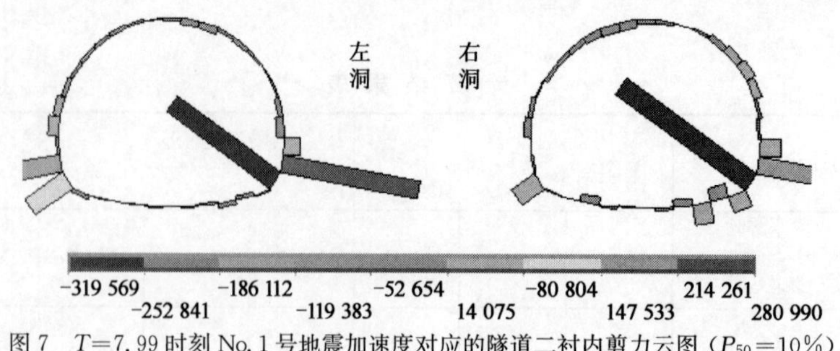

图 7　$T=7.99$ 时刻 No.1 号地震加速度对应的隧道二衬内剪力云图（$P_{50}=10\%$）

3　隧道二衬结构抗震配筋验算

根据《公路隧道设计规范》(JTG D70—2004)附录 K　“钢筋混凝土受弯和受压构件配筋量计算方法”对结构进行验算，隧道二次衬砌截面见图 8。

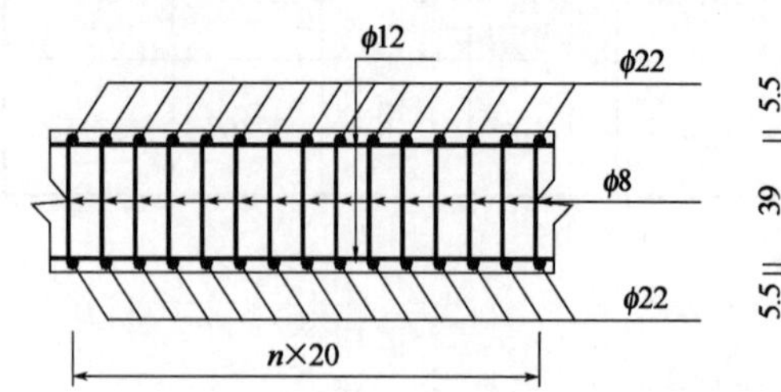

图 8　隧道拱顶及边墙钢筋混凝土受弯构件矩形截面（尺寸单位：cm）

设计中隧道拱顶与边墙采用相同的截面及配筋(图 8)，在弯矩荷载的作用下，构件受力主筋为 ϕ22 钢筋，混凝土级别为 C25，矩形构件相关尺寸为：$a=a'=5.5$ cm，$b=1$m，$h=0.5$m，$A_g=A'_g=1.9\times10^{-3}\text{m}^2$，其他参数见表 3。

从表 2 可以看出，截面最大剪力为 0.415MN，出现在边墙下部，以此处剪力对构件进行截面尺寸进行验证。

其中：　$KQ=1.7\times0.415=0.7055\text{MN}$

$0.3R_a bh_0=0.3\times14.8\times1\times0.445=1.98\text{MN}$

满足 $KQ\leqslant 0.3R_a bh_0$，构件的截面尺寸满足要求。

设 计 参 数 值　　表 3

K	R_w(MPa)	R_g(MPa)	R_a(MPa)
1.7	18.5	230	14.8

从表 2 可以看出，二衬内最大弯矩出现在受偏压的右洞右侧墙与仰拱连接处，达到了 0.346MN·m，以此处弯矩对构件进行截面强度进行验证。

其中：

$$KM=1.7\times0.346=0.588\,2\text{MN}\cdot\text{m}$$

$$\text{取中性轴}\quad x=2a'=0.11\text{m}$$

$$R_w bx(h_0-x/2)+R_g A'_g(h_0-a')=0.925\text{MN}\cdot\text{m}$$

满足 $KM\leqslant R_w bx(h_0-x/2)+R_g A'_g(h_0-a')$，构件满足强度要求。

通过计算表明：本隧道满足抗震设计要求。

4　结语

高烈度地震区域修建隧道理论上是可行的，计算模拟表明了这一点。由于隧道模拟主要针对均质地层而言，对于断层，其本身受力极其复杂，其传递到隧道衬砌结构上的作用力也是各不相同的，在高烈度地震下，衬砌垮塌基本上是不可避免，汶川地震就反映了这方面的问题，故地震区域隧道设计应该尽量避开断层选线，至交采取大角度相交穿过，以确保损失最小，对于隧道衬砌基本段的结构设计、运营安全，通过抗震分析，是能够提供保障的。

参 考 文 献

[1] 中华人民共和国行业标准.公路隧道设计规范(JTJ D70—2004)[S]北京：人民交通出版社，2004.

[2] 韩瑞庚.地下工程新奥法.北京：科学出版社，1987.

菩萨岗隧道突水涌泥灾害防治

傅立新[1]　蒋　波[2]　柏　署[1]　杨　燕[3]

(1. 湖南省交通规划勘察设计院　长沙　410008；
2. 四川雅西高速公路有限责任公司　成都　610041；
3. 湖南建筑高级技工学校　长沙　410015)

摘　要：雅泸高速公路菩萨岗隧道地处南北向地震带，围岩破碎，地下水系发育，加之隧道上方湿地平行分布，突水涌泥发生频繁，且规模较大，出于对湿地保护及隧道施工的顺利进行，采用以堵为主，结构、排水、监控、预报等同步加强的措施，确保隧道安全。

关键词：隧道　湿地　涌泥

1　引言

突水涌泥属于隧道施工中遇到的流体地质灾害类型之一，由于地下水的高度流动性、在地壳表层中分布的普遍性以及大多数隧道都处于地下水富集带或其以下附近，只要存在导水通道，就可能发生涌水，因此，其发生条件要比其他灾害类型宽松得多(见表1)。据不完全统计，在我国1996年前已建成运营的4800余座隧道中，约三分之一发生过涌水问题[1]。

隧道施工时发生的涌水不仅对作业环境有影响，也会是掌子面不稳定，影响施工质量。特别是在有大量高压涌水的情况下，常常酿成重大事故。

涌水原因及现象　表1

原　因	直 接 作 用	现象和影响	原　因	直 接 作 用	现象和影响
渗透水	软岩软化	土压增大	接近涌水带	隔水墙破坏	掌子面围岩崩塌
	促进破碎带、裂	侧壁崩塌			坑道埋没
	隙剥离	围岩崩塌	集中涌水	流速大，水量大	掩埋掌子面设备
	围岩流动化				停止施工

在支护施工完成前，掌子面保持一定时间的自稳是山岭隧道施工方法的前提。掌子面周边有涌水的情况下，因渗透压力而会出现崩塌流出等现象，使其强度降低。特别是在未固结的围岩中，因初始强度低，伴随涌水会造成掌子面坍塌现象[2]。无论是在隧道勘测设计阶段还是在施工阶段，涌水都是重点研究的施工地质灾害之一，研究的核心则在于超前预测。

2　工程概况

2.1　隧道概况

菩萨岗隧道分布于石棉县栗子坪乡孟获村与冕宁县拖乌乡鲁坝村交界的菩萨岗。所在区为高中山深切河谷地貌与高中山湖盆区地貌分界的分水岭。隧道为分离式双洞单向交通隧道，左线长2 960m，进口曲线半径R=880m，出口曲线半径R=4 000m；右线长2 980m，进口曲线半径R=840m，出口曲线半径R=4 000，隧道纵坡均为人字坡，设计高程2 426～2 445m。

在隧道右洞右侧550～820m，平行线位分布有一长条形的“海子”，海子处的水位高程一般为2 508～2 515m，比隧道设计高程高65.0～82.5m。

2.2　地质概况

菩萨岗隧道位于石棉至菩萨岗段位于川滇南北向构造带北段(冕宁以北)的菩萨岗东西向隆起北侧，西部以小金河断裂带为界与甘孜断褶带相邻,东部以石棉断裂为界与凉山拗褶带毗连。构造以南北向为主,并兼有北西向、北北西向、北北东向和东西向构造。

对本隧道影响较大的断层主要为安宁河断裂带,其最大特点是岩浆活动频繁、强烈,后期沉积很少,且破坏殆尽。岩体极为破碎,为滑坡、崩塌、泥石流形成创造了条件。

勘察区位于我国南北向地震带中南段,属强震到弱震活动的过渡带。据《北京至昆明高速公路四川境雅安至泸沽项目(A4 合同段)地震安全性评价报告》所示,隧址区位于地震基本烈度Ⅸ度区。

起点段隧道在成岩较差的泥质砂岩中通过,地下水主要赋存于砂岩的孔隙中,该段岩石可视为均匀的潜水含水层。除泥质砂岩处,隧道绝大部分在弱风化或微风化的花岗岩中穿过,大部分地段节理裂隙发育,特别辉绿岩脉发育的地段,或小断层通过的地段,节理裂隙极发育,地下水的径流主要在节理裂隙中进行,除局部存在弱承压水外,可整体视为无限厚潜水含水层。

根据赋水介质及其渗透系数的差异,与隧道开挖有关的含水层可归纳为如下四类:昔格达基岩含水层、弱风化~微风化岩浆岩含水层、强风化岩浆岩含水层、构造带含水层。

隧道在长期排水的情况下,位于无限厚的潜水含水层中,考虑基岩山地越岭隧道,含水体为无界潜水,含水体为无限厚度时,宜采用柯斯嘉科夫公式进行计算。

$$q_3 = \frac{2\alpha K_4 H_3}{\ln(R_3/r)}$$

式中:q_3——隧道单位涌水量;

H_3——隧道底板以上含水体厚度;

K_4——隧道穿越含水体的渗透系数;

$\alpha = \pi/2 + H_3/R_3$ 为修正系数;

R_3——隧道涌水影响宽度;

r——隧道横断面宽度的一半[3]。

按有限含水厚度计算涌水量,并且考虑各段的渗透系数的差异,分段预测。计算得到隧道的总涌水量为 13744.4m^3/d。估算出隧道 K171+820~K172+520 距离"海子"最近段各渗透系数下的影响半径如下(表 2):

各渗透系数下的影响半径　　表 2

地　　层	渗透系数(m/d)	影响半径(m)
弱风化花岗岩	9.37×10^{-2}	480.5
断层带	14×10^{-2}	586.4
微风化花岗岩	1×10^{-2}	156.7

上述计算表明,对于弱风化~微风化花岗岩而言,由于其属弱透水或微透水层,形成的降落漏斗半径较小,不会波及"海子"。对于中透水或强透水的断层带,由于其连通性较好,隧道涌水将波及"海子",可能疏干"海子"处的地表水,从而引起环境问题。

3　涌水处置

菩萨岗隧道设计为典型浅埋湿地隧道,右侧有一海子,属湿地保护区。隧址附近属安宁河大断裂带,位于强地震区,地质极其复杂。

隧道在施工过程中多次发生突水涌泥事故,情况较严重的近 10 次,尤其在左线掘进至 K173+109 时,受地震影响,先后发生 5 次涌水,最大一次喷射距离为 30m 以上,其涌水量 200~180m^3/h,水温在 6~8℃,冲出的碴石约 400m^3,主要成分是肉红色钾长岩花岗岩,灰黑色至墨绿色辉长岩,泥化的辉长岩,以及细的泥砂物等,呈大小不一的块石角砾(图 1)。

通过连续观测,开工以来,湿地海子水位未见异常;由水头损失、流速、流量的关系以及涌水水温可断定此次隧道的涌水源是地下潜水而非来自湿地海子。

经分析,掌子面前方 3m 以外为松散塌体,含水丰富;隧道主洞开挖时,3m 厚的掌子面岩盘不能承载其后的高水头压力,故掌子面从其薄弱部分开始破坏,形成出水口,并携带泥沙淤积掌子面;因此前方宜采取超前预注浆方式加固松散体,防止主洞开挖时洞顶坍塌。并相应采取如下措施:

图1　涌水现场

(1)加密该段监控量测的频率及密度，随时监控洞内变形的发展。

(2)K173+109～K173+124 共 15m 初支开裂段二次衬砌采用钢筋混凝土结构以增加强度。

(3)K173+079～K173+109 共 30m 采用帷幕灌浆加固围岩：灌浆材料为水泥—水玻璃浆液，因为该段据超前钻孔反映为松散堆积体，故采用固结灌浆进行处理。

(4)K173+079～K173+124 共 45m 环向排水管加密到 5m 一环。

(5)考虑该段注浆完成后，水头增高，水压力加大，衬砌结构加强为厚 70cm 钢筋混凝土二衬。

随着隧道施工的进行，距离海子将越来越近，为防止出现隧道开挖疏干海子水源的不利情形发生，应随时掌握前方围岩的状况及含水状况；如超前地质预报发现前方较破碎或富水，宜采取超前探孔予以确认，采取包括固结灌浆、回填灌浆、帷幕灌浆等处理措施尽量减少隧道开挖对海子的影响。

4　结语

(1)本文详细介绍菩萨岗隧道基本情况，针对突水涌泥问题提出了较合理的处置措施。

(2)大规模的隧道涌水，不仅施工本身会严重受阻，而且可能引起浅层地下水及地表水枯竭，甚至引起地面塌陷等伴生的环境地质问题。本隧道涉及湿地保护，宜侧重于堵；固结灌浆、回填灌浆、帷幕灌浆等处理措施综合运用能尽量减少隧道开挖对海子的影响。

(3)超强地质预报应与设计，施工紧密结合，对复杂地质采用超前探孔等手段进行确认。

(4)重点地段应配合地表监测，尤其在穿越湿地时要对其进行监控。

(5)注浆堵水后，衬砌受到的水压力会增加，支护结构应相应的加强，为保证围岩排水通道顺畅，排水措施同样需要加强。

参 考 文 献

[1] 黄润秋，王贤能. 深埋长隧道工程开挖的主要地质灾害问题研究[J]. 岩石力学与工程学报.

[2] 关宝树. 隧道工程施工要点集[M]. 2 版. 北京：人民交通出版社，2003.

[3] 徐国锋，杨建锋，陈侃福. 台缙高速公路苍岭隧道水文地质勘察与涌水量预测[J]. 岩石力学与工程学报，2005. 11(24)5531-5535.

[4] 中华人民共和国行业标准. JTJ 042—94 公路隧道施工技术规范[S]. 北京：人民交通出版社，1994.

[5] 中华人民共和国行业标准. JTG D70—2004 公路隧道设计规范[S]. 北京：人民交通出版社，2004.

雅泸高速元堡山隧道冰水沉积层仰坡稳定性分析

易震宇[1]　曾凡勇[2]

(1. 湖南省交通规划勘察设计院　长沙　410011；
2. 四川雅西高速公路有限责任公司　成都　610041)

摘　要：本文结合工程措施，利用极限平衡法针对元堡山隧道雅安端洞口仰坡为冰水沉积区，且地震烈度为Ⅷ度的具体情况，分析了其仰坡的稳定性，并提出了完善相关防护设计的建议，对高烈度区域公路边坡设计具有参考借鉴作用。

关键词：隧道　边坡　冰水沉积　稳定性

雅安至泸沽高速公路元堡山隧道位于石棉县擦罗乡南雅河左岸，为分离式短隧道，间距 38m。左线：起止桩号为 K132＋103～K132＋407，轴线方向 217°，长为 304m，隧道最大埋深 50m 左右。隧道雅安端洞口位于 108 国道上方，出洞口直接与桥梁相接，地表自然坡度陡峭；隧道洞门施工后，在国道上方形成一高 30m、坡比 1∶0.75 的仰坡面，为保证桥隧等结构物的安全，有必要对仰坡进行稳定性评价。

1　隧道地质概况

雅安端洞口地段均为第四系中上更新统冰水沉积层，表层为种植土植物层，未发现滑坡、泥石流等不良地质现象，隧道进口地带场地现状稳定。

第四系中上更新统冰水沉积层特性：漂石土，灰黄、灰白色，物质成分以花岗岩、辉绿岩为主，石英岩等次之，其他岩类少见。圆度呈次圆～棱角状，漂石因风化差异，个别花岗岩漂石呈强风化状。粒径大于 200mm 的占 50%～60%，最大达 2000mm，粒径为 60～200mm 的占 10%～20%，粒径为 2～60mm 的占 10%～20%，余为砂土、黏性土充填。分选性较差，干～稍湿，中密～密实状。此种漂石土不均匀，变化较大，属中密状态，人工和自然边(斜)坡在没有地表水流冲蚀条件下坡度缓于 1:0.6 左右可保持稳定，局部边坡高度小于 10m，坡度更陡时可保持暂时稳定。

隧道地下水补给主要是大气降水，冰水沉积漂石土层为弱透水层，地下水贫乏。预测施工过程中隧道涌水量小。在勘探钻孔施工中，钻孔漏失冲洗液，表明隧址区岩土渗透性较好，但地下水补给条件差，地下水贫乏，水文地质条件简单。

2　隧道仰坡面防护措施设计

设计采用锚喷护坡(4.0m 长 ϕ22 砂浆锚杆＋10cm 厚 C20 喷射混凝土＋单层钢筋网)，根据开挖后仰坡面情况，考虑到锚喷首先是锚杆因漂石多而成孔困难，锚固效果不理想，其次边坡表面孤石多，锚喷不能有效固定孤石，考虑到坡面高度已经达到 30m，需进行稳定性评价。

3　隧道仰坡稳定分析计算

3.1　分析方法

边坡稳定性评价包括以下内容：边坡稳定性状态的定性判断、边坡稳定性计算、边坡稳定性综合评价、边坡稳定性发展趋势分析。

目前边坡稳定分析评价有以下几种方法：工程地质类比法、图解分析法、极限平衡法、数值分析法。针对本工程实际情况，采用工程地质类比法及极限平衡法分析。

3.2　隧道仰坡工程地质类比分析

由于108国道在元堡山隧道区域通过，地质情况与洞口仰坡较为一致，可作为重要参照物。国道沿线可见到很多由于国道施工削坡而形成的高边坡。根据观察，国道边坡高度从3～32m不等，坡比为1∶0.45～1∶0.7。国道主要是顺坡脚修建，坡脚因受坡积作用影响，地质情况相对较差。但目前108国道除暴雨引起坡表面孤石塌落局部损坏路面外，少见崩塌或滑动迹象。可推断仰坡面边坡缓于1∶0.75可保持稳定，但坡面应采取防滚石及冲刷的措施。汶川"5·12"地震则造成局部崩塌及落石砸坏路面。

3.3　隧道仰坡稳定性计算

3.3.1　计算模型及方法(图1)

根据现场开挖情况及实际坡面情况，采用的计算坡面为高30m，坡面坡比1∶0.75。计算模型见图1：隧道顶面以下岩土在施工期间稳定问题通过施工工法和加固解决，假定滑移面不能剪切隧道结构衬砌，只考虑计算隧道顶面上仰坡稳定性问题。

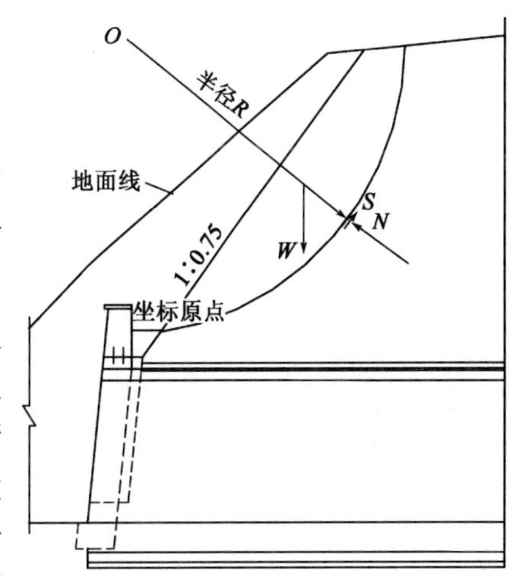

图1　隧道仰坡稳定分析模型

土质边坡滑动破坏的滑面形态通常有平面形、圆弧形(圆柱形)及曲面形等。均质土坡的滑面多呈圆弧形或接近于圆弧形。非均质土坡往往没有明确的滑面，需试算搜索确定。根据本项目工程实际情况，采用圆弧滑面形式进行试算，找出最不利滑面，以安全系数来表达稳定度。先假定一个破坏面，半径为R，圆心为O，用静力平衡计算沿破裂面上各点的法向力N，根据已经确定的土体抗剪强度参数，计算沿着假定的破坏面确定在某一微段长度面上的剪应力S，确定绕O点的力矩M，令滑动力距等于稳定力矩，从而得出假定破坏面的安全系数。

在计算过程中，采用瑞典条分法，假定各土条底部滑动面上的抗滑安全系数均相等，并等于整个滑动面上的平均安全系数。

3.3.2　计算工况及公路等级边坡安全系数确定

根据项目区域特点，选择正常工况、非正常工况分别计算，各工况稳定应满足下表安全系数要求见表1。

边坡安全系数表　　表1

公路等级	工况类型	工况描述	边坡安全系数
高速公路	正常工况	边坡处于天然状态下的工况	1.20～1.30
	非正常工况Ⅰ	边坡处于暴雨或连续降雨状态下的工况	1.10～1.20
	非正常工况Ⅱ	边坡处于地震荷载作用下的工况	1.05～1.10

3.3.3　计算参数选定

3.3.3.1　地震作用参数

据《中国地震动峰值加速度区划图》(GB 18306—2001)及"地安评价报告"200页，桥位所在地区地震基本烈度为Ⅷ度，地震动峰值加速度分区为0.2g，地震烈度为8度。地震工况的计算采用《公路工程抗震设计规范》规定的拟静力法，水平地震系数为0.200，地震作用综合系数为0.250，地震作用重要性系数：1.700；地震力作用位置：质心处；水平加速度分布类型：矩形。

3.3.3.2　地表渗流的考虑

对于地下水渗流情况，其稳定性分析中应考虑地下水的作用，计算条块岩土体所承受的动水压力，其水下部分岩土体重度参照《建筑边坡工程技术规范》5.2.6的规定，采用浮重度计算，动水压力作用的角度为计算条块底面和地下水位面倾角的平均值，指向低水头方向。

3.3.3.3　土的物理力学参数确定

根据地勘报告，漂石土为中密状，根据反算(假定自然边坡在目前状态下稳定，即安全系数为1.0反算黏聚力及内摩擦角)及工程类比资料得出表2中数据。非正常工况参照三峡库区工程经验将c、ϕ值予以降低。

边坡计算物理力学指标表　　表2

参数／工况	计算重度(kN/m³)	黏聚力 c (kPa)	内摩擦角(°)
正常工况	21.9	30	45
非正常工况Ⅰ	13.0	10	40
非正常工况Ⅱ	21.9	20	45

3.3.4　稳定计算结果

土条宽度取用5m，采用瑞典条分法(Bishop法)进行圆弧稳定分析，通过自动搜索最危险滑裂面稳定计算目标，结果见表3。

材隧道仰坡稳定性计算结果　　表3

结果／工况	滑动圆心(m)	滑动半径(m)	滑动安全系数	总的下滑力(kN)	总的抗滑力(kN)
正常工况	−20.00,42.80	47.24	1.221	2479.52	3028.29
非正常工况Ⅰ	−19.90,42.80	47.20	1.03	1482.29	1520.62
非正常工况Ⅱ	−20.70,43.90	48.54	1.07	2700.09	2874.85

4　隧道仰坡稳定评价

通过工程地质类比及稳定分析计算，均表明元堡山隧道洞口仰坡坡面其在正常情况下能保持稳定；仰坡面在暴雨或连续淋雨状态下安全系数急剧降低，基本处于临界平衡状态，应采取一系列措施防止坡面受到较大冲刷；在烈度为8度的地震影响下，边坡不会发生整体失稳现象，但根据汶川地震影响程度观察，局部掉石、滑塌现象将会发生，需要采用坡面固定措施增加安全度。

据此优化隧道洞口仰坡设计，在明洞洞顶以上5m设置一条1m左右的碎落台，碎落台以上坡度仍然采用1:0.75，仰坡上部均采用柔性主动防护网防护，防止落石及滚石对国道及高速公路的危害，最大限度维持原坡面的地表景观；边仰坡底部采用原设计的锚喷支护中，采用自进式锚杆代替砂浆锚杆，同时仰坡面增设水平排水孔，及时排除坡面内渗水。

5　结语

冰水沉积层具有其特殊性质，边坡稳定性受地下水的影响较大，目前相关研究较少。本隧道仰坡实际只有冲刷，没有地下水位的影响，故针对计算结果，没有大规模修正原来的设计方案，希望本文能够对类似高烈度区域冰水沉积层区域公路边坡设计起一定的参考借鉴作用。

参考文献

[1] 中华人民共和国行业标准.JTJ D70—2004 公路隧道设计规范[S].北京：人民交通出版社，2004.
[2] 韩瑞庚.地下工程新奥法[M].北京：科学出版社，1987.

高速公路隧道信息化施工管理探讨

邵　江[1]　田尚志[1]　臧万军[2]

(1. 四川省交通厅公路设计院　成都;2. 雅西高速公路有限公司　成都)

摘　要:本文对隧道施工中的信息化施工必要性以及运行系统进行了较系统阐述,并对信息化施工管理过程中存在的难点以及通常存在的问题进行了分析,对高速公路隧道施工过程管理有一定的帮助。

关键词:隧道　动态设计　信息化施工

1　引言

山区高速公路日益向山岭重丘区发展,隧道长度日益增加,穿越地层多变,构造体系复杂,地形险峻,植被茂密,覆盖层厚度大,地表可见露头少,对隧道勘探造成的难度大。在采用遥感解译、物探、钻探、地质调绘等各种勘察手段综合运用的基础上,进行综合分析,综合评价,提高勘探精度精度,也仅能部分查明隧道的工程地质、水文地质情况。仍有部分地质情况要在施工图阶段加强施工地质和超前预报才能明确,例如:断层带的准确位置、宽度、断层破碎程度以及含水情况;溶蚀的起至位置、范围的大小、溶蚀程度、充填以及含水情况;岩土界限的准确位置;在岩体相对均一地段,局部小型断裂发育,造成局部岩体破碎;各种岩性层的具体厚度,在隧道穿越段的具体位置;在规范中围岩级别的跨度范围较大,及时对于同一级别的围岩,其支护参数也可能存在极大的差异。因此加强施工图阶段的地质工作,进行动态设计和信息化施工是完全必要的,也只有这样才能从系统上完善隧道的地质勘察,进而完善最终的隧道设计。

未进行勘察的隧道穿越区域犹如一个黑箱系统,随着勘察的逐渐进行,黑箱逐渐变为灰箱体系。只有经过施工地质阶段,灰箱系统才能变为白箱系统图1。

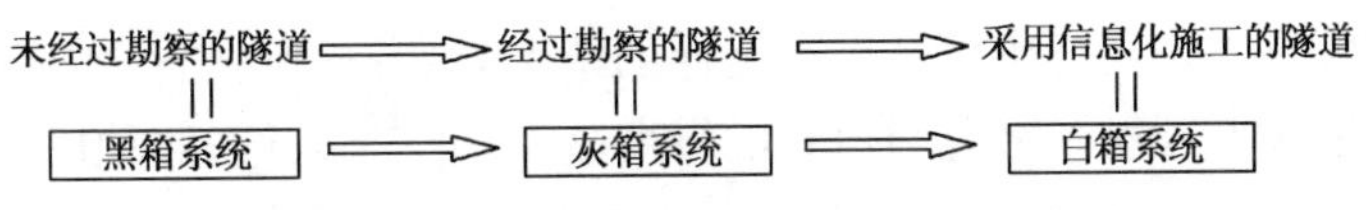

图1　隧道勘察阶段系统分析示意图

2　信息化施工的运行体系

信息化施工的基本思路为:以“围岩级别确定和灾害预报”为纲,以施工中的地质素描、超前物探手段以及支护段的监控量测为主要手段,以现行规范、标准设计、专家系统和类似工程为决策方法,实现业主、设计、施工及监理四方的隧道信息化施工的系统全过程管理。

隧道工程信息化施工主要内涵及流程如图2所示[1]:

由上图可见,隧道信息化施工主要分三步,其中第一步为资料搜集,其中主要搜集的信息包括三方面:掌子面和侧壁的基本地质条件、靠近掌子面一定范围的初支的监控量测结果以及采用超前地质预报法对掌子面前方一定范围的地质情况的预测。

第二步为初步分析判断,通过以上资料的搜集分析,初步判定掌子面的围岩级别,结合设计初步确定掌子面的支护参数,若掌子面围岩与设计较吻合,则按设计进行支护,若与设计存在差异,则按实际进行调整;同时,并对掌子面前方一定范围是否存在不良地质灾害以及灾害种类作出判断。

第三步通过监控量测对原设计的支护参数以及根据实际围岩级别确定的支护参数进行相应调整。并对掌子面前方的不良灾害提出相应的处治措施,防止灾害的发生。

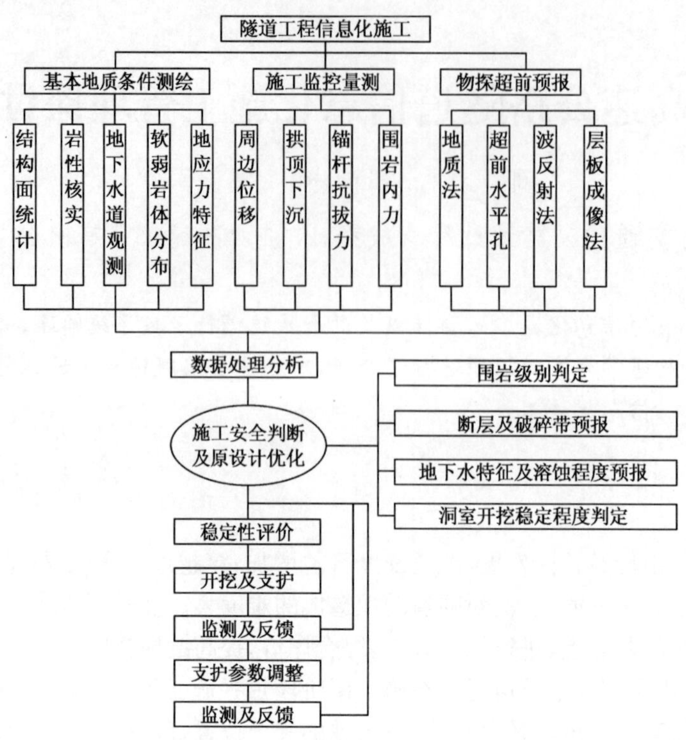

图 2　隧道信息化施工主要流程及内涵图

3　信息化施工的管理难点

3.1　减少变更难度大

隧道信息化施工是以施工单位为主体，由业主、设计、监理参与共同实施的施工过程。因开挖实际情况与施工图设计会不可避免地存在差异，而施工单位是全过程把握施工进度，施工质量的主体，能全时段地把握施工过程中的地质情况。在施工中，通常会出现这样的情况，当开挖掌子面的围岩比原设计的围岩差，需要加强支护措施时，信息化施工过程能够得到很好的贯彻落实，业主、设计、监理以及施工也能意见统一。当开挖掌子面的围岩比原设计好，原设计支护措施过强，需要减弱支护措施时，因其他三方不能全时段参与开挖进程，施工方一般不会及时通知其他各方，而按照原有设计施工；或当其他方觉得有减弱支护的必要，施工方并不全力配合，以致信息化施工不能很好贯彻。

由于高速公路中合同段众多，开挖隧道也不仅一个施工作业面，业主和设计难于有足够的人员对每一开挖循环的情况进行掌握。而监理虽然有足够的监理人员，但通常由于专业技能的差异，也较难满足完全信息化施工的要求。这也是通常在隧道施工中增加费用的变更较多，而减少变更较少的原因。

3.2　重过程、轻分析、轻实施

在信息化施工实施过程中，对于监控量测存在只重视监测仪器的埋设、数据采集，轻视数据分析和反馈预报的现象，仅满足于收集资料和提交数据、报表，进行简单分析，判断是否超过控制值以报警，不能结合施工、地质情况对监测结果进行充分、深入的理论分析，提出合理化建议，浪费大量人力物力，不能真正发挥优化设计和指导施工的作用。对于超前地质预报结果，很多施工单位对预报信息没有深入分析，且预报结果没有与地质测绘结果、监测资料相结合分析，仅将其生硬地作为变更依据。

造成这种局面的主要有：

(1)施工技术人员素质限制，不能真正领会和掌握信息化设计和施工技术，实施工程中缺少专业人员。

(2)缺乏监测信息管理、预测软件系统支持。

(3)监测方案规划设计不合理，管理不严格。

(4)监测数据受到干扰,不准确。

3.3　超前地质预报的管理范畴

目前,隧道超前预报技术有了长足的进步。但在施工中,鉴于部分项目在合同中对超前地质预报的实施主体不够明确,费用来源规定模糊,使用手段单一,没有多手段相结合,往往会影响使用的广泛性和降低地质预报的准确性。

4　信息化施工的技术难点

4.1　监控量测及分析运用[4]

监控量测是为了在设计、施工过程中确保围岩稳定。支护参数与相应的围岩稳定状况是否相匹配,通过对初期支护的监控量测,就可以判断所采用的支护参数过强还是偏弱。如果过强,则在以后遇到相同围岩情况时,可以适当减弱;如果过弱,则需要适当加强以保证围岩的稳定性,以此来指导下一步的设计、施工。同时根据变位速度判断隧道围岩的稳定程度可为二次衬砌提供合理的支护时机。

此类量测通常测试方法简单,费用少、可靠性高,但对监视围岩稳定、指导设计施工却有巨大的作用。在本次量测任务中选择的必测项目有:地质和支护状况观察、周边位移、拱顶下沉、地表变形等。

监控量测是在初支完成以后进行的,对它的检测主要是对前期预设计或预判断的复核。如果前期支护偏弱,初支承受荷载偏大,可能导致喷射混凝土出现开裂,拱架变形,危及洞室的稳定性,增加处置的费用。而这种变形可能在开挖阶段不可完全预计的,例如由于拱顶存在局部囊状积水。

现阶段,很多隧道对监控量测所得结果的运用,多是对出现偏弱支护的变更依据或辅助资料,而在出现偏强支护时,由于主要由施工单位检测执行,对偏强的支护难于进行调整。

4.2　超前地质预报[5]

国内外隧道施工地质超前预报方法很多,可归为地质法和地球物理方法两大类。这些方法各有其优、缺点和适用条件。对这些方法准确、合理的采用是超前地质预报成功的关键。在很多隧道的超前预报中,预报人员为了节约施作时间、节约施工成本,在预报中采用单一的地球物理探测方法或迷信某一种方法,探测密度不够,致使超前地质精度不高,对重要的不良地质不能准确的预报,导致施工中准备不充分,产生地质灾害。

在超前预报中,以物探方法为主的间接手段采用多,直接手段采用少。在超前预报中,直接手段主要指超前水平钻孔和超前探坑法。由于取芯的超前水平钻和超前探坑费时多,占用施工掌子面,因此超前地质预报单位或施工单位均采用较少,即使在物探解译中存在异常带时。这就不能给施工开挖、施工支护提供合理的建议,导致塌方等事故的发生。

4.3　现场地质素描及工程地质工作

现场地质素描是进行掌子面围岩级别确定和超前地质预报的基础,因此掌子面素描质量的好坏直接影响围岩级别和超前预报的成果。但施工单位对掌子面素描的重视程度不够,现场进行素描人员多是没有地质工作经验,素描资料多不能反映掌子面的实际情况,导致掌子面素描的地质条件和实际支护参数有较大的矛盾。另外,由于掌子面素描位于爆破出渣后、初喷初支前,时间间隔短,难于进行较详尽的描述,施工单位也经常以此进行推脱。

5　建议

许多技术人员对超前地质预报和施工量测等的管理提出过一些建议,任占彪建议超前地质预报和施工量测统一由一家单位施作;依据长距离超前预报结果来制订监控量测方案,并根据中短距离超前地质预报成果,做必要的调整,使监控量测更好地服务于隧道的动态设计、施工[6]。袁永新建议采用设计施工总承包模式,以利于实现风险共担,通过实现隧道的合埋结构,也可最大限度地节约建设资金[3]。这些都是对隧道施工管理的有利探索,但由于施工和设计单位难于有效结合,进行施工设计总承包难度较大。

现阶段，由于隧道设计的主体阶段主要在勘察设计阶段，虽然在施工阶段也会进行必要的设计后期服务，但监控量测和超前地质预报不能自主把握，且投入人员偏少，难于进行全程无缝隙服务。如果将监控量测和超前地质预报纳入设计单位实施，这样设计单位的隧道设计主体阶段将自然延长至施工阶段。有利于进行施工图阶段的动态设计。

参考文献

[1] 杨会军．断层及其破碎带隧道信息化施工[J]．岩石力学与工程学报．23(22)：P3917-3922.
[2] 谢国强．地下工程信息化施工发展现状及对策[J]．科技创新导报．2008．(21)：20.
[3] 袁永新．动态设计在特长公路隧道建设中的尝试[J]．公路交通科技(应用技术版)，2008(7)127-129.
[4] 陈成林，李斌．隧道信息化施工技术与监控量测[J]．水运工程，2005(7)：57-59.
[5] 王贵明，凉风垭隧道地质超前预报与监控量测综合技术[J]．路基工程，2007(3)：66-67.
[6] 任占彪．超前地质预报与监控量测在隧道中的应用[J]．山西建筑，2008(9)：321-323.

超前地质预报在大相岭隧道施工中的应用

冯志谦

（中铁隧道股份有限公司　新乡　453000）

摘　要：大相岭隧道通过地段岩溶发育、水流量大、断层破碎带，地质条件极其复杂。隧道施工在不同的地质段需要采取不同的施工方案和措施，因此超前地质预报在施工中占有重要的位置。本文对大相岭隧道超前预报的必要性、预报的手段和工作原理进行了阐述，并提出了一些在预报中应注意和解决的问题，为隧道施工起到一定的指导作用。

关键词：隧道　超前地质预报

1　引言

雅泸高速公路大相岭隧道属于特长大隧道，右线长 10 007m，左线长 9 962m，雅泸高速的重点工程的控制性工程。大相岭隧道穿越 15 条断层破碎带，破碎带分布长度大，尤其是隧道进、出口段，强构造损伤区 FX1、F3 断层破碎带分布长度占隧道总长的 8.4%。

大相岭隧道地下水量十分丰富，K53＋804～K63＋766 段隧道的总涌水量为 26 600m^3/d；K53＋804～K58＋650 段隧道的涌水量为 17 161m^3/d。

大相岭隧道地质情况极其复杂，为保证隧道的安全正常顺利施工，及时有效地采取针对性措施，为动态设计和施工提供理论性指导和依据，必须充分做好超前地质预测预报工作。在大相岭隧道施工中主要采取四种地质超前预测预报手段，即 TSP 超前地质预测预报、地质雷达超前地质预测预报、超前探水孔钻探和地质描述综合判断。

2　采用地质超前预报技术的必要性

(1)保证隧道施工安全。由于管道岩溶发育的不确定性和管道岩溶产生大量突泥、涌水而带来的危害性，需要进行超前地质预报。

(2)为施工措施提供必要的参数，如地下水压力、水量、管道岩溶的大小、方位及含煤地层的瓦斯参数等。

(3)地质超前预报可以为隧道施工提供相应的施工参数依据，避免施工参数过大过小造成成本浪费。

3　TSP 超前地质预报技术

TSP 隧道地震勘探(隧道超前地质预报系统)引进中国以后，主要应用于铁路、公路隧道和水电系统的导流洞、泄洪洞等隧洞施工中的长期(长距离)超前地质预报工作，应用效果较好，取得的经济效益明显。

3.1　基本原理与技术状况

TGP12 是由瑞士安伯格开发生产的，主要用于探测隧道及其他不良地质的地下工程。其基本原理如图 1 所示：首先，在隧道内，人工制造一系列有规则排列的轻微震源，震源发出的地震波(主要是 P 波)遇到地层界面、节理面，特别是断层破碎带、溶洞、暗河、岩溶陷落柱、淤泥带等不良地质界面时，将产生反射波(主要是 P 波的反射波)；反射波的传播速度、延迟时间、波形、强度和方向等均与相关界面的性质和产状密切相关，并通过不同数据表现出来；通过设备设置的震源反射波的数据采集系统(传感器和记录仪)，将这些数据收集，经电脑处理后储存起来。然后，将数据输入带有特制软件的电脑，经过电脑进行复杂数学计算后，最后形成反应相关界面或地质体反射能量的映像点图和隧道平面、剖面图，供工程技术人员解译。该设备主要用于超前预报隧道掌子面前方、上方和下方不良地质的性质、位置和规模，最大探测距离为掌子面前方 300～500 m（与使用的炸药爆速和探测岩层的岩石力学性质有关），最高分辨率为不小于 1m 的地质体。

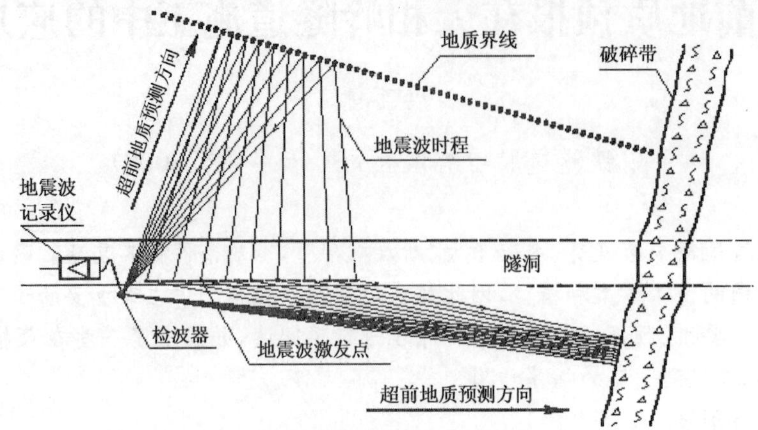

图 1　TSP 隧道地震反射波探测原理示意图

3.2　实际应用解决的技术问题和指标

3.2.1　能够解决的技术问题

（1）能够探测和解译掌子面前方存在的断层、特殊软岩、煤系地层中的煤层、富水砂岩和煤系地层与其他岩层的界线，还可以探测和解译掌子面前方存在的溶洞、暗河、岩溶陷落柱和淤泥带等不良地质体。

（2）查明上述不良地质的位置和规模，也可以概略地判断不良地质体的围岩级别。然而，围岩级别的准确判断，尚需其他地质工作综合评价才能做到。

3.2.2　可以达到的技术指标

（1）对不良地质性质的判断，精度一般可达到基本准确。

（2）对不良地质位置的判断，精度一般可达 90%以上。

（3）对不良地质规模的判断，精度一般可达 85%～90%以上。

3.3　工程应用中应注意的问题

由于探测炸药包爆炸所产生的应力波，在介质中的传播形式及其能量的分配额是不同的（如图 2 所示）：在靠近爆源 3～7 倍药包半径的距离内，以冲击波的形式出现，占爆炸能量的 60%以上；在距爆源 120～150 倍药包半径的距离内，以压缩波的形式出现，占爆炸能量的 30%以上；直到超过药包半径 150 倍的距离后，才以地震波的形式出现，只占爆炸能量的 10%左右。

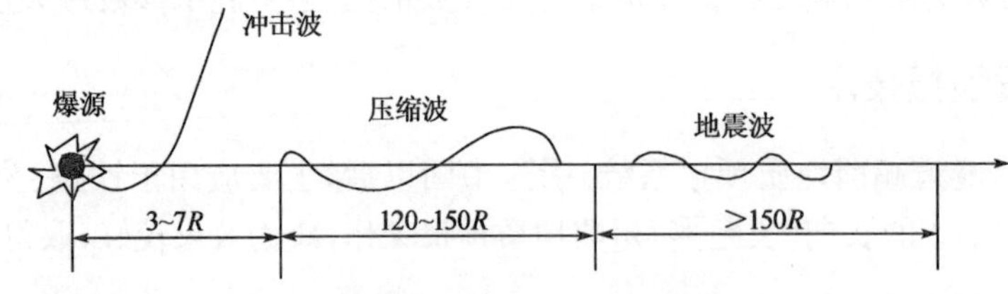

图 2　爆炸应力波及其分布作用范围

虽然地震波在介质中的传播稳定，衰减较慢，但由于本身的能量很小，由其所形成的反射波的能量就更微弱，同时地震波在传播的过程中遇到诸如节理、断层、层理或不同性质岩石的交界面等结构面时，只会有其中一部分波从结构面反射回来，另一部分则透射过结构面进入第二种介质继续向前传递。而且地震波在反射时又会再度派生成纵波（P 波）和横波，因此要有效准确地接受到远距离传回来的这部分能量微弱的反射纵波（P 波），除了传感器本身需具有极高的灵敏度外，在整个探测过程中，传感器还必须采取最佳的接受方式和展布角度（搜索角 δ）才能实现。所以必须利用构造地质学和波的传播理论，确定传感器正确的位置和接受角度。因此我们现场施工操作中要注意以下几点：

(1)一个地区空间角 γ 可通过下式公式计算：

$$\gamma=|\text{主体地质构造走向优选产床}-\text{施工隧道中轴线走向产状}|$$

搜索角和空间角有如下的关系：

$$\delta=900-\gamma$$

因此要确定一个地区的合理的搜索角，就必须首先确定该地区的主体结构的优选产状，然后根据它们与施工隧道中轴线的交角求出其特有的空间角，进而确定该地区的合理的搜索角。还应保证将传感器安置在结构面与隧道掌子面前进方向夹角 $\varphi>90°$ 的隧道壁一侧，从而可以最大限度地接受到所要探测的结构面的反射波，尽可能多地采集探测信息，提高探测的距离和精度。

(2)在进行超长距离准确清晰的探测预报工作时，要延长系统的采样时间和提高地震波在岩石介质中的传播速度。通常的采样间隔时间为：$\Delta t=40\mu s$，采样数目 $N=4\ 096$；而在超长距离(大于 400m)探测中，则将采样时间参数调整为：$\Delta t=80\mu s$，$N=4\ 096$，则相对应的采样时间为：$T=\Delta t\times N=0.327\ 6s$。这样就可以为传感器收集更远距离处的结构面反射的 P 波提供了充足的等待、记录时间。

(3)要根据现场岩石力学性质，选取合适的探测炸药种类和用量。炸药的爆轰产生的爆轰波在岩石介质中的传播速度为：

$$V=V_0\times K/(K+1)$$

式中：V——爆轰在岩石介质中的速度；

V_0——炸药爆轰速度；

K——绝热指数，对于工业炸药来说，一般为 2.8～3.6，多取为 3。

在规定的时间内，探测距离 L 为：

$$L=V\times(T-t_0)/2SF-2D$$

式中：L——探测距离；

V——爆轰波在岩石介质中的波速；

T——采样时间；

t_0——一段毫秒电雷管的最大起爆时间，一般取 0.005s；

D——传感器距掌子面的距离，一般取 50m；

SF——速度折减系数，一般取 1.3；在工程施工中可参考表 1 选取相关的参数。

不同炸药在不同岩性中的速度与最大探测距离 表 1

岩石名称	炸药实测爆速 V (m/s)	炸药理论爆速 V_0 (m/s)	最大探测距离 L_{max} (m)	炸药用量(g/孔)	
				前 9 个孔	后 9 个孔
石英岩	6 050	8 060	650	20	30
大理岩	5 800	7 730	620	20	30
玄武岩	5 610	7 480	590	20	30
花岗岩	3 970～6 100	5 290～8 130	390～650	20	30
石灰岩	3 050～6 100	4 060～8 130	280～650	25	35
片麻岩	4 730～5 580	6 300～7 440	480～590	30	40
片岩	4 550	6060	460	35	45
板岩	3 660～4 450	4 880～5 930	350～460	35	45
砂岩	2 440～4 270	3 250～5 690	200～430	30	40
页岩	1 830～3 970	2 440～5 290	130～390	40	50

3.4 TGP12 较 TSP-202、TSP-203 的优越性

TGP12 测量系统是安伯格测量技术公司在 TSP-202 及 TSP-203 测量系统基础上研制开发的增强型产品，也是 TSP 家族中的最新产品。该产品吸取了 TSP-202 及 TSP-203 测量系统的丰富经验并对其硬件和

软件作了改进和更新，主要表现为以下几个方面：

(1)TGP12 是集放大、转换、采集、存储、控制为一体的全密封防水防振的物探设备；优于利用微机与机箱装配式结构的仪器。TGP12 适合在恶劣的隧道环境中使用。

(2)TGP12 的三分量速度型检波器具有高灵敏度，指向性强和较宽的频带响应等特点，拾取的地震波信号具有高的质量品质。TGP12 孔中接收检波器采用黄油耦合，方便、经济、快捷。

(3)TGP12 的地震波采集触发是开路触发方式，即信号线在雷管引爆炸药的同时被炸断，信号线同时开路触发仪器采集，仪器采集无延时差，保证定位的准确性。

(4)TGPWIN 隧道地震波处理分析软件充分考虑弹性波在三维空间的传播特点，以及根据 TGP12 仪器采集的数据格式编写。

(5)地震反射波极性与衰减参数的综合利用。

(6)成果的可靠性与原生记录的质量密切相关。

(7)构造面的产状定位与权重分析功能。

(8)多重相关分析与适时监测预报功能系统。

3.5 TGP12 现场测试实例

在隧道右线 YK54＋440～YK54＋590 段进行了 TGP 超前地质预报，预报由同、对侧纵横波偏移成果图显示的结果，推测该段围岩较差，裂隙与地下水均较发育，岩体成块状结构，地下水局部存在淋雨状；其中在 YK54＋460～YK54＋550 之间存在断层破碎带，并可能存在有股状涌水。

在隧道 YK54＋724～YK54＋746 段进行了 TGP 超前地质预报，预报同、对侧 P 波合成位图显示该段波速变化频率大，推测此段围岩较破碎，掌子面岩体多成碎块镶嵌状，次生裂隙发育。且在 YK54＋735 处波速变化较快，推测在 YK54＋735～YK54＋746 段岩体破碎，同时反射界面图中在 YK54＋736 处存在反射界面，推测在该处可能存在局部破碎带、岩体节理发育。

实际开挖揭示，在 YK53＋450～YK53＋460 段围岩结构破碎，节理裂隙发育，YK54＋460 处开始出现断层、在 YK54＋495 处出现突水。

在 YK54＋735 处岩体破碎，施工到 YK54＋755 后岩体开始区域稳定，目前已通过了该地段施工。预报结果与实际情况基本相同。

4 地质雷达超前地质预测预报

4.1 预报原理

地质雷达采用的是时间域脉冲雷达，利用电磁波以宽带脉冲形式，通过 T 天线发射电磁波，经由介电性质不同的介质产生反射，由 R 天线接受并被仪器所记录。根据反射信号的变化特征来推测异常体的几何形态和性质(见图 3)。

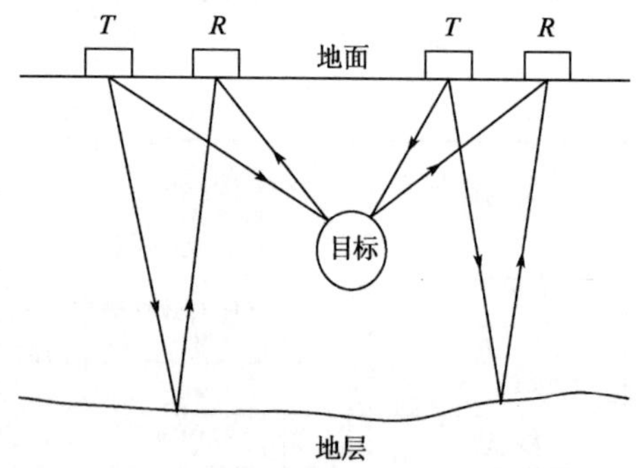

图 3 地质雷达探测原理示意图

4.2 优缺点及使用范围

(1)目前国内还没有为隧道超前地质预报而专门设计制作的地质雷达，仪器密封性差，洞内不易防水、防潮、防尘、易造成仪器损坏，特别是没有专门的天线，操作起来费时费力，且效果不好。

(2)探测距离太短，一次只能探测 5～30m，与目前隧道每天开挖接近 10～20m 的速度极不匹配。

(3)隧道内的地质环境条件与地质雷达的理论基础——半无限空间不吻合，加之洞内钢拱架、钢筋网、锚杆、等金属构件的影响，探测结果一般不太理想。

(4)就目前的技术水平而言，地质雷达采用高频率的天线作为隧道混凝土衬砌质量无损检测的手段仍是比较合适的。

(5)地质雷达在地表探测 5～30m 范围的地下地层或地质异常体(溶洞、土洞、断裂、孔隙等)反射信号还是比较明显的，也是一种比较理想的手段；灰岩地区隧道铺底前采用中～低频率的天线作为探明隧道底隐伏岩溶洞穴底手段仍是经常采用的。

(6)岩溶重点发育地段，有时也用地质雷达对掌子面前方和边墙外侧岩溶洞穴进行探测。

5　超前探水孔钻探

5.1　预报原理

超前地质钻孔是利用水平钻机在隧道掌子面进行水平地质钻探获取地质信息的一种地质超前预报方法。

5.2　优缺点

(1)可比较直观地告知钻孔所经过部位地地层岩性、岩体完整程度、裂隙度、溶洞大小、有没有水以及可测水压高低等。

(2)煤系地层可进行孔内煤与瓦斯参数测定，采取适宜防止措施，防止煤与瓦斯突出危险性。

(3)与物探方法相比，它具有直观性、客观性。不存在物探手段经常发生地多解性、不确定性。

(4)费用高、占用隧道施工时间长，且资料只是一孔之见。理论上讲，由于溶洞发育地复杂性、多变性，几个钻孔也难100％地把掌子面前方地管道岩溶提前揭露预报出来。

6　地质描述综合判断

地质描述综合判断是根据已开挖的地质状况，并结合红外线超前探水预测预报、TSP超前地质预测预报以及超前探水预测预报等技术手段，并参照设计单位提供的地质资料，经综合分析得出相应的可靠性结论，从而有效地对施工进行指导。

7　超前地质预测预报手段的比较

针对TGP12超前地质预测预报、红外线超前地质预测预报、超前探水孔钻探等技术手段，结合以往的应用，对三种预测预报手段的特点及适用性比较见表2。

三种超前地质预测预报手段的比较　表2

预测手段	优点	缺点
TSP超前地质预报	适用范围广 能有效地反映大型断层构造 预报距离长 占用开挖时间少，基本不影响施工	费用高 对地下水构造反映不明显 对岩溶管道反映不明显
地质雷达超前探水	能有效探测在地表附近地质异常体及隧道前方、底部、边墙部位的隐伏岩溶洞穴。 广泛应用于隧道衬砌混凝土无损检测 费用低	操作费时费力，准确性较差 受环境影响大 预报距离较短
超前探水孔钻探	对地下水及岩溶构造判断准确性最高 操作简单易行 费用低	占用开挖时间，对施工影响大

大相岭隧道超前地质预报将根据以上比较，利用其优缺点，结合工程需要和实际施工情况综合运用，为隧道的安全正常顺利施工提供依据。

参考文献

[1] 周振强．地铁工程设计与施工．北京：人民交通出版社，2004.

[2] 周爱国.道工程现场施工技术[M].北京:人民交通出版社,2004.
[3] 李宁军.隧道结构设计与百问[M].人民交通出版社,2004.
[4] 刘志刚 刘秀峰.TSP(隧道地震勘探)在隧道隧洞超前预报中的应用与发展[J].岩石力学与工程学报,2003,22(8):1399-1402.
[5] 李忠,黄成麟,刘秀峰.探测系统探测距离的技术探讨[J].铁路航测,2002(1):20-25.

公路隧道陡坡长距离通风斜井抽排水施工技术

李建军

（中铁十二局集团第三工程有限公司　太原　030024）

摘　要： 大相岭隧道斜井斜距长，坡度陡，地质复杂，井身正常涌水量为 3 010m^3/d，局部日最大涌水量达 27 000m^3；本文从设备选型、泵站建设及供电系统三个方面，详细介绍了陡坡富水斜井抽排水施工技术。结合工程特点，泵站抽水设备由 2 台 55kW 卧式离心泵和 1 台 30kW 污水潜水电泵组成，每隔 160m 建立一个泵站，供电架设专线，当隧道掘进 450m 时，采用高压进洞技术，确保洞内抽水用电。陡坡富水斜井抽水问题的解决，加快了隧道施工进度，由每月 40m 达到每月 90m，大大减少了工程投资具有极其重要的意义。

关键词： 陡坡富水斜井　水泵　管道　供电系统

1　引言

随着我国隧道施工技术和机械化程度的不断提高，我国公路特长山岭隧道越来越多，在特长山岭隧道设计中，采用斜井等形式作为运营通风或运输通道越来越普遍。由于西南地区雨水较多，地表水丰富，增大了通风斜井的施工难度，严重制约了隧道施工的进度，难以完全按传统的施工方法实施，我们在确保安全的前提下，通过对抽排水系统进行设计、分析、论证，解决了陡坡富水斜井抽排水难题，加快了隧道施工进度，减少了工程投资，为以后运营通风富水斜井施工提供一点参考[1]。

2　工程概况

大相岭隧道 2 号通风斜井是雅泸高速公路大相岭特长隧道的运营专用通风巷道，工程位于四川省雅安市汉源县境内。斜井左线全长 909.378m，倾角 17.28°，开挖断面面积 55.86～72.13m^2；右线全长 912.698m，倾角 16.49°，开挖断面面积 55.86～72.13m^2。

斜井井身主要为弱风化的流纹岩，洞口段岩体受 F6 断层破碎带影响严重，节理裂隙较发育，部分呈碎石状压碎结构或角(砾)碎(石)状松散结构，洞身开挖后地下水呈点滴状、浸润状产出，部分段落可能呈淋水状，局部可能呈涌水状，根据斜井地质勘察资料，斜井井身正常涌水量为 3 010m^3/d，最大涌水量达 9 050 m^3/d，实际施工检测发现，局部日最大涌水量达 27 000 m^3。

3　陡坡富水斜井抽排水施工技术[2,3]

3.1　陡坡富水斜井抽排水施工技术主要研究问题

针对陡坡曲线斜井施工中的排水问题，如果不能得到及时解决，将严重影响隧道施工进度，除加大工程投入外，还将严重影响企业的信誉。针对此情况，必须解决好陡坡富水斜井抽排水问题，通过对大相岭隧道 2 号通风斜井进行的抽排水系统施工技术的实践验证，解决好抽排水问题必须处理好以下三个问题。

(1)水泵型号及泵站建设；

(2)抽排水管道的选型；

(3)供电方案的选择；

3.2　处理办法

以大相岭隧道 2 号通风斜井为例，针对上述三个具体问题就陡坡富水斜井抽排水施工技术进行论述。

3.2.1　大相岭隧道斜井排水设计[4,5]

3.2.1.1　大相岭隧道斜井水泵型号及管道设计

大相岭隧道斜井左线长909.378m，坡度为-31.5%，右线长912.7m，坡度为-30%。因左、右线长度及坡度相差不大，误差小，在论述大相岭隧道斜井排水设计时，反以左线进行讨论。

由于斜井总长度为909.378m，倾角为17.28°，综合涌水量、斜井坡度、水泵扬程和集水难度、排水可靠程度等因素考虑，大相岭隧道斜井设置5个固定泵站（如图1所示），即泵与泵之间的距离都为160m。

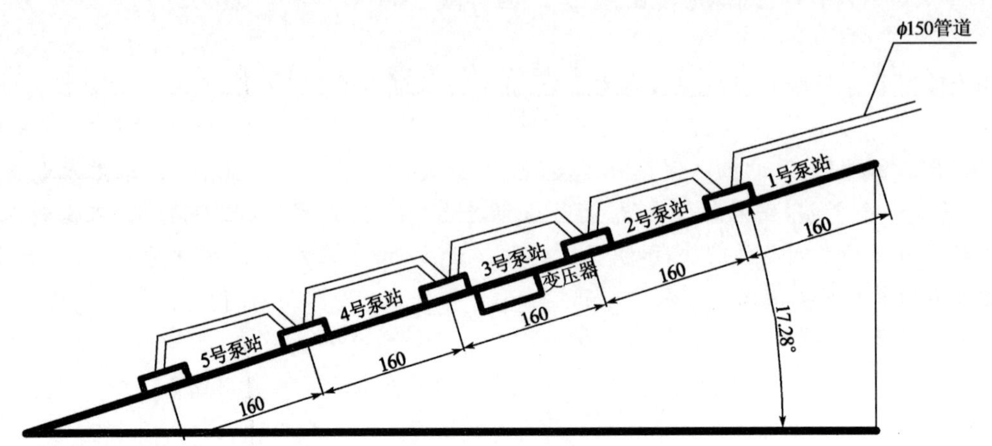

图1　泵站及变压器位置示意图（尺寸单位：m）

由于泵站与泵站之间的相对距离是一样的，则整个排水系统泵站处水泵及管道型号也都一样，下面具体以1号泵站和2号泵站进行计算。

根据地质勘探资料，大相岭隧道斜井正常涌水量为3 010m³/d，最大涌水量为9 050m³/d，虽然在实际施工中，局部最大涌水量达到27 000 m³/d，但是我部在进行泵站建设时，仍以地质勘探资料最大涌水量进行计算，根据《煤矿安全规程》第二白七十八条，水泵必须有工作、备用和检修水泵。工作水泵的能力，应能在20h内排出矿井24h的正常涌水量（包括充填水及其他水）。备用水泵的能力应不小于工作水泵能力的70%。工作和备用水泵的总能力，应能在20h内排出矿井24h的最大涌水量。检修水泵的能力应不小于工作水泵能力的25%，因此：

正常涌水量时，每个泵站每小时排水流量为：

$$Q_h = 150.5\text{m}^3/\text{h}（按20h工作计算）$$

最大涌水量时，每个泵站每小时排水流量为：

$$Q_{hmax} = 452.5\text{m}^3/\text{h}（按20h工作计算）$$

此外，在陡坡富水斜井抽排水过程中管道的选型也至关重要，正确选择管道型号将直接影响水在管道内的流速，即水泵的扬程。根据《煤矿安全规程》第二百七十八条，水管必须有工作和备用的水管。工作水管的能力应能配合工作水泵在20h内排出矿井24h的正常涌水量。工作和备用水管的总能力，应能配合工作和备用水泵在20h内排出矿井24h的最大涌水量。

正常涌水量时，每个泵站每小时排水流量为150.5m³/h=41.8L/s，查阅直管摩擦损失简表中一定管道最大直径之最大流量限制表得（附直管摩擦损失简表），选择管道直径ϕ为150mm，

根据公式：

$$q = v \cdot A$$

式中：q——液体的流量；

v——通流截面上的平均流速；

A——通流管道的截面积。

得通流截面上的平均流速$V=2.375\text{m/s}<2.45$，符合要求。

最大涌水量时，每个泵站每小时排水流量为452.5m³/h=125.7L/s，查阅直管摩擦损失简表一定管道

最大直径之最大流量限制表得，选择管道直径 ϕ 为 250mm。

根据公式：$q = v \cdot A$ 得通流截面上的平均流速

V=2.565m/s<2.72，符合要求。

但是从原材料的重复利用率等因素上考虑，仍选择直径 ϕ150mm 的管道，数量由原来的一路增加为三路。

根据此计算结果，对泵站水泵进行选择。我们选择了 2 台 55kW 卧式离心泵和 1 台 30kW 污水潜水电泵，详细参数见表 1。

泵 站 水 泵 参 数　　表 1

序　号	名　称	型　号	流量(m^3/h)	扬程(m)	功率(kW)	备　注
1	卧式离心泵	125—80—250	192	73	55	
2	污水潜水电泵	WQX80—80—30	80	80	30	

通过计算，则总的排水量为：$Q_h = 192 \times 2 + 80 = 464\text{m}^3/\text{h} > Q_{hmax}$。

泵站所配置的水泵总扬程除必须大于泵站与泵站之间的相对高差外，还得考虑管道摩擦损失值，计算过程如下：

$$泵站与泵站的相对高差：h = 160 \times \sin\alpha = 47.52\text{m}$$

通过查阅直管摩擦损失表计算得：两种流量下水泵的管损值。

Q_h=192m^3/h，150mm 直管每 100m 的损失为 9.4m。则：1.6×9.4=15.04m；

Q_h=80m^3/h，150mm 直管每 100m 的损失为 1.6m。则：1.6×1.6=2.56m。

弯头和阀门损失按 3m 计。

因此，泵站所配置的两种水泵总扬程应分别不低于：

$$47.52+15.04+3=65.56\text{m}<73\text{m}$$

$$47.52+2.56+3=53.08\text{m}<80\text{m}$$

通过计算并对照所选水泵的型号，泵站所配置的水泵可以满足使用要求。

3.2.1.2　大相岭隧道斜井泵站设计

由于大相岭隧道斜井设置 5 个固定泵站，每个泵站之间的距离都为 160m，排水采用低压接力泵站与移动泵站相结合的排水系统，根据斜井地质勘察资料，斜井井身正常涌水量为 3 010m^3/d，最大涌水量达 9 050m^3/d，以此为依据进行泵站建设。

建设泵站是将掌子面处的裂隙水通过接力的方式排向洞外，并对井身各泵站间的裂隙水进行截流，防止水倒流，所以泵站水仓容量的大小建设至关重要。我们结合齐岳山隧道和乌鞘岭隧道抽排水施工经验，进行泵站水仓容量建设。由于每个泵站每小时最大排水量为 464 m^3/h，为保证水不形成倒流，短时间内，水泵必须启动，实现循环抽水，结合现场施工经验，考虑一定的富裕时间，每个泵站储水时间按 2min 考虑，计算得，每分钟储水量为：464/60=7.73 m^3，则两分钟储水量为：7.73×2=15.46 m^3，按 18 m^3 设计，如图 2 所示。

泵站水仓为一个沿隧道开挖方向长 3m、高 2.5m、深 2.5m 的深坑，储水容量为 18.75m^3，在隧道侧壁开挖后，以挖掘机施工为主，人工为辅的原则开挖至设计尺寸。开挖后，对围岩进行挂网喷混凝土，视围岩具体情况进行加强支护(格栅或钢拱架)，设计基线以上的部位用双层网片支撑喷射混凝土，厚度 20cm，防止水溢出泵站水仓。

由于泵站与泵站之间间距为 160m，在该段距离内，开挖后的断面还存在裂隙水，为了防止裂隙水向掌子面流，在泵站位置处设置一截水沟，把开挖后的断面裂隙水引至水仓内，如图 3 所示。

3.2.1.3　大相岭隧道斜井掌子面排水设计

由于大相岭隧道斜井是反坡开挖，掌子面局部涌水量大，在放炮、出渣过程中掌子面会出现大量囤积水，为快速进行抽排水，尽快使掌子面具备施工条件，为隧道施工的下一工序节约时间，在掌子面处采用两种型号的水泵，作为掌子面抽水专用水泵，如表 2 所示。

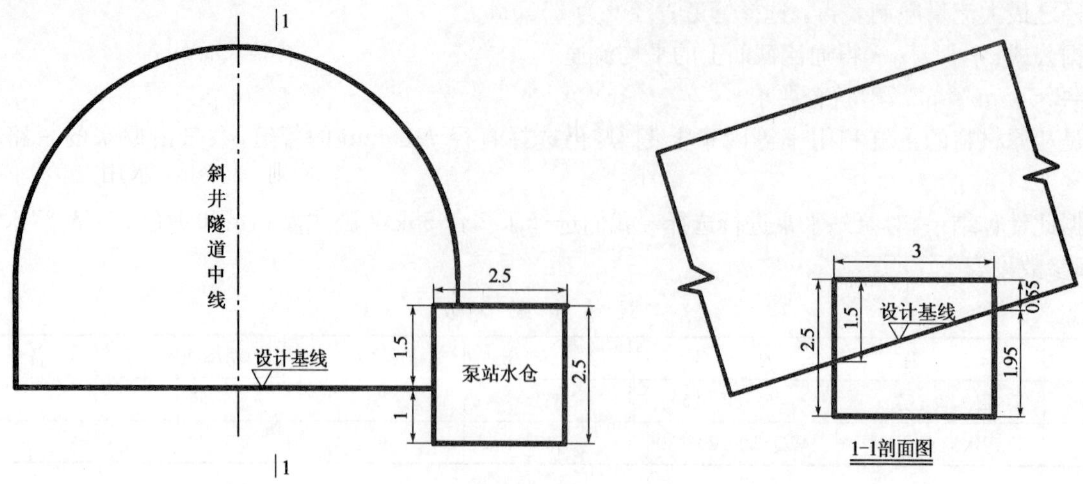

图 2　斜井泵站水仓示意图(尺寸单位:m)

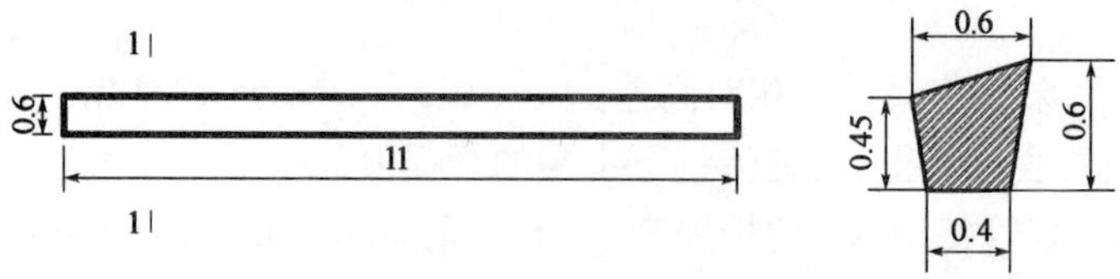

图 3　截水沟示意图(尺寸单位:m)

掌子面水泵配置情况　　表 2

序　号	名　称	型　号	特　点	备　注
1	污水泵	30－30－5.5	该水泵重量轻,便于移动,效率高,适用于中长距离排水,减少了临时泵站的移动次数,为施工节约了时间	
2	潜水泵	8－200－5.5	该水泵重量轻,便于移动,效率高,用于短距离排水,不合适中长距离排水,临时泵站必须紧跟掌子面,无形中增加了施工成本	

每一台水泵安装一趟管道,管道采用 ϕ80 管,通过法兰盘连接。

此外,施工中除根据掌子面实际涌水量确定水泵启动台数外,还另配置了两台水泵及一趟管道,用于水泵故障和涌水量增大时,避免突发情况。

在掌子面与临近固定泵站之间,设置一个移动泵站,将掌子面处抽上来的水在水箱内进行临时储存,水箱大小可根据洞内可利用场地确定,这里我部按 6m^3 考虑,水箱内的水在通过 2 台 55kW 卧式离心泵和 1 台 30kW 污水潜水电泵排向固定泵站,如图 4 所示。

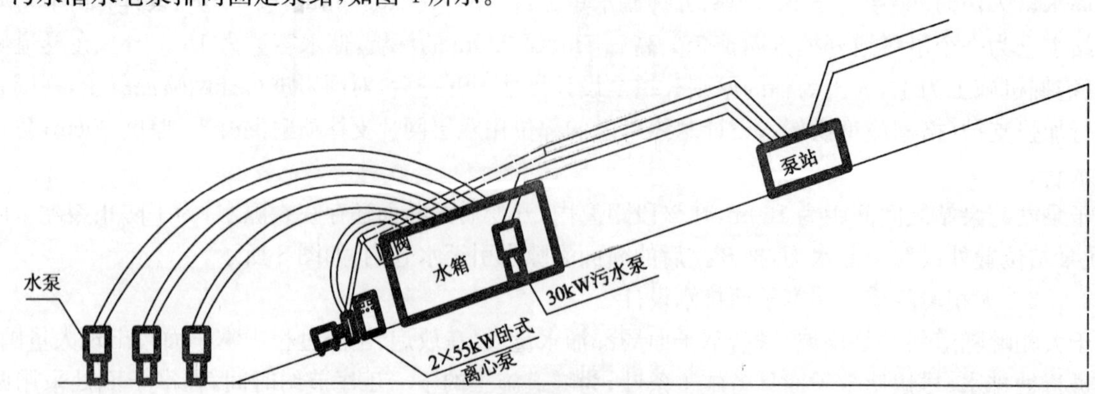

图 4　掌子面抽排水示意图

3.2.2 供电系统设计[6,7]

3.2.2.1 负荷计算及变压器选择

在确定了泵站数量和水泵的数量及型号后，还必须对抽排水供电系统进行设计，根据《煤矿安全规程》第二百七十八条：配电设备应同工作、备用以及检修水泵相适应，并能够同时开动工作和备用水泵。

正常涌水量时，每个泵站只需要投入使用一台 55kW 卧式离心泵即可，则泵站抽排水用电负荷为 55×5=275kW。

最大涌水量时，每个泵站将投入 2 台 55kW 卧式离心泵和 1 台 30kW 污水潜水电泵，则泵站抽排水用电负荷为：2×55×5+30×5=700kW。

因此，大相岭隧道斜井抽排水供电系统按最大用电负荷进行配备。在隧道内抽水时，除原有的隧道 $240mm^2$ 铝芯进洞线外，又架设了一条抽水线路，线径大小为 $240mm^2$，供前两个泵站抽水使用。

由于水泵负荷大，原有的抽水专线只能同时供两个泵站的水泵使用，在隧道掘进至 450m 时，将实施高压进洞技术，如图 1 所示。

根据后期泵站数量和水泵的数量及型号，泵站抽排水用电负荷为：2×55×3+30×3=420kW，此外考虑到掌子面抽水用电负荷，选择变压器容量为 630kVA，则最大工作电流 $I=S/(\sqrt{3}U)=630/(1.732\times6)\approx60.6(A)$（因大相岭隧道斜井施工用电等级为 6kV），查阅《电力工程电缆设计规范》，可知 YJLV22—3×25 $m^2$10kV 电缆（安全载流量 90A）能够满足要求。

3.2.2.2 线路布置及变压器室

1)线路布置

低压电缆及高压电缆如图 5 所示，具体安装过程如下：

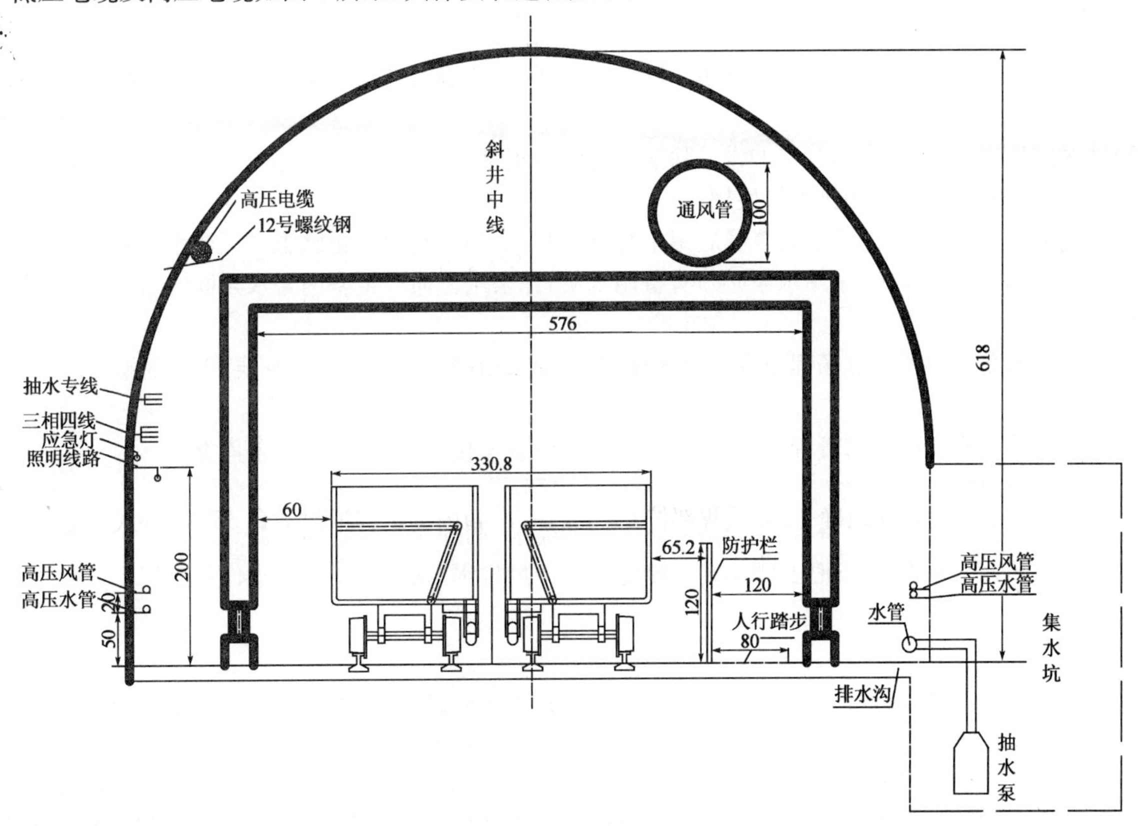

图 5 洞内电缆布置图(尺寸单位:cm)

(1)安装电缆支架。洞内电缆距地面的高度不得小于 4m，由于洞内已架设了一条专用抽水线路，且安装高度在 4m 左右，为此，在安装高压电缆时，抽水线路必须与高压电缆保持一定的距离，至少不得小于 0.5m。

电缆支架由 $\phi12$ 螺纹钢(长度为 20cm,)构成,电缆支架与衬砌表面形成一定的角度 $\alpha(\alpha<90°)$,以防止电缆脱落,电缆直接放在支架上,支架的间距为 3～4m。

(2)敷设电缆前要对电缆进行认真检查,确认电缆没有扭绞、损伤、绝缘电阻符合要求后,方准敷设。敷设电缆时应注意:施工前要做好技术交底工作,施工中人员布局要合理,所有施工人员必须听从统一指挥;不准将电缆在地面上拖拉,以免造成磨损;拉引电缆速度要均匀,挂缆时不要破坏其绝缘。

(3)高压电缆接头采用冷缩接头,由经过训练的熟练技工制作,制作过程中严格遵守制作工艺规程,从开剥到制作完毕必须一气呵成,以免受潮。

2)变压器室设计

根据变压器配置情况,设备洞净空尺寸为:深×宽×高＝4.5m×3.5m×2.5m,洞室采用挂网锚喷支护,如图 6 所示。

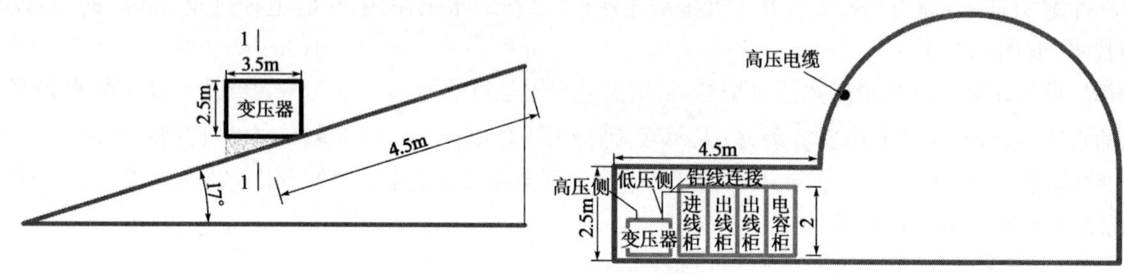

图 6　变压器洞内布置图

4　注意事项

通过对大相岭隧道斜井抽排水施工技术的应用,在陡坡富水斜井抽排水过程中,必须注意以下几点[8,9]。

(1)针对陡坡富水斜井,排水管路的设计除能满足隧道正常施工的情况下,还应考虑突水因素,在突水情况下,同直径的风管也可以作为排水管使用。

(2)隧道内增加截流措施,通过设置隧底集水仓、横向截水沟可有效阻止已施工段渗水流到掌子面。

(3)按照一用一备的原则,泵站水泵必须有备用水泵,并采用三通将主备两台水泵同时与 $\phi150$ 主排水管路连接。

(4)掌子面水泵按大流量低扬程原则进行选择,至移动水箱的排水管采用 $\phi80$ 或 $\phi100$ 的钢丝软管,不易采用消防管。

(5)各级泵站排水管路均需设置双进水口,一个与主设备连接,一个与备用设备连接。

(6)排水管路设置逆止阀。

(7)电力配置必须满足主设备、备用设备同时工作的需求,洞外应配足备用电源。

(8)建立掌子面排水作业工班,必须实现出碴时能同步抽排水,减小掌子面抽水作业时间。

5　结语

通过对大相岭隧道斜井抽排水施工技术的论述,采用“固定高扬程大抽水泵站、低压接力泵站与移动泵站”相结合的排水系统,由每月进尺 40m 提高到每月进尺 90m,大大提高了隧道的施工进度,缩短了施工工期。此外,在隧道掌子面掘进至 280m 处时,发生涌水现象,日最大涌水量达 27 000 m^3,针对此情况,立即启动了应急抽排水方案,由于隧道掌子面离洞口位置近,采用两级抽排水方案,一级采用 2 台 110kW 大流量大扬程单机单吸式卧式离心泵(扬程:125m,流量 200m)由掌子面直接抽向洞口,另一级是采用 8 台 55kW 大流量大扬程单机单吸式卧式离心泵接力向洞外排水,架设 6 趟管道,并配置 2 台 55kW 备用水泵。

此外,抽排水工作在陡坡富水斜井施工中具有重要作用,只有解决好抽排水工作才能加快隧道施工进度,为隧道各项工序的正常进行提供强有力的保障,才能为企业创造可观的经济效益,因此在陡坡富水斜井施工中，除采取合理的抽水设备配置外，抽水设备节能问题有待进一步研究和探讨，不当之处敬请指正[10]。

参 考 文 献

[1] 刘永红.陡坡斜井施工方法初探[J]. 现代隧道技术，2004(02)：34-40.

[2] 辛国平，李集光，刘汉红.富水大断面陡坡曲线斜井施工技术[J].公路隧道 2009(03)：29-35.

[3] 左玉杰.反坡富水岩溶隧道抽排水系统的设置和应用[J].铁道建筑技术，2007(4)：26-29.

[4] 国家煤矿安全监察局.煤矿安全规程[M]. 北京：煤炭工艺出版社，2005.

[5] 铁道部第二工程局.铁路隧道施工规范[M].北京：中国铁道出版社，2002.

[6] 中华人民共和国行业标准.电力工程电缆设计规范[M].北京：中国计划出版社，1995.

[7] 钟有信，郭德福，罗草原.长大斜井有轨运输系统配套设计与施工技术[J]. 隧道建设，2008(01)：70-73.

[8] 裴生艳.斜井有轨运输系统配套设计与施工应用[J].现代隧道技术，2004(03)：101-105.

[9] 赵喜斌.象山隧道4#斜井涌水淹井处理技术[J].隧道建设，2008(06)：707-710.

[10] 杨万功，孙德棒，霍建农，等.大断面、陡坡斜井快速施工方法[J].中州煤炭，2007(06)：53-54.

附：直管摩擦损失简表

直管磨损损失简表 附表1

管径(mm)	流量 (L/s)																							
	1	2	4	.6	8	10	直管摩擦损失简表(供估计用) 管100m直管损失米数以新铸铁管																	
25	32.7	13.0																						
38	3.5	14	55						为标准旧管加倍															
50	0.8	3.1	12	29					25	30														
65		0.8	3.2	7.1	13	20					40	50												
75		0.4	1.6	3.3	5.9	9.6	21.6						60	70										
100			0.4	0.8	1.3	2.1	6.8	8.6	13	19.4					80	90								
125				0.23	0.4	0.63	1.3	2.7	4.1	5.9	10.7						100	110						
150					0.16	0.26	0.58	1.1	1.6	2.3	4.2	6.4	9.4						120	130				
175						0.11	0.27	0.5	0.74	1.05	1.9	2.9	4.3	5.8	7.7	9.6					140	160		
200							0.13	0.26	0.37	0.53	0.93	1.5	2.1	2.9	3.7	4.7	6.4	7.2	8.5				180	200
250								0.07	0.12	0.18	0.30	0.48	0.68	0.93	1.2	1.5	1.9	2.3	2.8	3.3	3.7	4.9	0.2	
300									0.07	0.12	0.19	0.27	0.37	0.49	0.61	0.76	0.9	1.1	1.3	1.5	2.0	2.4	3.0	

阀及弯管折合直管长度(每个) 附表2

种 类	折合管路直径倍数	备 注	种 类	折合管路直径倍数	备 注
全开闸阀	13	未畅开，加倍	逆止阀	100	
标准弯路	25		底阀	100	部分堵塞，加倍

一定管路直径之最大流量限制 附表3

管路直径(mm)	最大流量(L/s)	最大流速(m/s)	管路直径(mm)	最大流量(L/s)	最大流速(m/s)
25	1	2.04	125	30.0	2.44
36	2.5	1.69	150	43.0	2.45
50	4.17	2.12	175	60.0	2.49
65	6.67	2.01	200	83.3	2.69
75	10.0	2.26	250	133.3	2.72
100	18.4	2.33	300	192.0	2.71

注：例如100mm直径管，底阀折合100倍直径等于100×100＝10 000mm＝10m直管长度，假定流量为8L/S查上表，直管每100m，损失1.3m，则10m损失0.13m。即一个100mm底阀，流量为8L/S时，则损失扬程0.13m。

干海子小半径螺旋隧道施工通风技术

李治强　周建新　武旭升

（中铁二十三局集团　成都　611130）

摘　要：受高差和断裂带制约，雅泸高速公路创造性设计了两座螺旋隧道，干海子隧道为其中的一座，受小半径曲线连续上坡线形不利因素制约，该隧道施工通风较常规隧道通风要困难许多。本文对干海子隧道施工通风的设计、计算及设备的选择与实施情况进行了总结，可供今后类似隧道施工通风借鉴。

关键词：小半径　螺旋隧道　施工　通风技术

1　干海子螺旋隧道概述

雅泸高速公路石棉至泸沽段地形地貌地质条件复杂，大部线路位于我国西南地区两条主要地震活动带—安宁河地震带和鲜水河地震带的交汇部位，线路落差大。

为克服高差和避开断裂带、季节性冰冻带以及季节性积雪冰冻，雅泸高速公路创造性地设计了世界罕见的双螺旋小半径曲线隧道，中铁23局集团承建的干海子螺旋隧道就属于其中的一座，干海子隧道左线全长1 713m，右线全长1 798m。

隧道全线平面线形为单一圆曲线，左线半径600m，右线半径618m，隧道雅安端到泸沽端为连续上坡，线路纵坡分别为$i=2.8\%$（左线），$i=2.61\%$（右线），进出端洞口高差分别达到48.47（左）m、47.95（右）m，受现场地形条件所限，进口端左右洞承担了绝大部分（左右洞各约1 400m）的洞身掘进和衬砌施工任务。受小半径单曲线连续上坡线形影响，隧道施工通风较常规隧道施工通风难度要大很多。本文就干海子隧道施工期间的通风技术进行了总结，为类似螺旋长大隧道施工通风提供有益借鉴。

2　螺旋曲线上坡开挖施工通风难点

隧道开挖及初期支护施工期间会产生大量的噪声、粉尘及废气，使得环境空气恶化。为提高工作效率，保证施工人员安全，必须进行隧道施工通风，改善作业环境。干海子隧道施工期间由于其特殊的线性特点，存在如下一系列不利因素，使得其施工通风要比一般直线隧道或小曲率隧道的通风要困难很多：

(1)螺旋洞身增加了通风排放的阻力；

(2)连续上坡也增加了热废气外排的阻力，在通风外排过程中废气容易聚集在掌子面地段拱顶；

(3)由于上坡的缘故，传统压入式通风对于改善掌子面空气环境效率不高，而且隧道施工时因爆破飞石，打眼台架行走等原因，通风管不能进入掌子面，通风口必须离开掌子面一定距离，其通风效果更是大打折扣；

(4)由于为西部山区，气压相对较低，空气容重变小，通风机效率降低，风量减小，压力降低，通风效果下降；

(5)长距离通风，由于风管漏风或风阻损失，造成工作面新鲜空气不足，工作效率低，作业循环时间延长，施工进度受到影响，工程成本增大。

正因为如此，交通运输部雅泸高速公路科技示范工程《小半径螺旋型曲线隧道通风技术研究》项目将《干海子隧道小半径曲线隧道施工通风技术研究》作为一个重要的子课题进行研究。

3　干海子隧道施工通风方案设计

施工通风主要解决两方面的问题，一类是有毒气体，主要来源于爆破炮烟和内燃机械废气；另一类是粉尘，主要来源于洞内开挖爆破和机械作业扬起的灰尘等。

3.1　国家强制性标准对于洞内的空气质量要求

(1)隧洞内氧气含量按体积不小于20%；

(2)有害气体浓度容许值：

①一氧化碳最高容许浓度为30mg/m³；

②二氧化碳按体积不得大于0.5%；

③氮氧化物(NO_2)浓度不超过5mg/m³。

(3)每立方米空气中的粉尘允许含量：

①含10%以上游离二氧化硅的粉尘不得超过2mg/m³；

②含10%以下游离二氧化硅的粉尘浓度不超过4 mg/m³。

(4)最低的排尘风速不小于0.15m/s；

(5)坑道内气温不高于30℃。

3.2　通风量及风压计算

(1)实际计算时可从如下四个方面考虑需要的通风量，即可满足洞内空气质量标准：

①洞内允许最低风速计算得Q_1；

②按洞内最多工作人员数计算得Q_2；

③按排除爆破炮烟计算得Q_3；

④按稀释内燃机废气计算得Q_4。

通过上述计算，取$Q=\mathrm{Max}(Q_1,Q_2,Q_3,Q_4)$，并考虑其他不利因素，计算出洞口风机的需供风量$Q_{需}$。

(2)具体所需风量计算：

①按洞内允许最低风速计算：$Q_1=60\cdot V\cdot S=60\times0.15\times107=963$ m³/min(式中：V——洞内允许最小风速，取0.15m/s；洞内风速要求，全断面开挖时应不小于0.15m/s，坑道内应不小于0.25m/s，但均不得大于6m/s；S——开挖断面积，取最大值107m²，60——min和s换算常数)；

②按洞内最多工作人员数计算：$Q_2=3\cdot k\cdot m=3\times1.25\times80=300$m³/min (式中：3——每人每分钟需供应新鲜空气标准(m³/min)；k——风量备用系数，取1.25；m——同一时间内工作最多人数，按80人计)；

③按排除爆破炮烟计算风量：

$$Q_{2压}=\frac{7.8}{t}\times\sqrt[3]{AS^2L^2}\ (\mathrm{m^3/min})$$

式中：t——通风时间，取30min；

A——同一时间起爆总药量，取190kg；

S——隧洞面积，主洞一次开挖面积最大取90m²；

L——工作面到压入口长度，取40m。

则有：

$$Q_{2压}=\frac{7.8}{30}\sqrt[3]{190\times90^2\times40^2}=351(\mathrm{m^3/min})$$

④按稀释内燃机废气计算通风量：

考虑在洞内同时有1台装载机(功率135kW)和5辆自卸车(每台功率132kW)作业，总功率为：135+132×5=795kW，取机械设备的平均利用率为60%，则总的有效功率$\sum p=795\times0.6=477$kW，内燃机械按照1kW需消耗风量不小于3 m³/min(即为Q_0)计算。可得内燃机稀释需要通风量：$Q_4=Q_0\sum p=795\times0.6\times3=1\,431$m³/min；

设备供风能力取$Q=\mathrm{Max}(Q_1,Q_2,Q_3,Q_4)=1\,431$m³/min。

实际上，根据计算取值1 431m³/min，并考虑工作面要求温度(实际控制不得超过28℃)并其他因素，确定工作面需求风量为1 500m³/min。

对于长隧道，管道的漏风现象造成入口处与出口处的风量差别很大，按百米漏风率（取1%）计算洞口风机风量（考虑900m范围内依靠洞口风机单一供风）：

$$Q_{需}=1\,500/[1-1\%\times(900/100)]=1\,648\mathrm{m^3/min}$$

（3）风压计算：

通风机应有足够的风压以克服系统阻力，即 $h>h_{阻}$，按下式计算：

$$h_{阻}=\sum h_{动}+\sum h_{沿}+\sum h_{局}=3\,000\mathrm{Pa}$$

针对如上通风风量和风压需要，并针对曲线上坡排风的不利条件，经认真研究比选，干海子隧道施工通风决定分二个阶段分别采用如下两种通风方式。

第一阶段：只依靠洞口风机压入式通风方式运行。此时的掘进距离不超过900m，所需风量小，采用变极多速风机，变风量送风。当污染小时，开低速档，当污染量大时，开高速档。

第二阶段：当高速档也不能满足需要风量风压时，进入第二阶段，在洞身800～900m范围内串联一个2×37kW的通风机，增加供风能力，同时在靠近掌子面的出风口增加一台小功率隧道引风机，与变速射流通风机配套使用，可以快速有效改善掌子面空气环境，它可将风管末端压力已减弱许多的新鲜空气接力引射到掌子面而不用通风管，接力引射最长距离可达30m，最大引风量可达450m³/min，5min即能排出掌子面炮烟，功率仅为7.5kW，在不增加大功率通风机的前提下可以快速有效改善掌子面施工环境。

实际采用轴流式通风机，选择风机型号时按 $Q_{机}\geqslant1.1Q_{需}=1\,813\ \mathrm{m^3/min}$（1.1是风量储备系数）进行选择。根据以上计算并结合经济因素考虑，通风机采用SFD－II－NO.12.5轴流风机即可满足要求。通风设备实际配置见表1。

隧道通风设备配置表　　表1

风机型号	风量(m³/Min)	风压(Pa)	功率(kW)	数量(台)	备注
SFD－II－NO.12.5	1 500～2 450	1 400～4 500	75×2	2	左右洞口各一台
SFD－II－NO.10	800～1 550	780～3 500	37×2	2	超过900m后增设
隧道引风机	450		7.5	2	左右洞内接近掌子面
通风管	ϕ1 500mm 软质风管，洞口300m为加强型，单节风管长20m				风管

图1为干海子隧道施工通风示意图。

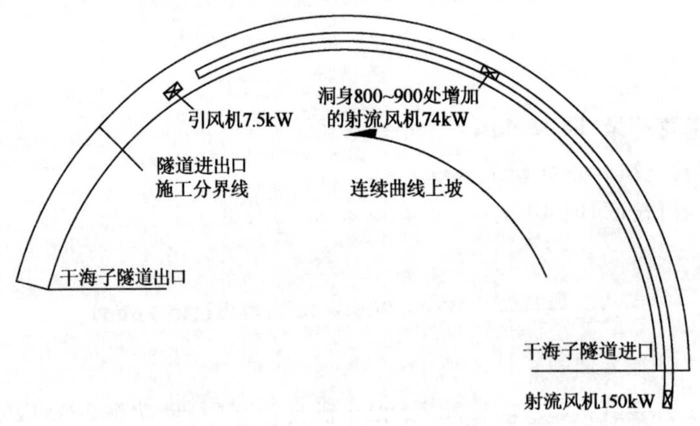

图1　干海子隧道施工通风示意图

4　隧道施工通风效果及存在问题

干海子隧道按照如上的两阶段通风方式进行了实施，在实际施工中基本满足了施工人员和设备对于空气质量的要求，有效保障了安全施工的顺利进行。

按照此通风方式，掌子面工作环境能够得到很快改善，但也有不足之处，由于上坡的缘故，污浊空气在洞身中间地段外排时存在明显滞后，使得施工车辆在洞内通行期间的视线受到一定的制约，这也是本通风方案今后需要改进的地方。在隧道中间地段分段落在拱部增加小功率外排辅助风机，投入成本不大，是一个可以考虑的思路。

5　结语

干海子隧道由于其特殊的螺旋上坡线形设计，施工期间的通风较常规要困难许多，故对该隧道施工期间实际采取的通风方式进行理性的分析和总结，可为今后类似隧道施工通风提供有益借鉴。从该隧道实际通风实践可知，该通风方式对于掌子面空气质量的改善效率明显，但对上坡螺旋隧道的洞内废气的外排，实际的通风效果不是很理想，这是需要在今后的实践中不断改善和提高的。

干海子螺旋隧道安全施工技术

武旭升

（中铁二十三局集团公司　成都　611130）

摘　要：受高差和断裂带制约，雅泸高速公路创造性设计了两座螺旋隧道，干海子隧道为其中的一座，雅安端洞口浅埋段全断面穿越了干海子昔格达软土饱水台地，且为曲线上坡。高速公路隧道螺旋上坡展线施工目前在世界范围内尚无先例，本文结合该隧道前期施工情况，对雅安端安全进洞技术、施工通风技术及监控量测等与施工安全息息相关的核心施工技术进行分析和总结，对类似隧道施工安全保障具有借鉴意义。

关键词：螺旋隧道　施工　安全　总结

1　干海子螺旋隧道概述

雅泸高速公路属于典型的西部山区高海拔高速公路，先后穿越海拔 2 300m 以上的大相岭和拖乌山，石棉至泸沽段地形地貌地质条件尤为复杂，地震活动频繁，地质灾害严重，且大部线路位于我国西南地区两条主要地震活动带～安宁河地震带和鲜水河地震带的交汇部位，线路落差大。

为克服高差和避开断裂带、季节性冰冻带以及季节性积雪冰冻，雅泸高速公路创造性地设计了世界罕见的双螺旋小半径曲线隧道，中铁 23 局集团承建的干海子螺旋隧道属于其中的一座，隧道左线全长 1 713m，右线全长 1 798m。

隧道全线平面线形为单一圆曲线，左线半径 600m，右线半径 618m，从进口到出口均为上坡，受现场地形条件所限，进口端承担了绝大部分的洞身掘进和衬砌任务。受洞口段饱水昔格达浅埋地层及连续曲线上坡影响，进口段掘进期间的施工安全和通风都是较难控制且必须控制好的。本文就干海子螺旋隧道进口（雅安）端施工期间采取的安全进洞技术、洞身掘进期间采取的通风技术及监控等安全技术措施进行了分析总结，为今后类似隧道工程施工提供有益借鉴。

2　隧道进口进洞安全技术方案

干海子隧道进口段为浅埋段，全断面穿越了干海子缓坡台地。地勘资料和工地取样试验结果皆证实，缓坡台地为堆积昔格达软土地层，富含饱和水，液限 w_L=58.4%，液限指数为 I_L=0.2，塑限 w_P=23.8%，塑性指数 I_P=33.9，地表多处有涌水泉眼，台地形成了类似湿地地质条件。该地质条件直接导致洞口浅埋段坡面接近临界稳定状态，洞口开挖可能导致土体发生滑移，因此开挖前须对开挖土体周围区域进行加固稳定，开挖后及时进行封闭，同时尽量导出昔格达土内的饱和水并外排是安全进洞方案选择的基本出发点。

按照这一出发点并结合设计意图，经研究提出了如下安全进洞方案：

(1)对洞外土方开挖采用钢花管灌注无砂混凝土法加固土层，用锚杆、挂网、喷混凝土封闭原地表面。

(2)采用预留核心土法分层开挖边仰坡，并及时进行锚杆、挂网、喷射混凝土封闭支护进行明洞拉槽施工。

(3)在半断面处设托梁架立工字钢拱架，立模浇筑钢筋混凝土形成导护拱，施作长大管棚预支护。

(4)在大管棚的防护下，采用超前支护注浆小导管作为进洞短进尺循环开挖时的预支护措施。注意：掌子面斜上方的土体虽然有大管棚作为支撑，但大管棚设置了外设角，开挖后随着掘进的深入管棚下面与隧道周边轮廓线之间的越来越大的土体得不到管棚支护，成为开挖后拱顶最为薄弱的区域，故采用超前支护注浆小导管对该部分土体进行预加固。

(5)预留核心土分部开挖,临时喷混凝土封闭掌子面,安设工字钢架,进行喷锚挂网等初支防护,实施短进尺多循环掘进施工。

具体的安全进洞方案技术参数如下:

原地表面封闭防护参数:将边仰坡开挖以外的范围以自进式锚杆、挂网、喷混凝土进行支护封闭,其支护参数为:锚杆:ϕ27mm 自进式锚杆,长 2.5m,间距 120cm×120cm,梅花形布置。钢筋网:ϕ6.5mm 钢筋,间距 20cm×20cm。喷混凝土:C25,厚 15cm。

开挖前竖向抗滑钢花管参数:制作采用 ϕ80mm 钢管制作,根据洞顶地表覆盖层厚度及边坡实际情况设置长度(3~6m),管壁设 ϕ10mm 泄水孔,间距 20cm,梅花形布置,采用挖掘机静压置入,管内灌注无砂 C25 混凝土,以提高钢花管抗滑移刚度,钢花管置入后,以 ϕ22mm 钢筋相互连接,使其形成整体,以提高其整体系统的抗滑移能力。

边仰坡开挖防护参数:边仰坡开挖按设计坡度分层进行,每层 2.5~3.0m,用挖掘机开挖,煤层开挖完后在坡面向上倾斜打入带有渗水孔的 ϕ38mm 钢管作为泄水管,每开挖一层支护一层,其支护参数同原地面封闭支护参数。

预支护大管棚套拱施作技术参数:在上断面架立 I20 工字钢架作拱架,钢架间距为 80cm,共架设三榀,ϕ22 纵向连接钢筋间距 120cm,挂板立模浇筑 C25 混凝土形成长管棚套拱,套拱长度为 2m,套拱内按设计管棚相应位置及角度预埋管棚导向管。因隧道全断面均位于昔格达软土层内,工字钢架不能直接架设于软土之中,为了避免上部断面的下沉侵占设计开挖轮廓,在其底部施作 I20 工字钢托梁,使工字钢架立于托梁之上,确保底脚的承载力,同时便于在下部台阶开挖后工字钢架的焊接连接。

套拱施作完毕后预支护大管棚设计参数:

(1)管棚钢管选用热轧无缝钢管,外径 108mm,长度为 28~40m,采用套接丝扣连接分段安装,每段长度 4~6m。

(2)管棚钢管上设注浆孔,孔径为 15mm,孔间距 20cm,梅花形布置,钢管首尾不钻孔留止浆段,一般采用单液注浆,初压 0.5~1.0MPa,终压 2.0MPa。

(3)管棚导向管环向间距为 40cm,为防止管棚侵入隧道衬砌外轮廓线,导向管沿隧道纵向设置外倾角 1°~3°。

(4)为增加管棚刚度,必要时在管内设置由 4 根 ϕ16 主筋和固定环组成的钢筋笼。

(5)与大管棚配合使用的初期支护钢架为 I20 工字钢,对于软土地层设置工字钢架间距以 60~80cm 为宜。图 1 为进洞方案前支护典型断面图。

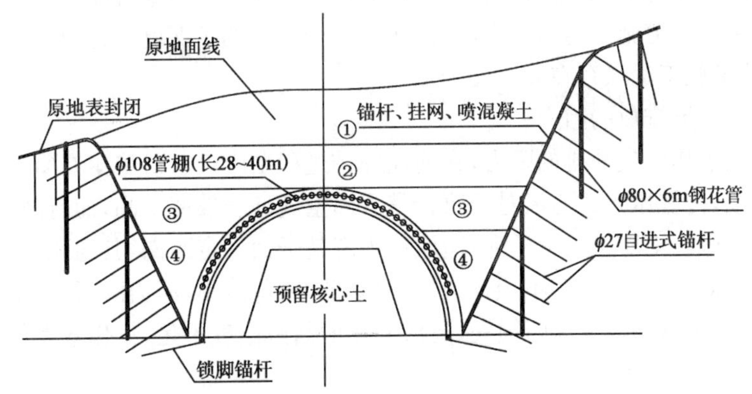

图 1 进洞前预支护方案典型断面图

进洞开挖超前小导管支护参数:沿隧道周边轮廓以低角度方式打入超前小导管注浆,采用 ϕ51mm 钢管,环向间距 50cm,外插角 10°~25°,打入长度一般为掘进进尺的 2~3 倍,采用水泥—水玻璃双液注浆,注浆压力 0.2~0.5MPa,水玻璃波美度为 34~39。小导管施作采用凿岩机钻孔并顶入,UB-5 双液注浆机注浆。

预留核心土分部开挖是分部开挖掘进技术的核心。边开挖边支护，并对分部开挖的掌子面正面及时进行喷射混凝土封闭，掌子面在核心土的支撑下可以维持短期稳定，以保证施工掘进安全。

分部开挖顺序如下图 2 所示：

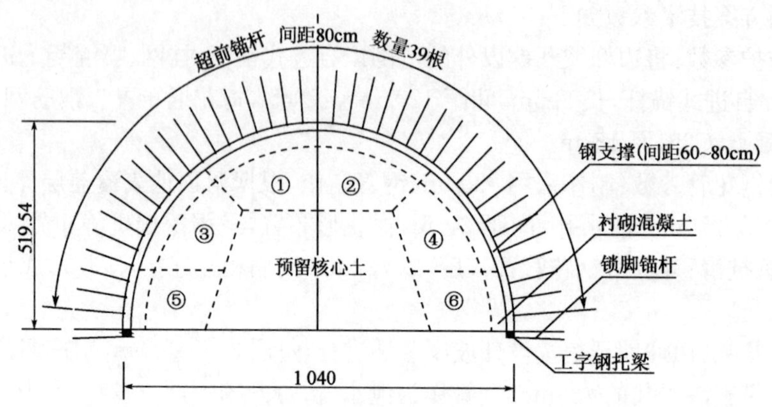

图 2 进洞分部开挖顺序示意图(尺寸单位:cm)

开挖后初期支护施作参数：锚杆：ϕ27mm，自进式锚杆，长 3.5m，间距 80cm×80cm，梅花形布置；钢筋网：ϕ6.5mm 钢筋，间距 20cm×20cm；喷混凝土：C25，厚 22cm；工字钢间距以 60～80cm 为宜，根据监控量测情况进行适当调整。

干海子隧道进口左右洞从 2007 年 11 月初开始大管棚施工，到 2007 年 12 月中旬就已经按照如上的技术方案安全地通过了洞口浅埋段 30m，正式进入洞身掘进开挖施工，洞口段也在 2008 年 3 月完成了衬砌混凝土浇注施工，确保了洞口段的安全。

干海子隧道安全进洞方案的成功实施再一次证明了，在不良地质浅埋地段进洞时需要在充分调研洞口段地貌地形地质条件的基础上，在开挖前及早介入超前预支护安全防护措施，并遵循短进尺弱爆破或人工开挖，开挖后支护及监测紧跟的进洞原则。

3 螺旋曲线上坡掘进洞身施工通风技术

隧道施工环境恶劣是众所周知的，特别是在开挖及初期支护施工期间还会产生大量的噪声、粉尘及废气，使得环境进一步恶化。为提高工作效率，保证施工人员安全，必须进行隧道施工通风，改善作业环境。

干海子隧道因为螺旋上坡的特殊线形设计，使得其通风比一般直线隧道或小曲率隧道的施工通风难度要大很多，也正因为如此。交通部雅泸高速公路科技示范工程《小半径螺旋型曲线隧道通风技术研究》项目将《干海子隧道小半径曲线隧道施工通风技术研究》作为一个重要的子课题进行研究。

干海子螺旋上坡隧道施工通风存在如下几个难点：

(1)螺旋洞身增加了通风排放的阻力；

(2)连续上坡也增加了热废气外排的阻力，在通风外排过程中废气容易聚集在掌子面地段拱顶；

(3)由于上坡的缘故，传统压入式通风对于改善掌子面空气环境效率不高，而且隧道施工时因爆破飞石，打眼台架行走等原因，通风管不能进入掌子面，通风口须离掌子面一定距离，其通风效果更是大打折扣；

(4)由于气压相对较低，空气容重变小，通风机效率降低，风量减小，压力降低，通风效果下降；

(5)长距离通风，由于风管漏风或风阻损失，造成工作面新鲜空气不足，工作效率低，作业循环时间延长，施工进度受到影响，工程成本增大。

施工通风主要解决两方面的问题，一是有毒气体，主要来源于爆破炮烟和内燃机械废气；再就是粉尘，主要来源于洞内开挖爆破和机械作业扬起的灰尘等。

3.1 实际计算

实际计算时可从如下四个方面考虑需要的通风量：

(1)洞内允许最低风速计算得 Q_1；

(2)按洞内最多工作人员数计算得 Q_2；

(3)按排除爆破炮烟计算得 Q_3；

(4)按稀释内燃机废气计算得 Q_4。

通过上述计算，取 $Q=\mathrm{Max}(Q_1, Q_2, Q_3, Q_4)$，并考虑其他不利因素，计算出洞口风机的需供风量 $Q_{需}$。

3.2　具体所需风量计算

(1)按洞内允许最低风速计算：$Q_1=60\cdot V\cdot S=60\times0.15\times107=963\ \mathrm{m^3/min}$(式中：$V$——洞内允许最小风速，取 0.15m/s；洞内风速要求，全断面开挖时应不小于 0.15m/s，坑道内应不小于 0.25m/s，但均不得大于 6m/s；S——开挖断面积，取最大值 $107\mathrm{m^2}$；60——min 和 s 换算常数)；

(2)按洞内最多工作人员数计算：$Q_2=3\times k\cdot m=3\times1.25\times80=300\mathrm{m^3/min}$ (式中：3——每人每分钟需供应新鲜空气标准($\mathrm{m^3/min}$)，k——风量备用系数，取 1.25，m——同一时间内工作最多人数，按 80 人计)；

(3)按排除爆破炮烟计算风量：

$$Q_{2压}=\frac{7.8}{t}\times\sqrt[3]{AS^2L^2}\ (\mathrm{m^3/min})$$

式中：t——通风时间，取 30min；

A——同一时间起爆总药量，取 190kg；

S——隧洞面积，主洞一次开挖面积最大取 $90\mathrm{m^2}$；

L——工作面到压入口长度，取 40m。

则有：

$$Q_{2压}=\frac{7.8}{30}\sqrt[3]{190\times90^2\times40^2}=351\mathrm{m^3/min}$$

(4)按稀释内燃机废气计算通风量：

考虑在洞内同时有 1 台装载机(功率 135kW)和 5 辆自卸车(每台功率 132kW)作业，总功率为：$135+132\times5=795\mathrm{kW}$，取机械设备的平均利用率为 60%，则总的有效功率 $\sum p=795\times0.6=477\mathrm{kW}$，内燃机械按照 1kW 需消耗风量不小于 $3\ \mathrm{m^3/min}$(即为 Q_0)计算。可得内燃机稀释需要通风量：$Q_4=Q_0\sum p=795\times0.6\times3=1\,431\mathrm{m^3/min}$；

设备供风能力取 $Q=\mathrm{Max}(Q_1, Q_2, Q_3, Q_4)=1\,431\mathrm{m^3/min}$。

实际上，根据计算取值 $1\,431\mathrm{m^3/min}$，并考虑工作面要求温度(实际控制不得超过 28℃)及其他因素，确定工作面需求风量为 $1\,500\mathrm{m^3/min}$。

对于长隧道，管道的漏风现象造成入口处与出口处的风量差别很大，按百米漏风率(取 1%)计算洞口风机风量(考虑 900m 范围内依靠洞口风机单一供风)：

$$Q_{需}=1\,500/[1-1\%\times(900/100)]=1\,648\mathrm{m^3/min}$$

3.3　风压计算

通风机应有足够的风压以克服系统阻力，即 $h>h_{阻}$，按下式计算：

$$h_{阻}=\sum h_{动}+\sum h_{沿}+\sum h_{局}=3\,000\mathrm{Pa}$$

针对如上通风风量和风压需要，并针对曲线上坡排风的不利条件，经认真研究比选，干海子隧道施工通风决定分二个阶段分别采用如下两种通风方式。

第一阶段：只依靠洞口风机压入式通风方式运行。此时的掘进距离不超过 900m，所需风量小，采用变极多速风机，变风量送风。当污染小时，开低速档，当污染量大时，开高速档。

第二阶段：当高速档也不能满足需要风量风压时，进入第二阶段，在洞身 800～900m 范围内增设一个 2×37kW 的通风机与原洞口通风机串联，加强供风能力，同时在靠近掌子面的出风口 3m 处增加一台小功率隧道引风机，与变速射流通风机配套使用，可以快速有效改善掌子面空气环境，它可将风管末端压力已减弱许多的新鲜空气接力引射到掌子面而不用通风管，接力引射最长距离可达 30m，最大引风量可达 $450\mathrm{m^3/min}$，

5min 即能排出掌子面炮烟，功率仅为 7.5kW，在不增加大功率通风机的前提下可以快速有效改善掌子面施工环境。隧道通风设备配置见表 1。

隧道通风设备配置表　　表 1

风机型号	风量(m^3/min)	风压(Pa)	功率(kW)	数量(台)	备　注
SFD—II—NO.12.5	1 500～2 450	1 400～4 500	75×2	2	左右洞口各一台
SFD—II—NO.10	800～1 550	780～3 500	37×2	2	超过 900 米后增设
隧道引风机	450		7.5	2	左右洞内接近掌子面
通风管	φ1 500mm 软质风管，洞口 300m 为加强型，单节风管长 20 米				风管

选择风机型号时按 $Q_{机} \geq 1.1Q_{需} = 1\,813\ m^3/min$(1.1 是风量储备系数)进行选择。根据以上计算并结合经济因素考虑，通风机采用 SFD—II—NO.12.5 轴流风机可满足要求。通风设备实际配置见表 1。

下图 3 为干海子隧道施工通风示意图。

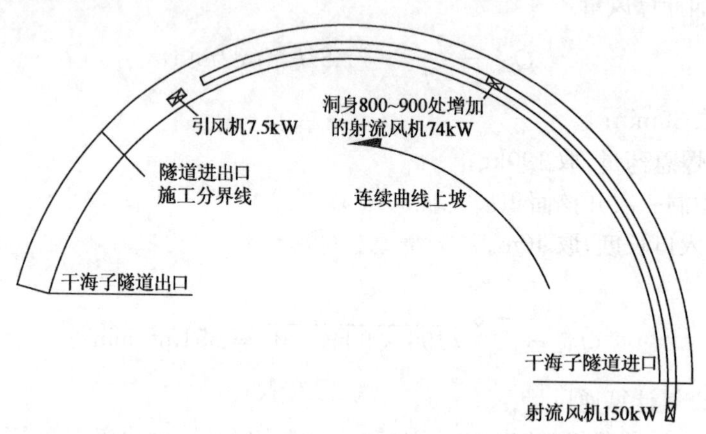

图 3　干海子隧道施工通风示意图

两阶段通风方式的实施在施工中基本满足了掌子面作业人员和设备对于空气质量的要求，保障了安全施工的顺利进行。但也有不足，由于上坡缘故，污浊空气在洞身中间地段外排时明显滞后，使得施工车辆在洞内通行期间的视线受到一定的制约，这也是本通风方案需要改进的地方。有针对性地在隧道中间段拱部按一定距离分段增加小功率外排辅助风机，投入成本不大，是一个可以考虑的思路。

4　隧道施工安全监控技术

目前国内公路隧道施工，"新奥法"已基本普及，其原理为应用岩体力学的理论，通过对隧道围岩变形的量测监控，采用新型的支护结构，尽量利用围岩微量变形提高自承自稳能力。监控量测技术作为一项现场必须施作的技术服务措施，为施工安全和质量监控提供了必要的技术保证。

干海子隧道在施工期间结合现场施工需要，分别进行了地质和支护状况观察、周边位移收敛、拱顶下沉观测、地表下沉观测、锚杆拉拔监测等常规监测项目，另外，增加了 TSP 隧道前方地震超前预报监测项目，超前探明开挖前方一定地段的围岩地质条件，为施工方案选择提供依据，保障了施工安全。

隧道监控量测技术已是一个十分成熟的技术，几乎所有隧道施工都强制性实施了此技术，干海子隧道具体的监控方案和实施过程此不赘述。此处仅需要说明的是，根据 TSP 超前地质预报，成功监测到了左右洞各一处共两处大的地下涌水段，根据预测数据，判定此地段围岩岩体较好，施工期间只需采取切实安全的防护措施，可保安全掘进。在通过此地段时采取了短进尺，强支护等安全技术措施，顺利穿越了涌水段。开挖时监测的涌水量高峰期达到了 10 000m^3/d。

5　结语

隧道施工由于是在有限的空间里进行的，且前后地段皆在施工，施工循环工序交错复杂，管理难度较大。

现场技术管理尤其应以安全管理工作为重，施工（技术）管理人员必须始终牢记"安全第一"。需知施工前期万般好，一旦疏忽出现安全质量事件，前期种种努力和节省的成本都将付诸东流，甚至有些后果对于单位和个人都可能是以生命为代价的。

由于隧道施工受不确定因素影响甚多，目前世界范围内各种隧道设计理论和施工方法也在不断涌现，由于各种隧道的地质条件地形地貌各不相同，实际施工采取的方法各有千秋，并非一种理论（例如新奥法）可以完全指导，施工安全技术措施切不可生搬硬套。本文结合干海子螺旋上坡隧道进口段施工期间一些有借鉴意义的安全施工内容，如进洞技术、施工通风以及监控量测做了一些理性的分析和总结，供同行们参考。

参 考 文 献

[1] 关宝树. 隧道工程施工要点集[M]. 北京:人民交通出版社,2003.
[2] 二阶段施工图设计文件(C20 合同段). 湖南省交通规划勘察设计院, 2007.

铁寨子1号隧道塌方处治施工方案

孙鹏祥

（中铁十二局集团一公司雅泸项目部　长沙　410004）

摘　要：对于由辉长基性岩破碎带造成的局部塌方，采用小导管结合长大管棚注浆可有效止水和稳定塌体，改善塌体的物理学性质。

关键词：辉长基性岩　塌方　大管棚　注浆

1　工程概况

铁寨子1号隧道分布于石棉线栗子坪乡孟获村铁寨子以东、孟获河右岸。隧道所在区为侵蚀构造高中山地貌，切深大于1 000m，多峡谷，河谷多呈"V"字形，山坡坡度约40°～55°。雅安端洞口处于孟获河右岸洪坡积成因的平地上，地势较平缓，坡度20°左右，海拔约2 150m左右；泸沽端洞口位于一崩塌形成的陡坎上部，所在山坡海拔2 200m左右，本隧道所在山地地形起伏大，山高坡陡，沿线地表植被发育。

隧道Ⅴ级、Ⅳ级围岩占80%，采用三台阶七步作业法施工，且为小半径螺旋曲线隧道施工难度及风险较大，Ⅲ级围岩采用全断面光面爆破施工。

2　初次塌方情况介绍

2.1　塌方段地质情况

塌方段原设计为Ⅲ级围岩，岩性为弱风化花岗岩，局部夹破碎的基性辉长岩岩脉，岩石坚硬，岩体较完整呈块石状镶嵌结构，由于隧址临近区域性活断层——安宁河东支断裂带，所以隧道局部发育次级小断层及局部存在差异风化带。花岗岩岩层透水性较差，地下水对围岩影响不大。但局部夹破碎的辉长基性辉长岩岩脉，其岩体破碎，对围岩的稳定性影响较大。

2009年5月27日隧道右洞施工至YK161＋365正在出渣时（已基本出完）发生塌方。该处设计为Ⅲ级围岩，支护参数为S3：即系统锚杆为ϕ22mm药卷锚杆$L=2.5$m，纵环间距1.2m×1.2m，喷射混凝土厚度10cm，局部挂ϕ8mm单层钢筋网网格间距20cm。实际掌子面右侧自拱脚5m宽为辉长岩发育带，高度至右拱肩位置，并伴有股状水涌出。辉长岩在水的作用下无自稳能力，2h内涌出塌方体达200m^3，塌方腔口面积为5m×7m，并且已支护段喷混凝土发生开裂现象。

2.2　塌方的原因

塌方发生后项目部立即将此情况汇报监理、业主、设计各方，经过与会各方共同会审分析原因如下：

(1)YK161＋365掌子面右侧发育的次级小断层主要岩体为破碎松散的辉长基性岩夹挟少量弱风化花岗岩碎块，在地下水作用下强度降低，岩体抗剪切能力降低，辉长基性岩呈流塑状裹挟花岗岩碎块失稳下滑，由于临空洞渣已清空，对隧道侧墙造成很大的侧压力，初期支护遭到破坏而出现流塌。

(2)塌方段原设计为Ⅲ级围岩，施工中采用全断面开挖，开挖进尺达3m，软岩辉长岩暴露面过大，并且初期支护强度偏低，未有超前预支护及钢支撑，围岩无自稳能力瞬间失稳。

2.3　塌方的处治措施

根据当时现场情况，为防止塌方进一步扩大，会审决定对塌方段按S5b参数进行加固，即I20工字钢架

80cm/榀，中空注浆锚杆3.5m长每环25根，C20喷混凝土27cm。对塌体表面挂网喷C20混凝土10cm进行封闭，自塌方顶部打2排6m长小导管双液注浆，排距30cm。对已支护产生开裂段YK161+365～YK161+375段拱部增设16粗钢筋网，间距25cm，补喷C20混凝土10cm，二衬厚度由于减少将此段原设计C25素混凝土变更为C25钢筋混凝土。开挖方法由全断面调整为三台阶法施工。

6月7日完成塌方体上、中台阶的处理工作，6月8日8时在进行下台阶施工时由于原定的方案支护强度不够，此处发生侧压，将已喷好的钢架挤裂，再次发生塌方，塌方体积和第一次相当(图1)。

图1　第一次塌方和处理情况照片

3　二次塌方的原因分析及处治方案

造成二次塌方的原因为：

对塌方造成的侧压力估计不足，塌方深度延伸很深，仅采用S5b加2排6m长小导管双液注浆的支护强度太弱。由于流塌体内裹挟大块花岗岩，部分小导管未能顶入设计深度，且塌方侧地下水较大而不集中影响了喷混凝土厚度造成喷混凝土不密实，注浆时浆液随水流流出，塌腔内岩体没能很好地固结。

从土力学的角度看，因岩体无自稳能力而流塌，可看作一滑坡体，将塌口虚拟为挡土墙(图2)，虚拟挡墙与土体形成极限滑坡面的夹角φ取25°(围岩无自稳能力，跨度5m，$\varphi=20°\sim27°$)从挡墙顶部作直线，则到滑坡面的极限锚固长度为$L=D/\tan\varphi+$锚固长度$=12.2$m(锚固长度要求不少于1.5m)，较合理长度为$D+H\cdot\tan(45°-\varphi/2)=8.2$m，($D$为塌口跨度，$H$为塌口高度)，综合两种结果取长度10m，则先前的方案小导管长度有限，注浆固结未能有效加固松散体，形成承载圈，导致侧向和拱顶压力均向塌口挤压，破坏了已完成了支护体系。

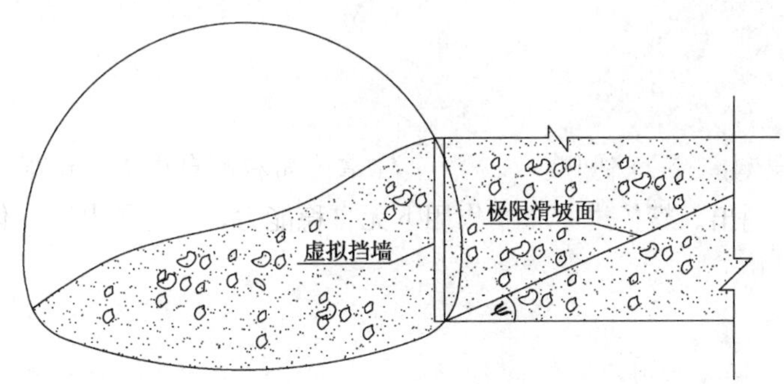

图2　YK161+365塌方断面图

经业主、设计、监理、施工各方查看现场，决定重定处治方案。方案如下：

(1)向掌子面回填洞渣，挤压已塌方段。

(2)自塌体面分级从上下采用ϕ42mm钢花管双液注浆(正对侧壁)，单根长度9m，间距0.5m，排距0.8m，梅花形布置。

(3)塌方体右侧面正对掌子面施作ϕ108mm大管棚双液注浆，间距40cm共计20根单根长10m，在塌方体正以侧壁施作9根ϕ108mm大管棚，间距80cm。

(4)采用S5cI20a工字钢拱架支护，间距由原来80cm调整为50cm。

(5)其余用S5c参数：I20a钢支撑初期支护仰拱，50cmC25钢筋仰拱混凝土，ϕ42mm注浆小导管为系统锚杆，超前注浆中导管$L=6$m/根。

4 塌方侧施工技术

4.1 回填洞渣，大管棚施工

洞渣回填高度控制在底板上5m，塌方侧由上向下治理，开挖前先用风枪顶入小导管，注水玻璃－水泥浆，水灰比1∶1，水玻璃浓度为30波美度，注浆达到终压停止注浆，在浆液凝固之后开始开挖。每次开挖高度1m，采用人工开挖，开挖后先初喷再接钢拱架，若有大股水流用ϕ50mm钢管引出，再焊接钢筋网片喷混凝土，待混凝土凝固后开始施作大管棚(图3)。

图3 塌方掌子面大管棚施工图

管棚技术参数：ϕ108×6mm热轧无缝钢管，管间用丝扣连接，钢管四周梅花形钻ϕ12mm出浆孔，注水泥—水玻璃双液浆，$W/C=1∶1$，$C/S=1∶0.5$，注浆终压2.5MPa。

钻孔时先用普通钻头打约1m深定位孔，然后改用偏心钻头，再将钢管穿于钻杆上，随钻头钻进，当第一节钢管跟进至孔外剩余30～40cm时，停止钻进，在钻机上接长钻杆和钢管，再继续钻进，当钻孔达到设计深度时，钢管亦跟进到位。当整排管棚打好后，焊接止浆阀并用锚固剂堵塞孔口缝隙。然后开始注浆，当注浆达到终压时可再注浆20min再结束。

整个塌方侧处治均按此循环进行，一切进展顺利。等渣体全部清完后立即施作初期支护仰拱，仰拱及仰拱填充，使整个支护形成整体，增强抵抗侧压能力。至此整个塌方处治结束(图4)。

图4 施作长管棚后塌方段处治

4.2 处治效果

注浆后，浆液在压力作用下，阻止了水从上部流出，大部分水被注浆挤压土体形成的止水帷幕封住，一小部分水从拱脚底部流出，影响较小，通过注浆改善了塌体的物理学性质，增大了岩体的强度和自稳能力。小导管的注浆还使使侧面形成了具有一定强度的胶壳体，通过长管棚注入砂浆对塌体形成有效的锚固作用。

5　结语

(1)处理塌方前,要对造成塌方的原因、地质条件进行必要的调查、分析,有针对的制定处治方案。

(2)在坍碴与破碎岩体中,套管跟进是确保管棚施工质量与精度的重要方法之一。

(3)当地质条件复杂时,可以采用上、中、下三台阶双侧壁导坑法,将大断面分割成若干个小断面,步步封闭成环,以减小开挖跨度,减小围岩扰动。

富水花岗岩隧道注浆堵水施工技术

李向平　裴树林

（中铁十二局集团一公司雅泸项目部　长沙　410004）

摘　要：本文主要介绍了铁寨子1号隧道出口端右洞花岗岩地层涌水处治措施，采用超前深孔预注浆技术成功封堵特大涌水，为类似隧道提供经验。

关键词：铁寨子1号隧道　花岗岩　涌水　注浆施工

1　工程概况

铁寨子1号隧道位于四川省石棉县栗子坪乡孟获村孟获河右岸，为雅泸高速公路的重点控制性工程，也是世界第一小半径螺旋曲线隧道。隧道左洞长2 792m，右洞长2 940m，岩体多成散体结构或碎裂结构稳定性极差，地下水十分发育，覆盖层极薄无支护时易产生大塌方，严重时可能导致地表塌陷。2008年6月26日，当出口右洞掘进至YK161＋934时突发大涌水（图1）。掌子面已钻进的所有炮眼均开始出水，中间和左侧拱顶处28个ϕ50mm炮眼全部满孔喷水，水头最大喷射5m，经测算涌水量已高达每秒176L，每小时633m^3，每天15 200 m^3。根据钻孔及地质雷达结果显示，掌子面前方3.7m有一长达31m的涌水破碎带，由于水压及流量均较大，为确保施工安全及进度按全断面深孔预注浆进行处治。

图1　YK161＋934掌子面突发大涌水照片

2　全断面深孔预注浆施工工艺

2.1　花岗岩地层注浆目的

主要目的有：

(1)加固地层；

(2)注浆堵水，保护生态环境，实现"以堵为主，限量排放"的生态平衡设计意图；

(3)对涌突水破碎岩层注浆固结，确保施工安全。

2.2　适用条件

全断面深孔预注浆适用于涌水破碎带，探水孔5～6个中至少有4个出水且涌水量大于10m^3/h：

(1)岩溶地层与非岩溶地层界面；

(2)厚度较小或岩质较好的断层破碎带；

(3)溶缝。

2.3　注浆堵水范围

注浆加固范围为开挖轮廓线外5m,纵向方向每环长度30m。

2.4　注浆参数

注浆参数见表1。

注 浆 参 数 表　　表1

名　　称	单　　位	参　　数
注浆压力	MPa	1.5～2
扩散半径	m	2.0
注浆速度	L/min	50～80
单孔注浆量	m^3	9～14
岩体裂隙率	%	10
浆液充填系数		0.8

注:施作时,根据岩层及进浆情况调整注浆参数。

2.4.1　注浆材料及配合比

(1)水泥:水泥采用航天P.O42.5R普通硅酸盐水泥,要求存放时间不长,水泥未受潮。

(2)水玻璃:重庆净龙工厂生产水玻璃模数为2.6～2.8,波美度35Be′工业用水玻璃。经试验检测,购买的水玻璃波美度为35～36Be′,模数为2.6～2.8,无需调制,可直接使用。外加剂主要是缓凝剂磷酸氢二钠。

(3)拌和水:清水饮用水,水质通过检查符合规范要求。

(4)水玻璃注浆配合比:水玻璃浓度35Be′,水泥浆:水玻璃=1:0.8,水灰比(W/C)=1∶1,胶凝时间150S施工中根据进浆情况调整配合比。

2.4.2　注浆量的确定

采用充填注浆,每孔注浆量采用下式计算:

$$Q=\pi(R^2-r^2)Hn\beta/168_{孔}$$

式中:R——加固范围平均半径,取14.88m;

r——隧道范围平均半径,取4.88m;

H——注浆深度,即充填加固层厚度,取30m;

n——岩体孔隙率,取10%;

β——浆液有效充填系数,取0.8。

则每孔注浆量为:$Q=3.14\times(14.882-4.882)\times30\times10\%\times0.8/137_{孔}=10.7m^3$

实际工程数量以监理工程师认可的现场实际数量为准。

3　人员材料及机械组织

3.1　劳动力计划表

劳动力计划见表2。

劳 动 力 计 划 表　　表2

序　号	作业内容	人　数	备　注
1	注浆孔司钻	8	每钻二人
2	接钻杆,安孔口管、接注浆管	4	每钻一人
3	操作注浆泵,接电和维修	6	操作注浆泵每两泵两人,接电和维修一人
4	调释水玻璃,拌水泥浆	4	

续上表

序　号	作业内容	人　数	备　注
5	装、运料，卸料	2	
6	运料汽车驾驶员，值班汽车驾驶员	1	
7	质量安全检查	1	现场质量，安全管理、记录施工情况
8	测量	1	
9	试验	1	材料检查及配料控制
10	技术指导工程师	1	
11	现场领工员	1	
12	合计	26	

3.2　注浆设备表

注浆设备见表3。

注浆设备表　　表3

名　称	型　号	规　格	数　量	额定功率	备　注
电动空压机	20/7	$20m^3$/min 0.7MPa	4	11kW	
钻机	XY－2PC		2	18.5kW	
钻机	XY－2	地质钻机	2	22kW	
单液灌浆泵	3SNS		3	17kW	
高速搅拌机	ZJ－400	400L	2	15kW	
双液注浆泵	KBY－100/35	100L/min	2	11kW	
储浆桶		800L	2	4kW	
双层搅拌桶		400L	8	4kW	
钻孔测斜仪	JJX－3		1		
电焊机			2		
简易钻孔台车	自制		1		

注：设备配备按4台钻机同时施工考虑。

4　全断面深孔预注浆施工方案

全断面超前深孔预注浆施工工艺及流程见图2。

4.1　止浆墙施工

由于掌子面已股状出水，静水压力较大，所以采用喷混凝土做止浆墙效果差，不能有效封闭岩面。所以决定在掌子面用C25混凝土施工止浆墙，根据水压止浆墙厚60cm为C25素混凝土现浇，为防止全封堵造成水压过大破坏止浆墙，须在超前钻孔出水点埋设ϕ127孔口管并设置闸阀，以排水泄压。在围岩稳定性差的部位，打设锚杆，充分利用加固围岩做止浆岩盘。止浆墙施工见图3。

4.2　布孔

根据设计要求，对准孔位，根据不同入射角度钻进，要求孔位偏差不大于2cm，入射角度偏差不大于1°。注浆孔布置由工作面向开挖方向呈伞形辐射状，钻孔布置成数圈，内外圈按梅花形排列，并采用长短孔相结合，以达到注浆充分、不留死角为目的，浆液扩散半径2m，孔底间距2.5～3.0m，共计一环需钻孔19＋25＋3×31＝137个，总长19×30.8＋25×31.5＋31×32.3＋31×24.6＋31×18.7＝3716.3m，具体钻孔布置方式见图3。

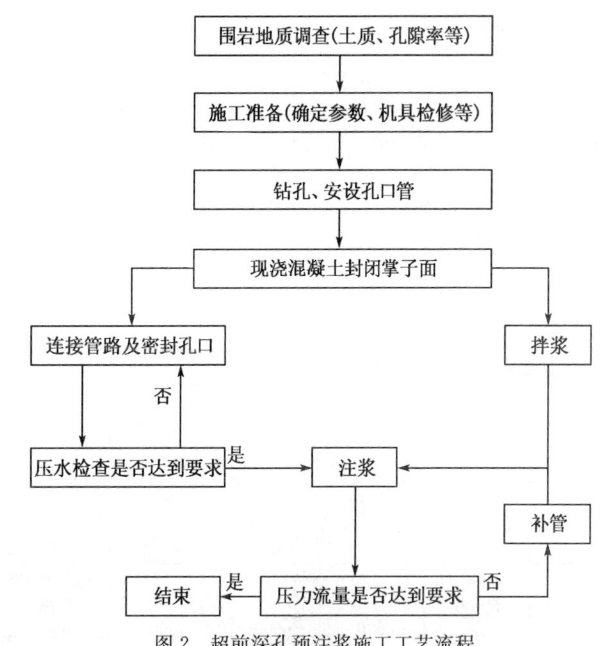

图2 超前深孔预注浆施工工艺流程

图3 止浆墙及钻孔作业图

4.3 钻孔

(1)地质钻机在台车上施钻时，钻机在定好角度后，必须采取方木加撑等全方位的支撑措施，防止钻机颤动影响钻进施工的精度。

(2)开钻前期采用低速钻进，待钻机正常钻进时(一般进尺0.5m左右)，将钻机速度调至正常运行速度。钻孔过程应密切观察钻进速度、涌水、岩层等情况，及时做好记录。如在钻进过程中出现大涌水、涌沙等特殊情况，必须停止钻进，先采取注浆封堵止水等技术措施进行处理。在确定已完成止水后方可停止注浆，继续向前钻进。

(3)开孔孔径及深度：注浆孔用ϕ115mm钻头开孔，钻进深度为3m，然后改用ϕ75mm钻头钻至设计深度，在钻孔孔口3m范围内设置ϕ127mm孔口管，外露20～30cm，注浆段长度为30m一个循环。

(4)钻至设计深度后，用高压风清洗孔洞残碴，确保注浆孔道通畅。

4.4 注浆作业

实际施工时，根据具体情况分别采用前进式分段注浆和后退式分段注浆两种方法相结合。

(1)前进式分段注浆：当钻孔易坍孔或水量极大，孔壁严重不规则，止浆塞不能安装，坍孔处理也十分费工费力，在这种情况下，采用从上到下分段前进式注浆，分段长度8m。先钻注8m，然后再钻注下个8m，如此循环至设计深度。当成孔十分困难时，虽然长度不足8m，但依然实施分段注浆后再钻注下一段。

(2)后退式分段注浆：当钻孔能较好成孔，孔壁较规则，为避免重复钻孔工作，一次性钻至设计孔底，然后由上到下分段式注浆，每段长度8m，在分段位置安设止浆塞，该8m长度范围注浆完成后，待合适时间提出止浆塞固定到下一个8m位置，再实施注浆，直至设计注浆位置高度。

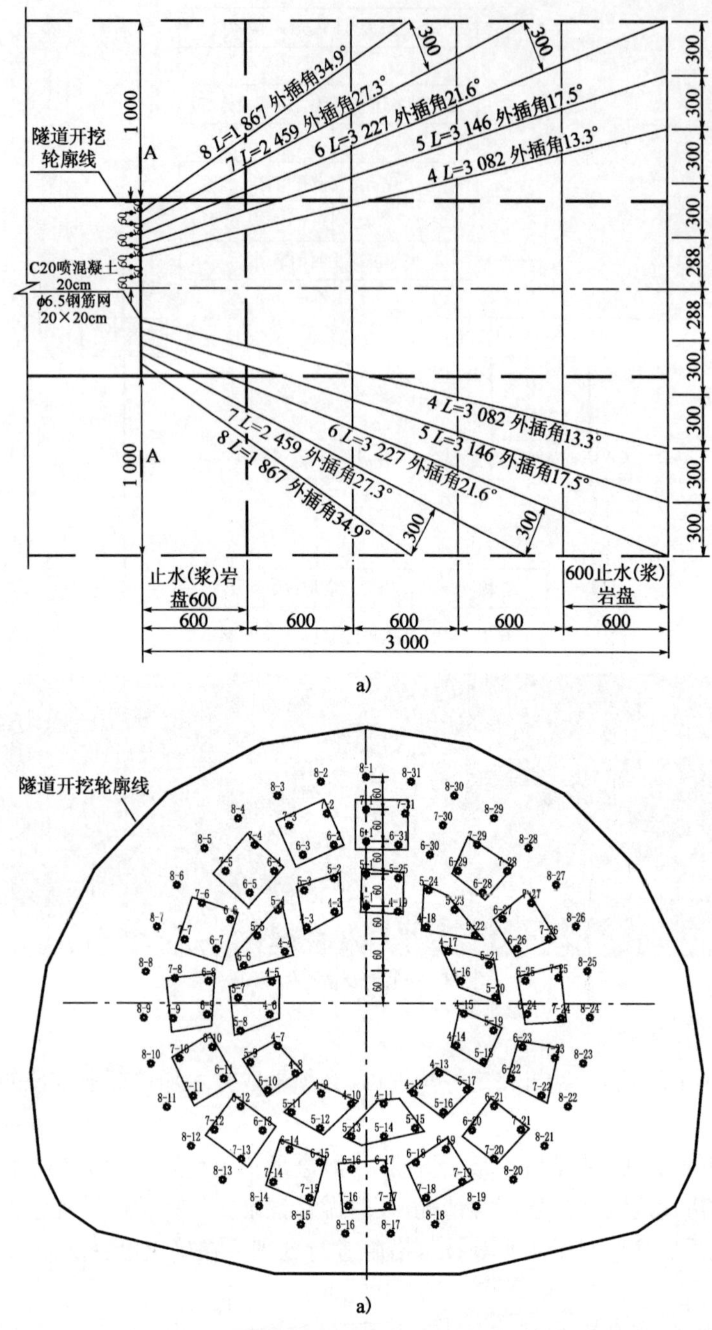

图 4 全断面超前深孔预注浆孔位布置示意图

a)周边深孔预注浆设计图；b)A-A 断面

4.5 注浆顺序

从拱顶起由外到内注浆，先注无水孔，再注有水孔，最后注多水孔的顺序进行。一般情况下，以相邻 4 个孔为 1 个单元，用 4 台潜孔钻同时隔单元钻孔，各单元的各用 1 台注浆机同时注浆，以防止串浆和坍孔，4 个单元同时作业，提高施工进度。在靠近孔口位置，因孔间距较小，为防止窜浆，主要采取逐渐加大双液浆的水玻璃浓度。

4.6 浆液配置

实际选用水泥水玻璃双液浆，体积比采用 1∶(0.6～1.0)(体积比)，水灰比控制在 0.8∶1～1∶1 间，为有效的使浆液扩散，延长凝结时间，提高结石体的强度，水玻璃模数为 2.6～2.8，水玻璃浓度为 35 Be。

浆液配置采用双层搅拌机拌制，上层为搅拌桶（规格为 ϕ750mm×400mm），下层为蓄浆桶（规格为 ϕ970mm×230mm）。配置时，把水加入搅拌桶内，根据设计水灰比，倒入水泥，搅拌均匀后放入蓄浆桶备用，蓄浆桶的叶轮不停旋转，确保浆液不沉淀。浆液拌制时间为 3～5min，存储时间不超过 30min。

水玻璃液与水泥浆液分别存放。

4.7　注浆管的连接

采用 KBY－100/35 型双液注浆泵，两个吸浆管分别伸入水泥浆桶和水玻璃桶（图 5）。出浆管用"Y"形结构混合器，使喷出的浆液混合，混合浆液在进入注浆孔后经过一定时间胶凝固结。S 液与 C 液的出液管与注浆混合器连接，在混合器前端安装压力表。

4.8　孔口管连接

连接孔口注浆管上的止水球阀，将混合器连接在孔口注浆管上（图 6），试压洗孔，将孔内的渣子冲掉，确保注浆通道顺畅；注水 2～3 min，使围岩孔隙畅通，然后进行注浆；对于软弱、富水断层的围岩体，先注纯水泥浆，注入一定量或达到一定压力后，并持续 5min，再注双液浆，如注纯水泥浆大量漏浆时，可先注双液浆，再注纯水泥浆，最后再注双液浆。

图 5　双液注浆机注浆管连接

图 6　孔口管连接

为排泄钻孔内空气，在孔口管法兰盘上连接一个空气排泄阀，排除孔内空气，使注浆饱满。

4.9　注浆压力控制

注浆压力从 1.5MPa 逐渐升至 2.0MPa，终孔压力为 1.5MPa。

4.10　做好施工施工记录

注浆时安排专人管理，在注浆过程做好记录，记录注浆情况与钻孔地质记录等，并请监理旁站、签字认可。

5　注浆过程常见故障与排除方法

常见投降与排除方法　　表 4

序　号	故　　障	发 生 原 因	排 除 方 法
1	不吸浆	1. 泵缸或吸浆管道漏气 2. 进浆管道堵塞	1. 检查漏气情况，设法排除 2. 清除异物或砂石沉积等
2	出浆减少或停止	1. 阀球被异物或阀网卡住 2. 填料密封不严空气进入泵缸 3. 球或法兰盘磨损严重，产生间隙后大量漏浆	1. 清除异物或更换阀网 2. 压紧或更换填料 3. 更换已损件
3	活塞填料漏浆	1. 填料密封不严 2. 活塞磨损严重 3. 如原橡胶填料缺油脂时易磨损	1. 压紧或更换填料 2. 更换活塞 3. 经过一段时间后向橡胶中添加适量润滑剂

续上表

序号	故障	发生原因	排除方法
4	压力突然下降	1.输浆管路突然被脱开 2.浆液突然冲破阻碍，灌入大型溶洞	1.修复管道 2.根据具体情况处理，如加大水玻璃波美度或间隙注浆等
5	压力表指针不动或达不到规定值	1.压力表可能损坏 2.可能产生1、2、4号等故障	1.更换压力表 2.参见1、2、4号排除方法

6 注浆结束标准

注浆过程中注浆压力逐渐升高，最终达到或接近设计的注浆终压，并维持10min以上，或者注浆流量随时间逐渐减少，最终小于1L/min·m，并维持10min以上，可结束本孔注浆；若浆液从其他孔或岩面渗出时，应停止注浆单个注浆区域注浆结束标准：总注浆量与设计数量大致接近。遇到大裂隙时，压力上不去，进浆量很大的情况下，经过浆液浓度的变换，仍达不到终压与注浆流量的标准时，采取间歇注浆，待养护24h后复注，以达到设计终压或注浆流量标准。

7 注浆效果检查

一个注浆段的注浆孔全部注完后，钻2～3个孔对注浆效果进行检验(图7)，并取岩芯观察浆液充填情况，同时检查孔内突水量不应大于0.2L/min·m，且任一处的漏水量不大于10L/min，或者进行水压试验：在1.0MPa压力下检查孔进水量应小于2L/min·m。否则应加密钻孔注浆，直到满足要求为止。

图7 注浆效果检查(左为检查孔无水，右为钻孔取芯情况)

8 结语

(1)钻孔施工：开钻前，严格按照施工布置图，布好孔位。钻机定位、钻杆角度要准确。

(2)配料：采用准确的计量工具，严格按照设计配方配料施工。

(3)注浆一定要按程序施工，每段进浆要准确，注浆压力一定要严格控制，专人操作。当压力突然上升或从孔壁溢浆，应立即停止注浆，每段注浆量应严格按设计进行，跑浆时，应采取措施确保注浆量满足设计要求。

(4)每道工序均要安排专人，负责每道工序的操作记录。确保注浆记录真实可靠.

(5)注浆属于隐蔽工程，应全过程旁站，认真执行。

湿地隧道涌水处理的施工技术探讨

曾亚平

（岳阳市公路桥梁基建总公司）

摘　要：本文是针对公路湿地隧道施工过程中遇到涌水涌渣的病害问题，所采用的相应技术处理措施作了介绍，并提出了隧道注浆堵水方面的探讨。

关键词：公路湿地隧道　涌水涌渣　注浆堵水

1　工程概况

菩萨岗隧道位于京昆高速公路四川省雅安市石棉县境内，出口接凉山州冕宁县拖乌乡鲁坝村，隧道设计荷载为公路—I级，计算行车速度80km/h，设计为分离式双洞单向行车，左洞桩号K170＋366～K173＋350，长2 984m，右洞YK170＋355～YK173＋345，长2 990m，设计纵断高程在2 427～2 444m之间，纵坡设计为人字坡，坡度±0.3%～±3%。本隧道主洞净宽10.25m，净高5m。

2　本隧道工程地质条件简述

2.1　地形地貌

本隧道所在区域为高中山深切河谷地貌与高中山湖盆区地貌分界的分水岭，所在山地地形起伏大，山高坡陡，沿线地表植被发育，人迹罕至。

2.2　地层岩性

(1)第四系全新统(Q_4)。块石、碎石土，为坡积成因，厚度较小，主要公布于隧道两端洞门附近，厚10～20m，其成分为花岗岩。

(2)第三系昔格达。沿线主要为一层中厚状的砂岩出露，成岩差，软弱，呈胶结砂状，夹薄层泥岩，普遍具有水平层理，局部含卵石，分布在雅安端洞口附近的K170＋410～＋640段。

(3)早震旦系花岗岩(γ_2^2)。岩性为花岗岩，成分以石英为主，长石、云母少量，局部分布有钾长花岗岩。中～粗晶结构，块状构造。强风化～弱风化质，节理裂隙发育，岩石一般较破碎，是本隧道主要岩性，在K170＋580～泸沽端分布。

(4)构造岩。压碎岩主要分布在断层带内，母岩以辉长岩或花岗岩为主，普遍具绿泥石化、蚀变；挤压破碎强烈，岩石矿物多可捏成粉末状，岩石较软弱。

2.3　水文地质条件

本隧道区内的地下水按其赋存的介质分为以下二类：一是覆盖层中的孔隙水，二是基岩裂隙水。地表水主要分布在隧道右侧海子内，距隧道轴线最近约450m，海子水位高程一般为2 510m。

2.4　隧道对湿地的影响

在隧道右洞右侧550～820m，平行分布有一长条形“海子”，海子处水位高程一般为2 508～2 515m，比隧道设计高程高65.0～82.5m，对弱风化～微风化花岗岩而言，由于其属弱透水性或微透水层，形成的降落漏斗半径较小，不会波及海子，对于中透水或强透水的断层带，由于其连通性较好，隧道涌水将波及至海子，可能疏干“海子”处地表水，从而引起环境问题。

2.5 地震

隧址区位于地震基本烈度Ⅸ度区。

2.6 岩石物理力学特征

据野外调查及室内实验结果,参数见表1。

各级围岩主要物理力学指标表 表1

物理力学指标	围岩级别		
	Ⅴ	Ⅳ	Ⅲ
重度 γ(kN/m³)	17～20	20～23	23～25
弹性抗力系数 K(MPa/m)	100～200	200～500	500～1200
弹性模量 E(GPa)	1～2	1.3～6	6～20
泊松比 μ	0.35～0.45	0.30～0.35	0.25～0.30
内摩擦角 ϕ(°)	20°～27°	27°～39°	39°～50°
黏聚力(MPa)	0.05～0.2	0.2～0.7	0.7～1.5
容许承载力 σ(KPa)	300～500	1200～1800	2000～3000
摩擦系数 f(圬工与围岩)	0.4	0.45	0.5(表面不光滑)

3 本隧道洞身结构设计简述

隧道洞身结构按新奥法施工原理进行设计,即以系统锚杆 、喷混凝土、钢筋网、钢架等组成的初期支护与二次模筑混凝土相结合的复合衬砌形式,通过分析计算确定洞身结构支护参数(表2)。

洞身正常段支护参数表(单位:cm) 表2

衬砌类型	喷混凝土	锚杆纵×横	钢筋网	钢架	预留变形量	混凝土拱墙	混凝土仰拱	适用条件
S2	5	局部	—	—	—	30	—	洞身II级围岩
S3	10	120×120	单层 ϕ8	—	5	35	—	洞身III级围岩
S4a	25	80×100	双层 ϕ8	ϕ25 格栅(纵距80)	8	45(配筋)	45(配筋)	IV级围岩洞口及浅埋段
S4b	25	100×120	双层 ϕ8	ϕ25 格栅(纵距100)	7	40	40	IV级围岩一般深埋段
S4c	25	100×120	双层 ϕ8	ϕ25 格栅(纵距100)	7	40	—	IV级围岩底部完整深埋段
S5a(S5c、S5d)	27	80×80	双层 ϕ8	I20a工字钢(纵距80)	12	50(配筋)	50(配筋)	V级围岩洞口浅埋段、断层破碎带
S5b	27	80×100	双层 ϕ8	I20a工字钢(纵距80)	10	45	45	V级围岩深埋段

4 通常隧道产生生涌水的原因

(1)覆盖层中的孔隙水。主要赋存全新统碎、块石层、昔格达地层中,孔隙率高,透水性好,大气降水易渗入,但分布在斜坡上,赋存条件差,大气降水后地下水以泉的形式集中排泄或成片状渗出。

(2)基岩裂隙水。花岗岩及辉长岩均为弱透水层,该类地下水主要赋存于风化花岗岩裂隙中,风化花岗岩透水性一般较弱,但在挤压破碎带中由于节理裂隙发育,且连通性较好,透水性强,可能存在承压性,接受大气降水及地表水的补给,在阶地前缘可能见到强风化花岗中的地下水片状渗出,局部以泉水的形式集中排泄。

(3)附近的地表水。隧道附近可能存在大型水库或湖泊,由于隧道内存在断层或破碎带与地表水连通,隧道开挖后，地表水可能通过破碎带进入隧道内，形成涌水。

5　本隧道施工中防治涌水病害的技术措施

本隧道地质复杂性，由于邻近安宁河断裂带，经过隧道钻孔及物探瞬变电磁法探测，发现存在 F1、F2、F3、F4 四个较大断层及诸多小断层，其中 F3 断层（K171＋418～＋451）离隧道右侧海子最近，为防止因隧道开挖右侧海子水通过隧道发生涌水，疏干地表海子水，引起生态破坏，一般采取以下处理措施：

（1）采用帷幕注浆。F3 断层（K171＋418～＋451）离海子最近，采用深孔注浆在开挖面 30～50m 形成有相当厚度和较长区段的筒状加固区，从而使堵水效果较好，也使得注浆作业次数减少。

（2）洞内环向注浆。由于其他断层洞顶距湿地较远，高差不大，水力坡度较小，但为子安全需要，对破碎带采用环向注浆处理：超前支护采用 6m 长 ϕ51mm 中导管，环向间距 0.4m，稳定隧道拱部，衬砌则采用具有环向注浆加固功能及刚度相对较大的 S5c、S5d 衬砌形式封堵塞地下水的排泄通道。

（3）加强超前地质预报工作。采用 TSP、地质雷达探明掌子面前方的地质情况，一旦发现异常，就采取更直观的超前钻孔手段，在掌子面前方分布 3 个钻孔，探明水文及岩性情况，采取相应处治治措施。

6　本隧道施工中涌水、涌渣处理措施

本隧道靠近安宁河东支断裂，地质极其复杂，存在多处较大断层及破碎带，开挖后存在不同程度涌水及坍方，对基岩裂隙水主要以排为主，对地表水主要以堵为主。

下面就以菩萨岗隧道出口左洞 K173＋109～K173＋079 段涌水涌渣处理实例说明处治方案：

左线出口 K173＋109 地质情况：设计图纸 K173＋200～K173＋100 段围岩为强风化花岗岩，局部地段夹全风化岩或弱风化岩，差异风化明显，岩质大都较硬，节理裂隙发育，岩层破碎，结构松散，局部地段为辉长岩岩脉带，岩体破碎，透水性较强，地下水水头压力大，可能产生喷射状漏水，围岩稳定性差。

超前地质预报说明 K173＋128～K173＋107 段岩层节理裂隙发育，富水，施工时加强支护，防止坍塌。实际开挖后掌子面岩性以强风化破碎的肉红色钾长花岗岩为主，夹灰绿色至墨绿色辉长岩脉侵入体，碎裂至松散结构，岩体被切割成碎块状，碎块呈镶嵌状结构，小断层和节理裂隙极为发育，节理裂隙的间距为0.15～0.35m，岩体体积节理数为 20～35 条，裂隙缝宽 0.002～0.05m，裂隙中填充物为碎裂岩、断层泥、铁锰矿物质等，手感有砂石刺激的感觉，掌子面围岩碎裂，风化及构造节理裂隙极其发育，成碎块状、碎片状或散体状产出，其中掌子面的一条断层，其产状为 90°∠49°，充填物就为泥化的辉长岩，约 10～30cm，其下部为一层厚约 50～70cm 的花岗岩碎裂带，它们没有自稳能力，是一松散的堆积体，受外力影响变化大。围岩以竖直产状陡倾角为主，走向 180°～185°和 250°～315°，倾角为 60°～85°，开挖后，应力释放，岩石松弛，因其重力作用，容易形成坍塌，其缓倾角产状约为 260°∠26°，结构面较平整光滑，有扭曲现象。

2008 年 9 月 7 日日 K173＋109 掌子面共发生 5 次涌水、涌渣，总涌渣量约 3 690m^3，最大一次涌水发生在 9 月 7 日，涌水量达 200～180m^3/h，最大一次涌渣发生在 9 月 12 日，涌渣量约 2 100m^3，其中有两块大孤石，最大一块尺寸为 3.2m×2m×1m，冲离掌子面 45m 远，另一块约 1.2m×1.2m×0.6m，冲离掌子面 60m。

根据现场踏勘情况、工地临时会议结论、施工图设计阶段的地质资料和专家组的意见，采取注浆堵水的方案。本次处理方案共有以下几条措施：

（1）加密该段监控量测的频率及密度，随时监控洞内变形的发展。

（2）K173＋109～K173＋124 共 15m 初支开裂段二次衬砌采用钢筋混凝土结构以增加强度。

（3）K173＋079～K173＋109 共 30m 采用帷幕灌浆加固围岩：灌浆材料为水泥—水玻璃浆液，因为该段据超前钻孔反映为松散堆积体，故采用固结灌浆进行处理。

（4）K173＋079～K173＋109 共 30m 灌浆完成后，考虑到水头可能增高，故采用刚度较大的 S4a-1 衬砌通过。

（5）施工至 K173＋085 处时应采用超前探孔探明前方地质情况，好作进一步处理。

（6）K173＋079～K173＋124 共 45m 环向排水管加密到 5m 一环。

为保护洞内施工人员的安全，需在注浆固结措施完成后，浆液强度达到75%以上才能开展掌子面掘进的工作。

关于海子与隧道相互影响的说明：随着隧道施工的进行，距离海子将越来越近，为防止出现隧道开挖疏干海子水源的不利情形发生，施工过程中随时掌握前方围岩的状况及含水状况；如超前地质预报发现前方较破碎或富水，宜采取超前探孔予以确认，采取包括固结灌浆、回填灌浆、帷幕灌浆等处理措施尽量减少隧道开挖对海子的影响。

从2009年2月6日开始至2月30日结束，深孔注浆作业共用了24d时间，注浆加固范围为开挖轮廓线外5m，整个长度为30m，分四环实施，第一环长12m，第二环长18m，第三环长24m，第四环长30m，一个注浆段完成后，留6m不开挖，作为下一注浆段的止浆岩盘，注浆孔布置由工作面向开挖方向呈伞形辐射状，钻孔布置成5圈，每圈间距0.8m，共51个孔，内外圈呈梅花形布置，并采用长短孔相结合，以达到注浆充分，不留死角的目的，浆液扩散半径2m，孔底间距不大于3m，开孔直径115mm，终孔直径75mm。

注浆材料为水泥—水玻璃双液浆，浆液浓度：$C:S=1:(0.5\sim1.0)$（体积比），水泥浆水灰比0.8∶1～1∶1，水玻璃模数2.6～2.8，水玻璃浓度为35Be′，注浆压力：静止加压0.5～2.0MPa，单孔注浆压力达到设计终压并继续注浆10min以上，一个注浆段全部注完成后，钻2～3个孔对注浆效果进行检查，并取岩芯观察浆液充填情况。

注浆完成后，通过开挖，基本顺利通过涌水涌渣段。

由此可见，隧道一旦出现较大的涌水涌渣，处理起来就要付出很大的人力物力，工期影响大，经济损失也大。所以隧道涌水的防与治，应该重在预防，预防措施无论从投入的人力物力财力方面，都是较小的，而效果很好，能起到“四两拨千斤”的作用。

7 结语

通过对本隧道涌水处治，一些粗浅认识凝聚成此文，以供探讨交流之用。

特长高速公路隧道地下风机房通风空调设计研究

张　磊[1]　郭　春[1]　王明年[1]　李玉文[2]　李海清[2]　田尚志[2]　周仁强[2]
（1.西南交通大学土木工程学院　成都　610031；
2.四川省交通厅公路规划勘察设计研究院　成都　610041）

摘　要：目前针对高速公路隧道地下风机房的研究在我国还处于起步阶段，本文以大相岭泥巴山深埋特长隧道为例，介绍了该类型地下风机房的通风空调设计技术，以期给类似条件下的地下工程设计和施工提供可借鉴的经验和参考。

关键词：特长高速公路隧道　地下风机房　通风空调

1　概述

随着我国高速公路建设的快速发展，深埋特长高速公路隧道大量出现。深埋特长高速公路隧道由于其自身采用斜竖井分段送风方式的特点，使得风机房在其设计中成为不可或缺的部分，而地下风机房作为这种通风方式的重要组成部分则更是重中之重。然而当采用地下风机房时，《公路隧道通风照明设计规范》（JTJ 026.1—1999）中只有一条规定，即“洞内风机房应考虑防潮、防尘、降噪和温度调节”，实际上该条说明对设计没有指导作用。由此可见，地下风机房的研究在我国还是起步阶段。本文结合西部交通建设科技项目——大相岭泥巴山深埋特长隧道关键技术研究项目对地下风机房的设计进行了一些初步的探讨。

2　工程概况

泥巴山位于青藏高原东麓，属青藏高原背风坡地段，是川西高原向四川盆地的过渡地带，属于亚热带季风性气候。由于泥巴山横跨雅安市中部，是雅安市南北不同的自然地理和气候的主要分界线。因此，南北气候差异较大，北部湿润，南部干燥。大相岭泥巴山隧道（以下简称“泥巴山隧道”）是雅泸高速公路上的控制性工程，长达10km，为上下行分离的双洞单向交通隧道。泥巴山隧道特点有：

（1）埋深特大；

（2）山体宽厚；

（3）地形地貌复杂；

（4）气候分区明显。

由于以上特点，将给隧道勘察设计带来通风井深度极大，地面风机房营运管理困难等问题。因此需要将风机房设计为地下风机房。

3　泥巴山隧道地下风机房布置设计

泥巴山隧道地下风机房跨度和高度大，结构复杂。风机房布置方向为风机与主隧道垂直，这样的布置形式可以减少联络风道的长度、减小风流阻力，进而能够降低工程造价（图1）。

泥巴山隧道地下风机房按功能划分划分为风机区、营运操作区、设备区及维修区。按营运管理需求不同将其分为有人值守地下风机房和无人值守地下风机房两类。由于具体选择哪一类人员值守方式还未确定，因此暂时按有人值守风机房进行设计布置（图2）。

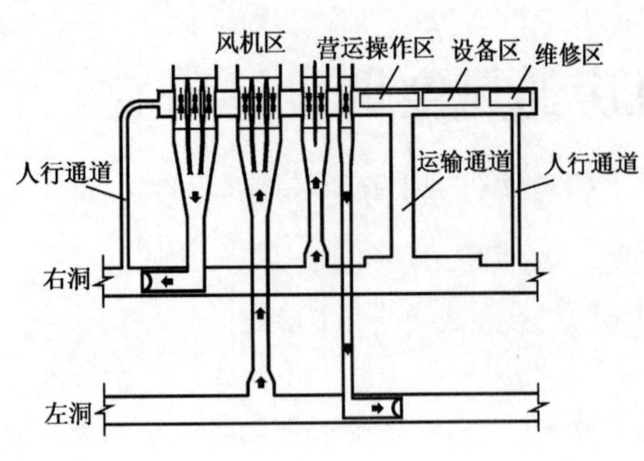

图1 泥巴山隧道地下风机房功能分区

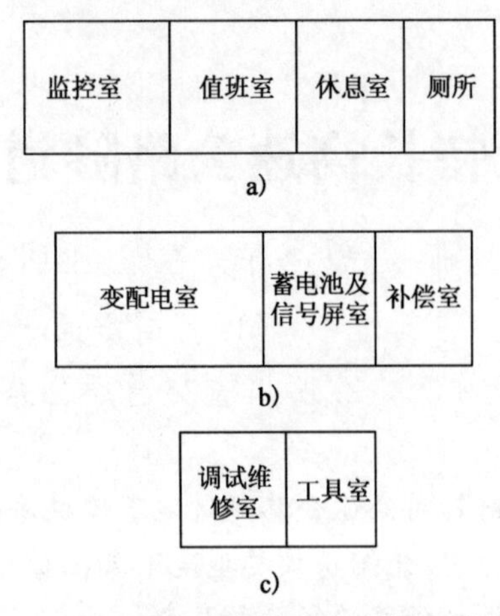

图2 泥巴山隧道地下风机房各功能分区房间设置

a)营运操作区；b)设备区；c)维修区

4 泥巴山隧道地下风机房通风空调设计

4.1 地下风机房各项冷负荷计算

4.1.1 电动设备的散热量

电动设备是指由电动机带动的设备，其散入室内的热量 Q_E 主要来自两方面：一是电动机散出的热量 Q_E'；另一部分是由于设备实际消耗的电能最终都转化为热能所散出的热量 Q_E''。这样电动机设备的总散热量为：

$$Q_E = Q_E' + Q_E'' = 1\,000\,\frac{N_{实}}{\eta} \tag{1}$$

式中：η——电动机的效率；

$N_{实}$——设备实际消耗的功率(kW)。

式中电动机的效率 η 可从电机产品样本中查得。但是电动机铭牌仅注明电机的额定功率 N，一般是找不到 $N_{实}$ 的数据。而且考虑到：设备不一定始终都在最大功率下运转；多台设备时不一定同时使用；设备的部分散热量可能被冷却水或加工件所带走，则实际散入室内的散热量也不会是全部。电动设备其散入室内的热量 Q_E 可表示为：

$$Q_E = (Q_E' + Q_E'')n_4 = 1\,000\,\frac{n_1 n_2 n_3 n_4 N}{\eta} \tag{2}$$

式中：n_1——利用系数，它反映额定功率 N 被利用和程度，一般 $n_1 = 0.7 \sim 0.9$。

n_2——负荷系数，它反映了平均负荷达到最大负荷的程度，一般 $n_2 = 0.5 \sim 0.8$。

n_3——同时使用系数，一般 $n_3 = 0.5 \sim 1.0$。

n_4——热转化系数，其大小应根据实际情况分析选用，如纺织机工作时 $n_4 = 1.0$，而风机和水泵 $n_4 = 0.1$。

η——电动机的效率。

N——电机的额定功率(kW)。

则泸沽端地下风机房电机设备散热量如表1所示。

泸沽端地下风机房电机设备散热量　表1

运营时间	电动设备功率 N(kW)	散热量 Q_E(kW)	利用系数 n_1	负荷系数 n_2	同时使用系数 n_3	热转化系数 n_4	电动机效率 η
近期	700	147	0.8	0.6	0.7	0.5	0.8
远期	2 000	420	0.8	0.6	0.7	0.5	0.8

4.1.2 风机房人员集体热负荷

人体散热量则为：

$$Q = n'qn \tag{3}$$

式中：q——不同室温和劳动强度时成年男子的散热量，0.2kg/h。

n——工程内全部人数，5 人。

n'——集群系数，取为 0.8。

则：

$$Q = n'qn = 0.001 \times 0.8 \times 0.2 \times 5 = 0.0008\ \text{kW}$$

4.1.3　照明设备散热量

照明设备所消耗的电能几乎全部转化为热能散入室内。如果隧道结构最大负荷出现的时间在白天，则只需计算白天所用照明功率的发热量 Q_L：

白炽灯：

$$Q_L = n_1 N \tag{4}$$

式中：N——白炽灯的装置功率(kW)；

n_1——同时使用系数；

荧光灯：

$$Q_L = n_1 n_2 (N_1 + N_2) \tag{5}$$

式中：N_1——荧光灯装置功率(kW)；

N_2——镇流器消耗功率(kW)，一般为荧光灯功率的 20%；

n_1——同时使用系数；

n_2——灯罩隔热系数，当荧光灯罩上穿有小孔，利用自然通风散热于顶棚内时取 0.5～0.6；荧光灯罩无通风孔，则视顶棚内通风情况取 0.6～0.8。

4.1.4　隧道结构的散热量

隧道内空气温度与隧道结构的温度存在差异，这样就会发生热量传递，与地面工程不同的是，隧道结构的温度比较恒定，通常夏季低于工程内要求的温度，热量由空气传给壁面，隧道结构的散热量为负值。这和地面工程相反，地面工程夏季通常是壁面温度高于室内温度，结构的散热量是工程内冷负荷的重要组成部分，因此，地下工程夏季总的冷负荷比地面工程要小。冬季，隧道结构温度高于地面，因此，其总的热负荷也比地面工程要小。

4.1.5　地下风机房所需冷负荷

由于人员热负荷和隧道结构散热相对于电动设备散热量相当小，故可将其忽略。故地下风机房所需冷负荷只需考虑电动设备的散热量。总结上述，最终地下风机房总冷负荷应按 $Q_{总}$ = 散热量 ×1.15，见表 2。

地下风机房总冷负荷　　表 2

营运时间	电动设备功率 (kW)	散热量 (kW)	$Q_{总}$ (kW)
近期	700	147	169.05
远期	2 000	420	483

4.2　空调方式

(1)考虑到房间内发热量大，需要空调空间大且要求降温差在 5℃左右。如采用 R22 制冷系统进行空气调节。经济上不太可能。(耗电量大，设备投入大)。建议选用全空气系统，水淋空调机组，以增大换气次数及利用水的汽化潜热进行等焓空调降温处理较为可行。

(2)可采用铺架风管的方式进行空调送风。并利用边墙装设数台小型空调和采取喷射送风方式达到降温目的。

4.3　空调设备选型计算

4.3.1　设计条件

室外气条件：计算干球温度 34℃，计算相对湿度 70%。

室内设计条件：温度 25～27 ℃，湿度 60～70%（等焓加湿处理）。

4.3.2　湿负荷制冷量计算

现设定每台选用的小型空调机的送风量为 18 000m^3/h，全压 200Pa，电机功率 2.2kW/台，噪声值＜72dB(A)。

根据送风量可计算出每台小型空调机所能产生的湿负荷 q_w 为：

$$q_w = r_1 \cdot G \cdot (D_w - D_n) \cdot C_p \times 1.163 \times 4 \tag{6}$$

式中：r_1——空气密度，1.15kg/ m^3；

G——送风量，18 000m^3/h；

D_w——室外空气含水率，23g/kg；

D_n——处理后空气含水率，25g/kg；

C_p——水常温汽化潜热，590kcal/kg。

总结上述，考虑到喷淋加湿等焓降温中，关键部件水膜的效率只有 75%左右，最终每台小型空调器的湿负荷制冷量为：28.5×0.75＝22kW。

4.4　设备选型及数量

4.4.1　设备数量

因已知整个地下风机房空调房间的冷负荷为 $Q_总 = 483$ kW，而每台所选空调器的冷负荷为 22kW，则应选用台数为：483÷22≈22 台。

4.4.2　总装机功率

(1)每台小型空调机出风喷射口风速 $V = G/(0.25 \times \pi \cdot D \cdot n \times 3\,600) = 16$ m/s，其中 D 为每个球形喷射口直径 0.396 9m，n 为球形喷射口数量。

(2)电机：2.2 kW×22＝48.4kW

(3)淋水泵：0.35kW×22＝7.7kW

则泥巴山地下风机房空调设备总功率为 $Q_w = 48.4 + 7.7 = 56.1$ kW。

5　结语

地下风机房这种设置方式在工程费用方面一般高于洞外设置方式，但可节省土地，保护植被环境，并且由于风机房位于隧道内路侧边，便于设备的维护管理和工作人员的进出。

参 考 文 献

[1] 王明年，郭春等. 大相岭泥巴山隧道通风专题设计[R]. 西南交通大学. 2006.

[2] 王明年，郭春等. 大相岭泥巴山深埋特长隧道关键技术研究大纲[R]. 西南交通大学. 2007.

[3] GB 50019—2003. 采暖通风与空气调节设计规范[S]. 中国计划出版社. 2004.

[4] 中华人民共和国行业标准. 地铁设计规范 GB 50157—2003[S]. 北京：中国计划出版社，2003.

[5] 刘文胜. 哈尔滨地铁设备管理用房空调通风系统设计方案比选[J]. 地下工程与隧道，2006(3).

[6] 陈克松，杨全斌，姜赫男. 沈阳地铁站空调通风系统设计[J]. 煤气与热力，2006(9).

第五篇　路基路面与地质灾害

强震崩塌岩体冲击桥墩动力响应研究

陈　渤[1]　裴向军[2]　李世贵[2]
(1.四川雅西高速公路有限责任公司　成都　610041；
2.成都理工大学　成都　610059)

摘　要：本文在详细地质调查的基础上，构建比较贴近边坡实际岩体结构特征的数值模拟模型，运用非连续变形数值分析方法，对雅泸高速公路西冲特大桥16号桥墩旁的危岩体陡峻斜坡在地震动力作用下的变形模式、破坏规模及程度进行了模拟预测；对边坡的破坏特征有了初步较为系统的认识，变形破坏演进过程及特征主要表现为：坡顶岩体震裂松弛小幅抛射；中部岩体拉裂溃滑解体；失稳碎裂岩块经振动堆积稳定在坡脚。在坡体及桥墩重要位置布设了监测点，并对各监测点的位移大小和变化特征进行了分析和统计，结果表明桥墩上各监测点位移呈现波动变化特征，桥墩顶端波动明显；系梁处由于失稳岩块的撞击及堆积体的影响导致变形及永久位移较墩身其他位置大；对坡体及桥墩的变形程度用位移数据大小进行量化；并根据变形程度提出了防治方案和具体措施。

关键词：危岩体边坡　震裂　溃滑　振动堆积　波动中心轴　永久位移

1　引言

崩塌是山区最为常见的地质灾害类型之一，经常给山区公路工程建设和安全运营造成严重威胁。一般的崩塌灾害多是由于重力和降雨作用诱发。汶川“5.12”地震表明，地震灾区最为突出的地质灾害问题是地震力作用下的崩塌灾害[1-5]。

强震条件下，岩质边斜坡的破坏特点与一般重力作用下的破坏差别很大，某些独特破坏现象和特征已经超出了我们现有的认识和所具备的知识，难以用一些常用术语来对强烈地震动力作用下一些独特地质破坏现象和变形机制进行描述[6]，文献[6]、[7]根据汶川地震中的一些典型破坏现象和变形机制进行了深入系统的分析和总结，首次提出了一些新的术语如震裂（溃裂）、溃滑、溃崩、抛射、振动堆积等来解释强震作用下的动力响应机制，据此对典型破坏模式进行了分类，共五个大类和14个分类[6]，相应地提出了一些的新解释和定义。但是，强震作用下边斜坡的变形特点、地震作用力学机制和破坏程度是极为复杂的，如果不引起足够重视并采取一些切实有效的防范措施，这可能对一定范围内的构筑物造成无法估量的损失甚至毁灭性的破坏。

非连续变形数值分析能够比较有效地模拟岩质边坡的大变形形态、位移场、应力场，并确定关键块体、边坡稳定性的初步判定等。但该方法在高速公路危岩体边坡高地震动力作用下的破坏模式方面应用还比较少，尤其是在地震动力作用下边坡与桥墩联合变形破坏程度的判定方面目前还没有，下面对这一方法在这方面的应用做初步尝试和探讨。

本文研究对象是雅泸高速公路西冲特大桥16#桥墩旁的危岩体陡峻斜坡，通过现场多次详细地质调查并结合理论分析，该斜坡所具有的多组结构面和松散的地质结构体、多处岩块塌落形成的凹腔、高地震裂度（Ⅷ度，峰值加速度0.2g）、坡桥位置关系（相距1.5～2.5m）等特点对桥梁的安全稳定已经构成严重威胁，为防患于未然，下面运用非连续变形分析方法，对该边坡在地震动力作用下冲击桥墩的动力响应过程、变形破坏模式及破坏程度进行模拟预测，为防治工程设计提供较科学合理的数据支持，有针对性地提出防治方案。

2　工程地质概况

研究区（图1）山高谷深，地形起伏大，边斜坡陡峻，公路线位区有多条断裂通过；坡顶岩体结构松散，且地形向坡外凸起，多处岩块已塌落形成凹腔，导致部分岩体底部大面积悬空，在很小的振动作用下既有可能失稳破坏。如图 2 所示，斜坡与桥墩的距离仅有 1.5～2.5m，坡脚地面高程 1 308m，坡顶高程 1 332m，斜坡垂直高度 24m，整体坡度 85°，桥面设计高程 1 338m；斜坡岩体主要为中风化粗粒花岗岩，坡面植被稀少，岩体节理裂隙发育，上部为碎裂结构岩体，中、下部岩体为镶嵌状或次块状结构，由于坡脚桥墩施工爆破影响，斜坡下段局部岩体已经垮塌，形成 10m 高的凹腔，凹向坡内 50～100cm，近地面凹腔稍浅，往上逐渐扩大；在中上部有一倒锥形岩体，该锥形体有三个面临空，只有贴坡面及一个侧面与母岩接触，受施工扰动影响，该楔形体有多条张裂缝，其张开度 2～5mm。

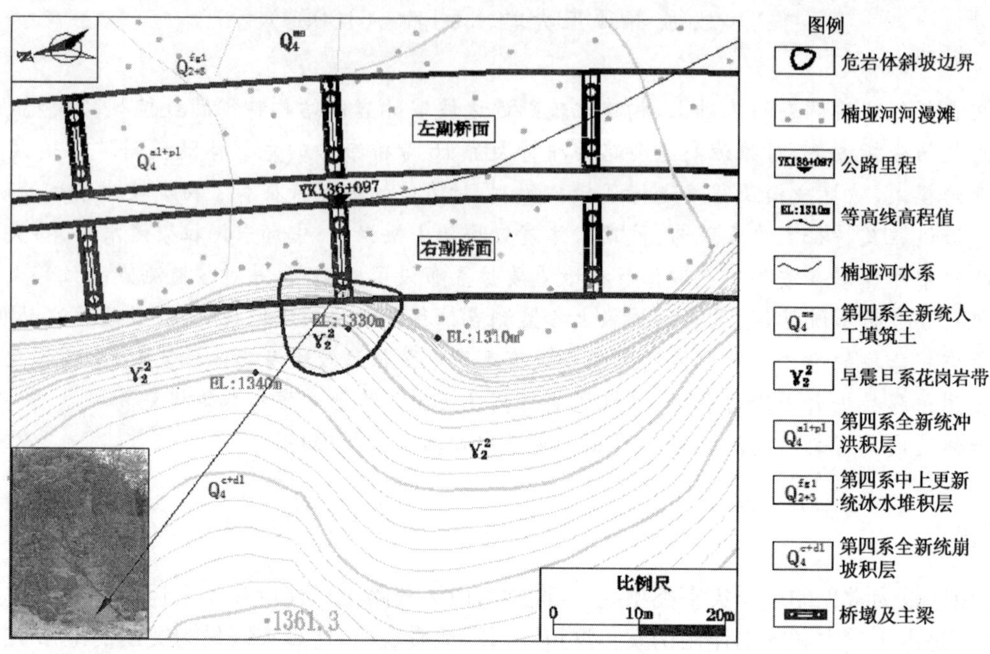

图 1　研究区与公路构筑物位置关系平面图

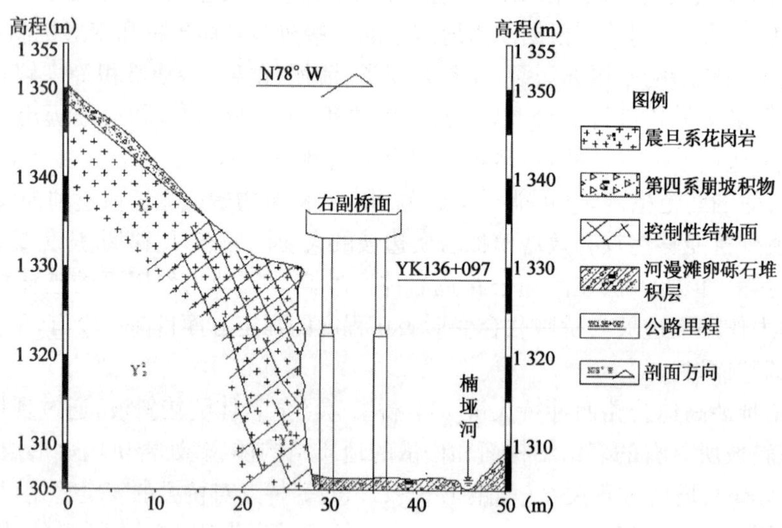

图 2　危岩体斜坡与 16 号桥墩地质剖面图

3　控制性结构面及性状特征

该坡体缓倾坡内的结构面非常发育，延伸较长，连通率较高，结构面间距 5～25cm，该结构面为控制性结构面(图 3)，产状 N10°E/NW∠46°；另一组控制性结构面陡倾坡外，产状 SN/E∠85°，发育相对少，延伸长，间距 4～6m；第三组为切坡结构面，产状 N80°W/SW∠42°，下游侧坡较发育，间距 1～3m，结构面微张，充填岩屑，延展性好，延伸较长的有 25m，上游侧的大多在 2～4m，结构面波状起伏。这三组结构面交错组合形成共轭结构面，共同切割岩体形成坡体现有的岩体结构特征，控制坡体稳定。

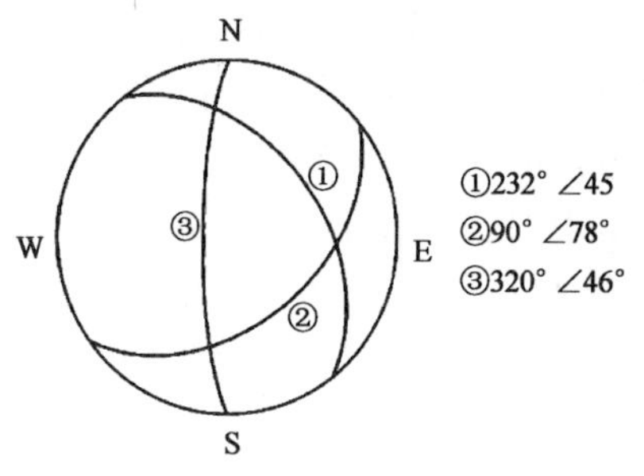

图 3　控制性结构面赤平投影图

4　斜坡岩体结构成因分析

研究区位于川滇南北向构造带北段，第四系以来伴随着青藏高原的快速隆起抬升，区域地质构造活动强烈，高速公路线位区处于整体的间歇性隆起状态，形成深切割的高山峡谷地貌。在上述区域地质构造背景下，研究区地形起伏大，形成的高陡自然斜坡多，位于楠桠河左岸，处在第一斜坡段上，楠桠河河水湍急，河床下切迅速，导致斜坡自然坡度陡，表生改造强烈，浅表层岩体卸荷松弛，坡顶岩体被多组结构面切割，呈松散碎裂结构，稳定极差。由于 16 号桥墩离坡面较近（坡脚水平距离 1.5m），缓倾坡内的结构面发育，且对岩体的稳定起主要控制性作用，坡面岩体经河流掏蚀或长期的风化剥蚀作用，斜坡陡直，在斜坡顶部形成了水平深度近 1.5m 的凹腔，这与主控结构面倾坡外的斜坡形态有着明显的不同。主控结构面倾坡外的斜坡不易形成凹腔，且经河流掏蚀或长期风化剥蚀后形成的自然坡度往往也相对平缓[8-10]。

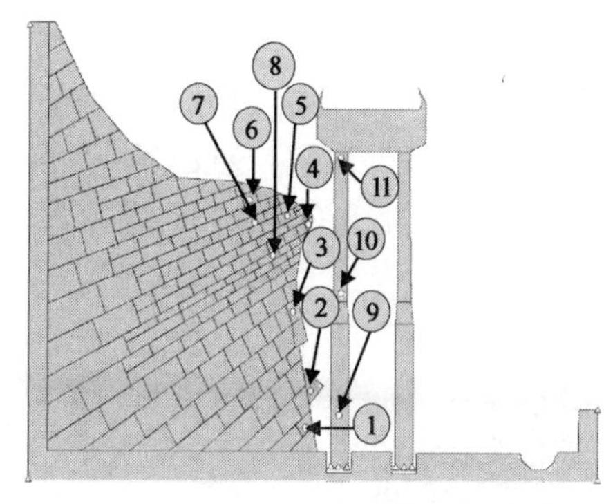

图 4　模拟概念模型及监测点位置图

5　斜坡与桥墩变形破坏模式分析

5.1　模型构建及力学参数

经详细地质调查，根据实际节理裂隙发育分布规律确定控制性结构面，按照实际尺寸构建贴近坡体实际岩体结构特征模型（图 4）。根据典型地质点试验结果及工程经验类比确定力学参数（表 1）。地震水平峰值加速度 0.2g。

岩体及结构面力　　表 1

结构面或岩体	容重（kN/m^3）	内聚力（kPa）	内摩擦角（°）	抗拉强度（kPa）	弹性模量（GPa）	泊松比
中风化花岗岩	26				1	0.23
缓倾坡内结构面		280	48	210		
陡倾坡外结构面		140	32	90		
桥墩	29	800	65	70 000	6	0.21

5.2　变形破坏演进过程

通过模拟发现，从破坏方式和规模及先后位置来看，整个变形破坏过程可分三个阶段：

（1）斜坡顶部岩体被震裂松弛后发生小幅抛射；

（2）斜坡中部岩体向坡外拉裂溃滑解体，与桥墩及岩块相互多次碰撞后向坡脚坠落；

（3）失稳后的碎裂岩块经振动堆积稳定在坡脚。选取每个变形阶段具有典型变形特征的图对变形破坏机理及外观表现形态进行分析。

第一阶段变形破坏机理分析：

在此变形阶段，地震波能量释放在端部的放大效应表现得淋漓尽致[11]；变形机理主要是：构成斜坡顶及端部的岩体单薄，在河流快速下切过程中岩体风化卸荷强烈，节理裂隙发育，多组结构面将岩体切割成碎块状；局部岩块在长期风化及重力作用下自然坠落形成凹岩腔，使变形破坏有了良好临空条件，上述地质条件及结构特征是构成岩体变形破坏的地质基础；而强大水平地震惯性力（水平峰值加速度 0.2g）是构成这一变形破坏的外在直接诱发因素，导致岩体沿着陡倾坡外及缓倾坡内的结构面震裂松弛（溃裂）[6]以后，在重力及水平地震惯性力作用下发生小幅抛射运动，抛射出的岩块在与桥墩和坡表反复多次碰撞后向坡脚坠落。同时，斜坡顶部分岩块脱离母岩抛射出去对中部岩体是一种卸荷作用，加之水平地震力向坡外的反复推挤作用，使得中部岩体沿着陡倾坡外的结构面产生破裂出现微张现象（见图 5a)），其破裂面性质一般表现为张性或张剪性特征[6]，由此可判断出后后缘陡峻破裂面已处在孕育阶段。坡表倒锥形岩体锁固段在重力及水平地震惯性力作用下被剪断，发生剪切错落破坏，在坡脚完全解体堆积。

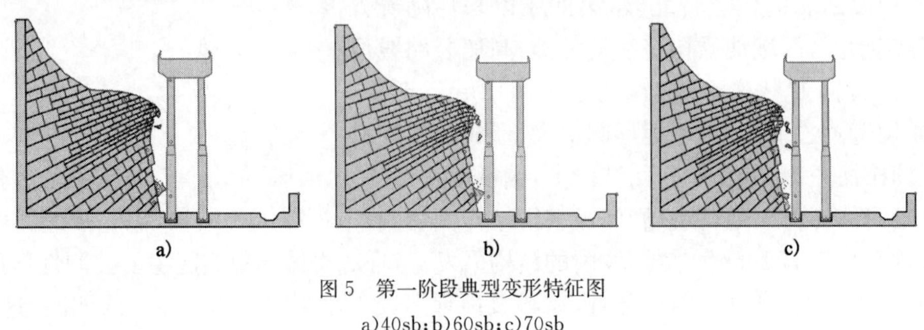

图 5　第一阶段典型变形特征图

a)40sb；b)60sb；c)70sb

第二阶段变形破坏机理分析：

该阶段破坏主要是中部岩块后缘陡峻破裂面逐渐扩展并贯通（图 6a)），在水平地震动力持续震动及重力作用下已经被震裂松弛处于临界平衡状态的岩块沿后缘贯通破裂面拉裂向坡外崩解，导致岩体溃滑[6]散体化（图 6b)），在与桥墩碰撞后完全解体，并向坡脚坠落经振动作用后堆积稳定下来（图 6c)）。该阶段破坏特点是：规模大、影响范围广、作用力复杂。

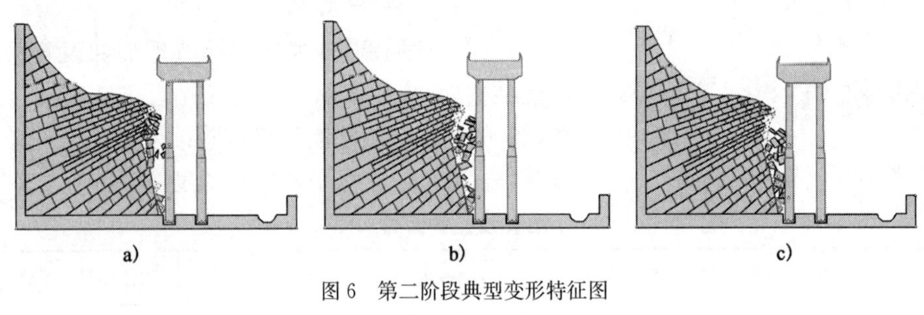

图 6　第二阶段典型变形特征图

a)100sb；b)160sb；c)200sb

第三阶段变形破坏机理分析：

在第二阶段变形结束后，后缘断壁顶部已松动岩体底面大面积失去支撑而悬空（图 6c)）形成次生凹岩腔，且向坡外凸起，呈“摇摇欲坠”之势，在地震持续振动及重力作用下发生滑塌或偏心滚落（水平地震力主导），形如“点头”式破坏形态（图 7a)～图 b)），与早先破坏的碎裂岩块一起经震荡作用后在坡脚堆积稳定，形成 13m 高的碎块石堆积体，整个斜坡破坏以后形成的后缘断壁坡度 70°～75°，较自然斜坡坡度减小了 10°～15°，但仍然较陡，破裂面粗糙（图 7c)），这与一般重力作用下的滑坡破坏形态有明显区别。

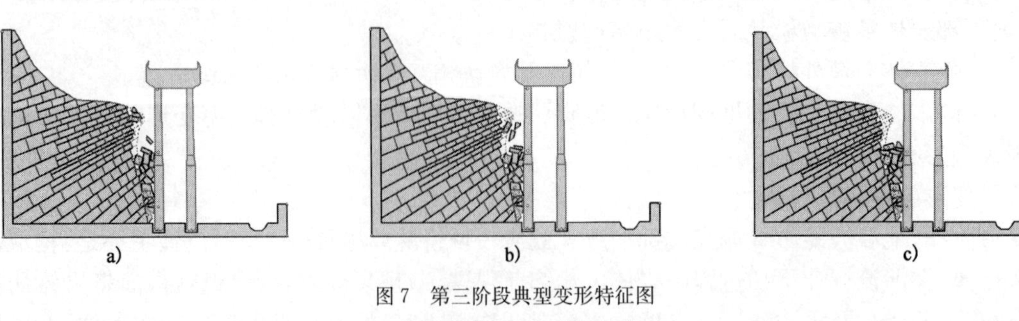

图 7　第三阶段典型变形特征图

a)300sb；b)350sb；c)1 000sb

6　变形破坏程度数值量化分析

从斜坡的变形破坏形态及各监测点曲线中的位移表现来定义变形与破坏程度，对斜坡主要看监测点稳定时候的位移大小，对桥墩主要根据似波动中心轴偏移距离来确定，其偏移距离指该轴与时间轴的垂直距离，从位移的波动轨迹看，前端点最终将稳定在波动中心轴上，据此将其垂直距离作为该监测点的永久位移是合理的，限于篇幅，下面仅列出具有典型变形发监测点的时间一位移曲线图，并将各类变形结果进行统计和分析，其结果如下：

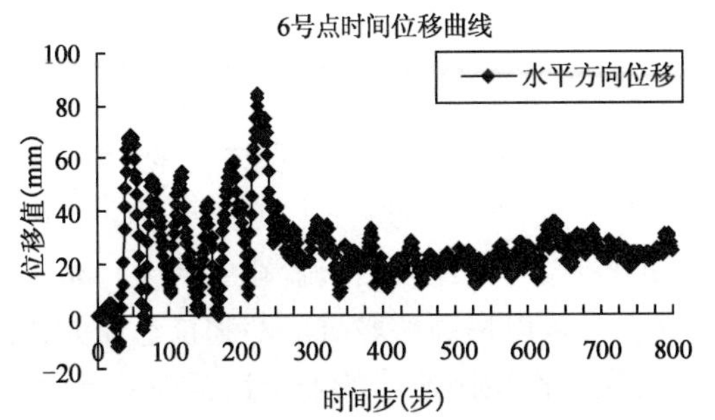

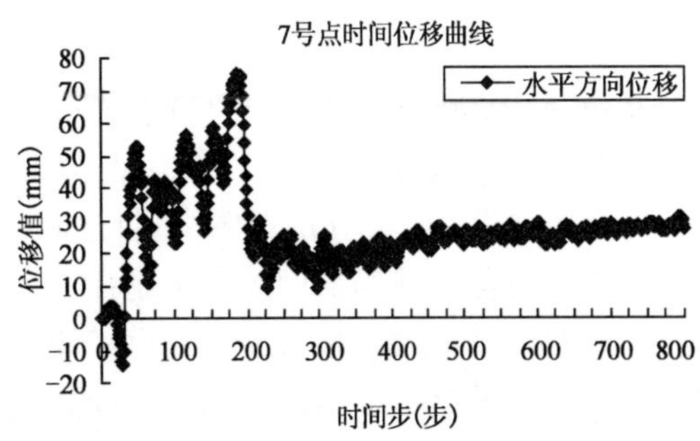

图 8　斜坡体典型监测点水平方向位移时程图

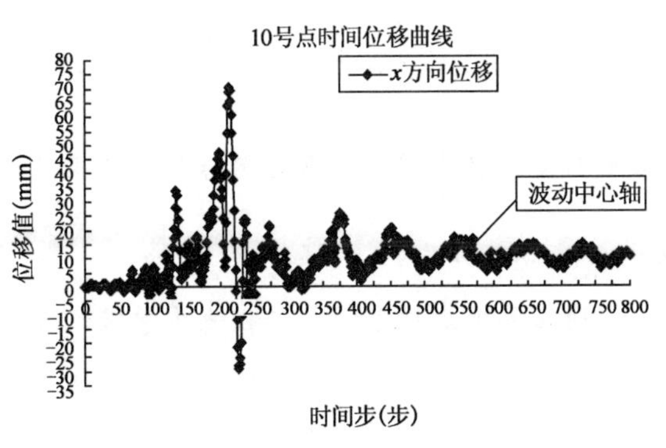

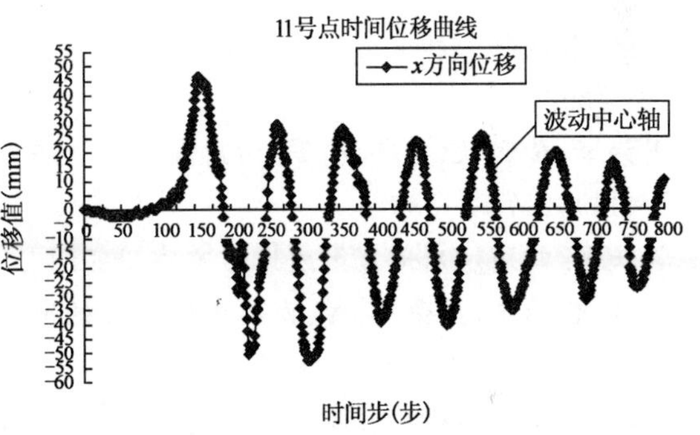

图 9

坡体(左)及桥墩(右)变形程度数值量化表　　表 2

坡体高程	坡体变形破坏水平退深及建议防治深度(m)							
	已破坏	强变形	弱变形	影响带	防治	墩身位置	水平最大位移	永久位移
1 330～1 326m	3.9～2.2	1.2	1	0.5	7.8～5.8	桥墩顶端 11 号	48mm	5.2mm
1 326～1 316m	2.2～1.9	1	0.8	0.3	5.2～4.7	中部系梁 10 号	70mm	12mm
1 316～1 307m	0	1	0.4	0.4	2.16	桥墩下部 9 号	22mm	3mm

7　结论

通过现场详细地质调查，运用非连续变形数值分析，对西冲特大桥危岩体陡峻斜坡及桥墩在地震动力作用下的变形及破坏过程有了一定程度的了解，对斜坡动力破坏模式和演进过程及桥墩位移程度有如下基本认识：

(1)该斜坡是在早期复杂强烈地质构造背景下，河流快速下切过程中，第一级斜坡段的岩体强烈卸荷，坡体浅表层被改造产生多组构造结构面，这些结构面共同切割岩体，致使陡倾坡外、缓倾坡内和切坡结构面均较发育，加之岩体在风、雨、及昼夜温差变化等外营力长期作用下风化剥蚀，形成了坡顶岩体向坡外凸起结构极为松散、中部及下部岩体成镶嵌或次块状的陡直危岩体斜坡。

(2)通过危岩体斜坡与桥墩组合体的地震动力作用非连续变形数值分析，对斜坡的变形破坏模式与演进过程及桥墩的位移程度有了初步较为系统的认识，斜坡的变形破坏演进过程分三个阶段进行：坡顶岩体震裂松弛小幅抛射；中部岩体拉裂溃滑解体；破坏后在坡顶形成底部大面积失去支撑而悬空的松动岩块发生滑落或偏心滚落破坏；失稳碎裂岩块经地震波反复震荡作用后在坡脚堆积稳定下来。

(3)桥墩未发生大的变位，其位移变化呈现出明显的波动特征(图 7a)和图 7b))，但波动中心轴不通过坐标原点，而是有一定偏移，这种偏移是永久变形的表现；桥墩中部系梁处的永久位移表明该段桥墩向坡外侧变形，永久位移为 12mm，除地震作用外，主要是受破坏岩块的撞击及堆积体的影响所致；桥墩顶端在上部荷载作用影响下永久位移略倾向坡内侧，永久位移 5.2mm；下部位移振幅很小，波动不明显，墩身位移略倾向坡外；永久位移 3mm，具体变形情况见上述统计表 2。

(4)根据危岩体斜坡及 16 号桥墩的变形破坏程度，为确保桥墩的安全与稳定，对斜坡与墩柱的防范措施作如下建议：在斜坡高程 1 330～1 326m 范围内以锚杆加主动防护网喷射水泥砂浆进行防治，防治的水平退深为 6～8m；在 1 326～1 316m 范围内，打注浆锚杆进行加固处理，防治的水平退深为 6～5m；从 1 316m 到地面，砌墙对下部岩体或局部凹腔以浆砌片石作嵌补处理，以防止下部"基座"被河流淘蚀导致上部岩体悬空。桥墩系梁处及以下墩身，对纵向受力钢筋及箍筋作适当加密处理，以提高桥墩抗剪断和抗弯曲能力。只有采取有效措施同时保证斜坡和桥墩两者的安全与稳定，才能对强震作用高速公的安全运营提供保障。

参考文献

[1] 许强，黄润秋. 汶川 8.0 级地震诱发大型崩滑灾害动力特征初探[J]. 工程地质学报，2008，16(6)：721-729.

[2] 周荣军，黄润秋，雷建成，等. 四川汶川 8.0 级地震地表破裂与震害特点[J]. 岩石力学与工程学报，2008，27(11)：2173-2183.

[3] 殷跃平. 四川汶川地震触发地质灾害研究[J]. 工程地质学报. 2008，16(4)：433-444.

[4] 李勇，黄润秋，周荣军，等. 龙门山地震带的地质背景与汶川地震的地表破裂[J]. 工程地质学报，2009，17(1)：3-18.

[5] 殷跃平. 汶川八级地震滑坡特征分析[J]. 工程地质学报. 2009，17(1)：29-38.

[6] 黄润秋. 汶川 8.0 级地震触发崩滑灾害机制及其地质力学模式[J]. 岩石力学与工程学报. 2009. 28(6)：1239-1249.

[7] 黄润秋，裴向军，李天斌. 汶川地震触发大光包巨型滑坡基本特征及形成机制分析[J]. 工程地质学报，2008，16(6)：730-741.

[8] 黄润秋. 岩石高边坡发育的动力过程及其稳定性控制[J]. 岩石力学与工程学报。2009，27(8)：1525-1544

[9] 张倬元，王士天，王兰生. 工程地质分析原理[M]. 2 版. 北京：地质出版社，1994.

[10] 刘传正. 长江山峡复杂斜坡成因问题[J]. 水文地质与工程地质. 2005. (1)：1-6.

[11] 刘洪兵，朱晞. 地震中地形放大效应的观测和研究进展[J]. 世界地震工程，1999，15(3)：20-25.

喇嘛溪沟冲刷切割模型稳定性 FLAC 数值分析❶

唐承平[1]　王昊宇[1]　廖　昕[2]

(1.四川雅西高速公路有限责任公司　成都　610041;2.西南交通大学土木工程学院　成都　610031)

摘　要: 通过理论分析和 FLAC 数值模拟对重力侵蚀下冲刷切沟作用的喇嘛溪沟边坡进行研究,从塑性区、剪应力、剪应变及位移矢量变化等几个方面着手,研究表明这类边坡在长期重力、水力侵蚀作用下,将会影响其稳定性,给通过该区域的雅泸高速公路设计施工提供理论建议。

关键词: 重力侵蚀　冲刷切割　FLAC　稳定性

1　引言

重力侵蚀是指斜坡上的岩土体在重力作用下发生变形、破坏、移动和在不远处堆积的一种土壤侵蚀现象[1-3]。冲刷切割作为重力侵蚀的一种启动模式,本文利用 FLAC 软件[4]对喇嘛溪沟冲刷切割后边坡稳定性进行数值分析,以期获得沟谷边坡在长期重力、水力耦合作用下的变化规律,为今后相似类型边坡的研究及治理提供理论依据。

2　工程概况

文武坡喇嘛溪沟地处汉源县九襄镇,位于雅安—泸沽高速公路(以下简称"雅泸高速公路")K79+533.5～K79+613.5 段。土壤侵蚀是影响该区域地质问题的重要因素,首先,该地区沟坡在原始状态下处于稳定状态,由于坡面下部切沟在水流作用下不断下切,切沟之间形成了孤立沟坡,坡脚至坡顶剪切强度逐渐增加,应变和位移同时也显著增大,随后沟坡在降雨等条件下,产生崩塌、滑坡等重力侵蚀。另一方面,沟坡下部在雨季形成行洪沟道,沟坡本身受到水流的强烈淘刷而加大直立面高度,切割至一定高差后,两岸陡坡上物质的势能得到释放,发生重力侵蚀,从而对沟坡的稳定性产生影响。

3　冲刷切割模型

在喇嘛溪沟沟谷中,位于沟槽两岸的斜坡,在常态地貌条件下处于基本稳定状态,受前期山洪及泥石流的作用,岸坡的轮廓发生改变,坡脚将形成强烈的侧向淘刷,使坡脚处的应力重分布,产生破坏。

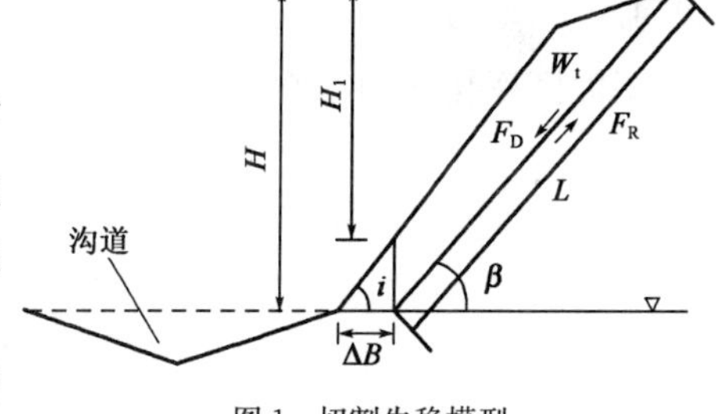

图 1　切割失稳模型

如图 1 所示的几何关系可知,坡角由于流水的侧向冲刷而后退 ΔB 后,沟坡将产生直立高度,其转折点之上的沟坡高度为:

$$H_1 = H - \Delta B \tan i \tag{1}$$

式中:H_1——直立面转折点上的高度(m);

H——沟坡的高度(m);

i——沟坡的自然坡角。

沟坡发生坍塌时,破坏面与水平面的夹角为:

$$\beta = 0.5 \times \left\{ \tan^{-1}\left[\left(\frac{H}{H_1}\right)(1-k^2)\tan i \right] + \varphi \right\} \tag{2}$$

式中:k——坡面中较大垂直节理或裂隙深度与沟坡高度 H 的比值;

φ——摩擦角;

其余符号同上。

沟坡土体重力：

$$W_t = \frac{\gamma}{2}\left(\frac{H^2}{\tan\beta} - \frac{H_1^2}{\tan i}\right) \tag{3}$$

式中：W_t——失稳的土体重力(kN/m³)；

γ——土体的重度(kN/m³)。

沟坡下滑力的确定：

$$F_D = W_t \sin\beta = \frac{\gamma}{2}\left(\frac{H^2}{\tan\beta} - \frac{H_1^2}{\tan i}\right)\sin\beta \tag{4}$$

沟坡滑面上的抗滑力：

$$F_R = \frac{H}{H_1}c + \frac{\gamma}{2}\left(\frac{H^2}{\tan\beta} - \frac{H_1^2}{\tan i}\right)\cos\beta\tan\varphi \tag{5}$$

滑坡的稳定系数：

$$k = \frac{F_R}{F_D} \tag{6}$$

根据式(6)可以计算不同岸坡侧向冲刷距离，对应岸坡的稳定系数，进而确定侧向冲刷距离的临界值。以喇嘛溪沟的某一岸坡为例。沟床至切割坡顶的垂直高度为32m，坡角 $i=45°$，力学参数如下：天然状态下，重度 $\gamma=18.5$kN/ m³，$c=42.5$kPa，$\varphi=19.0°$。稳定系数结果如表1所示。

不同侧向冲刷距离的稳定系数 表1

侧向冲刷距离 ΔB(m)	岸坡的稳定系数	侧向冲刷距离 ΔB(m)	岸坡的稳定系数
1	1.54	3	1.44
2	1.49	4	1.40

通过以上理论计算表明，随着冲刷切割时间的增长，侧向冲刷距离增大，岸坡稳定系数也逐渐降低。

4 计算模型建立

依上述岸坡为例建立斜坡模型，并将坡脚处分别切割1～5 m，进行数值模拟。

4.1 塑性区

塑性区变化如图2所示。

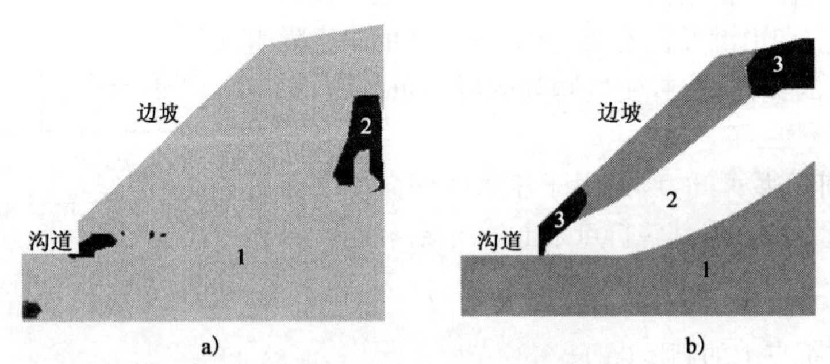

图2 塑性区变化图

a)初始塑性区变化图；b)最终塑性区变化图

1-弹性区；2-剪切塑性区；3-张拉区

分析：在初始状态下，整个斜坡体处于弹性状态，随着水流的切割，首先在坡顶和坡脚出现塑性区，逐渐向坡体中部扩展，最后连成一片直到完全贯通，最终也在坡脚和坡顶分别出现一小块集中张拉区。

4.2 剪应力

剪应力变化如图3所示。

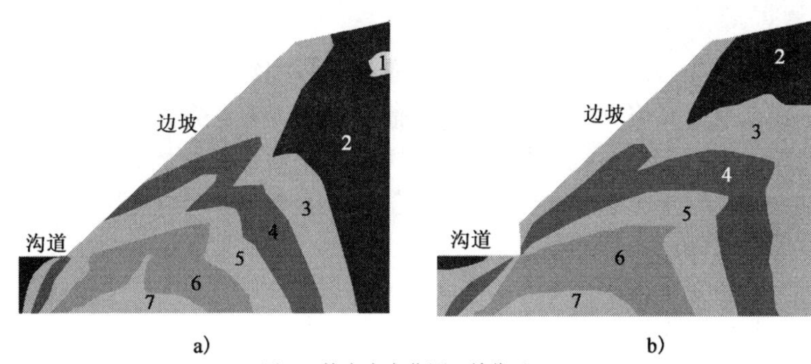

图 3　剪应力变化图（单位：kPa）

a）初始剪应力变化图；b）最终剪应力变化图

1-应力<0；2-应力 0～20；3-应力 20～40；4-应力 40～60；5-应力 60～80；6-应力 80～100；7-应力>100

分析：

（1）从分布位置来看，在掏空面上部坡体的坡面处剪应力较大，在掏空面周围的剪应力数值在两个方向上均为最大剪应力集中处。因此，掏空面处坡体应力极为不利，很容易沿掏空面发展成滑坡体，导致边坡整体破坏。

（2）从变化趋势上看，随着水流的切割，剪应力变大，剪应力集中区逐渐由坡脚向坡的内部扩展。

4.3　剪应变

剪应变变化如图 4 所示。

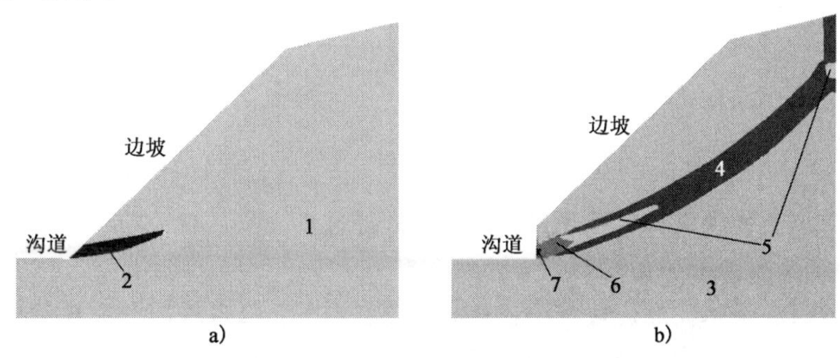

图 4　剪应变变化图（尺寸单位：mm）

a）初始剪应变变化图；b）最终剪应变变化图

1-剪应变 0～0.025；2-剪应变 0.025～0.05；3-剪应变 0～1；4-剪应变 1～2；5-剪应变 2～3；6-剪应变 3～4；7-剪应变 4～5

分析：剪切带与塑性区的分布表现出了一致性，在原始状态下，只在斜坡的坡脚出现一小段剪切带，且应变值较小，随后，从坡脚向坡顶剪切带逐渐扩展，直至贯通。随着水流的切割作用，应变值同时逐渐增大，并且有数量级上的变化。

4.4　位移矢量

位置矢量变化如图 5 所示。

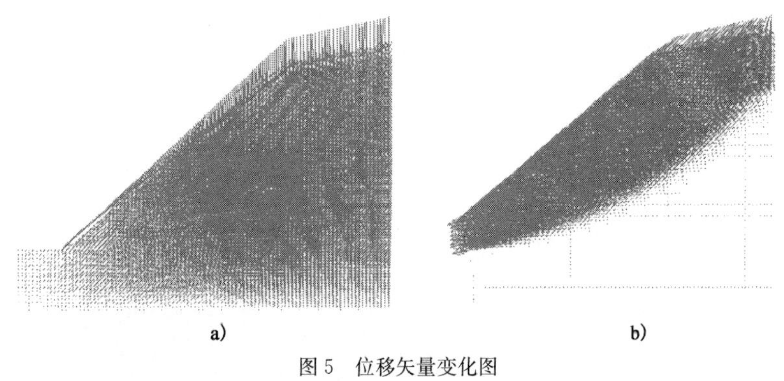

图 5　位移矢量变化图

a）初始位移矢量变化图；b）最终位移矢量变化图

分析：

(1)从分布规律上看，斜坡最大位移出现在斜坡下部，靠近边缘处。向坡体内部逐渐减小。斜坡位移方向在坡顶竖直向下，到坡脚逐渐向坡外倾斜，表示斜坡有向外运动的趋势。

(2)从变化趋势上看，随着坡脚向内切割，斜坡的位移量不断增大，初始最大竖向位移 0.851 6mm，最终最大竖向位移可达 132.2mm，比初始状态增加一百多倍，并且向坡外倾斜的程度加大，而在坡脚处位移方向接近水平。

5 结论

通过对喇嘛溪沟冲刷切割后在重力作用下典型边坡稳定性的分析，得到以下主要结论：

(1)根据斜坡的屈服特征，在原始状态下斜坡处于稳定状态，随着水流的不断切割，其坡脚至坡顶剪切强度逐渐增加，剪应变等位移矢量有数量级的增长，安全系数逐渐降低，最终剪切带贯通一致导致边坡失稳。

(2)沟槽形成后，在水流作用下，继续下切、横向冲蚀沟槽两侧，切割一定的高差以后，两岸陡坡上的物质势能得到释放，产生重力坡，开始发生重力侵蚀。谷坡就会以滑坡、崩塌等方式不断平行本坡面后退。

(3)随着冲刷切割对岸坡持续破坏作用，到达一定程度必然会造成边坡失稳。在整治方面，设计上雅泸高速公路此段是以大桥形式通过，应对桥墩附近该类边坡进行改造，如在沟谷处填方反压，增强岸坡稳定性；填塞陷穴、裂缝，防止暴雨径流直接沿陷穴、裂缝入渗，一些较大的陷穴无法填塞时，可以修围堰防止径流流入；修筑土埂、沟头防护堤，防止暴雨径流直接流入沟谷口并由沟谷冲刷切割引起重力侵蚀。以上改造方法均是非常有效的防治措施。

参考文献

[1] 曹银真.黄土地区重力侵蚀的机理及预报[J].水土保持通报，1981(4).

[2] 张信宝，等.黄土高原重力侵蚀的地形与岩性组合因子分析[J].水土保持通报，1989，9 (a)：40-44.

[3] 王光谦，薛海，李铁键.黄土高原沟坡重力侵蚀的理论模型[J].应用基础与工程科学学报，2005(4).

[4] 刘波，韩彦辉.FLAC 原理、实例与应用指南[M].北京：人民交通出版社，2005.

雅(安)西(昌)高速公路基坑施工中的工程地质问题分析与处治

潘启云[1]　刘严才[2]　周小兵[3]　蔡贤俊[1]

(1.四川省交通运输厅交通勘察设计研究院　成都　610017；
2.四川雅西高速公路有限责任公司　成都　610041；
3.中国人民武装警察部队交通二支队　拉萨　850030)

摘　要：不良地基土层具有含水率高、孔隙比大、抗剪强度低、渗透系数小等特点，极易发生管涌、流沙等地质问题。本文针对在人工挖孔桩中遇到的管涌和流沙，介绍了有效的处治措施，对类似工程地质问题的处治进行了很好的探索。

关键词：基坑施工　处治　管涌　流沙

1　工程概况

雅(安)西(昌)高速公路是国家高速公路网七条首都放射线中北京至昆明的一段，同时也是西部大通道甘肃(兰州)至云南(磨憨)公路的重要组成部分。起止点分别与建成的成雅、泸黄高速相接，路线全长240.38km。

区域地貌受构造控制，山脉水系与构造线近于一致，多呈南北向展布。区内以中低山及中山为主，测区上元古界、古生界、中生界及新生界地层均有出露，分布面积较大的有震旦系、二迭系、三迭系、侏罗系、白垩系及第四系等地层。根据构造的空间展布特征及其生成关系，可将与路线相关的构造体系分为三个：径向构造体系、新华夏构造体系及"歹"字形构造体系。沿线地形复杂，沟谷众多，降雨丰富，地震烈度高，构造发育，地质灾害活动频发，这使得该段高速公路的修筑需要综合考虑这些问题。

本项目终点段位于四川西昌冕宁地区，该区域属山间断陷盆地、构造侵蚀中低山丘陵和河流堆积阶地地貌。冕宁地区受安宁河活动断裂带(该断裂带是川滇南北构造带的主要断裂带)影响，测区地震烈度为度度(地震动峰值加速度为0.3g)，雨量充沛(气象资料记录年平均降水量为1 095mm)、地下水丰富。本项目遵循地质选线的原则，路线基本沿沟谷、阶地布设，桥梁、防护工程比重较大。本文以雅西路冕宁段为工程实例，就高烈度地震区、地质构造复杂、地下水丰富地区基坑施工的工程地质问题作简要分析。

2　地下水的工程地质问题

在地基工程的勘察、设计及施工过程中，地下水问题一直是一个非常关键的问题。由于土体具有透水性，地下水会直接影响基础工程的稳定性和耐久性，因此在地基工程的设计、施工中应高度重视地下水对工程施工可能带来的工程地质问题，并采取相应有效的防治措施，确保工程施工的安全和质量控制。

土体中的水，除了一部分是受分子引力及静电引力作用吸附在颗粒表面的结合水外，其余都是自由水。自由水能够传递静水压力，并在重力和表面张力作用下在土体内流动。地下水位以上的土体中存在毛细水，其可在土的微细空隙中靠毛细作用上升到一定高度；地下水位以下土体中自由水即为地下水，它连续充满土体的所有空隙，对土体产生浮力作用，地下水改变了土体的自重应力。在通常情况下，地下水位不是水平的，存在压力差，使其在土体的空隙内产生了流动，从而受到土颗粒骨架的阻力，根据作用力与反作用力原理，将单位体积土颗粒骨架所受到的压力总和称为动水力 G_D。由于地下水水头差的存在，因此就可能会产生渗流现象。

$$G_D = \gamma_w \cdot I \tag{1}$$

式中：γ_w——水的重度（kN/m^3）；

I——水力坡度。

由式(1)可知，动水力 G_D 的大小与水力坡度 I 成正比，方向与水流方向一致。根据相关试验及工程实践，必须保证 $I<I_c$（临界水力坡度），且应留有一定的安全系数，才能保证不发生渗流破坏。

$$I_c = \frac{\Delta H}{l} \approx 1 \tag{2}$$

式中：I_c——临界水力坡度；

ΔH——该渗流区的水头差(m)；

l——该渗流区的渗流距离(m)。

当水力坡度较大时，渗流破坏较常见的现象是管涌和流沙（土）。

3　基坑施工中管涌引起的工程地质问题与处治

国内外学者及工程人员对管涌进行了广泛而深入的研究，其形成的原因主要是当基坑开挖底面或四周的土层为不密实的沙土层时，地基土在具有一定水力坡度的地下水作用下，其细小颗粒被水冲走，土层中孔隙逐步增大，逐渐形成一条条能通过地基土层的细管状渗流通道，使基坑及护壁变形、失稳，若处理不当，可能引起严重的质量、安全事故，并制约工程进度。管涌多发生在砂性土中，由于砂性土粒径差异大，从而导致孔隙率大且相互连通，为管涌的产生创造了有利条件。

经大量的试验研究及工程实践，对管涌现象得到一种较简便的计算方法：

$$I = \frac{h_w}{l} < I_c = \frac{\gamma_s - 1}{1 + e} \tag{3}$$

式中：I——动水水力坡度；

I_c——临界水力坡度；

h_w——结构物内外水头差(m)；

l——产生水头损失的最短流线距离(m)；

γ_s——土粒重度（kN/m^3）；

e——土的空隙比。

雅西路 K222＋470～K222＋528 段左侧为陡坡，右侧边坡相对低缓，但在 K222＋500 处坡顶有一高压输电铁塔。设计采取右侧边坡适当开挖后利用中间台地布线的方法，为确保高压输电铁塔安全，在 K222＋493～K222＋508 段右侧设置 4 根抗滑桩，桩长 23m，如图 1 所示。

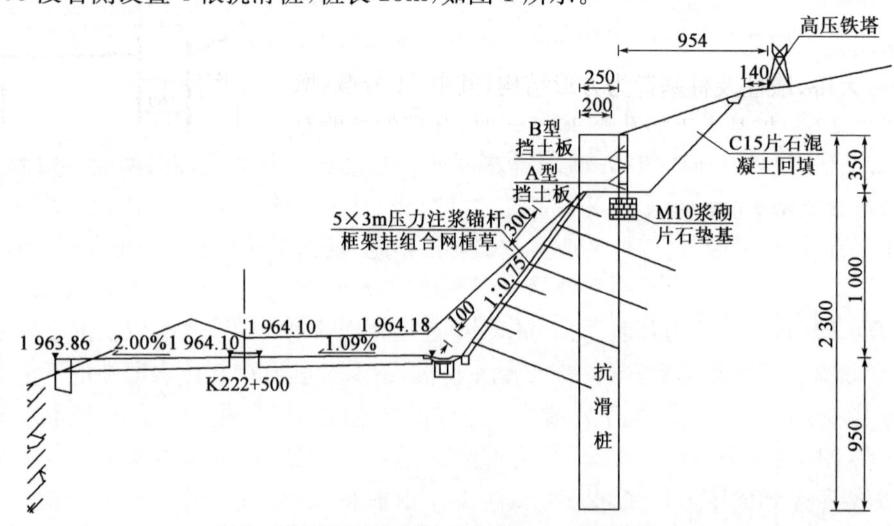

图 1　边坡抗滑桩防护图(尺寸单位:cm;高程单位:m)

该抗滑桩4号桩施工至18.3m时，土层发生变化，已施工段土体主要以黏土夹卵石为主，其下为卵石夹砂砾石，且地下水流量增大。从而导致基坑开挖后坑壁土体极易垮塌，护壁难于施工，且坑壁土体垮塌造成上端已施工护壁背部土体塌陷、护壁悬空，存在严重安全隐患。根据现场开挖土体的测算：土中粗、细颗粒粒径比达到$D/d>10$；土颗粒不均匀系数$d_{60}/d_{10}>10$（d_{60}指颗粒小于土总重60%的直径，d_{10}指颗粒小于土总重10%的直径）；两种互相接触土层的渗透系数之比k_1/k_2为2～3；根据现场土质样本试验计算，渗流的水力坡度大于土的临界水力坡度，即$I<I_c$。这些条件满足了产生管涌的条件。

明确地质问题产生的原因后，根据现场实际，对4号抗滑桩剩余的4.7m基坑开挖采取的主要措施有：①采用井点降水降低地下水位，改变地下水的渗流方向；②桩基基坑开挖进尺由原1～1.5m支护缩减至0.5m以内进行护壁施工；③适当提高护壁混凝土强度等级，并添加早强剂；④增加基坑护壁入土深度，使地下水流线长度增加，降低动水水力坡度。通过这些措施的实施，因土层变化引发的管涌渗流地质问题得到了有效的处治，产生了良好的实际工程效果。

4　基坑施工中流沙引起的工程地质问题与处治

若土层中主要以松散的细砂、粉砂、砂质粉土等组成，其颗粒级配细且均匀，当这样的土层含水饱和时，就会产生水头差，从而土层中的颗粒在动水压力作用下从一近似管状通道中被渗透水流带走，这就形成了流沙。在基础施工中发展的结果是基坑坍塌、基础悬浮或不均匀沉降，由此引发的地质问题严重影响工程的安全和质量。

在实际工程中，在地下水位以下开挖基坑时，砂土在振动作用下结构被破坏，体积缩小、局部变得松散，使土颗粒悬浮于水中，愈向下开挖，水力坡度愈大，流速快，冲动土的颗粒愈多，涌冒砂土的现象愈严重。国外相关研究表明：若土颗粒的天然孔隙率>43%（或空隙比$e>0.75$）、有效粒径$d_{10}<0.1$mm及不均匀系数$\mu_u<5$的细砂极易发生流沙现象。

流沙的形成与地下水的动水压力有密切关系，其外因主要取决于土层地下水的水头差值，随着开挖深度的增加，动水压力（即水头差）差值也越大，因此就越易发生流沙现象。产生流沙时的水力坡度定义为临界水力坡度（I_c），其值可参见式(3)。

根据相关试验研究及工程实践，临界水力坡度（I_c）与土的相对密度及空隙比有关，在0.8～1.2之间。由此可以看出，当地下水的水力坡度大于临界水力坡度时，就会产生流沙。

雅西路尾段位于西昌地区的冕宁境内，该区域受安宁河活动断裂带影响，地震烈度为Ⅸ度，地震动峰值加速度为0.3g。由于受地震因素影响较大，为确保工程安全，项目在该地区的桥梁结构大于15m的墩柱均设计为方墩，为达到更好的抗震效果，部分桩基也相应设计为方桩，并采用人工挖孔。

位于彝海的一大桥，墩柱及桩基皆为方形结构，其中11号墩（墩高25.1m、桩基长度18m）桩基人工挖孔至10.5m时，开挖的坑壁有少量砂土随地下水流入基坑，增加了基坑的泥泞程度；开挖至13.8m时，施工人员发现开挖处基坑底部有一堆堆细颗粒砂土冒出，地下水显著增多，局部地方砂土冒出速度较快，有时会像开水初沸时的翻泡，愈往下开挖，地下水流量愈大，砂土涌出量剧增，基坑底部基本成为流动状态。桥墩断面结构形式如图2所示。

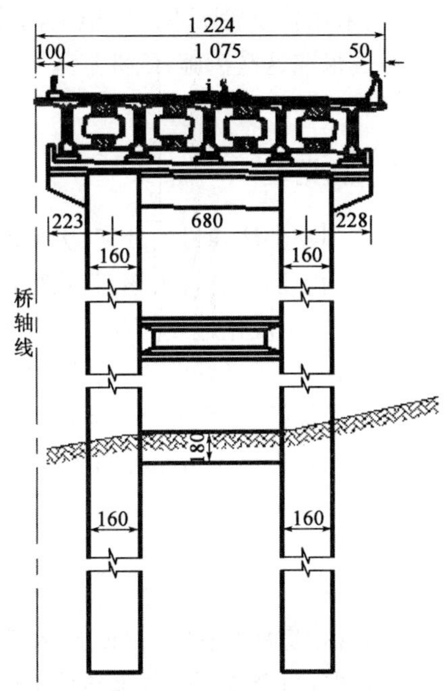

图2　桥墩断面结构图（尺寸单位：cm）

现场对基坑土质进行了取样试验，对各种土的含水率、地下水流量、颗粒组成含量、孔隙率等关键参数进行测算。经相关的试验及计算，发现该桩基基坑底层土层具有以下特征：

(1)土的含水率大于30%（挖孔至10.5m时，含水率为32%；13.8m时含水率达到48%；开挖至15.8m时含水率达到59%）。

(2)土的颗粒组成中,黏粒含量只有6%,砂粒含量达到87%。

(3)土的孔隙比大于0.75,达到0.81。

(4)土的不均匀系数$\mu_u<5$,为1.63。

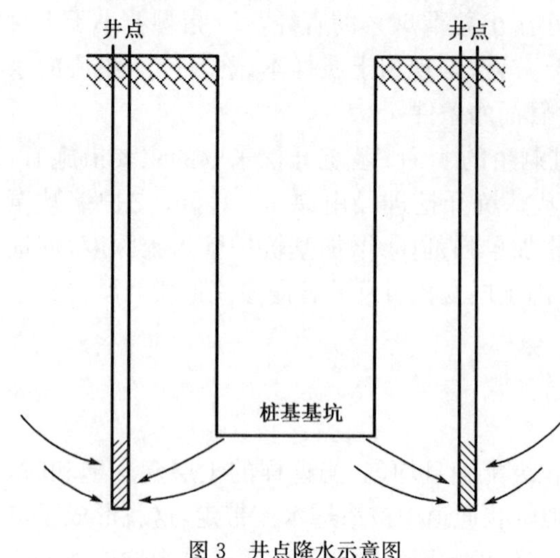

图3 井点降水示意图

通过测算,发现该桩基基坑底部土层水力坡度较大、砂土的孔隙率大、渗透系数小、动水压力超过土粒重量,经计算$I<I_c$成立,完全满足流沙产生的基本条件。

由于该桩基基坑基本挖孔到位,此时再调整为钻孔将造成极大的浪费。在确保安全、质量的前提下,对余下桩基长度的基坑开挖制订了以下流沙处治施工方案。

(1)采用井点降水,使地下水位降至桩基设计高程以下再行挖孔,必要时需增加井点布置数量或增大孔径,如图3所示。

(2) 桩基基坑开挖进尺由原1~1.5m支护缩减至0.5m以内进行护壁施工。

(3) 提高护壁混凝土强度等级,并添加早强剂,护壁混凝土中增加直径不小于$\phi 12$的钢筋网。

(4) 增加基坑护壁入土深度,使地下水流线长度增加,降低动水水力坡度。

(5) 流沙严重时,采用钢板护壁,钢板打孔、钢板背后增加渗水土工布,这样地下水可以流出但砂土仍然保留在护壁内,确保已施工护壁的稳定,如图4所示。

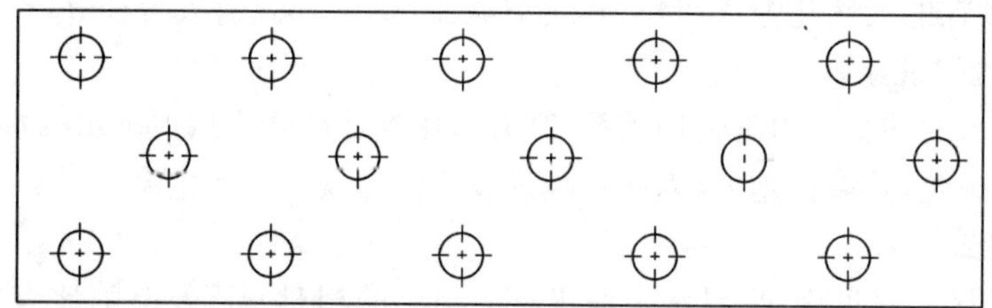

图4 打孔钢板护壁示意图

(6)采用昼夜轮班不间断施工,加快进度。

通过采取这些措施,该桩基基坑得以顺利地开挖成型,并及时浇筑混凝土,确保了工程施工的安全、质量和进度。

5 结语

随着国家经济建设的发展,大量的土建工程将得以实施,一些基础工程不可避免将在不良地基土中施工。这样的土层具有含水率高、孔隙比大、抗剪强度低、渗透系数小等特点,极易发生管涌、流沙、基坑滑动、护壁失稳、砂土液化地质问题。在人工挖孔桩中遇到管涌和流沙采取的处治措施,在本项目其他工点得到了推广应用,产生了良好的效果。同时这也是对类似工程地质问题的处治进行了很好的探索,将对国家、人民生命财产的保护、工程安全和质量的保证、施工方案的尽快确定及工程进度的控制起到了示范作用,为以后相似地质问题提供了可参考的实体范例。

参考文献

[1] 杨天林.基础工程[M].北京:人民交通出版社,1999.

[2] 唐益群,周念清,等.软土环境工程地质学[M].北京:人民交通出版社,2007.

加筋格宾和土工格室挡墙技术经济比较

陈　渤[1]　史任杰[2]

（1. 四川雅西高速公路有限责任公司　成都　610041；
2. 湖南省交通规划勘查设计院　长沙　410001）

摘　要：随着我国经济的飞速发展，国民经济对交通运输的依赖与日俱增，经历了近20年的大规模建设，高速公路已经成为交通迅捷代名词，承载着我国的经济命脉。然而，在高速公路建设蓬勃发展的同时，也遇到了很多问题。中国是世界第一人口大国，农业、畜牧业的发展，是解决民生问题的根本。平原地区高速建设项目，仅占地一项的耗费就高达几个亿的投资，侵占大片的肥沃良田。如何解决基础设施建设和地方生产的冲突，已经成为当前高速公路设计所要考虑的问题之一。考虑到既有基础设施建设和建筑用地的限制，首先想到的就是增加支挡结构，传统的圬工挡墙解决了这个问题。但随着科技的日新月异和建设标准的日益提高，以前传统的圬工挡墙所暴露出的缺点越来越引起建设者的反思。

关键词：高速公路　加筋格宾挡墙　土工格室柔性挡墙　圬工挡墙

1　概述

传统的圬工挡墙存在以下缺点：

（1）有局限性：基础承载力要求较高，不均匀沉降容易导致墙板开裂，很多地方因为基础承载力不够，需要在挡墙施作前进行基础换填处治，从而增加投资成本。

（2）环保效果差：圬工挡墙为混凝土结构，难以进行绿化，不符合当今绿色和谐的主题。

（3）不易维护：一旦墙板开裂，需要更换整块墙板，而且施工过程相当困难，工程量浩大。

（4）经济性：目前国内混凝土价格普遍偏高，在经济性上，传统的圬工挡墙也没有优势。

基于以上考虑，当今的高速公路设计者创新地提出了各种新型的支挡形式，以适应各种特殊路基环境，本文讨论的就是目前高速建设应用较为普遍的柔性加筋土挡墙。基于加筋土的道路拓宽规划设计如图1所示。

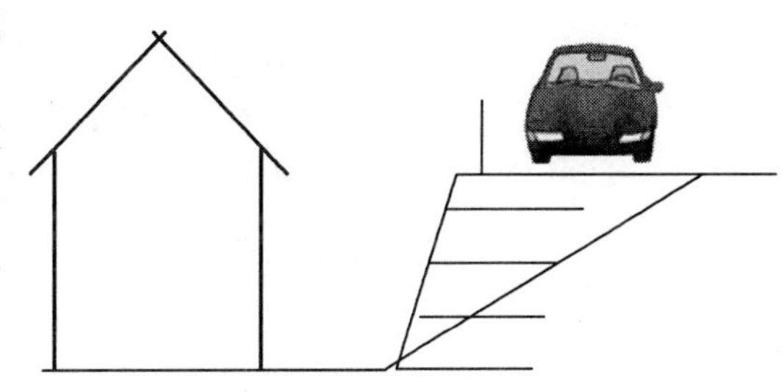

图1　基于加筋土的道路拓宽规划设计示意图

在加筋土技术方面，随着各种新型建筑材料的开发，涌现出各种形式的支挡系统。现着重介绍加筋格宾挡墙和柔性土工格室挡墙。

1.1　加筋石笼格宾挡墙简介

加筋石笼格宾是加筋土工程技术最新的发展，面墙采用1m厚格宾网笼填充石料，后面拉筋采用双绞合六边形钢丝网面，且面墙和加筋网面为同一网面的无节点连接，工厂化程度高。在加筋网面上分层填筑、分层压实，网面与压实填土共同作用的受拉体系一起组成加筋格宾结构。通常加筋网面幅宽2m，竖向间距0.5m或1m，网面长度根据设计确定。挡墙的组成结构和应用示意如图2所示。

根据工程需要加筋格宾面墙可以做成不同的坡比，以适应工程的不同需求。

1.2　土工格室挡墙简介

土工格室是一种新型特种土工合成材料，它是由高密度聚乙烯宽带（PE，HDPE）经超声波焊接而成的

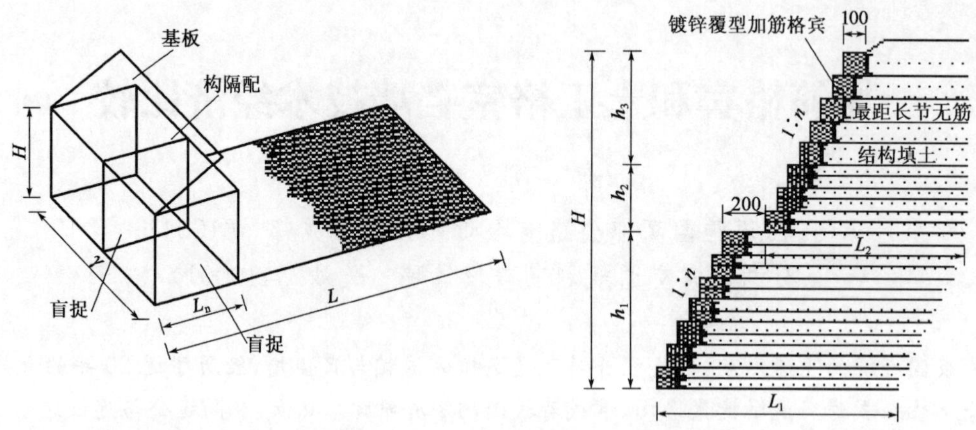

图 2　加筋格宾单元及断面设计(尺寸单位:cm)

具有蜂窝状格室结构的立体材料，与土工格栅、土工网等平面加筋材料相比，其最大的特点是具有立体结构、强度高、刚度大、整体性能好，并且伸缩自如。运输时可折叠，使用时张开并可充填土石等材料，构成具有强大侧向限制和大刚度的结构体。

挡墙的组成结构和应用示意如图 3 所示。

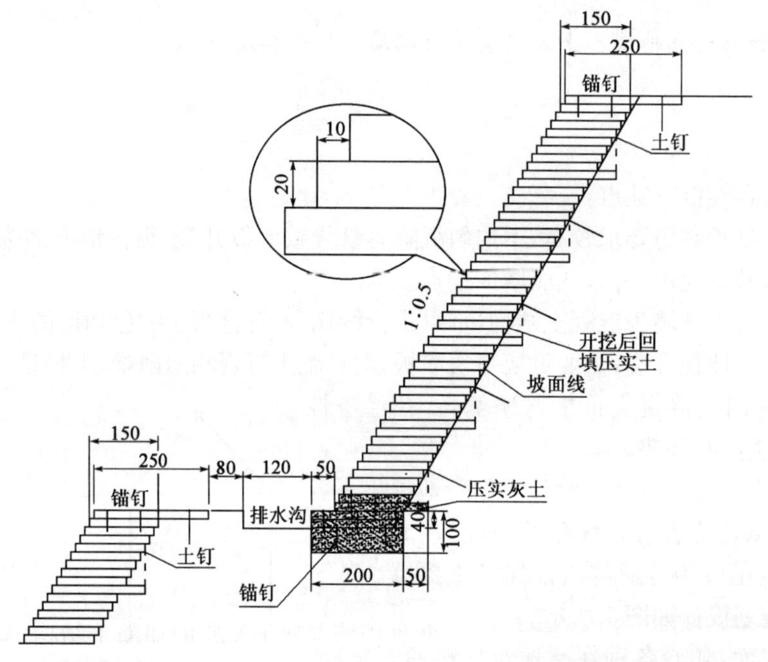

图 3　宽度为 1.5m 的土工格室挡墙组成结构和应用示意图(尺寸单位:cm)

2　评估加筋土挡墙性能的技术标准

从科学角度出发，需要对两种体系进行综合性评估，故必须要清楚以什么标准来评估。对于加筋土挡墙系统而言，目前我们国内还没有这方面成熟的经验，建议参考美国 HITEC(高速公路新技术评估体系)对国际上具有代表性的马克菲尔加筋格宾系统的评估报告，如图 4 所示。

因此，评估标准即为如下项目：

(1)开发历史和工程应用统计。

(2)设计方法评估。

(3)施工规范和施工便捷性评估。

(4)结构安全性评估。

(5)系统经济性评估。

(6)耐久性评估。

(7)生态型评估。

2.1　开发历史和工程应用经验评估

2.1.1　开发历史

首个加筋格宾挡墙具有代表性的应用，就是在马来西亚的班级赛高速公路上的应用，工程完工时间为1979年。该结构高为14m。工程现状如图5所示。

土工格室在国内广泛应用于公路和铁路建设领域，多见于高填路基处理、填挖交界处理以及软基处理等；加筋土工格室挡墙，近年来在国内的山西、陕西、四川等省市的高速公路建设中得到越来越多应用，如图6所示。

2.1.2　工程应用经验评估

加筋格宾石笼技术一经使用并获得成功后，便在全球获得广泛应用；以意大利马克菲尔加筋石笼体系为例，截至2008年，马克菲尔加筋土系统累计使用面积为1 446 363m²；其统计的数据是从1992年开始，并不包括中国大约3万m²的使用量。

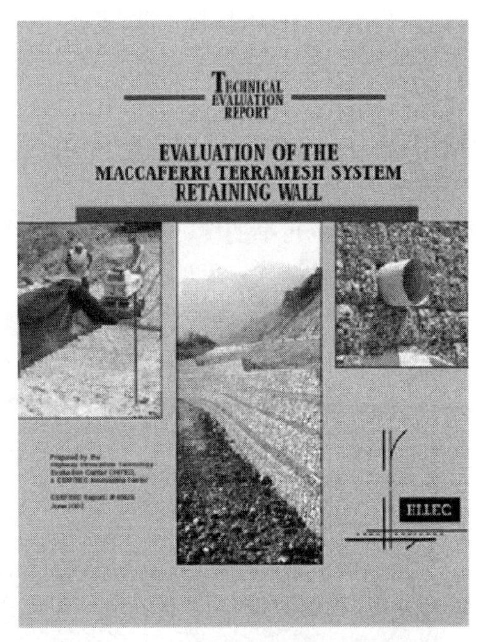

图4　HITEC对马克菲尔加筋土体系的评估报告

图5　第一个加筋格宾与绿色加筋格宾挡墙施工完工后的实况

图6　山西祁临高速灵石连接线

加筋土工格室挡墙已经在我国多个省市的高速项目上应用，解决相当一部分路基问题。

2.2　设计方法评估

两种挡墙均属于经典的加筋土结构，只是采用了不同的结构单元，其设计方法均遵循传统的加筋土结构设计方法。因此在这个方面，两种挡墙完全一致。

2.3　施工规范和施工便捷性评估

总的来说，两种工法可大致归类为：放样→打开单元→组装单元→面墙施工→分层回填土料→分层碾压→重复直至完成整个施工，其不同在于如下几个方面：

(1)单元预制的便捷。

(2)施工难易程度。

(3)施工的可调节性。

所谓预制的便捷性指加筋格宾单元是全预制的结构，包括面墙、筋材等。工程现场只要打开，装填面墙即可进行后续施工。而格室挡墙的优势体现在运输的便捷性，土工格室本身为聚乙烯材料，结构轻便可以折叠，但作为挡墙构件的拼接工艺，尤其是挡墙的面墙部分，需要进行纵横向的焊接，相对复杂。

所谓施工难易程度主要体现在面墙施工上，加筋格宾采用的1m×2m的石笼面墙，只要将预制好的石笼填充即可使用；而土工格室挡墙的面墙部分，由高20cm的土工格室层叠组成，需要分层进行压实，层与层之间用锚钉连接固定。土工格室加筋挡墙在桥台位置的应用如图7所示。

所谓施工的可调节性，即工程建设中，不可避免地会出现一些弯道结构，在这些部位施作挡墙，就要求挡墙结构有良好的可渐变性，与传统的圬工挡墙相比，加筋土系统的支挡结构在这方面有独到的优势。加筋格室挡墙在弯道公路的应用如图8所示。

图7 土工格室加筋挡墙在桥台位置的应用

图8 加筋格宾挡墙在弯道公路中的应用

如果使用加筋格宾，由于其筋材网丝直径较细，则可轻松裁减，搭接出不同的弧度，而且效果相当美观。而使用加筋格室支挡，虽然同样适应渐变的需要，但由于其构件较薄，外观上比较欠缺。

2.4 系统安全性、耐久性评估

加筋格宾挡墙和土工格室挡墙在安全性和耐久性方面可以通过以下几个方面进行评估：

(1)面板和筋材的连接强度和可靠性。

(2)面板的抗冲刷性能。

(3)面板和加筋材料的耐久性能。

(4)系统的防火性能。

2.4.1 面板和筋材的连接强度和可靠性

(1)就面板和筋材的连接强度而言，加筋格宾系统非常好。加筋格宾面墙和加筋网面为同一网面，无节点连接，抗拉强度为50kN/m。但是石笼面墙如果施工达不到使用标准，容易出现塌笼、滚笼现象。

(2)土工格室其拉伸强度大于20MPa，焊点剥离强度大于1 000kPa，连接处强度大于2 000kPa，连接处强度较低，是挡墙的薄弱环节，比较容易破坏，面板和筋带连接处破坏案例如图9所示。

图9 面板和筋材连接处破坏案例

2.4.2 面板的抗冲刷性能

(1)加筋格宾面墙多孔隙结构一方面在风浪打在结构上时，真空压力被化解，风浪退时产生的真空吸力也被破坏，能有效地达到防浪效果，并且结构本身的抗水流冲刷能力较强；另一方面可以迅速沉积土壤，促进植被生长，利用绿色植被降低水流对结构的冲刷。

(2)采用土工格室柔性挡墙防护的坡面，表层土体在格室侧壁与土体产生的摩擦力和格室对土体的侧限约束力共同作用下，形成一个轻型网状结构体，这种结构体使水流主要沿格室边缘流动，使水流的动能部分消耗在格室上，减轻了水流对坡面的冲蚀。但当水流流速过大，特别是植被未成型时，就不可避免地使面墙遭到侵蚀破坏。

2.4.3　面板和加筋材料的耐久性能

(1)根据 HITEC 的报告,加筋格宾挡墙耐久性可达 75 年;根据英国 BBA 实验室的报告,其使用寿命可达 120 年。

(2)土工格室挡墙,国内外虽然没有明确的检测实验报告,但是其聚乙烯材料具有优良的耐低温性能,化学稳定性好,能耐大多数酸碱的侵蚀,常温下不溶于一般溶剂,吸水性小,电绝缘性能优良。墙体内部的锚固钉经过防锈处理,可以保证很长一段时间的墙体整体稳定,坡面植被的生长进一步维系了墙体自稳。

2.4.4　系统的防火性能

(1)加筋格宾面墙防火性能良好。

(2)土工格室面墙的聚乙烯材料耐热性差。

2.5　系统经济性评估

(1)加筋格宾挡墙投资省。与重力式挡墙相比,可节省圬工数量 95%～97%,造价可比浆砌石挡墙和钢筋混凝土挡墙减小 20%～60%。挡土墙高度越大,节省资金越多。

(2)土工格室挡墙造价比较高,价格与混凝土挡墙接近。

(3)为了更好的对两种加筋土支挡结构作经济对比,以四川雅泸高速石棉互通 A 匝道 AK0+460 断面为例,土工格室和加筋格宾挡墙方案每延米造价进行比较。

由表 1 可得加筋格宾挡墙方案比土工格室挡墙每延米节约近万元,相对于土工格室挡墙节约了近 40%的投资。

AK0+460 断面土工格室和加筋格宾挡墙方案每延米工程数量及造价(直接费)对比表　　表 1

项　目	预算单价	土工格室挡墙		加筋格宾挡墙方案	
		数量	预算价格(元)	数量	预算价格(元)
C20 片石混凝土	400 元/m^3	26m^3	10 400.0		
墙体格室	25 元/m^3	229m^3	5 725		
拉筋格室	28 元/m^3	124m^3	3 472		
C20 混凝土抹面	500 元/m^3	0.96m^3	480		
结构填土	20 元/m^3	64m^3	1 280		
路基填土	15 元/m^3	358m^3	5 370		
加筋格宾 TM7×2×0.5ZnP	543 元/套			4 套	2 172
加筋格宾 TM7×2×1ZnP	625 元/套			2.5 套	1 562.5
加筋格宾 TM7.5×2×0.5ZnP	570 元/套			5 套	2 850
加筋格宾 TM7.5×2×1ZnP	651 元/套			2.5 套	1 627.5
填充石料 100～300mm	60 元/m^3			19m^3	1 140
聚酯长纤无纺布	4.5 元/m^2			35.8m^2	161.1
结构填土	20 元/m^2			119m^2	2 380
路基土	15 元/m^3			285m^3	4 275
加筋格宾安装及石料装填	60 元/工天			9.5 工天	570
合计			26 727.0		16 738.1

2.6　生态性评估

众多案例可以证明,两种防护体系均可达到非常好的生态效果。

(1)加筋格宾在台阶处放置土工包(椰棕垫包裹掺草籽的种植土)绿化,比较经济,效果相对格室挡墙较慢一点。

(2)土工格室挡墙一般采用喷播的形式绿化，植被多以灌木为主，绿化效果来得快。聚乙烯材料无臭、无毒、手感似蜡，具有优良的耐低温性能，化学稳定性好，能耐大多数酸碱的侵蚀，常温下不溶于一般溶剂，吸水性小，电绝缘性能优良。

3 结语

综合上述技术、经济等全面分析，可得到如下结论：

(1)加筋格宾在抗冲刷、结构安全方面都具有明显的优势。

(2)加筋格宾系统在经济性方面与土工格室相比，能节约相当比例的投资。

动态设计在花岗岩开采区岩堆段的实践

郑　斌　李树鼎　王凌云

（四川省交通运输厅公路规划勘察设计研究院　成都　610041）

摘　要：本文针对雅安经石棉至泸沽高速公路汉源县小堡乡花岗岩岩堆区结合施工揭示地质进行动态设计，以达到项目安全、经济、环境、和谐的综合效益。

关键词：动态设计　花岗岩岩堆　强夯

1　概述

雅泸高速公路K97＋870～K99＋286段位于汉源县小堡乡花岗岩开采岩堆。岩堆为1994～1995年人工开采花岗岩弃渣松散堆积，至今堆积已达13年，属老人工堆积体。场地内路线布设于横坡30°～35°的硬质碎块石岩堆上，岩块块径大小不一，架空现象严重，大部分堆积体均位于瀑布沟水库库区，场地地震烈度为Ⅶ度。水库蓄水后存在浪蚀型坍岸，地震时岩堆可能存在振密沉陷、上方开采面危岩滑塌落石等潜在危险，对路线构成直接危害。花岗岩弃渣堆体积地形地貌如图1所示。

图1　花岗岩弃渣堆积体段地形地貌

由于花岗岩弃渣堆积体（图2）由块径0.3～3.5m（个别块径达5m以上）的花岗岩块石组成，呈松散架空堆积，根据访问调查与物探，其厚度在3～15m，局部约达20m，覆盖于花岗岩斜坡上；其上边坡坡面高达百余米。施工图设计阶段，因详勘钻探操作人员及设备安全得不到有效保障，危险性极大，岩堆厚度主要根据初勘物探与现场调绘、访问，并结合采石前后的数模地形图等分析比对，据此进行施工图设计。

图2　勘测期间花岗岩弃渣堆积体近照

2　原设计简介

2.1　设计原则

（1）根据实测地质断面并结合物探成果、不同时期数模地形图分析得出岩堆厚度情况，对路线构造物外侧岩堆进行全面清理。

(2)在清理岩堆后的原岩上进行路基、桥梁等构造物设计。

(3)库区再建的环湖路拟设在路线左侧上方,清除岩堆后的原岩陡坡上。

(4)清除路线左侧上方危岩体,采用柔性防护,确保公路施工与运营安全。

2.2　设计方案

(1)针对现有路线左侧上方危岩体,勘测期间进行了专项 1/500 的危岩测绘,测区内危岩带总数达 19 处,危岩影响的路段长约 1.45km,根据危岩体基本特征、岩体质量分级、稳定性、破坏模式分别采取清除、支顶、嵌补、灌浆填缝等综合治理措施。

(2)清理岩堆:根据实测地质断面、结合物探成果、不同时期数模地形图分析得出岩堆厚度情况,对路线构造物外侧岩堆进行全面清除。原设计清方与危岩处治工程规模如表 1 所示,并清除路线左侧坡体环湖路次生危岩,采取柔性防护措施,确保公路施工与运营安全。

原设计清方与危岩处治工程规模表　　表 1

工程项目	单　位	主要工程量	工程项目	单　位	主要工程量
清除岩堆	m^3	936 625	C20 混凝土	m^3	1 285
清除危岩	m^3	9 790	M7.5 浆砌片石	m^3	3 190
被动防护网	m^2	3 308			

(3)根据清理岩堆后的地面线进行路基、桥梁等构造物设计,左右幅路基上下错幅布设。对清除路线左侧坡体次生危岩,采取柔性防护措施,确保公路施工与运营安全。花岗岩岩堆段原计主要构造物与工程规模如表 2 所示。

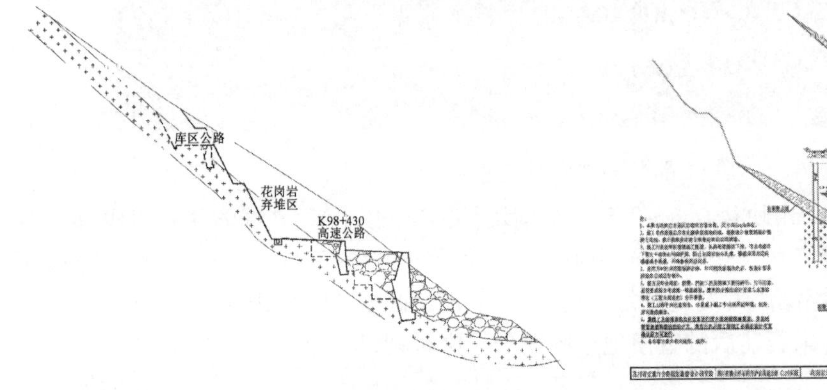

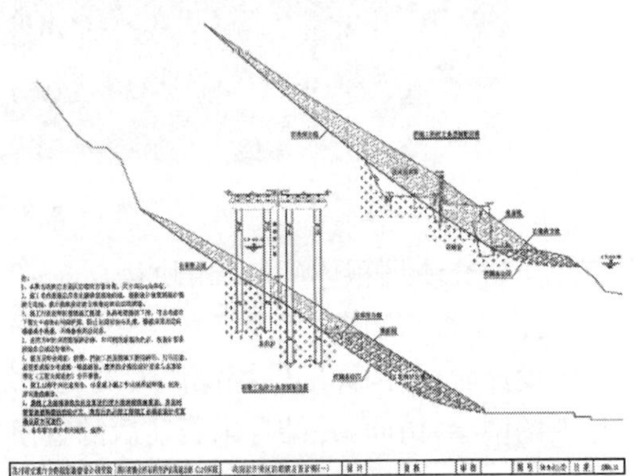

图 3　花岗岩岩堆清方范围与构造物形式示意图

花岗岩岩堆段原设计主要构造物与工程规模表　　表 2

起止桩号	设计构造物	长度(m)	主要工程量
K97+770.5～K98+174.5	山水沟左幅大桥	404	钢材:3146 t; 钢绞线:279t; 混凝土:22 680m^3
K97+739.5～K98+205.5	山水沟右幅大桥	466	
K98+630.58～K98+796.5	黄栗坪Ⅰ号左幅大桥	160	
K98+580.58～K98+820.5	黄栗坪Ⅰ号右幅大桥	234	
K98+872～K99+030.0	黄栗坪Ⅱ号左幅大桥	158	
K98+854～K99+290.00	黄栗坪Ⅱ号右幅大桥	436	
K98+435～K98+465	桩板墙	30	钢材:69t;混凝土:1 085m^3;浆砌块石:48m^3
其余段落为挡土墙与护肩		1094.32	片石混凝土:11 551m^3;浆砌片石:68m^3

3　动态设计思路

按照四川省交通厅川交[2006]78号《四川省重点公路工程设计变更管理实施细则》第十四条“允许在设计变更中对地质情况特别复杂的抢险工程、隧道工程等需要预先实施地表或地质揭示的结构工程实施动态设计。”

由于K97+870～K99+286.8段花岗岩岩堆堆积情况较为复杂，地质条件较差，勘测期间分析的岩堆厚度情况与实际可能有较大的差异，并且影响该段施工的外部因素较多，因此施工图设计采取动态设计方式进行控制。2007年3月施工单位进场，设计单位提交了详细的“K97+870～K99+286.6花岗岩岩堆段施工组织设计”，并对工点进行了详细专项技术交底，施工单位首先对路线左侧上方危岩进行从上而下逐级清方、逐级堆放，同时设计人员对现场进行全过程技术跟踪，根据已清理出的地面情况，对比不同时期的坡面线，基本查清岩堆厚度，为动态设计收集详细现场资料。高速公路与环湖路路基典型断面如图4所示。

图4　高速公路与环湖路路基典型断面

3.1　总体设计原则

岩堆为硬质花岗岩开采堆弃，主要为巨、大块石，架空现象严重，但经十余年的自重沉降固结，现基本稳定，其路段桥梁桩基采用钻、挖孔施工均将十分困难，且施工措施费用极高。据此修改设计的主导思想是将路线左移，以不再对原花岗岩坡面开挖，并将路基尽可能置于基岩上为基本原则。如此，不仅可降低施工难度，而且减少工程造价。

(1)将线位向左侧(山体内)移线，尽量使路基置于挖方岩体上，而无法置于挖方岩体上的路基亦应保证路基处于老堆积体范围；浸水路基因花岗岩块石强度高，水蚀及浸泡对其强度影响极小；水库蓄水后，因填料所致的路堤空隙较大，地下水位将随库水位同步升降，不会在路堤范围形成动、静水压力而削弱其稳定性，加之原地面下部底界面平缓，弃方坡脚反压有利于岩堆稳定，这些基本条件为“桥改路”的可行性提供了依据。

(2)充分利用现有清方形成的平台进行路基设计，取消黄栗坪Ⅰ号大桥、黄栗坪Ⅱ号大桥。

(3)环湖路紧临高速公路右侧设置，避免按原设计方案开挖形成新的危岩，给高速公路营运造成隐患，同时减小了库岸再造对高速公路的影响。

(4)路基右侧增加预防坍岸设计与局部路基反压体填筑设计。

(5)清除路线左侧上方残余危岩，采用主、被动防护措施，确保公路施工与运营安全。

3.2 设计方案

(1)路线线位。

高速公路与环湖路平面设计如图5所示。

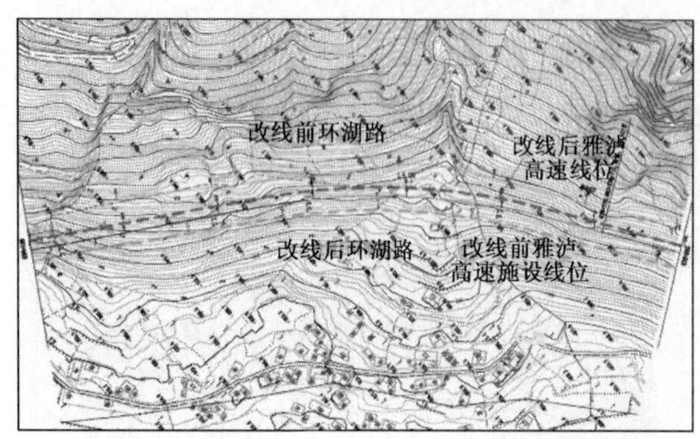

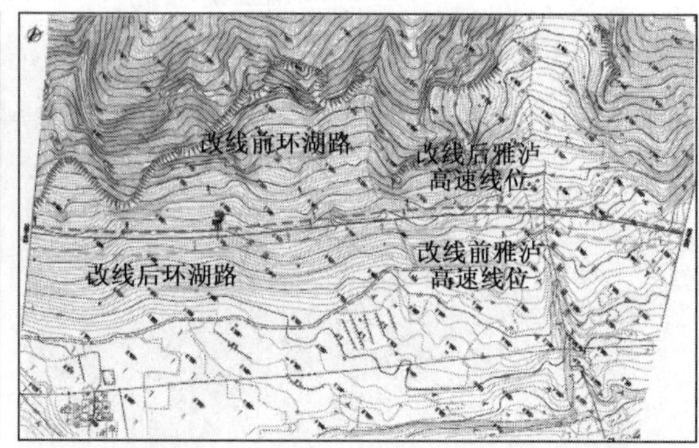

图5 高速公路与环湖路平面设计图

平面：路线平面左移，对现有自然坡面不再开挖，清除、支顶及嵌补既有坡面上的危石，按K98＋385左移最大距离8.94m、K98＋710左移最大距离7.98m、K98＋895左移最大距离6.96m控制，使路基大多布设于岩体内，减小岩堆沉陷对道路影响；同时环湖路紧临高速公路布设。

纵面：原设计为减小开挖横断面设计为分离式路基，根据岩堆清理后的纵、横断面，纵面设计调整其为横断面整体式路基。改线前后高速公路纵面如图6所示。

高速公路与环湖路纵面、典型横断面如图7所示。

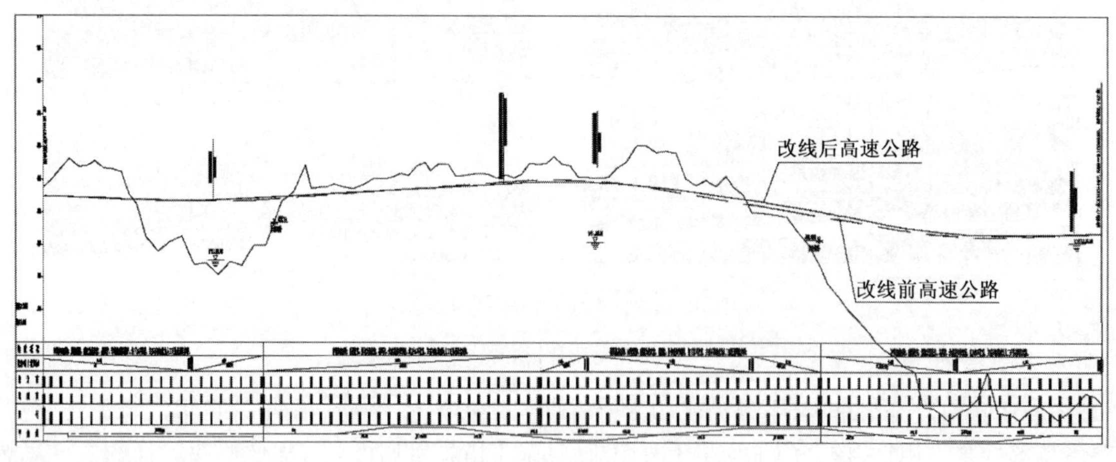

图6 改线前后高速公路纵面

(2)路基左侧上边坡。

按照动态设计原则，在对岩堆进行清方后，设计人员在现场根据陡斜坡危岩发育情况，对岩堆段路基左侧边坡危岩划分了19段，并进行了精细化设计，如图8所示。针对部分坡体以块石土为主，原有边坡过陡，坡体稳定性较差情况，采取适当放缓边坡，于坡脚处设置护脚、坡面采用菱形预制框格植草防护；对于岩质边坡，后缘陡壁岩体裂隙发育，主要采取清除危岩、半坡平台设置被动网，松动破碎坡面设置主动网的措施进行防护。

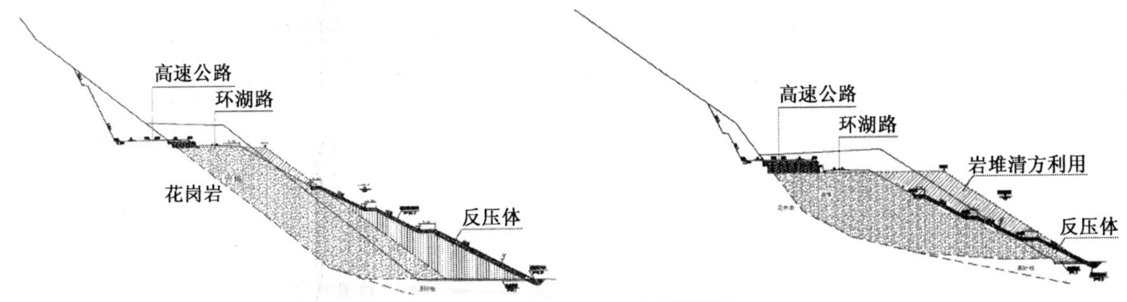

图 7　高速公路与环湖路纵面、典型横断面

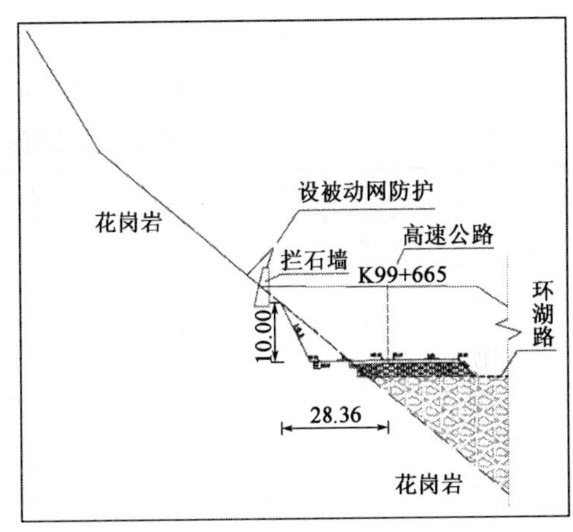

图 8　高速公路左侧危岩与边坡处治典型照片与断面图

修改设计清方与危岩处治工程规模表　表 3

工程项目	单　位	主要工程量	工程项目	单　位	主要工程量
清除岩堆	m^3	12 200	C15 片石混凝土	m^3	1 298
清除危岩	m^3	23 200	M7.5 浆砌片石	m^3	2 879.5
被动防护网	m^2	4 908	主动网	m^2	6810
挖土	m^3	1 476.5	挖石	m^3	1 678.5
回填碎砾石	m^3	720	回填石灰土	m^3	720
植草绿化	m^2	3 392.8	软式透水管	m	910

(3)路基路床。

充分利用现有的平台进行路基设计，岩堆清方高程按照环湖路路基高程下 0.5m 控制。为保证岩堆反压体的密实程度，对岩堆上的高速公路路基、环湖路路基段落进行强夯处理，高速公路路床下增设厚 2m 的卵砾石沉降与变形协调缓冲垫层。

路床强夯：其加固机理除依靠夯击的冲击能对路堤直接压密外，更重要的是通过夯击产生的动力波促使硬质岩块颗粒发生剪切、变位、挤密的面波而实现对欠压密路堤进行压密。夯锤选择直径或边长 2m 圆或方形、重 100～120kN 的铸钢或钢筋混凝土锤，落距 10m；夯点按正三角形布置，间距 1.5m，单点夯击数为 5 击，夯击遍数 3 遍。具体施工参数通过试夯后面波检测确定。

(4)库区坍岸防护设计。

路段岩堆清方数量巨大，其清理出的路床平台宽度大多在 30～45m 之间，设计充分利用路线右侧宽平台和满足坍岸预测、保证路基安全的基础上进行岩堆反压体修坡设置反压护坡道，反压坡体按照 1∶2 放坡，坡脚处利用花岗岩清挖方片块碎石换填与防冲刷处理，对坡脚与 851.5m 高程之间坡表面利用花岗岩清挖方片块石码砌护坡、坡脚块石垛护脚，以及设置反滤层。

(5)K97＋870～K99＋286.8 花岗岩岩堆段修改设计主要构造物与工程量如表 4 和表 5 所示。

修改设计主要构造物与工程规模表

表 4

起止桩号	设计构造物	长度(m)	主要工程量
K97＋769.00～K98＋143.00	山水沟左幅大桥	374	钢材：1 796t；钢绞线：180 t；混凝土：12 004m^3；片石混凝土：2 363m^3
K97＋752.00～K98＋181.00	山水沟右幅大桥	429	
路基与防坍岸设计：反压体与码砌护坡、基底换填		1 184	挖石：106 306 m^3；卵砾石：46 968m^3；清方利用：240 167m^3；反压体：269 415m^3；强夯：：30995 m^2；码砌块片石：65 683 m^3；基底换填块片石：9 608 m^3；砂砾石：3 820 m^3；渗水土工布：12 730m^3

注：防坍岸设计中的基底换填与码砌所用块片石均为从本段清挖方岩块中进行适当分拣加工而来。

路段主要工程量增减情况表(含山水沟大桥)

表 5

工程项目	单位	增减工程数量	工程项目	单位	增减工程数量
钢材	t	－1 420	清危岩	m^3	＋13 400
钢绞线	t	－99	主动防护网	m^2	＋6 810
混凝土	m^3	－8 390	被动防护网	m^2	＋1 600
片石混凝土		－11 258	边坡挖石	m^3	＋107 985
浆砌片石	m^3	＋1 763	基底换填块片石	m^3	＋9 608
清除岩堆	m^3	－139 800	码砌护坡块片石	m^3	＋65 683
强夯	m^2	＋30 995	反压岩堆	m^3	＋269 415
卵砾石垫层	m^3	＋44 627	渗水土工布	m^2	＋12 730

注：修改设计较原施工图设计工程减少金额约为 624 万元。

(6)由于岩堆中块石颗粒排列方式、空隙充填情况的不确定，以及地震发生时间、频率、岩堆表面物理风化、基底变形、库区水位变化等诸多因素影响，可能导致路基不均匀沉降。建议 K98＋147.5～K99＋468 段路基缓作路面面层与基层施工，仅作底基层、并在底基层顶面进行沥青表处，在瀑布沟水库蓄水后，花岗岩岩堆段路基经历 1～2 个蓄水循环后，路基完成沉降后再进行路面基层与面层施工。

4　修改设计与原设计方案比较

4.1　修改设计方案的优点

(1)工程规模有所减少。

(2)极大地减少了在大块石土中桩基施工、降低了施工难度。

(3)减少环湖路与高速公路工程的施工干扰，缩短了工期；降低了瀑布沟电站阶段性蓄水对本路段的工期压力，以及后期运营期间的安全隐患。

(4)充分利用现有的花岗岩岩块老堆体作路堤，减少了钢材、水泥等资源消耗，更加符合保护环境、节能减排的环保理念。

(5)针对清方后实际地质及环境条件进行修改设计，是对施工图设计的进一步深化、完善、甚或优化。此路段的设计是对动态设计理念的初步尝试，在一定程度上揭示了合理运用该理念在复杂地质及环境条件下往往能获得令人满意的最终设计的基本内涵。

4.2　修改设计方案的配套技术措施(图 9)

(1)对上边坡危岩强化动态设计和现场及时服务，针对每处危石完成相应防护设计，消除其对公路运营的影响。

(2)路基右侧反压体大部分位于库区，设计已充分考虑库区浪蚀型坍岸影响，施工单位应严格按照设计文件与规范的相关要求进行施工，分层填筑与碾压，按照设计要求在路床下设置卵砾石垫层，增加对抗不均匀沉降的缓冲区；并将此段路基施工作为全线重点工程严格进行检测与控制。

(3)路基在岩堆上填筑，路面可能开裂，建议 K98＋147.5～K99＋468 段路基缓作路面面层与基层施工，在花岗岩岩堆段路基经历 1～2 个蓄水循环路基完成沉降后，再进行路面基层与面层施工。

图 9　施工目前效果

5　施工技术要求及注意事项

(1)进行路线上方危岩清理，避免强爆破对上方危岩的扰动，桥梁与路基施工应在上方危岩对下方施工不存在较大安全隐患情况下进行。

(2)严格按设计要求对反压体，特别块石垛护脚基底严格进行换填处理；反压体应按照相关要求逐层填筑，分层填筑厚度不宜大于 1.0m，并逐层用重型压路机碾压密实，反压体压密实后方可进行码砌坡施工。

(3)花岗岩岩堆清方完成后，对岩堆上表面从外侧向内侧进行强夯处理。

(4)山水沟大桥施工过程中应充分考虑环湖路施工对桥梁工程的影响，墩台施工已经完成的应及时回填防护，待环湖路主体工程施工完成后再进行桥梁后续工程的施工。

(5)路基下卵砾石垫层施工应在路基强夯完成后、并结合相关路基工程进行；路床卵石粒径不应大于 10cm、砂砾石含量不宜小于 50％，路床下 2m 段卵石粒径不应大于 15cm、砂砾石含量不宜小于 30％，其余段卵石粒径不应大于 30cm、砂砾石含量不宜小于 30％。

6　结语

山区公路地形地质条件复杂，勘察技术、工期等多因素致使其基础资料的不完善与不确定，这些问题在施工图设计中往往难以用工程措施完全化解。因此，对特殊路基、桥梁基础和隧道等隐蔽工程，设计单位应加强后期服务工作，在施工过程中实施有效的动态设计，补充、完善施工图设计，在营运期设置“沉降观测路段”，达到确保项目安全、经济的目的。

动态设计并不是说容许设计单位随意减少勘察设计阶段按规范、规程应完成的地质勘察等工作，致使勘察设计深度不够造成大量变更。

作者就雅泸高速公路 K97＋870～K99＋286 段小堡乡花岗岩岩堆修改设计的方案构思体系的建立、支撑方案的地质、环境以及线形、技术指标等要素，设计与实施中的经验与体会等予以总结，供同行间相互交流、探讨，以期达到共同提高的目的。

雅泸高速公路地质灾害特征与防治对策[1]

梁 毅[1] 管 理[1] 苏志满[2] 徐林荣[2] 王昊宇[1]

(1.四川高速公路建设开发总公司 成都 610041;
2.中南大学土木建筑学院 长沙 410004)

摘 要:通过广泛收集雅泸高速公路沿线地质环境资料,分析公路沿线地质灾害发育特征及其影响,发现雅泸高速公路沿线地质灾害类型主要为滑坡、崩塌和泥石流,时间分布上具有同发性、周期不确定性,空间分布上具有相对集中性、地带性和山地性,整体上具有分布广、突发性强、危害性大,并同人类工程活动和降雨量有密切关系等特点,严重威胁公路建设及运营的安全。在进一步探讨公路沿线崩塌、滑坡、泥石流灾害的形成条件和影响因素之后,提出了雅泸高速公路地质灾害防治对策,建议采用综合防治的方法,以减少地质灾害的不良影响。

关键词:道路工程 地质灾害 分布 影响因素 防治对策

1 引言

雅安经石棉至泸沽高速公路地处四川省南部的雅安市、凉山州境内,受地形地貌、岩体性质、地层构造、气候等因素影响,研究区域地质地形条件复杂,多处于新构造运动强烈的构造侵蚀山区,同时又是高地震烈度区,线路沿河展布,山高谷深,沟床比降较大,地质构造活动强烈,岩体破碎,各种不良地质现象广泛发育。据调查[1-2],路域内每年的暴雨季节所引发的地质灾害常常会造成107国道的长时间断道,且造成重大人员伤亡,严重制约当地经济的发展。开展雅泸高速公路地质灾害的防灾减灾研究与工作意义重大。

2 雅泸高速公路自然环境条件

雅泸地区山脉连绵起伏,河流深切,沟壑纵横,地形复杂,地貌类型多样,高中山、中山、低中山、河谷平坝、河谷阶地等类型齐全。

路线走廊带位于低纬度高海拔地区,属亚热带季风气候,为基带的山地气候,并兼具高原气候的特点,具有雨量充沛、日照充足、冬暖夏凉、雨热同季、干湿不甚分明等特点。气温年较差较小,日较差较大。年平均气温13.8℃,最热月平均气温20.7℃,最冷月平均气温8℃,日极端最高气温34.8℃,日极端最低气温−6.7℃,年均无霜期237d;年平均降水量为1 095mm,干湿季节不甚分明,6~9月的夏季降雨量占全年降雨量的58.7%,年降雨量中夜雨占76%。研究区域流域主要地带性土壤有红壤、山地黄壤、棕壤、草甸土等,以山地黄壤为主,在局部平缓的耕种区还发育有水稻土。

雅泸高速公路沿线出露的地层岩性比较复杂,地层主要有第四系全新统洪积层(Q_4^{pl})和残坡积层(Q_4^{del})、中~上更新统冰水堆积层(Q_{2+3}^{fgl})、上第三系昔格达组粉砂岩、黏土岩(N_{2x})及震旦系灯影组(Z^{bd})白云岩;大渡河流域在此公路段出露的地层主要有第四系全新统崩坡积层(Q_4^{c+dl})小块石(夹)土、第四系全新统冲洪积层(Q_4^{al+pl})砂卵石土、Ⅲ阶第四系中更新统冲积层(Q_2^{al})卵(砾)石(夹)土及晋宁期花岗岩(γ_2)。

3 地质灾害发育特征

3.1 雅泸高速公路沿线地质灾害类型和特征

路线所在区域,活动断裂发育,岩土体工程地质性质一般,个别地段较差,山脉连绵起伏,沟壑纵横,地形

1.四川省交通厅科技项目(2006A24—582);交通部西部交通建设科技项目(20083180087)。

复杂，地貌类型多样。在暴雨、地震、人类工程活动影响下，不良地质现象发育，沿线地质灾害主要类型有滑坡、崩塌和泥石流，以泥石流最为发育。

公路沿线地质灾害一般为弱发育，个别地段中等发育。沿线发育分布有16处滑坡、40处泥石流、14处（段）崩塌坡积物形成的潜在不稳定斜坡及3处矿渣堆积体（表1）。各类地质灾害分布区，目前居民及建筑物少，大部分为无居民区。

地质灾害统计表　表1

灾害类型	滑坡	泥石流	崩塌	矿渣	合计
数量（个）	16	40	14	3	73
百分比（%）	22	55	19	4	100

3.2　滑坡

路线范围内分布的滑坡不多，但存在潜在不稳定因素的边坡较多，而且在各类松散堆积物分布地段，边坡的开挖都可能形成工程滑坡。滑坡类型以土质滑坡为主，基岩滑坡较少。从规模来看，区内滑坡主要为小型、中型滑坡，大型滑坡数量较少。

3.3　泥石流

研究区泥石流极其发育，所经沟谷多为泥石流沟，大部分泥石流沟几乎每年都有不同规模的泥石流出现，能引发泥石流的暴雨每年有6～8次。由于地形地貌、地质条件和气候环境的不同，泥石流的类型和发育程度也存在差异。研究区的泥石流主要为沟谷型，规模以中、小型为主（表2），频率较高，对公路危害较大。

泥石流规模统计表　表2

灾害类型	大型	中型	小型	合计
数量（个）	7	18	15	40
百分比（%）	18	45	37	100

3.4　崩塌

崩塌在全线分布较普遍，由坚硬岩组成的悬崖陡坡多有发育，其规模因岩性不同而有差异，规模以中小型为多，稳定性差。

4　雅泸高速公路地质灾害分布特征

4.1　时间分布规律

研究表明[3]，公路沿线地质灾害的时间分布规律主要是受外界因素的影响，表现出同发性和周期不确定性。雅泸高速公路地质灾害具有类似情况。

（1）同发性。在外动力作用下，地质灾害与驱动力几乎同时发生，这种形式的地质灾害多分布于低、中山区。当降雨时间较长或连续大暴雨时，地表破碎岩体或土体饱水，基岩、土体抗剪强度大大降低，原本处于极限平衡状态的古滑坡体或坡表面松散层随之触发激活。每年雨季，雅泸高速公路沿线都会同时诱发多处地质灾害。

（2）周期不确定性。地质灾害有其自身的形成和发展演变过程，变形过程中常表现出不确定的周期性。地质灾害的活跃周期与该地区降雨量和地震有密切关系，表现在两个方面：一是表现在灾害发生与年降水量之间的关系上，降水多的年份，灾害多发；另外在同一年中，降雨集中期也是滑坡、崩塌、泥石流等灾害的多发期，二是地震容易造成地质灾害的发生，评价区内爆发地震的可能性不确定，造成地质灾害发生的周期不确定性。

4.2　空间分布特征

地质灾害空间分布特征主要表现为相对集中性、地带性、垂直分带性和山地性。

(1)相对集中性。地质灾害发育和分布与自然地质环境密切相关。因山高坡陡,沟谷纵横,切割强烈,为地质灾害的形成提供了有利条件。尤其岩性较弱,易风化破碎的地段,加上修路切坡或加载,从而造成边坡失稳或诱发各种地质灾害,明显增高了地质灾害的发生率。雅泸高速公路地质灾害主要集中分布在AK49+500～AK88+300、AK88+300～AK98+200、AK98+200～AK110+000、AK158+000～AK188+500(图1),使得地质灾害具有相对集中分布的特点。

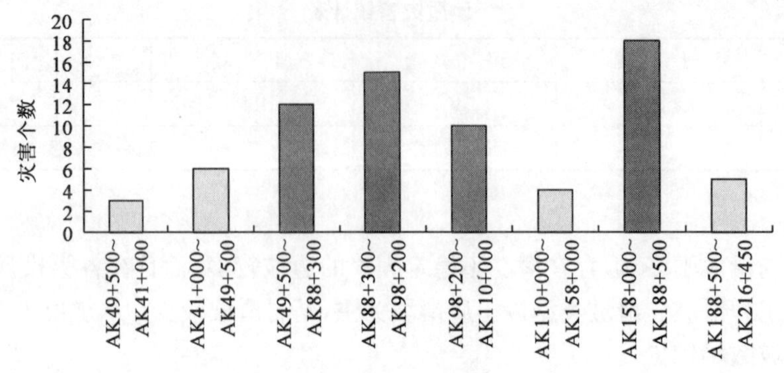

图1 地质灾害分布图

(2)地带性。由于气候分布具有地带性,导致泥石流、滑坡等灾害的分布也具有地带性。山区地质构造复杂,地形破碎,风化强烈,松散固体物质丰富,加之地处热带和亚热带,降雨十分丰富,雅泸高速公路沿线发生的泥石流主要为暴雨型泥石流,且易出现一场暴雨,多沟并发泥石流的现象。

(3)山地性。据调查资料,地质灾害常发生在切割强烈、坡陡、相对高差较大的山地地段。总体分布上,研究区丘陵平坦地区地质灾害明显少于高山、低山区,但丘陵平坦地区分布面积相对较小,故研究区地质灾害分布具有明显的山地性。

5 地质灾害形成条件

5.1 滑坡形成条件

滑坡、崩塌、泥石流等地质灾害的形成条件和影响因素很多[4]。地形地貌、地层岩性、地质构造是先决条件;降雨和地下水、地震及人类工程活动等对地质灾害体的形成和发展起着重要的作用。对于研究区的滑坡而言,形成影响因素包括如下几个。

5.1.1 地形地貌条件

滑坡发育受地形的起伏高度和地形起伏的变化控制[5]。一般来说,坡度对滑坡的发育具有重要的控制作用,坡高对滑坡发育也有显著的影响。研究区内滑坡主要分布于中低山山麓及沟谷陡坡地段,如K76+300～K76+600滑坡斜坡坡度30°～40°,主滑方向南西30°。后缘右侧形成三级错落坎,稳定性较差,易再次发生滑动。

5.1.2 岩性条件

岩性是滑坡发育的物质基础,岩石的类型和软硬程度以及层间结构决定岩土体的力学强度和抗风化能力,进而影响到坡体的稳定性和地表侵蚀的难易程度[6]。研究区内的滑坡坡体岩性主要以板岩、岩浆岩、花岗岩、砂岩为主,岩性较软、节理较发育。岩体上覆第四系残坡积层,厚度较薄,结构疏松,渗水性较好,强度低;暴露的下伏岩体一般为强风化。滑坡滑面主要受残坡积土体与基岩的接触面控制或沿强、弱风化岩与下伏微风化岩或新鲜基岩之间的差异风化面滑动。

5.1.3 降雨条件

大气降水通过入渗作用到达滑坡体内,使土体水分很快达到饱和,孔隙水压力、地下水位上升,增大土体应力,减小土体抗剪力,导致下滑力大于抗滑力,影响滑坡体稳定性。降雨入渗后多沿该接触面运移排泄,促使了滑面的贯通,形成滑坡[7]。调查发现研究区滑坡坡体组成物中含水率较高,坡体物有饱水流动特征,多处出现渗水，因此，降雨是滑坡形成的重要诱发因素。

5.1.4　地震的影响

地震是地壳能量集中释放的表现形式，它所产生的强烈震动荷载，造成山体开裂，土石松动，破坏自然斜坡的稳定性。线路区位于安宁河地震带和鲜水河地震带交汇部位，两地震带均为我国主要的地震活动带之一，地震活动频繁，地震烈度Ⅶ度，地震活动频繁，对滑坡体有较大的影响。

5.2　崩塌形成条件

研究区崩塌的形成主要受陡峻的地形、公路沿线山路的软硬夹层（特别是含陡而深、平行于坡面的张裂隙的岩体）、融水和降水的渗水作用、温度变化、工程施工等因素的影响。

研究区公路局部路线出露陡崖或陡坡，相对高差大，地面切割悬殊，个别地方形成临空陡崖，经常发生小型崩塌和零星落石现象。加之岩性较为软弱，陡边坡上覆土层较薄，有基岩出露，受温度变化影响，风化较为严重，使得易风化的软岩层往往出现凹的崖腔，进而使上部岩体失去支撑，沿节理产生崩塌。当地突发的暴雨也容易通过发育的孔隙、节理、裂隙渗入地下，软化岩土体强度，增加裂隙孔隙水压，大大增加裂隙岩体的不稳定性，甚至直接导致山体失稳崩塌。路堑边坡的开挖卸荷也可能导致崩塌的发生。

5.3　泥石流形成条件

泥石流的形成必须具备三个基本条件：地质条件、地貌条件和水源条件，缺一不可[8]。

5.3.1　地质条件

地质条件集中反映在泥石流形成的松散固体物质方面，松散固体物质的成分、多少和补给方式，决定着泥石流的类型、性质和规模。而松散固体物质的构成、储存和积聚取决于地质的内外营力条件，包括地质构造、新构造运动、地震、地层岩性、重力地质作用等。

在影响松散固体物质来源的各种因素中，地质构造活动，尤其是规模比较大的地壳断裂构造及其派生的次一级断裂，经常成为最基本的因素。研究区主要以鲜水河—安宁河—则木河—小江断裂为主，断裂在地表往往呈带状展布，在断裂带内软弱结构面发育、岩石破碎、断层和裂隙发育，形成了糜棱岩、破裂岩和角砾岩等动力变质岩，成为滋生泥石流的温床。

原有老的断裂构造对于泥石流的固体物质来源有重大的影响，而近期发生的新构造运动，对于泥石流的发生和发展更是起着主导作用。新构造运动的最主要特点是垂直升降运动显著，而且一直延续至今，构造断裂带通过的地段是地貌升降运动剧烈的区域，相对高度大，有利于形成泥石流。新构造运动引起地壳抬升，导致原来的沟谷继续下切，还使原有老的堆积扇或者河流阶地上的第四纪松散沉积物又重新成为泥石流的固体物质补给来源。

地震是释放地壳应力和地壳应变能量的重要方式之一。地震特别是强震是泥石流固体物质快速、大量聚积的重要因素。地震活动可显著降低岩体强度，破坏斜坡稳定，造成山体开裂、土石松动，甚至触发山体崩塌、滑坡等。特别是在Ⅶ度以上的地震烈度地区，对岩体结构和斜坡的稳定性破坏尤为明显，可为泥石流的形成提供大量的松散固体物质，这也是地震→滑坡、崩塌→泥石流灾害链形成的根本原因。雅泸高速公路位于在Ⅶ度以上的地震烈度地区，地震将会为泥石流的形成提供大量的松散固体物质。

地层岩性的分布与泥石流的发育分布有关，泥石流的组成和流态性质也取决于由一定地层岩性所提供的固体物质成分。地层岩性与泥石流固体物质的关系，主要反映在岩石的抗风化和抗侵蚀能力的强弱上。评价区主要以花岗岩、砂岩、泥页岩、板岩为主，区内构造活动活跃，断裂、褶皱发育，岩层易遭受破坏，这也为研究区提供更多松散物质。

5.3.2　地貌条件

泥石流是一种动力地貌现象，地貌条件为泥石流提供能量和活动场所。因此，地貌条件是形成暴雨泥石流的内因和必要条件，制约着泥石流的形成和运动，影响着泥石流的规模和特性。泥石流形成的地貌条件，主要包括泥石流的沟谷形态、集水区面积、沟坡坡度、沟床比降和流域相对高度等。

坡面地形是泥石流固体物质的主要源地，其作用是为泥石流直接供固体物质。沟坡坡度是影响泥石流的固体物质的补给方式、数量和泥石流规模的主要因素。沟床比降是流体由位能转变成动能的底床条件，是影响泥石流形成和运动重要因素。一般来讲，沟床比降越大，越有利于泥石流的发生。流域相对高度对泥石流的形成起关键作用，因为相对高度决定势能的大小，相对高度越高，势能越大，形成泥石流的动力条件越充足。因此泥石流主要发生在高山、中山和低山区，起伏较大的高原周边也有泥石流分布。

5.3.3 水源条件

水既是泥石流的重要组成成分，又是泥石流的激发条件和搬运介质。泥石流的水源主要是大气降水，而各地区随气候与地貌的不同，降雨的分布和雨量也有很大的差异。研究区内降水较丰富且集中，降水强度较大，为泥石流的形成提供了水动力条件。

暴雨是促使泥石流暴发的主要动力条件，处于停歇期的泥石流沟，在特大暴雨激发下，甚至有重新复活的可能性。而连续降雨后的暴雨，是触发泥石流暴发的又一重要动力条件。由于前期降雨使斜坡土体和破碎岩层含水饱和，强度降低，松散固体物质更不稳定，在继发的暴雨径流冲击下很容易形成泥石流。据研究，泥石流发生与前期降水量和当日激发雨量有关，特别是 1h、10min 的短历时强降雨(雨强)所提供的激发水量有十分密切的关系。

6 防治对策

雅泸高速公路地质灾害主要是滑坡、崩塌和泥石流，具有分布广、突发性强、危害性大，并同人类工程活动和降雨量有密切关系等特点。地质灾害的防治应针对公路工程的特点，采取“以防为主、避治结合、综合治理”的原则方针。首先要根据地质灾害的类型特征、分布活动的规律、形成条件、控制因素、危害程度的不同，有的放矢、对症下药，采取科学的设计方案，其次要严格勘察、施工管理，并结合生态环境建设工程综合治理[9]。

6.1 生物治理措施

(1)封山育林，恢复植被，提高自然水土保持能力。

(2)对大于 25°的陡坡旱地退耕还林，恢复森林植被，减少人类工程活动对坡体自然平衡的破坏。

(3)禁止任意采石取土，破坏丘陵、山地地表，防止水土流失及地质灾害的发生。

6.2 工程治理措施

6.2.1 防治滑坡的主要措施

(1)消除和削弱地表水及地下水对滑坡形成的影响，采用拦截、护坡、堵塞方法防止地表水入渗，修建排水沟、渗井等排走滑体内地下水。

(2)增大滑体的抗滑力，阻止滑坡的形成，如修挡土墙、抗滑桩或锚拉抗滑桩。

(3)改善坡体形态，消除隐患，可采用后缘减载，前缘加载等方法。

(4)改良坡体岩土体性质，提高强度，增大稳定性，可采用灌浆、锚固、释水等方法。

6.2.2 防治崩塌的主要措施

(1)修建护坡、护墙、锚杆等防止岩土体剥落。

(2)人工削坡消除小型崩塌隐患。

(3)疏导地表水和地下水，减缓冲蚀及侵蚀。

6.2.3 防治泥石流的主要措施

(1)拦截、滞流、修建拦沙坝、拦渣坝，设置停淤场，减弱泥石流的动力作用，减少物质流通。

(2)疏导。下游设置排导槽、约束水流，改善沟床平面，抑制泥石流暴发。

总之，对地质灾害的防治，应从多种因素的角度出发综合考虑，往往采取生物治理与工程治理相结合的手段才能取得良好的治理效果。

7 结语

(1)公路沿线地质灾害的类型主要有滑坡、崩塌、泥石流。地质灾害发生具有频率高，点多面广，突发性强，危害性大的特点。

(2)研究区的滑坡、崩塌规模以中小型为多，稳定性差。泥石流主要为沟谷型，规模以中小型为主，频率较高，泥石流对公路危害较大。

(3)雅泸高速公路地质灾害具有一定的空间和时间分布规律，在时间上具有同发性和周期不确定性的特点；在空间上具有灾害分布相对集中性、地带性和山地性的特点。

(4)对雅泸高速公路沿线的地质灾害采用生物治理与工程治理相结合的手段进行防治，可以有效减少地质灾害带来的损失，降低地质灾害造成的影响。

参考文献

[1] 四川省地质工程勘察院.雅安—石棉段高速公路建设用地地质灾害危险性评估报告[R],2004-12.

[2] 四川省地质工程勘察院.石棉—泸沽段高速公路建设用地地质灾害危险性评估报告[R],2004-12.

[3] 刘传正,李云贵,温铭生,等. 四川雅安地质灾害时空预警试验区初步研究[J]. 水文地质工程地质,2004,31(4):20-30.

[4] 匡乐红,徐林荣,刘宝琛. 地质灾害危险性评价指标规范化方法研究[J]. 铁道科学与工程学报,2007,4(1):39-43.

[5] 樊晓一,乔建. 滑坡危险度评价的地形判别法[J]. 山地学报,2004,22(6):730-734.

[6] 刘应辉,朱颖彦,苏凤环,等. 基于地层岩性的崩塌滑坡敏感性分析——以5·12震后都汶公路沿线为例[J]. 水土保持研究,2009,16(3):125-130.

[7] 张友谊,胡卸文,朱海勇. 滑坡与降雨关系研究展望[J]. 自然灾害学报,2007,16(1):104-108.

[8] 刘希林,苏鹏程. 四川省泥石流风险评价[J]. 灾害学, 2004,19(2):23-28.

[9] 段永侯. 中国地质灾害[M]. 北京：中国建筑工业出版社，1993.

雅泸高速公路舍克尼罗沟泥石流特征研究及其治理实践

吴　斌　许建杰

（四川雅西高速公路有限责任公司　成都　610041）

摘　要：本文分析了雅泸高速公路舍克尼罗沟泥石流的地貌、气象、地质和灾害特征，根据分析结果，提出了舍克尼罗沟泥石流的治理措施。本文强调应从泥石流自然规律、泥石流与路线桥梁关系、在建工程的情况以及施工条件等多种因素的角度出发综合考虑，采用工程治理与养护管理相结合的手段，取得良好治理效果。

关键词：泥石流　清淤　导流堤　排导槽　拦挡坝

1　引言

四川省雅安经石棉至泸沽高速公路（以下简称“雅泸高速公路”）地处四川省西南部的雅安市、凉山州境内，线路沿河展布，山高谷深，沟床比降较大，地质构造活动强烈，岩体破碎，地形地质条件异常复杂。受地形地貌、岩体性质、地层构造、气候等因素影响，各种不良地质现象广泛发育，在冕宁片区，尤以泥石流最为突出。据调查，路域内每年暴雨季节所引发的泥石流常常会造成108国道的长时间断道，且造成重大人员伤亡，严重影响了当地经济的发展。舍克尼罗沟就是冕宁片区众多泥石流沟中的一条，于2008年9月7日暴雨后发生泥石流，对在建的雅泸高速公路造成危害。本文通过对雅泸高速公路舍克尼罗泥石流特征研究，结合在建工程的情况，为泥石流处治工作提供了一套思路。

2　舍克尼罗沟特征及其形成泥石流的条件

2.1　地形地貌特征

舍克尼罗沟基本呈东西走向，流域形状为长条形，舍克尼罗沟流域面积约为0.77km^2，主沟长度为1.9km，沟床高程变化范围为2 193～2 695m，沟床平均比降为26.49%。沟道较为顺直，上游沟道平缓，中部沟道急剧变陡，中部以下冲沟断面为V字形，断面宽度2～10m，沟口附近沟道比降仍较大。舍克尼罗沟全貌如图1所示。

2.2　气象及地质特征（图1）

舍克尼罗泥石流沟位于低纬度高海拔地区，属亚热带季风气候兼有高原气候特点，雨量充沛、日照充足、冬暖夏凉、雨热同季、干湿分明。多年平均气温13.8℃，最热月平均气温20.7℃，最冷月平均气温5.6℃。多年均降雨量1 095mm。季节性冰冻线海拔约为2 400m，季节性积雪线海拔2 000m左右。根据气象资料记载，舍克尼罗沟所在区域10min最大降雨量为15mm，1h最大降雨量为40mm，6h最大降雨量为80mm。全年降雨量主要集中在雨季7～9月。

舍克尼罗泥石流沟沟心为第四系更新统坡洪积层黏土质角砾覆盖，局部沟心有基岩出露；沟道两岸大部分基岩裸露，其中左岸基岩出露范围较大，出露地层为三叠系～侏罗系白果湾群。白果湾群岩性主要为灰、深灰、黑灰色粉细砂岩、粉砂质泥岩互层，夹页岩、砾岩及煤线，粉细砂岩为深灰、灰色，泥钙质胶结，致密，较坚硬～坚硬，中～厚层状；粉砂质泥岩：深灰、黑灰色，泥钙质胶结，性软易风化，风化后呈鳞片状、碎砾状、泥状，中～厚层状；基岩浅表风化强烈，岩体极其破碎，沿沟发育有数个坍塌和沟岸滑坡。

2.3　泥石流形成条件(图 2)

我国学者与前苏联学者普遍认为广义的泥石流形成过程包括侵蚀搬运形成准泥石流体和准泥石流体起动转变为泥石流体这两个过程，大量研究表明，泥石流的形成必须具备丰富的松散堆积物、地形地貌条件、短时间内大量地表水作用，即地质条件、地貌条件和水源条件是泥石流形成必须具备三个最基本条件。

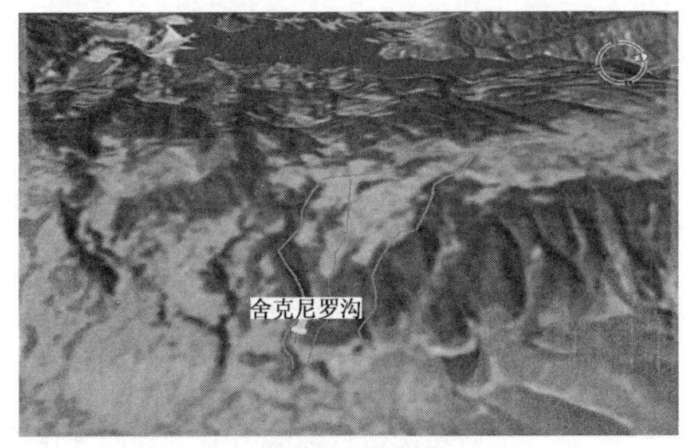

图 1　舍克尼罗沟全貌图

图　2

2.3.1　地质条件

地质条件集中反映在泥石流形成的松散固体物质方面，松散固体物质的成分、多少和补给方式，决定着泥石流的类型、性质和规模。而松散固体物质的构成、储存和积聚取决于地质的内外营力条件，包括地质构造、新构造运动、地震、地层岩性、重力地质作用等。

在影响松散固体物质来源的各种因素中，地质构造活动，尤其是规模比较大的地壳断裂构造及其派生的次一级断裂，经常成为最基本的因素。舍克尼罗沟区域内主要以鲜水河—安宁河—则木河—小江断裂为主，断裂在地表往往呈带状展布，在断裂带内软弱结构面发育、岩石破碎、断层和裂隙发育，形成了糜棱岩、破裂岩和角砾岩等动力变质岩，成为滋生泥石流的温床。

原有老的断裂构造对于泥石流的固体物质来源有重大的影响，而近期发生的新构造运动，对于泥石流的发生和发展更是起着主导作用。新构造运动的最主要特点是垂直升降运动显著，而且一直延续至今，构造断裂带通过的地段是地貌升降运动剧烈的区域，相对高度大，有利于形成泥石流。新构造运动引起地壳抬升，导致原来的沟谷继续下切，还使原有老的堆积扇或者河流阶地上的第四纪松散沉积物，又重新成为泥石流的固体物质补给来源。

地震是释放地壳应力和地壳应变能量的重要方式之一。地震特别是强震是泥石流固体物质快速、大量聚积的重要因素。地震活动可显著降低岩体强度，破坏斜坡稳定，造成山体开裂、土石松动，甚至触发山体崩塌、滑坡等。特别是在Ⅶ度以上的地震烈度地区，对岩体结构和斜坡的稳定性破坏尤为明显，可为泥石流的形成提供大量的松散固体物质，这也是地震→滑坡、崩塌→泥石流灾害链形成的根本原因。舍克尼罗沟位于Ⅸ度地震烈度地区，地震将会为泥石流的形成提供大量的松散固体物质。

地层岩性的分布与泥石流的发育分布有关，泥石流的组成和流态性质也取决于由一定地层岩性所提供的固体物质成分。地层岩性与泥石流固体物质的关系，主要反映在岩石的抗风化和抗侵蚀能力的强弱上。舍克尼罗沟主要以花岗岩、砂岩、泥页岩、板岩为主，区内构造活动活跃，断裂、褶皱发育，岩层易遭受破坏，这也为研究区提供更多松散物质。

2.3.2　地貌条件

泥石流是一种动力地貌现象，地貌条件为泥石流提供能量和活动场所。因此，地貌条件是形成暴雨泥石流的内因和必要条件，制约着泥石流的形成和运动，影响着泥石流的规模和特性。泥石流形成的地貌条件，主要包括泥石流的沟谷形态、集水区面积、沟坡坡度、沟床比降和流域相对高差等。

坡面地形是泥石流固体物质的主要源地，其作用是为泥石流直接供固体物质。沟坡坡度是影响泥石流的固体物质的补给方式、数量和泥石流规模的主要因素。沟床比降是流体由位能转变成动能的底床条件，是影响泥石流形成和运动的重要因素。一般来讲,沟床比降越大,越有利于泥石流的发生。流域相对高度对泥石流的形成起关键作用,因为相对高度决定势能的大小,相对高度越高,势能越大,形成泥石流的动力条件越充足。因此泥石流主要发生在高山、中山和低山区,起伏较大的高原周边也有泥石流分布。

舍克尼罗沟沟床比降越大,沟坡坡度越大,但集水区面积、流域相对高差不大。

2.3.3 水源条件

水既是泥石流的重要组成成分,又是泥石流的激发条件和搬运介质。泥石流的水源主要是大气降水,而各地区随气候与地貌的不同,降雨的分布和雨量也有很大的差异。研究区内降水较丰富且集中,降水强度较大,为泥石流的形成提供了水动力条件。

暴雨是促使泥石流暴发的主要动力条件,处于停歇期的泥石流沟,在特大暴雨激发下,甚至有重新复活的可能性。而连续降雨后的暴雨,是触发泥石流暴发的又一重要动力条件。由于前期降雨使斜坡土体和破碎岩层含水饱和,强度降低,松散固体物质更不稳定,在继发的暴雨径流冲击下很容易形成泥石流。据研究,泥石流发生与前期降水量和当日激发雨量有关,特别是 1h、10min 的短历时强降雨(雨强)所提供的激发水量有十分密切的关系。

舍克尼罗沟汇流虽然条件不好,汇水面积小,汇流量不大,但舍克尼罗沟沟道抗蚀能力差,沟道下切严重,沿沟物源体较丰富(主要集中在流域中下游);所以舍克尼罗沟具备发生泥石流的物源条件和地形条件以及气象条件,容易暴发泥石流。

3 舍克尼罗泥石流沟历史灾害概况及特征

3.1 历史灾害概况

舍克尼罗沟历史上多次暴发泥石流,曾迫使沟口附近的 108 国道两次改道,远离沟口。上次于 1999 年 7 月暴发了一次规模较大的泥石流,这次于 2008 年 9 月 7 日大暴雨后发生泥石流(图 3),泥石流堆积物约上万方,淤塞了路线桥位附近的整个沟床,掩盖了已经施工完的扯羊一号桥两岸桥台和导流堤,说明目前舍克尼罗沟处于活跃期,再次暴发泥石流的概率大。

图 3 2008 年 9 月 7 日发生泥石流后现场情况图

3.2 灾害特征

根据 2008 年 9 月灾后调查以及对以前暴发泥石流回访情况,舍克尼罗泥石流沟暴发时的基本特征如下。

3.2.1 破坏特征

(1)侵蚀能力强。沟口堆积区原有的小沟(几十厘米宽的浅沟)被冲刷成 1～3m 的沟道,而且最深处约有 1m,平均约 0.5m。

(2)冲击力大。老 108 国道小车被冲走。

(3)破坏面广。原堆积区种植花椒树,灾后田地被毁,变成乱石滩。

(4)冲出距离长。离沟口约800m的老108国道桥下被淤堵,桥面覆盖层堆积体厚度约0.5m。

3.2.2　堆积区特征

(1)泥石流堆积体最大粒径约1m,平均粒径约1cm,大粒径块石较多,说明该泥石流输沙能力和携带能力强。

(2)泥石流堆积体表面比降约有15%,泥石流堆积土体休止角较大。

(3)堆积区附近没有河道,不利于泥石流的排泄。

4　舍克尼罗泥石流沟治理的理论思考与工程实践

4.1　治理的理论思考

根据2008年桥址处泥石流活动痕迹情况可以看出,泥石流在桥址位置的运动形式以堆积为主,堆积过程对公路的潜在危害形式包括淤埋、漫流、冲刷和冲撞,泥石流还淤埋了在建的排导槽,槽内堆积体不同位置出现巨石群。泥石流淤埋排导槽的过程还发生了漫流,漫流位置主要为排导槽泸沽侧入口段和出口段、雅安侧出口段。从排导槽磨损情况看,侧墙磨损较为严重,入口处出现明显冲撞破坏痕迹。同时通过对舍克尼罗沟泥石流地质地貌、水文气象、灾害特征及泥石流形成条件的分析可知,该泥石流沟暴发频率高,一次冲出量较大,对公路的危害主要为淤埋和巨石冲撞,为此泥石流处治应采取“以防为主、避治结合、综合治理”的原则,理论上防治措施应为:增加泥石流沟流通净空、提高泥石流排导能力、减小泥石流排导压力、上游拦挡固土控制物源。

4.1.1　增大泥石流沟净空

舍克尼罗泥石流沟与雅泸高速公路相交处以桥涵通过,根据泥石流一次性冲出量及桥涵的断面尺寸,适当增大泥石流沟流通净空,保证高速公路安全。

4.1.2　提高泥石流排导能力

按照常规做法加大桥涵跨径,提高桥涵高度,进一步增加桥下泄流的能力,有利于泥石流的排导。然而根据雅泸高速公路科研成果,排导槽不宜过宽,太宽将影响泥石流的流速,从而导致泥石流在桥涵附近淤积。通过对梯形、矩形、三角形排导槽断面进行比较,推导出V形排导槽的最佳过水断面。

排导槽设置在泥石流堆积区的冲沟里,因此要归流入槽,防止漫流;桥下净空小,不容排导槽过多淤积,因此加大净空,提高排导能力。通过设置喇叭口,加大槽口,并逐渐缩小断面,一方面可避免泥石流外流,另一方面可加速排导;增加槽底横坡,一方面有利于提高排导能力,另一方面可增加桥下净空;根据计算排导槽宽度应为6.5m、底横坡应为30%,沟纵坡要求在桥位处不低于18%,上游沟纵坡逐渐变陡至36%,泥石流流速为5.50m/s(大于流通平均流速4.12m/s),以保证不会在槽内发生大量淤积。

4.1.3　减小泥石流排导压力

在下游段增设导流堤(图4),导流堤上沟口宽度为8m,沟底宽度为6.5m,沟深度为4m,沟纵坡要求在桥位处不低于19%,上游沟纵坡逐渐变陡至27%;该段导流堤长190m;上游段从原设计喇叭口至泥石流沟沟口(老108处)雅安岸长67m,泸沽岸长113m;导流堤的沟底采用C20卵石混凝土铺底,厚度为0.5m;沟底为V形。

4.1.4　拦挡固土控制物源

在舍克尼罗泥石流沟上游,靠近源头处设置拦挡坝,拦挡坝上预留沟水排水孔和泄水口可拦粗过细,控制一次性冲出量、减小流量,可以大大减小排导槽的排导压力。其功能主要体现在拦蓄沟头清水沟和浑水沟洪流交汇的泥沙,并通过泥沙回淤作用稳固坝体上游大型不良地质体的坡脚,避免巨石向下游输移,提高坡体稳定性,从而实现拦沙、固坡、减能的综合拦挡效果,并减轻下游排导槽的排导压力。山内的坝址,沟床后部地形稍变平缓,有较好的堆积区域,而且其紧邻泥石流形成区,泥流形成后的初始流速不高,有利于拦挡停积并对其后部右侧的松散坡体构成的物源起到一定的反压稳定作用,可在一定程度上抑制泥石流活动,减小其活动频率并降低其单次(活动)冲出量。

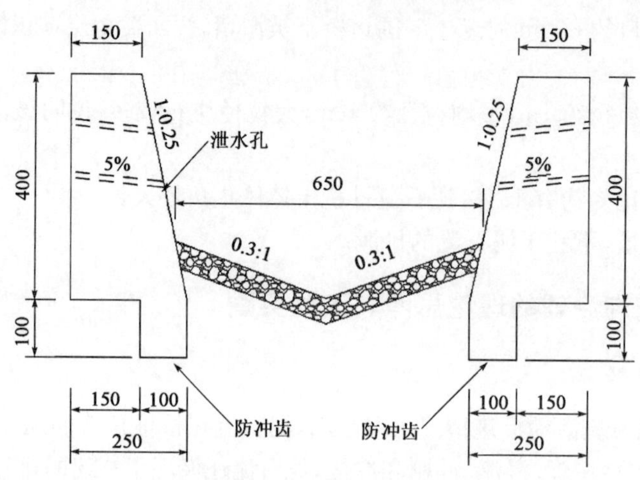

图4　导流槽断面图(尺寸单位:cm)

4.2　治理的工程实践

从理论上讲,上述工程措施是完全正确的,但在实践中如何实施,能否完全实施,如何保证治理效果,也需深入研究。

4.2.1　增大泥石流沟净空

业主、设计、监理、咨询各单位,对于扯羊一号桥位处需增大泥石流沟净空的看法是一致的,但对如何增大泥石流沟净空的问题有分歧,一部分人主张通过下挖的方式增大泥石流沟净空,一部分人主张抬高路线高程方式增大泥石流沟净空。从泥石流与路线桥梁关系看,路线从泥石流堆积扇的顶部通过,泥石流的自然规律必然是在线路位置淤积严重,扯羊一号桥位正好位于泥石流堆积扇的顶部中央位置,是淤积最严重的地方。舍克尼罗泥石流堆积区附近没有河道,不利于泥石流的排走。如果通过在桥位处下挖的方式增大泥石流沟净空,增大的净空很容易被泥石流填平。因此,抬高路线高程方式增大泥石流沟净空的方法是正确的。

4.2.2　在上游修筑大坝困难

理论上讲,应在舍克尼罗泥石流沟上游,靠近源头处设置拦挡坝。实际上,由于泥石流沟坡度大,没有施工便道,建筑材料和施工设备难到位。

通过调查,目前沟内的堆积物主要在中下游,因此,将坝址移到下游也是可以的。在上游恢复植被,防止水土流失,稳固沟坡。

4.2.3　加强营运期间管理的重要性

由于舍克尼罗泥石流沟处于活跃期,暴发频率高,桥下导流堤、排导槽的总体趋势是逐年淤积上涨,沟口弯道处导流堤下容易淤高,需要及时清淤。今后后期营运、养护过程中建立汛前检查和清淤制度、汛期观察和巡视制度、遇险及时报告和应急制度。

从舍克尼罗泥石流沟的实际情况看,只要清淤及时,清淤彻底,即使延缓修建拦挡坝也是有基本安全保证的。

5　结论

(1)舍克尼罗沟,沟床比降越大,沟坡坡度越大,但集水区面积、流域相对高差不大。舍克尼罗沟沟道抗蚀能力差,沟道下切严重,沿沟物源体较丰富。舍克尼罗沟所在区域10min最大降雨量为15mm,1h最大降雨量为40mm,6h最大降雨量为80mm。舍克尼罗泥石流总的特点:处于活跃期,暴发频率高,单次冲出量不大,累计淤积高度大。

(2)根据舍克尼罗沟泥石流的破坏特征和堆积区特征,泥石流灾害防治应考虑提高桥下排导能力以及防治巨石冲撞。

(3)理论上防治措施应为:增加泥石流沟流通净空、提高泥石流排导能力、减小泥石流排导压力、上游拦挡固土控制物源。

(4)根据泥石流与路线桥梁关系分析，抬高路线高程方式增大泥石流沟净空的方法是正确的。考虑到在上游修筑大坝困难和目前沟内堆积物主要在中下游的实际情况，将坝址移到下游也是可以的。

(5)桥下排导槽的总体趋势是逐年淤积上涨，沟口弯道处导流堤下容易淤高，需要及时清淤。今后后期营运、养护过程中应建立汛前检查和清淤制度。在清淤及时，清淤彻底，管理到位的条件下，即使延缓修建拦挡坝也是有基本安全保证的。

总之，对泥石流地质灾害的防治，应从多种因素的角度出发综合考虑，采用工程治理与管理相结合的手段，才能取得良好效果。

雅泸高速公路沿线泥石流地质灾害具有一定的共性，对舍克尼罗泥石流的研究有利于加深对雅泸高速公路沿线其他泥石流灾害的认识，对该区域其他类似泥石流灾害的治理具有借鉴、参考作用。

参考文献

[1] 四川省地质工程勘察院. 石棉—泸沽段高速公路建设用地地质灾害危险性评估报告[R]. 2004-12.

[2] 四川雅西高速公路有限责任公司，中南大学，等. 雅泸扯羊一号大桥舍克尼罗沟泥石流防治方案变更可行性研究报告[R]. 2010，4.

[3] 刘希林，苏鹏程. 四川省泥石流风险评价[J]. 灾害学，2004，19(2)：23-28.

[4] 费祥俊，舒安平. 泥石流运动机理与灾害防治[M]. 北京：清华大学出版社，2004.

[5] 王首贵. 泥石流成因和防治措施初探[J]. 海河水利，2003(6)：42-44.

[6] 曾凡伟. 坡面泥石流形成机制研究[D]. 重庆：西南师范大学，2005.

重力侵蚀作用下昔格达地层滑坡特征分析

巫锡勇[1]　朱宝龙[2]
(1.西南交通大学地质工程系　成都　610031;
2.西南科技大学土木工程与建筑学院　成都　621010)

摘　要:昔格达地层性质特殊,强度低,遇水极易崩解,在地质构造与水力作用下,极易发生滑塌。在调查研究的基础上,介绍了文武坡喇嘛溪沟重力侵蚀作用下昔格达地层滑坡的地层岩性、地质构造等工程地质条件及地表水、地下水等水文地质条件,重点分析了滑坡形成原因及影响因素,认为滑坡发生的易发斜坡坡度、坡角与高度,并对斜坡按危险性分成了3级,得出了滑坡易发坡度,为滑坡稳定性评价提供了依据,最后提出了适合于地质条件的填方反压整治措施。

关键词:滑坡　重力侵蚀　昔格达地层特征

1　引言

规划建设中的四川雅泸高速公路为我国目前西部建设的重点工程,沿线地形地质条件十分复杂,其中途经的汉源县境内文武坡喇嘛溪沟的昔格达地层[1-3]的岩土体工程地质性质极差,遇水易软化垮塌,受九襄断裂带影响,极其破碎,呈碎石状,坡面水长期冲刷,形成多条冲沟,冲沟纵比降大,切割深度30～40m,冲沟侧壁土体较松散,稳定性差,在沟床下切侵蚀过程中易失稳,并有逐年向沟首及沟两岸扩展的趋势,导致溯源冲沟侵蚀、沟岸失稳,直接对高速公路的修建与运营造成影响。文武坡喇嘛溪沟流域的侵蚀严重,重力侵蚀[4]、水力侵蚀都很明显。沟内水流的下蚀、侧蚀作用致使喇嘛溪沟不断的下切,两岸斜坡在重力影响下沿着不良地质界面发生滑坡、崩塌,其堆积物成为泥石流的松散物源。喇嘛溪沟的重力侵蚀与水力侵蚀相互作用,相互影响,沟道不断的下切和加宽,形成了该沟的溯源侵蚀[5]现象。流域内侵蚀类型齐全,水力侵蚀、重力侵蚀并重,并以重力侵蚀为主。

重力侵蚀是指地表土石物质在自重力作用下失去平衡而发生位移的过程,产生滑塌、迁移和堆积的现象。反映在调查区域内的重力侵蚀是在重力和水力共同作用下,以重力为其直接原因所引起的。重力侵蚀有多种类型,包括泻溜、滑坡、滑塌、坡面泥水流等。重力侵蚀不同于普通工程意义上的滑坡失稳,首先,该地区沟坡由于坡面下部切沟在水流作用下不断下切,切沟之间形成了孤立沟坡,沟坡在降雨等条件下,由于重力作用产生滑塌、滑坡;另一方面,沟坡下部在雨季形成行洪沟道,沟坡本身将受到水流的强烈淘刷而加大直立面高度,从而对沟坡的稳定性产生严重影响。文武坡喇嘛溪沟地区的重力侵蚀主要表现为坡面失稳,即水流切割和降雨等因素共同作用下的滑坡病害[6]。因此有必要对这种类型的滑坡特征进行分析,为进一步分析其产生机理及提出合理治理措施提供依据。

2　自然环境特征

汉源县地处川西高原与四川盆地过渡带,区域地貌为川西南中切割中山区,场地微地貌为山间沟谷地貌山区,周围高山环绕。总的特点是:山高谷深,山坡陡峻,平地较少(仅见于河谷阶地及洪积扇)(图1)。

喇嘛溪沟位于雅泸高速公路K79+533.5～K79+613.5段之间,该沟沿近东西向展布,平面上呈弯曲状,上游处白云岩受到水流切蚀,沟谷深,呈“V”形,下游处水流冲刷侵蚀昔格达地层,造成沟道两岸滑坡崩塌极为发育,沟谷较为宽阔,呈“U”形,沟两岸的谷坡呈折线状。沟内流水最终汇入流沙河。该沟纵比降大,在中下游处切割深度达到30～40m,沟道两岸土体稳定性较差,在沟床下切侵蚀过程中易失稳,并有逐年向沟首及沟两岸扩展的趋势。因此在沟内水流的影响下,该地重力侵蚀严重,崩塌滑坡等不良地质现象较多,在调查区域内共有大小滑坡17处，崩塌6处。同时，沟道侵蚀基准面下降，引起河流不断下侵，两岸斜坡不断的向下滑动，在沟道两岸形成了阶梯状地形(图2)。

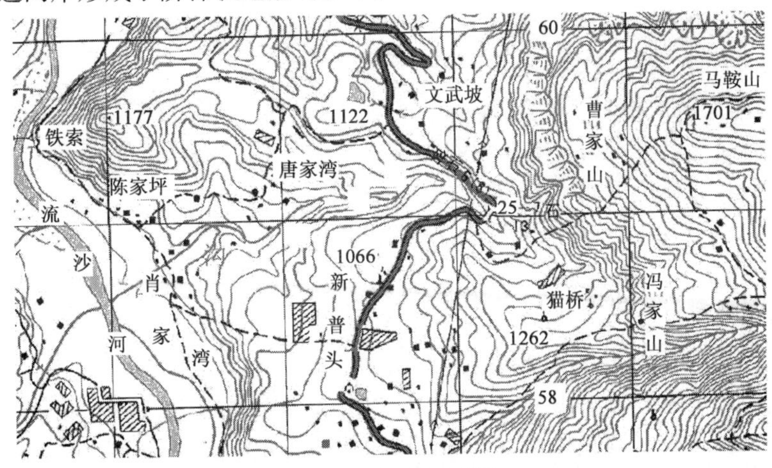

图1　喇嘛溪沟地形图

图2　阶梯状地形

喇嘛溪沟流域的侵蚀严重，重力侵蚀、水力侵蚀都很明显。沟内水流的下蚀、侧蚀作用致使喇嘛溪沟不断的下切，两岸斜坡在重力影响下沿着不良地质界面发生滑坡、崩塌，其堆积物成为泥石流的松散物源。喇嘛溪沟的重力侵蚀与水力侵蚀相互作用，相互影响，沟道不断的下切和加宽，形成了该沟的溯源侵蚀的现象。

喇嘛溪沟侵蚀的发育与该沟流域的特征密切相关，该沟流域面积4.3km²，主沟长4.8km，平均纵坡比降140‰。沟谷中下游，呈V形或U形，两岸主要是昔格达地层和第四系碎石土，分布了大量的耕地和果园。该段滑坡十分发育，挤压河道，使河道发生弯曲(表1)。

喇嘛溪沟沟谷特征参数　表1

流域面积(km²)	沟长(km)	最高点(km)	最低点(km)	高差(km)	平均比降(‰)
4.3	4.8	2.08	0.88	1.2	140

汉源地区降水集中在5～10月，这一时期的降水量占全县降水量的80%～90%，7、8两月最多。冬半年十分干旱(11月～次年4月)，形成冬春干旱少雨，夏季降水集中。降水量的年际变化不大，年均降水量745.1mm，冬春季(11月～次年4月)降雨量仅占年降雨量的12%，盛夏(7～8月)降雨量占年降雨量的45%。

3　滑坡工程地质特征

3.1　地层岩性

该区地层主要由第四系全新统人工堆积层(Q_4^{me})、第四系全新统滑坡堆积层(Q_4^{del})、第四系全新统残坡积层(Q_4^{el+dl})及上第三系上新统昔格达组(NQ_x)组成。从新至老分述如下：

3.1.1　第四系全新统人工堆积层(Q_4^{me})

填筑土：褐灰色，白色，稍湿，松散。主要由黏性土及建筑垃圾组成，含弱风化白云岩、灰岩及砂岩角砾，上部0.50m富含植物根系。

3.1.2　第四系全新统滑坡堆积层(Q_4^{del})

碎石土：褐黄色，饱和，松散。主要由强风化昔格达组粉砂岩及5%左右的弱风化泥岩砾石组成。经钻进扰动后，岩芯呈散砂状、似土状。

3.1.3　第四系全新统坡残积层(Q_4^{el+dl})

(1)低液限黏土：褐红色，湿，可塑。主要由黏粒组成，含5%左右钙质结核及弱风化白云岩、灰岩角砾。干强度高，塑性中等。

(2)角砾土：紫红色，褐红色，稍湿，中密。以中粗砂为主，由长石、石英及岩屑组成，并含弱风化白云岩、灰岩角砾，棱角～次棱角状。其粒组组成：2～60mm约占30%，0.074～2mm约占30%，粉粒约占25%～30%，含少量黏粒，局部黏粒富集成团，砂土中见少量无规律分布的块石和小块石。

3.1.4　上第三系上新统昔格达组(NQ_x)

(1)泥岩：褐红、紫红、深灰等色，强风化，半成岩。主要由黏土矿物组成，泥质结构，中厚—薄层状构造，泥质胶结，风化强烈，原岩结构多被破坏。含5%～10%弱风化白云岩、灰岩及砂岩砾石，棱角状，一般粒径40～2mm，具铁锰质斑点、薄膜及条纹，夹粉砂岩团块及薄层。

(2)粗砂岩：紫红、褐红、灰白色，强风化，半成岩。主要由石英、长石及岩屑组成，粗粒结构，中厚—薄层构造，泥质胶结，含5%～20%的黏粒。呈透镜体分布。

(3)粉砂岩：褐黄、灰、深灰色，强风化，半成岩。主要由石英、长石及少量云母碎片组成，粉粒结构，中厚—薄层构造，泥质胶结。含少量弱风化泥岩、砂岩砾石，次棱角状，偶具铁锰质斑点及薄膜，局部黏粒含量较高，富集成团。偶夹泥岩薄层及团块。

(4)砾岩：褐灰色，强风化，半成岩。主要由弱风化白云岩、灰岩等组成，砾质结构，中厚层状构造，泥质胶结，且胶结不均匀。一般粒组组成：>200m约占10%，200～60mm约占10%，60～2mm约占70%，其余为砂及细粒土充填。其中起控制作用的为昔格达风化残积土，通过室内试验并结合反算，综合确定文武坡喇嘛溪沟昔格达组抗剪强度如表2所示。

昔格达地层典型物理力学性质　　表2

状态	土	含水率(%)	重度(kN/m³)	饱和度(%)	孔隙比	液限指数	压缩系数(MPa)	压缩模量(MPa)	凝聚力(kPa)	内摩擦角(°)
天然状态	低液限黏土	21.2	19.0	46.0	0.50	0.32	0.46	1.23	36.0	14.0
	碎石质土	14.1	21.0	31.0	0.44	0.20	0.44	1.53	15.0	33.0
	角砾土	20.5	20.5	41.0	0.33	0.19	0.39	1.45	20.0	35.0
	泥岩	9.6	18.5	10.5	0.32	—	0.15	2.98	42.5	19.0
暴雨状态	低液限黏土	27.8	20.0	77.1	0.59	0.48	0.39	0.76	25.0	9.0
	碎石质土	17.7	21.5	49.0	0.48	0.31	0.26	0.98	10.0	27.0
	角砾土	25.3	21.0	56.0	0.40	0.23	0.32	0.87	17.0	30.0
	泥岩	14.2	20.0	22.0	0.35	—	0.27	1.87	28.3	13.0

3.2　地质构造

由于受到区域九襄断裂构造影响，研究区昔格达组基岩局部节理裂隙较发育，产状较紊乱，在喇嘛溪沟范围内主要发育如下3组裂隙：

(1)L_1：产状156°∠70°，裂面较平直，延伸长度0.50～3.00m，微张，张开宽度2.00～8.00mm，无充填，发育间距一般0.3～0.5m。

(2)L_2：产状51°∠78°，裂面凹凸不平，可见延伸长0.5～1.5m，微张，张开宽2～5mm，局部少量泥沙充填，发育间距一般0.3～0.6m。

(3)L_3：产状81°∠85°，裂面较平直，可见延伸长0.5～1.5m，微张，张开宽2～8mm，局部泥沙充填，发育间距一般0.3～0.7m。

根据结构面产状与坡向的关系，作赤平极射投影图（图3）。

从图3可知，L_1、L_2呈共轭产出，L_1与坡向呈同向大角度（45°）斜交，倾角大于边坡坡度角，对边坡稳定影响不大；L_2、L_3与坡向反向斜交，且倾角大于坡角并倾向坡内，对边坡的稳定基本无影响。但在裂隙的作用下，岩体大多切割呈大块—巨块状，局部呈块（石）碎（石）状镶嵌结构，有利于地表水的入渗，为滑坡的形成创造了条件。

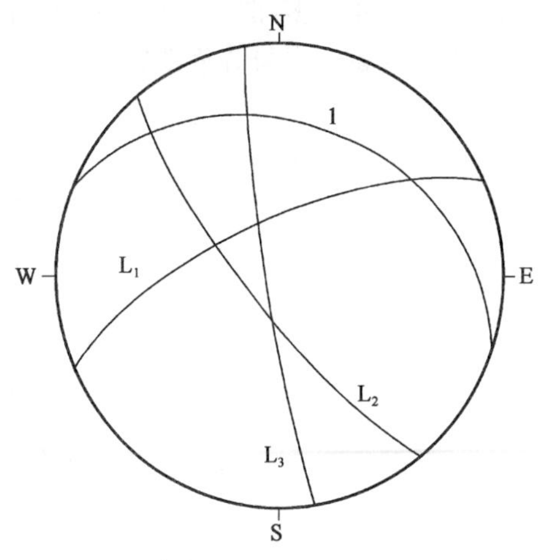

图3　赤平投影图

1-坡向：201°∠34°；L_1-156°∠70°；L_2-51°∠78°；L_3-81°∠85°

4　滑坡水文地质条件

4.1　地表水

该区地表水较发育，主要分布于喇嘛溪沟流域内。该沟属于大渡河水系流沙河一级支沟，从上游到下游切割逐渐加深，两岸斜坡也逐渐变陡，是场地地表水、地下水的汇集场所，属季节性流水沟，具有雨涨晴消的特征。两侧斜坡峻峭，天然坡度角10°～30°，局部达60°；谷底比较狭窄，宽度一般为3～20.0m，其纵向坡度8°～15°。强降雨时地表径流易于在沟内汇集，并成为排泄通道，同时也是地表水的局部侵蚀基准面。据调查访问，该沟为常年性流水沟，沟中地表水主要由大气降水和沟上游地下水出露补给，其流量受季节的影响大，雨季时水量较大，旱季时水量较小。枯水季节，测得喇嘛溪沟水深0.27m，流速为1.2m/s，流量为33.7L/s。喇嘛溪沟沟内流水并不是一直存在，上游白云岩沟床内并没有水流。水流在上游某处从一较高的陡坡流下以后，就直接下渗转化为地下水，而在一段距离以后，水流又再次出现回到沟内；在下游处，沟道两侧坡体内的水往往在坡脚处渗出，汇入沟内。当地居民在沟两岸修筑有小水渠引水，渠内水流与坡上零散分布的水田也是地表水的重要组成部分。

4.2　地下水

该区地下水类型主要有松散堆积层孔隙水和基岩裂隙水。

4.2.1　松散堆积层孔隙水

松散堆积层孔隙水主要存于第四系全新统残坡积层（Q_4^{el+dl}）粉土质砂、第四系全新统滑坡堆积层（Q_4^{del}）块石土中。地下水主要由大气降水、灌溉用水的下渗补给，在层内相对隔水的黏粒富积带、基岩面赋集。因场地地形坡度较大，含水层较薄，无良好的储水构造，因而孔隙水多顺地形就近向低洼处排泄。

根据现场调查，大多数滑坡的坡脚都有地下水出露，滑坡上分布有水田。地下水是滑坡产生的主要原因之一[7]。实测流量0.01～0.10L/s不等，在其中部局部地带见有少量地下水呈片状渗出，估计流量为0.01～0.004L/s。

4.2.2　基岩裂隙水

基岩裂隙水赋存于昔格达组（NQ_x）基岩风化裂隙及构造裂隙中，主要由大气降水及上覆松散层地下水补给，次为冲沟、渠水的补给，并顺地形就近向坡下及溪沟中排泄。因场地斜坡陡峻、植被稀少、汇流面积小、裂隙仅局部发育且其连通性差，因此地下水的透水性和赋水性较差，具就地补给、就近排泄、水量较贫乏的特点。地下水对硬质岩石边坡的稳定性影响不大，但是对软质岩石边坡和土质边坡及老滑坡体上的边坡稳定性影响很大，它一方面使软岩和土体的强度降低，另一方面增加软岩和土体的重度，增大下滑力并产生净水压力[8]，降低软岩和土质边坡的稳定性。

5　昔格达地层滑坡特征分析

5.1　滑坡类型及分布

汉源县境内滑坡很多，喇嘛溪沟附近滑坡最为严重，滑坡侵蚀是该地区主要的侵蚀方式，调查范围内滑坡侵蚀有 17 处之多(图 4),大小不一,分布于沟道两岸。根据野外实测,该沟已经下切到第三系昔格达层的中段,即灰色黏土岩与黄色细砂岩互层。

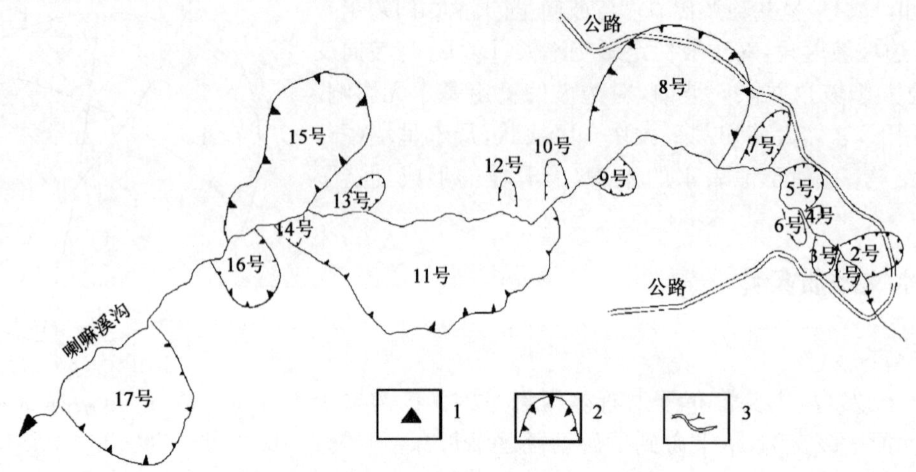

图 4　喇嘛溪沟滑坡分布

1-拦沙坝;2-滑坡;3-河沟

汉源地区昔格达滑坡有明显的规律性,其滑面总是沿着一个或几个结构面发生;结构面岩性差异较大,常有含水率较高,抗剪强度很低的泥化黏土膜所充填。这些结构面分别是:①黏土岩、页岩与粉砂岩、砂岩的岩层接触面。②完整昔格达岩层与强风化或滑动过的破碎岩层的接触面。③完整的或破碎的昔格达岩层与外来第四系覆盖层的接触面。④昔格达组上段与中段,中段与下段的接触面。⑤昔格达组(包括其堆积物)与下覆老地层的接触面。此外,昔格达组中的微节理、微裂隙或甚微裂隙仅存在于本层之中,未穿透层面而进入另一层。昔格达组由地层层面、节理面和微裂隙面组成了节理——层状岩体结构,它与上述几种接触面相搭配而构成昔格达组易滑地质结构面。从上述易滑结构面角度,可将昔格达滑坡归为覆盖层滑坡、昔格达基底滑坡和昔格达组层面滑坡 3 类。

(1)覆盖层滑坡:覆盖层主要为第四系残积层、坡积层、洪积层、冲积层,甚至滑坡堆积层,沿下覆昔格达岩层顶面发生的滑坡(图 5a)。

(2)昔格达基底滑坡:沿昔格达组地层与下覆基岩顶面发生的滑坡(图 5b)。

(3)昔格达组层面滑坡:下滑面沿昔格达组层面发生的滑坡。此类滑坡面要发生在昔格达层内,即发生在以红色为主的黏土岩和黄色细砂岩互层地层中(图 5c)。

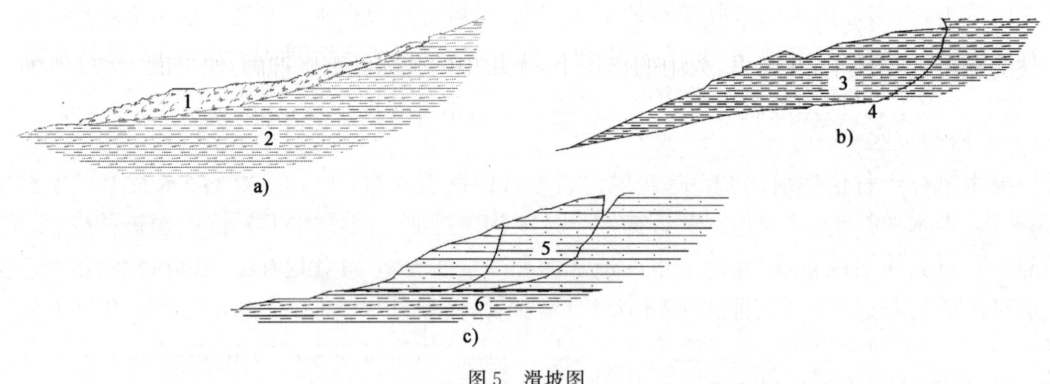

图 5　滑坡图

a)覆盖层滑坡;b)昔格达基底滑坡;c)昔格达组层面滑坡

1-第四系的覆盖层;2-昔格达组地层;3-昔格达组地层,4-下覆地层;5-昔格达组地层砂岩;6-昔格达组地层泥岩

喇嘛溪沟两侧滑坡发生处远离昔格达组地层下覆的基岩(白云岩),在大多数滑坡周界面上能观察到昔格达组的灰黑色泥岩,因此不是昔格达组的基底滑坡,由于并未在所有滑坡上打钻孔,根据滑坡的形态特征推测该沟两侧的滑坡基本为昔格达组层面滑坡和覆盖层滑坡。

据调查，沟道两岸顺层滑坡发生时间较早(约 10a)，但是现在能观察到的却是滑坡表层土体在水的作用下向喇嘛溪沟沟内缓慢移动，即为地表土体的浅层滑动，这种滑动没有明显的滑坡特征，只是在浅层土重力作用下沿着土体内某个面发生的滑移，这种现象在沟两岸均有出现。

5.2　滑坡特征分析

5.2.1　滑坡地形地貌特征

喇嘛溪沟地形受到昔格达组特殊岩性的影响，滑坡、崩塌均有发育，在调查区域内发育密度极大，呈现出该沟两岸特有的地形地貌。在调查过程中对沟道两侧斜坡的坡度、滑坡坡角与高度的关系、斜坡坡度危险性等级做了统计分析。

5.2.2　滑坡易发斜坡坡度的确定

根据对沟域 17 个滑坡的调查，按斜坡平均坡度分级进行统计，斜坡坡度在 10°以下滑坡没有；坡度在 10°～20°的滑坡有 5 个，占 29.4%；坡度在 20°～30°的滑坡有 9 个，占 52.9%；坡度在 30°～40°的滑坡有 3 个，占 17.6%(图 6)。其中，20°～25°的滑坡有 3 个，25°～30°的滑坡有 6 个，分别占 17.6%和 35.2%，两者合计占统计数的 52.8%。可以看出，斜坡坡度在 25°～30°为滑坡的易发坡度(图 6)。

5.2.3　滑坡坡角与高度

喇嘛溪沟所观察的 17 个滑坡各不相同，每一个滑坡对应一定的斜坡高度，可以说斜坡的高度在一定程度上也影响和控制了滑坡的发生，通过对沟道两岸滑坡相应坡高的统计(图 7)可知，该沟的滑坡坡角大概分布于 20°～40°之间，滑坡的最大高差分布于 20～60m 之间，较大的滑坡一般都发生在 15°～25°之间。这说明对喇嘛溪沟而言，在一定范围内坡度越缓，越容易发生大型的滑坡，这与昔格达地层易发生蠕滑的性质相符。

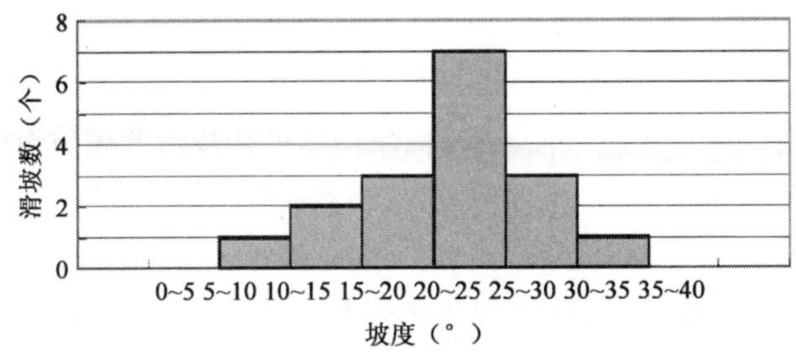

图 6　滑坡个数与地形坡度的关系

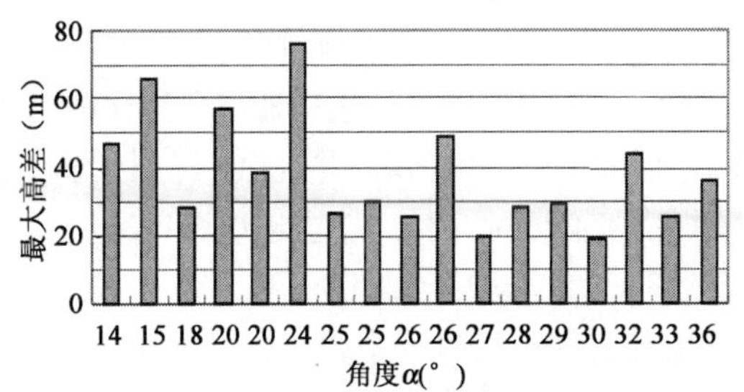

图 7　滑坡高差与坡角的关系

5.2.4　斜坡坡度危险性分级

根据滑坡所处的斜坡坡度特征，可将斜坡分为 3 级：

(1)滑坡少发地形：斜坡坡度小于 10°。此种坡度的斜坡一般不会产生滑坡，但是在特殊情况下也可产生。如斜坡为松散的黏性土，在绵雨、久雨的作用下，土壤中的孔隙已被水冲满，使可能滑动的滑移面上的内摩擦角降低到 10°以下，此时斜坡就有可能发生滑坡。不过滑动速度很慢，规模也很小。在沟两岸表面松散的土层滑动就属此类，因方量太小，未予统计。

(2)滑坡多发地形：斜坡坡度 10°～25°。据统计，斜坡坡度在 10°以上就会有少量的滑坡发生，并随着角度的增大而增多，25°左右是个突变点，滑坡急剧增多，分析其原因是受不连续结构面上的强度控制。

(3)滑坡极易发地形：斜坡坡度大于 25°。从图 7 看出，25°～30°的斜坡为滑坡分布的密集区，而 30°以上的斜坡，滑坡分布逐渐减少。从大量野外实地测量的结果来看，自然界的斜坡平均坡度大多在 40°以下，该沟两岸所测得滑坡均小于 40°。坡度大于 40°的斜坡则一般不会出现滑坡而出现崩塌现象。

5.3　滑坡形成原因分析

文武坡喇嘛溪沟水流长时间不断下切软弱的昔格达地层后形成沟槽，两岸边坡裸露，给下滑的岩土体提供了临空面，解除岸坡上原来存在的侧向压力，岸坡朝沟槽方向变位，释放原有的应力，即卸荷作用，把原来压紧的节理、裂隙拉开，形成裂缝。雨水和地表水沿着这些裂缝下渗，提高地下水位。地下水通过裂隙网向沟道排泄，起润滑作用，降低面上的阻力；带进的泥土形成软弱的层面，带出的泥土将淘空坡脚，继续形成临空面,解除侧向力。另外,沟道两岸裸露的岸坡容易受到面蚀等的作用,降低对下滑岩土体的支承能力。这些作用都使岸坡失稳,在量变达到引起质变的临界点时,喇嘛溪沟两岸众多的滑坡便发生了。滑坡的变形地质模式基本为蠕滑—拉裂型,即滑体的蠕滑带动后缘拉裂,拉裂又促进蠕滑,导致破坏。滑坡以塑性滑动为主,滑速一般较缓慢,基本为牵引式滑坡。因此喇嘛溪沟两岸所发生的滑坡形态及结构特征基本相同:滑坡周界较清楚,后缘及两侧为近直立陡坎,平面呈不规则圈椅状,下覆为昔格达组灰色黏土岩与黄色细砂岩,喇嘛溪沟两岸滑坡基本都为该类型。

喇嘛溪沟两岸众多滑坡的形成是在其特定的地层岩性条件下,受到众多因素综合影响而形成的,例如地质构造、地下水活动、河流侵蚀、地形地貌条件以及人类活动等[9]。

5.3.1 昔格达地层的不良地质因素

汉源地区昔格达地层岩性软弱,就岩性、承载力而言,昔格达组地层是较好的地基持力层,但是该地层本身具有不可忽视的不良地质因素:

(1)昔格达组地层尽管经受了一定的成岩作用,与前三系的成岩程度不同,因此强度较低。特别是在水的作用下,承载性能和抗剪强度都会大幅度降低。

(2)昔格达组层中页岩、泥岩具有微细的层理,在风干后,特别是反复浸水,极易崩解。

(3)由于昔格达组为砂(粉砂)岩、泥(页)岩互层,岩体中常有软弱的沉积结构面,这些软弱结构面及昔格达组层与上覆松散堆积层的接触界面、与下覆地层的界面,是产生滑坡、塌方的主要不良结构面。

5.3.2 水的影响

水是造成滑坡滑动的必要因素,它能促进滑坡的形成和发展,如喇嘛溪沟沟内流水冲刷淘蚀坡脚、地下水或地表水下渗会增加滑体重量,降低滑带土强度以及抗滑力等,这些都有利于滑坡的产生。

5.3.2.1 沟内水流的影响

当沟内流水下蚀到昔格达地层分界面的时候,水作用于昔格达地层,接触面的性质降低,继续下切后,在沟道两岸形成了较陡的斜坡,并且由于下蚀冲刷作用在坡脚处形成了临空面,为上覆第四系堆积物沿着界面向下滑动提供了必要的条件。据当地居民反映,10 多年前每逢雨季,沟内的水流增大,都会造成两岸的坡体下滑。

5.3.2.2 地下水的影响

在滑坡的形成过程中,滑坡区的地下水赋存于第四系崩坡积、滑坡堆积的块碎石土中,下覆相对隔水的下更新统昔格达组半成岩泥岩。

5.3.3 人类活动影响

人类活动往往会对滑坡的形成起到促进作用,例如人工不合理开挖边坡,坡体上部加载等,改变了斜坡的外形和受力状态,从而引起滑坡。喇嘛溪沟两岸滑坡也不可避免的受到人类活动的影响,最明显的表现为坡体上部国道的修建和种植灌溉活动。

5.3.3.1 道路修建

108 国道从汉源县九襄镇文武坡喇嘛溪沟通过(图 8),国道修建时的路基开挖势必会对沟道两岸的边坡稳定性造成影响,建成后来来往往的车量产生较大的荷载,在长期作用下加速了斜坡的失稳,斜坡下滑后造成路面下陷,从而导致该国道后改线。因此,国道的修建在一定程度上影响到滑坡的形成。气降雨补给和斜坡上灌溉水的下渗补给,顺斜坡向下运移至滑坡前缘以下降泉的形式出露。在下覆昔格达组相对隔水或阻水的前提下,上覆松散堆积层的孔隙水接受补给后主要是沿昔格达组顶面活动并沿裂隙下渗至岩层内,使昔格达组顶面和层面形成易滑的泥化黏土膜,并且增加了滑体的重量,对上覆松散堆积层产生浮托力,降低抗滑力,易于滑坡的发生[10]。

5.3.3.2 坡体上的种植灌溉

九襄作为鱼米之乡,农作业发达,当地居民在喇嘛溪沟两岸坡地上种植了大量的庄稼。对于坡体中上部的庄稼就需要引水灌溉,因此在沟道两岸修筑引水渠,大量的灌溉水下渗后转变为地下水,对斜坡的稳定性产生严重的影响。不仅如此,农田在过量灌溉水的作用下,还会出现垮塌现象,土体被水冲到坡脚,在坡体上留下冲沟(图 9)。

图 8　旧 108 国道横穿沟道

图 9　被冲毁的农田

6　整治措施

喇嘛溪沟流域重力侵蚀主要有如下两个方面问题：一方面沟坡在降雨条件下，重力增加，土体的抗剪强度降低。另一方面，沟坡下部在暴雨情况下形成洪流，沟坡本身将受到水流的强烈冲刷而加大直立高度，从而对沟坡的稳定性产生严重的影响。因此，喇嘛溪沟流域重力侵蚀是多因素下坡面稳定问题，是降雨、水流的底切和地下水的渗透等共同作用的结果。喇嘛溪沟的整治，应从降雨、水流的底切和地下水的渗透等方面综合考虑。

(1)在桥梁下游沟谷较窄处修建拦沙坝锁口，将右岸的路堑开挖的弃土方倒入沟内，进行填方反压(图 10)。

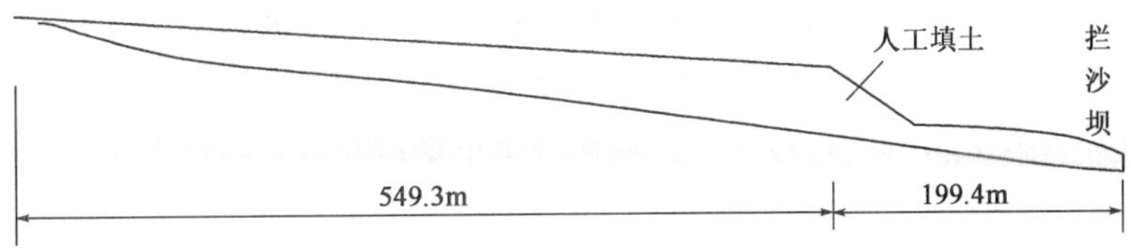

图 10　填方反压示意图

(2)填方后，在沟道两侧设置排水沟，将上游的水引出坝外，避免与填方接触。同时在坝的底部设置一条渗沟(图 11)。

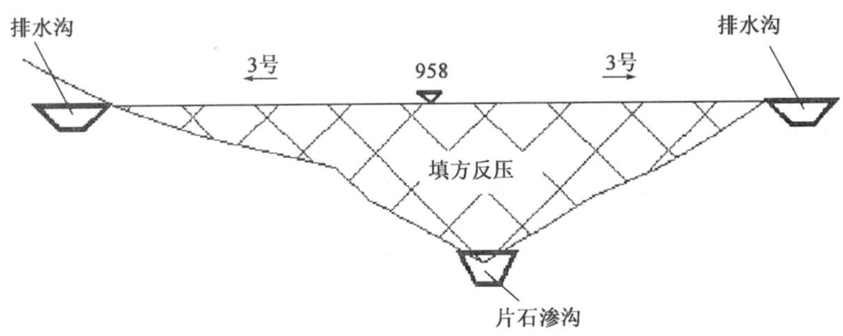

图 11　排水沟布置示意图

(3)拦沙坝抬高了上游沟道的局部侵蚀基准，对上游沟道的下蚀起到了抑制作用，稳定了滑坡，但加速了下游水的流速，因此，应对拦沙坝下面做消能处理(用铅丝石笼或混凝土海墁护底)，以免在拦沙坝前产生冲刷坑，影响坝基的稳定。

(4)沟道内原有的拦沙坝，对减缓河流下切和增加坡体稳定性发挥了重要的作用。现有拦沙坝局部出现了淘蚀现象，应采取加固措施，以免拦沙坝冲毁，打破沟道的平衡，加速沟道的溯源侵蚀。

(5)加强沟道两岸的植被防护，抑制斜坡表层的滑动。

7 结语

昔格达地层成岩程度低，结构构造不均一，富含黏土颗粒及黏土矿物，具有压缩性较强、遇水软化崩解、脱水干裂等特点，使得其岩石风化速度快，易造成较厚的风化壳或残坡积层；由于其稳定性极差，在长期水力侵蚀的作用下，该区面蚀与沟蚀十分发育：沟道两侧坡面受到水的长期冲刷，风化情况严重，两岸土体稳定性较差，在沟床下切侵蚀过程中易失稳，并有逐年向沟首及沟两岸扩展的趋势。因此在沟内水流的影响下，该地重力侵蚀严重，崩塌滑坡等不良地质现象较多，文武坡喇嘛溪沟地区为昔格达地层在水流切割和降雨等因素共同作用下的滑坡病害，有其特有特征，因此，研究此类滑坡的特性，进一步深入探讨其不同于一般黏性土边坡的破坏规律，对评价该类滑坡的稳定性及做好滑坡所在地区的水土保持工作都具有重要的意义。

参考文献

[1] 黄绍槟，吉随旺，朱学雷，等.西攀路昔格达地层滑坡分析[J].公路交通科技，2005，22(6)：41-44.
[2] 文丽娜，白志勇，汪洋.昔格达地层路堑边坡稳定性物元分析[J].公路交通科技，2006，23(8)：48-52.
[3] 刘恒一，乔建平.略论四川省攀西地区滑坡成因及分布特征[J].山地研究，1986，4(1)：54-61.
[4] 韩鹏，倪晋仁，王兴奎.黄土坡面细沟发育过程中的重力侵蚀实验研究[J].水利学报，2003，(1)：51-56.
[5] 韩鹏，倪晋仁，李天宏.细沟发育过程中的溯源侵蚀与沟壁崩塌[J].应用基础与工程科学学报，2002，10(2)：115-125.
[6] 郑书彦.滑坡侵蚀及其动力学机制与定量评价研究[D].杨凌：西北农林科技大学，2002.
[7] 张作辰.滑坡地下水作用研究与防治工程实践[J].工程地质学报，1996，4(4)：80-85.
[8] 李定方，万力.渗流对岩体高边坡位移的影响[J].工程地质学报，2000，8(2)：142-147.
[9] 张倬元，王士天，王兰生.工程地质分析原理[M].北京：地质出版社，1994.
[10] 阳吉宝.堆积层滑坡临滑预报的新判据[J].工程地质学报，1995，3(2)：70-73.

新建沥青路面抗滑性能预测方法

沙振勇[1]　徐暘[2,3]　关宏信[4]　张起森[4]　肖　鑫[4]

（1. 四川雅西高速公路有限责任公司　成都　610041；
2. 中南大学土木建筑学院　长沙　410083；
3. 湖南省交通规划勘察设计院湖南　长沙　410008；
4. 长沙理工大学土木建筑学院　长沙　410076）

摘　要：新建道路路面抗滑性能一般都能满足行车要求，但投入使用后会逐年衰减，低于设计的标准，这就需要恢复沥青路面的抗滑性能，准确地预估路面抗滑性能的衰变对路面全寿命周期设计意义重大。本文首先开展了沥青混合料在不同轮压下的抗滑性能衰变模拟试验，得到了抗滑性能随时间和轮压的衰变方程；然后基于沥青混合料的抗滑性能衰变方程提出了沥青路面的抗滑性能预测方法，并考虑了轴数和轮组的影响；再根据某道路实际交通量数据，按照所提出的抗滑性能预测方法计算了路面抗滑性能随时间的变化；经与实际测试数据对比，计算结果与测试数据基本吻合，说明该方法可以用于预测抗滑性能的变化。

关键词：抗滑性能　衰变　摩擦　预测

1　引言

目前对于沥青路面抗滑性能没有系统的设计方法，在新建路面设计时只要求沥青路面表面层混合料抗滑性能指标不小于规范推荐的标准值，而没有考虑其抗滑性能的耐久性，即无法反映出路面开放交通后表面层抗滑性能变化的影响。目前道路工程界关心的是路面养护过程中抗滑性能变化规律的预测，着重于利用各年实际测试的抗滑性能数据来预测其未来的发展趋势，但这种预测方法无法应用到新建沥青路面设计。

目前国内外已经对沥青路面或沥青混合料抗滑性能的衰变进行了各类研究[1-5]，得到了一些有价值的结论，如随着轮胎作用次数的增加，路面的抗滑能力降低。但由于不同国家或地区自然气候、交通特点以及对车轮—路面作用模式理解的不同，试验设备、条件和试验方法等方面差异性很大，多局限于不同混合料之间抗滑性能在衰减过程中优劣性的相对比较，在此基础上的关于路面抗滑性能预测方法的研究报道却未见到过。

沥青路面结构设计时，国内外都考虑了路面上各类汽车重复作用的影响[6-7]，如路面结构抗裂设计时引入了沥青混合料在重复荷载作用下的疲劳效应，实际上是通过这种方式考虑了抗裂耐久性。本文正是基于这种思路，以沥青混合料抗滑性能衰变试验为基础，建立新建沥青路面抗滑性能的预测方法。

2　抗滑性能衰变规律

我国现行规范提出了三种路面抗滑能力指标，即路表构造深度（TD）、摆值（BPN）、路面横向力系数（SFC），本文通过室内抗滑试验采用摆值来表征沥青混合料的抗滑性能。

试验时采用标准车辙仪对试件进行重复碾压，试件采用 300mm×300mm×50mm 的车辙板，每天运行 8～10h，定期测试试件表面摆值。试验时试验轮行走速度设为 42 次/min，试验温度设定为 21℃。

由于沥青路面抗滑设计的需要，本文对 SMA16 分别在 0.7MPa、0.9MPa、1.1MPa、1.2MPa 和 1.4MPa 五种轮压作用下进行了抗滑性能衰减规律的试验。试验时通过改变施加的垂直荷载来改变轮压，进而改变水平力即试验轮与试件之间的摩擦力，而摩擦力直接影响抗滑性能衰变速度。抗滑试验结果如图1所示。

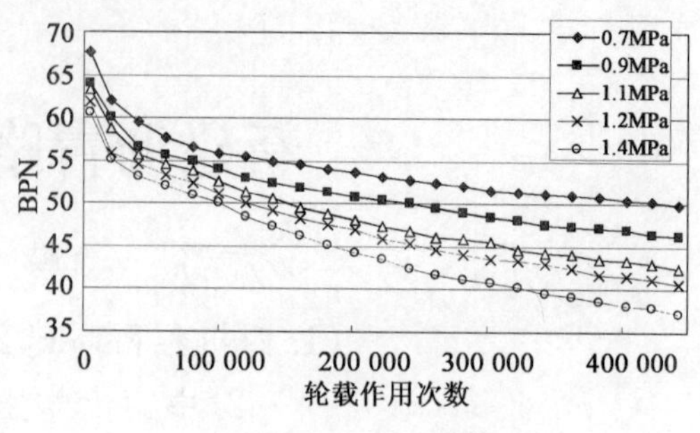

图1 抗滑性能衰变曲线

经拟合得到各轮压下的BPN随轮载作用次数 n 而变化的方程如下：

$$\mathrm{BPN}(\sigma,n)=69.88419-0.66697n^{0.28084}\sigma^{0.70655} \tag{1}$$

3 抗滑性能预测方法

通过室内试验，可以得到沥青混合料的摆值衰变方程，能方便地预测沥青路面在单一轴载作用下的抗滑性能变化趋势。但是，沥青路面上行驶的汽车轴载并非恒定，而是不同轴载的交替作用，此时沥青路面抗滑性能如何变化还需要深入分析。

本文利用室内试验得到的沥青混合料BPN衰变方程，对不同轮压按一定顺序先后作用在路表造成的抗滑性能衰变进行计算，具体分析步骤如下：

这里记新建公路表面层沥青混合料的摆值BPN随轮载作用次数 n 和轮压 σ 变化的方程为：

$$\mathrm{BPN}(\sigma,n)=a_1\sigma^{b_1}n^{c_1}+d_1$$

(1)设初始状态下沥青路面的抗滑性能为 BPN_0。

(2)先有轮压 σ_1 作用 n_1 次，抗滑性能衰减为：

$$\mathrm{BPN}_1=a_1\sigma_1^{b_1}n_1^{c_1}+d_1$$

(3)接着，有轮压 σ_2 作用 n_2 次，此时沥青路面的BPN按照轮压 σ_2 时对应的沥青混合料BPN变化曲线发生衰变。

首先要找到该BPN变化曲线上 BPN_1 对应的当量轴载作用次数 $n_{1,0}$，即由 $\mathrm{BPN}_1=\mathrm{BPN}(\sigma_2,n_{1,0})$ 可求得：

$$n_{1,0}=\left[\frac{\sigma_1}{\sigma_2}\right]^{b_1/c_1}n_1$$

然后考虑轮压 σ_2 从 $n_{1,0}$ 开始作用 n_2 次，那么轮压 σ_2 时BPN的变化曲线上 $n_{1,0}+n_2$ 次对应的BPN值即为轮压 σ_2 作用 n_2 次后的抗滑性能指标值，即可由 $\mathrm{BPN}_2=\mathrm{BPN}(\sigma_2,n_{1,0}+n_2)$，求出：

$$\mathrm{BPN}_2=a_1\sigma_2^{b_1}(n_2+n_{1,0})^{c_1}+d_1$$

(4)重复步骤(3)，可以求出序号为 i 的轮压作用 n_i 次后的 BPN_i，得到：

$$\mathrm{BPN}_i=a_1\sigma_i^{b_1}(n_i+n_{i-1,0})^{c_1}+d_1$$

$$n_{i-1,0}=\sum_{k=1}^{i-1}\left[\frac{\sigma_k}{\sigma_i}\right]^{b_1/c_1}n_k$$

(5)将 BPN_i 与规范设定的抗滑指标临界值 BPN_c 进行对比，如果 $\mathrm{BPN}_i<\mathrm{BPN}_c$，则累计轴载作用次数 $N_f=\sum_{k=1}^{i}n_k$ 对应的时间即为“必须维修的时刻”。

4 轴载作用顺序的影响分析

路面上行驶的汽车轴载多种多样，先后顺序也难以准确调查和预测，那么就很自然会想到，如果采用上述抗滑性能预测方法，轴载作用顺序是否会对结果造成影响。下面就对两种不同的轮压作用顺序下的BPN进行比较，以分析轮压作用顺序对BPN衰变的影响。

假定轮压 $\sigma_1,\sigma_2,\cdots,\sigma_i$ 按顺序分别作用 $n_1,n_2,\cdots,n_i$ 次，按前述方法可以计算出：

$$\mathrm{BPN}_i=a_1\sigma_i^{b_1}\left[\sum_{k=1}^{i}\left(\frac{\sigma_k}{\sigma_i}\right)^{b_1/c_1}\right]^{c_1}+d_1$$

现任意改变这 i 个轮压的作用顺序，最后一个轮压记为 σ_m 作用 n_m 次，那么这 i 个轮压作用完后：

$$\begin{aligned}\mathrm{BPN_m} &= a_1\sigma_{\mathrm{m}}^{b_1}\left[\sum_{k=1}^{i}\left(\frac{\sigma_k}{\sigma_{\mathrm{m}}}\right)^{b_1/c_1}\right]^{c_1}+d_1\\ &=a_1{\sigma_i}^{b_1}\left[\left(\frac{\sigma_{\mathrm{m}}}{\sigma_i}\right)^{b_1/c_1}\right]^{c_1}\left[\sum_{k=1}^{i}\left(\frac{\sigma_k}{\sigma_{\mathrm{m}}}\right)^{b_1/c_1}\right]^{c_1}+d_1\\ &=a_1{\sigma_i}^{b_1}\left[\sum_{k=1}^{i}\left(\frac{\sigma_k}{\sigma_i}\right)^{b_1/c_1}\right]^{c_1}+d_1\\ &=\mathrm{BPN}_i\end{aligned}$$

很明显，有 $\mathrm{BPN}_i=\mathrm{BPN_m}$，说明轮压加载顺序对 BPN 的衰变进程没有影响。

有了上述结论，我们在调查交通量及轴载组成时就可以不考虑轴载先后作用顺序，而只需要简单统计各型轴载各自的作用次数。目前的交通量调查就是按照这种方法统计轴载作用次数的，交通量的预测则以日平均交通量为基础。

按照刚才的分析结果，轮压作用顺序不影响 BPN 计算结果，那么我们就可以先统计计算时间段内各轮压的累计作用次数，然后按照前述方法计算出 BPN 随时间的变化规律。

5 轴型和轮组的影响

前述分析都是以轮压为基础的，而在实际交通量调查时一般都以轴载为基础，那么按照前述方法预测沥青路面抗滑性能时还需要将轮压换成轴载，这就还需要考虑汽车的轴型和轮组。

由于抗滑只需要考虑轮胎与路表之间的压力，与路面结构内部受力状态无关，在轮胎接地范围内路表自动满足应力边界条件，所以本文取轴数系数等于轴的数量，相当于将每根轴分开来考虑，按各轴实际轴载分别计算，互不影响；至于轮组系数，本文直接将其与轮压挂钩，在轮载中体现出来，并假定轮压在接触面上均匀分布，如单轮组轴载 P_i 每只轮胎轮压为 $\sigma_i=\frac{P_i}{(2A)}$，而双轮组轴载 P_j 每只轮胎承压 $\sigma_j=\frac{P_j}{(4A)}$，式中，$A$ 为轮胎接地面积，可以取规范推荐的标准轴载接地面积。

当然，这里也需要考虑车道系数，以准确累计汽车通行次数，其取值仍然与沥青路面结构设计的车道系数相同。

将上述用轴载表示的轮压代入前面所列的分析步骤，并注意分别计算汽车各根轴引起的 BPN 衰减值，这样可以得到路面 BPN 随时间的衰变规律。

6 算例

某高速公路预测得到的设计初年一个车道交通量和代表车型如表 1 所示，交通量的年平均增长率为 6%。

设计初年代表车型及交通量 表 1

代表车型	北京 BJ130	跃进 NJ-130	东风 EQ-140	黄河 JN-150
日均交通量(辆/d)	789	676	564	226

如果该高速公路表面层采用本文试验用的 SMA16，下面就按式(1)计算该路面 BPN 值随时间的变化。

按照前文提出的 BPN 预测步骤，可以得到如图 2 的 BPN 随时间的变化结果。

我国《公路沥青路面养护技术规范》(JTJ 073.2—2001)设定了抗滑能力分级标准，如表 2 所示。由图 2 可以发现，从开放交通到 4 年又 160d 这个时间段内路面抗滑状态优秀，从 4 年又 161d 到 7 年又 120d 这个时间段内路面抗滑状态良好，从 7 年又 121d 到 10 年又 300d 这个时间段内路面抗滑状态中等，从 10 年又 301d 到 14 年又 290d 这个时间段内路面处于次级的抗滑状态，14 年又 290d 以后路面抗滑状态差。

沥青路面抗滑能力 BPN 分级标准 表 2

等级	优	良	中	次	差
BPN	≥42	37～42	32～37	27～32	≤27

国内某高速公路正是采用本文试验所用 SMA16 作为表面层，开放交通 4 年后其摆值降为 40.5，而本文预测的 4 年末的 BPN 为 42.9，虽然有一定差距，但误差还在可以接受的范围之内，其原因应该在于交通量及轴载调查与路面实际有出入，导致预测结果不够准确。

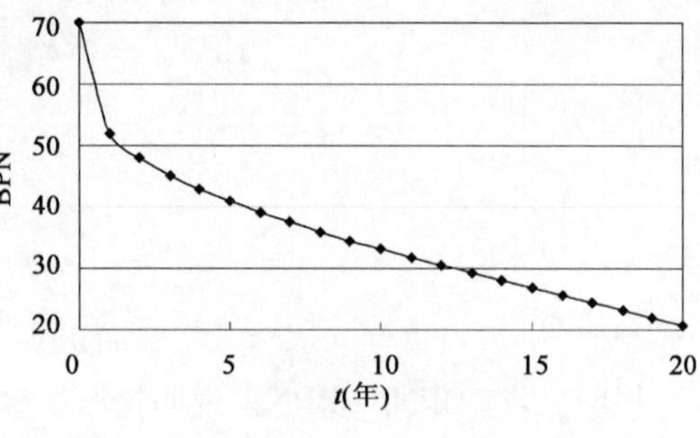

图 2 预测 BPN 变化曲线

7 结语

(1)基于沥青混合料的抗滑性能衰变方程提出了沥青路面抗滑性能预测方法，对先后作用的两个轴载之间以达到相同的抗滑性能状态为准进行轴载作用次数的换算。

(2)轴载作用顺序对抗滑性能指标值没有影响，交通量调查时可以只统计同一类轴载的作用次数，而不需要考虑其先后作用次序。

(3)轴数对抗滑性能的影响可以分开来计算，轮组对抗滑性能的影响可以通过轮压来反映。

由于本文提出的预测方法立足于沥青混合料的抗滑性能衰变方程，预测精度取决于沥青混合料抗滑性能衰变试验数据，而这类试验往往周期很长，需要不断积累数据；室内试验加载轮有别于路面实际车轮，而且室内试验加载频率也与路面实际状况不同，这些都需要开展进一步的研究。

参考文献

[1] Guo, Zhongyin , Yang, Qun; Liu, Benmin. Mixture design of pavement surface course considering the performance of skid resistance and disaster proof in road tunnels[J]. Journal of Materials in Civil Engineering, 2009, 21(4): 186-190.

[2] Ibrahim M Asi. Evaluating skid resistance of different asphalt concrete mixes[J]. Building and Environment, 2005, 42(1): 325-329.

[3] Richter Elk; Liedloff Frank; Schubert Marco EGPV. A new approach to skid resistance prediction of pavement surfaces[J]. Bitumen, 2004, 66(4): 144-149.

[4] I. A. Fulop; I. Bogardi; A. Gulyas. Use of Friction and Texture in Pavement Performance Modeling [J]. Journal of Transportation Engineering, 2000, 126(3): 243-248.

[5] 黄云涌，邵腊庚，刘朝晖. 沥青路面抗滑试验研究[J]. 公路交通科技，2002，19(3)：5-8.

[6] AASHTO-2002. Pavement design guide[S].

[7] 中华人民共和国行业标准. JTG D50—2006 公路沥青路面设计规范[S]. 北京：人民交通出版社，2006.

基于流域形态完整系数的泥石流容重计算方法

韩　征[1]　徐林荣[1]　苏志满[1]　王　磊[2]　陈舒阳[1]

（1.中南大学土木建筑学院　长沙　410004；2.中铁第四勘察设计院　武汉　430063）

摘　要：通过对四川山区20条典型泥石流沟道的现场调查，建立了流域形态完整系数与泥石流浆体重度的统计关系，通过拟合分析形成了基于流域形态完整系数泥石流重度的指数式计算公式，获取了回归曲线，并采用误差分析、影响因素分析及趋势分析验证了该计算公式的合理性。研究表明，泥石流流域形态对泥石流浆体重度有很大影响，在区域地质背景条件相似时，浆体重度随流域形态完整系数的增大而减小。当流域形态完整系数大于0.3时，形成的泥石流多为稀性泥石流，且逐步向水石流、夹砂水流的状态发展，浆体重度可达到1.28kN/m^3的极值，这与目前观测到的泥石流重度最小值相符。基于统计关系所建立的拟合公式尤其适用于流域形态完整系数较大的桦叶形泥石流沟，可为无法观测（已暴发或难以到达）的泥石流沟重度的计算提供简便方法，亦可为重度参数的合理确定提供区域性参考。

关键词：泥石流　流域形态完整系数　浆体重度

1　引言

随着我国社会经济发展，特别是西部大开发及汶川地震灾区的恢复和建设，山区泥石流的危害越来越大，正确地计算泥石流的各参数并评估泥石流的危害，从而有效地防治泥石流灾害已刻不容缓。

泥石流的重度是泥石流最重要的参数之一[1]，对泥石流流速、整体冲击力等特征值的计算有很大影响。现有的泥石流重度计算方法有数十种之多，概括为理论推导法和特征参数法两类[2]，理论推导法采用野外调查和访问目击者的方法，如现场调查试验法及数量化综合评判法[3]，所得重度受人为因素影响大，加之精度不确定，且配制时块石的多寡对泥石流重度的影响很大，常常难以准确反映重度的真实值；特征参数法主要根据角砾含量[4]、颗粒平均粒径[5]、黏粒含量[6]、中值粒径[7]、算术平均粒径[7]和主沟坡降[8]等泥石流相关特征参数与重度的关系，提出相应的计算公式。在这些方法中，基于主沟坡降、流域面积等地形参数的重度计算最为简便实用，目前形成了铁道部第二设计院公式[8]和中科院兰州冰川冻土研究所公式[8]等，但以上公式均为单因素经验公式，缺乏相应的理论依据，具有单一性和一定的区域特性。因此，在实际工作中人们希望找到既有理论依据又具有实用价值的方法来计算泥石流重度[2]。

对四川省冕宁县后山乡的石灰窑沟、桃水沟这两条泥石流沟进行调查时发现，这两条泥石流沟位置相邻，地形地貌、区域地质条件、植被覆盖及人为活动条件基本相似，理论上认为这两条泥石流沟应产生性质相似的泥石流。但从调查结果来看，这两条泥石流沟却产生了性质截然相反的泥石流。石灰窑沟历史上暴发泥石流的重度为19.4kN/m^3，而挑水沟重度却为1.45kN/m^3。经考察，两沟主要在流域形态方面区别较大。据此推测泥石流流域形态与泥石流浆体重度间存在相关关系。本文统计分析了我国四川省西南山区20条泥石流沟浆体重度与流域形态完整系数的关系，探讨了基于泥石流流域形态完整系数的泥石流浆体重度计算方法。

2　流域形态完整系数的确定

流域形态与泥石流有着密切的关系，最有利于泥石流发生的流域形态是漏斗形、桦叶形、桃叶形、柳叶形及长条形几种形态，其形态可以用流域形态完整系数δ来表示[9]：

$$\delta=\frac{A_b}{L_w^2} \tag{1}$$

式中：L_w——流域长度(km)；

A_b——流域面积(km^2)。

通过式(1)可以判断，流域越狭长，流域形态完整系数 δ 越小；反之流域形态完整系数 δ 越大。

一般地，根据流域形态系数的大小，可以为泥石流流域形态进行定型：

长条形泥石流流域：$\delta<0.3$；

桦叶形泥石流流域：$0.3\leqslant\delta<0.7$；

漏斗形泥石流流域：$\delta\geqslant0.7$。

3　统计关系分析

3.1　流域形态完整系数与浆体重度的获取

通过对四川省西南山区20条典型泥石流沟资料的整理，获取了这些泥石流沟基本的沟道特征，并通过式(1)计算得出这些泥石流沟的流域形态完整系数 δ，如表1所示。

泥石流流域形态完整系数与重度关系　　表1

沟　名	沟 道 位 置	流域面积 A_b (km^2)	沟道长度 L_w (km)	流域形状完整系数 δ	流域形态定型	重度 γ_c ($\times10kN/m^3$)
关家沟	雅安市汉源县青富乡	6.110	4.642	0.284	长条形	1.710
小河大沟头	石棉县大堡永和乡	48.590	14.690	0.225	长条形	1.680
田坝干沟	汉源县青富乡	8.010	6.565	0.186	长条形	1.730
沈家沟	雅安市汉源县青富乡	1.240	2.642	0.178	长条形	1.820
小沙沟	汉源县唐家乡伍家山村	0.480	1.740	0.159	长条形	1.790
大沙沟	汉源县唐家乡伍家山村	12.570	7.700	0.212	长条形	1.630
野鸡洞	雅安—泸沽高速公路K186+940处	0.970	1.700	0.336	桦叶形	1.600
小沟尔	雅安—泸沽高速公路K179+700处	12.850	8.100	0.196	长条形	1.670
雀儿沟	雅安—泸沽高速公路K184+400处	14.080	7.300	0.264	长条形	1.570
舍可泥罗	雅安—泸沽高速公路K198+115处	0.770	1.900	0.213	长条形	1.730
春河沟	冕宁县石龙乡	11.790	4.458	0.593	桦叶形	1.350
喇嘛房	雅安—泸沽高速公路K188+250处	4.229	3.110	0.437	桦叶形	1.410
阁里沟	冕宁县林里乡	16.980	6.400	0.415	桦叶形	1.390
石灰窑	冕宁县后山乡	5.811	4.760	0.256	长条形	1.940
挑水沟	冕宁县后山乡	0.831	1.550	0.346	桦叶形	1.450
小堡子沟	冕宁县后山乡	1.930	2.670	0.271	长条形	1.590
石龙沟	冕宁县石龙乡	0.410	1.077	0.354	桦叶形	1.490
一颗印	理县朴头乡	47.000	14.870	0.213	长条形	1.786
塔子沟	理县朴头乡	28.640	10.080	0.282	长条形	1.731
甲司口	理县朴头乡	12.350	7.610	0.213	长条形	1.752

3.2　流域形态完整系数与重度的统计关系分析

通过分析四川省西南山区20条泥石流沟的重度及泥石流流域形态完整系数，可以绘制出泥石流流域面积、沟道长度以及流域形态完整系数与重度关系云图(图1)及测试重度曲线图(图2)。

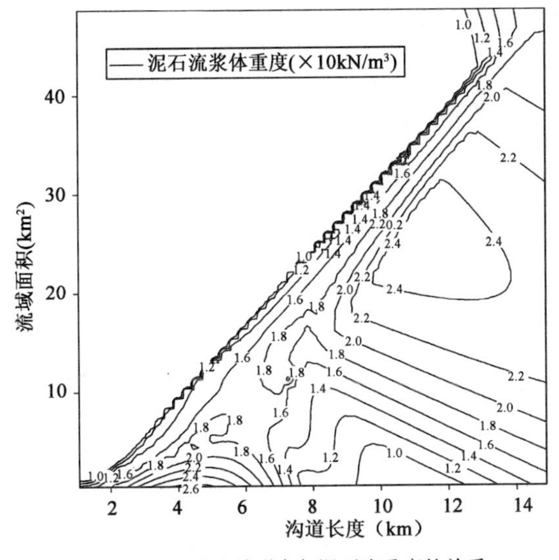

图1　泥石流流域形态与泥石流重度的关系

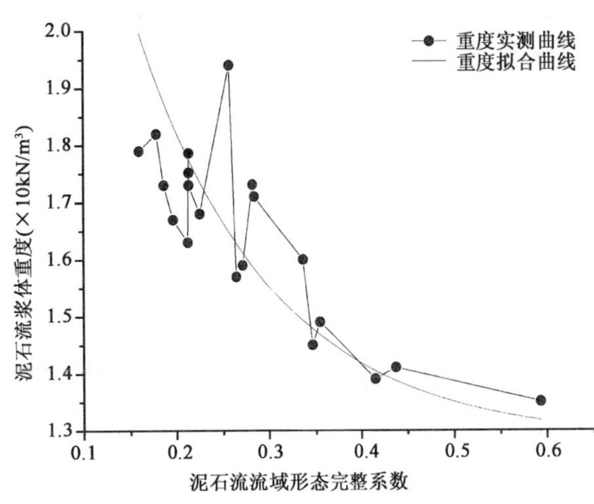

图2　泥石流流域形态完整系数与泥石流重度的关系拟合曲线图

由图1可以看出在流域面积一定的条件下，泥石流浆体重度随沟道长度的增加基本呈现逐步增大的趋势，即随着流域形态完整系数的减小，重度逐步增大。该规律与图2呈现的规律相吻合。

通过对图2散点、曲线的分析可知，泥石流重度大体上随着泥石流流域形态完整系数的增大而非线性减小，尤其对于流域形态完整系数大于0.3的泥石流，规律较为明显，且随着流域形态完整系数的增大，形成的泥石流向着水石流、夹砂水流的方向发展。此外，由图2中散点的分布规律来看，随着泥石流流域形态完整系数的进一步增大，泥石流重度的减小趋势有所放缓，当流域形态完整系数较大(0.45以上)时，泥石流重度基本保持在13.0kN/m^{3}左右。

4　公式拟合与误差分析

4.1　公式拟合

通过对图2中的实测曲线进行回归分析，用多种模型对曲线进行拟合，最后发现该曲线用指数函数拟合较好，因此，采用指数方程对趋势线进行回归分析，通过不断地修正方程中的各项系数 a、b、c，使得拟合曲线总体产生的误差尽量小，最后，得出的方程如下：

$$\rho_c = 1.282 + 2.146 \times 0.001^{\delta} \tag{2}$$

式中：ρ_c——泥石流重度(×10kN/m^3)；

δ——泥石流流域形态完整系数。

式(2)反映了泥石流重度与泥石流流域形态完整系数之间存在着指数函数的关系。该指数函数为一个上凹下凸的曲线，表明在一定范围内，随着泥石流流域形态完整系数的增加，泥石流重度递减，且递减的趋势逐渐放缓。从曲线趋势及函数式的极限计算可知，该曲线存在一个函数的下限，且该下限为：

$$\lim_{x\to\infty} y = \lim_{x\to\infty}(1.282 + 2.146 \times 0.001^{x}) = 12.82\text{kN/m}^3$$

计算得出该曲线的下限为12.82kN/m^3，即说明一般情况下，泥石流的重度要大于12.82kN/m^3，低于此值则以水流的形式出现，难以形成泥石流。该下限值与成昆铁路泥石流观测试验和调查资料[15]记载中所观测到的泥石流最小重度12.0kN/m^{3}基本相符。

4.2　误差分析

用式(2)计算的重度与实际测得的重度相比较，将其相对误差分别列入表2中。

基于流域形态完整系数计算泥石流重度误差分析　　表2

序　号	沟　名	流域形状完整系数	实测重度（×10kN/m³）	拟合重度（×10kN/m³）	误差(%)
1	关家沟	0.284	1.710	1.585	7.33
2	小河大沟头	0.225	1.680	1.735	3.28
3	田坝干沟	0.186	1.730	1.876	8.46
4	沈家沟	0.178	1.820	1.911	5.00
5	小沙沟	0.159	1.790	2.000	11.72
6	大沙沟	0.212	1.630	1.778	9.09
7	野鸡洞	0.336	1.600	1.493	6.67
8	小沟尔	0.196	1.670	1.837	9.98
9	雀儿沟	0.264	1.570	1.628	3.69
10	舍可泥罗	0.213	1.730	1.774	2.53
11	春河沟	0.593	1.350	1.318	0.57
12	喇嘛房	0.437	1.410	1.387	2.15
13	阁里沟	0.415	1.390	1.404	0.35
14	石灰窑	0.256	1.940	1.647	6.47
15	挑水沟	0.346	1.450	1.479	2.21
16	小堡子沟	0.271	1.590	1.613	8.91
17	石龙沟	0.354	1.490	1.469	1.51
18	一颗印	0.213	1.786	1.776	0.55
19	塔子沟	0.282	1.731	1.588	8.25
20	甲司口	0.213	1.752	1.774	1.25

用拟合出的函数式(2)计算出泥石流重度计算值，与试验值进行比较，统计相对误差小于5%、10%、15%、20%的个数分别为11、19、20、20，百分比分别为55%、95%、100%、100%。分析图3可以看出，指数函数式[式(2)]计算得出的泥石流重度计算值与测试值之间的误差绝大部分在10%以内，最大误差仅11.72%，这说明用该模型计算的泥石流重度与试验值接近，因此具有很强的实用性，能够用以计算并反映泥石流真实的重度值。

另外，图3反映出重度计算值与试验值的误差程度随着流域形态完整系数的增加而降低。对于泥石流流域形态系数较大(大于0.30)的桦叶形泥石流沟，用式(2)计算得出的泥石流重度计算与试验值的误差基本保持在2.00%以内，而流域形态完整系数小于0.30的狭长型泥石流沟重度的计算值与试验值之间的误差则相对较大。桦叶形泥石流流域下的重度计算值与试验值的误差5%以内的样本数占总数的83.33%，误差水平普遍较低(表3)，因此，拟合公式在应用于流域形态完整系数大于0.30的桦叶形泥石流沟的重度计算具有很高的可信度，计算结果与实际测量值吻合较好。

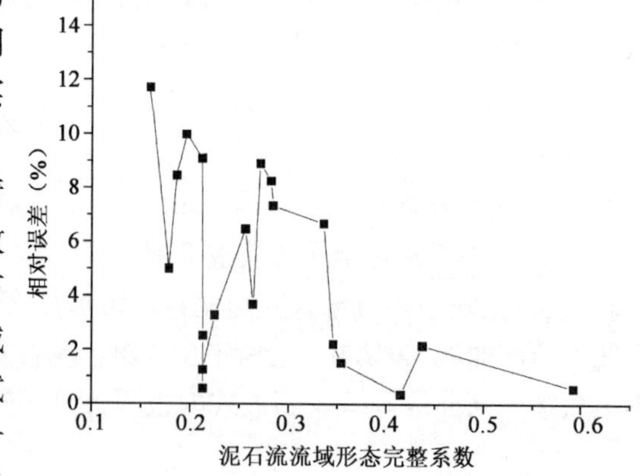

图3　泥石流流域形态完整系数与误差关系

不同流域形态下泥石流重度计算误差比较　　表3

泥石流流域形态	样本总个数	误差在5%以内的样本数	所占百分比(%)
长条形	14	6	42.85
桦叶形	6	5	83.33

5 影响因素探讨

5.1 降水条件

泥石流流域形态对雨水和暴雨径流过程有明显的影响，径流和洪峰流量大小，直接关系着各种松散固体物质的启动和参与，与泥石流发生关系密切[9]，图2的规律分析及式(2)说明了浆体重度与流域形态完整系数存在一定的关系。

已有成果表明，泥石流沟道集水能力与流域形态有关：

$$Q_w = 0.278\psi \frac{S_p}{\tau^n} F \tag{3}$$

式中：Q_w——暴雨洪峰流量(m^3/s)；

ψ——洪峰径流系数；

S_p——暴雨雨力(mm/h)；

n——暴雨递减指数，根据各地水文资料可查出；

F——集水面积(km^2)；

τ——流域汇流时间(h)。

式(3)表明，对于流域形态系数较大(集水面积较大)的泥石流，其沟道集水能力较强，能够产生较大的暴雨洪峰流量(图4)。

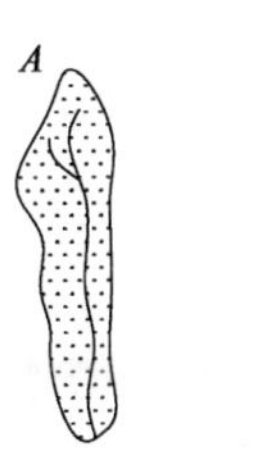

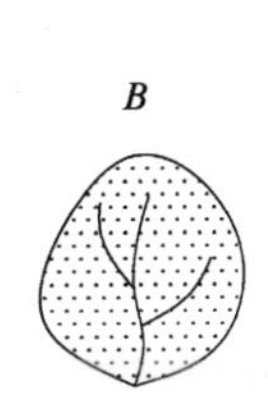

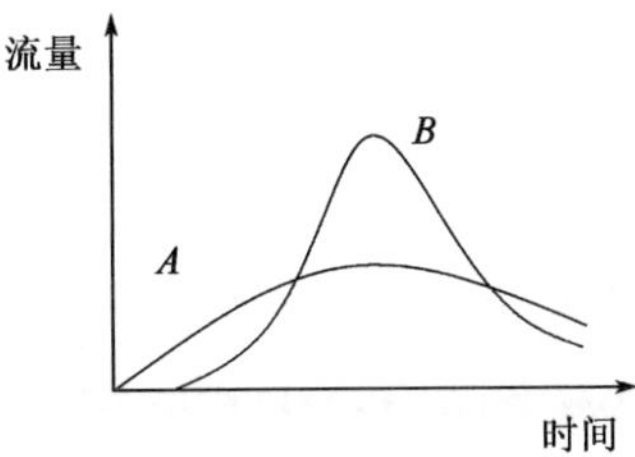

图4 泥石流流域形态与洪峰流量关系[13]

而泥石流的重度取决于其中的土水比，土水比的值越大，泥石流的重度越大[6]，见式(4)：

$$\rho_c = \rho_s - C_V \times (\rho_s - \rho_W) \tag{4}$$

式中：ρ_s——泥石流体中固体颗粒的平均重度($\times 10kN/m^3$)；

ρ_W——水的重度($\times 10kN/m^3$)；

ρ_c——泥石流体的重度($\times 10kN/m^3$)；

C_V——水的体积重度。

可见流域形态系数较大的沟道形成的泥石流浆体水土比较大，其浆体重度较小，多为稀性泥石流。这一趋势与式(2)所呈现的规律是一致的。

5.2 沟道发育程度

泥石流流域形态完整程度包含流域面积与沟道长度两个方面。流域面积是反映泥石流沟谷发育程度的重要参数，有研究表明[10]，流域面积随着泥石流沟谷由发育期向衰退期的发展而逐渐增大，发育期泥石流流域面积多小于$1km^2$，衰退期泥石流多大于$10km^2$；沟道长度是影响泥石流沟谷发育程度快慢的一个指标，主沟长越大，其发育速率就越小；泥石流沟道的发育程度与发育速率又对泥石流浆体性质起到了控制作用，如发育期的泥石流沟沟谷总体以侵蚀下切为主[11]，形成的泥石流一般为黏性[12]，而衰退期(或老年期)的泥石流沟，形成的泥石流一般为稀性，重度较小，其影响如图5所示。这一趋势与式(2)所呈现的规律是一致的。

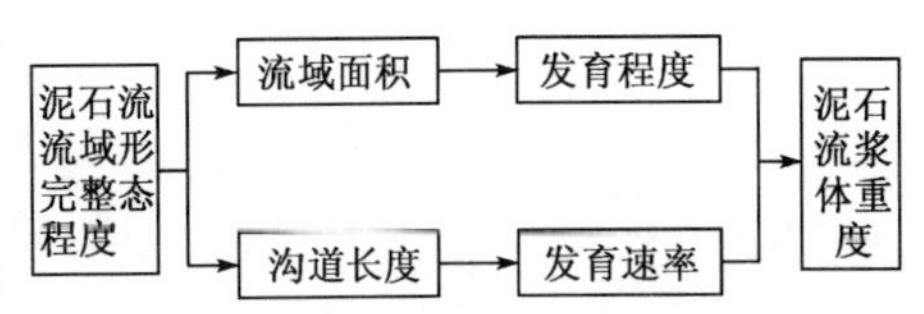

图5 泥石流流域形态对重度的影响

6 结语

(1)在同一区域地质条件下,泥石流浆体重度随流域形态完整系数的增大而非线性减小。当泥石流流域形态完整系数大于0.3时,形成的泥石流通常为稀性泥石流,且随着流域形态完整系数的增大,逐步向水石流、夹砂水流的状态发展。

(2)泥石流浆体重度与流域形态完整系数间存在指数函数拟合关系。拟合公式的重度计算值与试验值的吻合度高,55%的相对误差值小于5.0%。特别适用于泥石流流域形态系数大于0.30的桦叶形泥石流沟,计算值与试验值之间相对误差小于2.0%的占到83.3%。

(3)泥石流流域形态对浆体重度的影响与降水条件、沟道发育程度等因素有关。影响规律与拟合曲线所呈现的规律基本一致,验证了基于流域形态完整系数的重度拟合计算公式的合理性。

(4)研究成果可应用在无法直接观测的泥石流的重度计算上,也可与同一区域内的泥石流的重度现场调查试验结果进行对比验证,以减小试验中的随机误差及人为因素的干扰,为泥石流重度参数的合理确定起到区域性的参考作用。

参考文献

[1] 余斌.根据泥石流沉积物计算泥石流容重的方法研究[J].沉积学报,2008,26(5):789-796.

[2] 陈宁生,杨成林,李欢.基于浆体的泥石流容重计算[J].成都理工大学学报(自然科学版),2010,37(2):168-173.

[3] 中华人民共和国国土资源部.DZ/T 0220—2006 泥石流灾害防治工程勘察规范[S].北京:中华人民共和国国土资源部,2006.

[4] 杜榕恒,康志成,陈循谦,等.云南小江泥石流综合考察与防治规划研究[M].重庆:科学技术文献出版社重庆分社,1987:99-100.

[5] 吴积善,康志成,田连权,等.云南蒋家沟泥石流观测研究[M].北京:科学出版社.

[6] 崔鹏,陈宁生,刘中港,等.基于黏土颗粒含量的泥石流容重计算[J].中国科学E辑技术科学,2003,33(增):164-174.

[7] 李培基,梁大兰.泥石流容重及其计算[J].泥沙研究,1982(3):75-83.

[8] 中国科学院—水利部成都山地灾害与环境研究所.中国泥石流[M].北京:商务印书馆,2000.

[9] 周必凡.泥石流防治指南[M].北京:科学出版社,1991.

[10] 庄建琦,崔鹏.基于BP神经网络泥石流沟发育阶段的判定——以成昆铁路四川段和昆东铁路为例[J].长江流域资源与环境,2009,18(9):849-855.

[11] 陈强,聂德新,李树武,等.澜沧江里底水电站库区泥石流物质来源及堆积特征研究[J].中国地质灾害与防治学报,2006,17(2):11-14.

[12] 沈玉吕,龚国元.河流地貌学概论[M].北京:科学出版社,1986.

[13] 庄建琦,崔鹏,胡凯衡,等.沟道松散物质起动形成泥石流实验研究[J].四川大学学报(工程科学版),2010,42(5):230-236.

[14] 成昆铁路技术总结委员会办公室.成昆铁路泥石流[J].铁道学报,1979,(3):89-107.

石棉尾矿用作沥青混合料集料特性研究

李　军[1,2]　徐林荣[2]　刘小明[2]　刘　俊[3]
(1. 神华甘泉铁路公司　内蒙古　014010；
2. 中南大学土木建筑学院　长沙　410075；
3. 北京新桥技术发展有限公司　北京　100101)

摘　要：雅泸高速公路K112～K145里程附近囤积了30余年石棉矿的废渣，如何有效地将石棉尾矿用于公路工程建设中，是当前急需解决的问题。本文采用AC-20C型混合料，通过密度、针入度、马歇尔、车辙、冻融劈裂等一系列试验，综合考虑了石棉尾矿的表观密度、抗压强度、压碎值等力学指标以及沥青混合料的马歇尔稳定度、流值、动稳定度、劈裂强度等性能指标，评价了石棉尾矿沥青混合料高温、低温、水稳定等路用性能。结果表明，石棉尾矿沥青混合料路用性能各项指标均满足要求，为石棉尾矿综合利用提供了一条新途径。

关键词：石棉尾矿　沥青混合料　集料　路用性能

1　引言

石棉尾矿是石棉矿选矿加工过程中剥离下来的尾渣。目前我国石棉的年产量约30万t，随之产生的石棉尾矿排放量却达千万吨。国内外许多学者对石棉尾矿用于制备砖瓦、陶瓷、微晶玻璃、多孔二氧化硅、白炭黑以及提取氧化镁、金属镁等综合利用方面进行了大量研究[1]，另外，对石棉尾矿用作路基填料及水泥混凝土粗集料也进行过许多试验研究[2,3]。雅泸高速公路石棉段沿线堆积的石棉尾矿不仅占用了大量土地(约0.28km^2)，而且石棉尾矿堆积区在恶劣气候条件下可能引发山体滑坡、泥石流等地质灾害，给修筑高速公路带来较大的安全隐患。

将石棉尾矿用作沥青混凝土粗集料应用于道路工程，国内尚无相关研究。在目前建筑材料紧缺、环境污染加剧的情况下，针对石棉尾矿的研究与应用，具有一定实用价值。

2　性能指标

针对石棉尾矿用作沥青混合料粗、细集料，选取相关重点性能指标进行研究并组织试验，如下表1所示。

石棉尾矿用作沥青混合料集料试验方案　表1

试验类型	试验项目	试验内容	评价指标
原材料试验	石棉尾矿粗集料	表观相对密度、坚固性、压碎值、磨光值、磨耗值等	—
	石棉尾矿细集料	表观相对密度、坚固性、砂当量等	—
	沥青	针入度、软化点、延度等	—
	矿粉	表观密度、含水率、亲水系数等	—
沥青混合料试验	高温稳定性	马歇尔稳定度试验	稳定度
		车辙试验	动稳定度
	低温抗裂性	低温劈裂试验	劈裂强度
	水稳定性	浸水马歇尔试验	残留稳定度
		冻融劈裂试验	残留强度比

3 各集料性能指标

3.1 石棉尾矿

本文石棉尾矿选自四川省石棉县宋家坪矿区，用作沥青混合料粗集料粒径范围为：1 号料 26.5～16mm、2 号料 16～9.5mm、3 号料 9.5～2.36mm，用作细集料粒径范围为：0～2.36mm。通过对石棉尾矿用作沥青混合料粗、细集料性能进行试验研究[4,5]，结果如表 2 和表 3 所示。试验结果表明石棉尾矿满足沥青混合料用粗、细集料技术要求。

石棉尾矿作粗集料技术指标 表 2

集　料	表观相对密度 γ_a(g/cm³)	吸水率 ω_x (%)	坚固性(%)	压碎值(%)	磨光值	磨耗值
1 号料	2.70	0.55	2.10	4.30	43	16
2 号料	2.70	0.86	2.12			
3 号料	2.68	1.52	2.16			

石棉尾矿作细集料技术指标 表 3

表观相对密度 γ_a(g/cm³)	坚固性(%)	含泥量(%)	砂当量(%)
2.57	2.2	0.8	75

3.2 沥青结合料和矿粉

沥青采用中海沥青(泰州)有限公司生产的 AH-70 号重交沥青。参照重交通道路石油沥青的技术指标进行试验[6]，试验结果如表 4 所示。矿粉采用石灰岩矿粉，试验结果如表 5 所示。

AH-70 号沥青技术指标 表 4

项　目	单　位	试验结果	技术要求	试验方法
针入度(25℃,100g,5s)	0.1mm	73	60～80	T 0604
软化点(环球法)	℃	63	≥46	T 0606
延度(15℃,5cm/min)	cm	≥150	≥100	T 0605
闪点	℃	270	≥260	T 0611
密度(15℃)	g/cm³	1.012	实测记录	T 0603

矿粉技术指标 表 5

项　目		单　位	试验结果	技术要求	试验方法
表观密度		t/m³	2.71	≤2.5	T 0325
含水率		%	0.4	≤1	T 0103
粒度范围	<0.6mm	%	100	100	T 0351
	<0.15mm	%	100	90～100	
	<0.075mm	%	99.9	75～100	
外观		—	无团粒结块	无团粒结块	—
亲水系数		—	0.6	<1	T 0353

3.3 矿料级配

本文采用 AC-20C 型的级配范围中值偏下为目标级配，如表 6 所示。

沥青混合料级配组成　表6

筛孔(mm)	26.5	19	16	13.2	9.5	4.75	2.36	1.18	0.6	0.3	0.15	0.075
通过率(%)	100	90～100	78～92	62～80	50～72	26～56	16～44	12～33	8～24	5～17	4～13	3～7
中值	100	95	85	71	61	41	30	22.5	16	11	8.5	5
采用值(%)	100	95	83	69	54	33	24	18	13	9	5.6	4.2

3.4　油石比

针对石棉尾矿沥青混合料，分别选用了3.7%、4.1%、4.5%、4.9%和5.3%五种油石比进行马歇尔试验测试与计算，确定了石棉尾矿沥青混合料的最佳油石比为4.4%。在石棉尾矿沥青混合料最佳油石比的情况下，进行马歇尔试验，测试结果如表7所示。

沥青混合料马歇尔试验结果　表7

级配类型	油石比(%)	相对密度(g/cm^3)	空隙率(%)	矿料间隙率(%)	沥青饱和度(%)
AC-20C	4.4	2.34	4.0	12.1	66.9

通过对试验结果与规范要求的技术标准进行对照，各项指标值均满足要求。值得说明的是，许多研究表明[7]，AC级配型沥青混合料应有一定的骨架性，在最佳油石比的情况下，沥青混合料的空隙率宜在4%左右，这样沥青混合料的各项性能稳定，不易发生病害。而本文石棉尾矿沥青混合料在最佳油石比的情况下，其空隙率恰好为4%，这进一步说明其级配是合理的。

4　混合料路用性能指标

4.1　马歇尔稳定度

在规定的温度和加荷速度下，在马歇尔仪上进行试验，测试试件破坏时作用在试件上的最大荷载和达到最大破坏荷载时试件的垂直变形，试验结果如表8所示。

沥青混合料马歇尔稳定度试验结果　表8

试件编号	稳定度MS(kN)		流值FL(0.1mm)	
	实测值	技术要求	实测值	技术要求
GW-1	8.53	≥8	28	20～45
GW-2	8.37		24	
GW-3	9.05		27	
GW-4	8.37		31	
GW-5	9.15		25	
平均值	8.69		27	

4.2　动稳定度

本文石棉尾矿沥青混合料车辙试验采用碾压成型机碾压成300mm×300mm×50mm的板块状试件，加载时温度为60℃±0.5℃、荷载为0.7MPa±0.05MPa、碾压速度为42次/min，试验结果如表9所示。

沥青混合料车辙试验结果　表9

试件编号	动稳定度DS(次/mm)	
	石棉尾矿	技术要求
GC-1	3 108	≥1 000
GC-2	2 978	
GC-3	3 216	
平均值	3 100	

从表 8 和表 9 中结果可以看出,石棉尾矿沥青混合料的高温稳定性能良好,主要是因为:①石棉尾矿集料的粗颗粒形状非常规则,接近立方体,在疏松捣实的情况下,颗粒与颗粒间能形成很好的嵌挤结构,表现出良好的抗剪切作用,从而能够提高混合料抵抗荷载对路面造成的剪切作用的能力。②石棉尾矿的表面纹理非常粗糙,这一点能够保证石棉尾矿集料与沥青有效的黏附,从而使石棉尾矿沥青混合料中,沥青胶结料可以表现出最大的黏聚力,增加了抵抗永久变形能力的作用。③石棉尾矿含有部分残留石棉纤维,能够在有效黏附沥青的基础上,吸附多余的沥青,这相当于起到稳定沥青的作用,使沥青路面在高温下出现泛油进而减小永久变形的几率。

4.3 残留稳定度

通过对石棉尾矿沥青混合料进行浸水马歇尔试验和冻融劈裂试验来检测其水稳定性[6],结果如表 10 所示。

沥青混合料马歇尔稳定度和冻融劈裂试验结果 表 10

试件编号	稳定度 MS(kN)		残留稳定度	劈裂强度(MPa)		冻融劈裂强度比
	标准试件	浸水试件		标准试件	冻融试件	
S-1	8.53	8.53	94%	0.89	0.78	85%
S-2	8.37	7.69		0.95	0.89	
S-3	9.05	7.94		0.76	0.77	
S-4	8.37	8.18		1.06	0.72	
S-5	9.15	8.31		1.03	0.8	
平均值	8.83	8.3		0.94	0.79	

结果表明,石棉尾矿沥青混合料浸水马歇尔试验的残留稳定度为 94%,冻融劈裂强度比为 85%,均能够满足技术要求。石棉尾矿沥青混合料是由互相嵌挤的粗集料骨架和沥青玛蹄脂组成的,粗集料的比例达到了 76%,混合料之间相互的接触面很多,细集料含量明显偏少,部分沥青胶浆仅仅起到了填充粗集料相互之间的孔隙的作用。由于粗集料之间相互良好的嵌挤作用,沥青混合料具有很好的抵抗荷载变形能力,因而具有良好的耐水损害能力[8,9]。

4.4 劈裂强度

沥青混合料的低温抗裂性能是指沥青路面在低温条件下沥青混合料抵抗抗拉能力的大小。本文石棉尾矿沥青混合料劈裂试验采用试验温度 15℃,加载速率为 50mm/min,低温劈裂试验采用试验温度−10℃,加载速率为 1mm/min。试验结果如表 11 所示。

沥青混合料 15℃和−10℃的劈裂试验 表 11

试件编号	试验温度(℃)	劈裂强度(MPa)	垂直变形(mm)	水平变形(mm)	破坏拉伸应变(μ_ε)	劲度模量(MPa)
DC-1	15	1.54	1.62	0.26	5.3196	539.745 8
DC-2		1.59	1.49	0.24	4.8927	605.255 2
DC-3		1.60	1.50	0.24	4.9255	604.852 9
DC-4		1.69	1.68	0.27	5.5166	570.896 4
DC-5		1.67	1.53	0.24	5.024	618.985 2
DD-1	−10	2.77	1.29	0.21	4.236	1 220.771
DD-2		2.87	1.31	0.21	4.301 6	1 244.896
DD-3		2.72	1.24	0.20	4.071 8	1 246.223
DD-4		2.60	1.19	0.19	3.907 6	1 240.466
DD-5		2.85	1.35	0.22	4.433	1 200.438

从上述试验结果不难发现，石棉尾矿沥青混合料的劈裂强度较高，低温稳定性能良好。在低温条件下，抗裂性能主要由结合料的抗拉伸性能决定[10]。由于石棉尾矿集料之间填充了相当数量含短小石棉纤维的沥青胶浆，它包裹在粗集料的表面。随着温度的下降，混合料收缩变形使集料与集料之间被拉开，因此集料与沥青结合料之间的黏结力成为影响混合料低温性能的主要因素。而石棉尾矿中短小石棉纤维的存在相当于在集料与沥青胶浆之间起到了加筋的作用，从而保证了石棉尾矿沥青混合料在低温条件下具有较高的劈裂强度。

5　结语

(1)石棉尾矿用作沥青混合料粗、细集料的各项集料性能指标均满足要求。

(2)石棉尾矿用作 AC-20C 型沥青混合料集料的最佳油石比为 4.4%，其高温稳定性、低温稳定性和水稳定性等路用性能均满足相应的技术要求。另外，石棉尾矿的颗粒呈立方体、表面纹理粗糙及其含有部分短小石棉纤维等特点对其沥青混合料的路用性能起到了显著的促进作用。

参考文献

[1] 郑水林，李杨，刘福来，等. 石棉尾矿综合利用中试技术研究[J]. 非金属矿，2007，30 (05)：36-39.

[2] 徐林荣，李军，等. 石棉尾矿用于筑路材料技术研究报告[R]. 长沙，2009.

[3] 李小川. 石棉尾矿路用混凝土试验研究[D]. 中南大学，2008.

[4] 中华人民共和国行业标准. JTG F40—2004　公路沥青路面施工技术规范[S]. 北京：人民交通出版社，2004.

[5] 中华人民共和国行业标准. JTG E42—2005　公路工程集料试验规程[S]. 北京：人民交通出版社，2005.

[6] 中华人民共和国行业标准. JTG E20—2011　公路工程沥青及沥青混合料试验规程[S]. 北京：人民交通出版社，2011.

[7] 陈华鑫，李宁利，等. 纤维沥青混合料路用性能[J]. 长安大学学报(自然科学版)，2004，24(02)：1-6.

[8] 王家主，吴少鹏. 骨架密实型沥青混合料设计[J]. 公路交通技术，2006. 11：31-35.

[9] 刘铁山，延西利，等. 外掺纤维沥青混合料路用性能的综合评价[J]. 交通标准化，2007. 10：80-82.

[10] 赵顺波，夏铭，等. 人工砂粉煤灰混凝土基本力学性能试验研究[J]. 铁道科学与工程学报，2006. 4：15-20.

喇嘛溪沟溯源侵蚀机理研究

王红侠[1]　廖文江[1]　黄水亮[2]

(1.四川雅西高速公路有限责任公司　成都　610041；
2.西南交通大学土木工程学院　成都　610031)

摘　要：喇嘛溪沟既满足沟谷发展演化的一般规律，同时也有其特殊性，现阶段喇嘛溪沟的溯源侵蚀已经超前，这与喇嘛溪沟多雨的天气和昔格达地层特殊地层岩性是密切相关的。不过喇嘛溪沟的溯源侵蚀已趋缓，在科学合理的工程措施前提下，喇嘛溪沟地貌的演化将趋于平衡，不会对建设中的雅安—泸沽高速公路造成很大的影响。

关键词：溯源侵蚀　下蚀　侧蚀　水力侵蚀　重力侵蚀

1　引言

溯源侵蚀是指在河流或沟谷发育过程中，下切侵蚀不仅加深河床或沟床，并使其向上游源头侵蚀后退的现象[1]。喇嘛溪沟位于汉源县九襄镇，属大渡河水系流沙河一级支沟。该段地处昔格达地层，在水流长期作用下，形成多条冲沟，并有逐年向沟首及沟两岸扩展的趋势，导致溯源冲沟侵蚀、沟岸失稳，直接对雅安—泸沽高速公路(以下简称"雅泸高速公路")的修建运营造成影响。因此，有必要对喇嘛溪沟溯源侵蚀机理进行深入研究，为喇嘛溪沟段高速公路施工、运营和该地区的水土流失的控制提供科学依据。

2　流域侵蚀演化过程及喇嘛溪沟地貌现状

2.1　一般流域侵蚀演化过程

第一阶段：流域侵蚀幼年期(图1a)。河流顺着原始倾斜地面发育，随着河流的下切侵蚀，河流比降开始加大，坡折增多，横剖面呈狭窄的V字形，谷坡陡峭。这个时期侵蚀作用以重力侵蚀和溯源侵蚀为主。第二阶段：流域侵蚀壮年期(图1b)。谷坡不断后退，使分水岭两侧的谷坡日益接近。原来宽平的分水地面最后变成狭窄的脊岭。该时期侵蚀作用以侧蚀和重力侵蚀为主。第三阶段：流域侵蚀老年期(图1c)。河流停止下切侵蚀，分水岭将渐渐下降，地面成微微起伏的波状地形。河流蜿蜒曲折，河谷展宽，谷坡较稳定。整个地面称为准平原，它代表河流地面发育的终极阶段。该时期侵蚀作用以侧蚀为主[2]。戴维斯提出流域侵蚀演化过程是一个循环往复的过程[3]。结果使流域侵蚀地貌长期处于非平衡态。

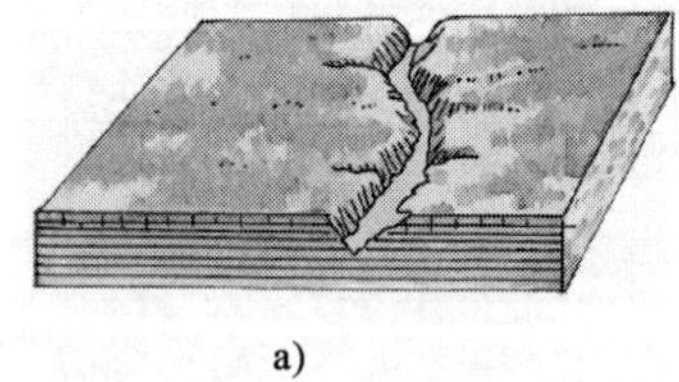
a)

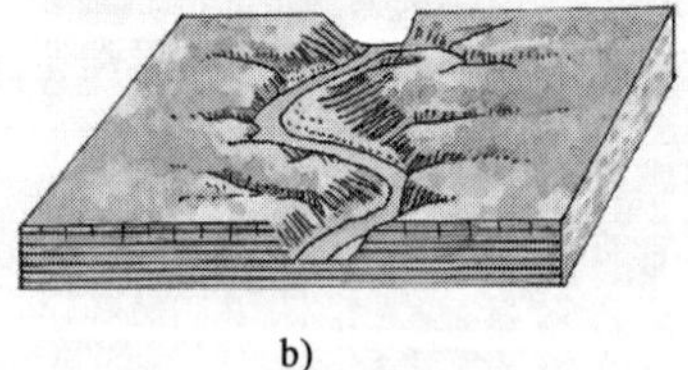
b)

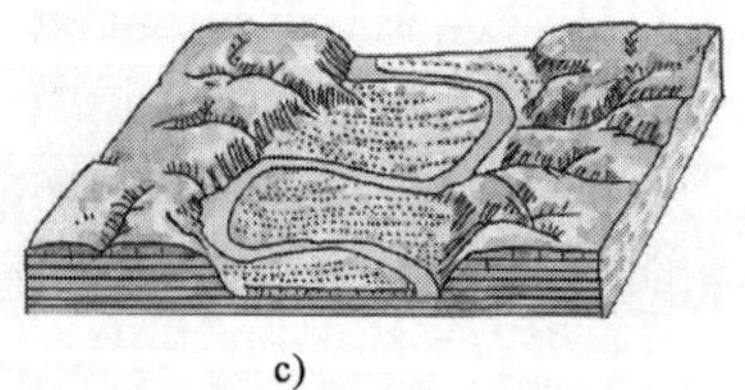
c)

图1　一般流域的演化过程

a)流域侵蚀幼年期；b)流域侵蚀壮年期；c)流域侵蚀老年期

2.2　喇嘛溪沟地貌现状

根据调查，喇嘛溪沟流域面积为4.3km^2，主沟沟长4.8km，主沟平均纵坡坡降140‰，属溯源侵蚀沟，如图2所示。喇嘛溪沟共有4条支沟，其支沟都比较小，稳定性较好。该沟沟道纵比降约为140‰，山坡坡度多在30°～40°之间，沟源纵坡降大。喇嘛溪沟沟道上游的沟头基本停止前进或进展微弱，水路弯曲，沟岸迎流段局部崩塌较严重，沟底下切减弱，沟道下游，沟宽增加，岸沟由于流水蛇曲冲淘，有局部崩塌或滑坡现象；

沟底纵坡很缓，沟口处的主河道比较平缓，有泥沙堆积，成“U”形谷(图3)，据此推测沟道发育的处于第三阶段，即老年期。该沟属季节性流水沟，具雨涨晴消的特征，部分地段还没下蚀到地下水位下，属于流域侵蚀的壮年期。该地段还没完全下蚀到地下水位线下沟道就具备老年期的特征是因为：昔格达特殊的地层岩性及喇嘛溪沟早期丰富的水源为溯源侵蚀的发生发展创造了很好的条件。

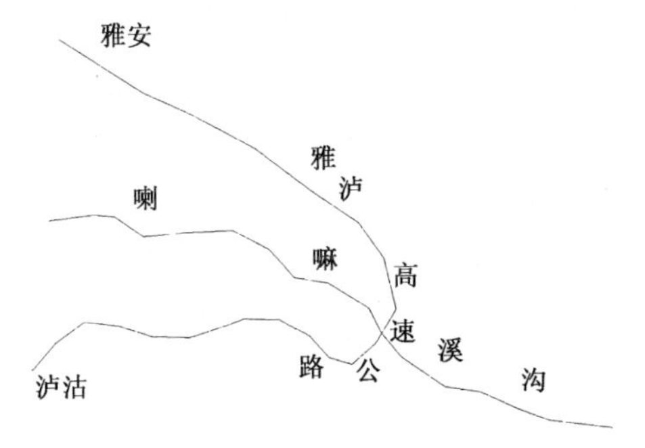

图2　喇嘛溪沟与雅泸高速公路示意图

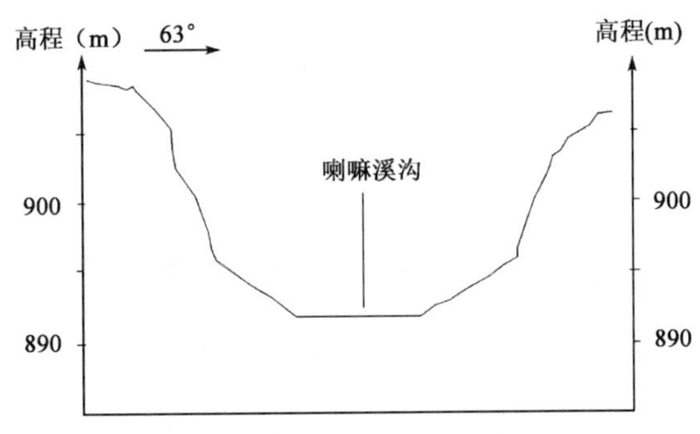

图3　喇嘛溪沟下游典型地段沟谷横剖面

3　喇嘛溪沟溯源侵蚀机理分析

3.1　喇嘛溪沟水文地质条件

3.1.1　地表水及地下水

喇嘛溪沟上游山高坡陡，雨季降雨丰沛且集中，径流系数大，汇流时间短，易形成很大的地表径流，为溯源侵蚀的发生发展提供强大的水动力条件。据当地居民叙述，在10年前左右该地降雨量非常丰富，在雨季洪水时流量约为10m^3/s，可在沟道内见到滚滚而下的大石块。由此可见，气候水文因素是促进溯源侵蚀发生发展的一个重要因素。两侧斜坡峻峭，天然坡度角10°～30°，局部达60°；谷底比较狭窄，宽度一般为3～20.0m，其纵向坡度8～15°。强降雨时地表径流易于沟内汇集，并成为排泄通道，同时也是地表水的局部侵蚀基准面。沟中地表水主要接受大气降水和沟上游地下水出露补给，其流量受季节的影响大：雨季时水量较大，旱季时水量较小。

喇嘛溪沟内流水并不是一直存在，上游沟床内并没有水流。水流在上游某处从一较高的陡坎流下以后，就直接下渗转化为地下水，而在一段距离以后，水流又再次出现回到沟内；在下游处，沟道两侧坡体内的水往往在坡脚处渗出，然后汇入沟内。该区地下水类型主要为松散堆积层孔隙水和基岩裂隙水。目前喇嘛溪沟地下水和地表水较以前有了很大的减少，这为喇嘛溪沟流域的稳定创造了很好的条件。

3.1.2　昔格达地层特性

通过土工试验研究表明喇嘛溪沟昔格达地层岩土体抗性较弱，岩土体风化程度与第四纪冰川黏土相当，即总体抗风化能力相对较弱，昔格达地层经过不同程度的成岩作用，在尚未成为岩石前又开始风化，处在化学风化的过程。为水力侵蚀及重力侵蚀的发生发展创造了很好的条件。

3.2　喇嘛溪沟水力侵蚀及重力侵蚀作用

喇嘛溪沟由于其特殊的地貌形态和气候条件，加之其主要地层昔格达地层岩性的特殊性，使得其岩石风化速度快，易造成较厚的风化壳或残坡积层，在水流长期冲刷作用下，极易形成冲沟。由于冲沟纵比降大，水力下切作用十分强烈，切割深度不断加深，从而引起喇嘛溪沟两侧边坡失稳、崩塌、滑坡、泥石流等重力侵蚀。喇嘛溪沟之所以形成这样的地形地貌，正是由于喇嘛溪沟的水力溯源侵蚀与喇嘛溪沟两侧岸坡的重力溯源侵蚀相互作用、相互耦合的结果。

水力溯源侵蚀主要是指在水力作用下不断下切而加深河床或沟床，并使其向上游源头侵蚀后退的现象；重力溯源侵蚀则是指在沟床下切侵蚀过程中两侧边坡的失稳或其他因素影响下如风化作用等造成的崩塌、滑坡、泥石流等重力侵蚀作用下使坡体源头不断侵蚀后退的过程。作为喇嘛溪沟溯源侵蚀演化过程则是水力溯源侵蚀与重力溯源侵蚀双重作用下的演变过程，水力溯源侵蚀使沟谷不断下切加深，侧蚀为重力侵蚀的发生发展创造了很好的条件，而重力溯源侵蚀则使沟谷不断加宽，坡度不断减缓，喇嘛溪沟两侧岸坡重力侵蚀的产生是喇嘛溪沟水力溯源侵蚀的结果，同时，这些重力侵蚀又将改变喇嘛溪沟沟道的形态，也就是说改变了沟道侵蚀的平衡状态，引起新的下蚀，当再形成新的很深的沟壑时，又会产生新的重力侵蚀，因此，喇嘛溪沟的溯源侵蚀与喇嘛溪沟两侧的重力侵蚀相互影响、相互作用、相互耦合，不断改变着喇嘛溪沟附近的地形地貌；从另一个角度讲，喇嘛溪沟由于下蚀作用产生溯源侵蚀，两侧岸坡因重力侵蚀而产生溯源侵蚀，反过来，两侧岸坡的溯源侵蚀又会使喇嘛溪沟产生新的溯源侵蚀。也正是这个原因，导致喇嘛溪沟的地貌演化有点超前，即沟谷还未完全下切到地下水位线以下，喇嘛溪沟就具备了流域侵蚀老年期的特征。

喇嘛溪沟流域的侵蚀严重，重力侵蚀、水力侵蚀都很明显。沟内水流的下蚀、侧蚀作用致使喇嘛溪沟不断的下切，两岸斜坡在重力影响下沿着不良地质界面发生滑坡、崩塌，其堆积物成为泥石流的松散物源。喇嘛溪沟的重力侵蚀与水力侵蚀相互作用，相互影响，沟道不断的下切和加宽，形成了该沟的溯源侵蚀的现象。水流作用下沟床的切割如图 4 所示。在沟谷中，位于沟槽两岸的斜坡，在常态地貌过程作用下，处于基本稳定状态；受前期山洪及泥石流体作用，岸坡的轮廓发生改变。坡脚将形成强烈的侧向淘刷，使坡脚处的应力重分布，产生破坏。

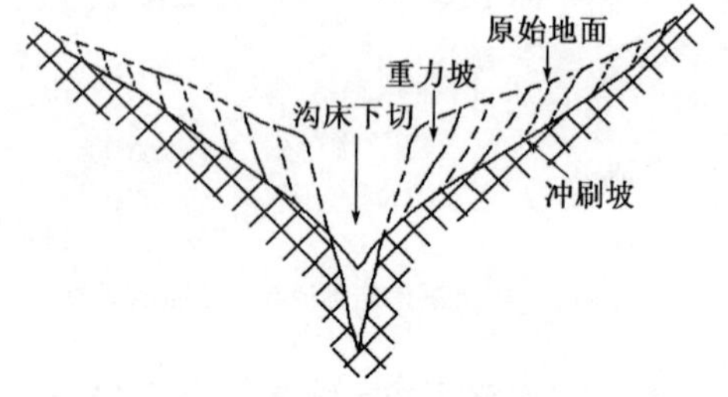

图 4　水流作用下沟床的切割

3.3　施工可能造成的影响

公路建设期由于开挖桥涵工程基础、桥涵施工、路面排水系统等工程的施工，以及取弃土等活动过程，人为破坏原地貌，将出现大面积的裸露地表。公路建设期土壤水力侵蚀的影响范围包括路基及边坡、弃土场、取料场和临时占地等，施工区域不仅涉及公路本身的占地范围，还包括桥台两侧一定范围的区域。不仅使表层土壤和植被荡然无存，而且还将浅表层或深层的岩土物质搬运到地表，这些搬运物质胶结和稳定性极差，加剧了水蚀和重力侵蚀过程。雅泸高速公路喇嘛溪沟流域段内长共 1 280m，其中喇嘛溪沟大桥长为 539m，雅泸高速公路施工期内扰动原地貌水土流失量为 2 895t，临时堆土流失量为 10.344 万 t，弃土流失量为 1.902万 t。故经初步估算，雅泸高速公路施工期内喇嘛溪沟流域新增的土壤侵蚀流失量约 12.534 万 t。为减少公路建设期水土流失，应做好以下几方面的水土流失防治工作：对征用、管辖、租用土地范围内的原有水土流失进行防治；在生产建设过程中必须采取措施保护水土资源，并尽量减少对植被地破坏；废弃土、尾矿渣等固体物必须有专门存放场地，并采取拦挡治理措施；采挖、排弃渣填方等场地必须进行护坡和土地整治；开发建设形成的裸露土地，应恢复林草植被并开发利用。

4　结语

喇嘛溪沟流域溯源侵蚀是在多因素作用下产生的，是降雨、水流的下蚀和地下水的渗透等共同作用的结果。喇嘛溪沟的整治，从目前状况看，主要应该治理喇嘛溪沟的重力溯源侵蚀问题，但不应忽视造成重力侵蚀的原始因素，即水流的下蚀作用，通过分析，虽然部分地段沟谷还未处于地下水位线以下，但总体上喇嘛溪沟演化过程已处于老年期。因此，在治理喇嘛溪沟重力溯源侵蚀时，尽可能不要太大改变喇嘛溪沟的水力侵蚀状态，即喇嘛溪沟的纵比降(沟道形态)。总之，应从坡面稳定、降雨、水流的下蚀和地下水的渗透等方面综合考虑。

参考文献

[1] 夏邦栋.普通地质学[M].北京：地质出版社 1995.

[2] 朱静.泥石流沟判别与危险度评价研究[J].干旱区地理.1995，18(3).63-71.

[3] 朱平一，陈景武，汪凯.暴雨泥石流形成环境的量化研究，泥石流观测与研究[M].北京：科学出版社，1996.

高烈度区浸水高填石路堤变形和稳定性的数值模拟研究

徐佩华[1、2]　黄润秋[2]　邓辉[2]　杨爱平[3]

(1. 吉林大学建设工程学院　吉林　130061;
2. 成都理工大学地质灾害防治与地质环境保护国家重点实验室　成都　610059;
3. 四川省地质矿产勘查开发局207地质队　成都　614000)

摘　要:填石路堤已经成为山区高等级公路较普遍的路堤形式,但对填石路堤的地震稳定性研究较少。汶川地震以后,我国已处于地震活跃期,因此对西部高烈度山区修建的浸水高填石路堤进行地震作用下的稳定性研究具有十分重要的意义。本文以雅泸高速公路K112+908.16～K113+675段的浸水高填石路堤为研究对象,对在折线地基上填筑的高填石路堤在各种工况下的变形和稳定性情况进行了三维数值仿真。研究结果表明,加强侧向约束,减少侧向变形是保证路堤稳定及在车载作用下不发生开裂的前提;路堤在浸水条件下,由于填石和下覆土体渗透性能良好,计算后发现稳定性未有太大改变,但要注意波浪的陶蚀破坏作用;高填方路堤在Ⅷ度地震作用下将以单纯侧滑方式发生破坏,潜在滑动面为路堤与基底的交界面,只有提高界面强度才能有效提高路堤的抗震性能;提高填石路堤压实度可以有效提高强度,减小变形,但是并非越大越好,应展开压实度与基底承载力之间关系的研究。

关键词:填石路堤　地震　数值模拟　稳定性

1　引言

随着公路建设的迅速发展,高速公路不断向山区延伸,地形地质条件更加复杂,路堤高填深挖和隧道工程不可避免。为了克服山区缺乏优良土质填料的缺点,并充分利用路堑和隧道开挖产生的大量石质弃渣,并减少弃渣对沿线生态环境破坏和诱发地质灾害,填石路堤已经成为山区高等级公路较普遍的路堤形式。

填石路堤是指用粒径大于40mm、含量超过70%的石料填筑的路堤。现有对填石路堤的研究主要是从施工方法[1]、质量控制[2-3]和沉降预估[4-5]上进行研究,对填石路堤强度的形成机理和稳定性的研究则较少,现行的公路有关规范较少涉及高填路堤的稳定性,已建和在建高等级公路的高填路堤均不同程度地出现了破坏[6]。因此,高填方变形性态与稳定性的研究亟待加强[7]。

国内外对高填方路堤稳定性的研究多集中于斜坡路基坡度、覆盖层厚度、强度参数、地基承载力[7-8]、渗水[9]等方面的影响,少见有报道在地震作用下的稳定性情况。我国西部山区往往是高烈度区,而且修建的高速公路经常出现在水库的涨落带,形成浸水高填石路堤。汶川地震以后,我国已处于地震活跃期[10],作为生命通道的公路,在地震作用后的畅通程度成为能否进行及时救灾抢险的首要决定性因素,因此对高烈度地区的填石路堤进行地震作用下的稳定性研究具有十分重要的意义。

本文就是针对这一问题,以雅泸高速公路K112+908.16～K113+675段的浸水高填石路堤为研究对象,采用以FLAC3D、Geo-slope为研究手段,对在折线地基上填筑的高填石路堤在各种工况下的变形和稳定性情况进行了三维数值仿真,研究了该高填石路堤在地震及浸水条件下的稳定性情况,总结出了一些规律与认识,以期对雅泸高速公路甚至西部高烈度区、浸水路段的高填石路堤的设计、施工有所指导与帮助。

2　工程概况

雅泸高速公路设计里程桩号K112+908.16～K113+675地段位于大渡河右岸漫滩。拟建公路路基宽

24.50m，填筑高度1.5～20m不等，最大填方高度约29m，填筑材料为隧道弃渣碎石。如图1为典型剖面图，由图可知，路堤基底为折线型，最大坡度可达36°，平均坡度为9°，主要坡度为6°，且基底岩性为小块石夹土、卵石夹土、漂石夹土等，虽为水平分层，但强度不够，故进行了压密处理。

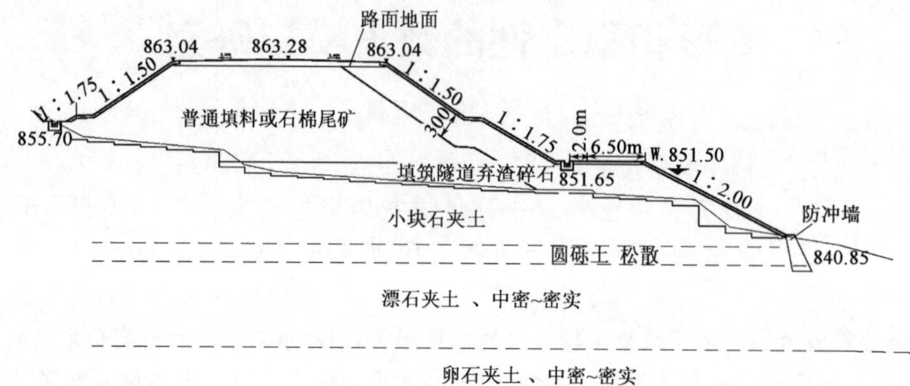

图1　典型剖面图(高程单位：m)

本段填石路堤材料采用的是前方隧道弃渣，经筛选、振碎、碾压等工艺处理。对已铺筑路面的碎石进行取样分析，其颗粒分布情况如图2的颗分曲线所示。

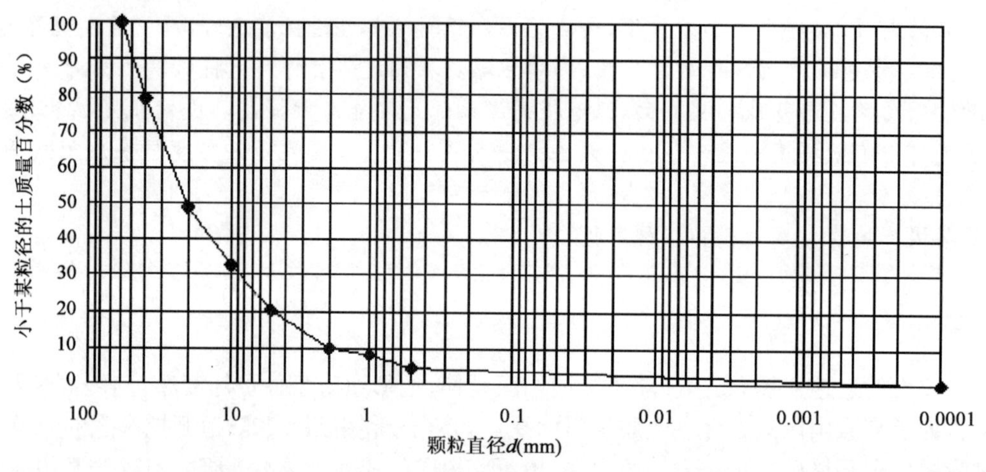

图2　填石料的颗分曲线图

大渡河的河水位为840.85m，下游瀑布沟水电站运行期间，正常蓄水位为851.50m，与堆填后的高速公路路面高差为3.45～12.88m，填石路基将浸泡在库水中。区内为Ⅷ度抗震设防区，因此进行地震作用下浸水填石路基的稳定性研究十分必要。

3　三维数值模型的建立

本文以快速有限差分法的FLAC3D为计算软件，进行三维建模计算。由于地质条件的复杂性，建模时必须对地质原型进行概化。

(1)关于模型范围：为了消除或减小模型边界效应的影响，模型范围取得较大。平面上的范围为，X正方向指向大渡河下游，即雅安方向，范围为0～758m；Y正方向为从河岸指向大渡河方向，范围为0～310m；高程增加方向为Z正方向，范围为740m至地面。路堤模型如图3所示。

(2)关于填石路堤：填石路堤的典型剖面如图1所示，但不同位置其剖面形状有所变化，基本按设计所给各里程剖面进行建模，略有简化。

(3)关于岩性：主要岩体为流纹岩，其余主要为第四纪物质，概化为角砾土、小块石夹土，中密的漂石夹土，中密的卵石夹土。

(4)关于岩性的力学参数：本模型所用的岩体力学参数部分为实验室直接测得，部分由《岩体力学参数手册》及其他工程类比而来，具体如表1所示。

力学参数　表1

岩性		弹性模量 E（kPa）	泊松比 μ	内聚力 c（kPa）	摩擦角 φ（度）	饱和重度 γ（kN/m^3）	抗拉强度（kPa）
流纹岩		3×10^7	0.22	1000	50	27.3	1.5×10^3
卵石夹土（中密）		2×10^6	0.26	65	30	24.3（饱水）	0
漂石夹土（中密）		1.8×10^6	0.27	70	31	24.7（饱水）	0
角砾土、小块石夹土（中密）		1.8×10^6	0.27	60（天然）、54（饱水）	26.5（天然）、23.9（饱水）	24.55（天然）、24.7（饱水）	0
防冲挡墙		6×10^7	0.22	800	45	26.5（饱水）	0
填石路堤（压实度%）	93	6.27×10^7	0.255	0	40（天然）、37（饱水）	20.23（干重度）	0
	94	6.80×10^7	0.255	0	41（天然）、38（饱水）	20.45（干重度）	0
	95	7.47×10^7	0.255	0	42（天然）、39（饱水）	20.67（干重度）	0
	96	8.40×10^7	0.255	0	43（天然）、40（饱水）	20.89（干重度）	0

(5)关于模型边界条件：采取单向约束方式，模型周围及底边界为单向约束边界，谷坡表面为自由边界。

(6)计算模型如图3所示，经过网格剖分，模型共有767 873个单元，139 069个节点。

此三维模型是依据不同里程位置的设计剖面逐一构建，与实际路堤的填筑情况非常相近，真实体现了不同里程处的填筑路堤剖面及地质条件情况。如图4和图5所示分别为 $X=200$m、$X=400$m 处的模型剖面，由图4和图5可知各个剖面的填筑路堤的形态及地质条件都有所不同，随着 X 的增加（即往雅安方向走）路堤的填筑高度有所减少，土层岩性由中密卵石夹土、中密角砾土、小块石夹土慢慢转变为中密的漂石夹土、中密角砾土、小块石夹土及全部的中密角砾土、小块石夹土。

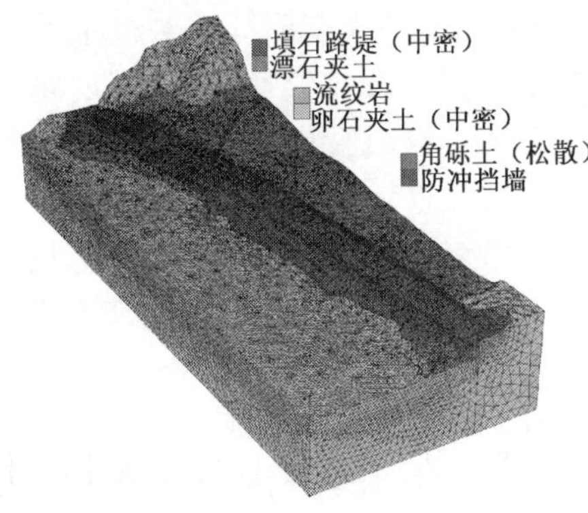

图3　填石路堤模型

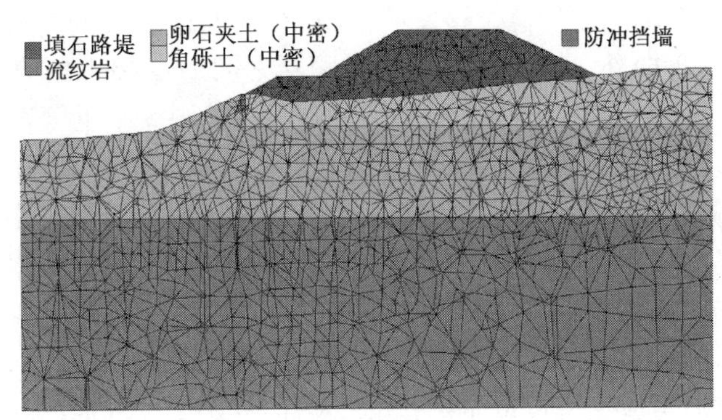

图4　$X=200$m 处填筑路堤剖面

4　计算结果分析

4.1　路堤填筑分析

进行填筑前，先进行了自然边坡的应力计算，计算结果表明模型应力分布符合一般边坡的应力分布情况，可进行下一步的填筑计算。

在自然边坡计算的基础上进行路堤的填筑模拟计算（93%压实度），经500步迭代计算后，不平衡力曲线趋于收敛，计算结束。分析计算结果可知，较大范围的路堤出现塑性区，但是路堤变形的量值很小，其最大变形值为3.9mm，由此可以判定路堤填筑完后整体稳定。

图 6 为 $X=200$m 剖面相应的总位移矢量图，由图 6 可知，路堤最大变形值为 4.012mm，其位置为路堤正下方，基本处于中心位置。变形方式以垂直向变形为主，两侧边坡有向两侧挤出变形趋势，影响深度大致是 5/3 倍填筑坡高的深度。随着 X 的增加(即往雅安方向走)路堤的填筑高度有所减少，但是影响深度未见有明显的减少，大致增加至 2～3 倍的填筑坡高。

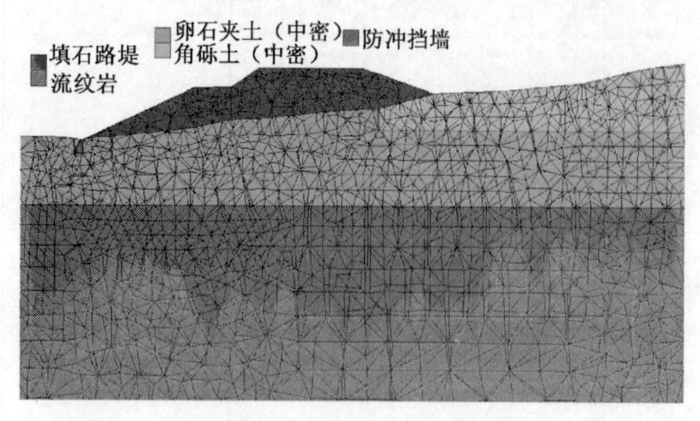

图 5　$X=400$m 处填筑路堤剖面

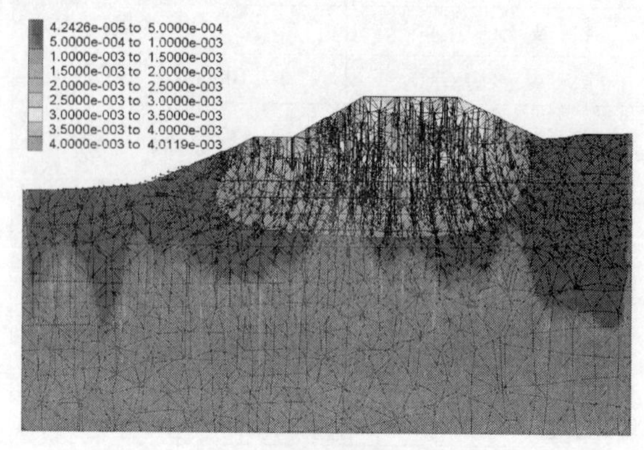

图 6　$X=200$m 处填筑路堤剖面总位移矢量图

4.2　水位上升至 851.5m 蓄水位时路堤变形分析

现进行水位从自然河水位上升至水库正常蓄水位时的模拟，经 1 000 步迭代计算后，不平衡力曲线趋于收敛，计算结束。计算前将所有网格单元的位移和塑性状态清零，因此计算结果显示的是水位变化引起的路堤变形及状态的变化。分析计算结果可知，水位上升后，虽然路堤的塑性区较大，但路堤的最大变形量值在毫米量级上，其值很小，判定水位上升后填石路堤依然稳定。

图 7 为 $X=200$m 剖面处的最大位移矢量图，由图 7 可知，水位上升后，在水的浮力作用下，路堤以向上、斜向上变形为主，最大的变形量值大致是 8mm，路堤两侧的边坡变形比路堤面的变形显著。

4.3　水位上升至 851.5m 蓄水位及地震时路堤变形稳定性分析

现进行 851.5m 水位、Ⅷ度地震时的模拟，经 1 000 步迭代计算后，不平衡力曲线趋于收敛，计算结束。计算前将所有网格单元的位移和塑性状态清零，因此计算结果显示的是地震引起的路堤变形及状态变化。图 8 为路堤剖面的总位移矢量图，由图 8 可知，路堤的变形量值在厘米量级上，最大变形可达 4cm，且变形方向为水平向外。填石材料主要靠颗粒之间的摩擦力结合在一起，不能产生较大的塑性变形而保持完整。图 9为 $X=400$m 路堤剖面的塑性状态图，从图 9 中也可看出整个路堤都已达到屈服状态。结合变形和塑性状态可以判定，在 851.5m 水位及地震的联合作用下，填石路堤将发生整体失稳。

高填方路基在各类高速公路工程事故或是公路运行中发生破坏的最为突出的类型是侧滑失稳，据其诱发原因大致可分为三种主要类型，单纯侧滑、软基诱发侧滑、坡间侧滑。其中单纯侧滑是路基侧滑失稳的主要形式，约占 50%，是指路基填方部分本身的失稳滑移[7]。

该段高填石路堤在地震作用下发生失稳，其失稳模式也是单纯侧滑。图 10 为 $X=400$m 剖面的剪应变增量图，剪应变增量带即为潜在滑动面，如图 10 中的红虚线所示，整个滑动面基本是沿着路堤与基底的交界面。因此交界面的处理很重要，即提高界面强度才能有效的提高路堤的抗震性能。

5　压实质量对变形影响

为分析压实质量对变形的影响，现分别计算 94%～96%压实度路堤在各工况下的变形情况。

5.1　天然河水位及 851.5m 蓄水位

表 2 为在天然河水位及 851.5m 蓄水位下，各压实度路堤在 200m 剖面处的最大变形值，由表 2 可知，随着压实度的提高，路堤的变形值明显降低。水位上升时，随着压实度的提高，路堤重度的增加，水对路堤的浮托力作用就越不明显，即上浮变形越小。可见压实度是保证路堤质量和变形的一个关键性控制因素，现有大量的填方路堤研究都是针对压实度的保证和检测方面。

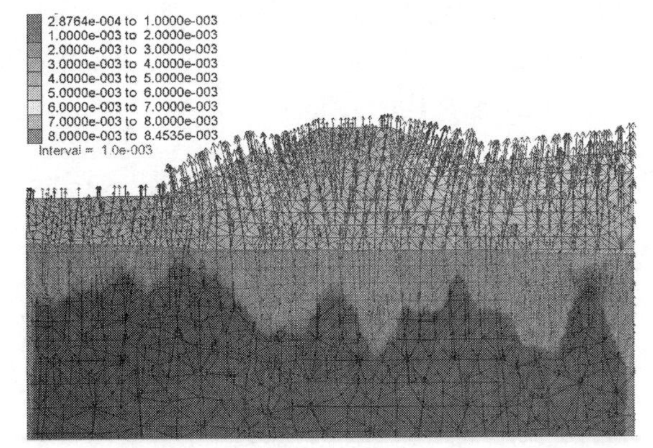

图7　水位上升后填石路堤 $X=200$m 剖面的最大位移矢量图

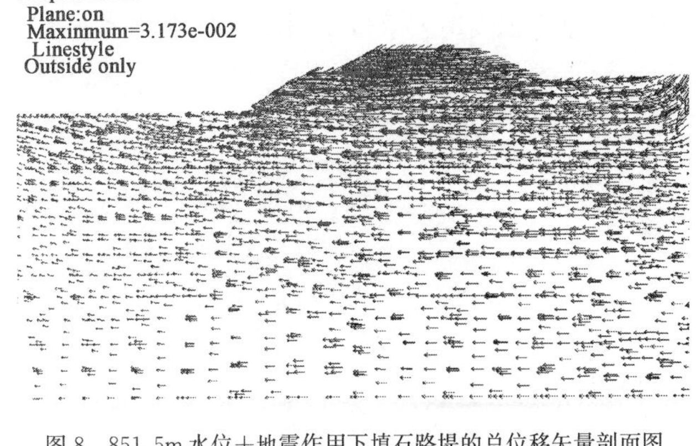

图8　851.5m 水位＋地震作用下填石路堤的总位移矢量剖面图

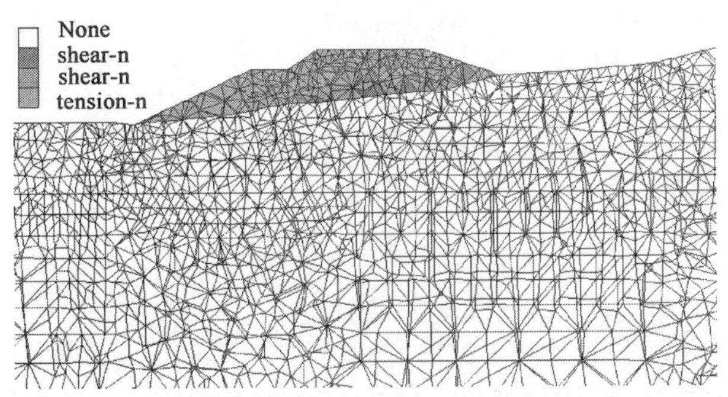

图9　851.5m 水位＋地震作用下填石路堤 $X=400$m 剖面的塑性状态图

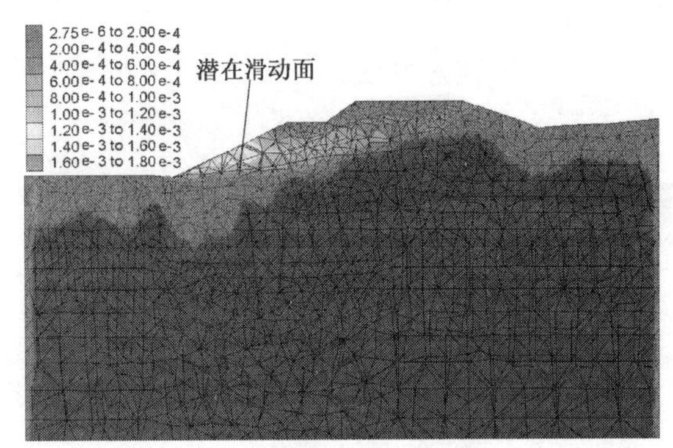

图10　851.5m 水位＋地震作用下填石路堤 $X=400$m 剖面的剪应变增量图

各压实度路堤在 200m、400m 剖面处的最大变形值(单位:mm)　表2

压 实 度	$X=200$m 剖面		$X=400$m 剖面	
	天然河水位	851.5m 蓄水位	天然河水位	851.5m 蓄水位
93%	3.563 9	8.453 5	3.208 2	8.112 7
94%	3.387 6	8.324 4	3.063 4	8.012 6
95%	3.192 8	8.141 0	2.898 5	7.861 3
96%	2.978 7	7.991 1	2.695 1	7.827 9

5.2　851.5m 水位＋地震作用

现进行各压实度路堤在 851.5m 水位、Ⅷ度地震时的模拟，经 1 000 步迭代计算后，不平衡力曲线趋于收敛，计算结束。由计算结果可知，随着压实度的增加，路堤的最大总位移值有所降低，但都在厘米量级上，且路堤单元都已达到塑性状态，由此判断，不论压实度多少，填石路堤在 851.5m 水位及地震作用下将发生失稳破坏。由此可见，只是单纯的提高路堤的强度并不能有效提高路堤的抗震性能。

图 9、图 11～图 13 分别为各压实度下 $X=400$m 剖面路堤的塑性状态图，由图 9、图 11～图 13 可知，随着压实度的增加填石路堤部位单元的塑性状态并未发生改变，都已达到塑性状态，但下覆地层随着压实度的增加、重度的增加，其达到塑性状态的单元也随之增加，并与路堤单元有逐渐贯通的趋势。由此可见随着压实度的增加，虽然路堤强度增加有利于路堤稳定性的提高，但是重度增加对下覆地层的强度要求也在增加，因此并不能一味的追求压实度，应同时验算下覆地层承载力是否满足要求。

图 10、图 14～图 16 分别为各压实度下 $X=400$m 剖面路堤的剪应变增量图及由此确定的潜在滑动面，由图 10、图 14～图 16 可知，在 93%压实度下(图 10)可由剪应变增量画出完整的潜在滑动面，几乎涉及整个填石路堤。随着压实度的增加，可明确确定的潜在滑动面随之减少，且涉及的路堤范围也越来越小，但是基

底具有较大剪应变增量的单元在逐渐增多，而且有与路堤单元相贯通的趋势。这也同样说明随着压实度的增加，对基底强度的要求也在同步增加，应开展压实度与基底承载力之间关系的研究。各压实度下的潜在滑动面依然是路堤与基底的交界面，因此提高界面强度也是提高路堤抗震性能的关键。

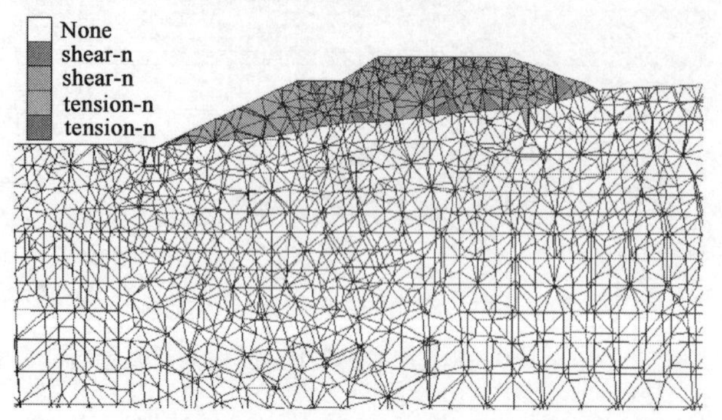

图 11　851.5m 水位＋地震作用下 $X=400$m 剖面填石路堤的塑性状态图（94%压实度）

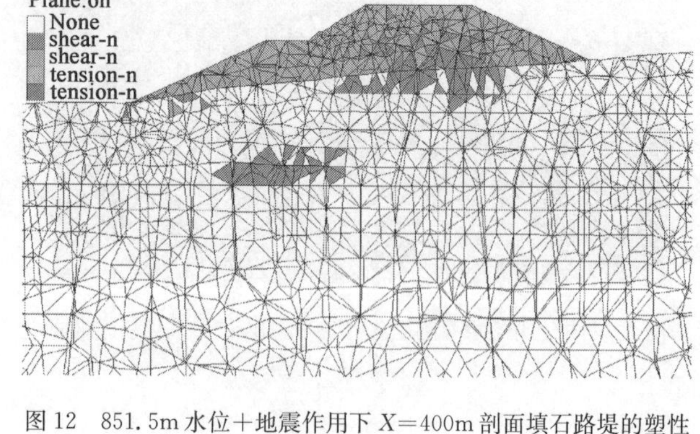

图 12　851.5m 水位＋地震作用下 $X=400$m 剖面填石路堤的塑性状态图（95%压实度）

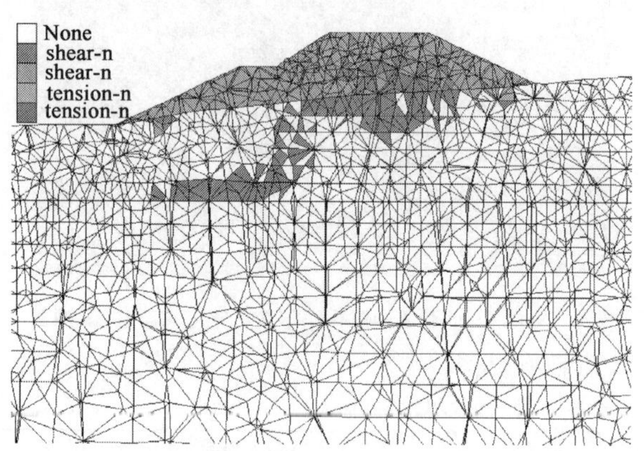

图 13　851.5m 水位＋地震作用下 $X=400$m 剖面填石路堤的塑性状态图（96%压实度）

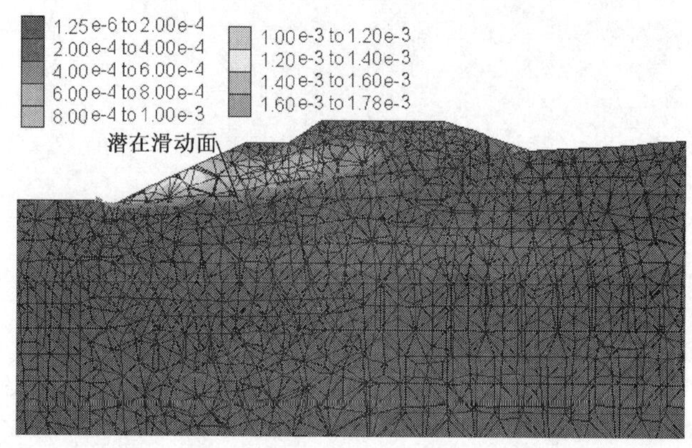

图 14　851.5m 水位＋地震作用下 $X=400$m 剖面填石路堤的剪应变增量图（94%压实度）

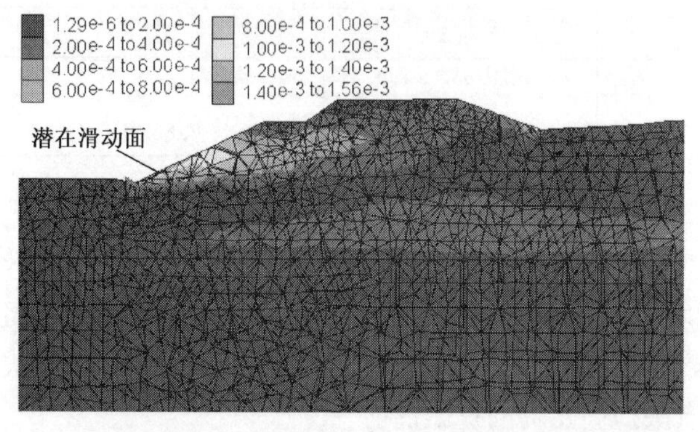

图 15　851.5m 水位＋地震作用下 $X=400$m 剖面填石路堤的剪应变增量图（95%压实度）

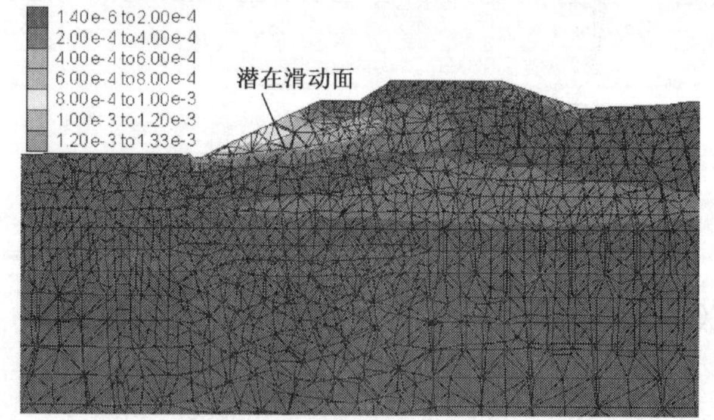

图 16　851.5m 水位＋地震作用下 $X=400$m 剖面填石路堤的剪应变增量图（96%压实度）

6　结语

经对雅泸高速公路 K112＋908.16～K113＋675 段的浸水高填石路堤进行研究，本文主要得出以下结论：

（1）路堤在自重作用下以垂直变形为主，但有向两侧挤出变形趋势，因此加强侧向约束，减少侧向变形是保证路堤稳定及在车载作用下不发生开裂的前提。经 Geo－slope 的极限平衡分析表明，在自重作用下边坡稳定性良好，用各种方法计算的安全系数均在2.7以上。

(2)路堤在浸水条件下，由于填石和下覆土体渗透性能良好，外部水位上升后形成平缓水位线，渗透力小，可按静水问题处理。计算后发现稳定性未有太大改变，但要注意波浪的陶蚀破坏作用，做好坡脚防护。极限平衡法计算结果也表明，水位上升后，在静水条件下，其安全系数略有升高。

(3)高填方路堤在Ⅷ度地震作用下将以单纯侧滑方式发生破坏，潜在滑动面为路堤与基底的交界面，因此只有提高界面强度才能有效提高路堤的抗震性能。同时，极限平衡法也搜索到了多处安全系数小于1的潜在滑动面，表明路堤将发生失稳破坏。

(4)提高填石路堤压实度可以有效提高强度，减小变形。但是压实度越大，路堤重度越大，要求基底的承载力也就越大，应展开压实度与基底承载力之间关系的研究。

参考文献

[1] 陈华卫.成南高速公路粗粒土路基填筑试验研究[J].交通科技，2005.4，(2)：23-25.

[2] 简阐微，刘少军，毛源，等.用平板加载试验评定毛石料回填碾压质量及其在核电站建设中的应用[J].岩土力学，1998.9，9(3)：29-40.

[3] Stephenson R.J..Relative Density Tests on Rock Fill at carters Dam. ASTM STP 523，1973：234-247.

[4] 刘萌成，高玉峰，刘汉龙，陈远洪.堆石料变形与强度特性的大型三轴试验研究[J].岩石力学与工程学报，2003.7，22(7)：1102-1111.

[5] 谢婉丽，王家鼎，张林洪.土石粗粒料的强度和变形特性的试验研究[J].岩石力学与工程学报，2005，24(3)：430-437.

[6] 邓卫东.高填路堤稳定性研究[D].西安：长安大学，2003.

[7] 宋焕宇.粗粒土斜坡高路堤变形性状与稳定性研究[D].武汉：华中科技大学，2007.

[8] 冯文凯，石豫川，柴贺军，等.斜坡填筑路堤变形破坏物理模拟研究[J].岩石力学与工程学报，2006，25：2861-2867.

[9] 高永涛，张怀静，孙金海，等.高填方路基单纯侧滑失稳治理的理论研究及工程应用[J].公路交通科技，2004，21(9)：9-12.

[10] 刘红帅，薄景山，刘德东.岩土边坡地震稳定性分析研究评述[J].地震工程与工程振动，2005，25(1)，164-171.

冰水堆积物路基压实质量评定方法研究❶

徐林荣[1]　刘明宇[1,2]　吕大伟[1,3]　张　杰[1,4]

(1.中南大学　土木建筑学院　长沙　410075；
2.中铁工程设计咨询集团公司　北京　100055；
3.中共宁乡县纪委　宁乡　410600；
4.中铁第四勘察设计院　武汉　430063)

摘　要：雅泸高速公路沿线广泛分布有冰水堆积物地层，而冰水堆积物作为高速公路路基填料，国内尚没有先例，因此有必要对冰水堆积物路基压实质量评定方法作进一步研究。本文在室内试验的基础上，通过雅泸高速公路某标段现场试验研究，根据不同尺寸灌砂桶检测数据的对比，提出采用直径为填料最大粒径3倍的灌砂桶检测路基压实度最为合理，并建立沉降差与压实度的对应关系，据此，建议采用沉降差来控制冰水堆积物路基的压实质量，提高了检测的速度，减少了对路基结构的破坏，更利于机械化施工的要求。

关键词：冰水堆积物　压实度　灌砂法　灌水法　沉降差法

1　引言

雅(雅安)泸(泸沽)高速公路位于四川省南部，起于雅安对岩，经荥经县、汉源县、石棉县至凉山州冕宁县，止于西昌市泸沽镇小沙沟，路线全长240.376km。雅泸高速公路是交通部规划的八条西部大开发省际公路通道之一，也是国家高速公路网七条首都放射线中的重要一段，雅泸高速公路在国家公路主干道网络规划和四川省中都占有十分重要的位置[1]。

雅泸高速公路沿线冰水堆积物分布广泛，K26～K211均有分布，从长度来看，冰水堆积物分布总里程47.648km，约占雅泸路全线长度的20%。并且存在两个较为集中的分布区段，即里程K114～K144.57及K173.3～K211.19，这两个区段中冰水堆积物路段分别占线路长度的50%及47%[2]。

冰水堆积物作为一种土石混合料具有强度高、变形小、稳定好、透水性强等优点，是一种理想的路基填料，但目前国内外关于冰水堆积物的研究很少，尚缺乏针对其工程特性的系统研究及总结，同时对于土石混合料的压实质量检测方法和检测标准也是路基施工中的难题[3]。《公路路基施工技术规范》(JTG F10—2006)并未明确规定土石路堤的压实质量检测方法，只是要求参照填筑试验段的成果进行相关指导。

为保证冰水堆积物路基具有良好的稳定性和较小的沉降，选择一种较为合理的质量检测手段就成为填筑施工中的关键环节[4]，因此需要对冰水堆积物路堤的压实质量评定方法做进一步的探讨与研究。本文依托四川省雅西高速公路某段，采用压实度与沉降差两种质量检测手段对其压实效果进行评判，并将两者相结合，建立压实度与沉降差的对应关系，为推广沉降差法评定土石路堤压实质量提供依据。

2　冰水堆积物概述

冰水堆积物系由冰川融水搬运堆积的沉积物[5]，是冰期的冰蚀作用和冰积作用、冰水侵蚀作用和堆积作用，间冰期的冲蚀、冲积作用的共同结果，包括冰川和冰融水所形成的地形和堆积物，如图1所示。经历第四纪地质历史上冰期和间冰期的交替，形成原因复杂。因其中包含底碛和受上部较厚第四系冲积物盖重的影

❶四川省交通厅科技项目：高速公路冰水堆积物路基修筑技术研究(2006A024－611)。

响，较为致密。冰水堆积物的成因决定了其一方面具有河流堆积物的特点，如有一定的分选性、成层性和磨圆度，其中砾石磨圆度较好；但同时又保存着条痕石等部分冰川作用痕迹，故又有学者称之为层状冰碛。

冰水堆积物的形成年代属于第四纪中更新世及晚更新世，相应地层为中更新统及上更新统。土类情况分布较杂，从大颗粒的漂石土至碎石土，再至砾石土、砂土，甚至细粒的低液限粉土、低液限黏土均有分布[6]。雅泸高速公路全线冰水堆积物绝大部分出露于地表面，仅有少数存在上覆土层，如图2所示。

图1　雅泸高速公路沿线冰水堆积物沉积扇

图2　冰水堆积物颗粒组成

3　试验方案介绍

选取雅泸高速公路某段进行冰水堆积物路基试验段填筑，试验段总长100m，松铺厚度30cm，作为填料的冰水堆积物为全线较为典型级配，如表1所示，最大粒径15cm，不存在超粒径现象，振动台法测得最大干密度为2.140g/cm^3。采用20t压路机，运行速度为2～3km/h，共进行7次碾压，5次检测。采用压实度与沉降差两种质量检测方式，一次检测8个点，分布位置如图3所示。前两次中，每碾压两遍，采集一次数据，后3次每碾压一遍即采集数据。

试验段路基填料颗粒级配　表1

筛孔尺寸(mm)	60	40	20	10	5	2	1	0.5	0.25	0.074	<0.074
累计筛余百分率(%)	0	0	0	13.5	24.66	33.38	43.29	60.41	83.22	92.57	100

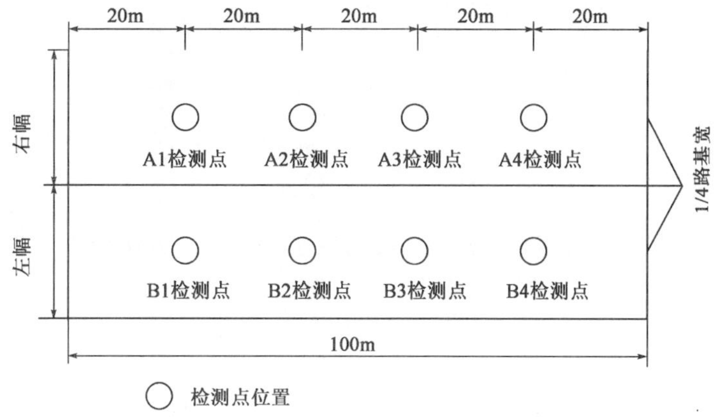

图3　试验段监测点分布图

4　检测方法介绍

4.1　压实度检测

压实度检测是目前公路系统中最为普遍的检测手段，主要采用灌砂法和灌水法两种传统的测试方式。

灌砂法一般适用于细粒土压实度的检测，但由于其操作简单，土石混合料的压实度检测也常采用此方法。灌水法是类似于灌砂法的一种压实度检测方法，用水替代灌砂法中的标准砂。由于灌水法不再受灌砂桶容量的限制，因此其试坑直径可以相应增大，更适用于粗粒土路基的质量检测，在《公路土工试验规程》(JTG E40—2007)中，也建议采用此方法对粗粒土进行压实度的检测，但灌水法精度不高，且需要大量试验用水，多为水利工程上使用，在公路路基检测方面，采用较少。

为了研究粒径与试坑直径大小的关系，得到较为准确的压实数据，制作了直径为 30cm、45cm 和 60cm 的三种大直径灌砂桶，直径大小分别为填料最大粒径的 2 倍、3 倍和 4 倍。灌水法试坑大小则根据规范要求，取试坑直径为 45cm，即为填料最大粒径的 3 倍。之后结合标准直径灌砂桶的测试结果，对不同尺度的大直径灌砂桶所得的压实数据作以对比。每次检测时在路基平面里均匀选择 8 个点，试坑深度应贯穿压实层，并逐步扩大试坑直径，检测不同直径下的压实度。最后综合比较不同试坑直径灌砂(水)法所得数据，得到最为合理的压实度结果。

4.2 沉降差检测

填筑施工中采用灌砂(水)法检测路基压实质量存在一些不足和缺陷，如需要开挖试坑[7]，这样不仅破坏路基结构，而且对于土石混合料来说，开挖困难，大面积应用该方法检测土石路堤压实度，其检测速度慢，因此采用压实度检测评估土石路堤有其局限性。相对于压实度检测存在的缺陷，沉降差法可以对路基压实质量进行快速有效的检测，不破坏路基土体结构，更适应于路基施工快速机械化的要求。并测定值直接与变形特征相联系，比单一的密度指标更能反映路基稳定与变形特征。

每次进行压实度检测的同时，进行定点高程的观测，以得到沉降差。采用水准仪测量每个沉降点的初始高程和碾压后高程，高程观测点选在灌砂(水)法试坑附近，同时留有一定的距离，这样即保证沉降量与压实度的对应更为精确，也避免了路基被破坏后对沉降量的影响。最后根据观测结果，结合以上得到的压实度真值，建立压实度和沉降差之间的对应关系。

5 结果与分析

根据试验方案，对碾压后的路基进行压实度和沉降差的检测，得到不同试坑直径灌砂(水)法检测结果，压实度为 8 个测试点数据的平均值。根据上述压实度结果，对各组数据进行分析，绘制不同试坑直径下灌砂(水)法得到的压实度与碾压次数关系曲线(图 4)

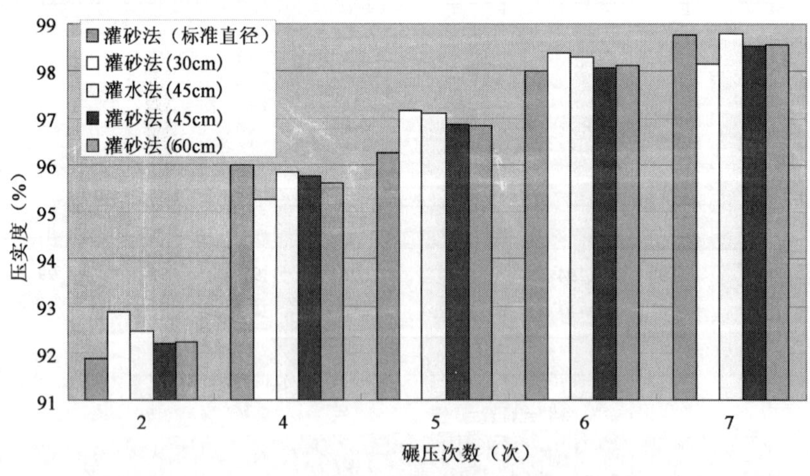

图 4 压实度结果比较

从图 4 可见，灌水法数据较同等直径的灌砂法得到的数值偏高，且幅度均在 0.2%左右，原因可能是试坑里的盛水材料与土体接触不紧密，存在一定的缝隙，造成体积减小，而压实度偏高。

采用灌砂桶直径为 45cm 和 60cm 的灌砂法得到的压实度极为接近，且与灌水法测得的数据相似，可认为是路基压实度的真实值；标准直径和 30cm 直径灌砂桶与真实值较差较大，且偏差没有规律性，而由于 45cm 与 60cm 灌砂桶检测结果相差不大，可以认为灌砂桶直径达到填料最大粒径 3 倍时，测试结果已经比较准确。

同时根据 8 个点所测沉降差数据，绘制沉降差与碾压次数之间的关系曲线(图 5)。

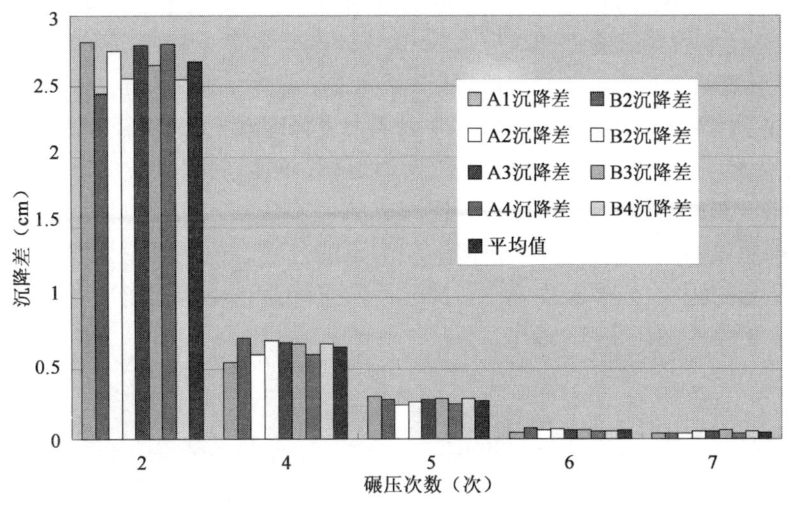

图 5　沉降差结果对比图

从图 5 可知，随着碾压次数的增加，沉降量逐渐增加而沉降差逐渐减小，第一次检测时，8 个检测点的沉降差几乎都达到 2.5cm 以上，而碾压 5 次以后，沉降差均小于 0. 5cm，可见填料颗粒之间的空隙越来越小，填料变得越来越密实。

由图 5 和图 6 可知，随着碾压次数的增加，压实度逐渐增大，而沉降差逐渐减小，因此当沉降差处于某一特定值时，即可对应于相应的压实度结果。在确定压实度真值的基础上，即采用 45cm 直径的灌砂桶得到的数据，对应于 8 个检测点沉降差均值，建立沉降差与压实度的对应关系(图 6)。

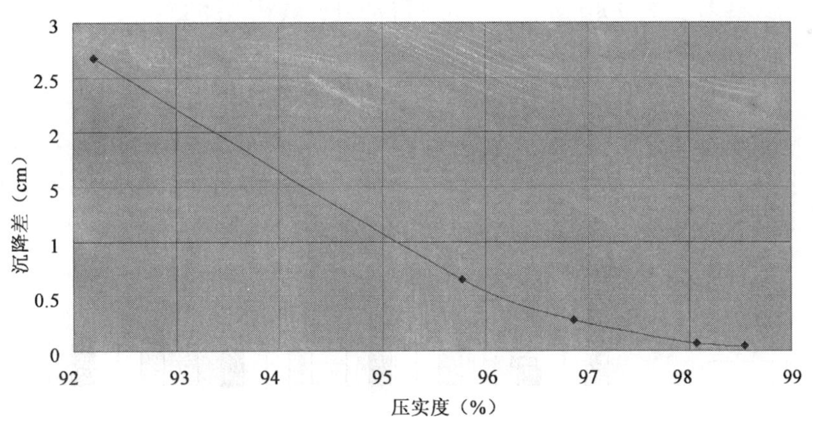

图 6　沉降差与压实度的关系

由图 6 可知，在松铺厚度为 30cm 的情况下，压实度达到 96％时，路基总沉降量约为 3. 5cm，而沉降差却仅为 0. 5cm 左右。因此对于冰水堆积物路基可采用沉降差来控制路基压实质量。不同的路基层，对压实度的要求也并不相同，要分别建立起压实度与沉降差的关系，以确定对应于不同压实度下的沉降差数值。如本试验段所采用级配的冰水堆积物，其压实度达到 93％时，沉降差可以控制在 2cm 以内，到达 94％时，沉降差可控制在 1. 5cm 以内，而压实度达到 96％时，沉降差应该控制在 0. 5cm 以内，这些沉降差数值均在工程实际可控精度范围内，具有一定的可操作性。

6 结语

通过现场对冰水堆积物路基试验段压实质量的检测，并对灌砂（水）法和沉降差法所测数据的分析，得到冰水堆积物路基压实质量评定的如下结论：

(1)冰水堆积物作为土石混合料，进行路基填筑时，应根据规范要求进行试验段施工，检测碾压后的压实度与沉降差结果。建立压实度与沉降差的对应关系，确定不同压实度下控制沉降差的范围，并在随后的施工中采用沉降差来控制路基压实质量，方便、快捷，便于提高施工进度。

(2)在试验段压实度检测中，推荐使用灌砂法并采用大直径灌砂桶，其直径应为土体最大粒径的3倍，尺寸过小会影响检测结果精度，过分加大仪器尺寸不仅增加试验难度，对提高数据精度的效果也不明显。若采用灌水法时，应在所得压实度的基础上，作以适当折减。

(3)在试验段沉降差检测中，应合理设置沉降差观测点的数量与检测频率，并将观测点选在灌砂（水）法试坑附近，同时留有适当的距离，以便于准确测量碾压后的沉降量。随着碾压次数的增加，当沉降差小于某一特定值时，即可对应于相应的压实度结果。

参考文献

[1] 四川省公路规划勘察设计研究院. 雅泸高速公路初步设计文件[R]. 2006.

[2] 吕大伟. 冰水堆积物特征及其路用形状研究[D]. 长沙：中南大学，2009.

[3] 赵炼恒，李亮，何长明，等. 土石混填路堤强夯加固范围研究[J]. 中国公路学报，2008，21(1)：12-18.

[4] 林军，周红锋，邢爱国，王敬. 土石混填路基压实评定方法的试验研究[J]. 铁道建筑，2007(1)：79-81.

[5] 曹伯勋. 地貌学及第四纪地质学[M]. 北京：中国地质大学出版社，1995.

[6] 徐林荣，吕大伟，等. 冰水堆积物地区高速公路路基修筑技术研究报告[R]. 长沙：中南大学，2009.

[7] 曹文贵，胡天浩，罗宏，赵明华. 土石混填路基压实度检测新方法探讨[J]. 湖南大学学报（自然科学版），2008，35(2)：22-26.

[8] 郭庆国. 粗粒土的工程特性及应用[M]. 郑州：黄河水利出版社，1998.

[9] 杜华，邢爱国. 多土类土石混填路基压实度快速预测研究[J]. 铁道建筑，2008(2)：59-61.

[10] 中华人民共和国行业标准. JTG D30—2004 公路路基设计规范[S]. 北京：人民交通出版社，2004.

[11] 中华人民共和国行业标准. JTG E40—2007 公路土工试验规程[S]. 北京：人民交通出版社，2007.

[12] 中华人民共和国标准. JTG F10—2006 公路路基施工技术规范[S]. 北京：人民交通出版社，2006.

[13] 四川省公路勘察设计研究院. 雅安—泸沽高速公路工程地质详勘报告[R]. 2007.

高速公路滑坡治理中的方案设计
——以四川雅泸高速磨房沟古滑坡为例

张　杰　李慧丽

（湖南省交通规划勘察设计院　长沙　410008）

摘　要：滑坡是山区高速公路的常见地质病害问题之一，本文从介绍磨房沟滑坡所处的区域地质环境、工程地质状况入手，简要介绍了滑坡的基本特征，分析了滑坡的形成机制和稳定性，并对各种工况下滑坡的稳定性，进行了定量评价。在此基础上，确定了以抗滑桩为主，地表排水沟、地下排水孔为辅的处治方案，经过实际的施工监测及滑坡治理效果分析证明，该方案治理效果好，并总结了相关的设计、施工以及管理的经验与教训。

关键词：古滑坡　抗滑桩　治理　高速公路

1　引言

四川省石棉县擦罗乡磨房沟古滑坡位于雅安—泸沽高速公路石棉至泸沽段C17合同段，磨房沟大桥、磨房沟隧道经过了该处滑坡的中部，该滑坡位于南桠河左岸，在K135+030～+250范围内，滑坡体横向宽约185m，纵向长约160m，滑体厚度10～20.7m。施工图设计阶段对滑坡体前缘设置抗滑挡土墙，并在滑坡体前部进行反压。自石棉县进入雨季以来，由于施工便道及施工工作场地边坡的开挖，局部出现垮塌的现象。拟建的高速公路在滑体中上部以大桥及隧道方式通过。便道开挖、大桥基础施工及隧道的开挖，对坡体产生直接扰动，施工时机器设备及渣土的堆积也将改变坡面的荷载分布，这些因素都可能引起滑坡的局部甚至整体复活，为保证路基稳定及行车运营安全，施工中对该古滑坡（图1）进行整治，现将其经验与教训总结如下。

图1　K135+052～K135+200段古滑坡地貌

2　滑坡体工程地质

2.1　工程地质条件

滑坡所在斜坡坡顶高程约1 500m，坡脚南桠河河床高程约1 260m。斜坡上滑坡体范围内植被稀疏，多为矮小灌木，滑坡范围后缘山坡上植被多为高大茂盛乔木。

坡脚为南桠河，南桠河由南向北流至滑坡北侧坡脚的河段后拐弯，滑坡坡脚处于南桠河凹岸，此处南桠河宽35.0～45.0m，勘察时水深0.5～1.0m，雨季时水深2.0～3.0m，水流湍急，河床内大漂石分布众多。

滑坡的北侧约90m分布一溪沟（磨房沟），为常年流水，冲沟短浅，流量变化大。从地貌上来看，本滑坡处于南桠河与磨房沟的回水湾范围内。

滑坡体前缘和后缘的高差约100m。磨房沟古滑坡滑体中前部斜坡坡角约40°～45°，滑体后段为一缓坡，坡角约20°。滑体后缘以外山坡明显变陡，坡角在40°以上，滑体后缘分布有4条冲沟，其中中间两条冲沟在滑体后缘约20m处合并，除暴雨季节冲沟内有少量地表水存在外，一般为干涸冲沟。

滑坡北侧坡脚分布有十来户民房及一小型水电站厂房，据调查民房在10多年前就存在，且未出现墙体开裂现象。滑坡后缘缓坡前沿分布有一老路(G108)，为解放前修筑，宽约5m，现为地方机耕道。

根据区域地质资料及钻探、野外地质调查，滑坡体地层主要为第四系全新统崩坡积层、冲洪积层、第四系中上更新统冰水沉积层、早震旦世花岗岩、构造岩等。

该滑坡周界主要受地形及地层控制。滑体两侧边界外缘可见弱风化花岗岩出露，泸沽侧边界地形上受一走向与坡面倾向一致的小冲沟控制。滑体后缘受地层为中更新统结构密室的碎石夹块石控制，山坡明显变陡。滑坡体前缘剪出口位于边坡坡脚。

2.2 滑坡体分区

根据斜坡的变形特征，滑坡主要可分为2个区：Ⅰ区位于老G108下方(主滑动区)、Ⅱ区位于老G108上方(牵引滑动区)。

Ⅰ区：平面上位于滑体范围内老G108下方，滑体主要由含褐、褐灰色泥质较多的碎石层，松散或稍密，局部含少量树叶、树根等腐殖物。滑动面的下部滑床岩性主要为结构密实的碎石夹块石层，滑体一般厚10～20m。滑动带(面)的物质成分主要为与结构密实的碎石夹块石接触的第四系全新统碎石层底部或第四系全新统亚黏土。滑动面(带)倾角表现为后陡前缓，滑坡后缘滑面拉裂地段倾角40°～500°，滑体中部倾角25°～350°，滑坡前缘倾角15°～200°。

Ⅱ区：平面上位于滑体范围内老G108上方，在地貌上，为坡面较缓的圈椅地形。滑体及滑床物质成分均为第四系全新统含褐、褐灰色泥质较多的碎石层，松散或稍密，滑体一般厚0～10m。滑动面(带)倾角较Ⅰ区平缓，倾角约250°。

3 边坡稳定性评价

3.1 边坡稳定性分析及评价

计算公式采用对滑坡体稳定性分析常用的传递系数法计算滑体剩余下滑力。

地质勘察后认为其勘察水位稳定安全系数K为1.05，非正常工况小于1，边坡处于蠕变变形阶段，两种工况下，稳定系数均小于规范要求的抗滑稳定安全系数，故该边坡需采取工程整治措施进行加固处理。

3.2 计算工况和荷载

根据地质勘探资料，设计采用的岩土物理力学指标如表1所示。

岩土主要力学指标推荐值表

表1

岩土类别		重度(g/cm³)	残余抗剪强度		容许承载力[σ_0](kPa)	岩土与锚固体黏结强度特征值 f_{rb}(kPa)
			黏聚力(kPa)	内摩擦角(°)		
Q_4	碎石	2.0				
	碎石夹块石	2.1				
Q_{2+3}	碎石夹块石	2.1			800	80
滑带土	拉裂段	1.9	10	35°～41°		
	中段		10	29°～35°		
	阻滑段		10	25°～29°		
弱风化岩(较破碎)		2.5			1 500	550

3.2.1 计算工况

公路边坡地表曾产生过变形裂缝，在暴雨时坡体前缘将出现局部饱水状态。

根据《公路路基设计规范》(JTG D30—2004)第3.7.4条，边坡稳定性计算应分成以下三种工况进行计算，如表2所示。

(1)正常工况:边坡处于天然状态下的工况。

(2)非正常工况Ⅰ:边坡处于暴雨或连续降雨状态下的工况。

(3)非正常工况Ⅱ:边坡处于地震等荷载作用状态下的工况。

该边坡安全等级为Ⅰ级,本次设计分别取正常工况、雨季时的非正常工况Ⅰ以及边坡处于地震等状况下非正常工况Ⅱ进行计算,安全系数分别取1.25、1.2和1.1。

计算工况和安全系数　表2

工　况	荷载组合	安全系数
正常工况	自重+正常地下水位	1.2～1.3
非正常工况Ⅰ	自重+雨季时高地下水位	1.1～1.2
非正常工况Ⅱ	自重+正常地下水位+地震	1.05～1.1

3.2.2　荷载条件

自重:即现有的边坡,在基本工况下,岩土体取天然重度,特殊情况下,取饱和重度。

地下水位:根据水文地质确定。

地震烈度:Ⅷ度,根据《公路工程抗震设计规范》(JTJ 004—1989)第3.1.3条以及表1.0.4,综合影响系数取$C_Z=0.25$,重要性修正系数取$C_1=1.7$。

3.2.3　单宽剩余下滑力计算结果

单宽剩余下滑力计算结果表3所示。

单宽剩余下滑力计算结果表　表3

计算剖面	工　况	采用安全系数	单宽剩余下滑力(kN)
03剖面(24～46号抗滑桩)	非正常工况Ⅰ	1.2	1 979
	非正常工况Ⅱ	1.1	1721
03剖面(1～23号抗滑桩)	非正常工况Ⅰ	1.2	1 357
	非正常工况Ⅱ	1.1	1 143
04剖面(55～62号抗滑桩)	非正常工况Ⅰ	1.2	1 576
	非正常工况Ⅱ	1.1	1 496
02剖面(47～54号抗滑桩)	非正常工况Ⅰ	1.2	1 505
	非正常工况Ⅱ	1.1	1 334

注:1.非正常工况Ⅰ时的高地下水位不是地质勘查资料里面所提的雨季时推测地下水位,而是通过施工防排水措施后地下水位降低到一定程度后的地下水位,因按照地质资料所提的地下水位计算出来的滑坡推力比较大,采用单一的抗滑桩处治措施难以满足要求,所以必须采取综合整治方案。

2.根据上述抗滑桩前单宽剩余下滑力的计算结果,我们在进行抗滑桩设计时桩后剩余下滑力采用最不利工况时计算的下滑力进行计算,即采用非正常工况Ⅰ条件下计算的剩余下滑力。

4　古滑坡整治方案

本设计中,对处治方案的技术合理性、施工可行性和经济等三方面综合考虑,选择最佳的结构形式与布置方案。前面已经提到,如果采用单一的工程整治措施难以满足要求,需要采用综合整治方案。对于边坡整治,常用的方法有:削坡减载、回填反压、截排水、锚索、抗滑桩、挡土墙等。

因桥梁桩基与隧道结构物的影响,加之滑坡岩土体结构较松散、地下水丰富等因素,均不利于锚索的布置和使用效果,因此设计上未采用锚索桩。根据以上地质情况及非正常工况下计算的单米宽下滑力,现采取的综合整治方案如下:

4.1　截、排水设计

滑坡工程处治,排水工程是关键,因此本次设计设置了地面排水和地下排水系统。

地面排水系统包括截水沟、排水沟。首先在滑坡边界外缘设置一圈截水沟，截断来自滑体上方的地表水；最后在滑体中间及平式排水孔出水口设置排水沟，将平式排水孔中流出的水截流，排出滑坡体。

地下排水系统包括滑坡内渗沟和平式排水孔。由坡面下渗的水和地下水由平式排水孔及渗沟疏干排出。

4.2 设置抗滑桩

抗滑桩平面布置如图2所示，设置三排抗滑桩，其中2～23号、47～54号、55～61号抗滑桩尺寸为2m×3m，桩中对中的间距为6～7m；24～46号抗滑桩尺寸为2.5m×3.5m，桩中对中间距为6m。

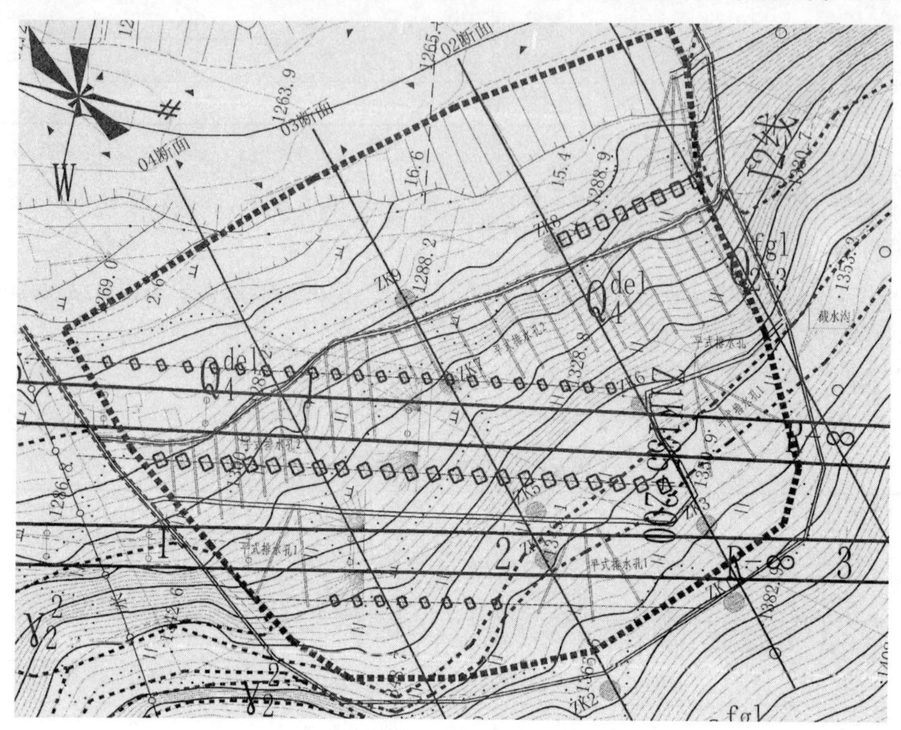

图2 磨房沟古滑坡平面布置图

抗滑桩的结构设计：

根据岩性及地层情况，因滑坡体的上面有桥梁、隧道等重要构造物通过，考虑到对桥梁隧道的影响，所以在计算时桩前的剩余抗滑力为零。

抗滑桩采用C30钢筋混凝土，纵向主筋采用HRB400钢筋，箍筋采用HRB335，因滑床为块石土或强风化的花岗岩，故桩的埋深一般为1/2桩长。

4.3 削坡减载、回填反压

为避免因开挖而再次扰动边坡，对于滑坡体，只对地质剖面01和03断面之间的较陡的土方挖除后反压在滑坡前沿，削坡的坡比在1∶1.5～1∶1.85之间，不主张大规模的清方，因为根据地质情况清方较大时可能会进一步引发上方山体沿临空面下滑。

原设计用隧道出渣反压于滑坡体前缘，因为施工工序的问题，本处治方案先采取把削坡的土石方反压于滑坡前缘，隧道开挖后再反压于滑坡前缘的阻滑段。

4.4 防护工程设计

古滑坡形成的原因之一是南桠河的冲刷，原17标古滑坡前缘设计的抗滑挡土墙施工单位已经施工完毕，可以防止南桠河的冲刷。但雨季时雨水的浸入引起滑坡体强度降低从而可能引发滑坡的复活，为了防止大量的雨水浸入滑坡体，在处理滑坡体张、剪裂缝时，应将开裂两侧的土(石)挖开，每侧宽度不应小于0.5m，深度不小于1.0m，然后用黏质土填筑夯实。

同时对于削坡卸载后的开挖坡面，由于开挖坡比较缓，且边坡上设置了平式排水孔、截水沟和排水沟等，故采用坡面草皮护坡的方案进行边坡防护和绿化。

5　结语

磨房沟古滑坡整治于2009年完工，同年5月滑坡监测进场，2009年7月底完成了抗滑桩深部位移测斜管和钢筋应力计的安装(共6根桩)。其中检测桩主滑方向上的最大位移31.77mm，整体上基本稳定。通过工后变形和应力观测，古滑坡体已处于稳定状态。说明这次的古滑坡治理是成功的，通过对滑坡的治理，经验与教训并存，总结如下：

(1)通过对上述古滑坡的整治，使我们认识到，在复杂的工程地质条件下修筑公路，必须对其进行全面的调研、勘察、分析、研究等再进行设计，如果在设计过程中对复杂的工程地质条件认识存在疏漏或不足，将造成不安全隐患和较大的经济损失。

(2)充分重视工程地质勘察，对于滑坡等严重不良地质地段，一般情况下路线应设法绕避，当必须穿越时，应详细判别其稳定性，选择合适的穿越位置，并采取必要的工程措施，以确保公路工程设计与施工的合理性及其竣工后的正常运营。

(3)雨水是山体滑坡的诱因，任何的治理方案，都要重视水的处里。

(4)经过全面分析，精心计算，在滑坡体上共布置了约61根抗滑桩，并采用了坡面排水、削坡反压等综合治理措施。实验证明，本文所采用的处治方案是成功的。

参考文献

[1] 陶志平，等.滑坡地段隧道变形政治中抗滑桩的设计方法[J].山地学报，2003，21(5)：620-623.
[2] 贺建清，等.弹性抗滑桩设计中几个问题的探讨[J].岩石力学与工程学报，1999，18(5)：197-502.
[3] 戴自航. 抗滑桩滑坡推力和桩前滑体抗力分布规律研究[J]. 岩石力学和工程学报，2002，21(4)：517-521.
[4] 佴磊，等. 滑坡治理中的抗滑桩设计[J]. 吉林大学学报，2002，32(2)：162-165.
[5] 戴自航，等. 弹性抗滑桩内力计算新模式及其有限差分解法[J]. 土木工程学报，2003，36(4)：99-104.

微型桩在隧道洞口边坡处治中的应用

王　斌[1]　周良春[1]　陈小勇[2]

(1. 中铁十四局集团四川雅泸高速公路C17合同段项目经理部　雅安　625404；
2. 四川交通厅雅西高速公路建设指挥部　成都　610041)

摘　要：本文介绍了微型桩在四川雅泸高速公路石棉地区隧道洞口边坡松散地质处治中的应用，重点阐述了微型桩施工工艺、质量控制与效果检测。

关键词：微型桩　隧道洞口　边坡处治　应用

微型桩是一种小口径钻掘桩，口径介于100～300mm，桩体主要由压力灌注水泥浆或细石混凝土与加劲材料组成，依据其受力需求加劲材料可为钢筋、钢棒、钢管或型钢等。微型桩可以为垂直或倾斜，或排或交叉网状配置。交叉网状配置微型桩由于其桩群形如树根状，故亦被称为树根桩或网状树根桩。

微型桩主要特点：施工迅速安全，施工机具小，适于狭窄施工作业区；施工噪声和振动小；长细比大，单桩耗用材料少；单桩可以承受拉应力、压应力、剪力和弯曲应力；桩孔孔径小因而对基础和地基土产生的附加应力甚微；渗透性压力灌浆对桩周土壤产生固结效果。

由于微型桩具有以上特点，近年来随着我国加固改造业的兴起，应用越来越多。目前，微型桩主要应用于古建筑物加固纠偏、建筑物增层及改造、地基不均匀沉降事故中的基础托换、岸(基坑)边及地下洞室土方建筑物的基础托换等几个方面，但在隧道的边坡处治中应用较少。

1　工程概况

四川雅泸高速公路擦罗Ⅱ号隧道左洞(雅安端)洞口边仰坡原支护采用砂浆锚杆，但从明洞已开挖部位的地质展露情况看，表层为人工填筑土，其下为极其破碎的强风化上带花岗岩，浅埋无自稳能力，故砂浆锚杆成孔困难，锚固效果欠佳。G108国道横向通过隧道洞口顶部，交通流量大，且国道距隧道洞顶垂直距离仅36m，为保证国道通行安全和隧道进洞施工安全，故对隧道边仰坡支护进行加强，着重处理洞顶的破碎土体，保证隧道稳定。

由于微型桩以网状排列与土体结合能形成挡土结构，用以抵挡开挖形成的不平衡土压，并抑制开挖侧向解压引致的侧向变形与地表沉降，兼具建筑物保护及挡土设施的双重作用，故本隧道洞口边坡处治采用微型桩。微型桩采用ϕ89mm×5mm钢花管，在左右洞洞顶1倍洞径范围内(即沿路线方向各15m范围内，垂直路线方向隧道中线两边各13m范围内)的洞顶覆盖层以间距120cm×120cm呈梅花型布置加固。微型桩布置如图1所示。

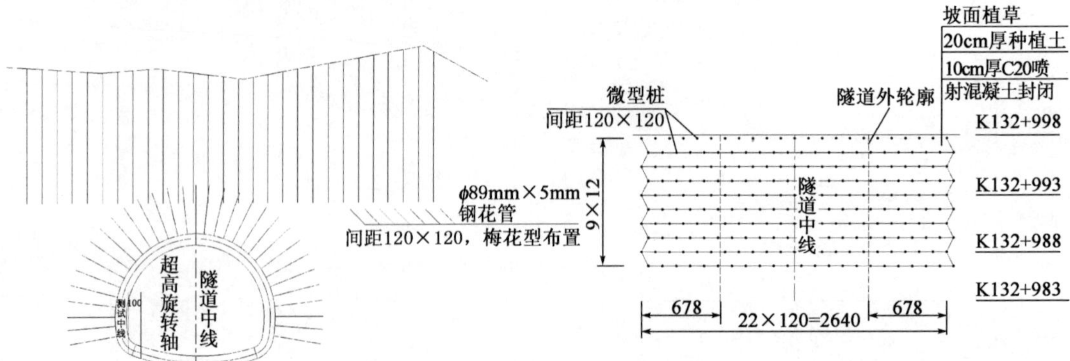

图1　微型桩布置图(尺寸单位：cm)

a)洞顶微型桩加固设计断面图；b)洞顶微型桩加固设计平面图

2　施工方法

2.1　施工方法及工艺流程

2.1.1　施工方法

微型桩的施工一般按成孔、清孔、安放加劲材料、注浆成桩四个步骤进行。微型桩施工采用地质钻机成孔，清孔后置入钢管等加劲材料，然后以压力注入水泥(砂)浆或细石混凝土成桩。

2.1.2　工艺流程图。

施工工艺流程如图2所示。

2.2　施工准备

本隧道洞口边坡处治采用1台TXU-75型回旋钻机钻孔，配备BW-250/50型注浆泵1台，其他设备或工具有：灰浆搅拌机、灌浆管、阀门、压力表、手推车、铁锹、水准仪、全站仪、倾斜尺、水平尺、测绳等。

对于钻孔与注浆的各种施工机械及其配套设备，在施工前重点检查钻机是否能够正常工作，钻杆是否齐全，钻头的尺寸是否符合设计要求，注浆泵是否正常工作，压力表是否显示正常。并备齐水泥、砂、石以及钢管等材料，作好施工前的准备工作。钻孔准备工作还包括测量放样、整理场地、制作埋设护筒，设置泥浆池和供水池等。

2.3　施工作业安排

在加固施工前，先按设计坡比刷出洞口边仰坡，然后喷射10cm厚混凝土进行封闭。修砌好边仰坡水沟，以利山坡地表排水。微型桩的加固顺序应由外向内、自下而上进行，为保证预加固的效果，在注浆全部完成后，灌入浆液强度达到设计强度的70%以上，才能进行下方隧道洞体的开挖作业。左右洞顶的微型桩应结合两洞大管棚一起进行施作，施工完成后及时进行坡面植草防护。

2.4　微型桩施工

2.4.1　桩位布置

用全站仪测放出桩群纵横向轴线及各桩位点，用油漆或铁钉等标示定位，同时用水准仪测出各桩位点高程，确定各桩位钻孔深度。然后按施工作业安排确定钻孔顺序。

2.4.2　成孔

采用地质钻机成孔，钻孔前复核钻机主轴方位角和倾角，确保符合设计及规范要求。同时采用挖埋法埋设护筒，其顶面高出地面10cm，以防止钻具破压坏孔口。微型桩成桩如图3所示。

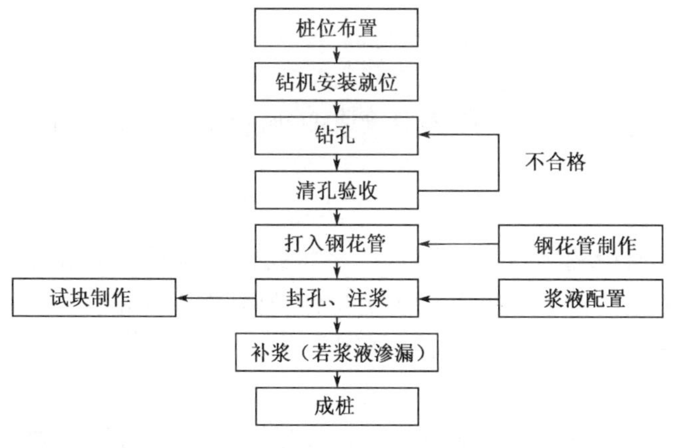

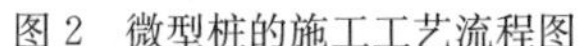
图2　微型桩的施工工艺流程图

图3　微型桩成桩图

钻进过程中严格控制钻速，先慢后快，注意观察钻孔偏斜情况，若有异常，及时提出钻具重新定位钻进。当钻孔深度大于2m时，可加快速度，提高钻进效率。钻至设计要求深度后则轻压、慢转。若采用干钻，则用高压风清除孔底剩余残渣，当孔口返出的气流几乎不含岩(土)屑时，即可终孔提钻。若采用水钻，钻到设计要求深度后用钻杆进行洗孔，直至溢出较清的水为止。

钻孔时可采用清水(或泥浆)护壁，用水既可循环冷却钻头又可排除渣体，同时在钻进过程中水和泥土搅拌混合在一起变成泥浆状，起到护孔壁的作用。

本隧道边坡处治微型桩施工，设计文件要求钻孔至距设计深度 50cm 时打入钢花管，然后冲管、试水、灌浆。桩孔底部距隧道开挖轮廓线不小于 0.8m，以免影响管棚施工。

2.4.3 钢花管制作及安装

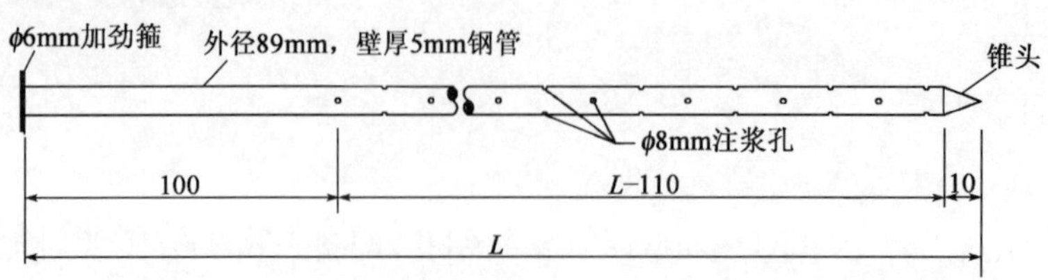

图 4 钢花管大样图(尺寸单位：mm)

设计钢花管外径为 89mm，壁厚 5mm 钢管，钢管底部 10cm 长度加工成锥形，端部设 ϕ6mm 加劲箍，整个钢花管除端部 100cm 范围内不钻孔外，其他部位每间距 15cm 呈梅花型钻 ϕ8mm 注浆孔。若微型桩桩长较长，则可分节段安装钢花管，接头处焊接牢固，在施工时应尽量缩短安装和焊接时间。

2.4.4 封孔、注浆

清孔至孔口冒出的水中不含泥沙(或高压气流不再吹出岩土屑)时，立即开始注浆。注浆管采用内径 20mm 的铝塑复合管，管端切成削竹状，直接插入孔底。注浆过程中，应施作好注浆孔口处的止浆塞，注浆方式为全孔一次注浆。注浆采用水泥浆液，浆液的扩散半径不小于 0.5m。注浆参数为：水泥浆水灰比 1∶0.5～1∶1；注浆初压 0.5～1.0MPa，终压 1.5MPa；水玻璃浓度 35 玻美度；水玻璃模数 2.4。注浆时应控制压力，使浆液均匀上冒，直至泛出孔口为止。灌浆先稀后浓，逐渐加浓，同时自下而上分段拔管，每次拔管 30cm。设计文件要求钻孔每延米注浆量控制在 0.05m^3 左右，以达到设计注浆量作为注浆结束标志。

2.4.5 补浆

注浆完毕后，要密切注意孔内浆液渗漏情况，当液面低于孔口 20cm 以上时，及时补浆，保证桩顶高程。

3 施工质量控制

3.1 施工质量控制

施工质量控制包括成孔质量控制、钢花管安装质量控制及成桩质量控制。

3.1.1 成孔质量控制

成孔质量主要是指孔径、孔深、桩孔倾斜度等应满足设计及有关规范技术要求，如质量控制不好，可能发生塌孔、缩径、发生桩孔偏移等问题。

(1)孔位、桩孔倾斜度的控制

场地平整后，根据施工图采用全站仪和水平仪进行钻孔定位并编号，严格将孔位与设计偏差控制在 100mm 以内。孔位确定后，按设计桩的倾斜度，调整钻架角度，在孔口设置定位钢护筒，以保证钻孔角度符合微型桩倾角要求。钻进过程中加强对导杆角度控制，保证倾角偏差在 1%以内。

(2)钻孔孔径控制

微型桩是先成孔，再于孔内成桩，成孔孔径的大小直接关系到成桩的直径。为避免施钻过程引起的动应力影响相邻孔壁的稳定，微型桩群施工时采用跳孔分批施工的方案。钻孔过程中针对不同地层的稳定情况，采用干钻或与水钻结合等钻进工艺来保证成孔孔径满足设计要求。

(3)桩长控制

微型桩作为一个复合受力结构，需要承受抗拉、抗压、抗剪等应力，桩长穿过软弱面深入下部稳定地层，如桩长不足将达不到预期的效果。为控制钻进深度，钻架就位后及时复核钻具的总长度并作好记录，以便在成孔后根据钻机上钻杆余长来校验成孔达到的深度。

3.1.2　钢花管安装

如孔壁稳定情况较差，提钻过程中碰撞了孔壁，可能发生坍孔现象，并在孔底形成沉渣，下钢花管前应对钻孔进行清孔，以保证桩长。如不能顺利下放钢花管，或下放不到位，则应查找原因，如发生孔内缩孔、沉渣较厚等情况，亦应清孔重新吊放。

3.1.3　成桩质量控制

为确保成桩质量，除严格检验进场原材料(如水泥、砂等)的质量外，还应控制孔内注浆的工艺。

微型桩注浆采用孔底返浆法，每孔的注浆过程应连续一次完成。控制注浆压力的同时，应控制浆液的水灰比，以保证注浆饱满、密实。为防止发生断桩、堵管等现象，要控制好灌注工艺及操作，有序地拔管和连续注浆是保证成桩质量的关键。

3.2　施工技术要求

(1) 微型桩成孔过程中，应精心操作，随时积累和优化钻进参数，防止卡钻、掉钻等各种孔内事故的发生；同时要准备一套事故处理工具，一旦发生孔内事故，争取一切时间尽快处理。

(2) 当钢花管下置过程中遇阻时，严禁猛提猛冲。查找事故原因，采取应对处理措施。必要时，提出钢花管重新成孔。

(3) 首次注浆前，应进行注浆试验，确认注浆工艺和注浆参数。在注浆过程中，注浆量和注浆压力应有机结合，当单桩注浆量较小时，为了保证注浆量，可适当提高其注浆压力。

(4) 正式注浆前，先压注清水以检验注浆管路的通畅情况。一切正常，方可开始压注纯水泥浆。

(5) 浆液液面或硬化后的表面低于孔口 20mm 以上时应补浆，补浆时必须将注浆管插入液面以下或凿除浮浆再注浆。

3.3　施工质量检测

根据施工经验对微型桩的质量检验评定可分为基本要求、外观鉴定和实测项目三部分。基本要求主要包括桩孔、原材料、浆液配制和注浆、试件留置及桩身质量检测的规定和要求；外观鉴定要求桩顶混凝土密实、表面平整；实测项目按表 1 的要求进行检测。

微型桩实测项目表　　表 1

序号	实测项目	规定值或允许偏差	实测方法和频率	规定分
1	桩位	±100mm	用经纬仪、钢尺，全部	15
2	桩径	不小于设计	用井径仪或孔规，全部	10
3	桩长	不小于设计	用测绳，全部	15
4	桩孔斜度	±1%	用钻孔测斜仪，查上、中、下三点	10
5	桩孔方位角	符合设计要求	用钻孔测斜仪，查上、中、下三点	10
6	桩顶高程	±50mm	用水准仪，全部	10
7	钢花管安装深度	±100mm	用钢卷尺，全部	10
8	注浆压力	符合设计要求	查施工、监理记录	20

4　微型桩施工质量检测及效果评价

4.1　施工质量检测

微型桩工程于 2007 年 10 月施工完毕，在完工后分别进行了桩体的超声波比较测试以及钻孔取芯检验，检测结果如下：

4.1.1 钻孔取芯

钻孔取芯情况如图5所示，从图5可以看出：大部分钻孔浅部(7m以内)见有零散的、较小砂浆块(微型桩注浆后形成)；钻孔深部可见到土(石)体受注浆影响较大，即水泥浆、砂浆浸染现象比较普遍，表明深部的砂浆或水泥浆渗入土层较多。不同地段的钻孔，所见水泥砂浆渗入程度有所区别，该现象与实际地质情况有关。不同地段的碎石土中土、石比例不同，土体的密实度不均和土层中裂隙发育程度不一等均可能导致浆液扩散效果的差异。

图5 典型钻孔芯样图

4.1.2 声波测试

声波测试结果如图6所示，从图6中可以看出：微型桩施工前，声波测试信号较弱，地层对声波传播速度约为2 215m/s；施工后，声波测试信号较强，地层对声波传播速度约为2 470m/s，个别部位速度接近3 000m/s，表明该处土体的密实度有较大提高。声波传播速度呈浅部低、深部高的特点，该现象与钻孔取芯结果相符，即深部的砂浆或水泥浆渗入土层较多。

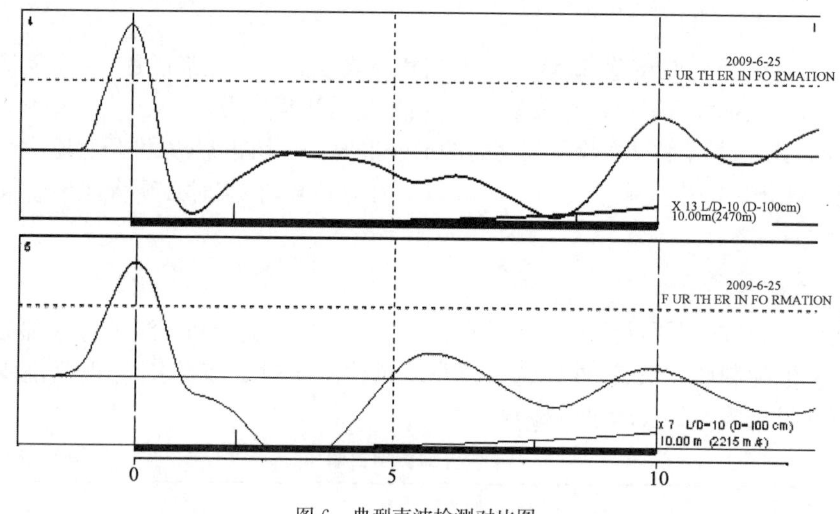

图6 典型声波检测对比图

4.2 效果评价

通过以上检测结果可见：微型钢管桩通过其群桩效应及水泥浆体的渗透、固结作用，有效改善了隧道洞口边坡不良地质的物理性能，使隧道在施工过程中对坡体稳定性的影响甚微。截至2009年07月，两洞口边坡坡体未发现任何开裂滑移迹象，达到了边坡坡体处治的效果和设计目的。

5 结语

因为微型钢管群桩具有适应性强、见效快、安全度高、节约材料、施工方便，施工时间短以及桩顶位移小等多种优点。故在实践中证明，采取微型钢管群桩的加固方法对于隧道较差地质洞口边坡的加固处治是一种十分有效的方法。

参考文献

[1] 龚健，陈仁朋，陈云敏，等.微型桩原型水平荷载试验研究[J].岩石力学与工程学报，2004.

[2] 冯君，周德培，江南，杨涛.微型桩体系加固顺层岩质边坡的内力计算模式[J].岩石力学与工程学

报，2006.
[3] 谢晓华，刘吉福，庞奇思. 微型桩在某滑坡处治工程中的应用[J]. 西部探矿工程，2001.
[4] 孙厚超. 微型组合桩结构抗滑机理分析及设计方法[D]. 成都理工大学，2007.
[5] 陈仁朋，龚健，陈云敏，吕凡任，应建国，程光明. 软土地基中微型桩原型试验研究[C]//中国土木工程学会第九届土力学及岩土工程学术会议论文集. 北京清华大学出版社，2003.
[6] 王唤龙，周德培，肖维民. 微型桩组合结构合理单元间距的探讨[C]//第六届全国土木工程研究生学术论坛论文集. 南京：东南大学出版社，2008.
[7] 孙剑平，徐向东，张鑫. 微型桩竖向承载力的估算[J]. 施工技术，1999.

雅泸高速边坡水毁害及处治措施

李慧丽[1]　肖广文[2]

（湖南省交通规划勘察设计院　长沙　410008）

摘　要：四川雅泸高速公路K150＋850～K150＋919段路堑边坡在施工开挖过程中二级边坡上部多处出现坡面坍塌，现场踏勘发现边坡渗水把昔格达和砂性土的分界面的砂子带出，引起上边坡坍塌，边坡无法成型，故在二级边坡上部采用透水土工布包裹碎石换填一部分砂性土，并设置纵向排水管等排出坡体后的渗水等，取得了良好的处治效果，本文对这种处治方法进行了介绍。

关键词：水毁害　边坡　山区公路　处治

1　引言

雅安—泸沽高速公路（以下简称"雅泸高速公路"）是国家高速公路网七条首都放射线中北京—昆明放射线的一段，同时亦是西部大通道甘肃（兰州）至云南（磨憨）公路的重要组成部分。它起于成雅高速公路终点，止于西攀高速公路起点，路线全长约240.378km，其中石棉至下鲁坝段长约60.213km。雅泸高速公路K150＋850～K150＋919段路堑边坡位于石棉至下鲁坝段，为C20施工合同段，全长69m，位于线路的右侧。该路段的路线设计高程为：1 853.62～1 855.61m，边坡高度达31m。该边坡原设计放缓边坡，坡比为1∶1.25，但施工开挖过程中所揭示的地质条件比原设计的要差很多，主要是改边坡渗水严重，边坡上的砂土随渗水流失，坡体部分被掏空，形成多处坍塌，原边坡的设计方案难以实施，其稳定性难以保证，因此必须采用有效的加固处治措施。

2　边坡工程地质概况

2.1　地形地貌

边坡地形复杂、位于高中山深切河谷区，区内一般高差大，自然坡度为40°～45°。

2.2　气象水文

线区内属亚热带湿润气候，具有雨水丰沛、冬暖夏凉、雨热同季、干湿分明的特点，受地形影响，山谷高低悬殊，气候立体变化明显，兼有高原气候特点。年降水量平均778.3m，主要集中在6～9月，占全年降水量的75％。

2.3　地层岩性

根据地质勘探，现场开挖及工程地质调查，该段路堑边坡地层由上至下可划分为：上覆种植土，厚0～0.5m；下为碎石夹块石，杂色，以中密为主，含泥质较少，碎石成分主要为坚硬的花岗岩，粒径为10～15cm，夹少量块石，为坡积成因；下覆粉砂质泥岩，厚度大，褐灰色，昔格达地层，成岩较差，呈坚硬土柱状；下为花岗岩，灰白色夹灰黑色斑点，颗粒粗大，厚度大，岩质一般较硬，节理裂隙发育，岩石破碎。

2.4　水文地质条件

本合同段气候温暖潮湿，降水充沛，地表径流丰富，为地下水的形成提供了良好的条件。K150＋850～K150＋919段处于获河左岸一级阶地边缘，地势较高，切割剧烈，在构造营力的作用下各类岩组的裂隙较为发育，为地下水的富集提供了条件。边坡地下水类型主要分为第四系松散堆积层孔隙潜水、基岩裂隙潜水。

（1）第四系松散堆积层孔隙潜水：含水层主要为漂、卵石层，含泥沙、砾土，它们接受大气降水的补给，地下水埋藏于地下0.5～10m，并在含水层中径流，一般在岩土交界或不同岩性叠置的前缘地带以及人工边坡、自然陡斜坡以泉的形式出露或成片状渗出。

(2)基岩裂隙水：赋存于花岗岩、构造碎裂岩的构造裂隙中和风化裂隙中；接受大气降水的补给、径流。一般在沟谷的中、下部以泉的形式排泄，一部分补给第四系含水层。

3　边坡破坏机理分析

本段边坡上覆碎石夹块石，下覆昔格达地层的粉砂质泥岩，地下水丰富。原设计将边坡放缓后采用拱形骨架防护。但在施工开挖后，二级边坡上部多处出现坍塌，原坡面防护方案无法实施。经过踏勘和现场调查，发现该边坡地下水位较高，二级边坡处山体渗水严重，昔格达地层的粉砂质泥岩的抗剪强度随着含水率的增加而大大降低，整体工程地质情况很差。边坡开挖后，渗水把昔格达和砂性土分界面的砂子带出，二级边坡的坡体土被掏空，引起边坡多处坍塌。渗水情况如图1和图2所示。

图1　边坡渗水情况一

图2　边坡渗水情况二

4　边坡加固处治措施

4.1　原边坡设计

原边坡横断面设计为台阶状，分3级，每级边坡高8 m，坡率1：1.25，每级平台宽2 m。坡顶设截水沟，坡面防护为路堑拱形骨架防护。

4.2　施工开挖后边坡加固处治设计

二级边坡上部多处坍塌，原设计方案无法实施，采用下述方案进行加固处治设计，如图3所示。

(1)二级边坡上部采用透水土工布包裹碎石回填换填一部分砂性土，使地下水从碎石中渗出，阻止后面砂性土的继续流失。

(2)在昔格达地层上部采用C20钢筋混凝土锚固基础支撑换填碎石，并基础上设置外包透水土工布ϕ80PVC多孔排水管排除坡体渗水。

(3)保持原坡比不变的情况下，采用浆砌片石护面，二级边坡坡底采用2m宽的浆砌片石基础支撑浆砌石护坡。

(4)浆砌片石护面之上采用原设计拱形骨架植草护坡。

5　结语

雅泸高速公路K150＋850～K150＋919段右侧路堑边坡于2008年上半年完成施工，经历了一个雨季的考验，经观测边坡坡体稳定，无明显变形，说明上述适当的排水、加固措施处治该边坡是合适的、成功的。通过对该处坍塌边坡的处治，总结如下：

(1)山区公路设计中，对于地下水丰富的挖方边坡在设计时应考虑边坡内部排水措施，使坡体内部的地下水能够顺利排出路堑边坡，否则由于水的原因，降低了边坡的自身稳定性，还有可能引起山体滑坡，造成不良影响。

(2)在山区高速公路建设中，路堑边坡地质情况复杂，因地下工程的不确定性，原设计无法全部考虑到现场的情况，故应进行动态设计，边坡开挖后地质情况有变化的，应及时处理，在方案上，应因地制宜、对症下药、综合治理。

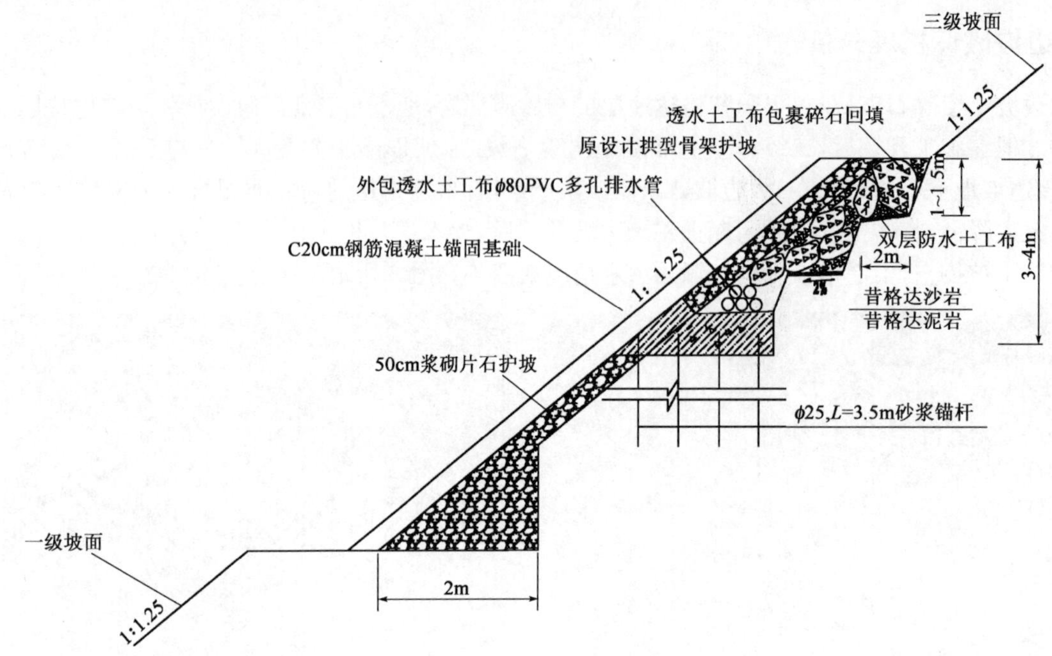

图3 K150+850～K150+919 边坡坍塌处治断面示意

参 考 文 献

[1] 周伟义，等. 高速公路路堑边坡治理综合决策[J]. 公路，2003(1)：113-117.

[2] 陈安，等. 高寒地区公路水毁灾害及工程治理措施[J]. 中外公路，2006，26(2)：50-53.

[3] 刘伟. 煤系地层路堑高边坡加固处理[J]. 公路交通技术，2004(5)：15-18.

[4] 马竞，等. 渝黔一期高速公路路堑边坡病害及其防治措施[J]. 公路交通科技，2002，19(4)：46-48.

[5] 邱向荣，等. 公路边坡灾害危险性预测模糊综合评判法[J]. 水土保持研究，2003，10(3)：26-28.

第六篇　交通安全与环境工程

雅泸高速公路运营安全评价与综合防护体系研究❶

郑 斌[1] 王昊宇[1] 廖军洪[2]

(1. 四川雅西高速公路有限责任公司 成都 610041;
2. 交通运输部公路科学研究院 北京 100088)

摘 要:本文以保障雅泸(雅安经石棉至泸沽)高速公路超长连续纵坡运营安全为出发点,根据项目特征,从强化总体设计、加强安全分析评价、制订超长路线纵坡运营安全综合防护体系等方面开展研究,提出安全改善措施,为保障运营后的安全、经济、舒适与和谐服务。

关键词:高速公路 交通安全 超长连续纵坡 安全评价

雅泸高速公路采用四车道高速公路标准,设计速度 80km/h,路基宽度 24.5m,路线全长 239.844km,为 2005 年交通部勘察设计典型示范和 2007 年交通部科技示范项目。项目受自然条件影响全线共有 6 次越岭(鹿子岗、大相岭、拖乌山、扯羊、勒不果喇吉和马鞍山),特别是大相岭北、南坡,拖乌山北坡越岭线其连续纵坡长度分别为 33km、26km、51km,相对高差约 754m、670m、1 515m(项目路线如图 1 所示),且部分路段在一定海拔高度上还受冰、雪、雾和强降雨等恶劣气候影响。考虑到本项目的复杂地形地貌特征,超长连续纵坡路段运营安全水平与项目运营后的整体安全性密切相关。

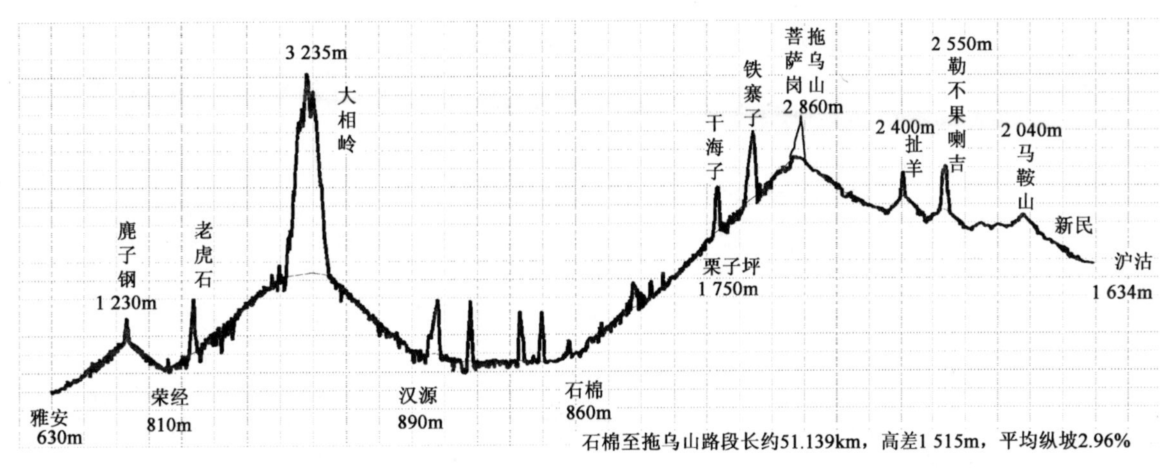

图 1 雅泸高速公路线位图

1 安全设计总体理念

项目受地形、地物、地质等条件制约,越岭线存在 3 段超长连续纵坡,加之受螺旋隧道和暴雨、冰雪、浓雾等因素影响,对项目运营安全带来了巨大挑战。为保障营运安全,首先应从优化设计方案、提升公路的本质安全水平入手。

1.1 加强总体设计

总体设计以安全、经济为主线,贯彻“安全、环保、舒适、和谐”的设计理念,坚持“地形选线、地质选线、环保选线、安全选线”,分段确定技术指标,合理布设立交及沿线设施,确保工程、运营安全、项目经济合理。

❶雅泸高速公路修筑关键技术研究及推广示范应用。

1.2 平纵线形设计

灵活利用现行技术标准、规范,合理使用技术指标与平纵组合,强化线性设计的顺适、连续,以及运行速度下的路基横断面的适应性、视距问题检验,控制相邻路段小客车、大货车运行速度差满足 $\Delta v_{85} \leqslant 20$km/h,小客车设计速度与运行速度 v_{85} 的差值均在 20km/h 以内。

1.3 横断面设计

将"容错"理念贯穿于设计中,路侧设置可穿越的浅碟形边沟、暗沟加盖、路侧边坡脚的柔性防护,亦可为长下坡制动失灵车辆提供辅助停车,同时适当加密中央分隔带开口。

1.4 路面设计

为较好解决 51km 的超长连续纵坡路基冻融问题,采取填筑孔隙较大的透水性填料,并严格控制基层的压实度,路面表面层采用抗滑性能较好的沥青玛蹄脂碎石(SMA)。

1.5 隧道设计

考虑隧道的封闭运营环境,应首先加强隧道洞口段线形、路基宽度及路面、亮度的过渡段设计。为降低负荷,保障行车安全,大相岭特长隧道(长约 10km)采用了较大设计指标(洞内设置偏角约 10°、半径 5 500m 的大半径平曲线)。干海子、铁寨子 1 号螺旋隧道距坡顶分别约 16km 和 8km,位于半径 600m 的平曲线内,由于地形地貌限制停车视距,不满足规范要求,经济比较后通过加大净空断面来提高驾驶员视距。

1.6 互通式立交

受地形、地质等条件限制,立交位置选择困难,特别是超长连续纵坡上的石滓、九襄、栗子坪互通安全问题突出,投资巨大,设计中通过加强互通方案比选、减缓下坡方向出口匝道纵坡、采用较高的技术指标、检验通视三角区视距(表 1)等方式来确保营运安全。

雅泸高速公路坡长连续纵坡互通立交安全设计 表 1

立交名称	立交图示	备注
K35+730 石滓互通式	雅安 石 泸沽	为确保下坡方向出口匝道安全,采用增加减速车道长度,并以螺旋展线增加路线长度,减小纵坡
K72+072 九襄互通式	雅安 九襄 泸沽	为确保下坡方向出口匝道安全,采用增长减速车道长度,并以回头展线增加路线长度,减小纵坡
K148+057 栗子坪互通式	雅安 泸沽 栗子坪	为确保下坡方向出口匝道安全,采用增长减速车道长度,减小纵坡,有利于营运安全

2 超长连续纵坡运营安全分析

2.1 超长连续纵坡对汽车制动系统的影响分析

连续长纵坡对安全的影响主要体现在对货车制动系统的影响。车辆在长时间的下坡过程中,需要不断的使用制动系统,其制动毂的温度会不断上升,当制动毂温度上升到一定值时,出现制动器的"热衰退"现象,引发制动失灵,导致交通事故。

根据研究，当制动毂温度上升到200℃时，货车制动性能开始受到影响；当制动毂温度超过260℃时，货车则存在制动失灵的可能，因此通常情况下将260℃作为制动毂性能临界温度，从而对连续下坡路段的危险程度划分为安全区、相对危险区和危险区，这些区域可采取相关措施向安全区方面转化，如在货车连续下坡进入危险区之前，根据全线服务区分布位置，结合地形选择适当位置增设停车区、观景台、休息区及紧急停车带，强制车辆进区（站）休息或冷却制动系统，将有利于货车安全顺利通过越岭线中的相对危险区和危险区。

2.2　标准车型的选择

按照项目课题"连续纵坡路段典型车型的选择"研究成果，雅泸高速公路连续下坡路段以载重量13～14t的东风EQ3242G货车为典型车型。同时，考虑到国内超载现象普遍存在，因此在确定车型总重时考虑了300%的超载率，即总重为52t。

2.3　货车制动毂温度变化预测

项目连续长下坡路段货车制动毂温度变化预测采用PIARC货车制动毂温升模型（GSRS模型）进行计算分析（此计算模型考虑了发动机的作用，但未考虑排气等辅助制动手段的影响）。根据实车调查，货车安全运行速度一般为50～70km/h，因此，制动毂温度分析中分别选取了40km/h、60km/h、70km/h三种运行速度进行分析。表2为大相岭北坡货车制动毂温度变化情况。

大相岭背起刹车毂温度分析　　表2

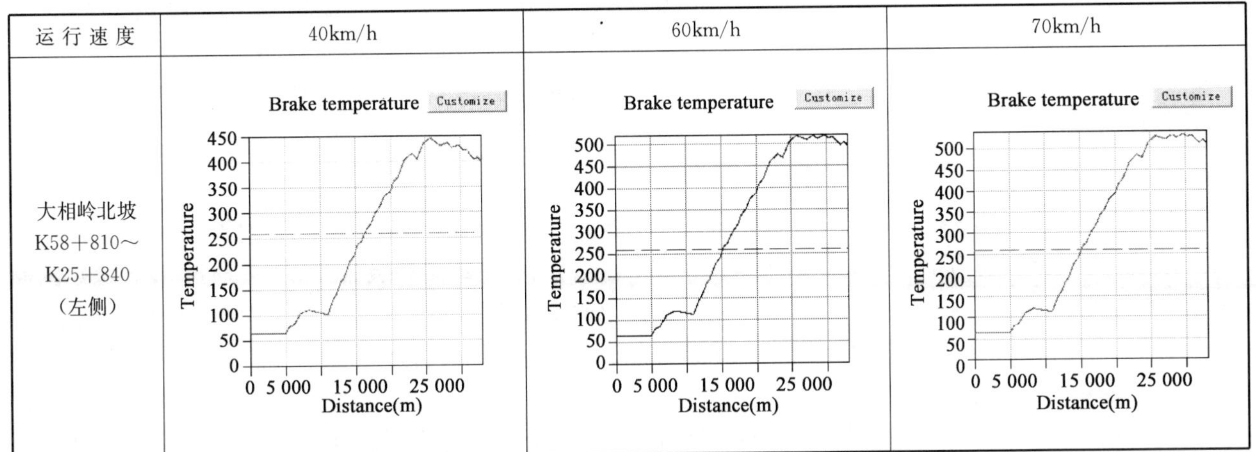

运行速度	40km/h	60km/h	70km/h
大相岭北坡 K58+810～ K25+840 （左侧）	Brake temperature (Customize) Temperature 0–450 Distance(m) 0, 5 000, 15 000, 25 000	Brake temperature (Customize) Temperature 0–500 Distance(m) 0, 5 000, 15 000, 25 000	Brake temperature (Customize) Temperature 0–500 Distance(m) 0, 5 000, 15 000, 25 000

从表2可知，运行速度40km/h时，其制动失效点为K42+510；运行速度60km/h时，其制动失效点为K43+610；运行速度70km/h时，其制动失效点为K43+660。

3　超长连续纵坡运营安全综合措施

为保障坡长连续纵坡运营安全，应首先优化路线平纵线形设计，降低事故数量或严重程度；其次从加强服务、管理和救援的角度尽可能地缓解，但不可能消除隐患，要承担发生制动失灵事故的风险。根据国内外实践经验主要采用以下主动预防和被动防护措施。

3.1　交通工程

3.1.1　交通标志

山区公路常年多雨雾、降雪，冬季天空多昏暗，为保障标志的视认性，可设置组合标志；同时标志设置应有足够预告距离，对连续长大纵坡、隧道（特别是螺旋隧道）和冰雪、浓雾等危险路段，应以整个路段为研究对象进行交通标志系统设计，同时应尽可能采用高等级的反光膜。

3.1.2　标线

在连续长大纵坡、匝道出口、螺旋隧道和冰雪、浓雾等危险路段，可设置热熔振荡减速标线或全天候标线，对特别危险路段可采用视错觉（蓝、白、黄，呈菱形状）减速标线；对隧道洞口过渡段设置薄层铺装，并在洞口施划立面标记。

3.1.3 下坡货车强制控速方案

项目拟在超长连续纵坡下坡方向设置多处停车区，将坡长连续纵坡从物理上划分成距离相对较短的连续下坡路段。在螺旋隧道前设置专用减速带（云南罗[罗村口]富[富宁县]高速公路整治时已采用），并与热熔振荡标线、可变情报板或大型预告标志配合使用。

3.1.4 护栏

按照"无缝防护"的设计理念，路（桥）侧护栏综合考虑道路条件（平纵线形、中分带宽度、边坡坡度及高度、路侧障碍物及危险程度）、交通条件（车型组成、交通量、运行速度），采用分级防护方式，普通路段采用刚性护栏（混凝土墙式护栏）、半刚性护栏（波形梁护栏），特别危险且无被动防护设施（避险车道）路段设置组合式减速护栏，并增设主动反光轮廓标。项目分别设置了 SB、SA、SS、组合式护栏、组合式减速护栏和两种通透式钢护栏（三横梁、四横梁）共 7 种形式。

中央分隔带应确保车辆不得越出护栏和碰撞后驶入相邻车道，以及跨线桥墩台的安全，根据项目各路段安全行车需求和经济条件，全线除路基、中小桥（按桥梁长度不大于 70m）采用波形梁护栏外，其余采用 SB 型混凝土护栏。

3.1.5 连接处的处理

中央分隔带开口是最薄弱的环节，尤其是超长连续纵坡路段，更容易导致恶性交通事故。在连续纵坡的危险路段综合考虑投资和安全因素，适当采用新型防撞活动护栏的形式——转动护栏、钢管预应力索式防撞活动护栏。

考虑在避险车道入口、长大下坡强制停车区入口分流鼻端、长大纵坡路段互通式立交下坡出口分流鼻端，选择性的使用具有良好缓冲吸能作用和导向功能的可导向防撞垫。

3.2 沿线设施

综合考虑超长连续纵坡、不良气候条件、隧道、景观和交通安全需求，有目的、有针对性的设置服务区、停车区、观景台和管理所，为车辆在坡顶、中途提供停车检修、休息、冷却制动装置、加水等服务，设置满足断面通行能力的爬坡车道和为失控车辆提供被动防护的紧急避险车道。对于连续长大纵坡路段的服务设施（服务区、停车区），应根据服务功能，增加大型车休息、检修等停车场的规模，严控运输危化品车辆和超限超载车辆上路设置的安全检查站。

(1)利用取弃土场和路侧的空地，合理设置服务区、停车区（小型停车区或休息区、观景台）、冷却池或紧急停车带等，供驾驶员检修车辆、冷却制动系统。

(2)避险车道。

根据连续下坡路段的交通事故分布特征确定，在坡长连续纵坡路段上进入互通式立交、服务区（观景台）、停车区等沿线设施，以及隧道（特别是螺旋隧道）、路侧居民集中区前设置避险车道。根据典型车型下坡过程中刹车毂温度变化情况，雅泸高速公路全线共设置避险车道 12 处，由于地形条件限制，无法设置需要长度的避险车道，采取设置网索避险车道。

(3)安全检查站。

严控运输危化品车辆和超限超载车辆通过荥经—彝海特殊管控路段，设置荥经、彝海两个单侧安全检查站，由交警、交通执法联合执法，禁止运输爆炸物品、易燃易爆化学物品，剧毒、放射性等危险品的车辆和超限车辆（车货总重超过 55t 的货车、大型超长超宽等车辆）通过；在两个安检站之间的互通式收费站与安全检查站实现信息联动，并在入口前的连接线设置醒目的禁入车辆类型的警示标志；若有受限车辆驶入，劝返车辆由值勤车辆引导其利用邻近的互通驶出雅西路。

3.3 冰雪、浓雾等不良气候路段交通安全

冰雪天气对道路行车安全的影响主要指由于路面湿滑、路面抗滑性能降低，使车辆的制动性能和方向稳定性降低，极易导致侧滑；浓雾能见度降低，影响驾驶员的视觉，道路标线也会失去功能，加重驾驶员的心理负担，往往造成多车连续追尾的恶性交通事故。

项目大相岭北坡隧道口 K47＋090（设计高程 1 400m）～K53＋804（大相岭隧道进口）长 6.714km 的路段和菩萨岗 K153＋770（干海子螺旋隧道出口设计高程 1 943m）～K170＋390（菩萨岗隧道进口）长为 16.62km的路段中部分路段每年积雪天数长达 40d 以上，最大积雪深度达到 28cm，每年雾日达到 215d。大相岭隧道、双螺旋隧道、菩萨岗隧道正好位于此地段，驶出隧道的车辆突然进入冰雪、浓雾环境，极易导致交通事故。尤其是与其他不利因素组合（如隧道洞口、桥面排水不畅的桥梁、路桥衔接、超长连续纵坡路段等）时，更易引发恶性交通事故。

（1）加强排水设施设计，防止路面积水，尽量使路面合成坡度不小于 0.5%。

（2）建立完善的信息采集发布系统：利用气象检测器、能见度检测器、车辆检测器、雾闪灯引导系统以及巡逻、监控、公共信息等收集的资料。通过信息平台处理后，及时利用可变情报板、可变限速板（分车道限速）和广播、电台、高速信息网站、路政管理等系统发布信息，同时在高速公路入口、服务区和停车区等处向驾驶员发布提示、警告等综合信息，及时向过往司乘人员发布气象、交通流的异常等动态信息。

（3）路面温度预测预报新技术。

在国内首次采取路面温度预测预报新技术（热谱地图），全线设 7 处气象站，在两处冰雪路段设置 10 套路面温度传感器，预报未来 24h 道路状况，为及时处治冰雪提供管控依据，特别是多数桥梁护栏采用混凝土护栏，初期就应及时开展除雪。在大相岭服务区、栗子坪管理站各设置 1 个融雪除冰站。

（4）标志标线。

在路面积雪的条件下，常规标线、护栏在雪天白色的背景下不能有效地起到视线诱导的作用，应设置专用于积雪条件的标线、轮廓标，并增加轮廓标的高度、设置黄闪灯，其柱身用红白相间的颜色标志，并采用固体彩色路面、减速标线等手段，引导驾驶员正确行车，达到对驾驶员实施有效地视线诱导与警示，减少事故发生率。

在进入雾区前设立提示标志，如“前方雾区，减速慢行”、“前方有雾、禁止超车”等；在高速公路雾区段两侧设置雾灯，用于雾天增加公路线形诱导性能。

（5）路桥衔接处。

由于桥梁热容量较路基小，因此桥梁上的积雪更容易结冰，导致桥梁与路基段路面摩擦因数的较大差异，使桥梁上更容易发生事故，应采用多种措施，尽可能避险桥梁路段结冰、保障路面抗滑性能。

（6）隧道外存在冰雪、浓雾等不良气候条件时，驾驶员驶出隧道后突然受到不利气候条件和白洞效应的影响，对于行车安全极为不利，建议采取以下措施：

①增加信息提示和预警的提前量，必要时可在隧道内或隧道前进行预告。

②加强夜间照明，在道路两侧设置雾灯等设施，引导驾驶员采用安全的驾驶行为。

③将隧道前后一定范围路段纳入隧道监控范围，一旦隧道内发生事故，则禁止车辆进入隧道，防止事故进一步扩大；上下行隧道间设置横洞，其间距不大于 750m，供意外发生时隧道内人员的撤离；隧道内设置完善的监视、防灾和救援设备；隧道管理所 24h 有人值守，配备相应的救援设备，制订救援预案，能够对各种交通意外快速反应；加强巡逻及报警信息的及时处理。

3.4　运营管理系统

项目沿线山高谷深、地势险峻，地质条件复杂，气候条件十分恶劣，加之有长达约 50km 的超长连续纵坡和双螺旋隧道，路段运营管理任务十分繁重，因此，建立完善的运营管理系统十分重要。加之我国公路运输的管理体系不完善，“大吨小标”、“超载超限”问题比较突出，针对超长连续下坡运营安全问题，应坚持“事故预防、降低伤亡、及时救援”的指导原则，构建动态信息采集发布系统、公路防护安全保障体系、紧急避险救助系统和交通服务与运营管理体系，对超长连续纵坡、特长隧道和螺旋隧道等特殊路段，制订专项应急预案。

4　结语

连续长大纵坡是山区公路通常面临的难题，其涉及专业多，涵盖知识面广，对于运营后的安全有密切关系。笔者结合十余年的设计经验与体会，从线形优化、运营安全综合防护体系和管理层面提出安全保障对策措施，并在雅泸高速公路上进行了实践，以供同行间相互学习、探讨，共同提高。

参 考 文 献

[1] 连续长大下坡路段安全保障技术研究[R]. 西部交通建设科技项目，2007.

[2] 公路陡崖峭壁护栏的开发研究[R]. 西部交通建设科技项目，2003.

[3] 吴大元. 福建省漳龙高速公路避险车道试验研究[R]. 福建省高速公路有限责任公司，2005.

[4] 中国四川雅石高速公路项目旷达技术应用及评估报告[R]. 澳大利亚旷达有限公司，2005.

[5] 九环线映秀至日隆旅游公路改建工程映秀至银厂沟段技术咨询报告[R]，2005.

[6] 李卫民. 高速公路雾区预测预报与监控系统[M]. 北京：人民交通出版社，2005.

[7] 美国交通部联邦公路管理局. 公路灵活性设计指南[M]. 北京：人民交通出版社，2006.

[8] 交通部公路司. 新理念公路设计指南[M]. 北京：人民交通出版社，2005.

山区高速公路连续下坡路段驾驶员特性分析

付仲才[1]　廖军洪[2]　邬洪波[2]　唐朱宁[2]　王　芳[2]
(1. 四川雅西高速公路有限责任公司　成都　610041；
2. 交通运输部公路科学研究院　北京　100088)

摘　要：本文重点阐述了货车驾驶员在连续下坡路段驾驶行为特征问卷调查统计结果，以及车辆在连续下坡路段行驶时驾驶员皮温、脉搏、皮肤导电水平等生理指标的变化趋势，以进一步把握山区高速公路连续下坡路段驾驶员特性。分析结果表明货车驾驶员对于长大下坡的危险意识不够，并且存在相当数量的驾驶员有把下坡误认为是平坡或上坡的经历。在下坡过程中驾驶员生理指标总体呈上升趋势，接近坡底时呈下降趋势，驾驶员在连续下坡路段容易出现紧张情绪。

关键词：高速公路　连续下坡　驾驶行为　生心理试验　脉搏

1　引言

随着我国高速公路网覆盖范围的不断扩大，山区高速公路的比例也越来越大。受走廊带资源和地形地貌条件的限制，山区高速公路容易出现连续长大下坡、较小的平曲线半径、桥隧比例较大等特殊路段，对开通运营后的交通安全提出了较大的挑战，特别是对于长途货运车辆占有较大比例的高速公路影响更为显著。因此，国内公路管理人员、科研人员和设计人员开始逐步重视高速公路连续下坡的交通安全问题，在连续下坡安全保障方面也开展了相关研究。同时，将驾驶员的生心理指标也纳入连续下坡交通安全研究体系中。本文重点从连续下坡路段货车驾驶员驾驶行为和驾驶员生心理特性角度开展研究，为山区高速公路超长连续纵坡行车安全评价及对策研究提供了前期试验和基础数据支撑，提交了雅泸高速公路运营开通后的交通安全水平服务。

2　研究现状简述

近年来，国内已经开展了较多的连续长下坡路段相关研究。2004 年，西部交通建设科技项目“连续长大下坡路段安全保障技术研究”，对连续长大下坡进行了界定，从长大下坡路段事故特征、长大下坡路段车辆制动性能、各等级公路连续下坡路段纵断面设计参数、连续下坡路段避险车道、长大下坡路段交通工程及管理配套措施等方面开展了系统的研究，并进一步以元磨高速公路、G312 新疆四台段、G108 陕西棋盘关路段为依托，分析了连续长大下坡路段安全保障措施实施效果[1]。

杜智民[2]等分析了影响长下坡路段交通安全程度的主要因素和既有交通安全评价方法存在的弊端，提出了长下坡路段交通安全程度多指标综合评价方法。即利用主成分——聚类分析法计算出交通安全综合评价指标，对长下坡路段的交通安全状况进行定量评价，并按照综合指标对路段各部分安全性进行分类。

闫莹[3]以驾驶员在山区不同坡度，弯、坡组合路段以及高速公路的实车实验为依据，提出测试驾驶员心率受线形、车速影响时的变化规律，分析了驾驶员心率、车速、长大下坡段线形指标间的相关性，建立了驾驶员心率、车速、不同路段线形指标间的多元回归模型。

唐博[4]等以驾驶员心率变化与长大下坡线形指标的关系为研究对象，应用数理统计和数学建模等方面的理论方法，建立了驾驶员心率路段线形指标间的回归模型，分析了长大下坡线形指标对驾驶员心理影响，为长大下坡路段的线形设计和现有危险长大下坡路段的改造提供参考。

尽管国内在连续下坡路段驾驶员生心理指标方面已经开展了一定研究，但其侧重点主要为单个纵坡或平曲线对驾驶员的影响，对于长下坡路段的“连续性”体现不够。作者正是以此为出发点，探索新的研究方法，本文将阐述其前期基础性研究工作。

3 连续下坡路段驾驶行为分析

为进一步了解货车驾驶员在连续长下坡路段驾车时的驾驶员行为特征和直观感受，项目组以与雅泸高速公路相接的成雅高速公路为调查对象，随机选取了 14 名货车驾驶员进行了问卷调查，如图 1 所示。

图 1 货车驾驶员问卷调查

3.1 基本统计结果

本次问卷调查基本统计结果如下：

(1)调查对象包括 13 名男性驾驶员、1 名女性驾驶员。驾龄为 5～20 年。具有 5 年、6 年、7 年、9 年、12 年驾龄的驾驶员各 1 名，10 年驾龄的驾驶员 5 人，20 年驾龄的驾驶员 3 人。

(2)所驾车型：大型货车 5 人，中型货车 6 人，小型货车 2 人。

(3)所跑路途：省外长途 2 人，省内 11 人。

(4)购车时间：总体为 1～7 年。1 年及以下 6 人，2～3 年 4 人，3 年以上 3 人。

(5)驾车里程：总体为 1～30 万 km。5 万 km 以下 4 人，5 万～10 万 km4 人，10 万 km 以上 5 人。

(6)出车频率：总体为 3～20 次每月，每月 10 次及以下 8 人，10 次以上 4 人。

(7)是否经常在高速公路上行车：经常 12 人，偶尔 1 人，很少 1 人。

(8)有无在长大下坡行车经历：经常 9 人，偶尔 2 人，很少 3 人。

(9)能引起注意的长下坡坡长为：5km 的 3 人，10km 的 4 人，15km 的 1 人，20km 的 4 人。

(10)长大下坡路段的制动方式：10 人选择抵挡滑行，使用发动机辅助制动；3 人选择采用较高挡位，并使用淋水制动。

(11)在长大下坡路段看到急弯时：13 人选择连续制动，并在弯道前将车速降下来。

(12)在长大下坡路段超车频率：4 人从不超车，8 人偶尔超车，1 人经常超车。

(13)认为长大下坡最需要的安全设施：6 人认为是警告标志，5 人认为是减速设施，1 人认为是路侧停车区，1 人认为是避险车道。

(14)认为设置反坡可以提高行车安全性的有 8 人，认为不能的有 3 人，2 人不清楚。

(15)5 人把下坡误认为平坡或上坡的经历，其余没有。

3.2 初步分析结论

根据上述统计结果，可以得出以下初步结论。

(1)驾驶员对于长大下坡的危险意识较弱，只有当下坡超过 10km 时才会引起部分驾驶员的注意，甚至有部分驾驶员根本不太在意长大下坡，认为只有达到 20km 时才算长大下坡。

(2)当驾驶员感到是下坡时，他们会采取措施来控制车速，但方式不同。多数人选择抵挡滑行，使用发动机辅助制动；少数人采用较高挡位，并使用淋水制动。

(3)在长大下坡的急弯路段，驾驶员均会连续制动，并在弯道前将车速降下来。

(4)如果驾驶员能够意识到是长大下坡，他们会减少超车。

(5)驾驶员认为长大下坡的安全设施最为重要的是警告标志，这样他们才能做到心中有数；而后是减速设施帮助他们减速。

(6)对于反坡的作用，多数驾驶员认为能起到提高安全的作用，但也有少数驾驶员不认同。

(7)存在相当数量的驾驶员把下坡误认为是平坡或上坡的经历。

4　连续下坡路段驾驶员生理特性分析

为分析连续下坡路段驾驶员生心理特征的变化情况，项目组选取八达岭高速公路进京方向 K59～K48 连续下坡路段进行了驾驶员实车试验，采集了 SCL（皮肤导电水平）、TEMP（皮温）、BVP（血溶性脉搏）、PVA（血溶性脉搏振幅）、PULSE（脉搏）、MOT（三维加速度）等生理指标数据。

试验开始前，将数据采集传感器戴在驾驶员右手食指上，并将记录盒固定在右手手腕处；主试使用笔记本电脑坐在驾驶后座上，调节测试信号（试验数据采用蓝牙传输，由数据记录盒传到笔记本电脑上）。试验开始时，驾驶员按正常驾驶习惯和速度驾驶，主试利用笔记本电脑记录数据，并在特殊位置做下标记以及手工记录。实验数据及数据采集软件界面如图 2 所示。

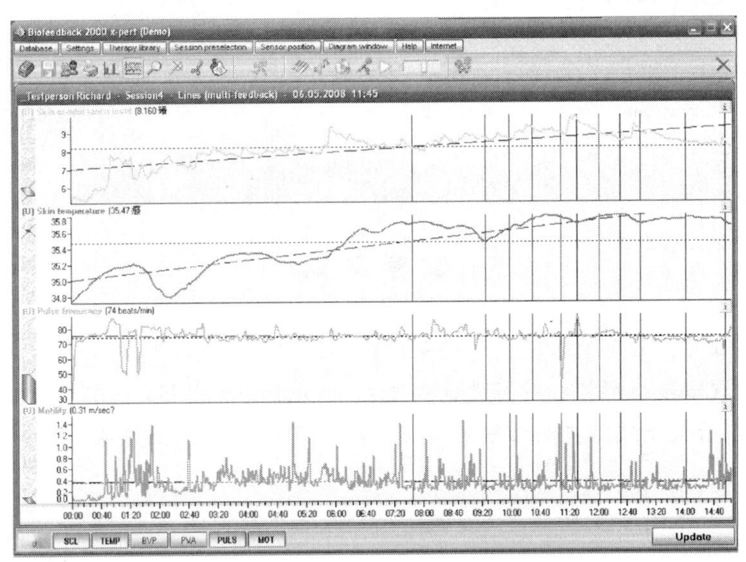

图 2　驾驶员生物反馈仪试验数据采集界面

4.1　描述性数据统计结果

对试验路段各项生理指标统计如表 1 所示。

连续下坡路段驾驶员生理指标统计表　　表 1

	SCL(μs)	TEMP(℃)	BVP(%)	PVA(%)	PULSE(次/min)	MOT(m/s²)
平均值	8.16	35.47	49.47	23.66	74.12	0.31
最小值	5.13	34.72	0.02	8.77	30.00	0.00
最大值	9.96	35.82	100.00	61.20	89.09	2.37
差值	4.83	1.10	99.98	52.43	59.09	2.37

4.2　按时间统计结果

进一步将皮温、脉搏两项主要生理指标按分钟为单位进行统计，如图 3 所示。由此可以看出：随时间的增加，驾驶员生理指标总体呈上升趋势，而到接近坡底时呈降低趋势，可以初步说明驾驶员在连续下坡路段容易出现紧张的情绪。

5　结语

本文在简要介绍山区高速公路连续下坡相关研究现状的基础上，重点阐述了货车驾驶员在连续下坡路段的驾驶行为特征问卷调查统计结果和车辆在连续下坡路段行驶时驾驶员皮温、脉搏、皮肤导电水平等生理指标的变化趋势。问卷调查统计结果表明货车驾驶员对于长大下坡的危险意识不够；在长大下坡碰到急弯时，驾驶员均会连续制动；驾驶员认为长大下坡的安全设施最为重要的是警告标志；存在相当数量的驾驶员把下坡误认为是平坡或上坡的经历。生物反馈仪试验结果表明，在下坡过程中驾驶员生理指标总体呈上升趋势，接近坡底时呈降低趋势，驾驶员在连续下坡路段容易出现紧张情绪。本文研究成果能够为雅泸高速公路 51km 连续长下坡路段设计提供参考，也为更深入的研究工作奠定了基础。项目组将在后续工作中进一步研究驾驶员生心理指标与连续下坡路段平纵线形指标的定量关系。

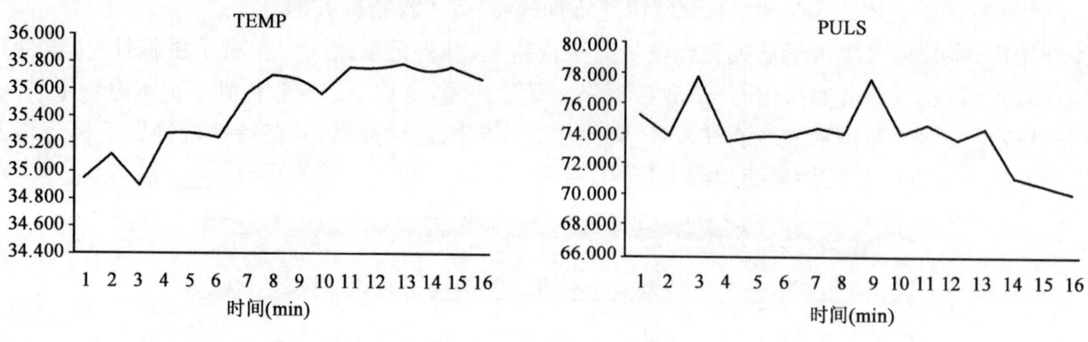

图 3　主要生理指标统计图

参 考 文 献

[1] 杜智民，王恩东，王玉兰．长下坡路段交通安全评价方法[J]．公路，2008.12.

[2] 闫莹．公路长大下坡路段线形指标对驾驶员心理生理影响的研究[D]．长安：长安大学，2006.

[3] 唐博，雍耀维．公路长大下坡路段对驾驶员心理的影响研究[J]．农业装备与车辆工程，2007(11).

山区高速公路连续下坡路段安全性分析及保障措施研究

郑　斌[1]　邬洪波[2]　廖军洪[2,3]

(1.四川雅西高速公路有限责任公司　成都　610041；
2.交通运输部公路科学研究院　北京　100088；
3.同济大学 道路与交通工程教育部重点实验室　上海　200092)

摘　要: 在对山区高速公路连续下坡路段交通组成、交通事故数据和道路几何线形指标进行分析的基础上，确定了山区高速公路连续下坡路段的典型车型，应用世界道路协会(PIARC)的温升模型对连续下坡路段的长度进行了界定，分析了道路几何线形指标对连续下坡路段交通安全性和驾驶员心生理的影响，并对连续下坡路段的安全保障措施进行了总结和分析。

关键词: 高速公路　连续下坡　交通安全　心率增量　保障技术

1　引言

受山区地形地质条件以及工程投资的限制，连续下坡路段在山区高速公路中屡见不鲜。如北京八达岭高速公路、京珠高速公路粤北段、云南元墨高速公路、湖北沪蓉西高速公路等，坡长达 5km 以上，甚至出现了长达 50km 以上的超长连续下坡路段，平均坡度也达到 3%～5%，由此给车辆，特别是载重货车的行车安全带来了严重威胁。事故资料统计结果表明，连续下坡路段的事故率有时会达到正常路段的百倍以上，在交通量大的地方形成了多处“死亡谷”。为此，本文在借鉴国内外相关研究成果的基础上，确定了连续下坡路段的典型车型，对连续下坡的长度进行了界定，分析了连续下坡路段的安全性，并提出了连续下坡路段的安全保障措施。

2　典型车型的确定

“典型车型”是一种选定的车辆，其载重量、外廓尺寸和运行特征不仅是确定公路平纵线形指标和几何形状的依据，同时与公路系统的安全高效运营有密切关系。现有研究成果表明，连续下坡路段对载重货车的影响较大，特别是超载车辆，因此评价连续下坡路段安全水平的典型车型为载重货车。

在确定典型车型时，目前国际上通用的做法是：出于经济和实用的考虑，典型车辆的载重量并不是使用的最大载重车辆，而是按现有车型的核载重量进行统计后，满足 85%以上车型的载重量作为标准载重量。

根据高速公路货车车型分布情况，如果以累计频率 85%作为设计标准，那么典型车辆的载重量应在10～14t 之间。同时，根据长安大学的研究成果(图 1)，累计频率 85%对应的货车载重量是 13.35t。另外，从目前货车市场情况来看，一汽集团、中国重汽和东风公司销售量位居三甲，典型车型将从以上三家公司选取。

综合以上所述，在评价高速公路连续下坡路段的行车安全性时，应选取的典型车型是载重量 13～14t 的重型货车。从一汽集团、中国重汽和东风公司三大货车制造厂商生产的货车车型来看，可选用的车型为东风 EQ3242G，基本信息如表 1 所示。

东风 EQ3242G 的基本参数　表 1

外形尺寸(mm)	7 630×2 480×3 120	功率(kW)	179
质量(kg)	11 350	扭矩(N·m)	858
载重量(t)	13.6	轴距(mm)	3 500+1 300

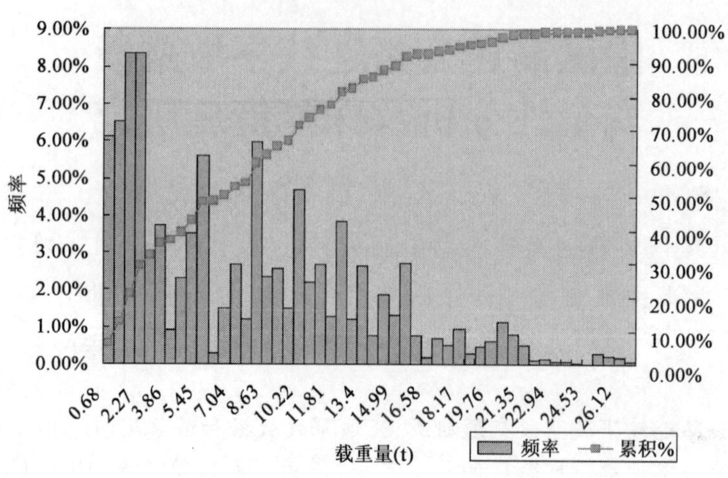

图1 不同货车车型载重量分布情况

3 连续下坡的界定

通过对高速公路连续下坡路段的设计指标进行分析发现，虽然单个纵坡坡度和坡长的取值均满足现行《公路工程技术标准》(JTG B01—2003)的要求，但是当这些纵坡组合在一起时就产生了严重的安全隐患，如平均纵坡过大、坡度过长等。这时需要从整体上对连续下坡的设计标准予以控制。目前国内一些学者在这方面也作了一些相关的研究，如长安大学的潘兵宏等提出了如表2所示的平均纵坡与坡长建议值。

公路连续长大下坡路段的界定 表2

平均纵坡值(%)	2	2.5	3	3.5	4	4.5	5.0
路线长度(m)	6 000	5 000	4 500	3 500	3 000	2 500	2 500

事故统计结果表明，连续下坡路段一半以上的交通事故是由于连续制动导致制动器温度上升引起制动性能衰退而导致的。一般情况下，当制动器温度不超过200℃时，其制动性能不会发生明显衰减。因此在界定高速公路连续下坡路段的平均纵坡和坡长时，采用的临界温度为200℃。国内外研究表明，影响制动器温度的主要因素包括下坡速度、车重、纵断面指标、制动方式、制动次数等。基于这些影响因素，一些学术机构建立了制动器温度的预测模型，简称温升模型。式(1)为世界道路协会(PIARC)建立的温升模型：

$$T(t)=T_i\times e^{-k_1\times t}+T_a\times(1-e^{-k_1\times t})+k_2\times P_B\times(1-e^{-k_1\times t}) \tag{1}$$

式中：T_i——制动器的初始温度(一般取65.6℃)；

T_a——环境温度(一般取32.2℃)；

k_1——$k_1=1.23+0.016\times v$；

k_2——$k_2=0.1+0.0013\times v$；

P_B——制动能力(hp)，$P_B=P_G-P_E-P_F$(1hp=745.7W)；

P_G——坡度力(hp)，$P_G=W\times G\times v/272.16$；

P_E——发动机制动能力(hp)；

P_F——摩擦力(hp)，$P_F=(450+10.78\times v)\times v/600$；

W——车质量(kg)；

G——纵坡坡度(%)；

v——行车速度(km/h)。

本文利用PIARC提出的温升模型对高速公路连续下坡路段的平均纵坡和坡长进行了研究。分析时采用的车型为东风EQ3242G，同时考虑到超载情况的普遍性，并结合超载情况的调查结果，取超载率300%。由此可计算出东风EQ3242G超载300%时，其总重大约为55t。下坡时假定车速恒为60km/h。根据上述条件，并考虑到高速公路平均纵坡值一般不会超过3.5%，计算得到的山区高速公路连续下坡路段界定结果如表3所示。

山区高速公路连续下坡路段的界定　表3

平均纵坡值(%)	2	2.5	3	3.5
路线长度 (m)	18 000	7 000	4 500	3 000

从表3可以看出，整体来说，国内学者提出的坡长建议值相比PIARC温升模型计算得到的坡长建议值偏于保守，这主要因为国外货车的整体性能要优于国产货车。

4　连续下坡路段的安全性分析

4.1　影响因素分析

影响连续下坡路段安全性的因素很多，如纵坡坡度、坡长、平曲线半径等。

(1)纵坡坡度与安全性的关系。

图2为德国交通事故率与纵坡的关系曲线。从图中可以看出，当纵坡在0%～2%时，上、下坡事故率基本相同，且数值较小；当纵坡在2%～4%时，下坡事故率开始大于上坡，且下坡事故率迅速上升；当纵坡大于6%时，上坡事故率上升缓慢，而下坡事故率迅速上升，且成倍增加。

国内研究表明，纵坡坡度与事故率的关系虽然在数值上与图2有一定的差异，但其关系曲线的走向却基本相似。由此可见，下坡路段比上坡路段更危险，下坡路段坡度越大，事故率越高。

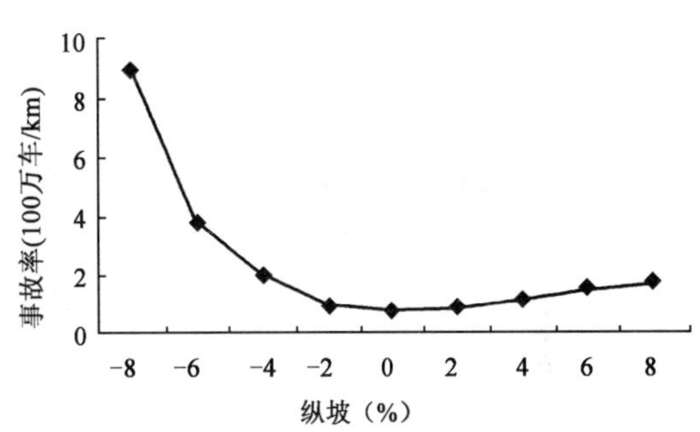

图2　德国高速公路纵坡与事故率的关系图

Miaou通过从犹他州11 539个路段和6 680件单车冲出道路的事故中所获得的数据，建立了如下关系，如式(2)所示：

$$\mathrm{AMF}(\Delta_{\%\mathrm{grade}}) = e^{0.081\times\Delta_{\%\mathrm{grade}}} \approx 1 + 0.081 \times \Delta_{\%\mathrm{grade}} \tag{2}$$

从式(2)可以看出，纵坡减小1%时，事故数减少约8.1%。

Silyanov根据从英国、前苏联和德国获得的数据，建立了事故率与坡度之间的直接关系，如式(3)所示：

$$N = 0.265 + 0.105G + 0.023G^2 \tag{3}$$

式中：G——纵坡坡度(%)。

式(3)表明，事故率随着坡度的增加而增加，且随着坡度的增大，事故率的增加愈发明显。

(2)纵坡坡长与安全性的关系。

纵坡坡长对交通安全的影响依赖于坡度，且对坡度的影响有加强或削弱作用。长陡坡造成加速度积累，从而使车速过高而诱发交通事故；坡度过长也易使驾驶员对坡度判断失误，比如在连续下坡路段接一个较缓的下坡，易使驾驶员误认为下一路段为上坡，从而加速造成交通事故。

长安大学的袁伟等通过对事故率与事故地点坡度和一定坡长的平均坡度分别进行线性和指数回归，显示事故率与平均坡度的相关关系较事故率与地点坡度的相关关系更为显著。这一结论表明，在研究交通事故与道路纵断面参数的关系时，不仅要考虑坡度参数，还应考虑坡长参数。

根据机理分析，坡长对于行车安全的影响是与坡度共同作用的。当纵坡坡度值较小时，长纵坡带来的危害性不大。但当纵坡坡度值较大时，车辆惯性的累加效果将迅速增强，尤其在连续下坡更易形成超速驾驶，由此带来较大的安全隐患。因此，可以看出坡长对交通安全也有较大的影响。

(3)平纵组合线形的影响。

在山区高速公路中，一些连续纵坡路段还存在着半径较小的平曲线。车辆通过这些平曲线时往往由于车速过快或制动失灵而驶出路外，酿成车毁人亡的重大交通事故。根据国外的研究结果，当平曲线和下坡组合在一起时事故率最高，如表 4 所示。

平纵线形组合与事故率的关系 表 4

线形组合情况	事故率(事故次数/百万车英里)	线形组合情况	事故率(事故次数/百万车英里)
平路，直线路段	1.10	上坡，曲线路段	2.25
平路，曲线路段	2.29	下坡，曲线路段	2.56

(4)弯坡路段对驾驶员心生理的影响。

山区高速公路由于地形复杂，不同形式的平纵组合所形成的弯坡路段是山区高速公路线形中常见的组成部分。

驾驶员在弯坡路段上行驶时，弯坡对于驾驶员心生理反应的综合影响，既与纵坡和平曲线的分别影响有关，但又不能完全线性叠加两者的影响。一般来说，纵坡越大，弯坡组合路段上行车越危险；平曲线半径越小，弯坡路段上行车越不安全，同时也都影响驾驶员的心理紧张程度。为了考虑纵坡和平曲线的综合影响，引入中间变量 Q：

$$Q = G/R \tag{4}$$

式中：G——纵坡坡度(%)；

R——平曲线半径(km)。

本文选用心率作为驾驶员心生理反应的表征指标，利用动态心电仪获得了驾驶员在某高速公路连续下坡路段心率变化情况，并分析了驾驶员心率增量与 Q 的关系，如图 3 所示。

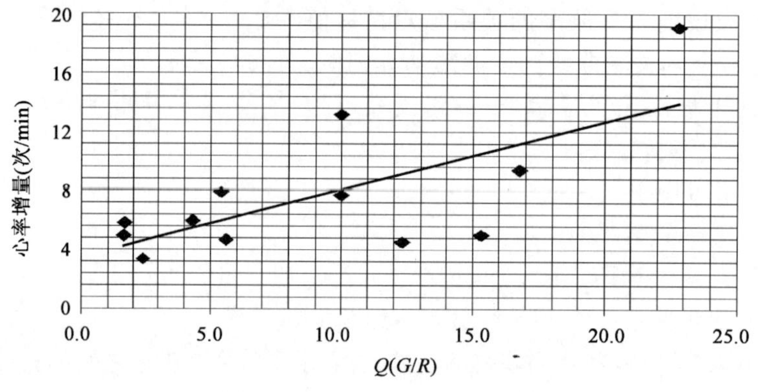

图 3 连续下坡路段不同弯坡组合心率增量变化趋势

从图 3 可以看出，在不同弯坡组合路段驾驶员心率增量与平纵几何指标的综合值近似线性相关。随着弯坡路段平纵线形综合指标的增大，心率增量值逐渐增加。因此在连续下坡路段，应控制平曲线半径和纵坡坡度的取值，尽量避免急弯与陡坡的组合。

4.2 事故特征分析

某高速公路 K39～K52 为连续下坡路段，平均纵坡为 2.97%，在 K46＋057～K51＋264 还存在着连续弯道。通过对其事故数据及平纵线形进行综合分析，发现事故多发生在路段的后半段，尤其是接近坡底的位置，如图 4 所示。特别是当下坡底部存在小半径的转弯或连续转弯时，事故会更加集中。因此，连续下坡路段的后半段是安全改善的重点。

5 连续下坡路段安全保障措施

通过对国内多条高速公路连续下坡路段的交通事故进行分析，超速、超载、制动失效是连续下坡路段交通事故多发的主要原因。总结国内外的研究成果和工程经验，主要采取主动安全措施和被动防护措施来提高连续下坡路段的安全水平，包括完善交通标志、增加服务设施、设置避险车道、加强交通管理等，避免失控车辆发生翻车、冲下悬崖等重特大交通事故的发生。

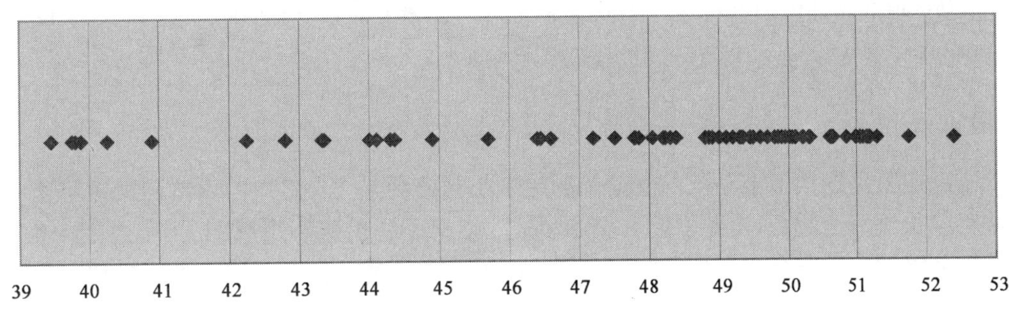

图4　某高速公路连续下坡路段事故分布情况

(1)完善交通标志。

连续下坡路段应根据道路线形特点、避险车道或服务设施设置情况、事故易发点段、车辆运行速度设置完善的交通标志,为驾驶员安全驶过连续下坡路段予以指导、提醒、警示,以达到防患于未然的目的。

(2)增加服务设施。

①坡顶设置服务区。

连续下坡路段坡顶设置的服务区除应满足一般路段服务区的基本功能外,还应增加货车检查和维修的功能,并在服务区内设置连续下坡路段路况简图,使驾驶员提前了解路况,做到心中有底。除此之外,坡顶设置服务区可使车辆行驶的初始速度为零,降低制动失灵的事故风险。

②沿线设置停车区。

停车区较服务区功能简单,仅供车辆停车休息,以缓解货车驾驶员连续下坡过程中紧张的心理和恢复货车的制动性能。同时,停车区可与加水站和降温池合并设置。

③设置加水站。

经常在连续下坡路段行驶的货车一般都会通过改装增加水箱,行驶时通过向轮胎和制动器淋水,以达到降温、减少制动失灵风险的目的。各地运营经验表明,设置加水站能取得较好的安全效果,而且造价低。因此,连续下坡路段应根据交通组成特点,有针对性的设置加水站,为淋水制动的货车提供加水服务,增加连续下坡时车辆的安全性。

④降温池。

连续下坡路段,特别是多桥、多弯、多隧道的下坡路段,载重汽车必须长时间进行制动,从而导致制动器温度上升,易发生热衰退现象。为了避免事故发生,可以在连续下坡路段适当位置或其他服务设施内设置降温池,载重汽车在经过一段时间的制动后可驶入降温池,对制动器进行冷却降温,一定程度上恢复制动性能,避免过早的制动失效。

(3)设置避险车道。

避险车道是减少连续下坡路段制动失灵事故严重程度的有效措施。避险车道可使失控车辆从主线中分离,避免对主线车辆造成干扰;使失控车辆安全的减速下平稳停车,避免出现人员伤亡、车辆严重损坏的事故;使失控车辆在避险车道内能得到安全、及时和有效的救助。

(4)加强交通管理。

连续下坡路段事故高发是人、车、路三方面因素综合作用的结果,货车超载及人的不良驾驶行为为主导因素,道路条件为诱导因素。因此,减少连续下坡路段交通事故数量及严重程度,除了改善道路条件,加强交通管理也起着举足轻重的作用。

①加强对货车运输管理。

在连续下坡之前设置制动检查区,要求所有的载重汽车必须停车检查以确保制动性能正常。

②加强对驾驶员的教育。

教育内容包括连续下坡驾驶常识教育、连续下坡告知教育等,例如提示在连续下坡路段采取辅助制动措施,告知本路在何处存在危险的连续下坡路段、设有哪些安全设施,提示或要求车辆强制休息,指导驾驶员如何使用避险车道及制动冷却降温装置等。教育地点可选择在道路入口、临近连续下坡的服务区或停车区，教育形式可考虑采用发放安全须知卡、宣传栏、录音广播等。

6 结语

目前，山区高速公路连续下坡路段的安全问题越来越被社会关注。针对国内货运交通超速、超载情况严重，连续下坡路段很难完全避免，由此引起的交通事故率居高不下的实际情况，除了尽可能的优化道路几何线形指标，提高公路的本质安全水平外，在工程建设及运营中，有针对性地采取一种或多种安全保障措施，对于降低交通事故率、减少人员伤亡及财产损失有着重要的现实意义。

参考文献

[1] 陈斌，袁伟，付锐，郭应时. 连续长大下坡路段交通事故特征分析[J]，交通运输工程学报，2009(8)：75-78.

[2] 周荣贵，江立生，孙家凤. 公路纵坡坡度和坡长限制指标的确定[J]. 公路交通科技，2004(7)：1-4.

[3] 潘兵宏，杨少伟，赵一飞. 山区高速公路长大下坡路段界定标准研究[J]. 中外公路，2009(12)：6-10.

[4] S. P. Miaou. Development of adjustment factors for single vehicle run-off-the-road accident rates by horizontal curvature and grade. Oak Ridge National Laboratory，Draft，1995.

[5] Silyanov. Comparison of the pattern of accident rates on roads of different countries. Traffic Engineering and Control，1973：432-434.

[6] 袁伟，付锐，郭应时，冯红运，时间. 考虑坡长因素的纵坡坡度对交通事故的影响分析[J]. 公路交通科技，2008(5)：130-135.

[7] 闫莹. 公路长大下坡路段线形指标对驾驶员心理生理影响的研究[D]. 长安：长安大学，2006.

[8] 肖宁. 山区高速公路长大下坡路段交通安全保障设施研究[D]. 长安：长安大学，2009.

雅泸高速公路停车视距的分析

肖广文　杨　明　李慧丽

（湖南省交通规划勘察设计院　长沙　410008）

摘　要:满足停车视距是公路工程的强制性标准,但雅泸高速公路所处地形的极其复杂,路线设计采用了较小的平面指标,有些路段的停车视距不满足规范要求;本文针对本项目的特点,对整体式路基曲线段外侧超车道的停车视距进行检验分析,以确定全线哪些路段不满足停车视距的要求,并采取了相应的处理措施。

关键词:高速公路　停车视距　平面指标　处治措施

1　概述

四川境雅安至泸沽项目是国家高速公路网七条首都放射线中北京—昆明的一段,设计速度 80km/h,路基宽度为 24.5m,其路幅划分为 2m(中央分隔带)+2×0.5m(左侧路缘带)+2×7.50m(行车道)+2×2.5m(硬路肩)+2×0.75m(土路肩)。高速公路地处四川盆地至青藏高原的过渡区,地形极其复杂,路线设计采用了较小的平面指标,有些路段的停车视距不满足规范要求。

停车视距是汽车安全行驶的重要保障条件之一,也是公路几何设计的主要依据。汽车在公路上行驶,如前方遇到障碍物,又不可能驶入邻近车道绕避时,只有采取制动措施,才能使汽车在障碍物前完全停住,以保证安全,这一必须保证的最短距离,称为停车视距。我国《公路工程技术标准》(JTG B01—2003)将停车视距分为小客车停车视距(SSD)和货车停车视距(TSSD),通常将小客车停车视距简称为停车视距。

2　停车视距的组成

停车视距由反应距离和制动距离两部分组成。反应距离:是驾驶员察觉障碍物,决定应采取的行动,踩制动放慢车速整个过程所需的距离;制动距离:汽车制动并停稳所需的距离;为安全起见,另外增加安全距离 5～10m,通常按下式计算:

$$S_{停} = \frac{v}{3.6}t + \frac{(v/3.6)^2}{2gf_1}$$

式中:$S_{停}$——停车视距(m);

v——行驶速度(km/h);

t——反应时间(s);

f_1——纵向摩擦因数。

反应时间:根据国际资料的统计,驾驶员的反应时间定为 2.5s,应作为理想最低值,2.0s 可作为警觉状态下的最小值。我国《公路路线设计规范》(JTJ 011—94)(已被 2006 版代替)规定反应时间值均采用 2.5s。

行驶速度:在我国现阶段采用的仍是设计速度的方法,根据美国各州公路与运输工作者协会(AASHTO)编制的《公路与街道几何设计方针》(1994 版)的定义:设计车速是在条件良好,公路设计特征均起控制作用情况下,公路特定路段上能保持的最高安全速度。因此,行驶速度比设计时速都要低一些,当设计时速为 80～120km/h 时,行驶速度选定为设计速度的 85%;当设计时速为 40～60km/h 时,行驶速度选定为设计速度的 90%;当设计时速为 20～30km/h 时,行驶速度选定为设计速度。

纵向摩擦因数:纵向摩擦因数是指轮胎与路面的纵向摩擦因数,它的取值受车速及路面的状况的影响。我国现行标准中关于停车视距的计算中是以危险状态进行参数取值,摩擦因数的取值定为 0.29～0.44,其对应的车速为每小时 20～120km/h。

本项目设计速度为 80km/h，根据以上确定雅泸高速公路最小的停车视距为 110m。

3　满足停车视距最小平面半径

3.1　驾驶员行车视点位置的确定

驾驶员视点位置是停车视距的重要参数，国内外技术规范对视点位置的确定有两种方法。

(1)内侧车道中心，所取技术规范为：《公路工程名词术语》(JTJ 002—87)、《公路工程技术标准》(JTG B01—2003)、澳大利亚《道路设计置指南》、日本《道路构造令》等。

(2)距内侧车道边缘 1.5m，所取技术规范为：《公路路线设计规范》(JTJ 011—94)。

本项目以距内侧车道边缘 1.5m 为驾驶员行车的视点位置。

根据图 1 所示，本高速公路曲线外侧超车道驾驶员行车的横向净距为 2.25m。

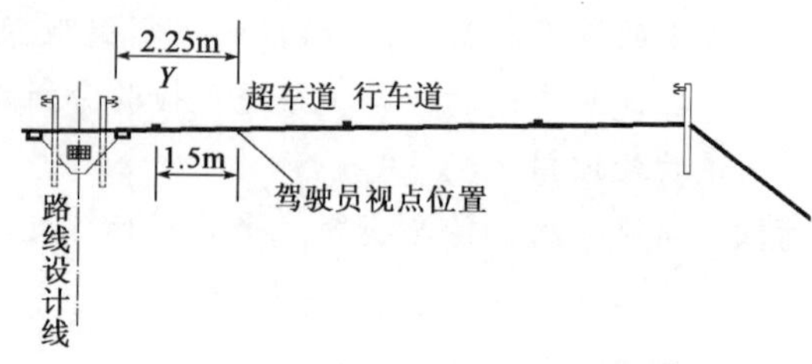

图 1　驾驶员行车视点位置

3.2　满足停车视距最小平面半径的计算

高速公路小半径曲线外侧超车道车辆的停车视距受到限制，而驾驶员行车的横向净距与平面曲率半径是制约停车视距的两个主要因素。如图 2 所示，停车视距 $S=110\text{m}$ 可表示为 R_s(汽车行驶轨迹半径)、Y(横向净距 2.25m)的函数：

$$Y = R_s\left(1-\cos\frac{S}{2R_s}\right) = \frac{S^2}{8R_s}\left(1-\frac{S^2}{48R_s^2}+\cdots\right) \approx \frac{S^2}{8R_s}$$

$$R_s = \frac{S^2}{8Y} \tag{1}$$

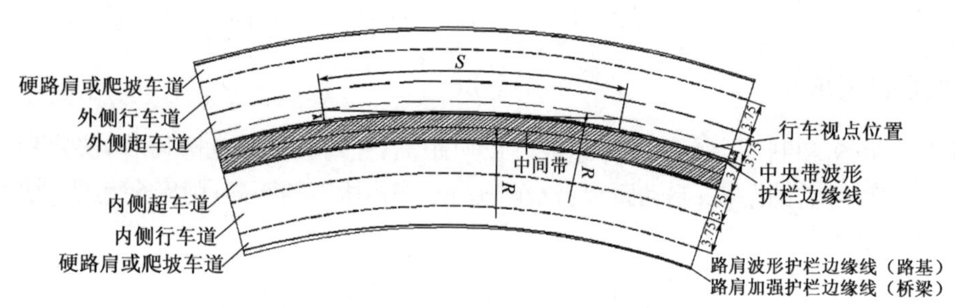

图 2　最小平面半径的确定(尺寸单位：m)

根据公式(1)可计算出曲线外侧超车道满足停车视距的最小平面半径为 680m。

4　不满足停车视距路段的处理措施

本项目受地形、投资的限制，雅泸高速公路平面指标不满足停车视距的路段多达 48 处，最小曲率半径 323m；为保证曲线段的停车视距要求，采用以下三种处治措施。

4.1　调整中央分隔带波形护栏

调整曲线外侧中央分隔带护栏，以增外侧超车道的横净距，增加的最大距离为 92cm，可获得的最大横向净距 317cm。如图 3 所示，该处理措施主要适合于 $500\text{m} \leqslant R \leqslant 670\text{m}$ 的路段。

4.2　调整中央分隔带波形护栏＋减窄硬路肩宽度

雅泸高速公路较小的曲率半径路段，采用上述措施仍不能保证行车的停车视距，还需增加横向净距才能满足停车视距的要求。在上述措施的基础上，调整车道标线减小超车道、行车道的曲率半径，车道标线整体

外移 b，硬路肩宽度相应减窄 b，则可获得驾驶员行车所需的横向净距；硬路肩最大可减窄至 150cm，则获得的最大横净距 417cm。如图 4 所示，该处理措施主要适合于 380m≤R≤490m 的路段。

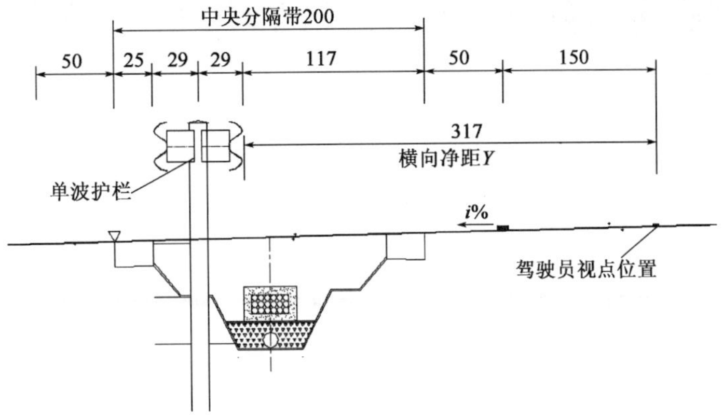

图 3　措施一(尺寸单位：cm)

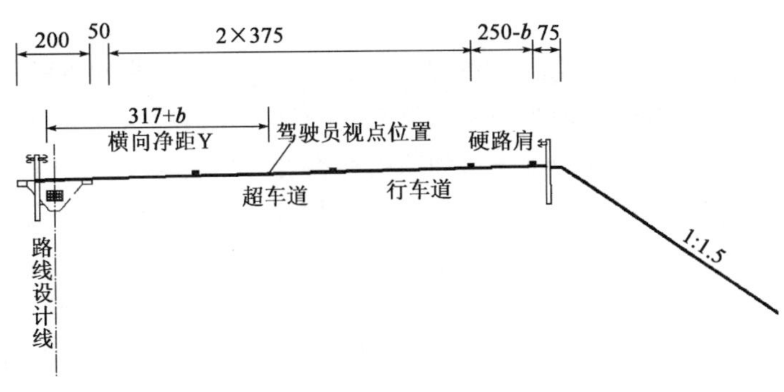

图 4　措施二(尺寸单位：cm)

4.3　调整中央分隔带波形护栏＋减窄硬路肩宽度＋加宽曲线外侧路基宽度

雅泸高速公路曲率半径小于 380m 的路段，采用上述两项措施仍然不满足停车视距的要求，还需增加横向净距才能保证停车视距。在上述两项措施的基础上，调整车道标线减小超车道、行车道的曲率半径，车道标线整体外移 100cm＋c，硬路肩宽度相应减窄 100cm，路基宽度相应增加 c，则可获得所需的横净距。如图 5 所示，该处理措施主要适合于 320m≤R≤370m 的路段。

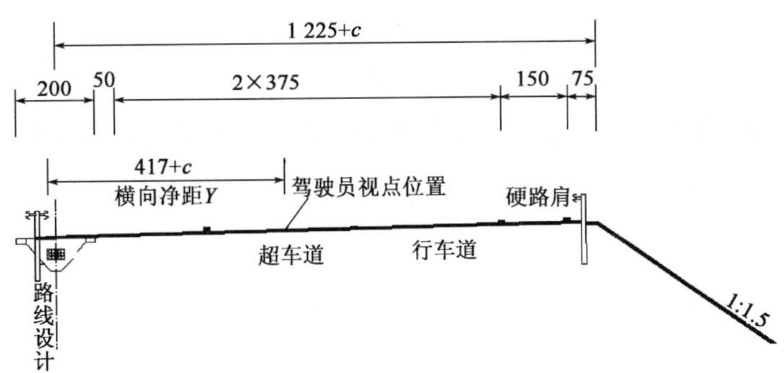

图 5　措施三(尺寸单位：cm)

5　结语

中央分隔带外侧的超车车道由于护栏的阻挡，横净距受到限制，容易造成视距不良。而且超车车道上车速快，保证停车视距对于安全行车就显得更加重要，所以，在高等级公路设计时，应给予足够的重视。本文的成果已在雅泸高速公路中得到应用，可供高速公路设计人员参考。

双螺旋曲线隧道行车视距解决方案比较

任　会　张进华

（湖南省交通规划勘察设计院　长沙　410008）

摘　要：行车视距是影响隧道行车安全的关键因素，它对隧道平曲线最小半径的确定起决定作用。本文详细分析了影响视距的主要因素，提出了针对视距采取加大平曲线半径和加宽隧道内轮廓两种方案，并进行了技术经济比较。

关键词：双螺旋　行车视距　小半径

1　引言

雅安至泸沽高速公路是国家高速公路网七条首都放射线中北京—昆明的一段，也是西部大通道甘肃（兰州）至云南（磨憨）公路的重要组成部分，现为交通部批准的勘察设计典型示范工程。雅泸高速的石棉至泸沽段（以下简称"项目"）地处四川省西南部的雅安市和凉山彝族自治州境内，沿线地形地质条件复杂、地震烈度高、设计技术难度大。项目路线方案长 60.248km。连续爬坡路段长 55.8km，克服高差 1 646.97m，是雅泸高速公路全线最为困难的路段之一。项目全线采用四车道高速公路标准，设计速度 80km/h，整体式路基宽度 24.5m。对于局部困难地段，在保证行车安全的前提下，经技术经济比较，部分技术指标可适当降低。栗子坪至菩萨岗段又是项目全线最为困难地段，不但要避开铁寨子—曹古地震断裂带，还要在 4km 长的"V"形峡谷范围内连续爬升 450m。为此湖南省交通规划勘察设计院（以下简称"湖南院"）提出以平面换纵面的双螺旋展线方式（图 1）解决这一难题，双螺旋段主要采用隧道的方式（设有干海子隧道、铁寨子Ⅰ号隧道、铁寨子Ⅱ号隧道）穿越山体。如何在保证安全的前提下以最经济的方式实现这一设计思想呢？经过技术人员认真研究，认为最为关键的是确定隧道的极限平曲线半径。而我们的现行隧道和路线规范还没有类似的参考值，本文结合项目的工程特点着重探讨解决方案。

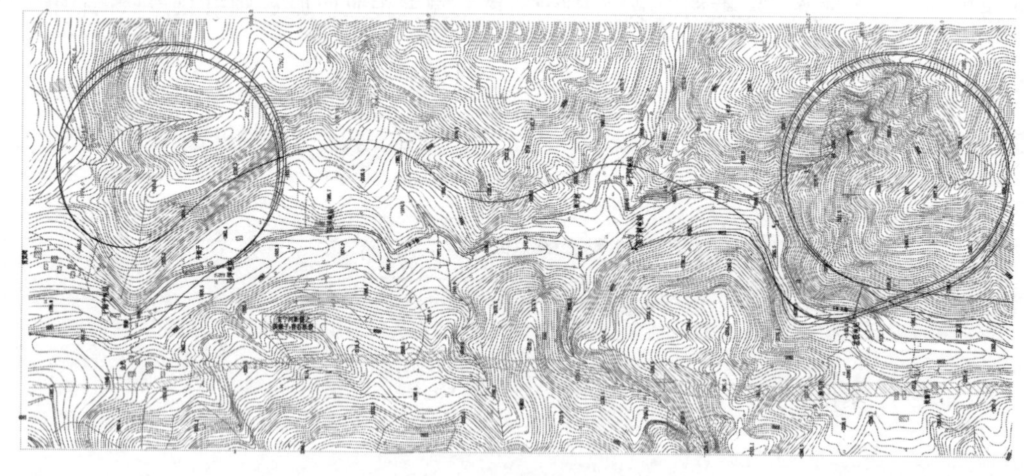

图 1　双螺旋展线示意

2　确定极限半径

影响隧道极限半径的关键因素是隧道内的上下行停车视距，经工程技术人员多方探讨，认为要解决行车安全问题有两种方式：一是较大的平曲线半径，二是根据视距要求对隧道内轮廓进行加宽。以下就从这两方面进行比较，以期能得出安全经济的方案。

2.1　停车视距的定义

停车视距是汽车安全行驶的重要保障条件之一，也是公路几何设计的主要依据。汽车在公路上行驶，如前方遇到障碍物，又不可能驶入邻近车道绕避时，只有采取制动措施，使汽车在障碍物前完全停住，以保证安全，这一必须保证的最短距离，称为停车视距。

我国《公路工程技术标准》(JTG B01—2003)（以下简称《标准》）将停车视距区分为小客车停车视距(SSD)和货车停车视距(TSSD)。通常将小客车停车视距简称为停车视距。

停车视距(SSD)：小客车行驶时，当目高为1.2m，物高为0.1 m时，驾驶人员自看到前方障碍物时起，至障碍物前能安全停车所需的最短行车距离。

货车停车视距(TSSD：载重货车行驶时，当目高为2.0m，物高为0.1 m时，驾驶人员自看到前方障碍物时起，至障碍物前能安全停车所需的最短行车距离。

2.2　停车视距的组成

停车视距由两部分组成：

(1)反应距离：是驾驶员察觉障碍物，决定应采取的行动，踩制动踏板放慢车速整个过程所需的距离。

(2)制动距离：汽车制动并停稳所需的距离。

为安全起见，另外增加安全距离5～10m。通常按下式计算：

$$S_{停} = \frac{v}{3.6}t + \frac{(v/3.6)^2}{2gf_1} \tag{1}$$

式中：$S_{停}$——停车视距(m)；

v——行驶速度(km/h)；

t——反应时间(s)；

f_1——纵向摩擦因数。

2.3　停车视距的假设条件及参数取值

2.3.1　关于上下坡段停车视距的考虑

澳大利亚等国的停车视距计算中考虑了路线纵坡的影响，其计算公式如下：

$$S_{停} = \frac{v}{3.6}t + \frac{(v/3.6)^2}{2g(F+i)} \tag{2}$$

式中：$S_{停}$——停车视距(m)；

v——行驶速度(km/h)；

t——反应时间(s)；

F——纵向摩擦因数；

i——路线纵坡度。

而我国停车视距的计算中是以平坡为计算模式的，未考虑下坡路段对制动距离的影响。在《公路路线设计规范》(JTG D20—2006)条文说明第7.9.1节中对此有如下论述："制动停车距离随纵坡不同而变化，表列计算值是采用纵坡为零时的平坦路面而求得，理论上下坡路段是危险的，上坡则比较有保障。但因采用值尚较富余，当属安全。"因此，我国的停车视距计算中主要是采用了较长的反应时间、较小的纵向摩擦因数以及另外增加安全距离5～10m来抵消下坡对停车视距的增长作用。这说明，在我国停车视距的计算中，上坡路段的停车视距应该有更大的富余。以80km/h设计时速的2.5%纵坡坡率上坡高速公路的计算为例，将反应时间2.5s、行驶速度68km/h、纵向摩擦因数0.31、路线纵坡度0.025带入式(2)中，得出$S_{停}$为101.6m，考虑一定的安全距离，取用105m的停车视距应可以满足上坡停车视距的问题。

2.3.2　关于货车停车视距(TSSD)的考虑

根据澳大利亚的设计指南，货车各种车速下的纵向摩擦因数一律采用0.17，摩擦因数值(0.17)不代表轮胎与路面的实际摩擦因数，仅代表参考了货车视距不良影响而采用的正在制动过程中货车的当量均匀减速率。在计算中，货车停车视距分两部分计算：第一部分，平坡条件下的基本货车停车视距；第二部分，由于上、下坡的坡度计算的校正值。根据式(1)、式(2)的计算方法，算出不同车速和纵坡条件下货车的停车视距和坡度校正值，分别列于表1、表2。

平坡上货车停车视距　　表1

行驶速度(km/h)	一般值(m)	最小值(m)	极限最小值(m)
50	87	80	79
60	120	111	108
70	158	148	142
80	202	190	181
90	251	234	226
100	301	288	—
110	356	341	—

注：表1中视距的一般值、最小值、极限最小值是根据表1中反应时间的理想值、最小值、极限最小值推算。

货车上、下坡坡度修正值(m)　　表2

行驶速度(km/h)	上坡				下坡			
	+2%	+4%	+6%	+8%	−2%	−4%	−6%	−8%
50	−6	−11	−15	−19	+12	+18	+32	+51
60	−9	−16	−22	−27	+17	+26	+45	+74
70	−12	−22	−30	−52	+23	+35	+62	+101
80	−16	−28	−39	−47	+30	+46	+81	+132
90	−20	−36	−49	−60	+38	∣58	+102	+167
100	−24	−44	−60	−74	+46	+71	+126	+206
110	−29	−53	−73	−90	+56	+86	+153	+249

从以上数据计算可以看出货车停车视距(TSSD)确实比小客车停车视距(SSD)长很多，尽管载重汽车驾驶员由于视点高能看得见相当远处障碍物的垂直面，但这一优势不足以补偿货车不良的制动性能。特别在侧向视距受限制的地点，视点高也会丧失优势，而需提供较长的停车视距和其他补救措施，如设置标志和铺筑摩擦阻力大的路面等。我国现行《标准》中未规定路面摩擦因数，因此仅在《标准》条文说明第3.0.12列出高速公路、一级公路停车视距及货车停车视距及下坡段货车停车视距，如表3和表4所示。

高速公路、一级公路停车视距及货车停车视距　　表3

设计速度(km/h)	120	100	80	60
停车视距(m)	210	160	110	75
货车停车视距(m)	245	180	125	85

下坡段货车停车视距　　表4

设计速度(km/h)		120	100	80	60	40	30	20
纵坡坡度(%)	0	245	180	125	85	50	35	20
	3	265	190	130	89	50	35	20
	4	273	195	132	91	50	35	20
	5	—	200	136	93	50	35	20
	6	—	—	139	95	50	35	20

由表 3 与表 1、表 2 的对比情况可以看出，我国《标准》中的货车停车视距比计算出的数值要小。对比国外一些技术规范的取定值来看，我国货车停车视距的取值也是合适的。因为，公路的设计既要考虑货车特征，又要权衡成本效益，公路一般应按适应小客车特性的思路设计。货车停车视距和减速距离可用来对货车具有潜在危险的区段进行验算。相关规范规定对存在视距和潜在威胁的下列区段按货车停车视距进行视距检验。

2.3.3　视点位置

视点位置是停车视距的重要参数，国内外技术规范将视点位置大多定为车道的中心，仅《公路路线设计规范》(JTJ 011—94)将视点位置定为距内侧车道边缘 1.5m(图 2)。

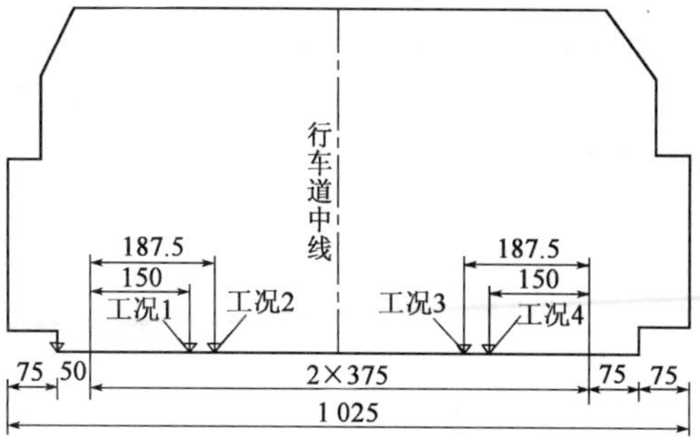

图 2　计算工况示意图(尺寸单位：cm)

(1)采用内侧车道中心的技术规范分列如下：

《公路工程名词术语》(JTJ 002—87)第 4.2.27 条；

《公路工程技术标准》(JTG B01—2003)第 3.0.12 条；

《公路路线设计规范》(JTG D20—2006)第 7.9.6 条；

澳大利亚《道路设计指南》；

日本《道路构造令》。

(2)采用内侧车道边缘 1.5m 的技术规范为：

《公路路线设计规范》(JTJ 011—94)第 7.9.6 条(仅在开挖视距台断面的示意图中标示 1.5m，并没有在文字中明确；该规范目前已被 2006 版代替，但项目设计阶段为 2005 年，故仍采用。)

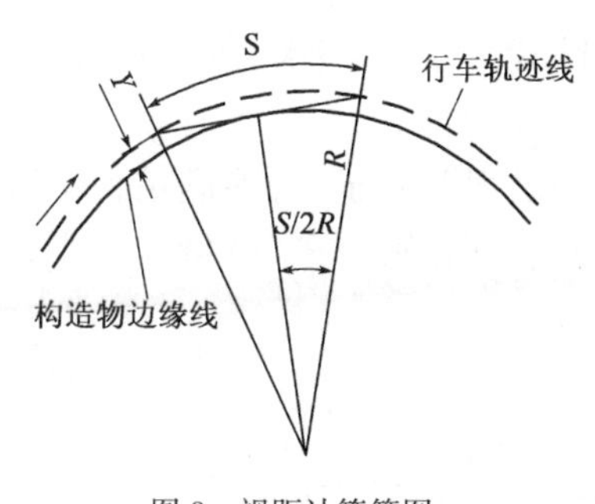

图 3　视距计算简图

鉴于高速公路上螺旋隧道建造经验少，可能存在较大的安全隐患，故采用距内侧车道边缘 1.5m 做为最不利视点位置。

2.4　视距计算

2.4.1　保证视距宽度计算

根据图 3 所示几何关系，可以得出以下公式：

视点、对象物在同一圆曲线内时，从行车轨迹线到铅垂状障碍物的保证视线宽度按下式计算：

$$Y=R\left(1-\cos\frac{S}{2R}\right)=\frac{S^2}{8R}\left(1-\frac{S^2}{48R^2}+\cdots\right)\approx\frac{S^2}{8R}$$

式中：Y——保证视距宽度(m)；

S——视距(m)；

R——曲线内侧行驶轨迹的半径(m)。

2.4.2　保证视距的临界圆曲线计算

由于这两座螺旋隧道均为左转上坡隧道，因此，在上坡幅隧道中，最不利位置为左侧行车道距路缘带 1.5m处(即工况 1)，应满足的货车停车视距为 125m；在下坡幅隧道中，最不利位置为右侧行车道距路缘带 1.5m 处(即工况 4)，应满足的货车停车视距为 130m。工况 2 和工况 3 的临界圆曲线如表 5 所示。

保证视距的临界圆曲线　表 5

上坡幅(货车停车视距 125m)		下坡幅(货车停车视距 130m)	
距路缘带 1.5m	车道中心	距路缘带 1.5m	车道中心
706.77	621.1	711.16	632.48

根据上述计算结果我们提出两种解决方案：

(1)将干海子隧道、铁寨子Ⅰ号隧道、铁寨子Ⅱ号隧道的平面线形圆曲线半径设为 680m(专家评审建议值)。

(2)采用隧道内轮廓加宽的方法。具体方法是采用曲线半径600m,仅针对隧道内轮廓进行加宽。具体加宽措施:在考虑到施工误差的情况下,在隧道原设计内轮廓断面的基础上内侧加宽17cm,外侧加宽37cm。

3 工程造价比较

表6为半径680m、加宽两种方案的造价对比表。

各方案造价对比表(仅土建费用) 表6

隧道名称	半径680m		加宽	
	隧道长度(m)	总造价(元)	隧道长度(m)	总造价(元)
干海子隧道	2 237.5	179 202 254	1 722.5	142 810 274
铁寨子Ⅰ号隧道	3 330	255 053 394	2 855.5	223 991 870
铁寨子Ⅱ号隧道	197.5	19 459 005	172.5	17 541 169
总价	453 714 654		384 343 313	

从表6可以看出,大半径方案虽有利于增加视距,但造价增加太多,而加宽方案则比大半径方案造价要少6 937.134 1万元。并且,由于地形条件的限制,如果采用大半径方案,隧道两端接线段的高架桥也将普遍增高20~40m,这部分也将增加费用约2 000万元。故就造价而言,加宽方案相当于大半径方案的80.3%。相对而言,加宽方案即能满足视距和安全要求,又能大大节约资金。

4 结语

双螺旋隧道段货车停车视距起决定作用,通过对上下行货车停车视距的比较和计算,如采用隧道方案,不加宽时的最小圆曲线半径为712m。

经过技术经济比较,就本项目而言,采用隧道内轮廓加宽的方案来满足视距要求,既能满足行车安全的要求又能节约资金。湖南院设计的四川雅安至泸沽高速公路双螺旋隧道采用的就是600m圆曲线半径并进行内轮廓加宽的方案。

参考文献

[1] 中华人民共和国行业标准.JTJ 002—87 公路工程名词术语[S].北京:人民交通出版社,1987.
[2] 中华人民共和国行业标准.JTG B01—2003 公路工程技术标准[S].北京:人民交通出版社,2003.
[3] 中华人民共和国行业标准.JTG D20—2006 公路路线设计规范[S].北京:人民交通出版社,2006.
[4] 中华人民共和国行业标准.JTJ 011—94 公路路线设计规范[S].北京:人民交通出版社,1994.
[5] 道路设计指南[S].澳大利亚,1993.
[6] 道路构造令[S].日本,1971.
[7] 中华人民共和国行业标准.JTG D70—2004 公路隧道设计规范[S]北京:人民交通出版社,2004.

自然湿地景观设计研究
——以拖乌山自然湿地景观设计为例

万忠金[1]　吴立坚[2]
(1. 四川雅西高速公路有限责任公司　成都　610041；
2. 交通运输部公路科学研究院　北京　100088)

摘　要:通过实地调查及现场监测,总结了拖乌山自然湿地存在的问题,以保护环境和加强景观特色为目的,对交通、植被、水体等进行了景观设计,并提出了相应设计目标:生态环境保护优先,安全问题防患于未然,旅游经济适度开发。

关键词:湿地　景观设计　环境保护　拖乌山

1　引言

高山湿地作为一类独特的湿地,功能相对于其他类型的湿地较为突出,如涵养水源,调节径流,同时也是微生物的重要资源库,而且许多河流都起源于该类湿地,常被视作"世界水塔",是全球湿地保护的重点之一。同时高山湿地也存在生态系统脆弱,由于水文、土壤、气候相互作用,形成了湿地生态系统环境主要因素,每一因素的改变,都或多或少地导致生态系统的变化,当它受到自然或人为活动干扰时,生态系统稳定性受到一定程度破坏,进而影响生物群落结构,改变湿地生态系统。顾成华等[1]以浏阳大围山高山湿地国家森林公园为例,借鉴自然保护区规划的经验,对高山湿地保护与开发进行探索,并提出保护与开发对策。2008年,中国科学院测量与地球物理研究所与武汉地质工程勘探院以及中国科学院武汉植物园对神农架林区大九湖亚高山湿地退化问题,在联合科学考察基础上,分析区域环境背景状况及生态退化原因,提出从原则、措施方案到管理机构、产业、资金等方面的生态恢复建议[2]。刘昌勇等[3]对湖北恩施自然保护区群内的各种亚高山湿地的现状进行了分析,指出目前存在问题,并提出加强科学考察与研究、加强生态意识教育和政策宣传、加强湿地可持续管理与开发和加强保护区之外的保护等保护对策。本文借鉴以往研究成果,对拖乌山高山湿地进行景观设计,通过景观设计平衡湿地开发与保护,为政府规划决策提供参考。

1.1　研究区概况

拖乌山湿地位于四川雅安石棉县栗子坪乡孟获村与西昌冕宁县拖乌乡鲁坝村交界处,属于彝族聚集区,具有浓郁的彝族特色,畜牧、农作物和过往游客消费构成当地居民主要收入来源。湿地沿G108线K2+630～K2+631段背靠山体,总面积50hm^2,水域面积约10hm^2,海拔2 508m。属中纬度亚热带湿润气候区,年降雨量801.3mm,年均气温16.9℃。研究区全景如图1所示。

图1　研究区全景

1.2 拖乌山湿地现状调查与存在问题

现场调查从2008年3月至2009年3月，每季度对水文、水质、土壤、植被进行一次现场监测，通过定量与定性分析得出拖乌山自然湿地目前存在以下五方面问题：

(1)G108从湿地边缘穿过，运营车辆排放的废水废气对湿地产生影响。通过测定水体中重金属含量，表明水体中含铅量较高，超出国家水环境质量基本标准中Ⅳ类水的含量，从可能的污染源分析，汽车尾气中的重金属、碳氧化物等污染物随地表径流进入湿地水体，导致水体中含铅量超标。

(2)附近居民逐步向湿地范围聚居，为建筑需要进行的人为挖沙造成了一定的地表及植被破坏，居民生活污水直接排入湿地，对湿地水质有一定影响。

(3)水体周围植被稀少，特别是乔木稀少，使得湿地生态系统抵御外来影响的能力降低。

(4)由于湿地地处偏远地区，长期无人管理，来往游人、附近居民随意在其中进行活动，人为垃圾、植被砍伐、生火野炊等活动时有发生，对湿地生态安全有潜在威胁。

2 设计目标

针对湿地面临的问题，确定拖乌山湿地景观设计目标：生态环境保护优先，安全问题防患于未然，旅游经济适度开发。

通过对整体景观功能设计，交通道路合理组织，水体景观合理设计，植被景观自然配置，达到减缓高速公路工程中和工程后对湿地水体的影响；引导游人进行参观、休憩，限制游客游览路线和方式，避免对湿地造成进一步破坏；合理配置植物净化湿地水体、丰富湿地植被景观层次、体现自然湿地“野趣”；建立湿地管理处，对湿地进行安全、卫生管理，同时增加了当地居民的经济收入。

3 设计主题确定

首先，设计区属于自然湿地，是珍贵的天然资源，科研价值巨大，不宜大规模作为旅游区开发区，在设计上必须以保护为主。其次，湿地面积仅$50hm^2$，水域面积$10hm^2$，旅游环境容量有限，不宜接纳大量游人。其三，该湿地生态环境良好且风景优美，紧邻雅泸高速公路及G108，车辆过往频繁，是一处难得的休闲观赏景观。

综合以上特点将此湿地景观设计主题定为：休闲驿站景观。在设计中重点在保护上，同时强调驿站功能，接纳少量过往游客和车辆，作为人们疲劳旅途中一处可供小憩的驿站，在欣赏优美风景的同时普及湿地知识，让人在休闲的同时增加对湿地这一珍稀自然资源的认识。

4 设计内容

4.1 功能分区

按功能不同将湿地分为五个区域：核心水景区、森林景观区、畜牧区、垂钓区及管理服务区(图2)。按各区功能特点和景观不同分别进行设计，不但有针对地保护湿地生态系统的多种功能，同时也是强化景观多样性的有效手段[4]。

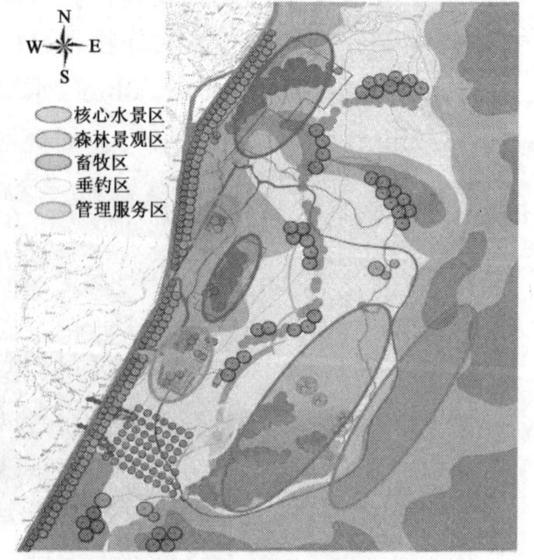

图2 湿地规划功能分区

(1)核心水景区：占整个湿地面积的1/5左右，平均水深约2m，当地一户居民在水中放养草鱼、鲤鱼共25万条。水景区是湿地生态系统核心区域，既包含陆生生态系统，也包含水生生态系统，生态系统较其他区域更复杂，景观多样性也更丰富。在设计中水景区既是吸引游人的核心，同时也是保护的重点，应注意两者的平衡。进入湿地游人大多是被核心水景区多样的景观所吸引，再者，人类天性喜爱接近水体，该区必将吸引绝大多数进入湿地的游人前往游览，因此，对其生态环境威胁程度也最大。核心水景区透视图3所示。

通过交通路线设计减少游人深入水体程度，同时在接近管理区的部分位置设计能让游人亲近水体的少量路线。在该区南边与森林景观区交接位置设计一水车小品，此位置为主出水口，利用水流落差使水车转动，不但起到与森林景观区承接作用，同时丰富水体景观，增加其观赏性，更有几千年来劳动人民勤劳致富，用智慧改造生存条件的寓意。

图3　核心水景区透视图

(2)森林景观区：位于湿地东面，自然植被丰富。由于该区人为活动很少，基本处于原始状态，具有完整的植被群落组成，经湿地调查该区植被组成主要为红桦、云杉、桤木、大白杜鹃、峨嵋蔷薇、猫儿刺、火棘、鸢尾。只需在少量因人为砍伐而裸露位置补栽当地原有乔木大白杜鹃，在花季起到丰富景观色彩、强化季相变化作用，采用当地原有树种也能保证成活率、降低成本。同时仅在其边缘处设置简单园路，作为游人穿越森林参观路线，并不设置休憩场所，减少游人逗留时间，起到减轻人为影响，园路的设置也为受好奇心驱使进入森林的游人提供安全保障。

(3)畜牧区：由于湿地植被茂盛，成为附近居民放牧的场所。草本植物茂盛季节甚至有远方牧民将牦牛运至该处进行放牧。一方面放牧活动已成为该湿地一道独特的风景；另一方面由于湿地面积有限，如不加以管理，随放牧规模的扩大势必影响湿地植被长势，同时牲畜在湿地中随意游走不免发生走失和不法分子的偷盗行为。为加强牲畜管理，合理利用湿地植被资源，同时体现人文景观，采用导向式设计手法通过设置路牌标志、道路引导将牧民和牲畜引导至南北两处放牧区，在该区设置标志性构筑物——围栏，有效控制放牧面积，在保护湿地植被的同时便于牧民管理牲畜，从而控制牲畜对生态环境的干扰，另外也是引导牧民进入放牧区的标志物。畜牧区如图4所示。

图4　畜牧区

(4)垂钓区：由于无人看管，湿地偶有游人野炊行为，大风干燥季节极易引发森林火灾，给湿地安全带来威胁。为加强管理，同时适当增加游人参与活动，在水体西面设置垂钓区，同时在专人看管下在固定区域允许游人进行烧烤活动，亲自动手将钓起的鱼进行烹饪。该区不但起到控制游人野炊生火行为，增加其对湿地兴趣，同时也能给当地渔民带来一定经济收入，使其更好的参与到湿地管理中。

(5)管理服务区：服务区分为南北两个区，管理服务区主要任务是对湿地中各项活动进行管理、协调，特别是安全、卫生、放牧、车辆停放等管理，为过往游客提供食品、茶水等。同时管理服务区另一重要作用即作为湿地宣传区设置大量展示牌向人们宣传湿地知识、促进人们进一步了解湿地、引起人们对湿地的足够重视并自发地参与到保护湿地这一珍稀资源中来。

4.2 交通路线组织设计

湿地现阶段道路完全是由人为任意踩踏形成，未经任何设计，加之湿地宽阔平坦，游人在进入后可随意行走不受限制，这样存在两方面影响：①随处丢弃垃圾。虽进入湿地游人稀少、垃圾少量，暂时没有达到影响湿地环境的程度，但由于不受路线限制，垃圾散落湿地各处，加上无专人看管，导致难以收集集中处理。②由于湿地春夏季节各处灌草茂盛，极易形成沼泽地，游人如随意穿行存在安全隐患。因此交通设计分别从路线和道路宽度这两方面来对游人活动范围和容量进行控制。

在路线设计上，避开有安全隐患的沼泽地，并设立警告标示牌；沿道路每隔150m放置垃圾桶，以便垃圾集中收集，并设立环境宣传牌；同时线条设计采用符合自然环境的流线型，使园路融入到湿地优美的环境中而不破坏其风光。宽度设计上，道路分为三级：主干道、园路、木栈道(图5和图6)。主干道是车辆、人员出入湿地必经之地，同时也是限定湿地游客容量的基础，借鉴园林园路中主干道的一般标准(4～6m)，采用就低不就高的原则将其宽度定为4m，既保证车辆正常出入，也在一定程度上限制进入湿地游客量；园路和木栈道则分别为1.5m和1.2m[5]。

图5 木栈道

道路设计按区域不同各有其作用，按各区特点分别对道路进行设计。

(1)管理服务区：该区道路主要由主干道、园路构成。由于管理服务区为人流量较大区域，车辆出入、货物搬运、各服务点之间管理配合都由该区道路联系，因此，该区道路以方便人员流动为主，避免突发情况出现的交通阻塞现象。

(2)核心水景区：该区为整个湿地核心景观，其道路设计也应符合该区特点融入环境，同时自成一景。采用木栈道的设计，增加湿地野趣。同时采用彼此相接弧形设计，不但融入自然，同时也寓意自然生态环境之间环环相扣的相互关系。

(3)垂钓区：垂钓区主要设置木平台与木栈道相接的形式，保证游客有一定空间进行休闲垂钓。

(4)森林景观区：由于该区几乎是原始的森林状态、植被良好，因此设计园路时把保护森林资源、尽量保持原有状态作为主要首要任务，路线只在沿水体与山体交接区沿等高线布置，并不深入山区森林。一方面避免游人深入该区对自然环境的影响；另一方面避免游客因过分深入山区带来的安全隐患，同时在路上设立安全告示牌，提醒游客严禁擅自进入园路以外的山区。

(5)野生动物通道：G108将西面山体与湿地隔断，山区中大量野生动物经常会穿越公路到对面湿地中饮水、觅食。在穿越公路过程中，小型动物常常会命丧车轮，而大型动物占据道路会造成交通堵塞和交通安全隐患。为解决这一问题，在G108与拖乌山湿地交接处设计两条野生动物通道，在公路下架桥留出高1.8m、宽1.5m的通道，并在通道处种植大量灌木、草本以引导和诱使需要通过公路的野生动物从通道通过，长此以往大量动物受本能的趋势会自然从通道下通过，减少与公路车辆的冲突，也减少道路安全隐患。

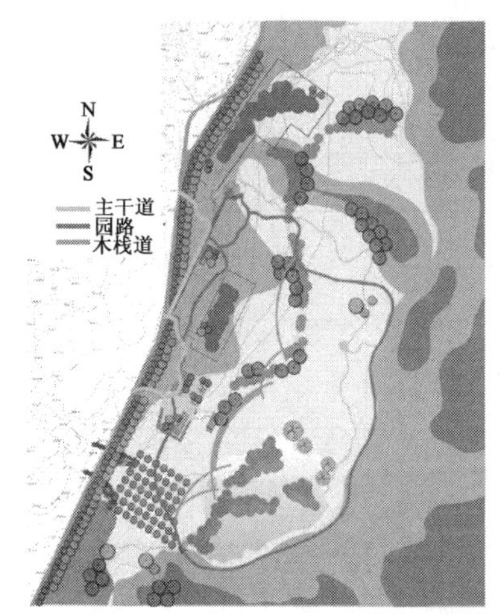

图6　交通组织

4.3　水体景观设计

为净化水体，同时营建一个吸引鸟类栖息的天然环境，借鉴城市人工湿地景观模式，通过配置净水能力较强的植物，达到对重金属的吸附和富集作用，从而达到净化水体目的，不但成本低廉，而且适用于粗放式管理，且效果显著[6]。另外湿地水体景观植物单一，通过补栽挺水、浮水、沉水植物还可起到丰富水体植被景观的作用。水体通过植被过滤、富集作用，逐渐降低铅含量、净化水体、利于鱼类生长，大量鱼类将吸鸟类前来觅食，茂盛的植被又为鸟类提供了安全的栖息场所，随植物的不断生长还将吸引更多的鸟类筑巢栖息。如此形成一个生物多样化的生态群落，反过来又促进湿地的生态恢复。

4.4　植被景观设计

经调查，湿地内主要有三种类型特征的植物群落：矮草——火棘群落(表1)、桤木——箭竹群落(表2)、灯心草——箭竹群落(表3)。在植物配置时以这三种类型群落为基础，根据不同的区域功能进行配置。加强湿地景观、增加景观层次、丰富景观多样性，还能起到缓冲外界影响、净化水体、土壤的作用。

矮草——火棘群落　表1

种　名	盖度(%)	多度(%)	高度(cm)	
			平均	最高
莎草	30	35	55	70
火棘	40	45	65	110
灯心草	55	65	35	55
金丝桃	35	30	30	50
莓叶委陵菜	55	40	12	20
火绒草	30	35	12	18
夏枯草	30	20	15	25
金丝桃				
蓟				
酸模				
细叶小檗				
白三叶草				
香青				

注：建群种：灯心草；亚优势种：莎草、火棘、莓叶委陵菜；伴生种：火绒草、夏枯草、金丝桃等。

桤木——箭竹群落　　表 2

种　名	盖度(%)	多度(%)	高度(cm)	
			平均	最高
桤木	50	25	320	400
箭竹	75	65	50	100
莎草	20	30	45	55
鸢尾				
香青				

注：建群种：箭竹；亚优势种：桤木；伴生种：莎草、鸢尾、香青。

灯心草——箭竹群落　　表 3

种　名	盖度(%)	多度(%)	高度(cm)	
			平均	最高
灯心草	30	45	30	45
箭竹	55	50	45	80
鸢尾				
细叶小檗				
粉背蕨属				
香青				

注：建群种：箭竹；亚优势种：灯心草；伴生种：鸢尾、细叶小檗、粉背蕨属、香青。

根据各区域功能环境不同，主要强调五个不同区域景观和功能，植被选择以调查种类为主，适当采用异地种。

(1)湿地与公路交接区域：该区域基本无任何乔木生长(图 7)，过往车辆排放尾气、扬起沙尘直接进入湿地，对环境造成危害，因此在植物配置上首要问题是阻隔和减轻污染物进入湿地。采用双层栽植法，起到阻隔沙尘、吸收尾气作用。植物搭配上采用野漆树、金河槭、鸢尾、细叶小檗乔灌草搭配的形式。既起到缓冲和减轻污染物、吸收汽车尾气作用，同时也增加植被景观层次，强化道路方向。

图 7　现场道路缺少乔木

(2)管理服务区：该区承担管理、供游人休息的功能。在管理室附近种植少量必要乔木以提供遮阴之用，宽阔区孤植树形较好的乔木，在不遮挡视野的同时起到丰富景观的作用。同时在被牲畜啃食后草灌稀少区域补植草灌层，以修复植被。乔木采用桤木，草灌类采用莎草、灯心草、报春花进行补植。

(3)畜牧区：经设计后牲畜统一都在畜牧区放养，草被会因牲畜长期啃食而削弱，因此需每年定期对草被进行补植，以达到牲畜对牧草的需求。草灌搭配上采用湿地已有的种类：莎草、火棘、灯心草、莓叶委陵菜、白三叶草。既利于植物良好生长，也节约成本。

(4)水景区:水景区植物不但是湿地景观核心,也起到自然净化湿地水体作用。水景区现存主要问题在于植物景观单一,仅由莎草和木贼两种挺水植物组成,且水中铅含量超标。由此在水景区植物配置上补植浮水植物睡莲和沉水植物金鱼藻、水毛茛,丰富植被层次。另外栽植芦苇,利用其对铅的吸收和集聚作用,达到水体自净的目的,同时芦苇形态优美增加了景观效果。

(5)山地与湿地(图 8)过渡带:为进一步减少湿地中铅含量超标的问题,在整个湿地内沿等高线向山脚随机散布向日葵。利用向日葵对铅的吸收作用,逐渐降低湿地内铅含量,同时在开花季节也弥补湿地内开花植物较少的缺陷,在景观上产生明显的季相变化和色彩的补充,在开花季节也成为湿地景观一大特色。

图 8　湿地景观鸟瞰图

5　后期管理

一项设计是否达到设计目的,体现价值,除要严格施工外,科学的后期管理是重要的保障。该设计后期管理包括卫生、安全、服务、紧急情况处理四个方面。

(1)卫生:主要面临问题是游人进入湿地后食品袋等垃圾随意丢弃、居民生活垃圾随意排放及工程垃圾排放问题。通过大量宣传牌和告示牌来宣传生活垃圾对湿地的危害,让当地居民意识到湿地重要性,自觉将生活垃圾集中堆放。同时,按垃圾数量每隔 3～5d 将垃圾统一运往场镇集中处理。

(2)安全:湿地内存在三大人身安全隐患:沼泽、迷路、大型野生动物。在安全管理中视游客量,适当增加巡逻人员,在沼泽区、森林景观区安排巡逻人员保证游客安全,同时设置安全警示标志,警告游客切勿随意离开游览步道。

(3)服务:在服务区设立各服务点,主要为过往车辆、游客提供茶水、餐饮等服务;在垂钓区为游客准备垂钓用具,在停车场设置能为过往车辆加水的装置,方便游客。

(4)紧急情况处理:对于湿地中突发的紧急情况,需有熟悉地形的当地居民进行紧急处理。一方面挑选熟悉当地情况的居民进行培训,包括急救、火灾、落水、迷路等突发情况正确的处理方法。另一方面在服务区设立紧急情况处理办公室,安排队员轮流值班,随时应对突发事件的处理。

6　结语

自然湿地景观设计不但与景观要素密切相连,更以先天自然条件为基础。设计必须将保护与展示景观两者的平衡作为重点,前者基于对原始地形、生态的理解;后者则基于对景观要素的应用。面对当前日益加快的城市化进程,人为影响已日渐深入到过去难以踏入的自然湿地,因此要做到人与自然和谐共处必须正确系统的把握自然湿地设计方法,保证其可持续发展。

参考文献

[1] 顾程华,陈亮明.浏阳大围山高山湿地的保护与开发[J].江西林业科技,2006,12(02):36-38.

[2] 蔡述明,王学雷.神农架大九湖亚高山湿地环境背景与生态恢复[J].长江流域资源与环境,2008,17(06):916-919.

[3] 刘昌勇,章建斌.湖北恩施自然保护区群亚高山湿地现状及保护对策[J].湖北林业科技.2008,5(153):48-51.

[4] 西蒙兹.景观设计学——场地规划与设计手册[M].俞孔坚,等,译.3版.北京:中国建筑工业出版社,2000.

[5] 勾波.城市湿地公园生态规划与景观设计探索——以苏州盛泽荡湿地公园为例[D].西安:西安建筑科技大学,2006.

[6] 张淑娟.城市湿地公园规划初探[D].武汉:华中农业大学,2006.

公路建设对拖乌山湿地生态系统的影响评价

王昊宇[1]　吴立坚[2]　喻光煜[1]

（1. 四川雅西高速公路有限责任公司　成都　610041；
2. 交通运输部公路科学研究院　北京　100088）

摘　要：通过对雅泸高速公路拖乌山湿地生态系统一个完整水文周期的动态监测，掌握项目施工期间拖乌山湿地生态系统的动态变化，分析了公路建设对拖乌山湿地生态系统健康的影响情况，为制订工程建设的环保技术措施提供了科学依据。

关键词：湿地　生态系统　监测　评价　公路建设

1　引言

湿地是一种重要的国土资源和自然资源，是自然界最富有生物多样性的生态景观和人类最重要的生存环境之一，被誉为“地球之肾”、“生物超市”和“物种的基因库”，因而在世界自然保护大纲中，湿地与森林、海洋一起并列为全球三大生态系统。高速公路路域湿地生态环境的监测是湿地资源保护、管理和利用的基础性工作。本文通过对雅泸高速公路拖乌山湿地生态系统一个完整水文周期的动态监测，获取湿地生态质量及其变化信息的数据，以期降低工程建设对湿地健康的影响，为湿地保护提供科学的数据支撑。

2　研究区概况

拖乌山湿地位于四川石棉县栗子坪乡孟获村与西昌冕宁县拖乌乡鲁坝村交界的菩萨岗，北纬 28°53′，东经 102°18′，海拔约 2 508m，湿地总面积约 50hm²，水域面积 6～10hm²，其中水面面积随季节、气候不同有较大变化，其余面积均为草地及沼泽。

雅泸高速公路以隧道方式通过该湿地路段，湿地高程比隧道设计高程高 65.0～82.5m。由于存在整体走向为东西向的小断层或裂隙密集发育带等强透水层，该断层可能成为隧道开挖后湿地周围等地下水向隧道排泄的主要通道，如果处理不当，存在疏干湿地内地下水的隐患。为了最大程度降低对湿地破坏的风险，在隧道施工过程中加强地质超前预报，并对隧道围岩一定深度范围内的断层破碎带等强透水层进行了注浆处理。详细地形如图 1 所示。

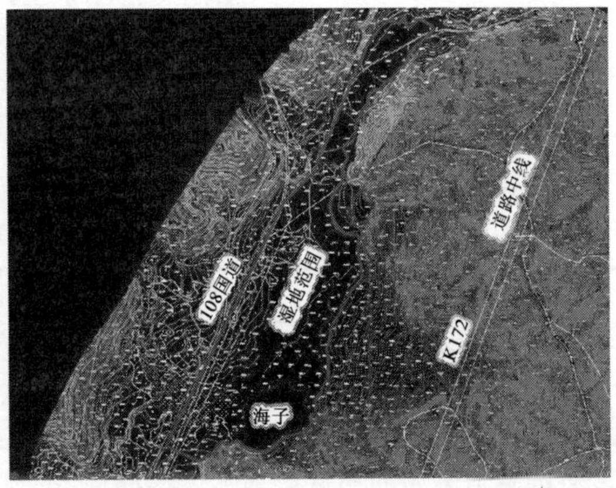

图 1　研究区地形

3　湿地生态系统监测

3.1　生态系统监测指标

为了明确隧道施工对拖乌山湿地健康状况的影响程度，验证工程措施对湿地保护的效果，对湿地生态系统进行了动态监测，具体监测内容包括湿地水文特征、湿地土壤及水质、湿地生物要素等如表1所示。

湿地水文特征监测指标　表1

	观测项目	观测指标	观测方法和技术	单位
湿地	湿地面积	湿地面积	遥感图像和实际调查统计	hm^2
湿地水文特征		湿地水域面积变化	遥感图像和实际调查统计	hm^2
	湿地水文要素	降水量	雨量器、翻斗式遥测雨量计	mm/d
		蒸发量	小型蒸发器和E-601型蒸发器	mm
		地表水深	测深杆/测深锤	mm
		地表水位	自记水位计和水尺	mm
		地下水位	自记水位计或人工测量	mm
		入流量	三角形量水堰测流法	L/s
		出流量	三角形量水堰测流法	L/s
湿地土壤及水质	土壤化学性质	土壤有机质	化学方法	g/kg
		氧化还原电位	电位法	mV
		硫化物	燃烧硫量法	mg/kg
		铅	原子吸收光谱法	mg/kg
	湿地水体理化性质	pH值	玻璃电极法	
		氧化还原电位	氧化还原电位计测定法	mV
		溶解氧	碘量法	mg/L
		总氮	紫外分光光度法	mg/L
		氨氮	纳氏试剂分光光度法	mg/L
		凯氏氮	凯氏法	mg/L
		总磷	钼酸铵分光光度法	mg/L
		总有机碳	TOC分析仪/差减法/直接法	mg/L
		铅	火焰原子吸收光谱法	mg/L
湿地植被	湿地植物群落特征	植物种类组成分布、生物量	样方法	
		各种类多度、盖度、高度	样方法	

3.2　湿地监测结果与分析

3.2.1　水文特征

在对研究区水文特征进行监测的一年时间内，从研究区湿地水域面积变化(图2)以及地表径流变化情况(图3)可知，高速公路隧道施工期间，湿地水文状态保持了良好的周期变化趋势，湿地水中、水陆交界和陆地的植物生长范围较稳定，对研究区湿地植被生活区域影响不大，使得植物结构较稳定，群落分布也很规律。

通过对湿地水域面积、地表水位、地下水位等水文特征的监测，在隧道工程施工的一年期间，水文情况都处于一个相对稳定的状态：水域面积随季节不同而规律性变化，与上一年相比差异不大；地下水和地表水位也很稳定，没有因隧道施工而出现湿地水体渗漏现象；湿地进出水口径流量在正常范围内随季节波动变化；蒸发量和降雨量的记录也符合水文监测结果的变化情况。因此，湿地的水文特征在隧道工程期间无显著变化，隧道工程的实施对湿地水文无明显影响。

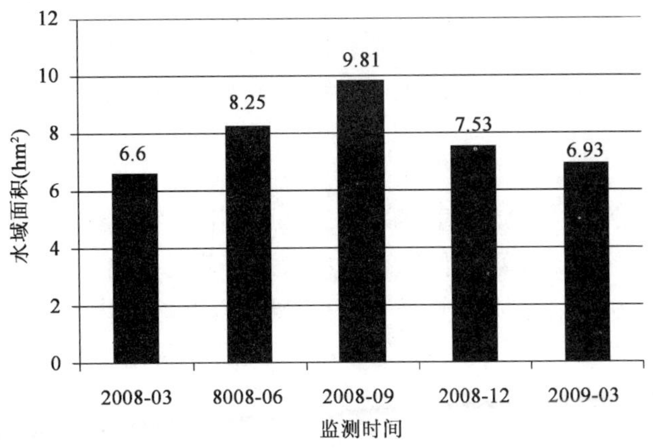

图2　湿地水域面积变化情况

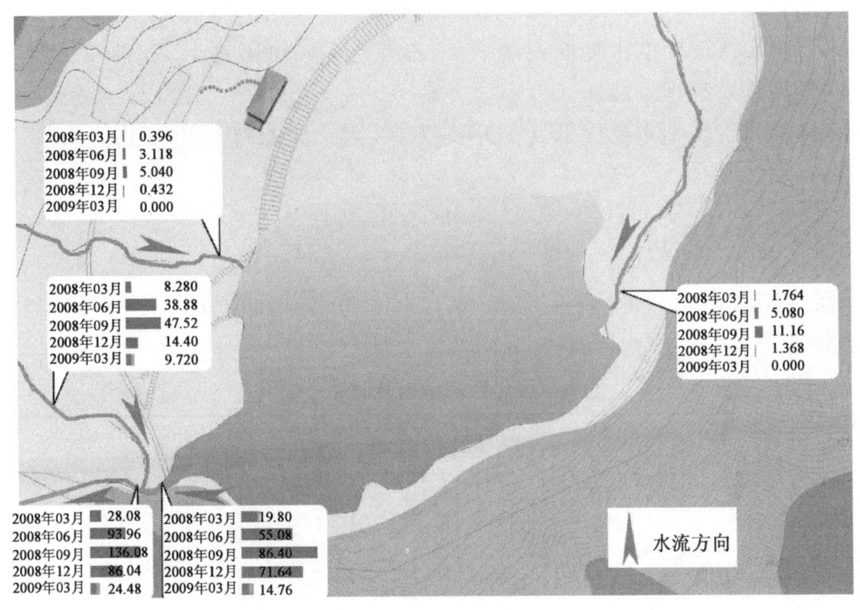

图3　湿地地表径流监测情况(单位:m^3/h)

3.2.2　水质指标

研究区水质特征主要表现在以下两个方面:一是湿地水体受到人为污染,由于在隧道开工前后超标指标的监测结果较为接近,加之湿地高程高于隧道,因此排除了隧道工程施工对湿地水体污染的可能性。监测结果表明,湿地的水质以国家水质标准评价,其CODcr、Pb和pH值超出正常范围内,表明拖乌山湿地水样富营养化程度较高,这对水域生态系统的平衡将会产生不利影响。CODcr偏高,人为污染是重要因素之一,附近村民逐步向湿地范围聚居,其生活排污等都对水质有一定的影响。另外,湿地水域中生物较茂盛,加上分解作用较弱,水生生物死亡后成为有机物的重要来源,也是CODcr高的原因之一。G108穿越湿地附近,车辆运营的尾气及油污排放与湿地水体铅含量超标关系密切。虽然就湿地自身水质来说达到了国家的饮用水标准,但是逐渐变质的水环境如果不引起人们的重视加以保护,湿地水环境将不能为人畜提供清洁用水,

3.2.3　土壤指标

在高速公路隧道工程开工前和开工一年后分别对研究区湿地土壤进行了两次土壤理化指标监测测量。对比《土壤环境质量标准》(GB 15618—1995)以及相关土壤肥力指标,拖乌山湿地土壤按照国家土壤环境质量分类属于Ⅱ类,土壤质量执行二级标准。土壤的pH值在4～5之间,呈弱酸性,这点与湿地水体的pH值相似;土壤中有机质含量与湿地水域有密切关联,越接近水域有机质含量越高,且测量值大大超过了菜地肥力标准,说明在湿地水陆交接处,丰富物种的存在使得交接处土壤肥度较高,有利于植物的生长;土壤中铅的

含量处于环境质量标准范围内，因前后两次测量结果相近，可以得出土壤铅含量在隧道施工前后都表现得较为稳定；土壤中磷和氮的值都略高于菜地土壤的肥力标准，钾含量稍偏低，总体来说，研究区土壤肥力较高，适合植被生长，高速路隧道工程对研究区湿地土壤的影响不大，土壤在这一年里基本保持着原有的质量标准和肥力标准。

3.2.4 植物群落特征

根据植物地理学的基本原理，参照《中国植被》的分类原则和分类系统，结合高山植被及本研究区的实际情况，本研究区的植被群落主要有：①矮草地群落，该群落以莎草类植物为建群种，植物组成最丰富，主要的植被有 13 种，集中生长在湿地水体外围；②矮草——火棘群落，群落植物种类与矮草地群落相似，但明显增多的火棘分布使得其在夏季红色果实成为一景；③灯心草群落，该群落分布于水陆交界区域，植被在丰水期土壤被水淹没，以盖度达 80%的灯心草类植物占优势；④灯心草——箭竹群落，该群落随着水域的临近，除了以灯心草主要植被种类外，箭竹数量也明显增多；⑤鸢尾——箭竹群落，该群落一年四季都被湿地水体淹没土壤，夏季花期的景观观赏性较高；⑥箭竹群落，植物种类单一，群落植被主要就以箭竹组成；⑦桤木——箭竹群落，该群落与箭竹群落相比，有大量自然生长的桤木小乔，与箭竹一起成为群落的主要植被种类；⑧莎草群落，该群落在湿地水域植被中的占地面积最广，约占湿地水域面积的 10%，莎草类植物在该群落中占绝对优势，夏秋两季的景观效果都很不错。

湿地植被群落组成丰富，类型主要以低矮的草本为主，因距离水体远近不同而有着不同的植物群落存在，景观价值较高。

4 湿地生态系统健康评价

通过对拖乌山湿地生态系统为期一年的监测，结合以上检测指标的结果，运用“德尔菲法”对湿地生态系统的情况及发展趋势进行了专家预测，其研究结果如表 2 所示。

拖乌山湿地生态系统监测评分情况 表 2

编号	项 目	评价等级及描述				总体评价
		优	良	合格	不合格	
1	水域面积变化情况(hm^2)	水域面积变化符合历史同期	水域面积变化基本符合历史同期	水域面积变化绝大多数时期符合历史同期，无太大的反常	水域面积变化不符合历史同期，变化反常	优
2	地下水位变化情况(m)	变化符合历史同期，稳定	基本符合历史同期，较稳定	大多时期稳定，无明显异常	不稳定，较大异常	优
3	地表水位变化情况(m)	同上	同上	同上	同上	优
4	地表径流量情况(m^3/s)	属于正常波动范围，稳定	基本属于正常波动范围，基本稳定	波动较大，不稳定	波动超出正常范围，出水量大于进水量	良
5	水质 CODcr 情况(mg/L)	≤15	≤15	20	40	良
6	水质 pH 情况	中性	稍偏酸	较高酸性或碱性	高度酸化或碱化	良
7	水质总氮情况(mg/L)	≤0.15	≤0.5	≤1.0	≤1.5	良
8	水质总磷情况(mg/L)	≤0.1	≤0.2	≤0.3	≤0.4	优
9	水质氨氮情况(mg/L)	≤0.15	0.5	1.0	1.5	优
10	水质溶解氧情况(mg/L)	≥7.5	≥6	≥5	≥3	优
11	水质铅含量情况(mg/L)	≤0.01	≤0.05	≤0.05	≤0.1	良

续上表

编号	项　目	评价等级及描述				总体评价
		优	良	合格	不合格	
12	土壤pH情况	自然背景	—	—	—	优
13	土壤铅含量(mg/kg)	≤35	≤250	≤350	≤500	良
14	植物多样性情况(α指数)	0.8～1.0	0.7～0.8	0.5～0.7	0～0.5	优
15	群落结构情况	群落类型丰富，层次多样，季相变化明显	较丰富	有一定物种组成，但未形成群落结构	物种组成单一，缺乏层次	优
16	生态系统总体评价					优

注：德尔菲评价法分为四个等级：85～100为优、70～85为良、60～70为合格、60以下为不合格。

5　结语

(1)湿地水域面积、水深、地表径流均表现出稳定的周期性，水文特征平稳，隧道施工未对湿地水文水质带来明显影响。

(2)湿地水质总体达到国家地表水环境质量Ⅱ类标准，三项指标超标在隧道开工前后的监测值接近，说明隧道工程的实施并没有给湿地水质带来负面影响，湿地水质的污染主要来自于穿越湿地的G108国道和湿地范围的人类聚居。

(3)湿地群落类型多样，种类丰富，生物多样性未受工程建设影响，湿地系统有较高的景观价值，具有一定的旅游价值。

从湿地植物种类来看，拖乌山研究区湿地植物共有30个物种，分别属于20科，22属。在这些物种中，仅有一种是蕨类植物，其余都是被子植物，并以莎草科、灯心草科的植物种类最多。该两科植物对拖乌山湿地植物的区系和植被组成起着重要的作用，并且是湿地景观的主要组成部分。丰富的植物种类决定了植被生态系统的稳定性。

(4)通过对拖乌山湿地生态系统的监测评价，湿地生态系统健康总体评价为优，隧道工程施工期间没有对拖乌山湿地造成显著影响，相关工程技术措施对湿地保护发挥了积极作用。

参 考 文 献

[1] 国家林业局，等. 中国湿地保护行动计划[M]. 北京：中国林业出版社，2000.
[2] 王瑞山，王毅勇，杨青，等. 我国湿地资源现状、问题及对策[J]. 资源科学，2000，22 (1)：9-13.
[3] 沈德贤. 洞庭湖湿地生态功能及其保护对策[J]. 人民长江，1999，3.
[4] 张白岩. 三江平原湿地景观保护概析[J]. 北方环境，1999，2.
[5] 俞穆清. 向海国家级自然保护区湿地资源保护与可持续利用探析[J]. 地理科学，2000，20(2).

拖乌山湿地下穿隧道涌水量预测

邓 捷

（交通运输部公路科学研究所 北京 100088）

摘 要：本文以雅泸高速公路经过的拖乌山湿地及下穿隧道为研究对象，通过现场压水试验取得水文地质参数，对下穿隧道涌水量进行预测计算，结合拖乌山湿地水文监测，对湿地与隧道的水力联系进行研究分析，以明确隧道施工对湿地的影响程度。计算结果表明，隧道涌水量相比湿地总水量较小，对湿地水文特征影响不大。湿地水文监测表明，隧道施工过程对湿地水文特征无明显影响，工程技术措施对湿地保护发挥了积极作用。

关键词：隧道 涌水量预测 湿地保护 水文监测

1 引言

拖乌山湿地位于四川石棉县栗子坪乡孟获村与冕宁县拖乌乡鲁坝村交界的菩萨岗，海拔高度约2 508m，湿地总面积约50hm²(图1)。本着湿地保护的原则，雅泸高速公路以隧道方式通过该湿地路段，隧道洞轴线与湿地平面距离约600m，隧道设计高程较湿地高程低65.0～82.5m，隧道围岩主要为岩石较完整的弱风化花岗岩，由于存在整体走向为东西向的小断层（破碎带宽度一般为20～40m），该断层可能成为隧道开挖后湿地周围等地下水向隧道排泄的主要通道，如果处理不当，可能造成疏干湿地内地下水和危及隧道施工安全等隐患。

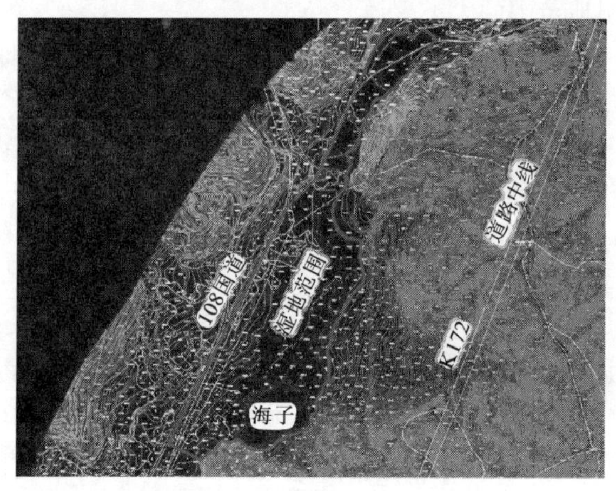

图1 拖乌山湿地隧道研究区地形图

水是湿地的关键，水的深度、水位变化及水域变化决定了湿地生态系统的正常运转。下穿隧道的修建，将形成人工集水廊道，构成人工侵蚀基准面。下穿隧道排水将造成工程所在山体地下水资源流失及地下水位降低，从而造成隧道工程区泉水消失或流量减小，地表水断流、井泉干枯，湿地面积减少及生态破坏，影响湿地的生存。因此隧道涌水量是衡量隧道工程排水及对托乌山湿地影响程度的重要指标。

本文通过现场压水试验取得水文地质参数，对下穿隧道涌水量进行预测计算，结合拖乌山湿地水文监测，对湿地与隧道的水力联系进行研究分析，以明确隧道施工对湿地的影响程度。

2 水文地质参数

隧道所在区为高中山深切河谷地貌与高中山湖盆区地貌分界的分水岭。

隧道所在区主要地层如下：

(1)第四系全新统(Q_4)。

块石、碎石土：为坡积成因，主要在两端洞门附近分布，厚10～20m，山坡及小的溪沟中广泛分布，但厚度较小。松散碎石、块石成分为花岗岩。

(2)第三系昔格达组(J_1^{bg})。

沿线主要为一套中厚层状的砂岩出露，成岩差，软弱，呈胶结砂状，夹薄层泥岩，普遍具有水平层理，局部含砾卵石、砂岩较多，与下覆早震旦系花岗岩呈不整合接触。隧道在雅安端洞口附近的K170＋410～K170＋640段分布。

(3)早震旦系花岗岩(γ_2^2)。

岩性为花岗岩，灰白色为主、间或出现肉红色，暗色矿物含量少，成分以石英为主，长石、云母少量，局部分布有钾长花岗岩。中～粗晶结构，块状构造。其中有大量基性岩俘虏体。基性岩呈暗绿色、绿色，变余辉长结构，块状构造。两者岩性坚硬。隧道在K170＋640～泸沽端洞口分布。

(4)压碎岩。

主要分布在断层带内，呈灰绿色、绿色，母岩以辉长岩基性岩为主，普遍具绿泥石化、蚀变。挤压破碎强烈，岩石矿物多可捏成粉末状，岩石较软弱。

隧道所在研究区内的地下水按其赋存的介质可分为如下两类：

一是覆盖层中的孔隙水，主要赋存于第四系块碎石、漂卵石土层及昔格达地层中，主要靠大气降水补给，碎、块石土普遍较松散，在平缓的地段降水易渗入，但在坡面较陡的地段，降水大部分以面流的方式向下排泄，对地下水的补给较弱。覆盖层中的地下水一般顺岩面下流，在坡脚或者覆盖层被切割的地段多以散流的形式排泄。其中第四系土层透水性好，昔格达地层为弱透水层。

二是基岩裂隙水，区内基岩主要为花岗岩，为弱含水层。地下水主要是赋存于强～弱风化花岗岩中。

起点段隧道在成岩较差的泥质砂岩中通过，地下水主要赋存于砂岩的孔隙中，该段岩石可视为均匀的潜水含水层。除泥质砂岩处，隧道绝大部分在弱风化或微风化的花岗岩中穿过，大部分地段节理裂隙发育，特别辉绿岩脉发育的地段或小断层通过的地段，节理裂隙极发育，地下水的径流主要在节理裂隙中进行，除局部存在弱承压水外，可整体视为无限厚潜水含水层。

根据赋水介质及其渗透系数的差异，与隧道开挖有关的含水层可归纳为如下四类：昔格达基岩含水层、弱～微风化岩浆岩含水层、强风化岩浆岩含水层、构造带含水层。

勘探阶段在钻孔内进行了水文地质测试，其中的抽水试验没有取得有效数据，主要原因是测试孔段的岩石破碎或极破碎，不得不采用泥浆护壁，下入过滤器后，无法将孔壁清洗干净，导致孔壁不渗水或渗水极微弱。

压水试验成果统计如表1所示。

压水试验成果统计表　　表1

测试孔号	测试深度(m)	渗透系数(m/d)	地层	测试方法
MZK175－1	319.21～334.81	0.093 7	弱风化花岗岩及辉绿岩脉	压水试验
	305.98～334.81	0.059 3		
	333.62～356.72	0.051 8		
	346.74～355.00	0.064 2		

根据勘察取得的水文地质测试成果，参照附近水电站相似地层或构造带的经验数据，确定本隧道主要含水层的渗透系数如表2所示。

主要含水层的渗透系数　　表2

地层	渗透系数(m/d)	测试方法
昔格达泥质砂岩	$2.8\times10^{-4}\sim3.3\times10^{-4}$	室内渗透试验
	3.5×10^{-2}	压水试验，透水率$q<5L_u$
强风化花岗岩	3.5×10^{-2}	压水试验，透水率$q<5L_u$
弱风化花岗岩	$5.18\times10^{-2}\sim9.37\times10^{-2}$	压水试验，透水率$q=3\sim7L_u$
微风化花岗岩	1×10^{-2}	压水试验，透水率$q<1L_u$
断层带	$8.5\times10^{-2}\sim14\times10^{-2}$	压水试验，透水率$q=6.4\sim13L_u$

注：表中除弱风化含水层外，其他水层的渗透系数主要参照附近水电站工程的经验数据。

3　涌水量预测

考虑隧道在长期排水的情况下，位于无限厚的潜水含水层中，按有限含水厚度计算涌水量，并且考虑各段的渗透系数的差异，分段预测。采用用于非完整井的柯斯嘉科夫公式：

$$Q=\frac{2\alpha kBH}{\ln R-\ln r}$$

$$\alpha=\frac{P_{\mathrm{i}}}{2}+\frac{H}{R}$$

$$R=2S\sqrt{Hk}$$

式中：Q——预测涌水量(m^3/d)；

H——由隧道路肩起算的含水层厚度(m)；

r——隧道半宽度(m)；

R——隧道排水影响宽度(m)；

B——隧道通过含水层中的长度(m)；

S——降深(m)；

k——隧道围岩渗透系数(m/d)。

各段的渗透系数根据上节表2所列的测试成果或经验值，并且所取的值均是实测值中的较高值。以隧道左洞为例，预测涌水量如表3所示。

隧道涌水量预测　　表3

序号	起始～终止里程桩号(ZK)	长度(m)	含水层特征	渗透系数(m/d)	计算涌水量(m^3/d)
1	170+400～170+580	180	昔格达泥质砂岩	0.035	351.3
2	170+580～170+985	405	弱风化花岗岩	0.094	2 627.3
3	170+985～171+005	20	断层破碎带	0.140	181.3
4	171+005～171+165	160	弱风化花岗岩	0.094	1037.9
5	171+165～171+185	20	断层破碎带	0.140	181.3
6	171+185～171+260	75	弱风化花岗岩	0.094	486.5
7	171+260～171+370	110	弱～微风化花岗岩	0.01	124.1
8	171+370～171+428	58	弱风化花岗岩	0.094	376.2
9	171+428～171+443	15	断层破碎带	0.01	135.9
10	171+443～171+495	52	弱风化花岗岩	0.094	337.3
11	171+495～171+820	325	弱～微风化花岗岩	0.01	366.6
12	171+820～172+520	700	弱风化花岗岩	0.094	4 541.0
13	172+520～172+660	140	弱～微风化花岗岩	0.01	157.9
14	172+660～173+000	340	弱风化花岗岩	0.094	2 205.6
15	173+000～173+280	280	强风化花岗岩	0.035	633.5
16	173+280～173+355	75	碎块石土	10	0
总　计		2 955			13 744.4

由于隧道的双洞相距仅40m左右，绝大部分位于上述计算的影响半径之内，且行人横洞与行车横洞位于两洞中间，故上述计算结果代表隧道的总涌水量。隧道涌水量($13.7\times10^3m^3$)与湿地总水量(约$500\times10^3m^3$)相比差距一个数量级，只要避免中、强透水的断层带的水力联通，隧道涌水对于湿地水量影响较小。

各含水层中的涌水情况可形象地描述如下：在昔格达泥质砂岩中，由于砂粒间充填泥质，透水性弱，且岩性较均一，围岩以滴水为主；弱风化花岗岩属弱透水层，围岩以滴水及线状渗水为主，但在辉绿岩脉发育的地段，节理裂隙极发育，地下水水头高，极可能产生股状涌水；微风化花岗岩属微透水层，节理裂隙绝大部分闭合较好，围岩以浸润状渗水为主；断层及其影响带为中等透水或强透水，极可能产生股状涌水；强风化花岗岩属弱透水层，围岩以滴水及线状渗水为主；碎块石土主要分布于左洞泸沽端洞口附近，属强透水层，但出露位置较高，一般不赋水，但大气降水易穿过该层渗入隧道。

将隧道围岩整体视为无限厚潜水含水层，考虑隧道的长期排水作用，该区域的地下水形成一个以隧道洞底为基准的降水漏斗。利用前述的计算公式，可估算出隧道 K171＋820～K172＋520 距离“海子”最近段各渗透系数下的影响半径如表 4 所示。

影响半径估算值　　表 4

地　　层	渗透系数(m/d)	影响半径(m)
弱风化花岗岩	9.37×10^{-2}	480.5
微风化花岗岩	1×10^{-2}	156.7
断层带	14×10^{-2}	586.4

表 4 表明，对于弱～微风化花岗岩而言，由于其属弱透水或微透水层，形成的降落漏斗半径较小，不会波及到“海子”。对于中透水或强透水的断层带，由于其连通性较好，隧道涌水将波及到“海子”，可能疏干“海子”处的地表水。因此，在隧道施工时，对强透水带（股状涌水）进行灌浆止水是非常必要的。

4　湿地水文监测

本文通过一个完整水文周期的野外监测，获取了湿地水文特征及其变化信息的数据，明确了隧道施工对湿地水文状况的影响程度，在对研究区水文特征进行监测的一年时间内，从湿地水域面积变化（图 2）以及地表径流变化情况（图 3）可知，隧道施工期间，湿地水文状态保持了良好的周期变化趋势。

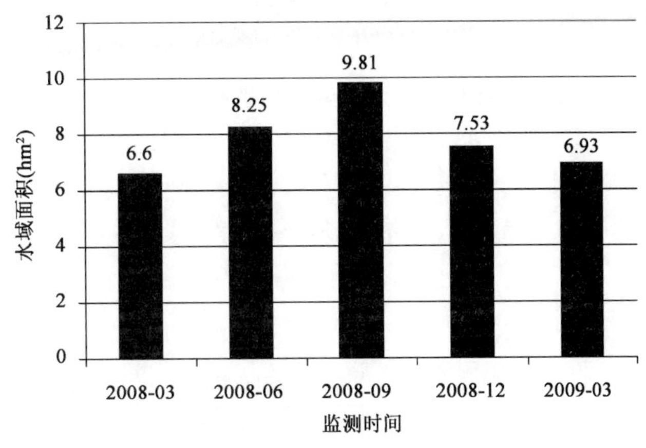

图 2　湿地水域面积监测情况

通过对湿地水域面积、地表水位、地下水位等水文特征的监测，结果表明：湿地水域面积变化显示出了很强的周期性，随着菩萨岗隧道施工深入，同季节湿地水域面积基本保持不变；地下水和地表水位也很稳定，没有出现因隧道施工而出现湿地水体快速渗漏现象；湿地进出水口径流量在正常范围内随季节波动变化；蒸发量和降雨量的记录也符合水文监测结果的变化情况。因此，湿地的水文特征在隧道施工期间无显著变化，隧道工程的实施对湿地水文无明显影响。

5　结语

(1)拖乌山湿地及下穿隧道之间的水力联系是研究拖乌山湿地保护与隧道施工安全的重要内容，本文结合现场水文地质勘察，对隧道涌水量进行预测，认为隧道开挖后引起的渗水量与湿地流域的汇水量相差一个数量级，隧道工程与湿地的水力联系不明显。建议隧道施工期加强地质超前预报，对隧道围岩一定深度范围内的断层破碎带进行全断面注浆处理。

(2)通过为期一年的湿地完整水文周期监测，结果表明湿地的各项监测指标变化不大，湿地水文状况未受隧道施工影响，进一步验证了隧道与湿地的水力联系不明显，施工过程中采取的工程技术措施起到了相应积极的作用。

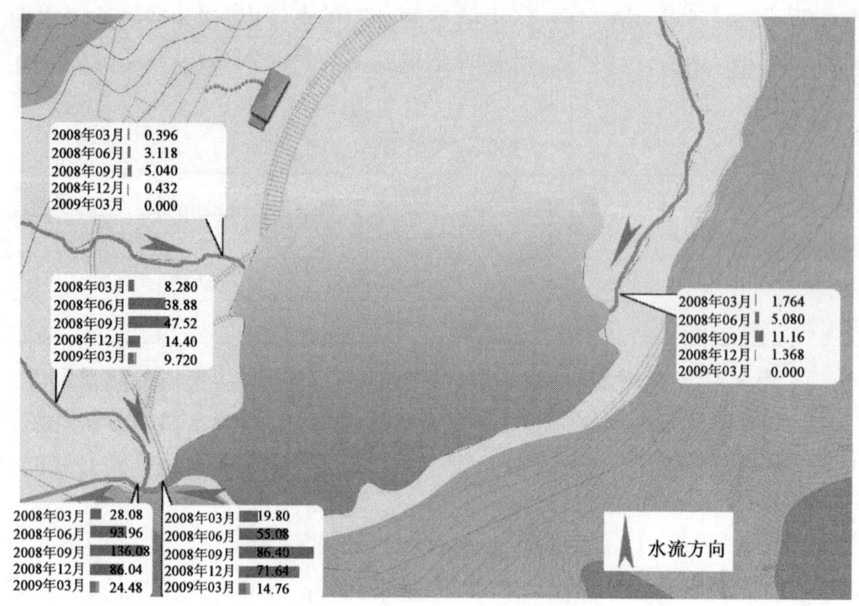

图3　湿地地表径流监测情况(单位：m^3/h)

参考文献

[1] 交通运输部公路科学研究所.拖乌山湿地保护措施研究报告[R]. 2011.

[2] 朱大力，李秋枫. 预测隧道涌水量的方法[J]. 工程勘察，2000(4).

[3] 王焱.郎川公路附近湿地地下水文特征研究[J]. 人民长江，2006(7).

[4] 吕宪国，等.湿地生态系统观测方法[M].北京：中国环境科学出版社，2005.

高速公路生态型声屏障评价指标体系研究

陈智寅[1]　刘　丹[1]　李启彬[1]　谭昌明[2]　吴　浩[2]

(1. 西南交通大学地球科学与环境工程学院　成都　610031；
2. 四川省交通运输厅公路规划勘察设计研究院　成都　610041)

摘　要: 本文以原交通部"西部高速公路生态型声屏障技术应用研究"课题为依托，开展高速公路生态型声屏障评价指标体系研究。基于 AHP 层次分析法，提出了由功能性、环保性、景观性以及经济性 4 个准则层指标和 23 个具体评价指标构成的一套高速公路生态型声屏障评价指标体系。工程应用结果表明，该体系能客观地反映高速公路生态型声屏障特征，评价结果更趋合理，可作为高速公路生态型声屏障建设方案选取的重要依据。

关键词: 高速公路　声屏障　生态型　评价指标体系

近年来，我国西部地区高速公路建设的迅速发展带动了沿线声屏障的大量建设，但西部地区既有高速公路的声屏障存在景观效果较差，环境友好性不足等缺陷，难以满足高速公路声屏障设计建设要求，因此构建生态型声屏障是高速公路声屏障建设的一项全新尝试。目前，国内外在生态型声屏障领域的研究欠深入，其评价方面尤显薄弱，这成为阻碍高速公路生态型声屏障研究和建设的主要因素之一。由于生态型声屏障涉及到了建筑、环保、生态、经济等多方面的因素，是一个综合性工程，因此需要一个完整且系统的评价指标体系，为工程的设计和施工提供指导和评判，保证声屏障的综合性能。鉴于此，本文以雅泸高速公路为研究对象，以原交通部"西部高速公路生态型声屏障技术应用研究"课题，开展了高速公路生态型声屏障评价指标体系研究，旨在为高速公路生态型声屏障建设提供决策支持。

1　生态型声屏障的内涵

根据对"生态公路"的概念以及我国构建资源节约型、环境友好型社会等方针的分析研究，结合目前高速公路声屏障应用存在的各方面问题，总结国内外大量声屏障研究成果和工程经验，提出生态型声屏障，在满足降噪功能和结构安全等声屏障基本要求的基础上，与建设地自然环境和生态系统相融合，具备一定的景观效果，同时兼具经济性优势的高速公路新型声屏障工程。

2　评价指标体系建立

2.1　指标体系构建的思路与方法

通过对国内外大量声屏障研究成果和工程实例的综合分析和提炼，选择典型的工程实例开展现场调研，识别和选择具备生态型声屏障的基本要素，然后采用专家咨询评判法选取具体评价指标，并根据 Saaty 1～9 级判断矩阵标准度法采用专家打分确定指标权重，最终构成完整的评价指标体系。

2.2　指标的确定

建立本指标体系的目的在于优选最符合生态型特征的声屏障建设方案，因此确定目标层为高速公路生态型声屏障。根据生态型声屏障的内涵分析，采用目标分解法将高速公路生态型声屏障目标进行分解，得到各准则层和具体指标，分别介绍如下。

2.2.1　功能性指标

声屏障的基本功能是实现噪声防治，同时从安全角度出发，其墙体应具备基本的结构强度和耐久能力，因此在功能性指标中确定了隔声量、降噪系数、插入损失值、结构强度、耐久性、反光性以及安全性 7 个具体评价指标。

2.2.2 环保性指标

传统声屏障在施工阶段及使用过程中会对环境产生负面影响。G. E. Bowker 等[1]研究结果表明，单纯的声屏障存在会增大背后一定范围内的大气污染物浓度。同时 G. E. Bowker 提出加强绿化可以明显改善大气污染状况，而 Roschke. Paul. N[2]、夏锴[3]等研究则论证了使用可循环塑料代替传统建筑材料来建造声屏障的可行性。由此可见生态型声屏障的环保效益可以通过多种途径实现，环保性指标的提出是合理的。在环保性指标中确定了声屏障净化空气能力、可再生材料使用率、材料生产、使用、废弃过程中对环境的污染程度、施工过程对环境的影响程度几个具体评价指标。

2.2.3 景观性指标

高大且缺乏掩饰的声屏障墙体无论对高速公路使用者或保护目标居民来说均会产生一定的不适感。Jorge. P. Arenas[4]等研究成果表明单调的声屏障会对驾驶员、周围居民产生视觉和心理压抑。范锦忠[5]、李福贵[6]、王武祥[7]、俞小靖[8]等也分别在其研究中指出了声屏障景观建设的重要性，并提出采用绿化的方式美化声屏障景观环境。由此可见良好的景观效果是生态型声屏障区别于传统声屏障的主要特色。根据近年来国外学者的研究发现，绿化不仅可以增强声屏障的景观效果，还对提升其降噪能力有重要作用。T. Van Renterghem[9]、Stephen Samuels[10]和 Jorge. P. Arenas[4]等研究证实了植物对于声屏障附近顺风噪声衰减的正效应。Raw lills A. D[11]和 Kyoji Fujiwara[12]等指出在声屏障表面及顶端覆盖绿色植物可以形成近似声学“柔性”的表面，进而提高噪声防治性能。因此确定表面绿化率，周围景观协调性，路容，植物耐性及季相、色相丰富度，通视性，与当地文化特色融合度 6 个景观效果具体评价指标。

2.2.4 经济性指标

根据以往的声屏障建设经验，影响声屏障建设的一个直接因素是声屏障的建设和运营成本，这在经济相对不发达的西部地区则体现得尤为突出。因此生态型声屏障要想实现良好的降噪性能、景观效果以及生态环保性必须具备一定的经济性优势。在经济性指标中提出了建设成本、养护维修费用、服务年限、占地面积、施工期、施工难易程度 6 个具体评价指标用来评价声屏障全生命周期的经济效益。

2.3 指标体系的构成

根据高速公路生态型声屏障所应具备的各项关键因素以及专家咨询的结果，将所有评价因素划分为 4 个层次，即总目标层 A、准则层 C、指标层 P 和方案层 D。准则层由 4 个中层指标组成，指标层由 23 个具体指标组成(表 1)。

高速公路生态型声屏障评价指标体系 表 1

目标层	准则层	权重值	指 标 层	指标类型	权重值
A 高速公路生态型声屏障	C1 功能性指标	0.39	P1 隔声量	定量	0.05
			P2 降噪系数	定量	0.05
			P3 插入损失值	定量	0.05
			P4 结构强度	定性	0.07
			P5 耐久性	定性	0.06
			P6 反光性	定性	0.06
			P7 安全性	定性	0.05
	C2 环保性指标	0.26	P8 声屏障净化空气能力	定性	0.04
			P9 可再生材料使用率	定量	0.08
			P10 材料生产、使用、废弃过程中对环境的污染程度	定性	0.08
			P11 施工过程对环境的影响程度	定性	0.06

续上表

目标层	准则层	权重值	指　标　层	指标类型	权重值
A 高速公路生态型声屏障	C3 景观性指标	0.22	P12 表面绿化率	定量	0.03
			P13 周围景观协调性	定性	0.03
			P14 路容	定性	0.03
			P15 植物耐性以及季相、色相丰富度	定性	0.04
			P16 通视性	定性	0.06
			P17 与当地文化特色融合度	定性	0.02
	C4 经济性指标	0.13	P18 建设成本	定量	0.02
			P19 养护维修费用	定量	0.03
			P20 服务年限	定量	0.05
			P21 占地面积	定量	0.02
			P22 施工期	定量	0.01
			P23 施工难易程度	定性	0.01

3　工程应用

3.1　工程概况

雅泸高速石棉段公路管理处位于雅安市石棉县境内。居民区位于高速公路雅安往泸沽方向道路左侧，在距离路肩 10～50m，居民楼为 1～2 层砖房以及 3～4 层混凝土结构，道路填方高度约 3m。该地区自然环境良好，区域生态景观丰富。

3.2　备选方案

3.2.1　声屏障声学设计

根据《声屏障声学设计与测量规范》(HJ/T 90—2004)对该处声屏障进行了声学设计，确定屏障有效高度 3m，距离路肩 1.5m，全长 679m，设计插入损失值 6.9dB(A)。

3.2.2　声屏障结构形式设计

在声学设计的基础上，根据生态型声屏障特征要求提出了 3 种结构形式备选方案。①方案 1：绿化混凝土砌体型。采用混凝土砌块作为声屏障主体，砌块预留空腔，种植绿色灌木等进行绿化。②方案 2：加筋生态袋绿化土堆型。采用加筋土作为声屏障主体，菱形结构，生态袋内引种绿色藤蔓植物覆盖声屏障表面。③方案 3：生物质板型。采用秸秆、稻草、木梗等与水泥复合形成的板材作为声屏障主体，表面引入少量攀岩植物绿化。各方案设计示意如图 1 所示。

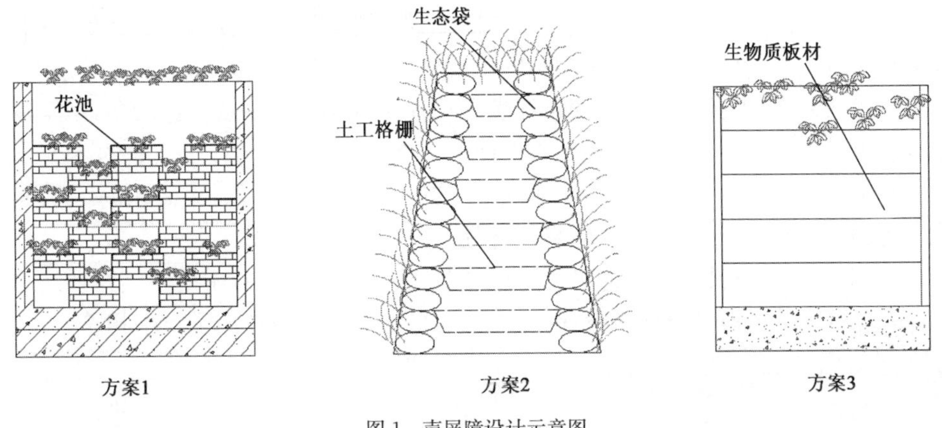

图 1　声屏障设计示意图

各方案的主要技术经济指标如表2所示。表中各备选方案的隔声量以及降噪系数采用其对应材料的相关经验值确定，其余参数根据设计方案进行确定。

设计方案主要技术经济指标　表2

项目指标	方案1	方案2	方案3
隔声量(dB)	40	50	30
降噪系数	0.6	0.6	0.5
插入损失值(dB)	6.9	6.9	6.9
可再生材料使用率(%)	10	60	80
表面绿化率(%)	40	80	25
建设成本(元/m^2)	350	300	450
养护成本(万元/年)	0.5	0.3	0.6
服务年限(年)	40	40	25
占地面积(m^2/200m)	100	800	100
施工期(月/200m)	1	1.5	0.5

3.3 综合评价

3.3.1 指标量化

定量指标直接采用设计值量化，而定性指标则邀请多位公路声屏障设计及环境保护相关专家进行1～10分值量化打分确定。再运用修正Min－Max法对各指标量化值进行标准化处理后，即得到各指标最终量化值。

3.3.2 评价结果分析

采用AHP层次分析法进行综合评价，将标准化处理后的量化值赋予权重，加和后即得到各方案总得分，将某方案的若干组总得分进行平均后，即得到该方案的最终评价得分。评价结果如表3所示。

雅泸高速公路生态型声屏障方案优选评价结果　表3

评价得分	备选方案1	备选方案2	备选方案3
C1功能性指标	36.11	37.45	34.34
C2环保性指标	12.14	18.30	23.32
C3景观性指标	18.64	21.87	14.55
C4经济性指标	9.23	10.17	10.83
综合评价	76.12	87.79	83.04
优选排序	2	1	3

根据评价结果，方案2加筋生态袋绿化土堆型声屏障综合得分相比其他两种方案具有明显优势，因此推荐该方案为雅泸高速石棉段公路管理处生态型声屏障优选方案。此外由各分项指标得分情况也可以看出，虽然方案2为最终优选方案，但并非其所有的指标表现均优于其余方案。从环保的角度，采用秸秆等农村固体废弃物为原料制板的生物质板型声屏障相比其他两种方案具有明显优势，而低廉的造价以及简便的施工也提升了其经济性优势。而优选方案宽厚的墙体保证了其声学和结构性能，大面积的绿化则有效提升了其景观效果，这正是该方案明显优于其余两者的特殊之处。

由此可见，各备选方案均有其相应的优势，但真正能够应用于实际工程中的则是在功能、环保、景观以及经济等方面综合表现更优的生态型声屏障设计方案，这与生态型声屏障的内涵要求相符。

4 结语

(1)运用AHP层次分析法建立了包含功能性指标、环保性指标、景观性指标和经济性指标4大类指标和23个具体评价指标的评价指标体系，并根据Saaty 1～9级判断矩阵标准度法采用专家打分确定了各指标的权重。

(2)在评价指标体系中，功能性指标是生态型声屏障最基础和最重要的因素，环保性和景观性也占有相当重要的比重，而经济性虽权重相对较低，但仍是限制生态型声屏障应用的重要环节。

(3)该评价指标体系能有效地反映生态型声屏障各方面特征和总体性能。在评价结果中各方案的最终评价值和方案排序均实现了可视化，便于有效评价各备选方案的优劣，可作为高速公路生态型声屏障建设方案选取的重要依据。

参考文献

[1] G. E. Bowker. The influence of a noise barrier and vegetation on air quality near a roadway[C]. Transportation Land Use Planning and Air Quality Congress,2007:372-381.

[2] Roschke. Paul. N. Construction of a full-scale noise barrier with recycled plastic[J]. Trasportation Reaserch Record,1999,n1656:94-101.

[3] 夏锴.废旧轮胎复合吸声声屏障的研发及吸声特性的研究[D].武汉:华中科技大学,2007.

[4] Jorge P. Arenas. Potential problems with environmental sound barriers when used in mitigating surface transportation noise [J]. Science of The Total Envionment,405(2008):173-179.

[5] 范锦忠.轻集料混凝土砌块绿色生态型声屏障发展概论[J].建筑砌块与砌块建筑,2003(5):5-8.

[6] 李福贵.公路声屏障技术[J].辽宁交通科技,2005(6):107-108.

[7] 王武祥,李广权.混凝土砌块在交通路网声屏障工程中的应用[J].建筑砌块与砌块建筑,2005,(1):9-11.

[8] 俞小靖.让公路融入大自然[J].交通与运输,2004.(6):44-45.

[9] T. Van Renterghem. Numerical evaluation of tree canopy shape near noise barriers to improve downwind shielding[J]. Acoustical Society of America,2008,123(2):648-657.

[10] Stephen Samuels. Recent developments in the design and performance of road traffic noise barriers [J]. Acoustics Australia,2001,29:73-78.

[11] Raw lills. AD. Diffraction of sound by a rigid screen with a soft perfectly absorbing edge[J]. Journal of Sound and Vibration, 1976,53: 53-67.

[12] Kyoji Fujiwara,D. C. Hothersall and Chul-hwan Kim. Noise barriers with reactive surfaces [J]. Applied Acoustics,1998,53(4):255-272.

以秸秆为填充物的菱镁复合板材在声屏障面板中的适用性研究

谭昌明　陈智寅　吴　浩

（四川省交通运输厅公路规划勘察设计研究院　成都　610041）

摘　要：本文以原交通部"西部高速公路生态型声屏障技术应用研究"课题为依托，开展高速公路生态型声屏障研究。以声学性能检测为主要手段结合工程调研分析秸秆纤维类菱镁复合板在声屏障面板中的适用性。结果表明，100mm 厚中空板以大量秸秆纤维作为填充材料，具有体轻、价廉、强度高、防火防水等优势，其计权隔声量能够达到 30dB，满足公路声屏障隔声构件要求，而降噪系数约为 0.15，吸声性能较差。该板材能够用作声屏障隔声面板，具备良好的环保性和经济优势，符合生态型声屏障技术要求。

关键词：高速公路　声屏障　秸秆　菱镁材料

1　引言

近年来高速公路的大规模发展带动了沿线声屏障的大量建设，但传统的声屏障材料如亚克力板、金属吸声屏、泡沫铝等价格昂贵，石棉纤维等吸声材料在生产过程中容易对环境空气造成污染，且在长期使用过程中容易遇水板结，耐候性不足。诸如此类的问题已经逐渐影响传统材料在声屏障工程中的推广应用，开发一种在保证降噪效果基础上的生态环保性突出且兼具经济优势的新型材料显得尤为迫切。生物质纤维类复合材料因其具有制备简便、价格低廉、材料环保、结构强度高等优点在建筑领域应用较为广泛，主要有水泥木屑板、水泥木丝板、秸秆纤维类菱镁复合板等类型。经过市场调研分析，水泥木屑板和木丝板等材料自重远大于秸秆纤维类菱镁复合板，且采用木丝木屑等填充物并不能突出材料的环保优势，经综合比较后，选择了以农村固体废弃物秸秆为主要原料，经菱镁材料胶凝而成的复合板作为研究对象。秸秆的循环利用在减少其焚烧造成的环境空气污染方面有相当积极的环保意义，且秸秆原料价格低廉，具有良好的适用性。但由于这类板材目前主要是在建筑领域作为隔墙使用，尚未见声屏障工程应用先例，故需要对其进行结构和声学性能的研究分析，明确其在声屏障工程中应用的可行性。本文以雅泸高速公路为研究对象，借助于原交通部"西部高速公路生态型声屏障技术应用研究"课题，开展以秸秆为填充物的菱镁复合板材在声屏障面板中的适用性研究。

2　秸秆纤维类菱镁复合板基本概况

2.1　材料制备和施工

该板材是以秸秆纤维为主要填充物的菱镁材料复合板，以轻烧氧化镁粉为胶凝材料，以氯化镁溶液为拌和剂，采用玻璃纤维、竹筋作为加筋材料，利用秸秆纤维作为填充物，外加阻燃剂等其他辅料经配料、搅拌、成型、养护而制成的复合建材制品。该板材主要通过手工方式利用模具成型，待材料自然氧化后固结并自然风干后即可脱模。该原材料成型前为半固态流体，具有良好的可塑性。使用时一般采用插板的形式固定，两板间直接采用榫头拼接，表面勾缝后即完成施工。

2.2　工程应用现状

目前生物纤维类板材主要用作建筑隔墙和装饰材料，其中水泥木丝板[1]和水泥木屑板[2]在声屏障工程中有作为面板的使用先例，主要作为吸隔声复合材料使用，但自重远大于秸秆纤维类菱镁复合板，且材料与混凝土材料性质接近，没有充分体现生物质纤维类复合材料的优势。而秸秆纤维类菱镁复合板的材料类型与前两者有较为明显的区别，采用菱镁材料作为胶凝剂使板材更具有弹性和强度，板材自重较小且可塑性强，秸秆作为一种主要的填充材料在板材中含量较高，环保特色更加明显。目前此类板材主要采用的是中空结构，在保证结构强度的基础上可以减轻自重、降低成本。因此相对于其余两类板材更具有作为声屏障面板的开发价值。

秸秆纤维类菱镁复合板材料的诸多指标都表现出良好的工程适用性，但其声学性能尚不明确，这是阻碍其在声屏障工程中应用的限制性因素，因此为研究板材的吸隔声性能及其优化空间，对这类板材进行了多种声学设计，通过试验检测分析研究其声学性能。

3　秸秆纤维类菱镁复合板声学性能研究分析

3.1　试验设计

板材的吸隔声能力是决定其是否能用于声屏障面板的关键因素。因此需要研究材料的基本隔声量并根据声学原理对其进行改造，寻求其声学性能优化途径。从板材的表面状态和内部结构等方面考虑设计了3种试验研究板材结构。分别为中空型、中空且表面粗糙型、中空且表面粗糙开横孔型，相关参数如表1所示。中空型的设计是考虑利用空腔提升板材的隔声性能；中空且表面粗糙型设计目的是将原本光滑的材料表面粗糙处理，将板材内部孔隙暴露出来提升其吸声能力；中空且表面粗糙开横孔型是将板材设计成穿孔板共振结构，通过共振作用实现吸声效果。

声学检测试件相关设计参数　　表1

设计参数	试件描述		
	中空型	中空且表面粗糙型	中空且表面粗糙开横孔型
板材单体尺寸(mm)		1 960×600×100	—
板总厚度(mm)		100	—
空腔深度(mm)		80	—
面板厚度(mm)		10	—
开孔率(%)	0	0	4
开孔尺寸(mm)	0	0	120×2
孔深(mm)	0	0	10

按照《建筑和建筑构件隔声测量》(GB/T 19889.3—2005)以及《声学混响室吸声测量》(GB/T 20247—2006)进行隔声量和吸声系数的检测，相关检测照片如图1所示。

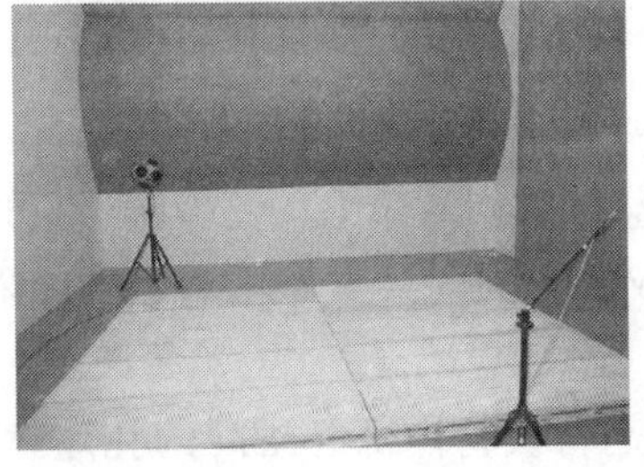
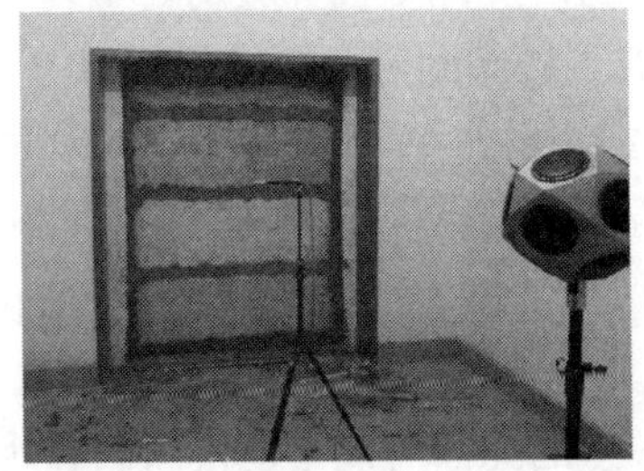

图1　试件及检测照片

3.2 结果分析

根据检测结果得出 3 种试件隔声量和吸声系数随频率变化的规律，如图 2 所示。

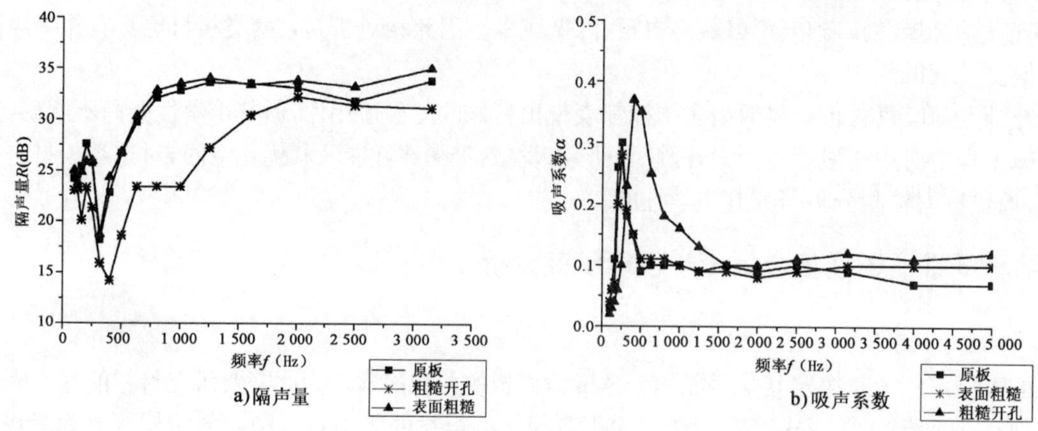

图 2 声学性能检测结果

根据检测结果中隔声量和吸声系数与频率的关系曲线可以对板材的声学性能进行单一评价量评价，结果如表 2 所示。

声学性能评价结果 表 2

评价参数	试件名称		
	中空型	中空且表面粗糙型	中空且表面粗糙开横孔型
计权隔声量 R_w	30dB	31dB	24dB
降噪系数 NRC	0.15	0.15	0.2

由表 2 可知，两种未开孔的中空型板均具有较好的隔声能力，计权隔声量能够达到约 30dB，满足《公路声屏障材料技术要求和检测方法》(JT/T 646—2005)中对公路声屏障隔声材料隔声指数(即计权隔声量)需大于 26dB 的要求。开孔板由于面板被破坏，隔声量受到明显影响，只有约 24dB，不能满足基本隔声要求。而 3 种板材降噪系数为 0.15～0.2，不能满足《公路声屏障材料技术要求和检测方法》(JT/T 646—2005)中对公路声屏障吸声材料降噪系数需大于 0.5 的要求，吸声性能总体较差。

虽然未开孔的中空型板隔声性能较好，但从图 2a)中可以看出，在 300Hz 附近的低频段隔声量出现了明显的低谷，根据双层隔声结构的隔声原理，此频率附近可能为该板材的共振频率，导致板材发生明显共振，出现了一定的吻合效应，导致隔声量降低。但是根据理想的中空双层结构共振频率理论计算公式：

$$f_r = \frac{60}{\sqrt{\frac{m_1 m_2 l}{m_1 + m_2}}}$$

该板材双层中空结构的理论共振频率在 75Hz 附近，属于典型的低频区段，在防治等效频率为 500Hz 的高速公路交通噪声[4]的声屏障工程中应用时可以忽略其共振影响。但实测值中共振频率却明显偏高并接近 500Hz，降低了板材在该频率附近的隔声能力。分析原因是由于板材非理想双层中空结构，两层面板由刚性骨架连接，起到了一定声桥作用，大大降低了板材的双层结构特性，在一定程度上减小了空腔的有效深度，致使共振频率往高频方向移动。但检测结果中 500Hz 处隔声量约 26.7dB，仍然大于 26dB，能够满足高速公路隔声构件的声学要求。由此可见，要保证该板材的隔声效果并削弱共振作用对声屏障隔声效果的影响需要优化构造使板材，使其更接近理想的双层中空结构。

板材吸声效果较差的原因可能是菱镁材料作为胶凝剂将板材内部纤维间的孔隙封闭，导致材料内部没有相互连通的孔隙，即使表面进行粗糙处理也不能将内部孔隙连通并暴露出来，故材料内部无吸声微腔体。

但由图 2b)可知,开孔型板与未开孔板相比,其吸声性能明显提升,分析原因是开孔处理使板材具有类似穿孔板共振吸声结构的特性,使得降噪系数相对有一定的提升,特别是在高速公路交通噪声等效频率 500Hz 附近,且吸声系数达到最大值,说明该材料虽然内部结构无吸声作用,但通过吸声结构的合理设计可以有效提升其吸声效果。虽然本次检测降噪系数未达到 0.5 的声屏障基本要求,但开孔型降噪系数达到 0.2,表明了该板材具有一定的实用价值[5]。因此可见进一步合理地设计开孔参数、空腔结构等将有可能提高板材的降噪系数,提升其在声屏障工程中的应用价值。这对于研究该材料在公路声屏障吸声构件中的应用具有重要意义。

对比 3 种类型板材的隔、吸声检测结果可知,单一结构的板材隔声和吸声效果难以同时保证,由于该板材的可塑性强,因此可以采用改变开孔参数、空腔结构等方式提升其综合性能。

4　工程适用性

4.1　结构安全和耐久性

声屏障在运营期主要承受的荷载为自重和风荷载,这要求板材具备一定的抗压和抗弯折能力。同时板材长期在野外露天使用,需要材料具备相当的耐候性。传统的声屏障特别是四川省高速公路声屏障面板材料主要有混凝土、亚克力板、PC 板、金属吸声屏等[6],这些传统材料部分耐久性不足,如 PC 板和金属吸声屏等长期使用后容易出现破裂、锈蚀等各种问题,已经成为限制这类材料在声屏障工程中继续应用的关键因素。而秸秆纤维类菱镁复合板在建筑行业已有多年使用,根据资质机构按照建筑材料相关行业标准和检测方法对 100mm 厚中空板的检测结果(表 3)可知,该板材结构力学性能满足公路声屏障声学材料的力学技术要求,能够接近甚至超过传统声屏障面板材料,同时具备较好的阻燃性和耐候性,与传统材料相比具有一定优势。

主要技术经济指标　　表 3

指　　标	检 测 结 果	指　　标	检 测 结 果
面密度	约 34kg/m^2	含水率	4%
抗弯破坏荷载	8.07 倍板自重	抗返卤性	无水珠、无返潮
抗压强度	3.6MPa	耐火极限	188min
干燥收缩	0.57mm/m		

4.2　环保性和经济性

我国目前公路声屏障以传统结构形式为主,以四川地区为例[6],主要包括砌体型、轻型、混凝土型和金属型等,这些形式在设计时大都未考虑其材料的环保性和经济性。大量的采用金属、混凝土、高分子板以及吸声棉等,不仅大大提升了声屏障的造价,且这些材料在废弃后将形成难以处理的固体废弃物,对环境造成负面影响,而吸声棉等在制备过程中对环境空气会产生一定污染,这与生态型声屏障的要求不符。传统声屏障材料的诸多缺点正逐渐阻碍其进一步推广应用。

秸秆纤维类菱镁复合材料的环保性和经济性正是其区别于传统声屏障面板材料的主要特征。环保性的体现是指材料的生产、使用以及废弃的全生命周期[7]应具有可循环性和环境友好性。在我国西部地区每年的 4、5 月农村地区大量焚烧秸秆,对空气质量造成严重污染,危害人体呼吸道健康,甚至影响当地航班的运行,造成了较为严重的环境和社会影响,虽然国家采取了多种措施制止秸秆的焚烧,但效果甚微。只有将秸秆进行有效的循环利用才是解决秸秆焚烧问题的根本办法。

本次研究的秸秆纤维类菱镁复合板原料中使用了大量的农村废弃物秸秆,从宏观的角度是一种循环利用秸秆、遏制秸秆焚烧的有效途径。而板材的各配料均为低毒或无毒,生产过程简便基本无三废产生,板材原料的来源和生产都体现了良好的环境友好性。根据对板材甲醛释放量和放射性的检测结果(表 4)可知,板材在运营期也不会对环境造成污染,故板材具有良好的环保性。

也正是由于大量使用简单易得且本为废弃物的秸秆作为原料,故产品价格低廉,相比于传统材料经济性优势明显。

环保和经济性指标 表4

指标	结果	
放射性核素量	I_{Ra}	0.02
	I_r	0.03
甲醛释放量	0.39mg/100g	
秸秆质量百分比	30%～40%	
综合售价	100～150元/m²	

综上所述，从目前的研究来看，秸秆纤维类菱镁复合板在结构强度、隔声效果方面能够接近甚至超过传统隔声材料，而在环保和经济指标方面则有明显的优势，作为声屏障面板具有一定的适用性，可在实际声屏障工程中进行应用试验，这进一步明确其可行性。

5 结语

(1)本次研究检测结果表明板材计权隔声量能够达到30dB，满足《公路声屏障材料技术要求和检测方法》(JT/T 646—2005)中对于公路声屏障隔声构件的声学要求。但其在高速公路交通噪声等效频率500Hz附近出现的低值值得引起重视，可以进一步优化龙骨结构，使刚性骨架更加具有弹性，削减声桥效应，使共振频率往低频移动。板材吸声系数普遍较低，只有0.15～0.2，不能用作吸声构件。但通过改变开孔参数、空腔结构等可以在一定程度上提升其吸声性能。因此今后对此类板材可以采取改变开孔参数、板间龙骨特性、空腔填料等方式进一步优化板材声学性能，具有相当高的研究价值。

(2)以秸秆纤维作为主要填充物的菱镁材料复合板材在建筑领域应用较多，具有较好的结构安全和耐候性。该制品充分利用了农村固体废弃物秸秆作为原料，为解决秸秆焚烧提供了新的思路。产品生产和使用过程对环境污染小，相比传统材料具有明显的环保性和经济优势。采用秸秆纤维类菱镁材料作为声屏障面板尚属首次，其各项指标均满足声屏障面板的基本要求，具有良好的工程适用性。

(3)由于该材料为菱镁复合材料，板材在制备过程中会有一定膨胀，批量生产时产品的均匀性尚有待进一步强化，且在高速公路所处野外条件下板材的耐候性以及安全性还需要在今后的研究应用中进一步明确。

参考文献

[1] 闵玉兵，杜鹏，等. 水泥木丝吸音板[J]. 河南建材，2009，2:28-29.
[2] 段金明，周敬宣. 国外道路声屏障结构形式的研究进展[J]. 公路，2005，6(6):190-193.
[3] 孙广荣. 吸声、隔声材料和结构浅说[J]. 艺术科技，2001，3:12-17.
[4] 周兆驹，等. 高速公路与城市道路交通噪声特性对比研究[J]. 噪声与振动控制，2006(10):82-84.
[5] 席莺，等. 聚氯乙烯基混合吸声材料的研究[J]. 高分子材料科学与工程，2001，17(2):129-132.
[6] 吴浩，等. 四川省高速公路声屏障工程回顾评价[J]. 四川环境，2010，10(29):38-45.
[7] Susan M. Morgan. Study of noise barrier life-cycle-casting[J]. Journal of Transportation Engineering, /may/june 2001, p:230－236.